| CHAPTER | SECTION | 1회독 | 2회독 | 3회독 |
|---|---|---|---|---|
| 제1장 철근콘크리트의 기본개념 | 1. 총 론 | 1일 | 1일 | 1일 |
| | 2. 철근콘크리트의 재료 | | | |
| | 3. 설계방법 | 2일 | | |
| | ▶단원별 기출문제 | | | |
| 제2장 보의 휨 해석과 설계 | 1. 강도설계법의 기본원리 | 3일 | 2~3일 | 2일 |
| | 2. 단철근 직사각형 보의 해석과 설계 | 4~5일 | | |
| | 3. 복철근 직사각형 보의 해석 | 6~7일 | | |
| | 4. 단철근 T형 단면보의 해석 | | | |
| | ▶단원별 기출문제 | 8일 | 4일 | |
| 제3장 보의 전단 해석과 설계 | 1. 보의 전단응력과 거동 | 9일 | 5일 | 3일 |
| | 2. 보의 전단설계 | 10~11일 | | |
| | 3. 특수한 경우의 전단설계 | 12일 | 6일 | |
| | ▶단원별 기출문제 | 13일 | | |
| 제4장 철근의 정착과 이음 | 1. 철근의 정착 | 14일 | 7일 | 4일 |
| | 2. 철근의 이음 | 15일 | | |
| | ▶단원별 기출문제 | | | |
| 제5장 보의 처짐과 균열 (사용성) | 1. 사용성과 내구성의 일반사항 | 16일 | 8일 | 4일 |
| | 2. 처 짐 | | | |
| | 3. 균 열 | | | |
| | 4. 피로 및 내구성 설계 | | | |
| | ▶단원별 기출문제 | | | |
| 제6장 휨과 압축을 받는 부재(기둥)의 해석과 설계 | 1. 기둥의 일반 | | | 5일 |
| | 2. 기둥의 설계 | | | |
| | 3. 단주와 장주의 설계 | 19일 | | |
| | ▶단원별 기출문제 | | | |
| 제7장 슬래브, 확대기초 및 옹벽의 설계 | 1. 슬래브 | 20일 | 11일 | |
| | 2. 확대기초(기초판) | | | |
| | 3. 옹 벽 | 21일 | | |
| | ▶단원별 기출문제 | | | |
| 제8장 프리스트레스트 콘크리트(PSC) | 1. 프리스트레스트 콘크리트의 개요 | 22일 | 12일 | 6일 |
| | 2. 프리스트레스의 재료 | | | |
| | 3. 프리스트레스의 도입과 손실 | 23일 | 13일 | |
| | 4. PSC 보의 해석과 설계 | 24일 | | |
| | ▶단원별 기출문제 | | | |
| 제9장 강구조 | 1. 강구조의 개요 | 25일 | 14일 | |
| | 2. 리벳이음 | | | |
| | 3. 고력볼트이음 | 26일 | | |
| | 4. 용접이음 | | | |
| | 5. 교 량 | 27일 | | |
| | ▶단원별 기출문제 | | | |
| 부록 I 최근 과년도 기출문제 | 2018~2021 기출문제 | 28일 | 15일 | 7일 |
| | 2022~2024 기출복원문제 | 29일 | | |
| 부록 II CBT 실전 모의고사 | 1~3회 모의고사 | 30일 | | |

KB220538

" 수험생 여러분을 성안당이 응원합니다! "

**30일 완성!** | **15일 완성!** | **7일 완성!**

스스로 체크하는
★★
3회독
플래너

원샷!원킬!

토목기사시리즈 ❹ 철근콘크리트 및 강구조
한방에 합격하는 합격비법서!

| CHAPTER | SECTION | 1회독 | 2회독 | 3회독 |
|---|---|---|---|---|
| 제1장<br>철근콘크리트의<br>기본개념 | 1. 총 론 | | | |
| | 2. 철근콘크리트의 재료 | | | |
| | 3. 설계방법 | | | |
| | ▶단원별 기출문제 | | | |
| 제2장<br>보의 휨 해석과 설계 | 1. 강도설계법의 기본원리 | | | |
| | 2. 단철근 직사각형 보의 해석과 설계 | | | |
| | 3. 복철근 직사각형 보의 해석 | | | |
| | 4. 단철근 T형 단면보의 해석 | | | |
| | ▶단원별 기출문제 | | | |
| 제3장<br>보의 전단 해석과 설계 | 1. 보의 전단응력과 거동 | | | |
| | 2. 보의 전단설계 | | | |
| | 3. 특수한 경우의 전단설계 | | | |
| | ▶단원별 기출문제 | | | |
| 제4장<br>철근의 정착과 이음 | 1. 철근의 정착 | | | |
| | 2. 철근의 이음 | | | |
| | ▶단원별 기출문제 | | | |
| 제5장<br>보의 처짐과 균열<br>(사용성) | 1. 사용성과 내구성의 일반사항 | | | |
| | 2. 처 짐 | | | |
| | 3. 균 열 | | | |
| | 4. 피로 및 내구성 설계 | | | |
| | ▶단원별 기출문제 | | | |
| 제6장<br>휨과 압축을 받는<br>부재(기둥)의 해석과 설계 | 1. 기둥의 일반 | | | |
| | 2. 기둥의 설계 | | | |
| | 3. 단주와 장주의 설계 | | | |
| | ▶단원별 기출문제 | | | |
| 제7장<br>슬래브, 확대기초 및<br>옹벽의 설계 | 1. 슬래브 | | | |
| | 2. 확대기초(기초판) | | | |
| | 3. 옹 벽 | | | |
| | ▶단원별 기출문제 | | | |
| 제8장<br>프리스트레스트<br>콘크리트(PSC) | 1. 프리스트레스트 콘크리트의 개요 | | | |
| | 2. 프리스트레스의 재료 | | | |
| | 3. 프리스트레스의 도입과 손실 | | | |
| | 4. PSC 보의 해석과 설계 | | | |
| | ▶단원별 기출문제 | | | |
| 제9장<br>강구조 | 1. 강구조의 개요 | | | |
| | 2. 리벳이음 | | | |
| | 3. 고력볼트이음 | | | |
| | 4. 용접이음 | | | |
| | 5. 교 량 | | | |
| | ▶단원별 기출문제 | | | |
| 부록 I<br>최근 과년도 기출문제 | 2018~2021년 기출문제 | | | |
| | 2022~2024년 기출복원문제 | | | |
| 부록 II<br>CBT 실전 모의고사 | 1~3회 모의고사 | | | |

❝ 수험생 여러분을 성안당이 응원합니다! ❞

일 완성     일 완성     일 완성

원샷! 원킬!

한방에 합격하는 합격비법서!

**4**

ONE SHOT ONE KILL

토목기사시리즈

| Engineer Civil Engineering Series |

# 철근콘크리트 및 강구조

박경현 지음

BM (주)도서출판 성안당

## 독자 여러분께 알려드립니다

토목기사 필기시험을 본 후 그 문제 가운데 **철근콘크리트 및 강구조** 10여 문제를 재구성해서 성안당 출판사로 보내주시면, 채택된 문제에 대해서 성안당 도서 중 **7개년 과년도 토목기사 [필기]** 1부를 증정해 드립니다. 독자 여러분이 보내주시는 기출문제는 더 나은 책을 만드는 데 큰 도움이 됩니다. 감사합니다.

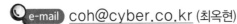 **e-mail** coh@cyber.co.kr (최옥현)

- - - - - - - - - - - - - - - - - - - - - - - - - - - - - - - - - - - - - - - - - - - - - - -

★ 메일을 보내주실 때 성명, 연락처, 주소를 기재해 주시기 바랍니다.
★ 보내주신 기출문제는 집필자가 검토한 후에 도서를 증정해 드립니다.

## ■ 도서 A/S 안내

성안당에서 발행하는 모든 도서는 저자와 출판사, 그리고 독자가 함께 만들어 나갑니다.

좋은 책을 펴내기 위해 많은 노력을 기울이고 있습니다. 혹시라도 내용상의 오류나 오탈자 등이 발견되면 "좋은 책은 나라의 보배"로서 우리 모두가 함께 만들어 간다는 마음으로 연락주시기 바랍니다. 수정 보완하여 더 나은 책이 되도록 최선을 다하겠습니다.

성안당은 늘 독자 여러분들의 소중한 의견을 기다리고 있습니다. 좋은 의견을 보내주시는 분께는 성안당 쇼핑몰의 포인트(3,000포인트)를 적립해 드립니다.

잘못 만들어진 책이나 부록 등이 파손된 경우에는 교환해 드립니다.

저자문의 e-mail : jaoec@hanmail.net(박경현)
본서 기획자 e-mail : coh@cyber.co.kr(최옥현)
홈페이지 : http://www.cyber.co.kr   전화 : 031) 950-6300

# 머리말

현대 사회에서는 정보와 능력, 그리고 자격증의 소지 유무에 따라 처우가 달라진다. 따라서 자격증의 소지는 현대 사회에서 필수불가결한 요건이라 할 수 있다.

1999년 토목·건축 분야가 통합·일원화되면서 콘크리트 표준시방서와 콘크리트구조설계기준이 새로운 체제로 작성되었다. 제정 당시 통합과정에서 발생한 문제점과 미흡한 부분 등으로 인한 오류를 수정하고, 시공 규정의 단위체계가 SI 단위계로 변환되는 세계적인 추세에 발맞추어 2008년과 2012년에 다시 콘크리트구조기준(KCI)으로 개정되었다.

이 책은 개정된 설계기준을 반영함은 물론, 모든 문제를 SI 단위(국제단위)로 변환하여 적용하였다. 또한 강단에서의 오랜 강의경험을 통해 얻은 개념을 정리하고 이론을 요약하여 보다 효율적으로 토목기사 필기시험을 준비할 수 있도록 노력하였다.

### 이 책의 특징

1. 2021년 개정된 국가건설기준 통합코드(KDS, KCS)를 이론과 문제에 반영하였고, 가급적 통일된 기호를 사용하였다.
2. 콘크리트구조기준(KDS 14 20 00)과 강구조설계기준(KDS 14 31 00)을 반영한 최근 기출문제를 철저하게 분석하여 본문 내용을 구성하였다.
3. 최근 10년간 출제된 과년도 기출문제를 현행 통합코드를 적용한 문제로 변경하였다.
4. 2022년부터 기사 필기시험을 전면 CBT(컴퓨터 시험)로 시행함에 따라 각 단원별로 과년도 기출문제를 상세한 해설과 함께 수록하여 수험생들이 단기간에 자격증을 취득할 수 있도록 하였다.
5. 각 장마다 과년도 기출문제의 출제빈도표를 구성하고, 빈출되는 중요한 문제는 별표(★)로 강조하였다.

각 단원별로 개념의 이해와 문제의 응용력을 배가시키기 위해 노력하였으나, 부족한 부분이 많이 있으리라 생각한다. 이러한 부분은 계속 보완해 나갈 것이다.

아무쪼록 이 책이 수험생 여러분에게 많은 도움이 되길 바라며, 합격의 영광이 함께하기를 기원하는 바이다.

끝으로 이 책을 출간하기까지 도와주신 성안당 임직원 여러분께 감사드리며, 특히 이종춘 회장님과 구본철 상무님께 깊은 감사를 드린다.

대학로 연구실에서

저자 **박경현**

### 필기

| 직무<br>분야 | 건설 | 중직무<br>분야 | 토목 | 자격<br>종목 | 토목기사 | 적용<br>기간 | 2022.1.1 ~ 2025.12.31 |
|---|---|---|---|---|---|---|---|

직무내용 : 도로, 공항, 철도, 하천, 교량, 댐, 터널, 상하수도, 사면, 항만 및 해양시설물 등 다양한 건설사업을 계획, 설계, 시공, 관리 등을 수행하는 직무이다.

| 필기검정방법 | 객관식 | 문제 수 | 120 | 시험시간 | 3시간 |
|---|---|---|---|---|---|

| 필기과목명 | 문제 수 | 주요 항목 | 세부항목 | 세세항목 |
|---|---|---|---|---|
| 응용역학 | 20 | 1. 역학적인 개념 및<br>건설 구조물의 해석 | (1) 힘과 모멘트 | ① 힘<br>② 모멘트 |
| | | | (2) 단면의 성질 | ① 단면1차모멘트와 도심<br>② 단면2차모멘트<br>③ 단면상승모멘트<br>④ 회전반경<br>⑤ 단면계수 |
| | | | (3) 재료의 역학적 성질 | ① 응력과 변형률<br>② 탄성계수 |
| | | | (4) 정정보 | ① 보의 반력<br>② 보의 전단력<br>③ 보의 휨모멘트<br>④ 보의 영향선<br>⑤ 정정보의 종류 |
| | | | (5) 보의 응력 | ① 휨응력<br>② 전단응력 |
| | | | (6) 보의 처짐 | ① 보의 처짐<br>② 보의 처짐각<br>③ 기타 처짐 해법 |
| | | | (7) 기둥 | ① 단주<br>② 장주 |
| | | | (8) 정정 트러스(truss),<br>라멘(rahmen),<br>아치(arch),<br>케이블(cable) | ① 트러스<br>② 라멘<br>③ 아치<br>④ 케이블 |
| | | | (9) 구조물의 탄성변형 | ① 탄성변형 |
| | | | (10) 부정정 구조물 | ① 부정정 구조물의 개요<br>② 부정정 구조물의 판별<br>③ 부정정 구조물의 해법 |
| 측량학 | 20 | 1. 측량학일반 | (1) 측량기준 및 오차 | ① 측지학개요<br>② 좌표계와 측량원점<br>③ 측량의 오차와 정밀도 |
| | | | (2) 국가기준점 | ① 국가기준점 개요<br>② 국가기준점 현황 |

| 필기과목명 | 문제 수 | 주요 항목 | 세부항목 | 세세항목 |
|---|---|---|---|---|
| | | 2. 평면기준점측량 | (1) 위성측위시스템(GNSS) | ① 위성측위시스템(GNSS) 개요<br>② 위성측위시스템(GNSS) 활용 |
| | | | (2) 삼각측량 | ① 삼각측량의 개요<br>② 삼각측량의 방법<br>③ 수평각 측정 및 조정<br>④ 변장계산 및 좌표계산<br>⑤ 삼각수준측량<br>⑥ 삼변측량 |
| | | | (3) 다각측량 | ① 다각측량 개요<br>② 다각측량 외업<br>③ 다각측량 내업<br>④ 측점 전개 및 도면 작성 |
| | | 3. 수준점측량 | (1) 수준측량 | ① 정의, 분류, 용어<br>② 야장기입법<br>③ 종·횡단측량<br>④ 수준망 조정<br>⑤ 교호수준측량 |
| | | 4. 응용측량 | (1) 지형측량 | ① 지형도 표시법<br>② 등고선의 일반개요<br>③ 등고선의 측정 및 작성<br>④ 공간정보의 활용 |
| | | | (2) 면적 및 체적 측량 | ① 면적계산<br>② 체적계산 |
| | | | (3) 노선측량 | ① 중심선 및 종횡단 측량<br>② 단곡선 설치와 계산 및 이용방법<br>③ 완화곡선의 종류별 설치와 계산 및 이용방법<br>④ 종곡선 설치와 계산 및 이용방법 |
| | | | (4) 하천측량 | ① 하천측량의 개요<br>② 하천의 종횡단측량 |
| 수리학 및 수문학 | 20 | 1. 수리학 | (1) 물의 성질 | ① 점성계수<br>② 압축성<br>③ 표면장력<br>④ 증기압 |
| | | | (2) 정수역학 | ① 압력의 정의<br>② 정수압 분포<br>③ 정수력<br>④ 부력 |
| | | | (3) 동수역학 | ① 오일러방정식과 베르누이식<br>② 흐름의 구분<br>③ 연속방정식<br>④ 운동량방정식<br>⑤ 에너지방정식 |

| 필기과목명 | 문제 수 | 주요 항목 | 세부항목 | 세세항목 |
|---|---|---|---|---|
| | | | (4) 관수로 | ① 마찰손실<br>② 기타 손실<br>③ 관망 해석 |
| | | | (5) 개수로 | ① 전수두 및 에너지 방정식<br>② 효율적 흐름 단면<br>③ 비에너지<br>④ 도수<br>⑤ 점변 부등류<br>⑥ 오리피스<br>⑦ 위어 |
| | | | (6) 지하수 | ① Darcy의 법칙<br>② 지하수흐름방정식 |
| | | | (7) 해안 수리 | ① 파랑<br>② 항만 구조물 |
| | | 2. 수문학 | (1) 수문학의 기초 | ① 수문 순환 및 기상학<br>② 유역<br>③ 강수<br>④ 증발산<br>⑤ 침투 |
| | | | (2) 주요 이론 | ① 지표수 및 지하수 유출<br>② 단위유량도<br>③ 홍수 추적<br>④ 수문통계 및 빈도<br>⑤ 도시수문학 |
| | | | (3) 응용 및 설계 | ① 수문모형<br>② 수문조사 및 설계 |
| 철근콘크리트<br>및 강구조 | 20 | 1. 철근콘크리트 및 강구조 | (1) 철근콘크리트 | ① 설계일반<br>② 설계하중 및 하중 조합<br>③ 휨과 압축<br>④ 전단과 비틀림<br>⑤ 철근의 정착과 이음<br>⑥ 슬래브, 벽체, 기초, 옹벽,<br>　라멘, 아치 등의 구조물 설계 |
| | | | (2) 프리스트레스트 콘크리트 | ① 기본개념 및 재료<br>② 도입과 손실<br>③ 휨부재 설계<br>④ 전단 설계<br>⑤ 슬래브 설계 |
| | | | (3) 강구조 | ① 기본개념<br>② 인장 및 압축부재<br>③ 휨부재<br>④ 접합 및 연결 |

| 필기과목명 | 문제 수 | 주요 항목 | 세부항목 | 세세항목 |
|---|---|---|---|---|
| 토질 및 기초 | 20 | 1. 토질역학 | (1) 흙의 물리적 성질과 분류 | ① 흙의 기본성질<br>② 흙의 구성<br>③ 흙의 입도분포<br>④ 흙의 소성특성<br>⑤ 흙의 분류 |
| | | | (2) 흙 속에서의 물의 흐름 | ① 투수계수<br>② 물의 2차원 흐름<br>③ 침투와 파이핑 |
| | | | (3) 지반 내의 응력분포 | ① 지중응력<br>② 유효응력과 간극수압<br>③ 모관현상<br>④ 외력에 의한 지중응력<br>⑤ 흙의 동상 및 융해 |
| | | | (4) 압밀 | ① 압밀이론<br>② 압밀시험<br>③ 압밀도<br>④ 압밀시간<br>⑤ 압밀침하량 산정 |
| | | | (5) 흙의 전단강도 | ① 흙의 파괴이론과 전단강도<br>② 흙의 전단특성<br>③ 전단시험<br>④ 간극수압계수<br>⑤ 응력경로 |
| | | | (6) 토압 | ① 토압의 종류<br>② 토압이론<br>③ 구조물에 작용하는 토압<br>④ 옹벽 및 보강토옹벽의 안정 |
| | | | (7) 흙의 다짐 | ① 흙의 다짐특성<br>② 흙의 다짐시험<br>③ 현장다짐 및 품질관리 |
| | | | (8) 사면의 안정 | ① 사면의 파괴거동<br>② 사면의 안정 해석<br>③ 사면안정대책공법 |
| | | | (9) 지반조사 및 시험 | ① 시추 및 시료 채취<br>② 원위치시험 및 물리탐사<br>③ 토질시험 |
| | | 2. 기초공학 | (1) 기초일반 | ① 기초일반<br>② 기초의 형식 |
| | | | (2) 얕은 기초 | ① 지지력<br>② 침하 |
| | | | (3) 깊은 기초 | ① 말뚝기초 지지력<br>② 말뚝기초 침하<br>③ 케이슨기초 |
| | | | (4) 연약지반 개량 | ① 사질토지반 개량공법<br>② 점성토지반 개량공법<br>③ 기타 지반 개량공법 |

| 필기과목명 | 문제 수 | 주요 항목 | 세부항목 | 세세항목 |
|---|---|---|---|---|
| 상하수도<br>공학 | 20 | 1. 상수도 계획 | (1) 상수도시설 계획 | ① 상수도의 구성 및 계통<br>② 계획급수량의 산정<br>③ 수원<br>④ 수질기준 |
| | | | (2) 상수관로시설 | ① 도수, 송수계획<br>② 배수, 급수계획<br>③ 펌프장계획 |
| | | | (3) 정수장시설 | ① 정수방법<br>② 정수시설<br>③ 배출수처리시설 |
| | | 2. 하수도 계획 | (1) 하수도시설 계획 | ① 하수도의 구성 및 계통<br>② 하수의 배제방식<br>③ 계획하수량의 산정<br>④ 하수의 수질 |
| | | | (2) 하수관로시설 | ① 하수관로 계획<br>② 펌프장 계획<br>③ 우수조정지 계획 |
| | | | (3) 하수처리장시설 | ① 하수처리방법<br>② 하수처리시설<br>③ 오니(sludge)처리시설 |

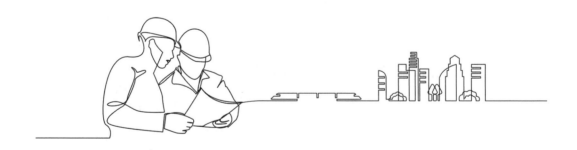

## 실기

| 직무<br>분야 | 건설 | 중직무<br>분야 | 토목 | 자격<br>종목 | 토목기사 | 적용<br>기간 | 2022.1.1 ~ 2025.12.31 |
|---|---|---|---|---|---|---|---|

직무내용 : 도로, 공항, 철도, 하천, 교량, 댐, 터널, 상하수도, 사면, 항만 및 해양시설물 등 다양한 건설사업을 계획, 설계, 시공, 관리 등을 수행하는 직무이다.

수행준거 : 1. 토목시설물에 대한 타당성 조사, 기본설계, 실시설계 등의 각 설계단계에 따른 설계를 할 수 있다.
2. 설계도면 이해에 대한 지식을 가지고 시공 및 건설사업관리 직무를 수행할 수 있다.

| 실기검정방법 | 필답형 | 시험시간 | 3시간 |
|---|---|---|---|

| 실기과목명 | 주요 항목 | 세부항목 | 세세항목 |
|---|---|---|---|
| 토목설계 및<br>시공실무 | 1. 토목설계 및<br>시공에 관한<br>사항 | (1) 토공 및 건설기계 이해하기 | ① 토공계획에 대해 알고 있어야 한다.<br>② 토공시공에 대해 알고 있어야 한다.<br>③ 건설기계 및 장비에 대해 알고 있어야 한다. |
| | | (2) 기초 및 연약지반 개량 이해<br>하기 | ① 지반조사 및 시험방법을 알고 있어야 한다.<br>② 연약지반 개요에 대해 알고 있어야 한다.<br>③ 연약지반 개량공법에 대해 알고 있어야 한다.<br>④ 연약지반 측방유동에 대해 알고 있어야 한다.<br>⑤ 연약지반 계측에 대해 알고 있어야 한다.<br>⑥ 얕은 기초에 대해 알고 있어야 한다.<br>⑦ 깊은 기초에 대해 알고 있어야 한다. |
| | | (3) 콘크리트 이해하기 | ① 특성에 대해 알고 있어야 한다.<br>② 재료에 대해 알고 있어야 한다.<br>③ 배합 설계 및 시공에 대해 알고 있어야 한다.<br>④ 특수 콘크리트에 대해 알고 있어야 한다.<br>⑤ 콘크리트 구조물의 보수, 보강 공법에 대해 알<br>고 있어야 한다. |
| | | (4) 교량 이해하기 | ① 구성 및 분류를 알고 있어야 한다.<br>② 가설공법에 대해 알고 있어야 한다.<br>③ 내하력평가방법 및 보수, 보강 공법에 대해 알<br>고 있어야 한다. |
| | | (5) 터널 이해하기 | ① 조사 및 암반분류에 대해 알고 있어야 한다.<br>② 터널공법에 대해 알고 있어야 한다.<br>③ 발파개념에 대해 알고 있어야 한다.<br>④ 지보 및 보강 공법에 대해 알고 있어야 한다.<br>⑤ 콘크리트 라이닝 및 배수에 대해 알고 있어야<br>한다.<br>⑥ 터널 계측 및 부대시설에 대해 알고 있어야 한다. |
| | | (6) 배수 구조물 이해하기 | ① 배수 구조물의 종류 및 특성에 대해 알고 있어<br>야 한다.<br>② 시공방법에 대해 알고 있어야 한다. |

| 실기과목명 | 주요 항목 | 세부항목 | 세세항목 |
|---|---|---|---|
| | | (7) 도로 및 포장 이해하기 | ① 도로의 계획 및 개념에 대해 알고 있어야 한다.<br>② 포장의 종류 및 특성에 대해 알고 있어야 한다.<br>③ 아스팔트 포장에 대해 알고 있어야 한다.<br>④ 콘크리트 포장에 대해 알고 있어야 한다.<br>⑤ 포장 유지보수에 대해 알고 있어야 한다. |
| | | (8) 옹벽, 사면, 흙막이 이해하기 | ① 옹벽의 개념에 대해 알고 있어야 한다.<br>② 옹벽 설계 및 시공에 대해 알고 있어야 한다.<br>③ 보강토옹벽에 대해 알고 있어야 한다.<br>④ 흙막이공법의 종류 및 특성에 대해 알고 있어야 한다.<br>⑤ 흙막이공법의 설계에 대해 알고 있어야 한다.<br>⑥ 사면안정에 대해 알고 있어야 한다. |
| | | (9) 하천, 댐 및 항만 이해하기 | ① 하천공사의 종류 및 특성에 대해 알고 있어야 한다.<br>② 댐공사의 종류 및 특성에 대해 알고 있어야 한다.<br>③ 항만공사의 종류 및 특성에 대해 알고 있어야 한다.<br>④ 준설 및 매립에 대해 알고 있어야 한다. |
| | 2. 토목시공에 따른 공사·공정 및 품질관리 | (1) 공사 및 공정관리하기 | ① 공사관리에 대해 알고 있어야 한다.<br>② 공정관리 개요에 대해 알고 있어야 한다.<br>③ 공정계획을 할 수 있어야 한다.<br>④ 최적 공기를 산출할 수 있어야 한다. |
| | | (2) 품질관리하기 | ① 품질관리의 개념에 대해 알고 있어야 한다.<br>② 품질관리 절차 및 방법에 대해 알고 있어야 한다. |
| | 3. 도면 검토 및 물량 산출 | (1) 도면 기본 검토하기 | ① 도면에서 지시하는 내용을 파악할 수 있다.<br>② 도면에 오류, 누락 등을 확인할 수 있다. |
| | | (2) 옹벽, 슬래브, 암거, 기초, 교각, 교대 및 도로 부대시설물 물량 산출하기 | ① 토공량을 산출할 수 있어야 한다.<br>② 거푸집량을 산출할 수 있어야 한다.<br>③ 콘크리트량을 산출할 수 있어야 한다.<br>④ 철근량을 산출할 수 있어야 한다. |

[최근 10년간 출제분석표(단위 : %)]

| 구 분 | 2015년 | 2016년 | 2017년 | 2018년 | 2019년 | 2020년 | 2021년 | 2022년 | 2023년 | 2024년 | 10개년 평균 |
|---|---|---|---|---|---|---|---|---|---|---|---|
| 제1장 철근콘크리트 기본개념 | 1.7 | 3.3 | 5.0 | 3.3 | 5.0 | 5.0 | 3.3 | 3.3 | 5.0 | 6.7 | 4.2 |
| 제2장 보의 휨 해석과 설계 | 26.7 | 15.0 | 26.6 | 26.7 | 28.3 | 18.3 | 16.7 | 15.0 | 26.6 | 20.0 | 23.0 |
| 제3장 보의 전단 해석과 설계 | 8.3 | 11.7 | 10.0 | 13.3 | 10.0 | 11.7 | 15.0 | 11.7 | 10.0 | 11.7 | 11.5 |
| 제4장 철근의 정착과 이음 | 8.3 | 5.0 | 6.7 | 8.3 | 5.0 | 5.0 | 5.0 | 5.0 | 6.7 | 8.3 | 5.8 |
| 제5장 보의 처짐과 균열(사용성) | 6.7 | 15.0 | 10.0 | 6.7 | 8.3 | 11.7 | 8.3 | 15.0 | 10.0 | 6.7 | 8.9 |
| 제6장 휨의 압축을 받는 부재(기둥)의 해석과 설계 | 6.7 | 8.3 | 5.0 | 3.3 | 3.3 | 3.3 | 6.7 | 8.3 | 5.0 | 6.7 | 5.6 |
| 제7장 슬래브, 확대기초 및 옹벽의 설계 | 13.3 | 11.7 | 6.7 | 8.4 | 13.3 | 15.0 | 15.0 | 11.7 | 6.7 | 11.7 | 11.8 |
| 제8장 프리스트레스 콘크리트(PSC) | 16.9 | 20.0 | 16.7 | 15.0 | 13.4 | 15.0 | 15.0 | 20.0 | 16.7 | 16.6 | 15.9 |
| 제9장 강구조 | 11.7 | 10.0 | 13.3 | 15.0 | 13.4 | 15.0 | 15.0 | 10.0 | 13.3 | 11.6 | 13.3 |
| 합계 | | | | | | | | | | | 100.0 |

[단원별 출제비율]

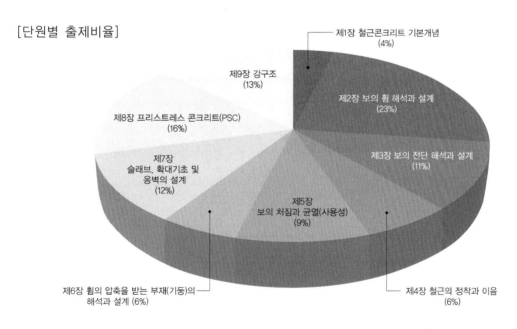

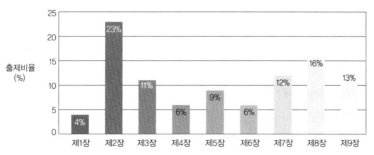

# 차례

## CHAPTER 05 보의 처짐과 균열(사용성)

## CHAPTER 06 휨과 압축을 받는 부재(기둥)의 해석과 설계

## CHAPTER 07 슬래브, 확대기초 및 옹벽의 설계

## CHAPTER 08 프리스트레스트 콘크리트(PSC)

ONE SHOT ONE KILL

## CHAPTER 09 강구조

## 부록 I 최근 과년도 기출문제

2022년 3회 기출문제부터는 CBT 전면시행으로 시험문제가 공개되지 않아 수험생의 기억을 토대로 복원된 문제를 수록했습니다.

## 부록 Ⅱ  CBT 실전 모의고사

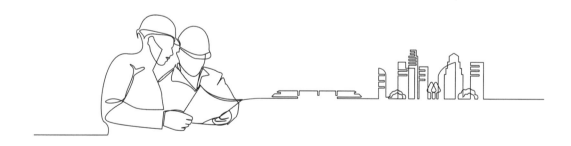

**CHAPTER 01 | 철근콘크리트의 기본개념**

**1. 철근콘크리트의 성립이유**
① 철근과 콘크리트 사이의 부착강도가 크다.
② 콘크리트의 불투수성으로 콘크리트 속의 철근은 부식되지 않는다.
③ 철근과 콘크리트의 열팽창계수가 거의 같다.
  • $\varepsilon_c = (1.0 \sim 1.3) \times 10^{-5}/\text{℃}$, $\varepsilon_t = 1.2 \times 10^{-5}/\text{℃}$
④ 콘크리트는 압축에 강하고, 인장에 약하다. 인장에 강한 철근을 인장측에 잘 배치하면 연성파괴를 유도할 수 있다.

**2. 철근콘크리트 구조의 장단점**
① 장점
  ㉠ 내구성, 내화성, 내진성을 가진다.
  ㉡ 임의의 형태, 모양, 치수의 시공이 가능하다.
  ㉢ 구조물의 유지·관리가 쉽다.
  ㉣ 일체식 구조와 강성이 큰 재료로 만들 수 있다.
  ㉤ 강구조에 비해 경제적이고, 압축강도가 크다.
② 단점
  ㉠ 콘크리트에 균열이 발생한다.
  ㉡ 중량이 비교적 크다.
  ㉢ 부분적(국부적)인 파손이 일어나기 쉽다.
  ㉣ 구조물 시공 후에 검사, 개조, 보강, 해체하기가 어렵다.
  ㉤ 시공이 조잡해지기 쉽고, 인장강도가 낮다.

**3. 탄성계수**
① 콘크리트 탄성계수(할선탄성계수)
$$E_c = 0.077 m_c^{1.5} \sqrt[3]{f_{cm}} = 8,500 \sqrt[3]{f_{cm}} \, [\text{MPa}]$$
여기서, $f_{cm} = f_{ck} + \Delta f \, [\text{MPa}]$
② 초기접선탄성계수(크리프 변형 계산에 사용)
$$E_{ci} = 1.18 E_c = 10,000 \sqrt[3]{f_{cm}}$$
③ 철근과 PS 강선의 탄성계수
$$E_s = E_{ps} = 2.0 \times 10^5 \, \text{MPa}$$
④ 형강의 탄성계수
$$E_{ss} = 2.05 \times 10^5 \, \text{MPa}$$

⑤ 탄성계수비
$$n = \frac{E_s}{E_c} = \frac{2.0 \times 10^5}{8,500 \sqrt[3]{f_{cm}}}$$
$$= \frac{23.53}{\sqrt[3]{f_{cm}}} = \frac{23.53}{\sqrt[3]{f_{ck} + \Delta f}}$$

**4. 경량콘크리트계수($\lambda$)**
① $f_{sp}$값이 규정되어 있지 않은 경우
  ㉠ 전 경량콘크리트 : $\lambda = 0.75$
  ㉡ 모래경량콘크리트 : $\lambda = 0.85$
  ㉢ 부분 경량 굵은골재가 섞인 경우는 직선보간
② $f_{sp}$값이 규정된 경우
$$\lambda = \frac{f_{sp}}{0.56 \sqrt{f_{ck}}} \leq 1.0$$
③ 보통 중량콘크리트
$$\lambda = 1.0$$

**5. 콘크리트 강도**
① 콘크리트의 설계기준압축강도($f_{ck}$)는 재령 28일 압축강도를 사용하고, 배합강도($f_{cr}$)는 배합설계 시 목표로 하는 압축강도를 말한다.
② 압축강도[원주형 공시체, 물-시멘트비($w/c$)가 지배]
$$f_c = \frac{P}{A} = f_{28} = f_{ck}$$
$$f_{28} = -21.0 + 21.5(c/w)$$
③ 쪼갬(할렬)인장강도
$$f_{sp} = \frac{2P}{\pi dl} = 0.56 \lambda \sqrt{f_{ck}} \, [\text{MPa}]$$
④ 휨인장강도(파괴계수)
$$f_r = 0.63 \lambda \sqrt{f_{ck}} \, [\text{MPa}]$$

**6. 콘크리트의 크리프와 건조수축**
① 콘크리트의 크리프는 지속하중으로 인하여 콘크리트에 일어나는 소성적 장기변형을 말한다.
② 다비스 그란빌레의 법칙
  ㉠ 크리프변형률=크리프계수×탄성변형률
$$\varepsilon_c = \varphi \varepsilon_e$$

- 수중 $\varphi \leq 1.0$
- 옥외 $\varphi = 2.0$
- 옥내 $\varphi = 3.0$

③ 콘크리트의 건조수축은 자유수가 증발함에 따라 콘크리트가 수축하는 현상을 말한다.

## 7. 철근의 항복강도
① 휨철근 : $f_y = 600$Pa 이하
② 전단철근 : $f_y = 500$MPa 이하
③ 전단마찰철근, 비틀림 철근 : $f_y = 500$MPa 이하

## 8. 배력철근의 역할
① 응력을 골고루 분산시켜 균열폭 최소화
② 주철근의 간격 유지
③ 건조수축이나 크리프 변형, 신축 억제

## 9. 철근 간격 제한(균열 제어)
① 보 주철근의 순간격
　ㄱ 수평 순간격 : 25mm 이상, 굵은골재 최대 치수의 4/3배 이상, 철근의 공칭지름 이상
　ㄴ 연직 순간격 : 25mm 이상, 상·하 철근을 동일 연직면 내에 배치
② 기둥의 축방향 철근의 순간격
　ㄱ 40mm 이상
　ㄴ 굵은골재 최대 치수의 4/3배 이상
　ㄷ 철근 공칭지름의 1.5배 이상
③ 슬래브의 중심 간격
　ㄱ 최대 휨모멘트가 발생하는 단면 : 슬래브 두께의 2배 이하, 300mm 이하
　ㄴ 기타 단면 : 슬래브 두께의 3배 이하, 450mm 이하
　ㄷ 수축·온도 철근 : 슬래브 두께의 5배 이하, 450 mm 이하

## 10. 현장치기 콘크리트의 최소 피복두께
① 수중에서 치는 콘크리트 : 100mm
② 영구히 흙에 묻혀 있는 콘크리트 : 75mm
③ 흙에 접하거나 공기에 노출되는 콘크리트 : D19 이상은 50mm 이상, D16 이하는 40mm 이상

④ 흙이나 공기에 접하지 않는 콘크리트로 슬래브, 벽체, 장선구조 : D35 초과는 40mm, D35 이하는 20mm
⑤ 피복두께의 역할
　ㄱ 철근의 부식(녹) 방지
　ㄴ 부착력 확보
　ㄷ 단열작용(열로부터 철근 보호)

## CHAPTER 02 | 보의 휨 해석과 설계

## 1. 강도설계법의 기본가정
① 철근과 콘크리트의 변형률은 중립축으로부터의 거리에 비례한다.
② 압축측 연단에서 콘크리트의 극한변형률($\varepsilon_{cu}$)은 $f_{ck} \leq 40$MPa인 경우 0.0033, $f_{ck} > 40$MPa인 경우 매 10MPa 증가에 0.0001씩 감소시킨다.
- $\varepsilon_{cu} = 0.0033 - \dfrac{f_{ck} - 40}{100,000} \leq 0.0033$
③ 철근의 응력($f_s$)은 항복강도($f_y$) 이하에서 변형률의 $E_s$배를 취한다.
④ 극한강도상태에서 콘크리트의 응력($f_c$)은 변형률($\varepsilon_c$)에 비례하지 않는다.
⑤ 콘크리트의 압축응력분포는 등가직사각형 응력분포로 가정해도 좋다.
　ㄱ 등가폭 : $b = \eta(0.85 f_{ck})$
　ㄴ 등가깊이 : $a = \beta_1 c$
⑥ 휨을 계산하는 경우 콘크리트의 인장강도는 무시한다.
⑦ 휨철근의 응력($f_y$)은 600MPa을 초과할 수 없다.
　ㄱ $\varepsilon_s < \varepsilon_y$인 경우 $f_s = E_s \varepsilon_s$
　ㄴ $\varepsilon_s > \varepsilon_y$인 경우 $f_s = f_y = E_s \varepsilon_y$
⑧ 등가직사각형 응력분포 변수값

| $f_{ck}$ | $\leq 40$ | 50 | 60 | 70 | 80 | 90 |
|---|---|---|---|---|---|---|
| $\eta$ | 1.00 | 0.97 | 0.95 | 0.91 | 0.87 | 0.84 |
| $\beta_1$ | 0.80 | 0.80 | 0.76 | 0.74 | 0.72 | 0.70 |

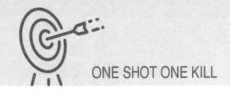

⑨ 휨을 받는 단면의 설계는 힘의 평형조건과 변형률 적합조건에 기초하여야 한다.

## 2. 강도감소계수($\phi$)

① 강도감소계수의 사용목적
  ㉠ 재료의 공칭강도와 실제 강도와의 차이를 고려하기 위한 안전계수
  ㉡ 부재를 제작 또는 시공할 때 설계도와의 차이를 고려하기 위한 안전계수
  ㉢ 부재 강도의 추정과 해석에 관련된 불확실성을 고려하기 위한 안전계수

② 강도감소계수($\phi$)
  ㉠ 휨부재 또는 휨모멘트와 축력을 동시에 받는 부재 : 0.65~0.85
  ㉡ 전단력과 비틀림모멘트 : 0.75
  ㉢ 콘크리트의 지압력 : 0.65
  ㉣ 무근콘크리트의 휨모멘트, 압축력, 전단력, 지압력 : 0.55
  ㉤ 포스트텐션 정착구역 : 0.85
  ㉥ 스트럿-타이 모델 : 스트럿, 절점부 및 지압부는 0.75, 타이 부분은 0.85

③ 변화구간단면의 강도감소계수(SD400 이하)
  ㉠ 나선철근인 경우
  $$\phi = 0.70 + 0.15\left(\frac{\varepsilon_t - \varepsilon_y}{0.005 - \varepsilon_y}\right)$$
  ㉡ 띠철근인 경우
  $$\phi = 0.65 + 0.2\left(\frac{\varepsilon_t - \varepsilon_y}{0.005 - \varepsilon_y}\right)$$

④ 순인장변형률
  $$c : \varepsilon_{cu} = (d_t - c) : \varepsilon_t$$
  $$\therefore \varepsilon_t = \varepsilon_{cu}\left(\frac{d_t - c}{c}\right) \quad \left(\because c = \frac{a}{\beta_1}\right)$$

## 3. 하중계수($U$)

① 하중계수의 사용목적
  ㉠ 예상되는 초과하중에 대비하기 위해서
  ㉡ 구조물 설계 시에 사용하는 가정과 실제와의 차이에 대비하기 위해서
  ㉢ 주요 하중의 변화에 대비하기 위해서

② 하중계수
  ㉠ 기본하중조합(최댓값)
  $$U = 1.2D + 1.6L$$
  $$U = 1.4D$$
  ㉡ 풍하중($W$) 추가 시
  $$U = 1.2D + 1.0L + 1.3W$$
  $$U = 0.9D + 1.3W$$
  ㉢ 지진하중($E$) 추가 시
  $$U = 1.2D + 1.0L + 1.0E$$
  $$U = 0.9D + 1.0E$$

## 4. 지배단면의 구분

① 균형변형률상태 : 인장철근이 설계기준항복강도($f_y$)에 대응하는 변형률($\varepsilon_y$)에 도달하고 동시에 압축콘크리트가 극한변형률에 도달할 때의 단면

| 강재 종류 | $\varepsilon_{t,ccl}$ | $\varepsilon_{t,tcl}$ | $\varepsilon_{t,min}$ |
|---|---|---|---|
| SD400 이하 | $\varepsilon_y$ | 0.005 | 0.004 |
| SD400 초과 | $\varepsilon_y$ | $2.5\varepsilon_y$ | $2.0\varepsilon_y$ |
| PS 강재 | 0.002 | 0.005 | — |

② 압축지배단면 : 압축콘크리트가 극한변형률에 도달할 때 최외단 인장철근의 순인장변형률($\varepsilon_t$)이 압축지배변형률한계($\varepsilon_{t,ccl}$) 이하인 단면

③ 인장지배단면 : 압축콘크리트가 극한변형률에 도달할 때 최외단 인장철근의 순인장변형률($\varepsilon_t$)이 인장지배변형률한계($\varepsilon_{t,tcl}$) 이상인 단면

④ 변화구간단면 : 순인장변형률이 압축지배변형률 한계와 인장지배변형률 한계 사이인 단면

⑤ 변형률 한계($\varepsilon_y$ : 철근의 항복변형률)

## 5. 보의 휨파괴와 균형보

① 균형보의 중립축 위치($f_{ck} \leq 40\text{MPa}$인 경우)
  $$c_b = \left(\frac{\varepsilon_{cu}}{\varepsilon_{cu} + \varepsilon_y}\right)d = \left(\frac{660}{660 + f_y}\right)d$$

② 균형철근비($f_{ck} \leq 40\text{MPa}$인 경우)
  $$\rho_b = \frac{\eta(0.85f_{ck})\beta_1}{f_y} \cdot \frac{\varepsilon_{cu}}{\varepsilon_{cu} + \varepsilon_y}$$
  $$= \frac{\eta(0.85f_{ck})\beta_1}{f_y} \cdot \frac{660}{660 + f_y}$$

③ 균형철근량

$$A_{sb} = \rho_b b d$$

④ 철근비 제한 : 연성파괴 유도(취성파괴 방지)

  ㉠ 최대 철근비($\rho_{\max}$) : 철근비의 상한

$$\rho_{\max} = \frac{\eta(0.85 f_{ck})\beta_1}{f_y} \cdot \frac{\varepsilon_{cu}}{\varepsilon_{cu} + \varepsilon_{t,\min}}$$

$$= \left(\frac{\varepsilon_{cu} + \varepsilon_y}{\varepsilon_{cu} + \varepsilon_{t,\min}}\right)\rho_b$$

  ㉡ 최소 철근비($\rho_{\min}$) : 철근비의 하한

    다음 식을 만족하도록 인장철근을 배치한 철근비

$$\phi M_n \geq 1.2 M_{cr}$$

⑤ 파괴형태

  ㉠ 연성파괴 : $\rho_{\min} < \rho < \rho_{\max}$

  ㉡ 취성파괴 : $\rho_{\min} > \rho > \rho_{\max}$

## 6. 단철근 직사각형 보

① 등가응력직사각형 깊이($a$)와 중립축 위치($c$)

$$a = \frac{A_s f_y}{\eta(0.85 f_{ck})b}, \quad c = \frac{a}{\beta_1}$$

② 공칭휨강도

$$M_n = CZ = TZ$$

$$= \eta(0.85 f_{ck})ab\left(d - \frac{a}{2}\right) = A_s f_y\left(d - \frac{a}{2}\right)$$

③ 설계휨강도

$$M_d = \phi M_n = \phi A_s f_y\left(d - \frac{a}{2}\right)$$

④ 철근량 계산

$$M_u = \phi M_n = \phi A_s f_y\left(d - \frac{a}{2}\right)$$

$$\therefore A_s = \frac{M_n}{f_y\left(d - \frac{a}{2}\right)} = \frac{M_u}{\phi f_y\left(d - \frac{a}{2}\right)}$$

## 7. 복철근 직사각형 보

① 복철근을 사용하는 경우

  ㉠ 보의 높이가 제한된 경우

  ㉡ 교대(교번)하중이 작용하는 경우

  ㉢ 크리프, 건조수축으로 인한 장기처짐 최소화

  ㉣ 연성을 극대화하기 위한 경우

② 복철근의 이점

  ㉠ 보의 강성이 증대된다.

  ㉡ 철근 조립(시공성)을 쉽게 한다.

③ 등가응력직사각형의 깊이

$$a = \frac{(A_s - A_s{'})f_y}{\eta(0.85 f_{ck})b}$$

④ 공칭휨강도

$$M_n = M_{n1} + M_{n2}$$

$$= (A_s - A_s{'})f_y\left(d - \frac{a}{2}\right) + A_s{'}f_y(d - d{'})$$

⑤ 설계휨강도

$$M_d = \phi M_n$$

$$= \phi\left[(A_s - A_s{'})f_y\left(d - \frac{a}{2}\right) + A_s{'}f_y(d - d{'})\right]$$

⑥ 균형철근비($\overline{\rho_b}$)

  ㉠ 압축철근이 항복한 경우

$$\overline{\rho_b} = \frac{\eta(0.85 f_{ck})\beta_1}{f_y} \cdot \frac{\varepsilon_{cu}}{\varepsilon_{cu} + \varepsilon_y} + \rho' = \rho_b + \rho'$$

  ㉡ 압축철근이 항복하지 않은 경우

$$\overline{\rho_b} = \frac{\eta(0.85 f_{ck})\beta_1}{f_y} \cdot \frac{\varepsilon_{cu}}{\varepsilon_{cu} + \varepsilon_y} + \rho'\left(\frac{f_s{'}}{f_y}\right)$$

$$= \rho_b + \rho'\left(\frac{f_s{'}}{f_y}\right)$$

⑦ 최대 철근비($\overline{\rho}_{\max}$)

  ㉠ 압축철근이 항복한 경우

$$\overline{\rho}_{\max} = \rho_{\max} + \rho'$$

  ㉡ 압축철근이 항복하지 않은 경우

$$\overline{\rho}_{\max} = \rho_{\max} + \rho'\left(\frac{f_s{'}}{f_y}\right)$$

## 8. T형 단면보

① T형 보(대칭)의 유효폭($b_e$)(최솟값)

  ㉠ $16 t_f + b_w$

  ㉡ 슬래브 중심 간 거리

  ㉢ 보의 경간의 1/4

② 반T형 보(비대칭)의 유효폭($b_e$) 산정(최솟값)

  ㉠ $6 t_f + b_w$

  ㉡ 보의 경간의 1/12 + $b_w$

  ㉢ 인접 보와의 내측거리의 1/2 + $b_w$

③ T형 보의 판별

    ㉠ $a > t_f$인 경우 : 폭이 $b_w$인 T형 보로 해석

    ㉡ $a \leq t_f$인 경우 : 폭이 $b_e$인 직사각형 보로 해석

④ 등가응력직사각형의 깊이

$$a = \frac{(A_s - A_{sf})f_y}{\eta(0.85f_{ck})b_w}$$

$$A_{sf} = \frac{\eta(0.85f_{ck})(b - b_w)t}{f_y}$$

⑤ 공칭휨강도

$$M_n = M_{nf} + M_{nw}$$

$$= A_{sf}f_y\left(d - \frac{t}{2}\right) + (A_s - A_{sf})f_y\left(d - \frac{a}{2}\right)$$

⑥ 설계휨강도

$$M_d = \phi M_n$$

$$= \phi\left[A_{sf}f_y\left(d - \frac{t}{2}\right) + (A_s - A_{sf})f_y\left(d - \frac{a}{2}\right)\right]$$

⑦ 균형철근비

$$\rho_b{}' = \frac{b_w}{b}(\rho_b + \rho_f)$$

⑧ 최대 철근비

$$\rho_{\max}{}' = \frac{b_w}{b}(\rho_{\max} + \rho_f)$$

## CHAPTER 03 | 보의 전단 해석과 설계

### 1. 전단에 대한 위험단면

① 보, 1방향 슬래브 : 지점에서 $d$만큼 떨어진 곳

② 2방향 슬래브, 2방향 확대기초 : 지점에서 $d/2$만큼 떨어진 곳

### 2. 전단철근의 종류

① 주철근에 직각인 스터럽(수직스터럽)

② 부재의 축에 직각으로 배치된 용접철망

③ 주철근에 45° 이상의 각도로 설치되는 스터럽 (경사스터럽)

④ 주철근을 30° 이상의 각도로 구부린 굽힘(절곡)철근

⑤ 스터럽과 굽힘철근의 병용(조합)

⑥ 나선철근, 원형 띠철근 또는 후프철근

### 3. 깊은 보

① 순경간($l_n$)이 부재 깊이의 4배 이하인 보 ($l_n/d \leq 4$)

② 하중이 받침부로부터 부재 깊이의 2배 거리 이내에 작용하는 보

③ 깊은 보의 공칭전단강도

$$V_n = \frac{5}{6}\lambda\sqrt{f_{ck}}\,b_w d$$

### 4. 전단강도 기본식

① 설계원리

$$V_d = \phi V_n = \phi(V_c + V_s) \geq V_u$$

② 콘크리트가 부담하는 전단강도

$$V_c = \frac{1}{6}\lambda\sqrt{f_{ck}}\,b_w d$$

③ 전단철근이 부담하는 전단강도

    ㉠ 수직스터럽

$$V_s = \frac{A_v f_y d}{s} = \frac{V_u - \phi V_c}{\phi}$$

    ㉡ 경사스터럽

$$V_s = \frac{A_v f_y d}{s}(\sin\alpha + \cos\alpha)$$

    ㉢ 굽힘철근의 전단철근으로서의 유효길이는 경사길이의 중앙 3/4으로 본다.

    ㉣ 전단철근의 최대 전단강도

$$V_s \leq 0.2\left(1 - \frac{f_{ck}}{250}\right)f_{ck}b_w d$$

### 5. 전단철근의 배치

① $V_u \leq \frac{1}{2}\phi V_c$인 경우

    ㉠ 계산상, 안전상 전단철근이 필요 없다.

    ㉡ 전단철근 불필요 시 콘크리트 단면적($b_w d$)

$$V_u \leq \frac{1}{2}\phi V_c = \frac{1}{2}\phi\left(\frac{1}{6}\lambda\sqrt{f_{ck}}\,b_w d\right)$$

$$\therefore b_w d = \frac{12V_u}{\phi\lambda\sqrt{f_{ck}}}$$

② $\frac{1}{2}\phi V_c < V_u \leq \phi V_c$인 경우

    ㉠ 최소 전단철근으로 보강한다.

ⓛ 최소 전단철근량

$$A_{v,\min} = 0.0625 \sqrt{f_{ck}} \frac{b_w s}{f_{yt}} \geq 0.35 \frac{b_w s}{f_y}$$

③ 최소 전단철근의 예외규정

  ㄱ 슬래브 및 기초판(확대기초), 콘크리트 장선구조

  ㄴ 전체 깊이가 250mm 이하이거나 I형 보, T형 보에서 그 깊이가 플랜지 두께의 2.5배 또는 복부폭의 1/2 중 큰 값 이하인 보

  ㄷ 교대 벽체 및 날개벽, 옹벽의 벽체, 암거 등과 같이 휨이 주거동인 판부재

④ $V_u \geq \phi V_c$인 경우

  ㄱ 전단철근량을 계산하여 배근한다.

  ㄴ 전단철근량

$$A_v = \frac{V_s s}{f_y d}$$

6. 전단철근 간격(수직스터럽)

① $V_s \leq \frac{1}{3} \lambda \sqrt{f_{ck}} b_w d$인 경우

$$s \leq \frac{d}{2}, \ s \leq 600\,\mathrm{mm}, \ s = \frac{A_v f_y d}{V_s} \ \text{이하}$$

② 경사스터럽과 굽힘철근은 부재 중간 높이 $0.5d$에서 반력점 방향으로 주인장철근까지 연장된 45°선과 한 번 이상 교차하여야 한다.

③ $V_s > \frac{1}{3} \lambda \sqrt{f_{ck}} b_w d$인 경우 ①, ②의 최대 간격을 1/2로 한다.

$$s \leq \frac{d}{4}, \ s \leq 300\,\mathrm{mm}, \ s = \frac{A_v f_y d}{V_s} \ \text{이하}$$

7. 비틀림 설계

① 직사각형 단면의 균열비틀림모멘트

$$T_{cr} = \frac{1}{3} \lambda \sqrt{f_{ck}} \frac{A_{cp}^2}{P_{cp}}$$

② 비틀림을 고려하지 않아도 되는 경우

$$T_u < \phi\left(\frac{1}{12} \lambda \sqrt{f_{ck}}\right) \frac{A_{cp}^2}{P_{cp}}$$

8. 비틀림 철근의 종류

① 부재축에 수직인 폐쇄 스터럽 또는 폐쇄 띠철근

② 부재축에 수직인 횡방향 강선으로 구성된 폐쇄 용접철망

③ 철근콘크리트 보에서 나선철근

9. 비틀림 철근의 상세

① 종방향 비틀림 철근은 양단에 정착하여야 한다.

② 횡방향 비틀림 철근의 간격은 $P_h/8$, 300mm 보다 작아야 한다.

③ 종방향 철근은 폐쇄 스터럽의 둘레를 따라 300mm 이하의 간격으로 분포시켜야 한다.

④ 종방향 철근의 지름은 스터럽 간격의 1/24 이상이어야 하며, D10 이상의 철근이어야 한다.

## CHAPTER 04 | 철근의 정착과 이음

1. 부착에 영향을 미치는 요인

① 철근의 표면상태

② 철근의 묻힌 위치 및 방향

③ 철근의 직경

④ 콘크리트의 강도

⑤ 콘크리트의 다짐 정도

⑥ 피복두께

2. 인장이형철근의 정착길이

① 기본정착길이 : $l_{db} = \dfrac{0.6 d_b f_y}{\lambda \sqrt{f_{ck}}}$

② 정착길이

  $l_d =$ 기본정착길이$(l_{db}) \times$ 보정계수 $\geq 300$mm

③ 보정계수

  ㄱ $\alpha$ : 철근배치 위치계수(상부철근 : 1.3)

  ㄴ $\beta$ : 에폭시 도막철근(피복두께가 $3d_b$ 미만 : 1.5)

  ㄷ 에폭시 도막철근이 상부철근인 경우 : $\alpha\beta \leq 1.7$

3. 압축이형철근의 정착길이

① 기본정착길이 : $l_{db} = \dfrac{0.25 d_b f_y}{\lambda \sqrt{f_{ck}}} \geq 0.043 d_b f_y$

② 정착길이

  $l_d =$ 기본정착길이$(l_{db}) \times$ 보정계수 $\geq 200$mm

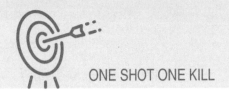

③ 보정계수

　㉠ 요구되는 양 이상으로 철근을 사용한 경우 :

$$\frac{\text{소요 } A_s}{\text{배근 } A_s}$$

　㉡ 지름이 6mm 이상이고 피치가 100mm 이하인 나선철근 : 0.75

### 4. 표준갈고리에 의한 정착길이

① 기본정착길이

$$l_{hb} = \frac{0.24\beta d_b f_y}{\lambda \sqrt{f_{ck}}}$$

② 정착길이

$l_{dh} = $ 기본정착길이$(l_{hb}) \times$ 보정계수 $\geq 8d_b,$

150mm

③ 보정계수 : 요구되는 양 이상으로 철근을 사용

한 경우 $\dfrac{\text{소요 } A_s}{\text{배근 } A_s}$

### 5. 표준갈고리

① 주철근의 표준갈고리

　㉠ 90° 표준갈고리

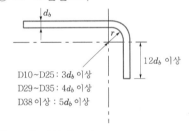

D10~D25 : $3d_b$ 이상
D29~D35 : $4d_b$ 이상
D38 이상 : $5d_b$ 이상

$12d_b$ 이상

　㉡ 180° 표준갈고리

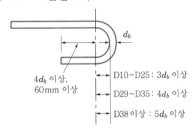

$4d_b$ 이상,
60mm 이상

D10~D25 : $3d_b$ 이상
D29~D35 : $4d_b$ 이상
D38 이상 : $5d_b$ 이상

② 스터럽과 띠철근의 표준갈고리

　㉠ 90° 표준갈고리

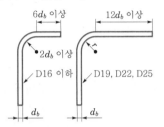

$6d_b$ 이상　　　　$12d_b$ 이상

$2d_b$ 이상
D16 이하　　D19, D22, D25

$d_b$　　　　$d_b$

　㉡ 135° 표준갈고리

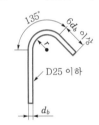

135°　　$6d_b$ 이상

D25 이하

$d_b$

③ 최소 구부림의 내면반지름

| 철근의 크기 | 최소 내면반지름 |
|---|---|
| D10~D25 | $3d_b$ |
| D29~D35 | $4d_b$ |
| D38 이상 | $5d_b$ |

　㉠ D16 이하의 스터럽과 띠철근의 표준갈고리 : $2d_b$ 이상

　㉡ 굽힘철근 : $5d_b$ 이상, 헌치철근 : $10d_b$ 이상

### 6. 인장이형철근의 겹침이음길이

① 이어대지 않는 것을 원칙으로 하되, 최대 인장응력이 작용하는 곳은 피하는 것이 좋다.

② 이음부는 한 곳에 집중시키지 말고 엇갈리게 두는 것이 좋다.

③ A급 이음의 겹침이음길이(D35 이하 철근)

　㉠ 겹침이음철근량 ≤ 총철근량의 1/2, (배근 $A_s$)/(소요 $A_s$) ≥ 2인 경우

　㉡ $1.0l_d$ 이상, 300mm 이상

④ B급 이음의 겹침이음길이(D35 이하 철근)

　㉠ A급 이외의 경우

　㉡ $1.3l_d$ 이상, 300mm 이상

⑤ 다발철근의 겹침이음길이
    ㉠ 3개 다발철근 : 20% 증가
    ㉡ 4개 다발철근 : 33% 증가
⑥ 다발 내의 각 철근의 겹침이음은 같은 위치에 중첩해서는 안 된다.
⑦ 인장이형철근의 맞댐이음(D35 초과 철근)
    ㉠ 용접에 의한 맞댐이음을 하거나 연결장치를 이용한 기계적 이음을 해야 한다.
    ㉡ 이음부의 인장력은 철근항복강도($f_y$)의 125% 이상 발휘하도록 해야 한다.

## 7. 압축이형철근의 겹침이음길이

① 압축이형철근의 겹침이음길이
$$l_s = \left( \frac{1.4 f_y}{\lambda \sqrt{f_{ck}}} - 52 \right) d_b$$
② $f_y \leq 400\text{MPa}$인 경우
$$l_s \leq 0.072 f_y d_b, \ 300\text{mm} \ \text{이상}$$
③ $f_y > 400\text{MPa}$인 경우
$$l_s \leq (0.13 f_y - 24) d_b, \ 300\text{mm} \ \text{이상}$$
④ $f_{ck}$가 21MPa 미만인 경우는 겹침이음길이를 1/3 증가시켜야 한다.

## CHAPTER 05 | 보의 처짐과 균열(사용성)

## 1. 탄성처짐(순간처짐, 즉시처짐, $\delta_e$)

① 탄성처짐
$$\delta_e = \frac{5wl^4}{384 E_c I_e} = \frac{Pl^3}{48 E_c I_e}$$
② 유효 단면2차모멘트
$$I_e = \left( \frac{M_{cr}}{M_a} \right)^3 I_g + \left[ 1 - \left( \frac{M_{cr}}{M_a} \right)^3 \right] I_{cr} < I_g$$
    ㉠ 균열모멘트
$$M_{cr} = \frac{I_g}{y_t} f_r, \ f_r = 0.63 \lambda \sqrt{f_{ck}} \, [\text{MPa}]$$
    ㉡ 균열 환산 단면2차모멘트
$$I_{cr} = \frac{bc^3}{3} + nA_s(d-c)^2$$

## 2. 장기처짐($\delta_l$)과 최종처짐($\delta_t$)

① 장기처짐량＝탄성처짐×장기처짐계수($\lambda_\Delta$)
② 장기처짐계수
$$\lambda_\Delta = \frac{\xi}{1 + 50\rho'}, \ \rho' = \frac{A_s'}{bd}$$
③ 시간경과계수($\xi$)
    ㉠ 3개월 : 1.0
    ㉡ 6개월 : 1.2
    ㉢ 1년 : 1.4
    ㉣ 5년 이상 : 2.0
④ 최종처짐량($\delta_t$)＝탄성처짐+장기처짐
$$\delta_t = \delta_e + \delta_l = \delta_e + \delta_e \lambda_\Delta = \delta_e(1 + \lambda_\Delta)$$

## 3. 처짐을 계산하지 않는 부재의 최소 두께(높이, $h$)

① $f_y = 400\text{MPa}$의 경우

| 부재 | 캔틸레버 | 단순지지 | 일단 연속 | 양단 연속 |
|---|---|---|---|---|
| 보 | $l/8$ | $l/16$ | $l/18.5$ | $l/21$ |
| 1방향 슬래브 | $l/10$ | $l/20$ | $l/24$ | $l/28$ |

② $f_y = 400\text{MPa}$ 이외의 경우
    계산된 $h \times \left( 0.43 + \dfrac{f_y}{700} \right)$
③ 경량콘크리트인 경우
    계산된 $h \times (1.65 - 0.00031 m_c)$
    단, $(1.65 - 0.00031 m_c) \geq 1.09$

## 4. 균열의 성질

① 균열은 외관상 좋지 않고, 폭이 큰 균열은 철근을 부식시켜 내구성을 저하시킨다.
② 균열의 수가 문제가 아니라 균열폭이 문제가 된다.
③ 폭이 큰 몇 개의 균열보다 많은 수의 미세한 균열이 바람직하다.

## 5. 균열폭에 영향을 미치는 요인

① 균열폭은 철근의 응력과 지름에 비례하고, 철근비에 반비례한다.
② 콘크리트 표면의 균열폭은 콘크리트 피복두께에 비례한다.

③ 콘크리트의 최대 인장구역에서 지름이 가는 이형철근을 여러 개 사용하는 것이 균열폭을 작게 할 수 있다.

④ 균열폭에 영향을 미치는 요소
ㄱ 철근의 종류와 수
ㄴ 철근의 응력
ㄷ 피복두께

## 6. 균열 제어용 휨철근 배치

① 보나 장선의 $h$가 900mm를 초과하면 종방향 표피철근을 인장연단으로부터 $h/2$지점까지 부재 양 측면을 따라 균일하게 배치하여야 한다.

② 휨균열 제어용 표피철근의 중심 간격(최솟값)

ㄱ $s = 375\left(\dfrac{k_{cr}}{f_s}\right) - 2.5\,c_c$

ㄴ $s = 300\left(\dfrac{k_{cr}}{f_s}\right)$

여기서, 근사식 $f_s = \dfrac{2}{3}f_y$

건조환경 : $k_{cr} = 280$

그 외의 환경 : $k_{cr} = 210$

## 7. 피로 적용 범위

① 보 및 슬래브의 피로는 휨 및 전단에 대하여 검토해야 한다.
② 기둥의 피로는 검토하지 않아도 좋다.
③ 휨모멘트나 축인장력의 영향이 특히 큰 경우 보에 준하여 검토해야 한다.
④ 피로를 고려하지 않아도 되는 강재의 응력변동범위

| 강재의 종류와 위치 | | 응력변동범위 (MPa) |
|---|---|---|
| 이형철근 | SD300 | 130 |
| | SD400 이상 | 150 |
| PS 긴장재 | 연결부 또는 정착부 | 140 |
| | 기타 부위 | 160 |

---

## CHAPTER 06 │ 휨과 압축을 받는 부재(기둥)의 해석과 설계

### 1. 주요 구조 세목(제한사항)

① 축방향 철근의 구조 세목(주철근)

| 구분 | 띠철근 기둥 | 나선철근 기둥 |
|---|---|---|
| 철근비 | 1~8% | 1~8% |
| 최소 개수 | • 직사각형 단면, 원형 단면: 4개 이상<br>• 삼각형 단면: 3개 이상 | 6개 이상<br>$f_{ck} \geq 21\,MPa$ |
| 간격 | • 40mm 이상<br>• 철근 지름의 1.5배 이상<br>• 굵은골재 최대 치수 4/3배 이상 | |

② 띠철근 또는 나선철근의 구조 세목(보조철근)

| 구분 | 띠철근 기둥 | 나선철근 기둥 |
|---|---|---|
| 직경 | • 축철근이 D32 이하일 때: D10 이상<br>• 축철근이 D35 이상일 때: D13 이상 | 10mm 이상 |
| 간격 | • 축철근 지름의 16배 이하<br>• 띠철근 지름의 48배 이하<br>• 기둥 단면의 최소 치수 이하 | 25~75mm |
| 체적비 | - | $\rho_s = 0.45\left(\dfrac{A_g}{A_{ch}} - 1\right)\dfrac{f_{ck}}{f_{yt}}$ |

### 2. 철근비의 최소 한도(1%)를 둔 이유
① 예상 외의 휨에 대비
② 크리프 및 건조수축의 영향 감소
③ 콘크리트 강도 보충
④ 콘크리트의 부분적 결함 보충

### 3. 철근비의 최대 한도(8%)를 둔 이유
① 콘크리트 작업에 지장 초래
② 비경제적

## 4. 나선철근비와 보조철근의 역할

① 나선철근비(체적비)

$$\rho_s = \frac{나선철근의\ 체적}{심부의\ 체적}$$

$$= 0.45\left(\frac{A_g}{A_{ch}} - 1\right)\frac{f_{ck}}{f_{yt}}$$

② 나선철근 간격

$$s = \frac{4A_s}{D_c\,\rho_s}$$

③ 띠철근과 나선철근의 역할

㉠ 축방향 철근의 위치 확보

㉡ 좌굴 방지용 보조철근

## 5. 단주와 장주의 구분

① 횡구속 골조 : $\lambda < 34 - 12\left(\dfrac{M_1}{M_2}\right) \le 40 \rightarrow$ 단주

② 비횡구속 골조 : $\lambda < 22 \rightarrow$ 단주

③ 설계의 원칙

$$P_d = \phi P_n \ge P_u,\quad M_d = \phi M_n \ge M_u$$

## 6. 단주의 중심축 설계축하중강도

① 나선철근($\phi = 0.70$, $\alpha = 0.85$)

$$P_d = \phi P_n = \phi \alpha P_o$$

$$= 0.70 \times 0.85[0.85f_{ck}(A_g - A_{st}) + f_y A_{st}]$$

② 띠철근($\phi = 0.65$, $\alpha = 0.80$)

$$P_d = \phi P_n = \phi \alpha P_o$$

$$= 0.65 \times 0.80[0.85f_{ck}(A_g - A_{st}) + f_y A_{st}]$$

## 7. 단주의 편심축 설계축하중강도

① 편심거리에 따른 파괴형태

㉠ $e = e_b$, $P_u = P_b$ : 평형파괴

㉡ $e > e_b$, $P_u < P_b$ : 인장파괴

㉢ $e < e_b$, $P_u > P_b$ : 압축파괴

② 설계축하중강도

$$P_d = \phi P_n = \phi(C_c + C_s - T_s)$$

$$= \phi(0.85f_{ck}ab + A_s{'}f_y - A_s f_y)$$

## 8. 장주(좌굴현상)

① 좌굴하중 : $P_{cr} = \dfrac{n\pi^2 EI}{l^2} = \dfrac{\pi^2 EI}{(kl)^2}$

② 좌굴응력 : $f_{cr} = \dfrac{P_c}{A} = \dfrac{\pi^2 E}{\lambda^2} = \dfrac{\pi^2 E}{\left(\dfrac{kl}{r}\right)^2}$

③ 단부조건에 따른 계수

㉠ 유효길이계수($k$) : 2 : 1 : 0.7 : 0.5

㉡ 좌굴계수($n$) : 1/4(1) : 1(4) : 2(8) : 4(16)

㉢ 관계식 : $l_k = kl$, $n = \dfrac{1}{k^2}$

| 조건 | 1단 고정<br>타단 자유 | 양단 힌지 | 1단 고정<br>타단 힌지 | 양단 고정 |
|---|---|---|---|---|
| 분류 | | | | |
| 유효길이<br>계수 | 2 | 1 | 0.7 | 0.5 |
| 좌굴계수 | 1/4(1) | 1(4) | 2(8) | 4(16) |

## CHAPTER 07 | 슬래브, 확대기초 및 옹벽의 설계

## 1. 슬래브의 종류

① 1방향 슬래브 : 주철근을 1방향(단변 방향)으로 배치, 하중이 단변 방향으로 작용

$$\frac{L}{S} \ge 2.0$$

② 2방향 슬래브 : 주철근을 2방향으로 배치, 하중이 단변과 장변 방향으로 작용

$$1 \le \frac{L}{S} < 2,\quad 1 \ge \frac{S}{L} > 0.5$$

③ 다방향 슬래브 : 주철근을 3방향 이상으로 배치한 슬래브

## 2. 1방향 슬래브의 설계

① 단변을 경간으로 하는 장변 방향 폭이 1m인 직사각형 단면보로 설계

② 1방향 슬래브의 최소 두께 : 100mm 이상(과다 처짐 방지)

③ 주철근(정·부철근)의 간격
  ㉠ 최대 모멘트 발생 단면 : 슬래브 두께의 2배 이하, 300mm 이하
  ㉡ 기타 단면 : 슬래브 두께의 3배 이하, 450mm 이하
④ 수축·온도 철근의 배근 간격 : 슬래브 두께의 5배 이하, 450mm 이하

3. 2방향 슬래브
① 직접설계법의 제한사항
  ㉠ 각 방향으로 3경간 이상이 연속된 경우
  ㉡ 단변경간에 대한 장변경간의 비가 2 이하인 직사각형 단면
  ㉢ 중심 간 경간길이의 차는 긴 경간의 1/3 이하
  ㉣ 이탈 방향 경간의 최대 10%까지 허용
  ㉤ 활하중은 고정하중의 2배 이하
② 하중 분배
  ㉠ 등분포하중이 작용하는 경우

$$w_L = \frac{wS^4}{L^4 + S^4}, \quad w_S = \frac{wL^4}{L^4 + S^4}$$

  ㉡ 집중하중이 작용하는 경우

$$P_L = \frac{PS^3}{L^3 + S^3}, \quad P_S = \frac{PL^3}{L^3 + S^3}$$

③ 지지보가 받는 하중의 환산
  ㉠ 단경간($S$) : $w_S' = \dfrac{wS}{3}$
  ㉡ 장경간($L$) : $w_L' = \dfrac{wS}{3}\left(\dfrac{3-m^2}{2}\right), \quad m = \dfrac{S}{L}$

④ 2방향 슬래브의 구조 상세
  ㉠ 수축·온도 철근의 최소 철근비 : 0.0014 이상
  ㉡ 위험단면에서 철근의 간격 : 슬래브 두께의 2배 이하, 300mm 이하
  ㉢ 모서리 보강(특별 보강철근) : 장변의 1/5 되는 부분에 상부철근은 대각선 방향, 하부철근은 대각선의 직각 방향, 또는 양변에 평행한 철근을 상·하면에 배근

4. 전단에 대한 위험단면
① 1방향 슬래브, 1방향 확대기초 : 지점에서 $d$만큼 떨어진 곳
② 2방향 슬래브, 2방향 확대기초 : 지점에서 $d/2$만큼 떨어진 곳
③ 위험단면 둘레길이
$$b_o = 2(x+d) + 2(y+d) = 4(t+d)$$
④ 전단응력
$$v = \frac{V}{bd} = \frac{V}{b_w d} = \frac{V}{b_o d}$$

5. 옹벽의 안정조건
① 전도에 대한 안정($F_s = 2.0$)
$$\frac{M_r}{M_o} = \frac{\overline{W}x}{Hy} \geq 2.0$$
② 활동에 대한 안정($F_s = 1.5$)
$$\frac{H_r}{H} = \frac{f\overline{W}}{H} \geq 1.5$$
③ 지반지지력 침하에 대한 안정($F_s = 1.0$)
  ㉠ $q_\frac{1}{2} \leq$ 허용지지력($q_a$)
  ㉡ 지반지지력
$$q_\frac{1}{2} = \frac{P}{B}\left(1 \pm \frac{6e}{B}\right)$$

6. 옹벽의 설계
① 캔틸레버 옹벽
  ㉠ 저판 : 수직벽에 의해 지지된 캔틸레버로 설계
  ㉡ 전면벽 : 저판에 지지된 캔틸레버로 설계
② 앞부벽식 옹벽
  ㉠ 저판 : 앞부벽 간의 거리를 경간으로 보고, 고정보 또는 연속보로 설계
  ㉡ 전면벽 : 3변이 지지된 2방향 슬래브로 설계
  ㉢ 앞부벽 : 직사각형 보로 보고 설계(압축철근)
③ 뒷부벽식 옹벽
  ㉠ 저판 : 뒷부벽 간의 거리를 경간으로 보고, 고정보 또는 연속보로 설계
  ㉡ 전면벽 : 3변이 지지된 2방향 슬래브로 설계
  ㉢ 뒷부벽 : T형 보의 복부로 보고 설계(인장철근)

7. **확대기초의 소요저면적($A_f$)과 전단응력**

① 소요저면적 : $A_f \geq \dfrac{P}{q_a}$

② 전단응력 : 슬래브와 동일

8. **위험단면에서의 전단력**

① 1방향 작용 : $V_u = q_u \left( \dfrac{L-t}{2} - d \right) S$

② 2방향 작용 : $V_u = q_u (SL - B^2)$ $(\because B = t + d)$

9. **위험단면(기둥 전면)에서의 휨모멘트**

① 단변 방향 : $M = \dfrac{1}{8} q_u S (L-t)^2$

② 장변 방향 : $M = \dfrac{1}{8} q_u L (S-t)^2$

## CHAPTER 08 | 프리스트레스트 콘크리트 (PSC)

1. **PSC의 장점**
   ① 부식이 적고 내구성이 있다.
   ② 탄력성, 복원력이 강하다.
   ③ 전 단면이 유효하다.
   ④ 안전성이 있다.
   ⑤ 연결 시공, 분할 시공, 현장 타설 시공이 가능하다.

2. **PSC의 단점**
   ① 변형이 크고 진동하기 쉽다.
   ② 내화성(열)에 불리하다.
   ③ 공사비가 고가이다.
   ④ 응력이나 처짐에 대한 세심한 안전성 검토가 필요하다.

3. **콘크리트 품질의 요구사항**
   ① 압축강도가 높아야 한다.
   ② 건조수축과 크리프가 작아야 한다.
      • $w/c \leq 45\%$
   ③ 설계기준강도
      ㉠ 프리텐션 부재 : $f_{ck} \geq 35\text{MPa}$
      ㉡ 포스트텐션 부재 : $f_{ck} \geq 30\text{MPa}$

4. **PS 긴장재의 일반적 성질**
   ① 인장강도, 항복비, 응력부식에 대한 저항성이 크고, 어느 정도의 피로강도를 가져야 한다.

② 릴랙세이션이 작아야 한다.
③ 부착강도가 좋아야 한다.
④ 연성과 인성을 가져야 한다.
⑤ 직선성(신직성)이 좋아야 한다.

5. **PSC의 기본 3개념**
   ① 응력 개념(균등질 보의 개념) : 콘크리트에 프리스트레스가 가해지면 PSC 부재는 탄성체로 전환되고, 이의 해석은 탄성이론으로 가능하다는 개념으로 가장 널리 통용되고 있는 PSC의 기본적인 개념이다.
   ② 강도 개념(내력모멘트 개념) : PSC 보를 RC 보처럼 생각하여 콘크리트는 압축력을 받고, 긴장재는 인장력을 받게 하여 두 힘의 우력모멘트로 외력에 의한 휨모멘트에 저항시킨다는 개념이다.
   ③ 하중 평형 개념(등가하중 개념)
      ㉠ 긴장력과 부재에 작용하는 하중을 비기도록 하자는 개념으로, 휨응력이 발생하지 않고 압축력만을 받는 부재로 전환시키게 되는 개념이다.
      ㉡ 긴장재를 포물선으로 배치한 경우의 상향력
         $$u = \dfrac{8Ps}{l^2}$$
      ㉢ 긴장재를 절곡하여 배치한 경우의 상향력
         $u = 2P \sin \theta$

6. **완전 프리스트레싱과 부분 프리스트레싱**
   ① 완전 프리스트레싱(full prestressing) : 사용하중 재하 시 부재 내에 인장응력이 전혀 발생하지 않도록 완전하게 프리스트레싱하는 방법
   ② 부분적 프리스트레싱(partial prestressing) : 사용하중 재하 시 부재 내에 허용범위 내에서 인장응력의 발생을 어느 정도 허용하며 프리스트레싱하는 방법

7. **프리텐션(pre-tension) 공법**
   ① 콘크리트를 타설하기 전에 긴장재를 미리 긴장시키는 것 → 공장제품에 유리
   ② 작업순서 : 인장대 설치 → 철근 배근 및 강재 배치와 긴장 → 거푸집 → 타설 → 양생 → 긴장력 도입 → 강재 절단

③ 공법 : 롱라인공법(연속식), 단일몰드공법(단독식)

④ 장단점 : 대량으로 제조 가능, 시스와 정착장치 불필요, 곡선 배치가 어려워 대형구조물에 부적합, 단부에 PS력이 도입되지 않음

8. **포스트텐션(post-tension) 공법**

① 콘크리트를 타설하고 경화한 후에 시스 속에 긴장재를 넣고 나중에 긴장 → 현장 제작에 유리

② 작업순서 : 철근 배근, 시스 설치, 거푸집 제작 → 타설 → 양생 → 경화 후 시스 속에 PS 강재 삽입 → 단부에 정착 → 시스 속 그라우팅

③ 장단점 : 곡선 배치, 대형 구조물에 유리, 지지대 불필요, 파괴강도가 낮고 균열폭이 커지고, 특수한 긴장방법과 정착장치 필요

④ PS 긴장재의 긴장방법 : 기계적 방법(가장 보편적인 방법), 화학적 방법, 전기적 방법, 프리플렉스(preflex) 방법

⑤ PS 강재의 정착방법 : 쐐기식 공법, 지압식 공법, 루프식 공법

9. **프리스트레스 도입 시 손실(즉시 손실)과 손실량**

① 콘크리트의 탄성변형

㉠ 프리텐션 공법 : $\Delta f_p = n f_{ci} = n \dfrac{P_i}{A}$

㉡ 포스트텐션 공법 : $\Delta f_p = \dfrac{1}{2} n f_{ci} \left( \dfrac{N-1}{N} \right)$

② 시스(도관)와의 마찰(포스트텐션에서만 발생)

㉠ 손실량 : $\Delta P = P_o - P_x = P_o (kl + \mu\alpha)$

㉡ 손실률 : $L_r = \Delta P / P_o = kl + \mu\alpha$

③ 정착장치의 활동

㉠ 일단 정착 : $\Delta f_p = E_{ps} \dfrac{\Delta l}{l}$

㉡ 양단 정착 : $\Delta f_p = 2 E_{ps} \dfrac{\Delta l}{l}$

10. **프리스트레스 도입 후 손실(시간적 손실)과 손실량**

① 건조수축 : $\Delta f_p = E_{ps} \varepsilon_{cs}$

② 크리프 : $\Delta f_p = n f_{ci} \phi_t$

③ 긴장재의 릴랙세이션

㉠ 강선, 강연선 : 5%

㉡ 강봉 : 3%

④ 유효율과 감소율(유효율 + 감소율 = 100%)

㉠ 유효율 : $R = \dfrac{P_e}{P_i} \times 100\%$

㉡ 손실률(감소율) : $L_r = \dfrac{\Delta P}{P_i} \times 100\%$

11. **PS 강재의 허용응력**

① 긴장을 할 때 긴장재의 인장응력

$0.80 f_{pu}$ 또는 $0.94 f_{py}$ 중 작은 값 이하

② 프리스트레스 도입 직후

㉠ 프리텐션 : $0.74 f_{pu}$ 또는 $0.82 f_{py}$ 중 작은 값

㉡ 포스트텐션 : $0.70 f_{pu}$

③ 부착 긴장재의 인장응력

$$f_{ps} = f_{pu} \left\{ 1 - \dfrac{\gamma_p}{\beta_1} \left[ \rho_p \dfrac{f_{pu}}{f_{ck}} + \dfrac{d}{d_p} (w - w') \right] \right\}$$

여기서, $\gamma_p$ : 긴장재의 종류에 따른 계수

(강봉 = 0.55, 중이완 = 0.40, 저이완 = 0.28)

$w$ : 인장철근 강재지수 $\left( = \rho \dfrac{f_y}{f_{ck}} \right)$

$w'$ : 압축철근 강재지수 $\left( = \rho' \dfrac{f_y}{f_{ck}} \right)$

$\rho_p$ : 긴장재비 $\left( = \dfrac{A_{ps}}{b \, d_p} \right)$

④ 비부착 긴장재의 인장응력($f_{ps}$)

㉠ $L/h \leq 35$인 경우

$$f_{ps} = f_{pe} + 70 + \dfrac{f_{ck}}{100 \rho_p} \leq f_{py}$$

$$\text{or } (f_{pe} + 420)$$

㉡ $L/h > 35$인 경우

$$f_{ps} = f_{pe} + 70 + \dfrac{f_{ck}}{300 \rho_p} \leq f_{py}$$

$$\text{or } (f_{pe} + 210)$$

여기서, $f_{pe}$ : 긴장재의 유효 프리스트레스

응력 $\left( = \dfrac{F_{pe}}{A_{sp}} \right)$

**12. 보의 휨해석과 설계**

① 콘크리트 단면 상·하연의 응력

ㄱ 긴장재를 직선으로 도심에 배치한 경우

$$f_{c_t} = \frac{P_i}{A_c} \pm \frac{M}{I} y$$

ㄴ 긴장재를 편심 또는 곡선으로 배치한 경우

$$f_{c_t} = \frac{P_i}{A_c} \mp \frac{P_i e}{I} y \pm \frac{M}{I} y$$

② 균열모멘트

$$M_{cr} = Pe + \frac{PI}{Ay} + \frac{I}{y} f_r$$

$$= P\left(e + \frac{r^2}{y}\right) + \frac{I}{y} f_r$$

$$f_r = 0.63 \lambda \sqrt{f_{ck}} \, [\text{MPa}]$$

## CHAPTER 09 | 강구조

**1. 강구조의 장점**

① 다른 구조재에 비해서 단위면적당 강도가 대단히 크다.

② 재료가 균질성을 가지고 있다.

③ 다른 구조재보다 탄성적이며 설계가정에 가깝게 거동한다.

④ 내구성이 우수하다.

⑤ 커다란 변형에 저항할 수 있는 연성을 가지고 있다.

⑥ 강구조는 손쉽게 구조변경을 할 수 있다.

⑦ 리벳, 볼트, 용접 등 연결재를 사용하여 체결할 수 있다.

⑧ 사전 조립이 가능하며 가설속도가 빠르다.

⑨ 다양한 형상과 치수를 가진 구조로 만들 수 있다.

⑩ 재사용이 가능하며, 고철 등으로 재활용이 가능하다.

**2. 강구조의 단점**

① 부식되기 쉬우며 정기적으로 도장을 해야 한다. 따라서 유지비용이 많이 든다.

② 강재는 내화성이 약하다.

③ 압축재로 사용한 강재는 좌굴위험성이 많다.

④ 반복하중에 의해 피로(fatigue)가 발생하여 강도의 감소 또는 파괴가 일어날 수 있다.

**3. 리벳강도 및 리벳 수**

① 전단강도(전단하중, 전단세기)

ㄱ 단전단(1면전단) : $P_s = v_a \dfrac{\pi d^2}{4}$

ㄴ 복전단(2면전단) : $P_s = 2 v_a \dfrac{\pi d^2}{4}$

② 지압강도

$$P_b = f_{ba} d t$$

③ 리벳값(위의 두 값 중 최솟값)

④ 리벳 수

$$n = \frac{P}{\text{리벳값}} \text{ (소수 이하는 무조건 반올림)}$$

⑤ 리벳의 구멍(허용응력설계법, 2019)

ㄱ $d < 20\text{mm} : d + 1.0\,[\text{mm}]$

ㄴ $d \geq 20\text{mm} : d + 1.5\,[\text{mm}]$

**4. 부재(판)의 강도**

① 압축재 : 전 단면이 유효 → 총단면적($A_g$) 사용

② 인장재 : 순폭을 고려 → 순단면적($A_n$) 사용

③ 순단면적 : $A_n = b_n t$

**5. 순폭 계산**

① 일렬 배치 시

$$b_n = b_g - n d$$

② 지그재그(엇모) 배치 시

$$b_n = b_g - d - n\omega$$

여기서, $\omega$ : 공제폭$\left(= d - \dfrac{p^2}{4g}\right)$

③ L형강

ㄱ 총폭 : $b_g = b_1 + b_2 - t$

ㄴ 게이지(리벳 선간 거리) : $g = g_1 - t$

ㄷ $\dfrac{p^2}{4g} < d$인 경우 : $b_n = b_g - d - w$

ㄹ $\dfrac{p^2}{4g} \geq d$인 경우 : $b_n = b_g - d$

**6. 고력볼트이음**

① 고력볼트이음은 마찰이음, 지압이음, 인장이음 중 마찰이음을 기본으로 하고, 유효성은 마찰력에 의한다.

② 고력볼트이음의 장점
  ㉠ 내화력이 리벳이나 용접이음보다 크다.
  ㉡ 소음이 덜하고, 이음매의 강도가 크다.
  ㉢ 불량한 부분의 교체가 쉽고 현장 시공설비가 간편하다.
  ㉣ 노동력을 절약하고 공사기간을 단축하므로 경제적이다.
③ 볼트의 구멍(허용응력설계법, 2019)
  ㉠ $d < 27\text{mm}$ : $d + 2[\text{mm}]$
  ㉡ $d \geq 27\text{mm}$ : $d + 3[\text{mm}]$

### 7. 용접이음의 장단점
① 재료가 절약되는 동시에 단면이 간단해진다.
② 단면 감소로 인한 강도 저하가 없다.
③ 소음이 적고 경비와 시간이 절약된다.
④ 부분적으로 가열되므로 잔류응력이나 변형이 남게 된다.
⑤ 용접부 내부의 검사가 쉽지 않다.
⑥ 응력집중현상이 발생하기 쉽다.

### 8. 용접검사(비파괴검사)
① 육안검사
② 방사선투과시험
③ 초음파탐상법
④ 자분탐상시험
⑤ 침투탐상시험

### 9. 용접결함의 종류
① 균열 : 비드(bead) 균열, 크레이터(crater) 균열, 루트 균열, 측단 균열, 고온균열, 저온균열 등
② 융합 불량, 용입 부족
③ 슬래그(slag) 함입
④ 피트(pit) : 비드 표면에 입을 벌리고 있는 것
⑤ 블로홀(blow hole) : 용접금속 내부에 존재하는 공기
⑥ 언더컷(under cut) : 용접 끝단에 생기는 작은 홈
⑦ 오버랩(over lap) : 용융된 금속이 모재면에 덮쳐진 상태
⑧ 피시아이(fish eye) : 용착금속 단면에 수소의 영향으로 생기는 은색 원점

### 10. 용접부의 강도
① 목두께(응력을 전달하는 용접부의 유효두께)
  ㉠ 홈용접 : $a = t$(모재의 두께, 얇은 쪽)
  ㉡ 필릿용접 : $a = 0.7s$
② 유효길이
  ㉠ 홈용접 : 수직길이 $l_e = l\sin\alpha$
  ㉡ 필릿용접 : $l_e = l - 2s$
③ 용접부의 응력(인장력, 압축력, 전단력)
$$f = v = \frac{P}{\sum a l_e}$$

### 11. 용접작업 시 주의사항
① 용접은 되도록 아래보기 자세로 한다.
② 두께 및 폭의 변화시킬 경사는 1/5 이하로 한다.
③ 용접열은 되도록 균등하게 분포시킨다.
④ 중심에서 주변을 향해 대칭으로 용접하여 변형을 작게 한다.
⑤ 두께가 다른 부재를 용접할 때 두꺼운 판의 두께가 얇은 판 두께의 2배를 초과하면 안 된다.

### 12. 교량의 설계 세목
① 강교의 충격계수
$$i = \frac{15}{40 + L}$$
② 주형의 높이(휨모멘트가 가장 큰 영향)
$$h = 1.1\sqrt{\frac{M}{f_a t}}$$
③ 플랜지의 단면적
$$A_f = \frac{M}{fh} - \frac{A_w}{6}$$
④ 보강재(stiffner) : 복부판의 좌굴 방지용 수직보강재, 수평보강재
⑤ 브레이싱(bracing, 능구, 횡구)
  ㉠ 수직 브레이싱 : 과대 하중의 집중 완화, 처짐 억제
  ㉡ 수평 브레이싱 : 횡하중비틀림에 저항
⑥ 교량 바닥판의 휨모멘트
$$M_L = \frac{L + 0.6}{9.6}P[\text{kgf} \cdot \text{m/m}]$$

# 철근콘크리트의 기본개념

CHAPTER **01** 철근콘크리트의 기본개념

**회독 체크표**

| 1회독 | 월 | 일 |
| 2회독 | 월 | 일 |
| 3회독 | 월 | 일 |

**최근 10년간 출제분석표**

| 2015 | 2016 | 2017 | 2018 | 2019 | 2020 | 2021 | 2022 | 2023 | 2024 |
|------|------|------|------|------|------|------|------|------|------|
| 1.7% | 3.3% | 5.0% | 3.3% | 5.0% | 5.0% | 3.3% | 3.3% | 5.0% | 6.7% |

**출제 POINT**

**학습 POINT**
- 철근콘크리트의 성립 이유
- 철근콘크리트 구조의 장점
- 철근콘크리트 구조의 단점
- 탄성계수

■콘크리트, 모르타르, 시멘트풀
① 콘크리트=물+시멘트+모래+자갈
  +혼화재
② 모르타르=물+시멘트+모래
③ 시멘트풀=물+시멘트

SECTION **1** 총론

### 1 철근콘크리트의 개론

1) 철근콘크리트(RC)의 정의

① 철근콘크리트는 철근과 콘크리트의 서로 다른 재료가 일체로 거동하여 외력에 저항하는 구조물이다.

② 취성재료인 콘크리트는 압축에 강하고 인장에 약하다.

③ 콘크리트의 취약점을 보완하기 위하여 보의 인장측에 인장력에 강한 철근(steel bar)을 배치하여 압축은 콘크리트가, 인장은 철근이 부담하도록 한 일체식 구조를 철근콘크리트(RC, Reinforced Concrete) 구조라고 한다.

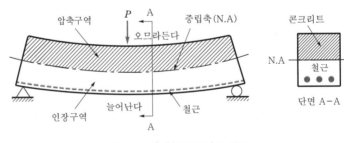

[그림 1-1] 철근콘크리트 구조

2) 철근콘크리트의 성립 이유

① 철근과 콘크리트 사이의 부착강도가 크다.
  → 일체 작용을 의미한다.

② 콘크리트 속의 철근은 부식되지 않는다.
  → 콘크리트의 불투수성을 의미한다.

③ 철근과 콘크리트 두 재료의 열팽창계수가 거의 같다.

　→ 온도변화에 대한 신축이 거의 동일하다.

④ 취성재료인 콘크리트와 연성재료인 철근을 결합하여 구조물의 연성파괴
를 유도할 수 있다.

3) 철근콘크리트 구조의 장점

① 내구성, 내화성, 내진성을 가진다.

② 임의의 형태, 모양, 크기, 치수의 시공이 가능하다.

③ 구조물의 유지·관리가 쉽다.

④ 일체식 구조를 만들 수 있다.

⑤ 진동이나 충격에 대한 저항력이 크고, 강성이 큰 재료로 만들 수 있다.

⑥ 강구조에 비해 경제적이다.

4) 철근콘크리트 구조의 단점

① 콘크리트에 균열(crack)이 발생하기 쉽다.

② 중량(자중)이 비교적 크다.

③ 부분적(국부적)인 파손이 일어나기 쉽다.

④ 구조물 시공 후에 검사, 개조, 보수, 보강, 해체가 어렵다.

⑤ 시공이 조잡해지기 쉽고, 전음도가 크다.

⑥ 거푸집, 동바리 등의 비용이 많이 들며 시공관리가 어렵다.

## 2 응력-변형률 곡선과 탄성계수

1) 응력-변형률 곡선

### (1) 콘크리트의 응력-변형률 곡선

① 초기에는 거의 직선(탄성)으로 거동한다.

② 변형률 0.002~0.003에서 최대 응력을 나타낸다.

③ 파괴 시에 변형률($\varepsilon_c$)은 0.003~0.005 범위에 있다.

④ 콘크리트의 설계기준압축강도($f_{ck}$)가 증가함에 따라 파괴점이 작아지면
서 변형률이 증가한다.

⑤ 콘크리트의 극한변형률($\varepsilon_{cu}$)은 콘크리트의 설계기준압축강도에 따라 달
리 적용한다. $f_{ck} \leq 40\text{MPa}$인 경우 0.0033으로 가정한다.

### (2) 철근의 응력-변형률 곡선

① 비례한도(P) : 응력과 변형률이 직선 비례하는 구간으로, 훅의 법칙이
성립하는 점을 말한다.

---

### 출제 POINT

■ 철근과 콘크리트의 열팽창계수

① 콘크리트의 열팽창계수
$$\varepsilon_c = (1.0 \sim 1.3) \times 10^{-5} / \text{℃}$$

② 철근의 열팽창계수
$$\varepsilon_s = 1.2 \times 10^{-5} / \text{℃}$$

■ 콘크리트의 단위질량

① 무근콘크리트
$$m_c = 2,300 \text{kg/m}^3$$

② 철근콘크리트
$$m_c = 2,500 \text{kg/m}^3$$

③ 경량콘크리트
$$m_c = 2,000 \text{kg/m}^3 \text{ 이하}$$

④ 중량콘크리트
$$m_c = 3,000 \text{kg/m}^3 \text{ 이상}$$

■ 고강도 콘크리트일수록 최대 압축강도
에 도달한 후 급격한 취성파괴의 거동을
보인다.

■ 콘크리트 극한변형률($\varepsilon_{cu}$)
$$\varepsilon_{cu} = 0.0033 \ (\because f_{ck} \leq 40\text{MPa})$$

■ 철근은 인장을 받는 경우나 압축을 받는
경우 탄성계수와 허용응력이 동일하다.

② 탄성한도(E) : 외력을 제거하면 영구변형을 남기지 않고 원상태로 복귀되는 응력의 최고한계점을 말한다.

③ 상・하 항복점(Y, Y′) : 철근이 항복하는 점으로 외력의 증가 없이 변형률이 급격히 증가하고 잔류 변형을 일으키는 점이다.

④ 극한강도(U) : 최대 응력이 나타나는 점으로 인장강도를 의미한다.

⑤ 파괴점(B) : 파괴가 나타나는 점으로 U점을 지나면 응력은 감소하나, 변형은 증가한다.

(3) 각 재료의 실제 응력-변형률 곡선은 사용하기 곤란하므로 콘크리트 구조기준(KDS 14 20 00 : 2021)을 적용, 이상화하여 사용한다.

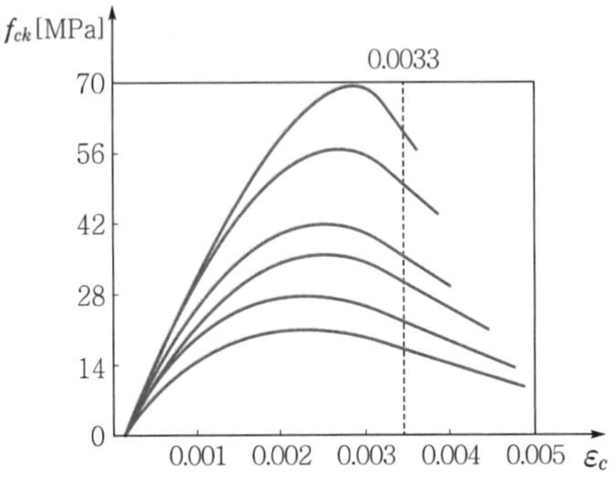

(a) 콘크리트의 응력-변형률 곡선

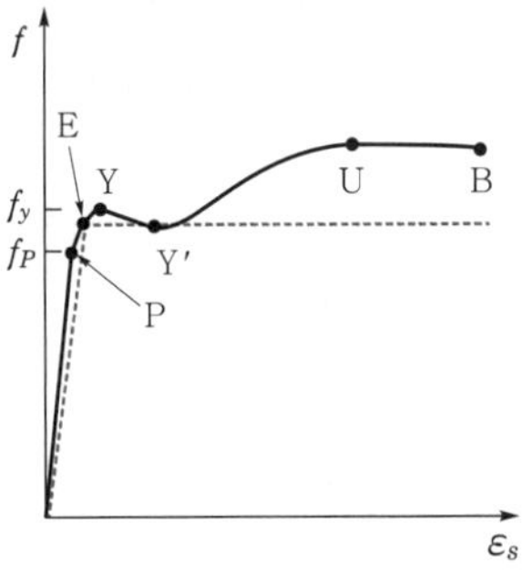

(b) 철근의 응력-변형률 곡선

**[그림 1-2] 재료의 응력-변형률 곡선**

## 2) 탄성계수

### (1) 콘크리트의 탄성계수(KDS 14 20 10)

① 일반적으로 사용하는 콘크리트의 탄성계수(콘크리트 구조기준)는 할선탄성계수를 의미하며, 압축강도의 40~50% 정도의 응력을 사용하여 구한다.

② 콘크리트 탄성계수(할선탄성계수)

$$E_c = 0.077 m_c^{1.5} \sqrt[3]{f_{cm}} \quad \text{(기본식)} \qquad (1.1)$$

$$= 8{,}500 \sqrt[3]{f_{cm}} \text{ [MPa]} \quad \text{(보통 중량골재)} \qquad (1.2)$$

여기서, $f_{cm} = f_{ck} + \Delta f$ [MPa]

- $f_{ck} \le 40$ MPa인 경우 $\Delta f = 4$ MPa
- $f_{ck} > 60$ MPa인 경우 $\Delta f = 6$ MPa
- 그 사이는 직선보간

**출제 POINT**

■ **탄성계수**

응력-변형률 곡선의 기울기

■ **콘크리트 탄성계수의 분류**

① 초기접선탄성계수 : 곡선 처음 부분의 기울기로, 크리프 계산에 사용 ($E_c = \tan\theta_1$)

② 접선탄성계수 : 곡선에서 임의의 점의 기울기($E_c = \tan\theta_2$)

③ 할선탄성계수(secant modulus of elasticity) : 곡선 절반 정도 응력의 기울기($E_c = \tan\theta_3$)

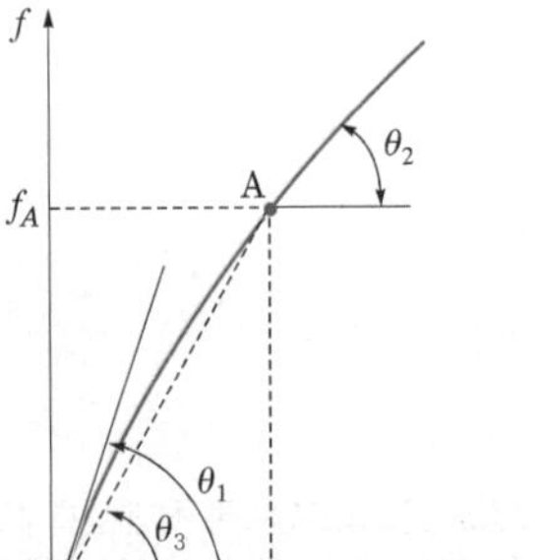


■ **$\Delta f$의 산정**

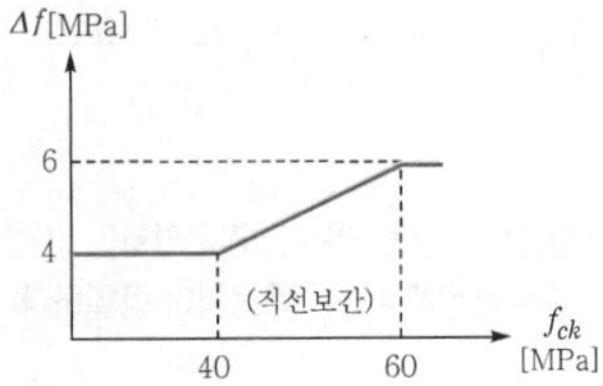

③ 크리프 변형 계산에 사용되는 탄성계수(초기접선탄성계수)

$$E_{ci} = 1.18E_c = 10,000\sqrt[3]{f_{cm}}\,[\text{MPa}] \qquad (1.3)$$

### (2) 기타의 탄성계수

① 철근의 탄성계수 : $E_s = 2.0 \times 10^5\,\text{MPa}$

② PS 긴장재의 탄성계수 : $E_{ps} = 2.0 \times 10^5\,\text{MPa}$

③ 형강의 탄성계수 : $E_{ss} = 2.05 \times 10^5\,\text{MPa}$

■ 철근의 변형률

$$\varepsilon_s = \varepsilon_y = \frac{f_y}{E_s}$$

### (3) 탄성계수비

① 각 재료의 탄성계수와 탄성계수와의 비를 말한다. 보통 큰 값을 분자에 표시하고, 작은 값을 분모에 표시한다.

② 강도설계법에서는 특별히 규정되어 있지 않다. 일반적으로 소수 2위에서 반올림하여 사용한다.

■ 탄성계수비

$$n = \frac{E_s}{E_c} = \frac{f_s}{f_c}$$

$$f_s = nf_c$$

$$f_c = \frac{f_s}{n}$$

$$n = \frac{E_s}{E_c} = \frac{2.0 \times 10^5}{8,500\sqrt[3]{f_{cm}}} = \frac{23.53}{\sqrt[3]{f_{cm}}} = \frac{23.53}{\sqrt[3]{f_{ck} + \Delta f}} \qquad (1.4)$$

## 3) 경량콘크리트계수($\lambda$)

### (1) 할렬인장강도($f_{sp}$)값이 규정되어 있지 않은 경우

① 경량콘크리트 사용에 따른 영향을 반영하기 위해서 사용한다.

② 보통 중량콘크리트, 보통 굵은골재를 사용한 콘크리트 : $\lambda = 1.0$

③ 보통 잔골재, 경량 굵은골재를 사용한 콘크리트 : $\lambda = 0.85$

④ 전 경량콘크리트 : $\lambda = 0.75$

⑤ 모래경량콘크리트 : $\lambda = 0.85$

⑥ 부분 경량 굵은골재가 섞인 경우는 직선보간한다.

### (2) 할렬인장강도($f_{sp}$)값이 규정된 경우

$$\lambda = \frac{f_{sp}}{0.56\sqrt{f_{ck}}} \leq 1.0 \qquad (1.5)$$

**학습 POINT**

- 콘크리트의 압축강도
- 콘크리트의 배합강도
- 콘크리트의 휨인장강도(파괴계수)
- 콘크리트의 건조수축과 크리프

■ 설계기준압축강도($f_{ck}$)

① 일반 콘크리트 : 재령 28일의 압축강도
② 댐 콘크리트 : 재령 91일 강도
③ 공장제품 콘크리트 : 재령 14일 강도

■ 배합강도($f_{cr}$)

콘크리트의 배합을 정할 때 목표로 하는 압축강도
① 시험횟수가 30회 이상의 기록이 있는 경우(큰 값 사용)
- $f_{ck} \leq 35$MPa인 경우
  $f_{cr} = f_{ck} + 1.34s$
  $f_{cr} = (f_{ck} - 3.5) + 2.33s$
- $f_{ck} > 35$MPa인 경우
  $f_{cr} = f_{ck} + 1.34s$
  $f_{cr} = 0.9f_{ck} + 2.33s$
여기서, $s$ : 30회 이상 시험한 압축강도의 계산된 표준편차(MPa)
  $f_{cr}$ : 배합강도
- 15회 이상 29회 이하의 기록이 있는 경우의 표준편차에 대한 보정
보정된 표준편차($s_1$) = $s \times$보정계수

| 시험횟수 | 보정계수 |
|---|---|
| 15 | 1.16 |
| 20 | 1.08 |
| 25 | 1.03 |
| 30 이상 | 1.00 |

※ 기타 횟수는 직선보간

② 시험횟수가 14회 이하이거나 기록이 없는 경우

| 설계기준압축강도 ($f_{ck}$[MPa]) | 배합강도 ($f_{cr}$[MPa]) |
|---|---|
| 21 미만 | $f_{ck} + 7$ |
| 21~35 | $f_{ck} + 8.5$ |
| 35 초과 | $1.1f_{ck} + 5.0$ |

## SECTION 2 철근콘크리트의 재료

### 1 콘크리트

**1) 콘크리트 압축강도(KS F 2403, 2405)**

**(1) 압축강도시험**
① 콘크리트의 설계강도 측정을 위한 실험이다.
② 1축압축시험으로 하며 변형률($\varepsilon_c$)과 탄성계수($E_c$)를 결정한다.
③ 콘크리트의 압축강도는 물–시멘트비($w/c$)에 의해 지배된다.
④ 원주형 공시체에 1축압축을 가한 파괴하중의 강도를 말한다.

**(2) 압축강도시험의 분류**
① 배합설계용 시험 : 한 배합에 30회 연속하여 시험
② 압축강도 관리용 시험

$$f_c = \frac{P}{A} = f_{28} = f_{ck} \text{ [MPa]} \tag{1.6}$$

여기서, $f_{ck}$ : 설계기준압축강도(MPa)
  $P$ : 압축강도(하중)
  $A$ : 원주형 공시체의 단면적
  $f_{28}$ : 재령 28일 압축강도(MPa)
  $\left(경험식 \ f_{28} = -21.0 + 21.5\frac{c}{w}\right)$

**(3) 공시체의 형상 및 치수**
① 우리나라의 압축강도시험용 공시체 : 원주형 표준공시체($\phi150$mm×300mm)
② 작은 공시체($\phi100$mm×200mm)로 시험한 경우 강도보정계수(0.97)를 곱한다.
③ 영국 : 150mm 입방체 사용(보정계수 : 0.8배)
④ 독일 : 200mm 입방체 사용(보정계수 : 0.83배)

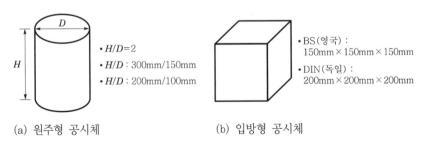

(a) 원주형 공시체　　(b) 입방형 공시체

[그림 1-3] 공시체의 종류

### 2) 콘크리트 인장강도(KS F 2423)와 기타 강도

#### (1) 할렬(쪼갬)인장강도

① 원주형 공시체를 횡방향으로 뉘여서 압축을 가하는 할렬인장강도시험으로 파괴 시의 응력을 구한다.

② 압축강도가 큰 콘크리트일수록 인장강도가 커진다.

③ 할렬인장강도

$$f_{sp} = \frac{2P}{\pi d L} = 0.56 \lambda \sqrt{f_{ck}} \, [\text{MPa}] \tag{1.7}$$

여기서, $d$ : 원주형 공시체의 지름
$L$ : 원주형 공시체의 길이(높이)
$\lambda$ : 경량콘크리트계수

#### (2) 휨인장강도(파괴계수)

① 콘크리트 휨강도시험에 의해 얻어진 값으로, 휨인장 시 인장측에서 균열이 시작될 때의 인장응력을 말한다.

② 콘크리트 압축강도의 1/5~1/8 정도이다.

③ 휨인장강도(파괴계수)

$$f_r = 0.63 \lambda \sqrt{f_{ck}} \, [\text{MPa}] \tag{1.8}$$

#### (3) 기타 강도

① 전단강도 : 인장강도보다 20~30% 더 큰 값을 가진다.

② 피로강도 : 반복하중에 의해 발생하는 강도로 어느 특정 반복하중까지 파괴를 일으키지 않는 응력을 피로강도라 한다. 콘크리트는 피로한도를 가지지 않기 때문에 미리 반복횟수를 정하고 이 횟수에 견딜 수 있는 최대 응력을 피로한도로 한다. 보통 100만 회를 기준으로 한다.

### 3) 콘크리트 강도에 영향을 미치는 요인

#### (1) 재료 배합

① 물-시멘트비($w/c$ ratio)가 낮을수록 강도가 증가한다.

② 최소 물-시멘트비 : 35~45%(수화작용 25%, 유동성 15~20%)

③ 시멘트량이 증가할수록 강도가 증가한다.

#### (2) 재료의 품질

① 시멘트 종류 및 골재의 상태에 따라 달라진다.

② 골재의 입도가 좋을수록 강도가 증가한다.

③ 골재의 표면이 거칠수록 강도가 증가한다.

④ 굵은골재 최대 치수(25mm, 40mm 이하)

**출제 POINT**

■ 원주형 공시체 강도 < 입방형 공시체 강도

■ 할렬인장강도시험

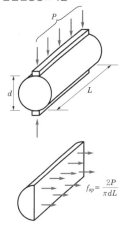

■ 콘크리트 강도의 영향요인

① 재료 배합
② 재료의 품질
③ 재령
④ 하중 재하기간
⑤ 형상비($H/D$)

■ 굵은골재의 최대 치수

① 거푸집 양 측면 사이의 최소 거리의 1/5 이하
② 슬래브 두께의 1/3 이하
③ 개별 철근, 다발철근, 긴장재 또는 덕트 사이 최소 순간격의 3/4 이하

### (3) 재령(양생이 경과된 시간)

① 재령(5년 이하)이 길수록 강도가 증가한다.

② 1주일 경과 : $0.7f_{ck}$

③ 2주일 경과 : $(0.85 \sim 0.90)f_{ck}$

④ 수중양생 시 강도가 높아진다(표준양생 : $20 \pm 3$℃, 28일, 습윤양생).

### (4) 하중 재하기간 및 형상비

① 하중 재하기간이 길수록 강도는 크리프, 건조수축 등으로 인하여 감소한다.

② 재하속도가 빠를수록 강도는 크게 측정된다(재하속도 : $0.15 \sim 0.35$MPa/s).

③ 형상비($H/D$, $H$ : 공시체 높이, $D$ : 공시체 지름)가 작을수록 강도가 커진다.

> **참고**
>
> **물-결합재비**
> ① 물-시멘트비(water-cement ratio, $w/c$)
>    콘크리트배합에 사용되는 일반 시멘트의 중량에 대한 물의 중량의 중량비율(%)
> ② 물-결합재비(water-binder ratio, $w/b$)
>    콘크리트배합에 사용되는 일반 시멘트와 혼합시멘트(포졸란, 플라이애시, 고로슬래그 시멘트 등)의 중량을 합한 시멘트와 물의 중량의 중량비율(%)
> ③ 최근 들어 시멘트만을 단독으로 사용하는 경우는 거의 없으며 주로 혼합시멘트를 사용한다.
> ④ 물-시멘트비($w/c$)라는 용어도 최근에는 물-결합재비($w/b$)라는 용어로 대체되고 있다.

### 4) 콘크리트 크리프

#### (1) 크리프 변형의 정의

① 콘크리트에 일정한 응력이 장시간 계속해서 작용하고 있을 때 시간의 경과와 더불어 변형이 계속 진행되는 현상으로, 탄성변형 이후 지속적인 응력하에 증가하는 변형률을 크리프(creep) 변형이라고 한다.

② 즉 응력은 증가하지 않는데 변형이 계속 진행되는 현상이 크리프이며, 크리프로 인하여 일어난 변형률을 크리프 변형률(creep strain)이라 한다.

#### (2) 크리프에 영향을 미치는 요인

① 물-시멘트비($w/c$)가 작은 콘크리트일수록 크리프 변형은 감소한다.

② 콘크리트의 재령이 클수록 크리프 변형은 감소한다.

③ 고강도 콘크리트일수록 크리프 변형은 감소한다.

④ 콘크리트의 주위 온도가 낮을수록, 습도가 높을수록 크리프 변형은 감소한다.

■ 탄성변형

하중이 실리는 순간 일어나는 변형
(순간변형)

⑤ 철근비 증가 시, 체적이 클수록, 고온 증기양생 시 크리프 변형은 감소한다.

### (3) 크리프의 진행

① 하중 재하기간이 경과함에 따라 크리프 변형의 진행은 점차 감소한다.

② 처음 28일 경과 후 : 전체 크리프 변형의 약 50% 정도 진행

③ 하중 재하 후 3~4개월 경과 후 : 전체 크리프 변형의 약 75~80% 정도 진행

④ 하중 재하 후 2년 이내에 약 90%, 2~5년 후엔 크리프 발생이 거의 완료된다.

**출제 POINT**

■ 다비스 그란빌레(Davis Glanville)의 법칙

① 크리프 변형률은 탄성변형률에 비례한다.

② 콘크리트에 작용하는 응력이 원주형 공시체 강도의 50% 이하인 경우에 성립한다.

$$\varepsilon_c = \varphi \varepsilon_e$$

여기서, $\varepsilon_c$ : 크리프 변형률

$\varepsilon_e$ : 탄성변형률

$\varphi$ : 크리프계수

- 수중 : $\varphi \leq 1.0$
- 옥외 : $\varphi = 2.0$
- 옥내 : $\varphi = 3.0$

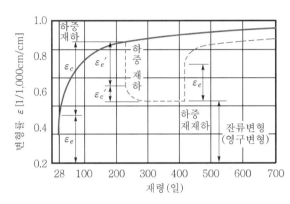

[그림 1-4] 콘크리트의 크리프 변형률

## 5) 콘크리트 건조수축 및 온도변화

### (1) 건조수축(dry shrinkage)의 정의

① 콘크리트가 대기 중에 방치될 때 콘크리트 속에 있던 자유수(수화작용에 사용되고 남은 물)가 증발하면서 콘크리트가 수축하는 현상이다. 즉 수분의 손실에 의해 발생하는 부피의 변화이다.

② 콘크리트는 습기를 흡수하면 팽창하고, 건조하면 수축하게 된다. 이것은 시멘트풀이 수축하고 팽창하기 때문이다.

③ 건조수축의 진행 속도가 초기에는 크고, 시간이 경과함에 따라 점차 감소한다.

### (2) 건조수축에 영향을 미치는 요인

① 단위수량 및 단위시멘트량이 적을수록 건조수축이 감소한다.

② 습윤양생을 하면 건조수축이 감소한다.

③ 철근을 많이 사용하면 건조수축이 작아진다.

④ 부재 단면치수 및 골재 최대 치수가 클수록 건조수축이 감소한다.

⑤ 흡수율이 큰 골재를 사용하면 수축이 증가한다.

■ 콘크리트의 수축응력

① 철근에는 압축응력이 일어나고, 콘크리트에는 인장응력이 일어난다.

② 철근에 일어나는 압축응력

$$f_{sc} = \frac{\varepsilon_{sh} E_s}{1 + \dfrac{nA_s}{A_c}}$$

③ 콘크리트에 일어나는 수축응력

$$f_{ct} = \frac{A_g}{A_c} f_{sc}$$

### (3) 온도변화에 따른 콘크리트 특성

① 콘크리트는 온도가 올라가면 팽창하고, 내려가면 수축한다.

② 부정정구조물에서는 온도변화로 인한 신축 때문에 온도응력이 크게 발생한다.

③ 콘크리트 구조물의 설계에서 보통의 경우 온도의 승강을 20℃로 보고 온도응력을 검토한다.

④ 부재의 최소 치수가 70cm 이상이면 온도의 승강을 15℃로 보고 온도응력을 검토한다.

⑤ 온도변화의 영향을 설계에 고려할 경우는 콘크리트 및 철근의 열팽창계수를 $1.0 \times 10^{-5}/℃$로 본다.

## ② 철근

### 1) 철근의 종류(KS D 3504)

#### (1) 모양에 따른 분류

① 콘크리트를 보강할 목적으로 콘크리트 속에 묻어 넣은 강재를 철근이라 하며 주로 봉강이 사용된다.

② 원형철근(SR) : 철근 표면에 요철이 없는 매끈한 원형 모양의 철근으로 보조철근, 나선철근, 스터럽 등으로 사용된다.

③ 이형철근(SD) : 콘크리트와 철근의 부착력을 높이기 위해 철근 표면에 마디와 리브(rib)를 둠으로써 요철이 있는 철근으로, 주로 주철근으로 사용된다.

④ 이형철근(SD)은 원형철근(SR)에 비해 부착력이 증대되고 균열폭을 작게 한다.

⑤ 철근의 기계적 성질(KS D 3504)(강의 비중 : 7.85)

■ 공칭값
동일한 길이와 중량을 갖는 원형철근의 지름, 단면적, 주장 등으로 환산한 값

| 종류 | 기호 | 항복강도($N/mm^2$) | 인장강도($N/mm^2$) | 용도 |
|---|---|---|---|---|
| 이형봉강<br>(철근) | SD300 | 300~420 | 항복강도의 1.15배 이상 | 일반용 |
| | SD400 | 400~520 | 항복강도의 1.15배 이상 | |
| | SD500 | 500~650 | 항복강도의 1.08배 이상 | |
| | SD600 | 600~780 | 항복강도의 1.08배 이상 | |
| | SD700 | 700~910 | 항복강도의 1.08배 이상 | |
| | SD400 W | 400~520 | 항복강도의 1.15배 이상 | 용접용 |
| | SD500 W | 500~650 | 항복강도의 1.15배 이상 | |
| | SD400 S | 400~520 | 항복강도의 1.25배 이상 | 특수<br>내진용 |
| | SD500 S | 500~620 | 항복강도의 1.25배 이상 | |
| | SD600 S | 600~720 | 항복강도의 1.25배 이상 | |
| | SD700 S | 700~820 | 항복강도의 1.25배 이상 | |

⑥ 예전에는 KS 기준에 원형철근이 포함되어 있었지만 지금은 원형철근을 삭제하고 이형철근만 규정되어 있다. 2016년에 개정하면서 잘 사용하지 않는 SD350을 삭제하였다.

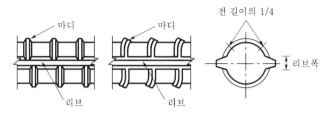

[그림 1-5] 이형철근의 마디와 리브

## (2) 용도에 따른 분류

① 주철근 : 설계하중에 의해 그 단면적이 정해지는 철근으로 정철근, 부철근, 사인장철근 등이 있다.
   ㉠ 정철근 : 보 또는 슬래브에서 정(+)의 휨모멘트에 의한 인장응력에 저항하는 철근으로 주로 부재 하단에 배치
   ㉡ 부철근 : 보 또는 슬래브에서 부(−)의 휨모멘트에 의한 인장응력에 저항하는 철근으로 주로 부재 상단에 배치
   ㉢ 전단철근, 사인장철근 : 전단력을 받는 부재의 복부에 배근하여 전단응력이나 사인장응력에 저항하도록 배근한 철근[스터럽(stirrup), 절곡철근 등]

② 보조철근 : 설계하중에 의해 그 단면적이 정해지지 않는 철근으로 배력철근, 조립용 철근, 가외철근, 띠철근, 나선철근 등이 있다.
   ㉠ 배력철근 : 집중하중을 수평 방향으로 고르게 분포시키는 보조철근으로 주철근과 직각에 가깝게 배치(90°)
   ㉡ 조립용 철근 : 철근을 조립할 때 철근의 위치를 확보하기 위하여 사용되는 보조철근
   ㉢ 가외철근 : 콘크리트의 건조수축, 온도변화 등의 원인에 의해 콘크리트에서 일어나는 인장력에 대비하여 추가로 넣어주는 철근
   ㉣ 띠철근 : 기둥에서 종방향 철근의 위치를 확보하고 전단력에 저항하도록 정해진 간격으로 배근된 횡방향의 보강철근 또는 철선
   ㉤ 나선철근 : 기둥에 종방향 철근을 나선형으로 둘러싼 철근 또는 철선
   ㉥ 스터럽 : 보의 주철근을 둘러싸고, 이에 직각이 되게 또는 45° 이상 경사지게 배근한 복부 보강철근으로서 구조부재에 있어서 전단력 및 비틀림모멘트에 저항하도록 배치한 보강철근
   ㉦ 절곡철근(굽힘철근) : 정모멘트 철근 또는 부모멘트 철근을 구부려 올리거나 구부려 내린 복부철근

■ 배력철근의 역할
① 응력을 골고루 분산시켜 균열폭 최소화
② 주철근의 간격 유지, 위치 고정
③ 건조수축이나 크리프 변형, 신축 억제
④ 온도변화 및 건조수축에 의한 균열 방지

◎ 수축·온도 철근 : 건조수축 또는 온도변화에 의하여 콘크리트에 발
생하는 균열을 방지하기 위한 목적으로 배근되는 철근

2) 철근 간격 및 피복두께

**(1) 철근 간격 제한**

① 콘크리트의 균열 제어를 목적으로 철근 간격을 제한한다.

② 보의 수평 순간격

  ㉠ 25mm 이상

  ㉡ 철근 공칭지름 이상

  ㉢ 굵은골재 최대 치수의 4/3배 이상

③ 보의 연직 순간격

  ㉠ 25mm 이상

  ㉡ 상·하 철근을 동일 연직면 내에 배치

**(2) 철근의 피복두께**

① 콘크리트 표면과 그에 가장 가까이 배치된 주철근 또는 보조철근 표면까
지의 최단거리를 말한다.

② 최소 피복두께($t_{min}$, 현장치기 콘크리트)

| 조건 | | | $t_{min}$ |
|---|---|---|---|
| 수중에서 치는 콘크리트 | | | 100mm |
| 흙에 접하여 콘크리트를 친 후 영구히 흙에 묻혀 있는 콘크리트 | | | 75mm |
| 흙에 접하거나 옥외의 공기에 직접 노출되는 콘크리트 | D19 이상의 철근 | | 50mm |
| | D16 이하의 철근, 지름 16mm 이하의 철선 | | 40mm |
| 옥외의 공기나 흙에 직접 접하지 않는 콘크리트 | 슬래브, 벽체, 장선구조 | D35 초과하는 철근 | 40mm |
| | | D35 이하의 철근 | 20mm |
| | 보, 기둥* | | 40mm |
| | 셸, 절판부재 | | 20mm |

* 콘크리트의 설계기준압축강도($f_{ck}$)가 40MPa 이상인 경우 규정된 값에서 10mm 저
감시킬 수 있다.

③ 다발철근의 최소 피복두께

  ㉠ 다발철근의 최소 피복두께는 50mm와 다발철근의 등가지름 중 작은
  값 이상이라야 한다.

  ㉡ 흙에 접하여 콘크리트를 친 후 영구히 흙에 묻혀 있는 콘크리트 :
  75mm 이상

  ㉢ 수중에서 치는 콘크리트 : 100mm 이상

**■ 철근 간격**

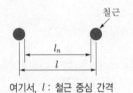

여기서, $l$ : 철근 중심 간격
$l_n$ : 철근 순간격

**■ 기둥의 축방향 철근의 순간격**

① 40mm 이상
② 철근 공칭지름의 1.5배 이상
③ 굵은골재 최대 치수의 4/3배 이상

**■ 피복두께의 역할**

① 철근의 녹 방지
② 부착력 확보
③ 단열작용(열로부터 철근 보호)

## 3) 철근에 대한 규정

### (1) 철근의 표면상태

① 콘크리트를 칠 때 철근의 표면에는 부착을 저해하는 흙, 기름 또는 비금속 도막이 없어야 한다. 단, 아연도금 또는 에폭시수지를 도막한 철근은 사용할 수 있다.

② 긴장재를 제외하고 철근의 녹이나 가공 부스러기 또는 그 조합은 마디의 높이를 포함하는 철근의 최소 치수와 중량에 미달하지 않는 한 특별히 제거할 필요는 없다.

③ 긴장재의 표면은 청결하게 유지하여야 하며 기름, 먼지, 가공 부스러기, 흠집 및 과도한 녹이 없어야 한다. 다만, 강도에 영향을 주지 않는 경미한 녹은 허용할 수 있다.

### (2) 철근의 설계기준항복강도($f_y$)

① 휨철근 : $f_y \leq 600\text{MPa}$

② 전단철근 : $f_y \leq 500\text{MPa}$

③ 용접 이형철망을 사용하는 전단철근 : $f_y \leq 600\text{MPa}$

④ 비틀림 철근 : $f_y \leq 500\text{MPa}$

⑤ 전단마찰철근 : $f_y \leq 500\text{MPa}$

⑥ 나선철근 : $f_{yt} \leq 700\text{MPa}$, 400MPa을 초과하는 경우는 겹침이음을 할 수 없다.

### (3) 다발철근의 규정

① 2개 이상의 철근을 묶어서 사용하는 다발철근은 이형철근으로, 그 개수는 4개 이하이어야 하며, 이들은 스터럽이나 띠철근으로 둘러싸야 한다.

② 휨부재의 경간 내에서 끝나는 한 다발철근 내의 개개 철근은 $40d_b$ 이상 서로 엇갈리게 끝나야 한다.

③ 다발철근의 간격과 최소 피복두께를 철근지름으로 나타낼 경우, 다발철근의 지름은 등가 단면적으로 환산된 한 개의 철근지름으로 보아야 한다.

④ 보에서 D35를 초과하는 철근은 다발로 사용할 수 없다.

---

**출제 POINT**

■ 철근의 설계기준항복강도($f_y$)

① 휨철근 : $f_y \leq 600\text{MPa}$
② 전단철근 : $f_y \leq 500\text{MPa}$
③ 비틀림 철근 : $f_y \leq 500\text{MPa}$
④ 전단마찰철근 : $f_y \leq 500\text{MPa}$

■ 해석과 설계

① 해석: 설계 단면(단면치수 및 철근량)과 설계하중이 주어진 상태에서 구조물의 안전 여부를 판별하는 과정
② 설계: 설계하중 또는 일부 설계 단면만 주어지고, 나머지 단면치수 및 철근량을 산출하는 과정

■ 허용응력설계법의 설계가정

① 휨을 받기 전에 평면인 단면은 변형된 후에도 평면이 유지된다고 가정한다. (베르누이의 가정 → 평면 보존의 법칙)
② 콘크리트의 압축응력은 변형률에 비례한다. (훅의 법칙)
③ 콘크리트 단면 내 임의의 점의 응력은 중립축으로부터의 거리에 비례한다.
④ 콘크리트의 인장응력은 무시한다(인장변형은 고려).

■ 허용응력설계법(WSD)

① 응력 ≤ 허용응력
② 발생된 모멘트 ≤ 저항모멘트

---

SECTION **3** 설계방법

## ① 허용응력설계법

1) 허용응력설계법(WSD, Working Stress Design method) 일반

**(1) 설계원리**

① 탄성이론에 의해 철근콘크리트 구조가 탄성 거동을 한다는 가정하에 부재 내에 발생하는 응력을 계산하고, 이를 허용응력과 비교하여 구조물의 안전 여부를 판별하는 설계법이다.
② 설계범위가 사용하중에 의한 탄성범위이다.
③ 재료에 대한 안전율($F_s$)을 고려하여 안전성을 확보하는 설계법이다.

**(2) 설계조건**

① 응력 ≤ 허용응력

$$f_c \leq f_{ca} = \frac{f_{ck}}{F_s}, \quad f_s \leq f_{sa} = \frac{f_y}{F_s} \tag{1.9}$$

② 사용하중에 의해 발생된 모멘트 ≤ 단면의 저항모멘트

$$M \leq M_r \tag{1.10}$$

2) 허용응력설계법의 장단점

**(1) 장점**

① 설계 계산이 간편하다(설계의 단순성).
② 설계 계산이 편리하다(설계의 편리성).
③ 사용하중에 의한 사용성 중심의 설계법이다.

**(2) 단점**

① 부재의 강도를 알기 어렵다.
② 파괴에 대한 두 재료의 안전도를 일정하게 하기가 어렵다.
③ 성질이 다른 하중들의 영향을 설계에 반영할 수 없다.
④ 재료의 낭비가 심하다.

## ② 강도설계법

### 1) 강도설계법(SDM, Strength Design Method) 일반

#### (1) 설계원리

① 소성이론에 의해 철근콘크리트를 소성체로 보고 그 부재의 계수 강도를 알아내 안전성을 확보하는 설계법이다. 극한강도설계법(USD) 또는 하중계수설계법(LFD)이라고도 한다.

② 설계범위가 계수하중(극한하중)에 의한 소성범위이다.

③ 강도설계법은 하중계수와 강도감소계수를 사용하여 안전성을 확보하는 설계법이다.

#### (2) 설계조건

① 설계강도 ≥ 소요강도(극한강도)

$$S_d = \phi S_n \geq S_u \tag{1.11}$$

② 공칭강도($S_n$) : 강도설계법의 규정과 가정에 따라 계산된 부재 또는 단면의 강도

③ 소요강도($S_u$, 극한강도) : 외력에 견딜 수 있도록 필요한 강도로 사용하중에 하중계수를 곱한 강도

④ 설계강도($S_d$) : 극한외력으로 설계된 부재의 공칭강도에 강도감소계수($\phi$)를 곱한 강도

■ 강도설계법(SDM)
① 설계강도 ≥ 소요강도(극한강도)
② 설계강도 = 강도감소계수 × 공칭강도

■ 설계조건
① $M_d = \phi M_n \geq M_u$
② $V_d = \phi V_n \geq V_u$
③ $P_d = \phi P_n \geq P_u$
④ $T_d = \phi T_n \geq T_u$

■ 강도설계법의 기본 가정사항은 제2장에 정리되어 있다.

### 2) 강도설계법의 장단점

#### (1) 장점

① 파괴에 대한 안전성 확보가 확실하다.

② 하중계수를 사용하여 하중의 특성을 설계에 반영할 수 있다.

③ 계수하중(극한하중)에 의한 안전성 중심의 설계법이다.

#### (2) 단점

① 성질이 다른 재료의 특성을 설계에 반영하기 어렵다.

② 사용성(처짐, 균열, 피로, 진동 등) 확보를 위해 별도의 검토가 필요하다.

### 3) 강도감소계수

#### (1) 강도감소계수($\phi$)의 사용목적

설계강도를 산출할 때 부재나 단면이 받을 수 있는 공칭강도에 곱해주는 계수로서 다음을 고려하기 위한 안전계수이다.

① 재료의 공칭강도와 실제 강도와의 차이

② 부재를 제작 또는 시공할 때 설계도와의 차이

**출제 POINT**

③ 부재 강도의 추정과 해석에 관련된 불확실성

④ 구조물에서 차지하는 부재의 중요도 차이 등

## (2) 강도감소계수의 규정

| 부재 또는 하중의 종류 | | | $\phi$ |
|---|---|---|---|
| 휨부재 또는 휨모멘트와 축력을 동시에 받는 부재 | 인장지배단면 | | 0.85 |
| | 변화구간단면* | 나선철근 부재 | 0.70~0.85 |
| | | 그 외의 부재 | 0.65~0.85 |
| | 압축지배단면 | 나선철근 부재 | 0.70 |
| | | 그 외의 부재 | 0.65 |
| 전단력과 비틀림모멘트 | | | 0.75 |
| 콘크리트의 지압력 | | | 0.65 |
| 무근콘크리트의 휨모멘트, 압축력, 전단력, 지압력 | | | 0.55 |
| 포스트텐션 정착구역 | | | 0.85 |
| 스트럿-타이 모델 | 스트럿, 절점부 및 지압부 | | 0.75 |
| | 타이 | | 0.85 |

\* 공칭강도에서 최외단 인장철근의 순인장변형률($\varepsilon_t$)이 인장지배단면과 압축지배단면 사이일 경우에는 순인장변형률이 압축지배변형률 한계에서 0.005로 증가함에 따라 강도감소계수($\phi$)값을 압축지배단면에 대한 값에서 0.85까지 증가시킨다.

## (3) 변화구간단면의 강도감소계수(SD400, $f_{ck} \leq 40$MPa인 경우)

① 나선철근

$$\phi = 0.70 + 0.15 \frac{\varepsilon_t - \varepsilon_{t,\,ccl}}{\varepsilon_{t,\,tcl} - \varepsilon_{t,\,ccl}} \tag{1.12}$$

② 기타(띠철근)

$$\phi = 0.65 + 0.2 \frac{\varepsilon_t - \varepsilon_{t,\,ccl}}{\varepsilon_{t,\,tcl} - \varepsilon_{t,\,ccl}} \tag{1.13}$$

여기서, $\varepsilon_{t,\,tcl}$ : 인장지배단면의 변형률 한계($= 0.005, \ = 2.5\varepsilon_y$)

$\varepsilon_{t,\,ccl}$ : 압축지배단면의 변형률 한계($= \varepsilon_y$)

■ **변화구간단면의 강도감소계수 계산 (SD400)**

① 띠철근(기타)

$\phi = 0.65 + 0.2 \dfrac{\varepsilon_t - \varepsilon_y}{0.005 - \varepsilon_y}$

② 나선철근

$\phi = 0.70 + 0.15 \dfrac{\varepsilon_t - \varepsilon_y}{0.005 - \varepsilon_y}$

■ **휨부재의 최소 허용변형률 조건 ($\varepsilon_t \leq 0.004$)에 해당하는 나선철근의 강도감소계수**

$\phi = 0.70 + 0.15 \times \dfrac{0.004 - 0.002}{0.005 - 0.002}$

$= 0.80$

$\left( \because \varepsilon_y = \dfrac{f_y}{E_s} = \dfrac{400}{2.0 \times 10^5} = 0.002 \right)$

■ **휨부재의 최소 허용변형률 조건 ($\varepsilon_t \leq 0.004$)에 해당하는 띠철근의 강도감소계수**

$\phi = 0.65 + 0.2 \times \dfrac{0.004 - 0.002}{0.005 - 0.002}$

$\fallingdotseq 0.78$

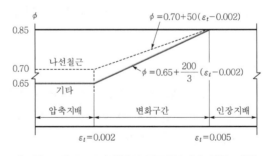

[그림 1-6] SD400 철근의 강도감소계수 적용 예시

4) 하중계수

(1) 하중계수의 사용목적

① 예상되는 초과하중에 대비

② 구조물 설계 시 사용하는 가정과 실제와의 차이에 대비

③ 주요 하중의 변화에 대비

(2) 하중계수($U$)의 규정

① 하중계수와 하중조합을 모두 고려하여 최대 소요강도에 만족하도록 설계하여야 한다.

② 하중조합에 따른 하중계수

$$U = 1.4(D + F)$$
$$U = 1.2D + 1.6L \tag{1.14}$$

$$U = 1.2(D + F + T) + 1.6(L + \alpha_H H_v + H_h) + 0.5(L_r \text{ 또는 } S \text{ 또는 } R)$$

$$U = 1.2D + 1.6(L_r \text{ 또는 } S \text{ 또는 } R) + (1.0L \text{ 또는 } 0.65W)$$

$$U = 1.2D + 1.3W + 1.0L + 0.5(L_r \text{ 또는 } S \text{ 또는 } R)$$

$$U = 1.2(D + H_v) + 1.0E + 1.0L + 0.2S + (1.0H_h \text{ 또는 } 0.5H_h)$$

$$U = 1.2(D + F + T) + 1.6(L + \alpha_H H_v) + 0.8H_h + 0.5(L_r \text{ 또는 } S \text{ 또는 } R)$$

$$U = 0.9(D + H_v) + 1.3W + (1.6H_h \text{ 또는 } 0.8H_h)$$

$$U = 0.9(D + H_v) + 1.0E + (1.0H_h \text{ 또는 } 0.5H_h)$$

여기서, $U$ : 계수하중, 소요강도,  $D$ : 고정하중

$F$ : 유체 중량 및 압력에 의한 하중,  $E$ : 지진하중

$H_h$ : 횡압력에 의한 수평방향 하중,  $R$ : 강우하중

$H_v$ : 자중에 의한 연직방향 하중,  $W$ : 풍하중

$L$ : 활하중,  $L_r$ : 지붕 활하중,  $S$ : 적설하중

$T$ : 온도, 크리프, 건조수축 및 부등침하의 영향에 의한 하중

$\alpha_H$ : 연직방향 하중 $H_v$에 대한 보정계수

• $h \leq 2m$에 대해서 $\alpha_H = 1.0$

• $h > 2m$에 대해서 $\alpha_H = 1.05 - 0.025h \geq 0.875$

**출제 POINT**

■ 하중계수의 정의

소요강도를 산출할 때 실제 하중에 곱하는 안전계수

■ 하중조합

구조물 또는 부재에 동시에 작용할 수 있는 각종 하중의 조합

■ 하중계수(큰 값)

① 기본하중조합
  $U = 1.4D$
  $U = 1.2D + 1.6L$

② 풍하중($W$) 추가 시
  $U = 1.2D + 1.0L + 1.3W$
  $U = 0.9D + 1.3W$

③ 지진하중($E$) 추가 시
  $U = 1.2D + 1.0L + 1.0E$
  $U = 0.9D + 1.0E$

④ 적설하중($S$) 추가 시
  $U = 1.2D + 1.6L + 0.5S$
  $U = 1.2D + 1.0L + 1.6S$

■ 한계상태
구조물의 기능 또는 안전성을 지배하는
어떤 특별한 상태

## ③ 한계상태설계법

1) 한계상태설계법(LSD, Limit State Design method) 일반

**(1) 설계원리**

① 구조물에 작용하는 하중과 재료의 실제 값은 어떤 형태의 분포를 가지는 확률이다. 따라서 하중 작용이나 재료강도의 변동 등을 고려하여 확률론적으로 구조물의 안전성을 평가하는 설계법이다.

② 한계상태설계법은 안전성의 척도를 구조물이 파괴될 확률(파괴확률) 또는 신뢰성 이론에 의해 구조물이 파괴되지 않을 확률(신뢰성)로 나타내는 설계법이다.

③ 구조물이 그 사용목적에 부적합한 어떤 한계에 도달하는 확률을 허용한도 이하가 되게 하려는 설계법이다.

**(2) 한계상태(limit state)의 종류**

① 사용한계상태 : 처짐, 균열, 진동 등이 과대하게 일어나서 정상적인 사용상태의 필요조건을 만족하지 않게 된 상태

② 극한한계상태 : 재료의 강도 초과, 좌굴 등 구조물 또는 부재가 파괴 또는 파괴에 가까운 상태로 되어 그 기능을 상실한 상태

③ 피로한계상태 : 반복하중에 의하여 철근이 파단되거나 콘크리트가 압괴되는 피로파괴를 일으킨 상태

④ 기타 구조물의 특성에 따른 화재한계상태, 충돌한계상태 등

2) 한계상태설계법의 장단점

**(1) 장점**

① 하중과 재료의 특성을 설계에 모두 반영이 가능하다.

② 안전성은 극한한계상태로 검토하고, 사용성은 사용한계상태로 검토한다.

③ 가장 이상적인 설계법이다.

**(2) 단점**

① 하중의 특성과 재료의 특성에 대한 통계자료가 불충분하다.

② 별도의 사용성 검토가 필요하고 설계과정이 다소 복잡하다.

## 1. 총론

**01** 콘크리트 속에 묻혀 있는 철근이 콘크리트와 일체가 되어 외력에 저항할 수 있는 이유로 적합하지 않은 것은?

① 철근과 콘크리트 사이의 부착강도가 크다.
② 철근과 콘크리트의 열팽창계수가 거의 같다.
③ 콘크리트 속에 묻힌 철근은 부식하지 않는다.
④ 철근과 콘크리트의 탄성계수는 거의 같다.

> **해설** 철근의 탄성계수=$n$×콘크리트의 탄성계수
> $\therefore\ E_s=nE_c\quad(\because\ n=6\sim9)$

**★**
**02** 다음은 철근콘크리트 구조물의 장단점을 열거한 것이다. 틀린 것은 어느 것인가?

① 중량이 비교적 크다.
② 균열이 발생하기 쉽다.
③ 개조, 보강, 해체가 용이하다.
④ 내구성, 내화성이 좋다.

> **해설** 철근콘크리트는 개조, 보수, 보강, 해체가 어렵다.

**★**
**03** 다음은 철근콘크리트의 특징에 대한 설명이다. 틀린 것은?

① 내구성과 내화성이 크다.
② 철근과 콘크리트는 온도에 대한 신축계수가 거의 같다.
③ 콘크리트와 철근은 부착강도가 커서 합성체를 이룬다.
④ 설계하중에서 균열이 거의 생기지 않는다.

> **해설** 철근콘크리트는 균열이 발생하는 단점이 있다.
>
> [관련이론] 철근콘크리트 구조의 특징
> ① 내구성, 내화성, 내진성을 가진다.
> ② 임의의 형태, 모양, 크기, 치수의 시공이 가능하다.
> ③ 구조물의 유지·관리가 쉽다.
> ④ 일체식 구조를 만들 수 있다.
> ⑤ 진동이나 충격에 대한 저항력이 크고, 강성이 큰 재료로 만들 수 있다.
> ⑥ 강구조에 비해 경제적이다.

**★★**
**04** 철근콘크리트가 하나의 구조체로서 성립하는 이유를 기술한 것 중 옳지 않은 것은?

① 콘크리트와 철근은 대단히 큰 부착력을 가지고 있다.
② 콘크리트와 철근은 온도에 대한 팽창계수가 거의 같다.
③ 철근과 콘크리트는 모두 탄성체이기 때문에 일체로 잘 되지 않는다.
④ 콘크리트 속에 묻힌 철근은 녹슬지 않는다.

> **해설** 철근콘크리트의 성립요인
> ㉠ 철근과 콘크리트의 부착력이 크다.
> ㉡ 콘크리트 속의 철근은 부식되지 않는다.
> ㉢ 철근과 콘크리트의 열팽창계수가 거의 같다.
> ㉣ 콘크리트는 압축에 강하고, 철근은 인장에 강하다.

**05** 철근콘크리트의 장점을 열거한 것 중에서 옳지 않은 것은?

① 내구성, 내화성이 크다.
② 형상이나 치수에 제한을 받지 않는다.
③ 보수나 개조가 용이하다.
④ 유지관리비가 적게 든다.

> **해설** 철근콘크리트는 중량이 무겁고 검사, 개조, 보강이 어려우며 균열이 발생하는 단점이 있다.

**정답** 1.④ 2.③ 3.④ 4.③ 5.③

**06** 콘크리트의 압축응력과 변형률 선도에 영향을 주지 않는 것은?

① 강도
② 크리프
③ 하중형태, 공시체 크기
④ 철근의 종류

> 해설 콘크리트의 압축응력과 변형률 선도에 영향을 주지 않는 것은 철근의 종류이다. 물−시멘트비($w/c$)에 가장 큰 영향을 받는다.

**07** 다음 중 콘크리트의 탄성계수에 가장 많은 영향을 주는 것은?

① 콘크리트 단위질량과 28일 설계기준강도
② 물−시멘트비와 양생온도
③ 물−시멘트비와 시멘트계수
④ 단위중량과 조·세골재비

> 해설 **콘크리트의 탄성계수**
> $$E_c = 0.077 m_c^{1.5} \sqrt[3]{f_{cm}}[\text{MPa}]$$
> 여기서, $f_{cm} = f_{ck} + \Delta f[\text{MPa}]$
> $m_c$ : 콘크리트 단위질량
> $f_{ck}$ : 콘크리트 설계기준압축강도

**08** 보통 중량콘크리트의 단위중량이 2,300kg/m³라면 콘크리트의 탄성계수 $E_c$는 얼마인가?

① $1,000 \sqrt[3]{f_{cm}}$　　　② $4,700 \sqrt[3]{f_{cm}}$
③ $8,500 \sqrt[3]{f_{cm}}$　　　④ $10,000 \sqrt[3]{f_{cm}}$

> 해설 **콘크리트의 탄성계수**
> $m_c = 2,300\text{kg/m}^3$(보통 골재)인 경우
> $$\therefore E_c = 0.077 m_c^{1.5} \sqrt[3]{f_{cm}}$$
> $$= 0.077 \times 2,300^{1.5} \sqrt[3]{f_{cm}}$$
> $$\fallingdotseq 8,500 \sqrt[3]{f_{cm}}[\text{MPa}]$$

**09** 철근콘크리트 단면의 결정이나 응력을 계산할 때 콘크리트의 탄성계수(elastic modulus, $E_c$)는 다음의 어느 값으로 취하는가?

① 초기계수(initial modulus)
② 탄젠트계수(tangent modulus)
③ 할선(시컨트)계수(secant modulus)
④ 영계수(Young's modulus)

> 해설 콘크리트의 탄성계수는 할선(시컨트)탄성계수를 사용한다.

**10** 콘크리트의 크리프 변형률을 계산할 때 사용하는 초기접선탄성계수는 어느 것인가?

① $E_{ci} = 8,500 \sqrt[3]{f_{cm}}$
② $E_{ci} = 0.077 m_c^{1.5} \sqrt[3]{f_{cm}}$
③ $E_{ci} = 10,000 \sqrt[3]{f_{cm}}$
④ $E_{ci} = 0.043 w_c^{1.5} \sqrt{f_{ck}}$

> 해설 **콘크리트의 탄성계수**
> ㉠ 초기접선탄성계수
> $$E_{ci} = 10,000 \sqrt[3]{f_{cm}}$$
> ㉡ 콘크리트 탄성계수(보통 골재)
> $$E_c = 0.85 E_{ci} = 8,500 \sqrt[3]{f_{cm}}$$

**11** 보통 골재를 사용했을 때 $f_{ck}$=21MPa이면 탄성계수비 $n$은? [단, $E_s$=2.0×10⁵MPa]

① 6　　　　② 7
③ 8　　　　④ 9

> 해설 **탄성계수비**
> $f_{ck} \leq 40\text{MPa}$인 경우
> $$f_{cm} = f_{ck} + 4 = 21 + 4 = 25\text{MPa}$$
> $$\therefore n = \frac{E_s}{E_c} = \frac{E_s}{8,500 \sqrt[3]{f_{cm}}}$$
> $$= \frac{2.0 \times 10^5}{8,500 \sqrt[3]{25}} \fallingdotseq 8.0$$

**★★**
**12** 보통 중량골재를 사용한 콘크리트의 설계기준강도 $f_{ck}$가 25MPa일 때 탄성계수비$\left(n = \dfrac{E_s}{E_c}\right)$는 얼마인가?

① 7.8  ② 7.7
③ 8.6  ④ 8.7

> **해설** 탄성계수비
> $f_{ck} \leq 40\text{MPa}$인 경우
> $f_{cm} = f_{ck} + 4 = 25 + 4 = 29\text{MPa}$
> $\therefore\ n = \dfrac{E_s}{E_c} = \dfrac{E_s}{8,500\sqrt[3]{f_{cm}}} = \dfrac{2.0 \times 10^5}{8,500\sqrt[3]{29}} \fallingdotseq 7.7$

## 2. 철근콘크리트의 재료

**13** 설계기준강도란?
① 콘크리트의 배합 설계 시에 목표로 하는 강도
② 시공 시 현장에서 채취한 콘크리트의 재령 28일 강도
③ 콘크리트 부재의 설계에서 기준으로 하는 재령 28일의 압축강도
④ 설계자가 바라는 콘크리트의 강도

> **해설** ㉠ 설계기준강도 : 콘크리트 부재를 설계할 때 기준으로 하는 압축강도
> ㉡ 배합강도 : 콘크리트의 배합을 정할 때 목표로 하는 압축강도
> ㉢ 일반적인 경우 이들 강도는 재령 28일의 압축강도를 기준으로 한다.

**14** 다음과 같은 탄성변형의 설명 중에서 틀린 것은 어느 것인가?
① 모든 외력을 탄성으로 저항하는 것으로 본다.
② 훅(Hooke)의 법칙이 성립한다.
③ 초기에 가해진 응력을 제거하면 원래 상태로 돌아간다.
④ 응력과 변형의 관계는 완전한 곡선으로 본다.

> **해설** 훅의 법칙
> 탄성한도 내에서 응력과 변형률은 비례한다.

**★**
**15** 콘크리트 강도에 영향을 주는 요인을 기술한 것 중 잘못된 것은?
① 물-시멘트비가 작으면 작을수록 콘크리트 강도는 증가한다.
② 하중을 장시간에 걸쳐 서서히 가하면 콘크리트 강도는 작게 나타난다.
③ 공시체의 형상이 원주형이라도 치수가 작으면 작을수록 콘크리트 강도는 작게 나타난다.
④ 원주형 공시체와 입방체 공시체를 비교하면 입방체 공시체가 큰 압축강도를 나타낸다.

> **해설** ㉠ 공시체의 형상이 닮은꼴이면 공시체의 치수가 작을수록 압축강도는 크게 나타난다.
> ㉡ 작은 공시체 : $\phi 100\text{mm} \times 200\text{mm}$
> 표준공시체 : $\phi 150\text{mm} \times 300\text{mm}$

**★**
**16** 콘크리트 특성에 대한 설명 중 잘못된 것은?
① 부정정구조물인 경우에는 부재가 건조수축을 일으키려는 거동이 구속되어 인장력이 생긴다.
② 압축력은 콘크리트의 모상 균열을 통하여 전달되지만, 인장력은 그렇지 못하다.
③ 부재 표면에 인접된 콘크리트가 내부 콘크리트보다 빨리 건조되어 압축을 받는다.
④ 양생 중 골재 사이의 시멘트가 건조수축을 일으켜 내부에 모상 균열을 형성한다.

> **해설** 콘크리트 내부보다 표면이 빨리 건조되어 인장을 받는다.

**17** ★ 콘크리트의 파괴계수를 기술한 것 중 잘못된 것은?

① 파괴계수는 콘크리트의 균열이 시작될 때의 콘크리트 인장응력을 말한다.

② 일반적으로 콘크리트의 파괴계수 $f_r$은 $0.63\lambda\sqrt{f_{ck}}$로 본다.

③ 부분 경량콘크리트의 파괴계수는 보통 콘크리트 파괴계수의 0.85배이다.

④ 전 경량콘크리트의 파괴계수는 보통 콘크리트 파괴계수의 0.9배이다.

> **해설** **콘크리트의 휨인장강도(파괴계수)**
> 전 경량콘크리트의 파괴계수는 보통 콘크리트 파괴계수의 0.75배이다.

**18** ★★ 콘크리트의 크리프에 대한 다음 기술 중 적당하지 않은 것은?

① 콘크리트의 설계기준강도가 크면 클수록 크리프량도 크다.

② 크리프가 진행되는 속도는 온도 외에 습도의 영향을 받는다.

③ 크리프량은 응력이 크면 클수록, 응력의 지속시간이 길면 길수록 크다.

④ 최초로 하중이 재하될 때 재령이 크면 클수록 크리프량은 적어진다.

> **해설** **콘크리트의 크리프에 영향을 주는 요인**
> ㉠ $w/c$비가 작은 콘크리트가 크리프 변형이 작다.
> ㉡ 고강도 콘크리트일수록 크리프 변형이 작다.
> ㉢ 하중 재하 시 콘크리트의 재령이 클수록 크리프 변형이 작다.
> ㉣ 콘크리트가 놓인 주위 온도가 낮을수록, 습도가 높을수록 크리프 변형이 작다.

**19** 콘크리트의 크리프 변형률은 탄성변형률의 보통 몇 배인가?

① 3~5배
② 1~3배
③ 6~8배
④ 8~10배

> **해설** **크리프계수**
> $$\varphi = \frac{\varepsilon_c}{\varepsilon_e} = 1.0 \sim 3.0$$

**20** 콘크리트의 크리프에 영향을 미치는 요인들에 대한 설명으로 잘못된 것은?

① 물-시멘트비가 클수록 크리프가 크게 일어난다.

② 단위시멘트량이 많을수록 크리프가 증가한다.

③ 부재의 치수가 클수록 크리프가 증가한다.

④ 온도가 높을수록 크리프가 증가한다.

> **해설** 부재의 치수가 클수록 크리프가 감소한다.

**21** ★ 콘크리트 탄성계수 $E_c = 9.0 \times 10^3$MPa이고, 크리프 계수 $\varphi_t = 3$일 때 콘크리트 크리프에 의한 변형률은? [단, $f_c = 8$MPa로 한다.]

① 0.00167
② 0.0020
③ 0.0022
④ 0.00267

> **해설** **크리프 변형률**
> $$\varepsilon_e = \frac{f_c}{E_c} = \frac{8}{9.0 \times 10^3} = 0.00089$$
> $$\therefore \ \varepsilon_c = \varphi \varepsilon_e = 3 \times 0.00089 = 0.00267$$

**22** ★★ 다음 철근콘크리트 구조물에서 건조수축에 관한 설명 중 틀린 것은?

① 수중구조물은 수축이 거의 없다.

② 철근이 많이 사용된 구조물에서는 콘크리트의 수축이 크게 일어난다.

③ 라멘구조에 쓰이는 건조수축계수는 0.00015이다.

④ 부재의 철근 종단면의 도심이 콘크리트 도심과 일치하지 않을 때는 건조수축에 의하여 축방향력과 동시에 휨모멘트를 일으키게 되므로 휨응력이 발생한다.

해설 철근이 많이 사용된 콘크리트 구조물에서는 콘크리트의 수축이 적게 일어난다.

**23** 다음은 건조수축에 관한 사항이다. 잘못된 것은?

① 수중구조물은 수축이 거의 없고, 아주 습한 대기 중에 있는 구조물에는 건조수축이 적게 일어난다.

② 철근이 많이 사용된 콘크리트 구조물에서는 자연적으로 콘크리트의 수축이 크게 일어난다.

③ 부정정구조의 설계에 쓰이는 건조수축은 라멘에서 0.00015이다.

④ 아치에서 건조수축은 철근량 0.5% 이상에서는 0.00015, 철근량 0.1~0.5%에서는 0.0002로 본다.

해설 철근이 많이 사용된 콘크리트 구조물에서는 철근이 콘크리트의 수축현상을 억제시키므로 콘크리트의 수축이 적게 일어난다.

**24** ★ 철근콘크리트 부정정구조물의 건조수축에 의한 휨응력 발생을 억제하기 위한 방법은?

① 압축철근 단면의 도심을 콘크리트 단면의 도심에 일치시켜 설계한다.

② 인장철근 단면의 도심을 콘크리트 단면의 도심에 일치시켜 설계한다.

③ 총철근 단면의 도심을 콘크리트 단면의 도심에 일치시켜 설계한다.

④ 압축철근을 사용하지 않는다.

해설 부정정구조물에서는 총철근 단면의 도심을 콘크리트 단면의 도심과 일치시키지 않으면 건조수축에 의하여 부재 단면에 축방향과 함께 휨모멘트가 동시에 발생하게 되므로 부재 설계가 복잡해진다. 따라서 부정정구조물에서는 총철근 단면의 도심을 콘크리트 단면의 도심과 일치시켜 설계한다.

**25** ★ AE 콘크리트의 특징 중 적당하지 않은 것은?

① 기상에 대한 내구성이 크다.

② 워커빌리티가 나쁘고 탄성이 크다.

③ 단위수량을 감소시킬 수 있다.

④ 물의 부유현상을 크게 감퇴시킨다.

해설 AE 콘크리트의 특성

㉠ 기상에 대한 내구성이 크다.
㉡ 워커빌리티가 좋아지고 내구성도 좋아진다.
㉢ 단위수량을 감소시킬 수 있다.
㉣ 물의 부유현상을 크게 감퇴시킨다.

**26** 철근의 설계기준항복강도 $f_y$ 가 400MPa를 초과하면 $f_y$ 값을 변형률 0.0035에 상응하는 값으로 사용할 수 있는데, $f_y$ 는 최대 얼마를 초과하지 않아야 하는가?

① 480MPa  ② 500MPa

③ 520MPa  ④ 600MPa

해설 설계기준항복강도($f_y$)의 제한

㉠ 프리스트레싱 긴장재를 제외한 철근의 설계기준항복강도 $f_y$ 는 600MPa을 초과하지 않아야 한다.
㉡ 전단철근의 $f_y$는 500MPa을 초과하지 않아야 한다.

[관련기준] KDS 14 20 01[2021] 4.2.4 (1)
KDS 14 20 22[2021] 4.3.1 (3)

**27** 단면이 40cm×50cm이고, 길이가 6m인 철근콘크리트 부재가 있다. 철근은 단면 도심에 대하여 대칭으로 배치하였으며, 단면적 $A_s$ =20cm$^2$이다. 콘크리트의 건조수축으로 인한 콘크리트의 수축응력은? [단, 콘크리트의 건조수축률은 0.00020이고, 콘크리트 및 철근의 탄성계수는 각각 $E_c$ =2.2×10$^4$MPa, $E_s$ =2.0×10$^5$MPa이다. 이 부재의 변형은 구속되어 있지 않다.]

① 0.37MPa  ② 1.28MPa

③ 1.5MPa  ④ 2MPa

정답 23. ② 24. ③ 25. ② 26. ④ 27. ①

**해설** 철근콘크리트 부재가 외적으로 구속되어 있지 않은 경우 콘크리트의 인장응력($f_{ct}$)

$$n = \frac{E_s}{E_c} = \frac{2.0 \times 10^5}{2.2 \times 10^4} = 9.09 ≒ 9.1$$

$$\therefore f_{ct} = \frac{\varepsilon_{sh} E_s}{n + \frac{A_c}{A_s}} = \frac{0.0002 \times 2.0 \times 10^5}{9.1 + \frac{40 \times 50}{20}}$$

$$= 0.37 \text{MPa}$$

[참고] 철근의 압축응력($f_{sc}$)

$$f_{sc} = \frac{A_c}{A_s} f_{ct} = \frac{40 \times 50}{20} \times 0.37 = 37 \text{MPa}$$

**★★**
**28** 긴장재를 제외한 휨인장철근의 설계기준항복강도 ($f_y$)의 상한값은? [단, 현행 콘크리트 구조기준에 의한다.]

① 400MPa          ② 420MPa
③ 500MPa          ④ 600MPa

**해설** 설계기준항복강도($f_y$)의 제한

㉠ 휨인장철근의 항복강도 : 600MPa 이하
㉡ 전단철근의 항복강도 : 500MPa 이하
㉢ 나선철근의 항복강도 : 400MPa 이하(겹침이음 금지)

[관련기준] KDS 14 20 20[2021] 4.3.2 (3)

**29** 철근콘크리트 부재에 이형철근으로 SD300을 사용한다고 하였을 때, SD300에서 300은 무엇을 뜻하는가?

① 철근의 공칭지름     ② 철근의 인장강도
③ 철근의 연신율       ④ 철근의 항복점응력

**해설** SD는 이형철근을 의미하며, 300은 철근의 항복응력($f_y$)을 나타낸다.

**30** 응력 계산에 의하여 그 단면적을 결정하는 것이 아닌 철근은 어느 것인가?

① 사인장철근         ② 조립철근
③ 정철근            ④ 부철근

**해설** 철근의 종류

㉠ 주철근 : 설계하중에 의해 그 단면적이 정해지는 철근
  • 정철근, 부철근, 사인장철근 등
㉡ 보조철근 : 설계하중에 의해 그 단면적이 정해지지 않는 철근
  • 배력철근, 조립철근, 가외철근 등

**★**
**31** 철근콘크리트 구조에서 이형철근을 사용하는 목적은?

① 인장력을 크게 하기 위해서
② 압축력을 크게 하기 위해서
③ 전단력을 크게 하기 위해서
④ 부착효과를 증대하기 위해서

**해설** 철근콘크리트 구조에서 이형철근을 사용하는 목적은 부착효과를 증대하기 위해서이다.

**32** 주철근(主鐵筋)에 이형철근을 쓰는 이유로서 옳지 않은 것은?

① 부착응력이 크다.
② 철근이음에서 절약된다.
③ 보통의 경우에는 갈고리를 필요로 하지 않는다.
④ 지압강도를 증진시킨다.

**해설** 이형철근(SD)은 원형철근(SR)보다 부착력이 증대되고 균열폭을 작게 하지만, 지압강도를 증진시키지는 않는다.

**33** 부(負)철근에 대한 설명 중 옳은 것은?

① 전단보강철근이다.
② 인장응력을 받도록 배치한 주철근이다.
③ 인장철근이기는 하나 주철근이 아니다.
④ 가외철근으로 압축철근이다.

**해설** 부(負)철근은 부(−)의 휨을 받도록 배치한 주철근으로, 인장응력을 받는다.

## 34 다음 철근의 설명 중 옳지 않은 것은?

① 절곡철근 : 부재의 축방향에 배치된 철근으로서 주철근을 둘러싼 철근

② 주철근 : 설계하중에 의하여 그 단면적이 정해지는 철근

③ 배력철근 : 응력을 분포시킬 목적으로 정철근 또는 부철근과 직각 또는 직각에 가까운 방향으로 배치한 보조적 철근

④ 띠철근 : 축방향 철근을 소정의 간격마다 둘러싼 횡방향의 보조적 철근

> **해설 절곡철근**
> 정철근 또는 부철근을 절곡시켜 만든 전단철근을 말한다.

## 35 다음과 같은 철근의 설명 중에서 틀린 것은?

① 정철근 : 보에서 정(+)의 휨모멘트에 의해 일어나는 인장응력을 받도록 배치한 주철근

② 배력철근 : 응력을 분포시킬 목적으로 정(+)철근 또는 부(−)철근과 직각 또는 직각에 가까운 방향으로 배치하는 보조적인 철근

③ 부철근 : 보에서 부(−)의 휨모멘트가 작용할 때 부재의 하단에 배치하는 주철근

④ 가외철근 : 주철근, 배력철근, 띠철근, 조립용 철근 이외의 철근으로 예비적으로 사용되는 보조적인 철근

> **해설 부철근**
> 보에서 부(−)의 휨모멘트가 작용할 때 부재의 상단에 배치하는 주철근이다.

## 36 배력철근의 역할이 아닌 것은?

① 응력을 고르게 분포시킨다.
② 전단응력에 대한 보강철근이다.
③ 주철근의 간격을 유지시켜 준다.
④ 온도변화에 의한 수축을 감소시킨다.

> **해설 배력철근의 역할**
> ㉠ 응력을 골고루 분산시켜 균열폭 최소화
> ㉡ 주철근의 간격 유지, 위치 고정
> ㉢ 건조수축이나 크리프 변형, 신축 억제
> ㉣ 온도변화 및 건조수축에 의한 균열 방지

## 37 보에 있어서 철근의 수직, 수평 순간격은 얼마로 하는가?

① 25cm 이상   ② 2.5cm 이상
③ 0.25cm 이상   ④ 2.25cm 이상

> **해설 보의 철근 순간격**
> ㉠ 수평 순간격 : 25mm 이상 / 굵은골재 최대 치수의 4/3배 이상 / 철근지름 이상
> ㉡ 수직 순간격 : 25mm 이상 / 상·하 철근 동일 연직면 내

## 38 철근의 간격에 대한 시방서의 구조 세목에 어긋나는 것은?

① 보의 정철근 또는 부철근의 수평 순간격은 25mm 이상, 굵은골재 최대 치수의 4/3배 이상, 철근의 공칭지름 이상이어야 한다.

② 정철근 또는 부철근을 2단 이상으로 배치하는 경우에는 연직 순간격은 25mm 이상으로 해야 한다.

③ 기둥에서 축방향 철근의 순간격은 40mm 이상, 철근지름의 1.5배 이상, 굵은골재 최대 치수의 1.5배 이상이어야 한다.

④ 철근다발을 사용할 때는 이형철근으로 그 수는 4개 이하로 하여 스터럽이나 띠로 둘러싸야 한다.

> **해설 기둥의 철근 순간격**
> ㉠ 40mm 이상
> ㉡ 철근지름의 1.5배 이상
> ㉢ 굵은골재 최대 치수의 4/3배 이상

**정답** 34.① 35.③ 36.② 37.② 38.③

**39** 콘크리트 표준시방서의 철근 간격에 관한 규정 중 옳지 않은 것은?

① 보의 정철근, 부철근의 수평 순간격은 25mm 이상이다.

② 보의 정철근, 부철근의 수평 순간격은 철근의 공칭지름 이상으로 한다.

③ 기둥에서 축방향 철근의 순간격은 60mm 이상, 철근지름의 1.5배 이상이다.

④ 보의 정철근, 부철근의 수평 순간격은 굵은 골재 최대 치수의 4/3배 이상이다.

> **해설** 기둥의 철근 순간격
>
> 기둥의 순간격은 40mm 이상, 철근지름의 1.5배 이상이다.

**40** ★★★ 철근콘크리트 부재의 피복두께에 관한 설명 중 틀린 것은?

① 철근이 산화하지 않도록 하기 위하여 피복두께를 설치한다.

② 부착응력을 확보하기 위하여 피복두께를 설치한다.

③ 내화적인 구조로 만들기 위하여 피복두께를 설치한다.

④ 슬래브의 피복두께는 보와 기둥의 피복두께보다 더 크게 설치한다.

> **해설** 피복두께의 특성
>
> ㉠ 피복두께 : 최외단에 배근된 주철근 또는 보조 철근의 표면으로부터 콘크리트 표면까지의 최단거리를 말한다.
> ㉡ 피복두께의 역할
> • 철근의 부식 방지
> • 단열작용으로 철근 보호
> • 부착력 확보
> ㉢ 일반적으로 슬래브의 피복두께는 보와 기둥의 피복두께보다 작다.

**41** ★★ 철근콘크리트 부재의 최소 피복두께에 관한 설명 중 틀린 것은?

① 흙에 접하거나 옥외의 공기에 직접 노출되는 현장치기 콘크리트로 D19 이상의 철근을 사용하는 경우 최소 피복두께는 50mm이다.

② 옥외의 공기나 흙에 직접 접하지 않는 현장치기 콘크리트로 슬래브에 D35 이하의 철근을 사용하는 경우 최소 피복두께는 40mm이다.

③ 흙에 접하거나 옥외의 공기에 직접 노출되는 프리캐스트 콘크리트로 벽체에 D35 이하의 철근을 사용하는 경우 최소 피복두께는 20mm이다.

④ 흙에 접하거나 옥외의 공기에 직접 노출되는 콘크리트로 D35 이상의 철근을 사용하는 벽체인 경우 최소 피복두께는 40mm이다.

> **해설** 최소 피복두께의 규정
>
> 옥외의 공기나 흙에 직접 접하지 않는 현장치기 콘크리트로 슬래브에 D35 이하의 철근을 사용하는 경우 최소 피복두께는 20mm이다.

**42** ★ 철근콘크리트 부재의 피복두께에 관한 설명으로 틀린 것은?

① 최소 피복두께를 제한하는 이유는 철근의 부식 방지, 부착력의 증대, 내화성을 갖도록 하기 위해서이다.

② 현장치기 콘크리트로서, 흙에 접하거나 옥외의 공기에 직접 노출되는 콘크리트의 최소 피복두께는 D16 이하 철근의 경우 50mm이다.

③ 현장치기 콘크리트로서, 흙에 접하여 콘크리트를 친 후 영구히 흙에 묻혀 있는 콘크리트의 최소 피복두께는 75mm이다.

④ 콘크리트 표면과 그와 가장 가까이 배치된 철근 표면 사이의 콘크리트 두께를 피복두께라 한다.

> **해설** 최소 피복두께의 규정
>
> 현장치기 콘크리트로서, 흙에 접하거나 옥외의 공기에 직접 노출되는 콘크리트의 최소 피복두께는 D16 이하 철근의 경우 40mm이다.

## 3. 설계방법

**43** 강도설계법을 허용응력설계법과 비교할 때 그 장단점의 설명으로 옳지 않은 것은?

① 파괴에 대한 안전도의 확보가 확실하다.
② 부재의 강도를 알기 어렵다.
③ 서로 다른 재료의 특성을 설계에 합리적으로 반영하기 어렵다.
④ 하중계수에 의하여 하중의 특성을 설계에 반영할 수 있다.

> **해설** 설계방법의 장단점
> ㉠ 강도설계법의 장단점
> • 파괴에 대한 안전 확보가 확실하다.
> • 하중계수에 의하여 하중의 특성을 설계에 반영할 수 있다.
> • 서로 다른 재료의 특성을 설계에 합리적으로 반영하기 어렵다.
> • 사용성의 확보를 위한 별도의 검토가 필요하다.
> ㉠ 허용응력설계법의 장단점
> • 설계가 간편하다.
> • 부재의 강도를 알기 어렵다.
> • 파괴에 대한 두 재료의 안전도를 일정하게 하기가 곤란하다.
> • 서로 성질이 다른 하중의 영향을 설계에 반영할 수 없다.

**44** 철근콘크리트 설계에 대한 기술 중 잘못된 것은?

① 안전을 확보하기 위해 강도에 대한 검토가 필요하다.
② 구조물의 사용성을 확보하기 위해 처짐, 균열 등에 대한 검토가 필요하다.
③ 파괴 시 순간적으로 파열되지 않고 큰 변형을 일으키면서 파괴되는 연성파괴가 되도록 설계한다.
④ 허용응력설계법에서는 구조물의 안전 확보를 위해 안전율을 사용하고, 강도설계법에서는 하중계수만 사용한다.

> **해설** 강도설계법
> 강도설계법에서는 구조물의 안전 확보를 위해 강도감소계수와 하중계수를 사용한다.

**45** 강도설계법에서 가장 중요시하는 것은?

① 안전성　　　② 사용성
③ 내구성　　　④ 경제성

> **해설** 허용응력설계법에서 가장 중요시하는 것은 사용성이고, 강도설계법에서 가장 중요시하는 것은 안전성이다.

**46** 강도설계법에서 강도감소계수($\phi$)를 규정하는 목적이 아닌 것은?

① 재료강도와 치수가 변동할 수 있으므로 부재의 강도 저하 확률에 대비한 여유를 반영하기 위해
② 부정확한 설계방정식에 대비한 여유를 반영하기 위해
③ 구조물에서 차지하는 부재의 중요도 등을 반영하기 위해
④ 하중의 변경, 구조 해석할 때의 가정 및 계산의 단순화로 인해 야기될지 모르는 초과하중에 대비한 여유를 반영하기 위해

> **해설** 강도감소계수의 규정목적
> ㉠ 재료의 공칭강도와 실제 강도와의 차이
> ㉡ 부재를 제작 또는 시공할 때 설계도와의 차이
> ㉢ 부재강도의 추정과 해석에 관련된 불확실성
> ㉣ 구조물에서 차지하는 부재의 중요도 차이 등을 고려하기 위한 안전계수

**47** 강도설계법에서 강도감소계수를 사용하는 이유에 대한 설명으로 잘못된 것은?

① 재료의 공칭강도와 실제 강도와의 차이를 고려하기 위해
② 부재를 제작 또는 시공할 때 설계도와의 차이를 고려하기 위해
③ 하중의 공칭값과 실제 하중 사이의 불가피한 차이를 고려하기 위해
④ 부재강도의 추정과 해석에 관련된 불확실성을 고려하기 위해

---

정답 43. ② 44. ④ 45. ① 46. ④ 47. ③

**해설** 강도감소계수를 사용하는 이유
③의 경우는 하중계수에 대한 설명이다.

**48** 콘크리트 구조물의 강도설계법에서 사용되는 강도감소계수에 대한 다음 설명 중 잘못된 것은?

① 인장지배단면의 강도감소계수는 보통 철근콘크리트 부재와 프리스트레스트 콘크리트부재의 구분 없이 모두 0.85이다.
② 압축지배단면의 강도감소계수는 띠철근으로 보강된 철근콘크리트 부재에서는 0.75이지만, 그 밖의 경우에는 0.7이다.
③ 전단력에 대한 강도감소계수는 0.75이다.
④ 무근콘크리트의 휨모멘트, 압축력, 전단력, 지압력에 대한 강도감소계수는 0.55이다.

**해설** 강도감소계수
압축지배단면의 강도감소계수는 나선철근으로 보강된 철근콘크리트 부재에서는 0.70이지만, 그 밖의 경우에는 0.65이다.

**49** 다음 중 하중계수에 대한 설명으로 틀린 것은?

① 하중의 공칭값과 실제 하중 사이의 불가피한 차이를 고려하기 위한 안전계수
② 하중을 작용외력으로 변환시키는 해석상의 불확실성을 고려하기 위한 안전계수
③ 환경작용 등으로 인한 하중의 변동을 고려하기 위한 안전계수
④ 부재 강도의 추정과 해석에 관련된 불확실성을 고려하기 위한 안전계수

**해설** 하중계수
㉠ 하중의 공칭값과 실제 하중 사이의 불가피한 차이를 고려하기 위한 안전계수
㉡ 하중을 작용외력으로 변환시키는 해석상의 불확실성을 고려하기 위한 안전계수
㉢ 환경작용 등으로 인한 하중의 변동 등을 고려하기 위한 안전계수

**50** 다음 중 강도감소계수($\phi$)를 적용할 필요가 없는 경우는?

① 휨강도의 계산
② 전단강도의 계산
③ 비틀림강도의 계산
④ 철근의 정착길이 계산

**해설** 강도감소계수
철근의 정착길이를 계산할 때 강도감소계수는 고려하지 않는다.

**51** 철근콘크리트 구조물의 강도설계법에서 사용되는 강도감소계수에 대한 설명으로 틀린 것은?

① 인장지배단면에 대한 강도감소계수는 0.85이다.
② 압축지배단면에서 나선철근으로 보강되지 않은 부재에 대한 강도감소계수는 0.65이다.
③ 전단력에 대한 강도감소계수는 0.80이다.
④ 무근콘크리트의 휨모멘트에 대한 강도감소계수는 0.55이다.

**해설** 강도감소계수
전단과 비틀림에 대한 강도감소계수($\phi$)는 0.75이다.

**52** 구조물의 부재, 부재 간의 연결부 및 각 부재 단면의 휨모멘트, 축력, 전단력, 비틀림모멘트에 대한 설계강도는 공칭강도에 강도감소계수 $\phi$를 곱한 값으로 한다. 무근콘크리트의 휨모멘트, 압축력, 전단력, 지압력에 대한 강도감소계수는?

① 0.55
② 0.65
③ 0.7
④ 0.75

**해설** 강도감소계수
무근콘크리트의 휨모멘트, 압축력, 전단력, 지압력에 대한 강도감소계수($\phi$)는 0.55이다.

★
**53** 구조물의 부재, 부재 간의 연결부 및 각 부재 단면의 휨모멘트, 축력, 전단력, 비틀림모멘트에 대한 설계강도는 공칭강도에 강도감소계수 $\phi$를 곱한 값으로 한다. 포스트텐션 정착구역에서의 강도감소계수는?

① 0.65  　　　　　② 0.7
③ 0.75  　　　　　④ 0.85

> 해설 **강도감소계수**
> 포스트텐션 정착부의 강도감소계수($\phi$)는 0.85이다.

**54** 강도설계법에서 하중계수 $U$를 사용하여 구조물 설계 시의 안전을 도모하는 이유와 가장 거리가 먼 것은?

① 구조 설계 시 가정으로 인한 것을 보완하려고
② 하중의 변경 시에 대비하기 위하여
③ 활하중 작용 시의 충격 흡수를 위해서
④ 예상하지 않은 초과하중 때문에

> 해설 강도설계법에서 충격하중은 활하중에 충격계수를 곱하여 구한다.

**55** 하중조합과 하중계수 및 구조물의 안전을 주는 방법에 대한 설명으로 틀린 것은?

① 소요강도는 예상하중을 초과한 하중 및 구조 해석상의 단순화 가정으로 인해 발생되는 초과요인을 고려하여 하중계수를 사용하중에 곱하여 계산한다.
② 부재의 설계강도란 공칭강도에 1.0보다 작은 강도감소계수를 곱한 값을 말한다.
③ 구조물에 충격의 영향이 작용하는 경우 활하중($L$)을 충격효과($I$)가 포함된 ($L+I$)로 대체하여 하중조합을 고려하여야 한다.
④ 축압축력 또는 휨모멘트와 축압축력을 동시에 받는 인장지배단면은 강도감소계수가 0.75이다.

> 해설 **강도감소계수**
> ④의 경우는 강도감소계수에 대한 설명이고, 인장지배단면은 $\phi = 0.85$이다.

★
**56** 하중계수를 곱하지 않은 고정하중 및 활하중을 강도설계법으로 무엇이라고 부르는가?

① 계수하중  　　　② 사용하중
③ 설계하중  　　　④ 지속하중

> 해설 ㉠ 사용하중(service load) : 하중계수를 곱하지 않은 실하중
> ㉡ 계수하중(factored load) : 하중계수를 곱한 하중

★★★
**57** 철근콘크리트 부재에 고정하중 30kN/m, 활하중 50kN/m가 작용한다면 소요강도($U$)는?

① 73kN/m  　　　② 116kN/m
③ 127kN/m  　　　④ 155kN/m

> 해설 **최대 소요강도**
> ㉠ $U = 1.4D = 1.4 \times 30 = 42$kN/m
> ㉡ $U = 1.2D + 1.6L = 1.2 \times 30 + 1.6 \times 50$
> 　　$= 116$kN/m
> ∴ $U = 116$kN/m(최댓값)

★
**58** 사용 고정하중($D$)과 활하중($L$)을 작용시켜서 단면에서 구한 휨모멘트는 각각 $M_D = 30$kN · m, $M_L = 3$kN · m이었다. 주어진 단면에 대해서 현행 콘크리트 구조기준에 따라 최대 소요강도를 구하면?

① 30kN · m  　　　② 40.8kN · m
③ 42kN · m  　　　④ 48.2kN · m

> 해설 **최대 소요강도**
> ㉠ $M_u = 1.4M_D = 1.4 \times 30 = 42$MPa
> ㉡ $M_u = 1.2M_D + 1.6M_L = 1.2 \times 30 + 1.6 \times 3$
> 　　$= 40.8$kN
> ∴ $M_u = 42$MPa(최댓값)

**59** 사용 고정하중($D$)과 활하중($L$)을 작용시켜서 단면에서 구한 휨모멘트는 각각 $M_D$=10kN·m, $M_L$=20kN·m이었다. 주어진 단면에 대해서 현행 콘크리트 구조기준에 의거 최대 소요강도를 구하면?

① 33kN·m

② 39.6kN·m

③ 40.8kN·m

④ 44kN·m

> 해설 최대 소요강도
> ㉠ $M_u = 1.4M_D = 1.4 \times 10 = 14$kN·m
> ㉡ $M_u = 1.2M_D + 1.6M_L = 1.2 \times 10 + 1.6 \times 20$
>    $= 44$kN·m
> ∴ $M_u = 44$kN·m(최댓값)

**60** 고정하중 10kN/m, 활하중 20kN/m의 등분포하중을 받는 경간 8m의 단순지지보에서 하중계수와 하중조합을 고려한 계수모멘트는?

① 352kN·m

② 408kN·m

③ 449kN·m

④ 497kN·m

> 해설 최대 소요강도
> $w_u = 1.2w_D + 1.6w_L = 1.2 \times 10 + 1.6 \times 20$
>    $= 44$kN/m
> ∴ $M_u = \dfrac{w_u l^2}{8} = \dfrac{44 \times 8^2}{8} = 352$kN·m

정답 59. ④  60. ①

# 보의 휨 해석과 설계

# 보의 휨 해석과 설계

**회독 체크표**

| 1회독 | 월 | 일 |
| --- | --- | --- |
| 2회독 | 월 | 일 |
| 3회독 | 월 | 일 |

**최근 10년간 출제분석표**

| 2015 | 2016 | 2017 | 2018 | 2019 | 2020 | 2021 | 2022 | 2023 | 2024 |
| --- | --- | --- | --- | --- | --- | --- | --- | --- | --- |
| 26.7% | 15.0% | 26.6% | 26.7% | 28.3% | 18.3% | 16.7% | 15.0% | 26.6% | 20.0% |

**출제 POINT**

**학습 POINT**
- 철근비와 파괴형태
- 지배단면의 구분
- 강도설계법의 기본가정
- 등가직사각형 응력분포변수

■ 철근비
철근콘크리트 부재의 단면에 있어서 콘크리트 단면적과 철근 단면적과의 비를 말한다.

$$\therefore \rho = \frac{A_s}{bd}$$

---

**SECTION 1  강도설계법의 기본원리**

## 1 보의 파괴형태

### 1) 부재 단면의 철근비

① 균형철근비($\rho_b$)

인장철근이 항복하여 그 변형률이 항복변형률 $\varepsilon_y$에 도달하고, 동시에 콘크리트의 변형률이 그 극한변형률($\varepsilon_{cu}$)에 도달하는 경우, 즉 균형변형률상태의 철근비이다.

② 최대 철근비($\rho_{\max}$)

균형철근비보다 철근을 적게 배치하여 철근콘크리트가 파괴될 때 철근의 항복에 의한 파괴(연성파괴)가 되도록 하기 위한 철근비이다.

③ 최소 철근비($\rho_{\min}$)

단면의 치수가 크게 설계되는 경우 너무 작은 철근이 배근되는 것을 막기 위한 규정으로 취성파괴를 방지하기 위한 최소한의 철근비이다. 다음 식을 만족하도록 인장철근을 배치한 철근비를 말한다.

$$\phi M_n \geq 1.2 M_{cr} \tag{2.1}$$

단, $\phi M_n \geq \dfrac{4}{3} M_u$의 경우는 예외

여기서, $M_{cr}$ : 휨부재의 균열모멘트$\left( = \dfrac{I_g}{y_t} f_r \right)$

$f_r$ : 콘크리트의 휨인장강도($= 0.63 \lambda \sqrt{f_{ck}}$, 파괴계수)

2) 보의 파괴 거동

### (1) 연성파괴 거동

① 철근콘크리트 부재의 파괴 시 붕괴되지 않고, 큰 변형을 일으키므로 위험을 예측할 수 있는 파괴형태이다.

② 연성재료인 철근이 먼저 항복하여 변형이 생기는 파괴형태이다.

### (2) 취성파괴 거동

① 철근콘크리트 부재의 파괴 시 큰 변형을 일으키지 않고, 예고 없이 갑자기 파괴되는 파괴형태이다.

② 취성재료인 콘크리트가 먼저 항복하여 파괴되는 파괴로 파괴 예측이 불가능하다.

### (3) 철근비에 따른 보의 종류

① 균형철근보(균형 단면보)

압축측 콘크리트의 변형률이 극한변형률에 도달함과 동시에 인장철근도 동시에 항복하는 상태를 균형(평형)상태라고 하며, 이런 상태의 보를 균형철근보라고 한다.

② 과소철근보(저보강보)

균형철근비보다 철근을 적게 넣어 철근이 먼저 항복하는 연성(인장)파괴가 되도록 한 보를 말하며, 변형 후에 파괴가 나타나므로 파괴 예측이 가능하다.

③ 과다철근보(과보강보)

균형철근비보다 철근을 많이 넣어 취성(압축)파괴가 되도록 한 보를 말하며, 변형 전에 파괴가 나타나므로 파괴 예측이 불가능하다.

■ 출제 POINT

■ **연성파괴조건**

$\rho_{min} < \rho < \rho_{max}$

■ **취성파괴조건**

$\rho_{min} > \rho > \rho_{max}$

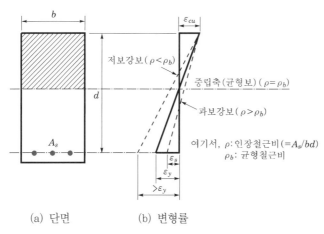

[그림 2-1] 철근비에 따른 중립축의 위치변화

**출제 POINT**

■ 휨설계조건
① 설계휨강도 ≥ 소요휨강도(극한휨강도)
② $M_d = \phi M_n \geq M_u$
여기서, $M_n$ : 공칭휨강도
$M_d$ : 설계휨강도
$\phi$ : 강도감소계수
$M_u$ : 소요휨강도

■ 기타 설계조건
① 전단설계
$V_d = \phi V_n \geq V_n$
② 비틀림 설계
$T_d = \phi T_n \geq T_u$
③ 기둥(축하중 부재)설계
$P_d = \phi P_n \geq P_u$
$M_d = \phi M_n \geq M_u$

■ 순인장변형률
$c : \varepsilon_{cu} = (d_t - c) : \varepsilon_t$
$\therefore \varepsilon_t = \varepsilon_{cu}\left(\dfrac{d_t - c}{c}\right)$

■ 변형률 선도($f_{ck} \leq 40\text{MPa}$)
$c : \varepsilon_{cu} = (d_t - c) : \varepsilon_t$
$\therefore \dfrac{c}{d_t} = \dfrac{\varepsilon_{cu}}{\varepsilon_{cu} + \varepsilon_t} = \dfrac{0.0033}{0.0033 + \varepsilon_t}$

## 2 휨설계 일반

### 1) 휨설계의 일반원칙

① 휨모멘트나 축력 또는 휨모멘트와 축력을 동시에 받는 단면의 설계는 힘의 평형조건과 변형률의 적합조건에 기초하여야 한다.

② 균형변형률상태란 인장철근이 항복하여 그 변형률이 항복변형률($\varepsilon_y$)에 도달하고, 동시에 콘크리트의 변형률이 그 극한변형률($\varepsilon_{cu}$)에 도달하는 경우의 변형률상태를 말한다.

③ 최외단 인장철근(인장측 연단에 가장 가까운 철근)의 순인장변형률($\varepsilon_t$)에 따라 압축지배단면, 인장지배단면, 변화구간단면으로 구분하고, 지배 단면에 따라 강도감소계수($\phi$)를 달리 적용해야 한다.

④ 계수축력 $\leq 0.10 f_{ck} A_g$ 인 경우의 휨부재 또는 휨모멘트와 축력을 동시에 받는 부재의 순인장변형률 $\varepsilon_t$는 휨부재의 최소 허용변형률($\varepsilon_{t, \min}$)이상이어야 한다.

⑤ 순인장변형률($\varepsilon_t$)이란 최외단 인장철근 또는 긴장재의 인장변형률에서 프리스트레스, 크리프, 건조수축, 온도변화에 의한 변형률을 제외한 인장변형률을 말한다.

$$\varepsilon_t = \varepsilon_{cu}\left(\frac{d_t - c}{c}\right) \tag{2.2}$$

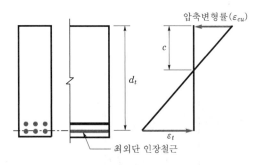

[그림 2-2] 변형률 분포와 순인장변형률

### 2) 지배단면의 구분과 강도감소계수

#### (1) 지배단면의 구분

① 압축지배단면 : 압축콘크리트가 극한변형률인 $\varepsilon_{cu}$에 도달할 때 최외단 인장철근의 순인장변형률 $\varepsilon_t$가 압축지배변형률 한계($\varepsilon_{t, ccl}$) 이하인 단면을 말한다.

② 인장지배단면 : 압축콘크리트가 극한변형률인 $\varepsilon_{cu}$에 도달할 때 최외단 인장철근의 순인장변형률 $\varepsilon_t$가 인장지배변형률 한계($\varepsilon_{t,\,tcl}$) 이상인 단면을 말한다.

③ 변화구간단면 : 순인장변형률 $\varepsilon_t$가 압축지배변형률 한계와 인장지배변형률 한계 사이인 단면을 말한다.

**(2) 지배단면의 변형률 한계와 강도감소계수**

① 지배단면의 변형률 한계

| 강재 종류 | 압축지배<br>변형률 한계 | 인장지배<br>변형률 한계 | 휨부재의<br>최소 허용변형률 |
|---|---|---|---|
| SD400 이하 | $\varepsilon_y$ | 0.005 | 0.004 |
| SD400 초과 | $\varepsilon_y$ | $2.5\varepsilon_y$ | $2.0\varepsilon_y$ |

② 지배단면에 따른 강도감소계수($\phi$) : 띠철근(기타)일 경우

| 지배단면 구분 | 순인장변형률($\varepsilon_t$)조건 | $\phi$ |
|---|---|---|
| 압축지배단면 | $\varepsilon_t \leq \varepsilon_y$ | 0.65 |
| 변화구간단면 | • SD400 이하 : $\varepsilon_y < \varepsilon_t < 0.005$<br>• SD400 초과 : $\varepsilon_y < \varepsilon_t < 2.5\varepsilon_y$ | 0.65~0.85 |
| 인장지배단면 | • SD400 이하 : $0.005 \leq \varepsilon_t$<br>• SD400 초과 : $2.5\varepsilon_y \leq \varepsilon_t$ | 0.85 |

■ 변화구간단면의 강도감소계수 계산 (SD400)

① 띠철근(기타)

$$\phi = 0.65 + 0.2\frac{\varepsilon_t - \varepsilon_y}{\varepsilon_{t,\,tcl} - \varepsilon_y}$$

② 나선철근

$$\phi = 0.70 + 0.15\frac{\varepsilon_t - \varepsilon_y}{\varepsilon_{t,\,tcl} - \varepsilon_y}$$

**3) 강도설계법의 기본가정**

**(1) 기본가정**

① 철근의 변형률과 콘크리트의 변형률은 중립축으로부터의 거리에 비례한다.

② 압축측 연단에서 콘크리트의 극한변형률($\varepsilon_{cu}$)은 $f_{ck} \leq 40\mathrm{MPa}$인 경우 0.0033, $f_{ck} > 40\mathrm{MPa}$인 경우 매 10MPa 증가에 0.0001씩 감소시킨다. $f_{ck} \geq 90\mathrm{MPa}$인 경우는 성능실험값을 적용시킨다.

$$\varepsilon_{cu} = 0.0033 - \frac{f_{ck} - 40}{100,000} \leq 0.0033 \tag{2.3}$$

③ 철근의 응력($f_s$)은 항복강도($f_y$) 이하에서 변형률의 $E_s$배를 취한다.

④ 극한강도상태에서 콘크리트의 응력($f_c$)은 변형률($\varepsilon_c$)에 비례하지 않는다.

⑤ 콘크리트 압축응력의 분포와 콘크리트 변형률 사이의 관계는 직사각형, 사다리꼴, 포물선형 또는 강도의 예측에서 광범위한 실험의 결과와 실질적으로 일치하는 어떤 형상으로도 가정할 수 있다.

■ 콘크리트의 압축응력분포도
$(f_{ck} \leq 40\,\text{MPa})$

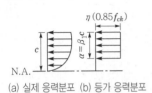

(a) 실제 응력분포 (b) 등가 응력분포

■ 휨철근의 응력

① 휨철근의 응력
   $f_y \leq 600\,\text{MPa}$

② 철근이 항복하기 전
   $\varepsilon_s < \varepsilon_y \rightarrow f_s = E_s\varepsilon_s$

③ 철근이 항복한 후
   $\varepsilon_s > \varepsilon_y$
   $\rightarrow f_s = f_y = E_s\varepsilon_y$

⑥ 콘크리트의 압축응력분포는 등가직사각형 응력블록으로 가정해도 좋다.
　　㉠ 등가폭 : $b = \eta(0.85f_{ck})$
　　㉡ 등가깊이 : $a = \beta_1 c$
　　여기서, $\eta$ : 등가응력블럭의 응력크기를 나타내는 계수
⑦ 휨을 계산하는 경우 콘크리트의 인장강도는 무시한다.

### (2) 등가직사각형 응력분포 변수

　등가응력깊이비($\beta_1$)는 콘크리트 설계기준압축강도($f_{ck}$)에 따라 달리 적용한다.

① $f_{ck} \leq 40\,\text{MPa}$인 경우 : $\beta_1 = 0.80$

② 기타의 경우 다음에 따른다.

[표 2-1] 등가직사각형 응력분포 변수값($f_{ck}$ [MPa])

| $f_{ck}$ | ≤40 | 50 | 60 | 70 | 80 | 90 |
|---|---|---|---|---|---|---|
| $\varepsilon_{cu}$ | 0.0033 | 0.0032 | 0.0031 | 0.003 | 0.0029 | 0.0028 |
| $\eta$ | 1.00 | 0.97 | 0.95 | 0.91 | 0.87 | 0.84 |
| $\beta_1$ | 0.80 | 0.80 | 0.76 | 0.74 | 0.72 | 0.70 |

---

**SECTION 2 단철근 직사각형 보의 해석과 설계**

• 등가직사각형 깊이($a$)
• 중립축의 위치($c$)
• 공칭휨강도($M_n$)
• 설계휨강도($M_d = \phi M_n$)
• 균형철근비와 최대 철근비
• 강도설계법의 설계조건

■ $f_{ck} \leq 40\,\text{MPa}$인 경우

$\eta = 1.0,\ \beta_1 = 0.80$

$a = \dfrac{A_s f_y}{\eta(0.85f_{ck})b}$

$c = \dfrac{a}{\beta_1} = \dfrac{A_s f_y}{\eta(0.85f_{ck})b\beta_1}$

$M_n = \eta(0.85f_{ck})ab\left(d - \dfrac{a}{2}\right)$

$\quad = A_s f_y\left(d - \dfrac{a}{2}\right)$

## 1 휨 해석

### 1) 휨 해석 일반

#### (1) 단철근 직사각형 보

　직사각형 단면에서 인장응력을 받고 있는 곳에만 철근을 배치하여 보강한 보를 말한다. 기본가정에 의하여 다음과 같이 나타낼 수 있다.

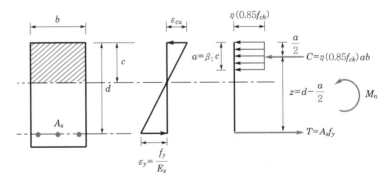

[그림 2-3] 단철근 직사각형 단면보

(2) 등가직사각형 깊이($a$)와 중립축의 위치($c$)

① 균형상태로부터 $C = T$에서 등가직사각형 깊이($a$)는

$$\eta(0.85f_{ck})ab = A_s f_y$$

$$\therefore a = \frac{A_s f_y}{\eta(0.85f_{ck})b} = \frac{\rho d f_y}{\eta(0.85f_{ck})} \qquad (2.4)$$

② 중립축의 위치 $c$는 $a = \beta_1 c$로부터

$$c = \frac{a}{\beta_1} = \frac{A_s f_y}{\eta(0.85f_{ck})b\beta_1} \qquad (2.5)$$

(3) 공칭휨강도($M_n$)

내부의 우력모멘트가 외력에 의한 모멘트를 저항한다고 보는 개념으로 $M_n = Cz = Tz$로부터

$$M_n = \eta(0.85f_{ck})ab\left(d - \frac{a}{2}\right) = A_s f_y\left(d - \frac{a}{2}\right) \qquad (2.6)$$

이다. 여기에 등가직사각형 깊이 $a$와 철근비 $\rho$를 대입하여 정리하면

$$M_n = \rho b d^2 f_y\left(1 - 0.59\rho\frac{f_y}{\eta f_{ck}}\right)$$

$$\therefore M_n = f_{ck} q b d^2\left(1 - 0.59\frac{q}{\eta}\right) \qquad (2.7)$$

여기서, $q = \rho\dfrac{f_y}{f_{ck}}$

(4) 설계휨강도($M_d$)

$$M_d = \phi M_n = \phi A_s f_y\left(d - \frac{a}{2}\right) \qquad (2.8)$$

2) 철근비의 제한

(1) 균형철근비($\rho_b$)

① 균형 단면의 철근비를 균형(평형)철근비라 한다. 즉 콘크리트의 압축연단의 압축변형률이 극한변형률($\varepsilon_{cu}$)에 도달함과 동시에 철근의 응력이 항복응력에 도달하는 경우의 철근비를 말한다.

■변형률 관계식($f_y \leq 400$MPa인 경우)

$$\begin{aligned}
\frac{\varepsilon_{cu}}{\varepsilon_{cu} + \varepsilon_y} &= \frac{\varepsilon_{cu}}{\varepsilon_{cu} + f_y/E_s} \\
&= \frac{\varepsilon_{cu}E_s}{\varepsilon_{cu}E_s + f_y} \\
&= \frac{0.0033 \times 2.0 \times 10^5}{0.0033 \times 2.0 \times 10^5 + f_y} \\
&= \frac{660}{660 + f_y}
\end{aligned}$$

② 균형상태의 $C = T$ 로부터 $f_{ck} \leq 40\,\text{MPa}$인 경우

$$\eta(0.85f_{ck})ab = A_s f_y$$

$$\therefore \rho_b = \frac{\eta(0.85f_{ck})\beta_1}{f_y} \cdot \frac{\varepsilon_{cu}}{\varepsilon_{cu} + \varepsilon_y}$$
$$= \frac{\eta(0.85f_{ck})\beta_1}{f_y} \cdot \frac{660}{660 + f_y} \tag{2.9}$$

③ 균형철근량

$$A_{sb} = \rho_b bd \tag{2.10}$$

**(2) 최대 철근비의 제한**

① 휨부재의 최대 철근비는 최외단 인장철근의 순인장변형률을 최소 허용변형률조건으로 규정하고 있다.

② 최대 철근비는 보의 연성파괴 유도 또는 취성파괴 방지를 위해 제한한다. 철근비의 상한은

$$\rho_{\max} = \frac{\eta(0.85f_{ck})\beta_1}{f_y} \cdot \frac{\varepsilon_{cu}}{\varepsilon_{cu} + \varepsilon_{t,\min}} \tag{2.11}$$

③ 휨부재의 최소 허용변형률에 해당하는 철근비($f_{ck} \leq 40\,\text{MPa}$)

$\varepsilon_{cu} = 0.0033$, $\varepsilon_{t,\min} = 0.004$이므로

$$\rho_{\max} = \frac{\eta(0.85f_{ck})\beta_1}{f_y} \cdot \frac{0.0033}{0.0033 + 0.004} = 0.3842\,\beta_1 \frac{f_{ck}}{f_y}$$

이다. 이를 균형철근비로 나타내면

$$\rho_{\max} = \frac{\varepsilon_{cu} + \varepsilon_y}{\varepsilon_{cu} + \varepsilon_{t,\min}}\rho_b = \frac{0.0033 + 0.002}{0.0033 + 0.004}\rho_b$$

$$\therefore \rho_{\max} = 0.726\,\rho_b \tag{2.12}$$

■ 최대 철근비와 균형철근비의 관계

$$\rho_{\max} = \frac{\varepsilon_{cu} + \varepsilon_y}{\varepsilon_{cu} + \varepsilon_{t,\min}}\rho_b$$

■ 철근량($A_s$) 산출

① 균형철근량
$A_{sb} = \rho_b b_w d$
② 최대 철근량
$A_{s,\max} = \rho_{\max} b_w d$
③ 최소 철근량
$A_{s,\min} = \rho_{\min} b_w d$

| 철근의 종류 | 휨부재 허용값 | | | | |
| --- | --- | --- | --- | --- | --- |
| | 최소 허용변형률 $(\varepsilon_{t,\min})$ | 해당 철근비 $(\rho)$ | 강도감소계수($\phi$) | | |
| | | | 기타 | 나선철근 | |
| SD300 | 0.004 | $0.658\rho_b$ | 0.79 | 0.81 | |
| SD400 | 0.004 | $0.726\rho_b$ | 0.78 | 0.80 | |
| SD500 | $0.005(2\varepsilon_y)$ | $0.699\rho_b$ | 0.78 | 0.80 | |
| SD600 | $0.006(2\varepsilon_y)$ | $0.677\rho_b$ | 0.78 | 0.80 | |
| SD700 | $0.007(2\varepsilon_y)$ | $0.660\rho_b$ | 0.78 | 0.80 | |

④ 휨부재의 인장지배단면에 해당하는 철근비($f_{ck} \leq 40\,\mathrm{MPa}$)

$\varepsilon_{cu} = 0.0033$, $\varepsilon_{t,\min} = 0.005$이므로

$$\rho_{\max} = \frac{\eta(0.85 f_{ck})\beta_1}{f_y} \cdot \frac{0.0033}{0.0033 + 0.005} = 0.3380\,\beta_1 \frac{f_{ck}}{f_y}$$

이다. 이를 균형철근비로 나타내면 다음과 같다.

$$\rho_{\max} = \frac{\varepsilon_{cu} + \varepsilon_y}{\varepsilon_{cu} + \varepsilon_{t,\min}} \rho_b = \frac{0.0033 + 0.002}{0.0033 + 0.005} \rho_b$$

$$\therefore\ \rho_{\max} = 0.639\,\rho_b \tag{2.13}$$

| 철근의 종류 | 휨부재 인장지배단면 | | |
|:---:|:---:|:---:|:---:|
| | 변형률 한계($\varepsilon_t$) | 해당 철근비($\rho$) | 강도감소계수($\phi$) |
| SD300 | 0.005 | $0.578\rho_b$ | 0.85 |
| SD400 | 0.005 | $0.639\rho_b$ | 0.85 |
| SD500 | $0.00625(2.5\varepsilon_y)$ | $0.607\rho_b$ | 0.85 |
| SD600 | $0.0075(2.5\varepsilon_y)$ | $0.583\rho_b$ | 0.85 |
| SD700 | $0.00875(2.5\varepsilon_y)$ | $0.564\rho_b$ | 0.85 |

⑤ 최대 철근량

$$A_{s,\max} = \rho_{\max}\, bd \tag{2.14}$$

■단철근 보의 철근비 제한

$\rho_{\min} \leq \rho \leq \rho_{\max}$

## (3) 최소 철근비의 제한

① 최소 철근비는 너무 작은 철근이 배근되는 것을 막기 위한 규정으로, 인장측 콘크리트의 갑작스런 취성파괴 방지를 위해 제한한다.

② 콘크리트 구조기준의 최소 철근비 규정은 다음 식을 만족하도록 인장철근을 배치한 철근비를 말한다.

$$\phi M_n \geq 1.2 M_{cr} \tag{2.15}$$

■최소 철근비 규정은 과거 기준(2021년 이전)과 전혀 다르다.

단, $\phi M_n \geq \dfrac{4}{3} M_u$의 경우는 예외

③ 최소 철근량

$$A_{s,\min} = \rho_{\min}\, bd \tag{2.16}$$

④ 부재의 모든 단면에서 해석에 의해 필요한 철근량보다 1/3 이상 인장철근이 더 배근되는 경우에는 최소 철근량 규정을 적용하지 않을 수 있다.

## ② 휨설계

### 1) 강도설계법의 설계조건

① 설계휨강도 ≥ 소요휨강도(극한휨강도)

② $M_d = \phi M_n \geq M_u$

### 2) 균형 단면보의 중립축 위치($c_b$)

균형 단면보 변형률의 비례식을 이용하면 $c_b : \varepsilon_{cu} = (d - c_b) : \varepsilon_y$에서

$$c_b = \frac{\varepsilon_{cu}}{\varepsilon_{cu} + \varepsilon_y}d \qquad (2.17)$$

$f_{ck} \leq 40\,\mathrm{MPa}$인 경우 $\varepsilon_{cu} = 0.0033$, $\varepsilon_y = \dfrac{f_y}{E_s}$를 대입하여 정리하면

$$\therefore \ c_b = \frac{0.0033}{0.0033 + f_y/E_s}d = \frac{660}{660 + f_y}d \qquad (2.18)$$

$(\because E_s = 2.0 \times 10^5\,\mathrm{MPa})$

### 3) 철근량 계산($A_s$)

$M_u \leq M_d = \phi M_n = \phi A_s f_y\left(d - \dfrac{a}{2}\right)$로부터

$$A_s = \frac{M_n}{f_y\left(d - \dfrac{a}{2}\right)} = \frac{M_u}{\phi f_y\left(d - \dfrac{a}{2}\right)} \qquad (2.19)$$

■ 직사각형 보(구형보)

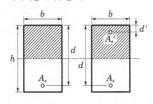

(a) 단철근 보    (b) 복철근 보

---

**SECTION 3  복철근 직사각형 보의 해석**

### ① 복철근 보의 일반

### 1) 복철근 보의 개요

① 인장철근비($\rho$)가 균형철근비($\rho_b$)보다 크면 복철근 해석이 필요하다. 이 경우 보의 인장측뿐만 아니라 압축측에도 철근을 배치하여 철근과 콘크리트가 압축응력을 받도록 만든 보를 말한다.

② 복철근 보는 보의 강성이 증대되고, 철근 조립(시공성)을 쉽게 한다.

### 2) 압축철근과 인장철근의 항복 여부 검토

① 복철근 직사각형 보의 경우 압축철근의 항복 여부를 검토하여, 압축철근이 항복한 경우와 항복하지 않은 경우를 달리 해석해야 한다.

② 압축철근의 항복 여부 판별

| 조건 | 항복 여부 | 철근의 사용응력 |
|---|---|---|
| $\varepsilon_s{}' \geq \varepsilon_y$ | 압축철근이 항복한 경우 | $f_y = f_y{}'$ |
| $\varepsilon_s{}' < \varepsilon_y$ | 압축철근이 항복하기 전 | $f_s = f_s{}'$ |

③ 압축철근이 먼저 항복하는 경우는 발생하지 않아야 한다. 압축철근이 먼저 항복하면 취성파괴가 발생하기 때문이다.

④ 인장철근의 항복 여부 검토
인장철근의 항복 검토는 단철근 보와 같다. $\varepsilon_s \geq \varepsilon_y$이면 인장철근이 항복한 경우이므로 $f_s = f_y$ 가 된다.

### 3) 복철근 보의 철근비 검토

① $\rho \leq \rho_{\max}$이면 단철근 보로 해석하고, $\rho > \rho_{\max}$이면 복철근 보로 해석한다.

② 복철근 보의 인장철근의 최대 철근비와 최소 철근비는 단철근 보와 같다. 다음 조건을 만족해야 한다.

$$\rho_{\min} \leq (\rho - \rho{}') \leq \rho_{\max}$$

## 2 압축철근이 항복한 경우의 복철근 보 해석

### 1) 해석 일반

① 압축철근이 항복한 경우이므로 $\varepsilon_s{}' \geq \varepsilon_y$이다. 따라서 $f_s{}' = f_y{}'$ 이 된다.

② 균형상태 $C = T$에서 압축력 $C$를 콘크리트가 부담하는 압축력($C_c$)과 압축철근이 부담하는 압축력($C_s$)으로 나누어 생각한다. 즉 중첩의 원리를 적용하여 해석한다.

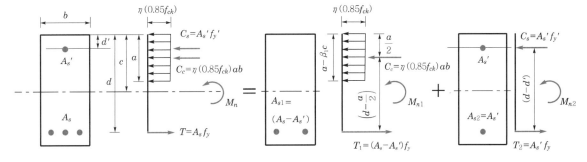

[그림 2-4] 복철근 직사각형 단면도

---

**출제 POINT**

■ 복철근 직사각형 보를 사용하는 경우

① 보의 높이가 제한되어 $\phi M_n \leq M_u$ 인 경우
② 교대하중(교번하중)이 작용하는 경우
③ 크리프, 건조수축으로 인한 장기처짐을 최소화하기 위한 경우
④ 연성을 극대화하기 위한 경우

■ 압축철근의 변형률

$$c : \varepsilon_{cu} = (c - d') : \varepsilon_s{}'$$

$$\varepsilon_s{}' = \varepsilon_{cu}\left(\frac{c - d'}{c}\right)$$

$$\varepsilon_s = \frac{f_y}{E_s}$$

■ 중첩의 원리

① $A_{s2} = A_s{}'$이면
$A_s = A_{s1} + A_{s2} = A_{s1} + A_s{}'$
② $A_{s1} = A_s - A_{s2} = A_s - A_s{}'$
③ $M_n = M_{n1} + M_{n2}$

출제 POINT

■등가직사각형의 깊이($f_{ck} \leq 40$MPa)

$$a = \frac{(A_s - A_s{}')f_y}{\eta(0.85f_{ck})b} = \frac{(\rho - \rho')df_y}{\eta(0.85f_{ck})}$$

여기서, $\rho = \dfrac{A_s}{bd}$, $\rho' = \dfrac{A_s{}'}{bd}$

2) 등가직사각형 깊이($a$)와 중립축의 위치($c$)

① 등가직사각형의 깊이($a$)

$C_c = T_1$에서 $\eta(0.85f_{ck})ab = (A_s - A_s{}')f_y$

$$\therefore\ a = \frac{(A_s - A_s{}')f_y}{\eta(0.85f_{ck})b} = \frac{(\rho - \rho')df_y}{\eta(0.85f_{ck})} \qquad (2.20)$$

여기서, $\rho$ : 인장철근비$\left(= \dfrac{A_s}{bd}\right)$, $\rho'$ : 압축철근비$\left(= \dfrac{A_s{}'}{bd}\right)$

② 중립축의 위치($c$)

$a = \beta_1 c$로부터

$$c = \frac{a}{\beta_1} = \frac{(A_s - A_s{}')f_y}{\eta(0.85f_{ck})b\beta_1} \qquad (2.21)$$

3) 공칭휨강도($M_n$)

① 콘크리트의 압축력($C_c$)과 이에 해당하는 인장철근의 인장력($T_1$)에 의한 우력모멘트($M_{n1}$)는

$$M_{n1} = C_c z = \eta(0.85f_{ck})ab\left(d - \frac{a}{2}\right)$$
$$= T_1 z = (A_s - A_s{}')f_y\left(d - \frac{a}{2}\right)$$

② 압축철근의 압축력($C_s$)과 이에 해당하는 인장철근의 인장력($T_2$)에 의한 우력모멘트($M_{n2}$)는

$$M_{n2} = C_s z = T_2 z = A_s{}'f_y(d - d')$$

③ 공칭휨강도

$$M_n = M_{n1} + M_{n2}$$
$$= (A_s - A_s{}')f_y\left(d - \frac{a}{2}\right) + A_s{}'f_y(d - d') \qquad (2.22)$$

■복철근 보의 강도감소계수($\phi$)

① $\varepsilon_t \geq 0.005$인 경우: $\phi = 0.85$

② $0.004 < \varepsilon_t < 0.005$인 경우: 직선보
간법으로 보정

4) 설계휨강도($M_d$)

$$M_d = \phi M_n = \phi\left[(A_s - A_s{}')f_y\left(d - \frac{a}{2}\right) + A_s{}'f_y(d - d')\right] \qquad (2.23)$$

### ③ 압축철근이 항복하지 않는 경우의 복철근 보 해석

#### 1) 해석 일반

압축철근이 항복하지 않은 경우는 $\varepsilon_s' < \varepsilon_y$ 이므로, 따라서 $f_s' < f_y'$ 이 된다.

#### 2) 휨강도 및 철근의 응력

① 공칭휨강도

$$M_n = \eta(0.85f_{ck})ab\left(d - \frac{a}{2}\right) + A_s'f_s'(d - d') \tag{2.24}$$

② 설계휨강도

$$M_d = \phi M_n$$

$$\therefore \ M_d = \phi\left[\eta(0.85f_{ck})ab\left(d - \frac{a}{2}\right) + A_s'f_s'(d - d')\right] \tag{2.25}$$

③ 압축철근의 응력($f_s'$)

비례식 $\varepsilon_s' = \varepsilon_{cu}\left(\dfrac{c - d'}{c}\right)$ 이고, 훅의 법칙 $f_s' = E_s\varepsilon_s'$ 이므로

$$f_s' = E_s\varepsilon_s' = E_s\varepsilon_{cu}\left(\frac{c - d'}{c}\right) \tag{2.26}$$

---

**SECTION 4 단철근 T형 단면보의 해석**

### ① T형 보의 판별

#### 1) 해석 일반

중립축의 위치에 따라 달리 해석한다. 설계가정에서 인장측 콘크리트 강도
는 무시하므로 압축측 콘크리트 단면만 유효한 단면이다.

**(1) 정(+)의 휨모멘트를 받는 경우**
① 중립축이 보의 플랜지 ①–①에 있으면 플랜지의 폭 $b$를 폭으로 하는 직
  사각형 단면으로 해석한다.
② 중립축이 보의 복부 ②–②에 있으면 복부의 폭 $b_w$를 폭으로 하는 T형
  단면으로 해석한다.

> 💬 **학습 POINT**
> • T형 보의 판별
> • 플랜지의 유효폭($b_e$)
> • 등가직사각형의 깊이($a$)
> • 공칭휨강도($M_n$)
> • 설계휨강도($M_d = \phi M_n$)
> • 특수 단면보

■ 정(+)의 휨모멘트를 받는 경우

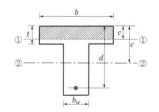

■ 부(−)의 휨모멘트를 받는 경우

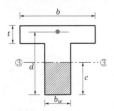

### (2) 부(−)의 휨모멘트를 받는 경우

중립축이 보의 복부 ③−③에 있으므로 복부의 폭 $b_w$를 폭으로 하는 직사각형 단면으로 해석한다.

### (3) 정(+)의 휨모멘트를 받는 경우 T형 보의 판별

① 플랜지와 복부의 접합면을 기준으로 중립축의 위치를 파악하여 중립축의 위치가 플랜지 내에 있으면 단철근 직사각형 보로 해석하고, 중립축의 위치가 복부 내에 있으면 단철근 T형 보로 해석한다.

② 폭이 $b$인 단철근 직사각형 단면보의 등가응력직사각형의 깊이로 해석하여 판별한다.

$$a = \frac{A_s f_y}{\eta(0.85 f_{ck})b} \tag{2.27}$$

㉠ $a \leq t$인 경우 : 폭이 $b$인 단철근 직사각형 보로 해석

㉡ $a > t$인 경우 : 폭이 $b_w$인 단철근 T형 단면보로 해석

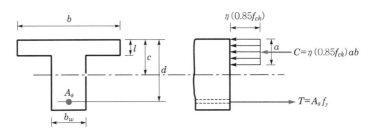

[그림 2-5] T형 보의 판별

### 2) 플랜지의 유효폭

① 슬래브와 일체로 친 T형 단면에서 슬래브 부분을 플랜지(flange), 보의 부분을 복부(web)라고 한다. 이때 이 T형 보의 플랜지는 서로 직교하는 두 방향의 휨모멘트를 받는다. 따라서 복부로부터 멀어질수록 플랜지의 압축응력은 감소한다.

② 설계 계산에서 이 응력분포는 실용적이지 못하므로, 플랜지의 폭을 적당히 감소시켜서 플랜지가 폭 방향으로 압축응력을 균일하게 받는다고 가정하여 계산한다.

③ 플랜지의 유효폭은 플랜지가 폭 방향으로 균일하게 압축응력을 받는다고 가정할 수 있는 한계의 플랜지 폭을 말한다.

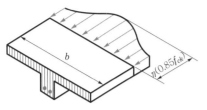 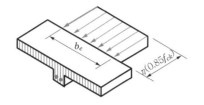

(a) 실제 응력분포　　　　　　　(b) 등가 응력분포

[그림 2-6] T형 보의 압축응력분포

④ 콘크리트 구조기준에 의한 플랜지의 유효폭(최솟값)

| T형 보(대칭) | 반T형 보(비대칭) |
|---|---|
| • $16t_f + b_w$<br>• 슬래브 중심 간 거리<br>• 보의 경간의 1/4 | • $6t_f + b_w$<br>• 인접 보와의 내측거리의 $1/2 + b_w$<br>• 보의 경간의 $1/12 + b_w$ |

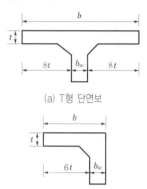

(a) T형 단면보

(b) 반T형 단면보

## 2 T형 단면보의 해석

### 1) T형 보의 해석 일반

① 균형상태 $C = T$에서 압축력 $C$를 플랜지 부분의 콘크리트가 부담하는 압축력($C_f$)과 복부 부분의 콘크리트가 부담하는 압축력($C_w$)으로 나누어 생각한다. 즉 복철근 보의 해석방법과 같이 중첩의 원리를 적용하여 해석한다.

② 인장철근의 항복 검토는 단철근 보와 같다. $\varepsilon_s \geq \varepsilon_y$이면 인장철근이 항복한 경우이므로 $f_s = f_y$가 된다.

③ T형 보의 인장철근의 최대 철근비와 최소 철근비는 단철근 보와 같다. 다음 조건을 만족해야 한다.

$$\rho_{\min} \leq (\rho_w - \rho_f) \leq \rho_{\max} \tag{2.28}$$

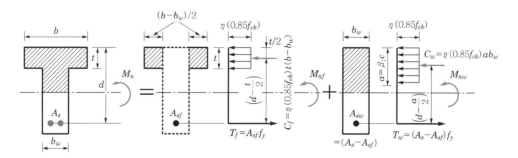

[그림 2-7] 단철근 T형 보의 해석

2) 등가응력직사각형의 깊이($a$)와 철근 단면적($A_{sf}$)

① $C_w = T_w$로부터

$$\eta(0.85f_{ck})ab_w = A_{sw}f_y = (A_s - A_{sf})f_y$$

$$\therefore \ a = \frac{(A_s - A_{sf})f_y}{\eta(0.85f_{ck})b_w} \tag{2.29}$$

② $C_f = T_f$로부터

$$A_{sf}f_y = \eta(0.85f_{ck})(b-b_w)t$$

$$\therefore \ A_{sf} = \frac{\eta(0.85f_{ck})(b-b_w)t}{f_y} \tag{2.30}$$

3) 공칭휨강도($M_n$)

$$M_{nf} = T_f z = C_f z$$
$$= A_{sf}f_y\left(d - \frac{t}{2}\right) = \eta(0.85f_{ck})t(b-b_w)\left(d - \frac{t}{2}\right)$$

$$M_{nw} = T_w z = C_w z$$
$$= (A_s - A_{sf})f_y\left(d - \frac{a}{2}\right) = \eta(0.85f_{ck})ab_w\left(d - \frac{a}{2}\right)$$

$$M_n = M_{nf} + M_{nw}$$

$$\therefore \ M_n = A_{sf}f_y\left(d - \frac{t}{2}\right) + (A_s - A_{sf})f_y\left(d - \frac{a}{2}\right) \tag{2.31}$$

여기서, $M_{nf}$ : 플랜지에 작용하는 압축력($C_f$)과 그것에 대응되는 인장철
근($A_{sf}$)의 인장력에 의한 우력모멘트

$M_{nw}$ : 복부에 작용하는 압축력($C_w$)과 그것에 대응되는 인장철근
($A_s - A_{sf}$)의 인장력에 의한 우력모멘트

4) 설계휨강도($M_d$)

$$M_d = \phi M_n$$

$$\therefore \ M_d = \phi\left[A_{sf}f_y\left(d - \frac{t}{2}\right) + (A_s - A_{sf})f_y\left(d - \frac{a}{2}\right)\right] \tag{2.32}$$

# ③ 특수 단면보의 해석

## 1) 특수 단면보의 정의

단철근 또는 복철근을 사용한 비정형 단면의 특수한 단면을 갖는 보를 특수 단면보라고 한다.

## 2) 특수 단면보의 기본가정 및 해석방법

① 특수 단면보에서도 변형률은 중립축에 대하여 비례한다.

② 중립축의 위치를 파악하여 중립축의 위치에 따라 해석방법을 정한다.

③ 단면형태에 따라 약간 다를 수 있으나 등가직사각형 응력블록의 깊이는 직사각형 또는 T형 보와 동일한 방법으로 산정한다.

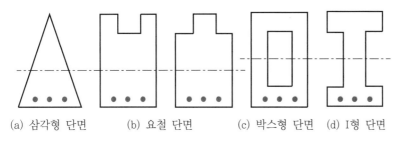

(a) 삼각형 단면     (b) 요철 단면     (c) 박스형 단면    (d) I형 단면

[그림 2-8] 특수 단면보의 형태

■ 특수 단면보의 형태
① 삼각형 단면
② 박스형 단면
③ I형 단면
④ 요철 단면
⑤ 기타 단면

## 1. 강도설계법의 기본원리

**01** 철근콘크리트 부재가 파괴될 때 가장 이상적인 것은?

① 콘크리트가 철근보다 먼저 깨지는 것이다.
② 콘크리트가 깨지기 전에 철근이 먼저 항복점에 도달하는 것이다.
③ 콘크리트의 압축파괴와 철근의 항복점 도달이 동시에 일어나는 것이다.
④ 철근의 변형이 콘크리트의 변형보다 큰 것이 좋다.

> **해설** 보의 파괴 거동
> 철근콘크리트 보가 파괴될 때 가장 이상적인 파괴 형태는 균형파괴이나, 균형파괴는 취성파괴가 나타나므로 안정성은 부족하다.

**★**
**02** 다음 내용 중 타당하지 않은 것은? [단, $f_{ck} \leq 40$MPa]

① 철근콘크리트의 파괴는 균형상태(콘크리트의 변형률 0.0033, 철근의 응력 $f_y$)로 설계하는 것이 가장 바람직하다.
② 단면설계 시 고정하중은 먼저 적당히 가정하고 최종 단면이 정해진 후 고정하중을 구하여 가정값과 비교하여 그 오차가 극히 작을 때까지 반복 계산한다.
③ 철근콘크리트 보는 연성파괴가 되도록 과소철근 단면으로 설계해야 한다.
④ $(+M)$과 $(-M)$을 받는 부재를 복철근으로 설계한다.

> **해설** 보의 파괴 거동
> 철근콘크리트 보는 연성파괴가 되도록 과소철근 보로 설계한다.
> ∴ $\rho_{min} \leq \rho \leq \rho_{max}$

**★★**
**03** 철근콘크리트 보의 파괴 거동에 대한 내용 중 잘못된 것은? [단, $f_{ck} \leq 40$MPa]

① 규정에 의한 최소 철근량($A_{s,min}$)보다 매우 적은 철근량이 배근된 경우 인장부 콘크리트 응력이 파괴계수에 도달하면 균열과 동시에 취성파괴를 일으킨다.
② 과소철근으로 배근된 단면에서는 최종 붕괴가 생길 때까지 큰 처짐이 생긴다.
③ 과다철근으로 배근된 단면에서는 압축측 콘크리트의 변형률이 0.0033에 도달할 때 인장철근의 응력은 항복응력보다 작다.
④ 인장철근이 항복응력 $f_y$에 도달함과 동시에 콘크리트 압축변형률 0.0033에 도달하도록 설계하는 것이 경제적이고 바람직한 설계이다.

> **해설** 보의 파괴 거동
> ④의 경우 경제적이고 이상적이긴 하나 안정성이 부족(취성파괴)하기 때문에 바람직한 것은 아니다.

**04** 강도설계법의 기준이 되는 균형상태에 대한 용어 설명 중 옳은 것은? [단, $f_{ck} \leq 40$MPa]

① 균형상태란 인장철근과 압축철근이 동시에 항복강도에 도달하는 상태
② 균형상태란 인장철근이 항복강도 $f_y$에 도달할 때 콘크리트에 생기는 응력이 $f_{ck}$가 되는 상태
③ 균형상태란 인장철근의 응력이 $f_{sa}$에 도달함과 동시에 압축이 $\eta(0.85f_{ck})$에 도달하는 상태
④ 균형상태란 인장철근이 항복강도 $f_y$에 도달함과 동시에 압축콘크리트의 극한변형률이 0.0033에 도달하는 상태

**정답** 1. ③  2. ①  3. ④  4. ④

**해설** 강도설계법에서 균형상태
ⓐ 콘크리트 변형률 $\varepsilon_c = 0.0033$
ⓑ 철근응력 $f_s = f_y$인 경우

**05** 철근콘크리트 휨부재에서 최대 철근비와 최소 철근비를 규정한 이유는?

① 부재의 경제적인 단면설계를 위해서
② 부재의 사용성을 증진시키기 위해서
③ 부재의 파괴에 대한 안전을 확보하기 위해서
④ 부재의 갑작스런 파괴를 방지하기 위해서

**해설** 보의 파괴 거동
철근을 너무 많이 배치해도, 너무 적게 배치해도 취성파괴가 일어난다.

**06** 휨부재의 단면을 산정할 때 최소 철근량 규정을 지켜야 하는데, 이렇게 최소 인장철근 단면적을 규정하는 이유는 무엇인가?

① 취성파괴를 피하기 위하여
② 균형적인 철근 분배를 위해서
③ 과다철근보(과보강보)의 단점 보완을 위해서
④ 경제적인 단면 이용을 위해서

**해설** 보의 파괴 거동
취성파괴를 방지하기 위하여 최소 철근량 이상으로 철근을 배근한다.

**07** 보 단면의 설계 시 과소철근으로 설계하는 이유 중 가장 적당한 것은?

① 부재의 경제적인 단면설계를 위해서
② 부재의 사용성을 증진시키기 위해서
③ 부재의 파괴에 대한 안전을 확보하기 위해서
④ 부재의 갑작스런 파괴를 방지하기 위해서

**해설** 보의 파괴 거동
철근이 먼저 항복하여 변형이 생김으로써 파괴를 예측할 수 있는 연성파괴를 유도하기 위해 과소철근으로 설계한다.

**08** 단철근 직사각형 보의 단면 폭 $b = 400$mm, 유효 폭 $d = 800$mm, $A_s = 2{,}000$mm$^2$일 때 철근비는 얼마인가?

① 0.004
② 0.005
③ 0.006
④ 0.008

**해설** 단면의 철근비
$$\rho = \frac{A_s}{bd} = \frac{2{,}000}{400 \times 800} = 0.00625 \fallingdotseq 0.0063$$

**09** 단철근 직사각형 보를 강도설계법으로 설계할 경우 최대 철근비($\rho_{\max}$) 이하로 설계하는 이유는?

① 철근을 절약하기 위해서
② 처짐을 감소시키기 위해서
③ 철근이 먼저 항복하는 것을 막기 위해서
④ 콘크리트의 압축파괴, 즉 취성파괴를 피하기 위해서

**해설** 보의 파괴 거동
철근비의 조정으로 연성파괴를 유도하기 위함이다.
$\therefore \rho_{\min} \le \rho \le \rho_{\max}$

**10** 균형철근량보다 적은 인장철근을 가진 과소철근보가 휨에 의해 파괴될 때의 설명 중 옳은 것은?

① 중립축이 인장측으로 내려오면서 철근이 먼저 파괴된다.
② 압축측 콘크리트와 인장측 철근이 동시에 항복한다.
③ 인장측 철근이 먼저 항복한다.
④ 압축측 콘크리트가 먼저 파괴된다.

**해설** 보의 파괴 거동
과소철근보가 휨에 의해 파괴될 때 인장측 철근이 먼저 항복하여 변형이 발생한다. 변형 후에 파괴가 나타나는데, 이것을 연성파괴라고 한다.

**정답** 5.④ 6.① 7.④ 8.③ 9.④ 10.③

★
**11** 강도설계법에서 균형보의 개념을 옳게 설명한 것은? [단, $f_{ck} \leq 40\text{MPa}$]

① 콘크리트와 철근의 응력이 각각의 허용응력에 도달한 보를 말한다.

② 사용하중상태에서 파괴형태를 고려하지 않은 보를 말한다.

③ 경제적인 단면설계를 위주로 한 보를 말한다.

④ 철근이 항복함과 동시에 콘크리트의 압축변형률이 0.0033에 도달한 보를 말한다.

> **해설** 균형철근보
> 균형변형률상태의 철근비로 설계된 보를 균형철근보(균형 단면보)라고 한다.

★★★
**12** 강도설계법에서 단철근 직사각형 보가 $f_{ck} = 21\text{MPa}$, $f_y = 300\text{MPa}$일 때 균형철근비는 얼마인가?

① 0.34　　　　② 0.033

③ 0.044　　　　④ 0.0044

> **해설** 단면의 철근비
> ㉠ 항복변형률과 변수
> $f_{ck} \leq 40\text{MPa}$인 경우 $\beta_1 = 0.80$, $\eta = 1.0$,
> $\varepsilon_{cu} = 0.0033$
> $\therefore \varepsilon_y = \dfrac{f_y}{E_s} = \dfrac{300}{200,000} = 0.0015$
> ㉡ 균형철근비($\rho_b$)
> $\rho_b = \dfrac{\eta(0.85 f_{ck})\beta_1}{f_y}\left(\dfrac{\varepsilon_{cu}}{\varepsilon_{cu} + \varepsilon_y}\right)$
> $\quad = \dfrac{1.0 \times 0.85 \times 21 \times 0.80}{300}$
> $\qquad \times \dfrac{0.0033}{0.0033 + 0.0015}$
> $\quad = 0.03273$

★
**13** 단철근 직사각형 보에서 단면의 폭($b$)이 600mm, 유효깊이($d$)는 1,000mm, 철근 공칭지름이 16mm인 철근을 10개 사용할 때 철근비 $\rho$는?

① 0.0034　　　　② 0.0045

③ 0.0054　　　　④ 0.0345

> **해설** 단면의 철근비
> $A_s = \dfrac{\pi d^2}{4} = \dfrac{3.14 \times 16^2}{4} \times 10 = 2,009.6\text{mm}^2$
> $\therefore \rho = \dfrac{A_s}{bd} = \dfrac{2,009.6}{600 \times 1,000} = 0.003349$
> $\quad \fallingdotseq 0.0034$

★★
**14** 다음 중 '인장지배단면'의 정의로 가장 적합한 것은?

① 공칭강도에서 인장철근군의 인장변형률이 인장지배변형률 한계 이상인 단면

② 공칭강도에서 인장철근군의 순인장변형률이 인장지배변형률 한계 이상인 단면

③ 공칭강도에서 최내단 인장철근의 인장변형률이 인장지배변형률 한계 이상인 단면

④ 공칭강도에서 최외단 인장철근의 순인장변형률이 인장지배변형률 한계 이상인 단면

> **해설** 지배단면의 구분
> 최외단 인장철근의 순인장변형률($\varepsilon_t$)에 따라 압축지배단면, 인장지배단면, 변화구간단면으로 구분하고, 지배단면에 따라 강도감소계수($\phi$)를 달리 적용해야 한다.

**15** 강도설계법에서 직사각형 단철근 보의 균형철근비 $\rho_b$는 얼마인가? [단, $f_{ck} = 20\text{MPa}$, $f_y = 300\text{MPa}$이고, 철근의 탄성계수는 $2.0 \times 10^5 \text{MPa}$이다.]

① 0.025　　　　② 0.031

③ 0.038　　　　④ 0.048

> **해설** 단면의 철근비
> ㉠ 변수
> $f_{ck} \leq 40\text{MPa}$인 경우 $\beta_1 = 0.80$, $\eta = 1.0$
> $\varepsilon_{cu} = 0.0033$
> ㉡ 균형철근비($\rho_b$)
> $\rho_b = \dfrac{\eta(0.85 f_{ck})\beta_1}{f_y}\left(\dfrac{660}{660 + f_y}\right)$
> $\quad = \dfrac{1.0 \times 0.85 \times 20 \times 0.80}{300} \times \dfrac{660}{660 + 300}$
> $\quad = 0.0312$

**정답** 11. ④　12. ②　13. ①　14. ④　15. ②

**16** $f_{ck}=24$MPa, $f_y=300$MPa일 때 다음 그림과 같은 보의 균형철근비($\rho_b$)는?

① 0.0013
② 0.0129
③ 0.0374
④ 0.0488

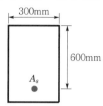

해설 **단면의 철근비**

㉠ 항복변형률과 변수
$f_{ck} \leq 40$MPa인 경우 $\beta_1 = 0.80$, $\eta = 1.0$

$$\therefore \ \varepsilon_y = \frac{f_y}{E_s} = \frac{300}{2.0 \times 10^5} = 0.0015$$

㉡ 균형철근비($\rho_b$)

$$\rho_b = \frac{\eta(0.85f_{ck})\beta_1}{f_y}\left(\frac{\varepsilon_{cu}}{\varepsilon_{cu}+\varepsilon_y}\right)$$
$$= \frac{1.0\times0.85\times24\times0.80}{300}$$
$$\times \frac{0.0033}{0.0033+0.0015}$$
$$= 0.0374$$

**17** $b=300$mm, $d=700$mm인 단철근 직사각형 보에서 균형철근량을 구하면? [단, $f_{ck}=21$MPa, $f_y=240$MPa]

① 11,219mm$^2$
② 10,219mm$^2$
③ 9,483mm$^2$
④ 9,163mm$^2$

해설 **균형철근량**

㉠ 균형철근비($\rho_b$)
$f_{ck} \leq 40$MPa인 경우 $\beta_1 = 0.80$, $\eta = 1.0$

$$\therefore \ \rho_b = \frac{\eta(0.85f_{ck})\beta_1}{f_y}\left(\frac{660}{660+f_y}\right)$$
$$= \frac{1.0\times0.85\times21\times0.80}{240}\times\frac{660}{660+240}$$
$$= 0.0436$$

㉡ 균형철근량($A_{sb}$)

$$A_{sb} = \rho_b bd$$
$$= 0.0436\times300\times700$$
$$= 9,163\text{mm}^2$$

**18** 단철근 직사각형 보에서 $f_y=420$MPa, $f_{ck}=40$MPa일 때 강도설계법에 의한 균형철근비는 얼마인가?

① 0.0313
② 0.0342
③ 0.0376
④ 0.0396

해설 **단면의 철근비**

㉠ $f_{ck} \leq 40$MPa인 경우 $\beta_1 = 0.80$, $\eta = 1.0$
㉡ 균형철근비($\rho_b$)

$$\rho_b = \frac{\eta(0.85f_{ck})\beta_1}{f_y}\left(\frac{660}{660+f_y}\right)$$
$$= \frac{1.0\times0.85\times40\times0.80}{420}\times\frac{660}{660+420}$$
$$= 0.03958$$

**19** 다음 그림과 같은 보를 강도설계법에 의해 설계할 경우 최대 철근량은 얼마인가? [단, $f_{ck}=21$MPa, $f_y=300$MPa]

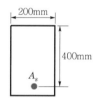

① 16.32cm$^2$
② 19.36cm$^2$
③ 20.24cm$^2$
④ 21.36cm$^2$

해설 **최대 철근량**

㉠ 최대 철근비
$f_y \leq 400$MPa이므로 $\varepsilon_{t,min} = 0.004$
$f_{ck} \leq 40$MPa인 경우 $\beta_1 = 0.80$, $\eta = 1.0$

$$\therefore \ \rho_{max} = \frac{\eta(0.85f_{ck})\beta_1}{f_y}\left(\frac{\varepsilon_c}{\varepsilon_c+\varepsilon_t}\right)$$
$$= \frac{1.0\times0.85\times21\times0.80}{300}$$
$$\times \frac{0.0033}{0.0033+0.004}$$
$$= 0.02043$$

㉡ 최대 철근량($A_{s,max}$)

$$A_{s,max} = \rho_{max}bd$$
$$= 0.02043\times20\times40$$
$$= 16.32\text{cm}^2$$

**20** ★★ 단면의 크기 $b \times h = 400mm \times 600mm$이며, 콘크리트의 압축강도 $f_{ck} = 24MPa$, 철근의 항복강도 $f_y = 400MPa$인 보의 최소 철근량은 얼마인가?

① 68.99kN·m      ② 78.99kN·m

③ 88.99kN·m      ④ 98.99kN·m

> **해설** 최소 철근량
> ㉠ 균열모멘트
> $$M_{cr} = \frac{I_g}{y_t}f_r = \frac{bh^2}{6}(0.63\lambda\sqrt{f_{ck}})$$
> $$= \frac{400 \times 600^2}{6} \times 0.63 \times 1.0\sqrt{24} \times 10^{-6}$$
> $$= 74.0726 kN \cdot m$$
> ㉡ 최소 철근량
> $$\phi M_n \geq 1.2 M_{cr} = 1.2 \times 74.0726$$
> $$= 88.89 kN \cdot m$$
> [관련기준] KDS 14 20 20[2021] 4.2.2 (1)

**21** ★★★ $b = 30cm$, $d = 50cm$, $A_s = 3-D25 = 15.20cm^2$인 직사각형 단면보의 파괴는? [단, 강도설계법에 의하며, $f_{ck} = 24MPa$, $f_y = 400MPa$, 균형철근비 $\rho_b = 0.0262$이다.]

① 취성파괴      ② 연성파괴

③ 평형파괴      ④ 파괴되지 않는다.

> **해설** 보의 파괴 거동
> ㉠ 단면의 철근비
> $$\rho = \frac{A_s}{bd} = \frac{15.2}{30 \times 50} = 0.0101$$
> ㉡ 최대 철근비
> $$\rho_{max} = \frac{\eta(0.85f_{ck})\beta_1}{f_y}\left(\frac{\varepsilon_{cu}}{\varepsilon_{cu} + \varepsilon_t}\right)$$
> $$= \frac{1.0 \times 0.85 \times 24 \times 0.80}{400}$$
> $$\times \frac{0.0033}{0.0033 + 0.004}$$
> $$= 0.0186$$
> ㉢ 최소 철근비
> $$\rho_{min} = \frac{1.4}{f_y} = \frac{1.4}{400} = 0.0035$$
> $$\therefore \rho_{min} < \rho < \rho_{max}$$
> $$\therefore 연성파괴$$

**22** ★ 콘크리트의 압축강도($f_{ck}$)가 30MPa, 철근의 항복강도($f_y$)가 400MPa, 폭이 350mm, 유효깊이가 600mm인 단철근 직사각형 보의 최소 철근량은 얼마인가?

① 690mm$^2$      ② 735mm$^2$

③ 777mm$^2$      ④ 816mm$^2$

> **해설** 최소 철근량
> ㉠ 최소 철근비
> $$\rho_{min} = \frac{1.4}{f_y} = \frac{1.4}{400} = 0.0035$$
> ㉡ 최소 철근량($A_{s,min}$)
> $$A_{s,min} = \rho_{min}bd = 0.0035 \times 350 \times 600$$
> $$= 735mm^2$$

**23** 철근의 설계강도를 정할 때 600MPa 이하로 규정한 이유는?

① 콘크리트의 균열폭을 제한하기 위해

② 고가의 고강도 철근의 사용을 억제하기 위해

③ 콘크리트와 철근의 설계강도를 맞추기 위해

④ 철근의 항복강도에 여유를 두어 안전을 확보하기 위해

> **해설** 철근의 설계강도
> 콘크리트의 균열폭을 제한하기 위해 철근의 설계강도를 제한한다.

**24** ★ 철근콘크리트에서 고인장 강재를 철근으로 사용하면 다음 사항에서 해당되지 않는 것은?

① 콘크리트의 $f_{ck}$는 커져야 한다.

② 사용 철근량은 감소된다.

③ 철근의 이음길이도 다소간 커진다.

④ 휨부재에서 강도설계법에 의한 중립축의 위치는 압축연단 쪽으로 올라간다.

> **해설** 중립축의 위치
> $$a = \frac{A_s f_y}{\eta(0.85f_{ck})b}, \quad c = \frac{a}{\beta_1}$$
> $\therefore f_y$가 증가하면 중립축 위치 $c$는 인장측으로 내려간다.

**정답** 20. ③   21. ②   22. ②   23. ①   24. ④

**25** 다음은 철근콘크리트 단철근 직사각형 균형보의 변형률을 나타낸 것이다. 인장철근비가 균형철근비보다 작아질 경우에 중립축 이동에 관한 설명 중 가장 적합한 것은?

① 압축측으로 이동한다.
② 인장측으로 이동한다.
③ 현 위치에서 이동하지 않는다.
④ 곧 보의 취성파괴가 발생하여 중립축 개념이 없어진다.

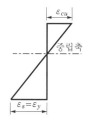

**해설** 철근비(과소, 과대)에 따른 현상

| 구분 | 허용응력에 먼저 도달하는 재료 | 중립축 위치 | 파괴현상 |
|---|---|---|---|
| 과소 철근비 | 인장측의 철근 | 압축측으로 상향 | 인장철근의 연성파괴 |
| 과대 철근비 | 압축측의 콘크리트 | 인장측으로 하향 | 압축콘크리트의 취성파괴 |

**26** 강도설계법에 있어서의 안전규정에 감소율($\phi$ 계수)을 규정하는 이유에 해당되지 않는 것은?

① 재료의 품질변동과 시험오차에서 오는 재료의 강도차
② 시공상에서 오는 단면의 치수차
③ 응력 계산 오차
④ 초과하중의 재하

**해설** 강도감소계수($\phi$)는 부재의 공칭강도에 안전을 확보하기 위해서 곱해주는 1보다 작은 값이다. ④는 하중계수를 사용하는 이유이다.

**27** 보강철근의 $f_y$=350MPa일 때 공칭강도에서 최외단 인장철근의 순인장변형률 $\varepsilon_t$ < 0.00175이고 나선철근으로 보강된 단면의 강도감소계수는 얼마인가?

① 0.85  ② 0.75
③ 0.70  ④ 0.65

**해설** 강도감소계수
$$\varepsilon_y = \frac{f_y}{E_s} = \frac{350}{2\times10^5} = 0.00175$$
$\varepsilon_t \leq \varepsilon_y$이므로 압축지배단면이다.
∴ $\phi=0.70$

**28** 압축측 연단의 콘크리트 변형률이 0.0033에 도달할 때 최외단 인장철근의 순인장변형률이 0.005 이상인 단면의 강도감소계수는? [단, $f_{ck} \leq$ 40MPa, $f_y \leq$ 400MPa이다.]

① 0.85  ② 0.75
③ 0.70  ④ 0.65

**해설** 강도감소계수
$\varepsilon_t \geq 0.005$인 경우이므로 인장지배단면이다.
∴ $\phi=0.85$

**29** 다음 그림과 같이 철근콘크리트 휨부재의 최외단 인장철근의 순인장변형률($\varepsilon_t$)이 0.0045일 경우 강도감소계수 $\phi$는 얼마인가? [단, 나선철근으로 보강되지 않은 경우이고, 사용철근은 $f_{ck} \leq$ 40MPa, $f_y$ = 400MPa, $\varepsilon_y$(압축지배변형률 한계)=0.002이다.]

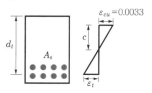

① 0.813  ② 0.817
③ 0.821  ④ 0.825

**해설** 강도감소계수
㉠ $\varepsilon_y \leq \varepsilon_t \leq \varepsilon_{t,tcl}$이므로 변화구간단면이다.
㉡ 변화구간단면의 강도감소계수
$$\phi = 0.65 + 0.2\left(\frac{\varepsilon_t - \varepsilon_y}{\varepsilon_{t,tcl} - \varepsilon_y}\right)$$
$$= 0.65 + 0.2 \times \frac{0.0045 - 0.002}{0.005 - 0.002} = 0.817$$

**30** 어떤 철근콘크리트 기둥이 압축지배단면이며 나선철근으로 보강된 경우 강도감소계수의 값으로 옳은 것은?

① 0.85　　　　② 0.75
③ 0.70　　　　④ 0.65

> **해설** 강도감소계수
> 나선철근기둥에서 압축지배단면의 강도감소계수($\phi$)는 0.70이다.

**31** ★ 다음 그림에 나타난 직사각형 단철근 보의 설계휨강도를 구하기 위한 강도감소계수($\phi$)는 약 얼마인가? [단, 나선철근으로 보강되지 않은 경우이며, $A_s=$ 2,035mm², $f_{ck}=$21MPa, $f_y=$400MPa이다.]

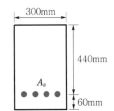

① 0.837　　　　② 0.803
③ 0.785　　　　④ 0.726

> **해설** 강도감소계수($\phi$)
> ㉠ 지배단면 구분
> $$a=\frac{A_s f_y}{\eta(0.85 f_{ck})b}=\frac{2,035\times400}{1.0\times0.85\times21\times300}$$
> $$=152\text{mm}$$
> $$c=\frac{a}{\beta_1}=\frac{152}{0.80}=190\text{mm}$$
> $$\varepsilon_t=\varepsilon_{cu}\left(\frac{d_t-c}{c}\right)=0.0033\times\frac{440-190}{190}$$
> $$=0.0043<0.005$$
> $$\therefore\ \text{변화구간단면}$$
> ㉡ 강도감소계수
> $$\phi=0.65+0.2\left(\frac{\varepsilon_t-\varepsilon_y}{\varepsilon_{t,tcl}-\varepsilon_y}\right)$$
> $$=0.65+0.2\times\frac{0.0043-0.002}{0.005-0.002}=0.8033$$

**32** 강도설계법에 의할 때 휨부재는 다음 조건을 만족해야 한다. 다음 중 옳은 것은? [단, $M_u$ : 극한하중에 의한 소요휨강도, $M_n$ : 공칭휨강도, $\phi$ : 강도감소계수]

① $M_u \geq \phi M_n$　　　② $M_u < \phi M_n$
③ $M_u > \phi M_n$　　　④ $M_u \leq \phi M_n$

> **해설** 휨설계조건
> 설계휨강도 ≥ 소요휨강도
> $\phi M_n = M_d \geq M_u$

**33** 강도설계법의 기본가정 중 옳지 않은 것은? [단, $f_{ck} \leq 40$MPa]

① 철근과 콘크리트의 변형률은 중립축에서의 거리에 비례한다.
② 압축연단 콘크리트의 최대 변형률은 0.0033이다.
③ 콘크리트 압축응력은 $\eta(0.85 f_{ck})$로 균등하고 압축연단에서 $a=\beta_1 c$ 부분에 등분포한다고 가정한다.
④ 콘크리트의 인장 및 압축강도는 휨 계산에서 모두 고려한다.

> **해설** 강도설계법의 기본가정
> 콘크리트의 인장강도는 무시하고, 압축강도는 고려한다.

**34** ★ 강도설계법에 의해 보를 설계할 때 압축측 연단에서의 콘크리트의 최대 변형률은 얼마로 가정하는가? [단, $f_{ck} \leq 40$MPa]

① 0.0011　　　　② 0.0022
③ 0.0033　　　　④ 0.0044

> **해설** $f_{ck} \leq 40$MPa인 경우 콘크리트 압축측 연단의 최대 변형률($\varepsilon_{cu}$)은 0.0033으로 가정한다.

**35** 강도설계법의 설계기본가정 중에서 옳지 않은 것은? [단, $f_{ck} \leq$ 40MPa]

① 철근 및 콘크리트의 변형률은 중립축으로부터의 거리에 비례한다.
② 인장측 연단에서 콘크리트의 극한변형률은 0.0033으로 가정한다.
③ 콘크리트의 인장강도는 철근콘크리트 휨 계산에서 무시한다.
④ 철근의 변형률이 $f_y$에 대응하는 변형률보다 큰 경우 철근의 응력은 변형률에 관계없이 $f_y$로 한다.

> **해설** 콘크리트의 압축측 연단에서 극한변형률은 0.0033으로 가정한다.

**36** 강도설계법의 설계가정 중 틀린 것은?

① 콘크리트의 인장강도는 철근콘크리트의 휨 계산에서 무시한다.
② 콘크리트의 변형률은 중립축에서의 거리에 비례한다.
③ 콘크리트의 압축응력의 크기는 $\eta(0.80 f_{ck})$로 균등하고, 이 응력은 최대 압축변형률이 발생하는 단면에서 $a = \beta_1 c$까지의 부분에 등분포한다.
④ 사용철근의 응력이 항복강도 $f_y$ 이하일 때 철근의 응력은 그 변형률의 $E_s$ 배로 취한다.

> **해설** 강도설계법의 기본가정
> 강도설계법에서 콘크리트 압축응력의 크기(등가 폭)는 $\eta(0.85 f_{ck})$이다.

**37** 강도설계법에서는 압축측 콘크리트의 응력분포를 일반적으로 어떤 모양으로 가정하는가?

① 사다리꼴  ② 2차 곡선
③ 직사각형  ④ 삼각형

> **해설** 강도설계법의 기본가정
> 일반적으로 콘크리트의 압축응력분포는 등가직사각형 응력블록으로 가정한다.
>
>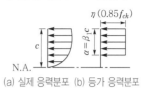
>
> (a) 실제 응력분포  (b) 등가 응력분포

**38** 강도설계법의 기본가정에 대한 설명으로 틀린 것은?

① 콘크리트의 응력은 변형률에 비례한다고 본다.
② 콘크리트의 인장강도는 휨 계산에서 무시한다.
③ 항복강도 $f_y$ 이하에서 철근의 응력은 그 변형률의 $E_s$ 배로 본다.
④ 압축측 연단에서 콘크리트의 극한변형률은 0.0033으로 본다.

> **해설** 콘크리트의 응력은 변형률에 비례하지 않는다.

**39** 강도설계법의 가정으로 옳지 않은 것은?

① 철근과 콘크리트의 변형률은 중립축으로부터의 거리에 비례한다.
② 콘크리트의 압축응력은 변형률에 비례하지 않는다.
③ 철근의 항복강도 $f_y$에 해당되는 변형률보다 더 큰 변형률에 대해서는 철근의 응력은 변형률에 비례한다.
④ 콘크리트의 압축응력은 $\eta(0.85 f_{ck})$로 균등하고, 압축연단에서 $a = \beta_1 c$까지 등분포한다.

> **해설** 철근이 항복한 후의 철근의 응력은 변형률에 관계없이 항복강도($f_y$)와 같다.

정답 35. ② 36. ③ 37. ③ 38. ① 39. ③

**40** 보를 설계할 때 강도설계법에 대한 기본가정 중 옳지 않은 것은?

① 철근과 콘크리트의 변형률은 중립축으로부터 떨어진 거리에 비례한다.

② 콘크리트 압축연단에서 허용할 수 있는 최대 변형률은 0.0033으로 한다.

③ 항복강도 $f_y$ 이하에서의 철근의 응력은 변형률에 관계없이 $f_y$와 같다.

④ 휨응력 계산에서 콘크리트의 인장강도는 무시한다.

> 해설 **강도설계법의 기본가정**
> 철근이 항복하기 전의 철근의 응력은 변형률에 비례한다.
> $$\therefore f_s = E_s \varepsilon_s$$

★
**41** 철근콘크리트 보의 공칭휨강도 $M_n$을 계산하기 위한 가정 중 틀린 것은?

① 철근의 응력은 항상 항복강도 $f_y$를 사용한다.

② 콘크리트의 인장강도는 무시한다.

③ 계수 $\beta_1$은 0.65와 0.85 사이의 값으로 콘크리트 압축강도 $f_{ck}$에 따라 결정된다.

④ 콘크리트 압축상단에서의 변형률은 0.0033으로 가정한다.

> 해설 철근의 응력은 압축철근이 항복하기 전에는 $f_s'$을 사용하고, 압축철근이 항복한 후에는 $f_y$를 사용한다.

## 2. 단철근 직사각형 보의 해석과 설계

★★
**42** $b = 20\text{cm}$, $d = 50\text{cm}$, $A_s = 10\text{cm}^2$인 단철근 직사각형 보를 강도설계법으로 해석 시 중립축의 위치 $c$ 값은 얼마인가? [단, $f_{ck} = 21\text{MPa}$, $f_y = 280\text{MPa}$이다.]

① 6.2cm

② 7.8cm

③ 8.8cm

④ 9.8cm

> 해설 **중립축의 위치**
> $f_{ck} \leq 40\text{MPa}$인 경우 $\beta_1 = 0.80$, $\eta = 1.0$
> $$a = \frac{A_s f_y}{\eta(0.85 f_{ck})b} = \frac{1,000 \times 280}{1.0 \times 0.85 \times 21 \times 200}$$
> $$= 78.43\text{mm}$$
> $$\therefore c = \frac{a}{\beta_1} = \frac{78.43}{0.80} = 98.04\text{mm}$$

★★★
**43** 다음 그림과 같은 단철근 직사각형 보를 강도설계법으로 해석할 때 콘크리트의 등가직사각형의 깊이 $a$는? [단, $f_{ck} = 21\text{MPa}$, $f_y = 300\text{MPa}$이다.]

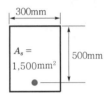

① $a = 104\text{mm}$

② $a = 94\text{mm}$

③ $a = 84\text{mm}$

④ $a = 74\text{mm}$

> 해설 **등가응력깊이**
> $f_{ck} \leq 40\text{MPa}$인 경우 $\eta = 1.0$, $\beta_1 = 0.80$
> $$\therefore a = \frac{A_s f_y}{\eta(0.85 f_{ck})b}$$
> $$= \frac{1,500 \times 300}{1.0 \times 0.85 \times 21 \times 300} = 84.03\text{mm}$$

★★★
**44** 단철근 직사각형 보를 강도설계법으로 균형보로 설계할 때 콘크리트의 압축측 연단에서 중립축까지의 거리가 250mm이고, 콘크리트 설계기준강도($f_{ck}$)가 28MPa이라면 등가응력직사각형의 깊이($a$)는 얼마인가?

① 200.0mm

② 212.5mm

③ 215.3mm

④ 221.2mm

> 해설 **등가응력깊이**
> $f_{ck} \leq 40\text{MPa}$인 경우 $\beta_1 = 0.80$
> $$\therefore a = \beta_1 c = 0.80 \times 250 = 200\text{mm}$$

정답 40. ③   41. ①   42. ④   43. ③   44. ①

**45** 다음 그림과 같은 직사각형 보의 강도이론에 의한 압축응력의 등가사각형분포도 깊이 $a$는 얼마인가? [단, $f_{ck}=20$MPa, $f_y=300$MPa이다.]

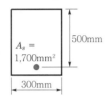

$A_s = 1,700$mm$^2$

500mm

300mm

① 15cm      ② 12cm

③ 10cm      ④ 9cm

> **해설** 등가응력깊이
>
> $f_{ck} \leq 40$MPa인 경우 $\eta = 1.0$
>
> $\therefore a = \dfrac{A_s f_y}{\eta(0.85 f_{ck})b}$
>
> $= \dfrac{1,700 \times 300}{1.0 \times 0.85 \times 20 \times 300} = 100$mm

---

**★★**
**46** 다음 그림과 같은 직사각형 보에서 압축상단에서 중립축까지의 거리($c$)는 얼마인가? [단, 철근 D22 4본의 단면적은 1,548mm$^2$, $f_{ck}=35$MPa, $f_y=350$MPa 이다.]

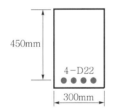

450mm

4-D22

300mm

① 60.7mm      ② 71.4mm

③ 75.9mm      ④ 80.9mm

> **해설** 중립축의 위치
>
> $f_{ck} \leq 40$MPa인 경우 $\beta_1 = 0.80$, $\eta = 1.0$
>
> $a = \dfrac{A_s f_y}{\eta(0.85 f_{ck})b} = \dfrac{1,548 \times 350}{1.0 \times 0.85 \times 35 \times 300}$
>
> $= 60.7$mm
>
> $\therefore c = \dfrac{a}{\beta_1} = \dfrac{60.7}{0.80} = 75.88$mm

---

**47** 강도설계법에 의할 때 단철근 직사각형 보가 균형단면이 되기 위한 중립축의 위치 $c$로 옳은 것은? [단, $f_{ck}=25$MPa, $f_y=300$MPa, $d=600$mm이다.]

① 400mm      ② 413mm

③ 494mm      ④ 394mm

> **해설** 중립축의 위치
>
> $\varepsilon_y = \dfrac{f_y}{E_s} = \dfrac{300}{200,000} = 0.0015$
>
> $\therefore c_b = \left(\dfrac{\varepsilon_{cu}}{\varepsilon_{cu} + \varepsilon_y}\right)d = \dfrac{0.0033}{0.0033 + 0.0015} \times 600$
>
> $= 412.5$mm

---

**★**
**48** 단철근 직사각형 보에서 균형파괴의 단면이 되기 위한 중립축 위치 $c$와 유효높이 $d$의 비는 얼마인가? [단, $f_{ck}=21$MPa, $f_y=350$MPa, $b=360$mm, $d=700$mm이다.]

① $\dfrac{c}{d}=0.51$      ② $\dfrac{c}{d}=0.65$

③ $\dfrac{c}{d}=0.43$      ④ $\dfrac{c}{d}=0.72$

> **해설** 중립축 위치와 유효깊이의 비
>
> $\varepsilon_y = \dfrac{f_y}{E_s} = \dfrac{350}{200,000} = 0.00175$
>
> $\therefore \dfrac{c}{d} = \dfrac{\varepsilon_{cu}}{\varepsilon_{cu} + \varepsilon_y} = \dfrac{0.0033}{0.0033 + 0.00175}$
>
> $= 0.6535$

---

**49** 다음 그림과 같은 철근콘크리트 보 단면이 파괴 시 인장철근의 변형률은? [단, $f_{ck}=28$MPa, $f_y=350$MPa, $A_s=1,520$mm$^2$이다.]

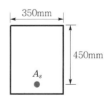

350mm

450mm

$A_s$

① 0.004      ② 0.008

③ 0.011      ④ 0.015

---

**정답** 45. ③   46. ③   47. ②   48. ②   49. ④

해설 인장철근의 변형률

$$a = \frac{A_s f_y}{\eta(0.85 f_{ck})b} = \frac{1,520 \times 350}{1.0 \times 0.85 \times 28 \times 350}$$
$$= 63.87\text{mm}$$
$$c = \frac{a}{\beta_1} = \frac{63.87}{0.80} = 79.84\text{mm}$$
$$c : \varepsilon_{cu} = (d_t - c) : \varepsilon_s$$
$$\therefore \varepsilon_s = \varepsilon_{cu}\left(\frac{d_t - c}{c}\right) = 0.0033 \times \frac{450 - 79.84}{79.84}$$
$$= 0.015299$$

**50** 다음 그림에 나타난 직사각형 단철근 보는 과소철근 단면이다. 공칭휨강도 $M_n$에 도달할 때 인장철근의 변형률은 얼마인가? [단, 철근 D22 4본의 단면적은 1,548mm², $f_{ck}$=28MPa, $f_y$=350MPa이다.]

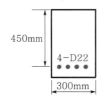

① 0.003   ② 0.007
③ 0.091   ④ 0.012

해설 인장철근의 변형률

$$a = \frac{A_s f_y}{\eta(0.85 f_{ck})b} = \frac{1,548 \times 350}{1.0 \times 0.85 \times 28 \times 300}$$
$$= 75.9\text{mm}$$
$$c = \frac{a}{\beta_1} = \frac{75.9}{0.80} ≒ 94.9\text{mm}$$
$$\therefore \varepsilon_s = \varepsilon_{cu}\left(\frac{d_t - c}{c}\right)$$
$$= 0.0033 \times \frac{450 - 94.9}{94.9} = 0.012348$$

**51** 폭 300mm, 응력사각형의 깊이 80mm인 단철근 직사각형 보에서 콘크리트 압축강도가 28MPa이라면 콘크리트의 전압축력 $C$는 얼마인가?

① 499.8kN   ② 571.2kN
③ 582.4kN   ④ 598.7kN

해설 콘크리트의 전압축력

$$C = \eta(0.85 f_{ck})ab = 1.0 \times 0.85 \times 28 \times 80 \times 300$$
$$= 571,200\text{N} = 571.2\text{kN}$$

**52** 다음 그림에 나타난 직사각형 단철근 보가 공칭휨강도 $M_n$에 도달할 때 압축측 콘크리트가 부담하는 압축력($C$)은? [단, 철근 D22 4본의 단면적은 1,548mm², $f_{ck}$=28MPa, $f_y$=350MPa이다.]

① 542kN
② 637kN
③ 724kN
④ 833kN

해설 콘크리트의 전압축력(균형 개념)

$$C = T$$
$$= \eta(0.85 f_{ck})ab = A_s f_y$$
$$= 1,548 \times 350 \times 10^{-3}$$
$$= 541.8\text{kN}$$

**53** 다음 그림과 같이 주어진 단철근 직사각형 단면이 연성파괴를 한다면 이 단면의 공칭휨강도는 얼마인가? [단, $f_{ck}$=21MPa, $f_y$=300MPa이다.]

① 252.4kN·m
② 296.9kN·m
③ 356.3kN·m
④ 396.9kN·m

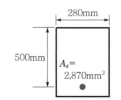

해설 공칭휨강도

㉠ 등가깊이
$$a = \frac{A_s f_y}{\eta(0.85 f_{ck})b} = \frac{2,870 \times 300}{1.0 \times 0.85 \times 21 \times 280}$$
$$= 172.27\text{mm}$$
㉡ 공칭휨강도
$$M_n = A_s f_y\left(d - \frac{a}{2}\right)$$
$$= 2,870 \times 300 \times \left(500 - \frac{172.27}{2}\right) \times 10^{-6}$$
$$= 356.34\text{kN·m}$$

**★★★**
**54** 다음 그림과 같은 단철근 직사각형 보의 설계모멘트강도를 계산하면? [단, 이 보는 시방서 규정을 만족하는 과소철근보로서 $\phi = 0.85$, $f_{ck} = 21\text{MPa}$, $f_y = 300\text{MPa}$이다.]

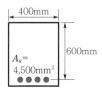

① 506.1kN · m  ② 558.8kN · m

③ 580.1kN · m  ④ 632.7kN · m

---

 **설계휨강도**

㉠ 등가깊이

$$a = \frac{A_s f_y}{\eta(0.85 f_{ck})b} = \frac{4,500 \times 300}{1.0 \times 0.85 \times 21 \times 400}$$

$$= 189\text{mm}$$

㉡ 설계휨강도

$$M_d = \phi M_n = \phi A_s f_y \left(d - \frac{a}{2}\right)$$

$$= 0.85 \times 4,500 \times 300 \times \left(600 - \frac{189}{2}\right)$$

$$\times 10^{-6}$$

$$= 580.06\text{kN} \cdot \text{m}$$

---

**★**
**55** 설계휨강도가 $\phi M_n = 350\text{kN} \cdot \text{m}$인 단철근 직사각형 보의 유효깊이 $d$는? [단, 철근비 $\rho = 0.014$, $b = 35\text{cm}$, $f_{ck} = 21\text{MPa}$, $f_y = 350\text{MPa}$, $\phi = 0.85$이다.]

① 460mm  ② 530mm

③ 570mm  ④ 650mm

---

**해설** 보의 유효깊이

$$\phi M_n = \phi A_s f_y d \left(1 - 0.59 \rho \frac{f_y}{\eta f_{ck}}\right)$$

$$\therefore d = \sqrt{\frac{\phi M_n}{\phi \rho f_y b \left(1 - 0.59 \rho \frac{f_y}{\eta f_{ck}}\right)}}$$

$$= \sqrt{\frac{350 \times 10^6}{0.85 \times 0.014 \times 350 \times 350 \times \left(1 - 0.59 \times 0.014 \times \frac{350}{1.0 \times 21}\right)}}$$

$$= 527.7\text{mm}$$

---

**★**
**56** $b = 300\text{mm}$, $A_s = 3-\text{D}25 = 1,520\text{mm}^2$, $d = 500\text{mm}$가 1열로 배치된 단철근 직사각형 보의 설계휨강도 $\phi M_n$은? [단, $f_{ck} = 28\text{MPa}$, $f_y = 400\text{MPa}$이고, 과소철근보이다.]

① 132.5kN · m  ② 183.3kN · m

③ 236.4kN · m  ④ 307.7kN · m

---

**해설** 설계휨강도

㉠ 등가깊이

$$a = \frac{A_s f_y}{\eta(0.85 f_{ck})b} = \frac{1,520 \times 400}{1.0 \times 0.85 \times 28 \times 300}$$

$$= 85.2\text{mm}$$

㉡ 설계휨강도

과소철근보이므로 $\phi = 0.85$

$$\phi M_n = \phi A_s f_y \left(d - \frac{a}{2}\right)$$

$$= 0.85 \times 1,520 \times 400$$

$$\times \left(500 - \frac{85.2}{2}\right) \times 10^{-6}$$

$$= 236.38\text{kN} \cdot \text{m}$$

---

**★★**
**57** 다음과 같은 단철근 직사각형 단면보의 설계휨강도 $\phi M_n$을 구하면? [단, $A_s = 2,000\text{mm}^2$, $f_{ck} = 21\text{MPa}$, $f_y = 300\text{MPa}$]

① 213.1kN · m

② 266.4kN · m

③ 226.4kN · m

④ 239.9kN · m

---

**해설** 설계휨강도

㉠ 등가깊이

$$a = \frac{A_s f_y}{\eta(0.85 f_{ck})b} = \frac{2,000 \times 300}{1.0 \times 0.85 \times 21 \times 300}$$

$$= 112\text{mm}$$

㉡ 공칭휨강도

$$M_n = A_s f_y \left(d - \frac{a}{2}\right)$$

$$= 2,000 \times 300 \times \left(500 - \frac{112}{2}\right) \times 10^{-6}$$

$$= 266.4\text{kN} \cdot \text{m}$$

㉢ 설계휨강도

$$M_d = \phi M_n = 0.85 \times 266.4 = 226.44\text{kN} \cdot \text{m}$$

---

**정답** 54. ③  55. ②  56. ③  57. ③

**58** 강도설계법에서 균형 단면의 단철근 직사각형 보의 중립축의 위치 $c$값을 구하는 식으로 옳은 것은? [단, $d$ : 보의 유효깊이, $f_y$ : 철근의 설계기준항복강도, $f_g$ : 철근의 응력]

① $c = \left(\dfrac{660}{660 + f_y}\right)d$    ② $c = \left(\dfrac{660}{660 - f_y}\right)d$

③ $c = \left(\dfrac{660}{660 + f_s}\right)d$    ④ $c = \left(\dfrac{660}{660 - f_s}\right)d$

> **해설** 중립축의 위치
> $$c_b : \varepsilon_c = (d - c_b) : \varepsilon_y$$
> $$\therefore c_b = \left(\frac{\varepsilon_c}{\varepsilon_c + \varepsilon_y}\right)d = \left(\frac{660}{660 + f_y}\right)d$$

**59** $M_u$ =200kN·m의 계수모멘트가 작용하는 단철근 직사각형 보에서 필요한 철근량($A_s$)은 약 얼마인가? [단, $b_w$ =300mm, $d$ =500mm, $f_{ck}$ =28MPa, $f_y$ =400MPa, $\phi$ =0.85이다.]

① $1,072.7\text{mm}^2$    ② $1,266.3\text{mm}^2$

③ $1,524.6\text{mm}^2$    ④ $1,785.4\text{mm}^2$

> **해설** 소요철근량
> ㉠ 등가깊이
> $$M_u = \phi M_n = \phi CZ$$
> $$= \phi \eta (0.85 f_{ck}) ab \left(d - \frac{a}{2}\right)$$
> $$200 \times 10^6 = 0.85 \times 1.0 \times 0.85 \times 28 \times a \times 300$$
> $$\times \left(500 - \frac{a}{2}\right)$$
> $$= 3,034.500a - 3,034.5a^2$$
> $$a^2 - 1,000a - 65,909 = 0$$
> $$\therefore a = 71\text{mm}$$
> ㉡ 소요철근량
> $$A_s = \frac{M_u}{\phi f_y \left(d - \frac{a}{2}\right)}$$
> $$= \frac{200 \times 10^6}{0.85 \times 400 \times \left(500 - \frac{71}{2}\right)}$$
> $$= 1,266.38\text{mm}^2$$

**60** $M_u$ = 170kN·m의 계수모멘트하중에 대한 단철근 직사각형 보의 필요한 철근량 $A_s$ 를 구하면? [단, 보의 폭 $b$ = 300mm, 보의 유효깊이 $d$ = 450mm, $f_{ck}$ =28MPa, $f_y$ =350MPa, $\phi$ =0.85이다.]

① $1,070\text{mm}^2$    ② $1,175\text{mm}^2$

③ $1,280\text{mm}^2$    ④ $1,375\text{mm}^2$

> **해설** 소요철근량
> ㉠ 등가깊이
> $$M_u = \phi M_n = \phi CZ$$
> $$= \phi \eta (0.85 f_{ck}) ab \left(d - \frac{a}{2}\right)$$
> $$170 \times 10^6 = 0.85 \times 1.0 \times 0.85 \times 28 \times a \times 300$$
> $$\times \left(450 - \frac{a}{2}\right)$$
> $$= 2,731,050a - 3,034.5a^2$$
> $$2,731,050a - 3,034.5a^2 - 170 \times 10^6 = 0$$
> $$\therefore a = 68\text{mm}$$
> ㉡ 소요철근량
> $$A_s = \frac{M_u}{\phi f_y \left(d - \frac{a}{2}\right)}$$
> $$= \frac{170 \times 10^6}{0.85 \times 350 \times \left(450 - \frac{68}{2}\right)}$$
> $$= 1,373.6\text{mm}^2$$

**61** 다음 중 단철근 직사각형 보의 설계모멘트강도 $\phi_f M_n$ 을 구하는 식으로 옳은 것은? $\left[\text{단, } q = \rho \dfrac{f_y}{f_{ck}}, A_s = \rho b d \text{ 이다.}\right]$

① $\phi_f M_n = \phi_f f_{ck} q b d^2 \left(1 - 0.59 \dfrac{q}{\eta}\right)$

② $\phi_f M_n = \phi_f A_s f_{ck} (1 - 0.59 q)$

③ $\phi_f M_n = \phi_f (0.85 f_{ck}) b \left(d - \dfrac{q}{2}\right)$

④ $\phi_f M_n = \phi_f A_s f_y \left(1 - \dfrac{q}{2}\right)$

해설 설계휨강도

$$M_d = \phi_f M_n = \phi_f A_s f_y\left(d - \frac{a}{2}\right)$$
$$= \phi_f A_s f_y d\left(1 - 0.59\rho\frac{f_y}{\eta f_{ck}}\right)$$
$$= \phi_f f_{ck} q b d^2\left(1 - 0.59\frac{q}{\eta}\right)$$

## 3. 복철근 직사각형 보의 해석

**62** ★ 다음 그림과 같은 복철근 보의 유효깊이는? [단, 철근 1개의 단면적은 250mm²이다.]

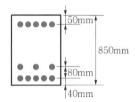

① 850mm      ② 780mm

③ 770mm      ④ 730mm

> 해설 복철근 보의 유효깊이
>
> ㉠ 복철근 보의 유효깊이는 압축측 철근과 관계없다.
> ㉡ 유효깊이
> $$d = 850 - 40 - \frac{3}{8} \times 80 = 780\text{mm}$$
>
> **별해** 상연단에 대한 단면1차모멘트는 0이다.
> $$3 \times 730 + 5 \times 810 = 8 \times d$$
> $$\therefore d = \frac{6{,}240}{8} = 780\text{mm}$$

**63** 복철근 보에서 압축철근에 대한 효과를 설명한 것으로 적절하지 못한 것은?

① 단면의 저항모멘트를 크게 증대시킨다.
② 지속하중에 의한 처짐을 감소시킨다.
③ 파괴 시 압축응력의 깊이를 감소시켜 연성을 증대시킨다.
④ 철근의 조립을 쉽게 한다.

> 해설 압축철근의 효과
> 압축철근은 단면의 저항모멘트를 크게 증대시키는 것은 아니다.

**64** ★ 다음 그림에서 $\varepsilon_s{}'$의 값은? [단, $f_{ck} \leq$ 40MPa이고 강도설계법에 의한다.]

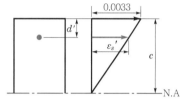

① 0.0033의 85%    ② $0.0033\left(\dfrac{c+d'}{c}\right)$

③ $0.0033\left(\dfrac{c-d'}{c}\right)$    ④ $\dfrac{1}{3} \times 0.0033$

> 해설 압축철근의 변형률
> $$\frac{0.0033}{c} = \frac{\varepsilon_s{}'}{c-d'}$$
> $$\therefore \varepsilon_s{}' = 0.0033\left(\frac{c-d'}{c}\right)$$

**65** ★★ 다음 그림은 복철근 직사각형 단면의 변형률이다. 다음 중 압축철근이 항복하기 위한 조건으로 옳은 것은? [단, $f_{ck} \leq$ 40MPa]

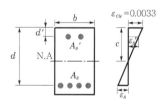

① $\dfrac{0.0033(c-d')}{c} \geq \dfrac{f_y}{E_s}$

② $\dfrac{660(c-d')}{c} \leq f_y$

③ $\dfrac{660d'}{660 - f_y} > c$

④ $\dfrac{660d'}{660 + f_y} < c$

정답 62. ② 63. ① 64. ③ 65. ①

**해설** 압축철근의 변형률

$$c : \varepsilon_{cu} = (c - d') : \varepsilon_s'$$

$$\varepsilon_s' = \varepsilon_{cu}\left(\frac{c - d'}{c}\right) \geq \varepsilon_y$$

$$\therefore \ \frac{0.0033(c - d')}{c} \geq \frac{f_y}{E_s}$$

**66** 다음 그림과 같은 복철근 직사각형 보의 변형률도에서 압축철근의 응력은? [단, $f_{ck}$=28MPa, $f_y$=300MPa, $E_s$=200,000MPa이다.]

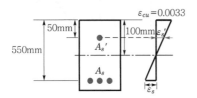

① 280MPa      ② 330MPa

③ 350MPa      ④ 400MPa

**해설** 압축철근의 응력

$$100 : 0.0033 = 50 : \varepsilon_s'$$

$$\therefore \ \varepsilon_s' = 0.00165$$

$$\therefore \ f_s' = E_s \varepsilon_s' = 200,000 \times 0.00165 = 330\text{MPa}$$

★★★
**67** 강도설계 시 복철근 직사각형 보에서 폭 20cm, $A_s$=20cm², $A_s'$=10cm², $f_{ck}$=20MPa, $f_y$=200MPa, $d$=30cm, $d'$=5cm일 때 압축응력도의 깊이 $a$는? [단, 모든 철근이 항복하며, $E_s$=2.0×10⁵MPa이라 가정한다.]

① 30mm      ② 40mm

③ 50mm      ④ 60mm

**해설** 등가응력깊이

$$a = \frac{(A_s - A_s')f_y}{\eta(0.85f_{ck})b} = \frac{(2,000 - 1,000)\times 200}{1.0 \times 0.85 \times 20 \times 200}$$

$$= 58.8\text{mm}$$

**68** 복철근 직사각형 보의 $A_s'$=1,916mm², $A_s$=4,790mm²이다. 등가직사각형블록의 응력깊이($a$)는? [단, $f_{ck}$=21MPa, $f_y$=300MPa이다.]

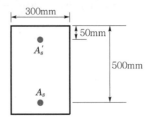

① 153mm      ② 161mm

③ 176mm      ④ 185mm

**해설** 등가응력깊이

$$a = \frac{(A_s - A_s')f_y}{\eta(0.85f_{ck})b} = \frac{(4,790 - 1,916)\times 300}{1.0 \times 0.85 \times 21 \times 300}$$

$$= 161\text{mm}$$

★
**69** 복철근 직사각형 단면에서 응력사각형의 깊이 $a$의 값은? [단, $f_{ck}$=24MPa, $f_y$=300MPa, $A_s$=5−D35=4,790mm², $A_s'$=2−D35=1,916mm²이다.]

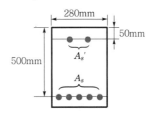

① 151mm      ② 268mm

③ 107mm      ④ 147mm

**해설** 등가응력깊이

$$a = \frac{(A_s - A_s')f_y}{\eta(0.85f_{ck})b} = \frac{(4,790 - 1,916)\times 300}{1.0 \times 0.85 \times 24 \times 280}$$

$$= 150.95\text{mm}$$

**70** 다음 그림과 같은 복철근 직사각형 보에서 공칭모멘트강도($M_n$)는? [단, $f_{ck}$=24MPa, $f_y$=350MPa, $A_s$=5,730mm², $A_s{'}$=1,980mm²]

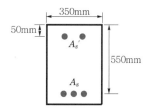

① 947.7kN · m
② 886.5kN · m
③ 805.6kN · m
④ 725.3kN · m

해설 **공칭휨강도**

㉠ 등가응력깊이

$$a = \frac{(A_s - A_s{'})f_y}{\eta(0.85f_{ck})b}$$
$$= \frac{(5,730 - 1,980) \times 350}{1.0 \times 0.85 \times 24 \times 350}$$
$$= 184\text{mm}$$

㉡ 공칭휨강도

$$M_n = (A_s - A_s{'})f_y\left(d - \frac{a}{2}\right) + A_s{'}f_y(d - d{'})$$
$$= \left[(5,730 - 1,980) \times 350 \times \left(550 - \frac{184}{2}\right)\right.$$
$$\left. + 1,980 \times 350 \times (550 - 50)\right] \times 10^{-6}$$
$$= 947.63\text{kN} \cdot \text{m}$$

**71** $b$=300mm, $d$=550mm, $d{'}$=50mm, $A_s$=4,500mm², $A_s{'}$=2,200mm²인 복철근 직사각형 보가 연성파괴를 한다면 설계휨모멘트강도($\phi M_n$)는 얼마인가? [단, $f_{ck}$=21MPa, $f_y$=300MPa]

① 516.3kN · m
② 565.3kN · m
③ 599.3kN · m
④ 612.9kN · m

해설 **설계휨강도**

㉠ 등가응력깊이

$$a = \frac{(A_s - A_s{'})f_y}{\eta(0.85f_{ck})b}$$
$$= \frac{(4,500 - 2,200) \times 300}{1.0 \times 0.85 \times 21 \times 300}$$
$$= 129\text{mm}$$

㉡ 설계휨강도

$$\phi M_n = \phi\left[(A_s - A_s{'})f_y\left(d - \frac{a}{2}\right) \right.$$
$$\left. + A_s{'}f_y(d - d{'})\right]$$
$$= 0.85 \times \left[(4,500 - 2,200) \times 300 \right.$$
$$\times \left(550 - \frac{129}{2}\right) + 2,200 \times 300$$
$$\left. \times (550 - 50)\right] \times 10^{-6}$$
$$= 565.25\text{kN} \cdot \text{m}$$

**72** 다음 식 중 복철근 직사각형 보의 설계모멘트강도 $\phi_f M_n$을 구하는 식으로 옳은 것은?

① $\phi_f M_n$
$$= \phi_f\left[(A_s - A_s{'})f_{ck}\left(d - \frac{a}{2}\right) + A_s{'}f_y(d - d{'})\right]$$

② $\phi_f M_n$
$$= \phi_f\left[(A_s - A_s{'})f_y\left(d - \frac{a}{2}\right) + A_s{'}f_y(d - d{'})\right]$$

③ $\phi_f M_n$
$$= \phi_f\left[(A_s - A_s{'})f_{ck}(d - d{'}) + A_s{'}f_y\left(d - \frac{2}{a}\right)\right]$$

④ $\phi_f M_n$
$$= \phi_f\left[(A_s - A_s{'})f_y(d - d{'}) + A_s{'}f_y\left(d - \frac{2}{a}\right)\right]$$

해설 **설계휨강도**

$$\phi_f M_n$$
$$= \phi_f\left[(A_s - A_s{'})f_y\left(d - \frac{a}{2}\right) + A_s{'}f_y(d - d{'})\right]$$

정답 70. ① 71. ② 72. ②

## 4. 단철근 T형 단면보의 해석

**73** 플랜지의 유효폭이 $b$이고 복부의 폭이 $b_w$인 단철근 T형 단면보에서 중립축이 복부 내에 있고 부(-)의 휨모멘트를 받아 복부의 아래쪽이 압축을 받게 될 때의 응력 계산방법으로 옳은 것은?

① 폭이 $b_w$인 직사각형 보로 계산
② 폭이 $b$인 T형 보로 계산
③ 폭이 $b_w$인 T형 보로 계산
④ 폭이 $b$인 직사각형 보로 계산

> **해설** T형 단면보의 해석
> 부(-)의 휨모멘트를 받는 경우 중립축이 복부에 있으므로 폭이 $b_w$인 직사각형 보로 해석한다.
>
>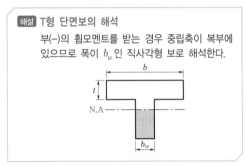

**74** 다음 그림과 같은 T형 단면을 가진 보 중에서 T형 보로 보고 설계하는 경우는 어느 것인가? [단, 빗금친 부분은 압축을 받는 부분이다.]

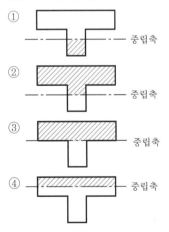

> **해설** T형 단면보의 해석
> 중립축이 복부에 있고 정(+)의 휨을 받아 플랜지와 복부의 일부에 압축을 받는 경우이다.

**75** 경간 $l$=10m인 대칭 T형 보에서 양쪽 슬래브의 중심 간격 2,100mm, 슬래브의 두께 $t$=100mm, 복부의 폭 $b_n$=400mm일 때 플랜지의 유효폭은 얼마인가?

① 2,000mm    ② 2,100mm
③ 2,300mm    ④ 2,500mm

> **해설** T형 보의 플랜지 유효폭($b_e$)
> ㉠ $16t_f + b_w = 16 \times 100 + 400 = 2,000$mm
> ㉡ 슬래브 중심 간 거리 = 2,100mm
> ㉢ 보의 경간 $\times \dfrac{1}{4} = \dfrac{10,000}{4} = 2,500$mm
> ∴ $b_e = 2,000$mm(최솟값)

**76** 경간이 12m인 대칭 T형 보에서 슬래브 중심 간격이 2.0m, 플랜지의 두께가 300mm, 복부의 폭이 400mm일 때 플랜지의 유효폭은?

① 3,000mm    ② 2,000mm
③ 2,500mm    ④ 5,200mm

> **해설** T형 보의 플랜지 유효폭($b_e$)
> ㉠ $16t_f + b_w = 16 \times 300 + 400 = 5,200$mm
> ㉡ 슬래브 중심 간 거리 = 2,000mm
> ㉢ 보의 경간 $\times \dfrac{1}{4} = \dfrac{12,000}{4} = 3,000$mm
> ∴ $b_e = 2,000$mm(최솟값)

**77** 슬래브와 보가 일체로 타설된 비대칭 T형 보(반T형 보)의 유효폭은 얼마인가? [단, 플랜지 두께=100mm, 복부폭=300mm, 인접 보와의 내측거리=1,600mm, 보의 경간=6.0m이다.]

① 800mm    ② 900mm
③ 1,000mm    ④ 1,100mm

**정답** 73. ① 74. ② 75. ① 76. ② 77. ①

**해설** 반T형 보의 플랜지 유효폭($b_e$)

ⓐ $6t_f + b_w = 6 \times 100 + 300 = 900\text{mm}$

ⓑ 인접 보와의 내측거리 $\times \dfrac{1}{2} + b_w$

$= \dfrac{1,600}{2} + 300 = 1,100\text{mm}$

ⓒ 보의 경간 $\times \dfrac{1}{2} + b_w$

$= \dfrac{6,000}{12} + 300 = 800\text{mm}$

∴ $b_e = 800\text{mm}$(최솟값)

---

**78** 다음 그림과 같이 경간 $l = 9\text{m}$인 연속 슬래브에서 반T형 단면의 유효폭($b$)은 얼마인가?

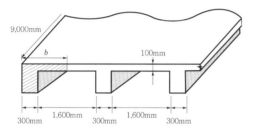

① 1,100mm
② 1,050mm
③ 900mm
④ 850mm

**해설** 반T형 보의 플랜지 유효폭($b_e$)

ⓐ $6t_f + b_w = 6 \times 100 + 300 = 900\text{mm}$

ⓑ 인접 보와의 내측거리 $\times \dfrac{1}{2} + b_w$

$= \dfrac{1,600}{2} + 300 = 1,100\text{mm}$

ⓒ 보의 경간 $\times \dfrac{1}{2} + b_w$

$= \dfrac{9,000}{12} + 300 = 1,050\text{mm}$

∴ $b_e = 900\text{mm}$(최솟값)

---

**79** 강도설계 시 T형 보에서 $t = 100\text{mm}$, $d = 300\text{mm}$, $b_w = 200\text{mm}$, $b = 800\text{mm}$, $f_{ck} = 20\text{MPa}$, $f_y = 420\text{MPa}$, $A_s = 2,000\text{mm}^2$일 때 등가응력 사각형의 깊이는?

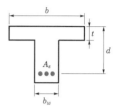

① 51.8mm
② 61.8mm
③ 71.8mm
④ 81.8mm

**해설** 등가응력깊이

ⓐ T형 보의 판별

$a = \dfrac{A_s f_y}{\eta(0.85 f_{ck})b} = \dfrac{2,000 \times 420}{1.0 \times 0.85 \times 20 \times 800}$

$= 61.76\text{mm} \le t = 100\text{mm}$

∴ 직사각형 보로 해석

ⓑ 등가깊이

$a = 61.76\text{mm}$

---

**80** 다음 그림은 같은 T형 보에서 플랜지 부분의 압축력과 균형을 이루기 위한 철근 단면적 $A_{sf}$는 얼마인가? [단, 강도설계법에 의하고, $f_{ck} = 21\text{MPa}$, $f_y = 420\text{MPa}$이다.]

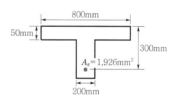

① 10.25cm²
② 12.75cm²
③ 14.65cm²
④ 16.75cm²

**해설** 철근 단면적($A_{sf}$)

$A_{sf} = \dfrac{\eta(0.85 f_{ck})(b - b_w)t}{f_y}$

$= \dfrac{1.0 \times 0.85 \times 21 \times (800 - 200) \times 50}{420}$

$= 1,275\text{mm}^2 = 12.75\text{cm}^2$

---

## 81

다음 그림과 같은 T형 보에 대한 등가깊이 $a$는 얼마인가? [단, $f_{ck}$ =21MPa, $f_y$ =400MPa이다.]

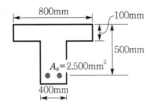

① 40mm  ② 70mm

③ 80mm  ④ 150mm

해설 등가응력깊이

㉠ T형 보의 판별

$$a = \frac{A_s f_y}{\eta(0.85 f_{ck})b} = \frac{2,500 \times 400}{1.0 \times 0.85 \times 21 \times 800}$$

$$= 70.03\text{mm} \le t = 100\text{mm}$$

∴ 직사각형 보로 해석

㉡ 등가깊이

$a = 70.03$mm

## 82

강도설계법에서 $b_w$ = 500mm, $b$ = 1,500mm, $t$ = 100mm, $f_{ck}$ =21MPa, $f_y$ = 300MPa인 단철근 T형 보에서 플랜지의 내민 부분의 압축력과 비길 수 있는 철근 단면적 $A_{sf}$ 의 값은?

① 4,550mm$^2$  ② 4,950mm$^2$

③ 5,950mm$^2$  ④ 6,950mm$^2$

해설 철근 단면적

$$A_{sf} = \frac{\eta(0.85 f_{ck})(b - b_w)t}{f_y}$$

$$= \frac{1.0 \times 0.85 \times 21 \times (1,500 - 500) \times 100}{300}$$

$$= 5,950\text{mm}^2$$

## 83

경간 $l$ =20m이고 다음 그림의 빗금 친 부분과 같은 반T형 보($b$)의 등가응력 사각형의 깊이 $a$는? [단, $f_{ck}$ =28MPa, $f_y$ =400MPa이다.]

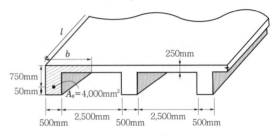

① 33.61mm  ② 38.42mm

③ 134.45mm  ④ 262.34mm

해설 등가응력깊이

㉠ 반T형 보의 플랜지 유효폭

• $6t_f + b_w = 6 \times 250 + 500 = 2,000$mm

• 인접 보와의 내측거리 $\times \frac{1}{2} + b_w$

$$= 2,500 \times \frac{1}{2} + 500 = 1,750\text{mm}$$

• 보의 경간 $\times \frac{1}{12} + b_w$

$$= 20,000 \times \frac{1}{12} + 500 = 2,167\text{mm}$$

∴ $b_e = 1,750$mm(최솟값)

㉡ 등가사각형 깊이

$$a = \frac{A_s f_y}{\eta(0.85 f_{ck})b} = \frac{4,000 \times 400}{1.0 \times 0.85 \times 28 \times 1,750}$$

$$= 38.4154\text{mm} \le t_f = 250\text{mm}$$

## 84

다음 그림과 같은 T형 단면보의 설계휨강도($\phi_f M_n$)는 얼마인가? [단, $f_{ck}$ =21MPa, $f_y$ =400MPa, $\phi$ = 0.85이다.]

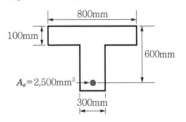

① 0.48MN·m  ② 0.52MN·m

③ 0.60MN·m  ④ 0.64MN·m

해설 설계휨강도

㉠ T형 보의 판별

$$a = \frac{A_s f_y}{\eta(0.85 f_{ck})b} = \frac{2,500 \times 400}{1.0 \times 0.85 \times 21 \times 800}$$

$$= 70\text{mm} < t = 100\text{mm}$$

∴ 직사각형 보로 계산

㉡ 설계휨강도

$$\phi_f M_n = \phi_f A_s f_y\left(d - \frac{a}{2}\right)$$

$$= 0.85 \times 2,500 \times 400 \times \left(600 - \frac{70}{2}\right)$$

$$= 480,250,000\text{N} \cdot \text{mm}$$

$$= 480.25\text{kN} \cdot \text{m} = 0.48\text{MN} \cdot \text{m}$$

**85** 다음 그림과 같은 T형 보에서 $f_{ck}=21$MPa, $f_y=$ 300MPa일 때 설계휨강도 $\phi M_n$을 구하면? [단, 과 소철근보이고, $b=100$cm, $t=7$cm, $b_w=30$cm, $d=60$cm, $A_s=40$cm$^2$, $\phi=0.85$이다.]

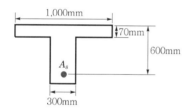

① 613.1kN · m ② 577.7kN · m

③ 653.1kN · m ④ 690.2kN · m

해설 설계휨강도

㉠ T형 보의 판별

$$a = \frac{A_s f_y}{\eta(0.85 f_{ck})b} = \frac{4,000 \times 300}{1.0 \times 0.85 \times 21 \times 1,000}$$

$$= 67.2\text{mm} < t = 70\text{mm}$$

∴ 직사각형 보로 계산

㉡ 설계휨강도

$$\phi M_n = \phi A_s f_y\left(d - \frac{a}{2}\right)$$

$$= 0.85 \times 4,000 \times 300 \times \left(600 - \frac{67.2}{2}\right)$$

$$= 577,728,000\text{N} \cdot \text{mm}$$

$$= 577.73\text{kN} \cdot \text{m}$$

**86** ★★ $f_{ck}=21$MPa, $f_y=350$MPa일 때 다음 그림과 같은 T형 보의 등가직사각형 응력분포의 깊이 $a$는 얼마 인가? [단, 강도설계법이고 과소철근보이다.]

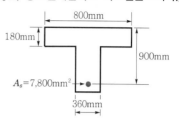

① 204.8mm ② 191.2mm

③ 162.2mm ④ 92.2mm

해설 등가응력깊이

㉠ T형 보의 판별

$$a = \frac{A_s f_y}{\eta(0.85 f_{ck})b} = \frac{7,800 \times 350}{1.0 \times 0.85 \times 21 \times 800}$$

$$= 191.2\text{mm} > t = 180\text{mm}$$

∴ T형 보로 계산

㉡ 철근 단면적($A_{sf}$)

$$C_f = T_f$$

$$\therefore A_{sf} = \frac{\eta(0.85 f_{ck})(b - b_w)t}{f_y}$$

$$= \frac{1.0 \times 0.85 \times 21 \times (800 - 360) \times 180}{350}$$

$$= 4,039.2\text{mm}^2$$

㉢ 등가깊이

$$C_w = T_w$$

$$\therefore a = \frac{(A_s - A_{sf})f_y}{\eta(0.85 f_{ck})b_w}$$

$$= \frac{(7,800 - 4,039.2) \times 350}{1.0 \times 0.85 \times 21 \times 360}$$

$$≒ 204.84\text{mm}$$

**87** 강도설계법에서 다음 그림과 같은 T형 보에 압축연단에서 중립축까지의 거리($c$)는 약 얼마인가? [단, $A_s = 14\text{-}D25 = 7{,}094\text{mm}^2$, $f_{ck} = 35\text{MPa}$, $f_y = 400\text{MPa}$이다.]

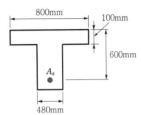

① 132mm

② 155mm

③ 165mm

④ 186mm

> **해설** 중립축의 위치
>
> ㉠ T형 보의 판별
> $$a = \frac{A_s f_y}{\eta(0.85 f_{ck})b} = \frac{7{,}094 \times 400}{1.0 \times 0.85 \times 35 \times 800}$$
> $$= 119\text{mm} > t = 100\text{mm}$$
> ∴ T형 보로 해석
>
> ㉡ 등가깊이
> $$A_{sf} = \frac{\eta(0.85 f_{ck})(b - b_w)t}{f_y}$$
> $$= \frac{1.0 \times 0.85 \times 35 \times (800 - 480) \times 100}{400}$$
> $$= 2{,}380\text{mm}^2$$
> $$\therefore \ a = \frac{(A_s - A_{sf})f_y}{\eta(0.85 f_{ck})b_w}$$
> $$= \frac{(7{,}094 - 2{,}380) \times 400}{1.0 \times 0.85 \times 35 \times 480} = 132\text{mm}$$
>
> ㉢ 중립축의 위치
> $f_{ck} \leq 40\text{MPa}$이므로 $\beta_1 = 0.80$
> $$\therefore \ c = \frac{a}{\beta_1} = \frac{132}{0.80} = 165\text{mm}$$

**★**
**88** 다음 그림 (a)와 같은 T형 단면의 보가 그림 (b)와 같은 변형률 분포를 갖게 될 때 단면의 공칭저항모멘트 $M_n$의 크기는 얼마인가? [단, $f_{ck} = 25\text{MPa}$, $f_y = 400\text{MPa}$, $A_s = 64\text{cm}^2$, $E_s = 2.0 \times 10^5\text{MPa}$, 압축응력은 Whitney의 응력분포를 이용한다.]

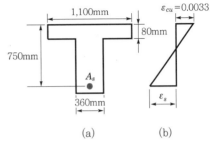

(a)　　　　　(b)

① 1.76MN·m

② 1.67MN·m

③ 1.58MN·m

④ 1.50MN·m

> **해설** 공칭휨강도
>
> ㉠ T형 보의 판별
> $$a = \frac{A_s f_y}{\eta(0.85 f_{ck})b} = \frac{6{,}400 \times 400}{1.0 \times 0.85 \times 25 \times 1{,}100}$$
> $$= 109.5\text{mm} > t = 80\text{mm}$$
> ∴ T형 보로 계산
>
> ㉡ 공칭저항모멘트($M_n$)
> $$M_{nf} = \eta(0.85 f_{ck})\,t\,(b - b_w)\left(d - \frac{t}{2}\right)$$
> $$= 1.0 \times 0.85 \times 25 \times 80 \times (1{,}100 - 360)$$
> $$\times \left(750 - \frac{80}{2}\right) \times 10^{-6}$$
> $$= 893.18\text{kN}\cdot\text{m}$$
> $$C_f = T_f$$
> $$A_{sf} = \frac{\eta(0.85 f_{ck})\,t\,(b - b_w)}{f_y}$$
> $$= \frac{1.0 \times 0.85 \times 25 \times 80 \times (1{,}100 - 360)}{400}$$
> $$= 3{,}145\text{mm}^2$$
> $$a = \frac{(A_s - A_{sf})f_y}{\eta(0.85 f_{ck})b_w}$$
> $$= \frac{(6{,}400 - 3{,}145) \times 400}{1.0 \times 0.85 \times 25 \times 360} = 170.2\text{mm}$$
> $$M_{nw} = (A_s - A_{sf})f_y\left(d - \frac{a}{2}\right)$$
> $$= (6{,}400 - 3{,}145) \times 400$$
> $$\times \left(750 - \frac{170.2}{2}\right) \times 10^{-6}$$
> $$= 865.70\text{kN}\cdot\text{m}$$
> $$\therefore \ M_n = M_{nf} + M_{nw} = 893.18 + 865.70$$
> $$= 1{,}758.88\text{kN}\cdot\text{m} = 1.76\text{MN}\cdot\text{m}$$

**89** 다음 그림과 같은 T형 단면에서 단면적 $A_1$ 에서의 압축력 $C_1$ =150kN이고, 단면적 $A_2$ 에서의 압축력 $C_2$ =100kN이 작용할 때 공칭모멘트 $M_n$ 은 다음 중 얼마인가?

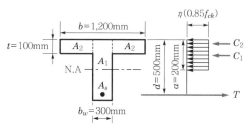

① 75kN · m      ② 80kN · m

③ 95kN · m      ④ 105kN · m

> **해설** 공칭휨모멘트
> $$M_n = C_1\left(d - \frac{a}{2}\right) + C_2\left(d - \frac{t}{2}\right)$$
> $$= 150 \times \left(0.5 - \frac{0.2}{2}\right) + 100 \times \left(0.5 - \frac{0.1}{2}\right)$$
> $$= 105\text{kN} \cdot \text{m}$$

## 5. 특수 단면보

**90** ★★ 단면의 복부에 각각 한 개씩의 D29 철근(1개의 단면적은 642mm²)으로 보강되었다. 단면의 공칭휨강도 $M_n$ 은 얼마인가? [단, $f_{ck}$ =25MPa, $f_y$ =400MPa이다.]

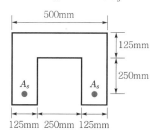

① 180.2kN · m      ② 162.3kN · m

③ 130.7kN · m      ④ 109.8kN · m

> **해설** 공칭휨강도
> ㉠ 특수 단면보의 판별
> $$a = \frac{A_s f_y}{\eta(0.85 f_{ck})b} = \frac{2 \times 642 \times 400}{1.0 \times 0.85 \times 25 \times 500}$$
> $$= 48.34\text{mm} < t = 125\text{mm}$$
> ∴ 직사각형 보로 해석
> ㉡ 공칭휨강도
> $$M_n = A_s f_y \left(d - \frac{a}{2}\right)$$
> $$= 2 \times 642 \times 400 \times \left(375 - \frac{48.34}{2}\right) \times 10^{-6}$$
> $$= 180.19\text{kN} \cdot \text{m}$$

**91** 다음 그림과 같은 박스형 단면을 갖는 철근콘크리트 보의 공칭휨강도 $M_n$ 은? [단, $f_{ck}$ =20MPa, $f_y$ =400MPa이다.]

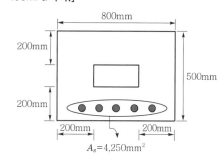

① 523.75kN · m      ② 633.75kN · m

③ 743.75kN · m      ④ 853.75kN · m

> **해설** 공칭휨강도
> ㉠ 특수 단면보의 판별
> $$a = \frac{A_s f_y}{\eta(0.85 f_{ck})b} = \frac{4,250 \times 400}{1.0 \times 0.85 \times 20 \times 800}$$
> $$= 125\text{mm} < t_f = 200\text{mm}$$
> ∴ 직사각형 보로 해석
> ㉡ 공칭휨강도
> $$M_n = A_s f_y \left(d - \frac{a}{2}\right)$$
> $$= 4,250 \times 400 \times \left(500 - \frac{125}{2}\right) \times 10^{-6}$$
> $$= 743.75\text{kN} \cdot \text{m}$$

**92** 다음 그림과 같은 임의의 단면에서 등가직사각형 응력분포가 빗금친 부분으로 나타났다면 철근량 $A_s$는 얼마인가? [단, $f_{ck}$=21MPa, $f_y$=400MPa이다.]

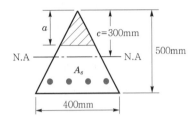

① $874\text{mm}^2$      ② $1,028\text{mm}^2$

③ $1,543\text{mm}^2$      ④ $2,109\text{mm}^2$

해설 **소요철근량**

㉠ 등가응력분포의 변수

$f_{ck} \leq 40\text{MPa}$일 때 $\beta_1 = 0.80$, $\eta = 1.0$

$a = \beta_1 c = 0.80 \times 300 = 240\text{mm}$

$b' = \dfrac{b}{h}a = \dfrac{400}{500} \times 240 = 192\text{mm}$

㉡ 철근량($A_s$)

$C = \eta(0.85f_{ck})\left(\dfrac{1}{2}ab'\right)$

$\quad = 1.0 \times 0.85 \times 21 \times \dfrac{1}{2} \times 240 \times 192$

$\quad = 411,264\text{N}$

$T = A_s f_y = C$

$\therefore A_s = \dfrac{C}{f_y} = \dfrac{411,264}{400} = 1,028.16\text{mm}^2$

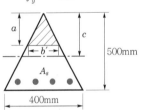

**93** 다음 그림에 나타난 이등변삼각형 단철근 보의 공칭휨강도 $M_n$을 계산하면? [단, 철근 D19 3본의 단면적은 860mm², $f_{ck}$=28MPa, $f_y$=350MPa이다.]

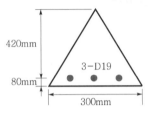

① $75.3\text{kN} \cdot \text{m}$      ② $85.2\text{kN} \cdot \text{m}$

③ $95.3\text{kN} \cdot \text{m}$      ④ $105.3\text{kN} \cdot \text{m}$

해설 **공칭휨강도**

㉠ 등가응력분포의 변수

$500 : 300 = a : b'$

$\therefore b' = 0.6a$

㉡ 등가깊이

$C = T$

$\eta(0.85f_{ck})ab'\left(\dfrac{1}{2}\right) = A_s f_y$

$1.0 \times 0.85 \times 28 \times 0.6a^2 \times \dfrac{1}{2} = 860 \times 350$

$\therefore a = \sqrt{\dfrac{860 \times 350}{1.0 \times 0.85 \times 28 \times 0.3}}$

$\quad = 250.3\text{mm}$

㉢ 공칭휨강도

$M_n = A_s f_y \left(d - \dfrac{2}{3}a\right)$

$\quad = 860 \times 350 \times \left(420 - \dfrac{2}{3} \times 250.3\right) \times 10^{-6}$

$\quad ≒ 85.22\text{kN} \cdot \text{m}$

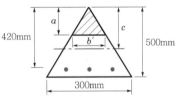

CHAPTER

# 3

# 보의 전단 해석과 설계

# 보의 전단 해석과 설계

CHAPTER 03

**회독 체크표**

| 1회독 | 월 | 일 |
| 2회독 | 월 | 일 |
| 3회독 | 월 | 일 |

**최근 10년간 출제분석표**

| 2015 | 2016 | 2017 | 2018 | 2019 | 2020 | 2021 | 2022 | 2023 | 2024 |
|------|------|------|------|------|------|------|------|------|------|
| 8.3% | 11.7% | 10.0% | 13.3% | 10.0% | 11.7% | 15.0% | 11.7% | 10.0% | 11.7% |

 출제 POINT

**학습 POINT**
- 보의 전단경간비($a/d$)
- 전단철근의 종류

■ 균질보의 휨응력 분포

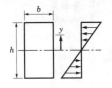

■ RC 보의 휨응력 분포

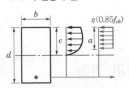

(a) 실제 응력 (b) 등가 응력

---

**SECTION 1 보의 전단응력과 거동**

## ① 보의 전단응력

### 1) 균질보의 전단응력 분포

① 전단응력은 보의 지점부에서 최대이고, 중앙 부근으로 갈수록 작아지며, 보의 중립축에서는 최대이고, 상·하면으로 갈수록 작아진다.

② 휨응력은 중립축으로부터 거리에 비례하나, 전단응력은 중립축으로부터 거리에 곡선으로 변화한다.

### 2) 철근콘크리트(RC) 보의 전단응력 분포

① 전단응력은 보의 복부에서 부담하며 평균 전단응력을 사용한다.

② 철근콘크리트 보의 전단응력은 중립축에서 최대이고, 중립축 이하에서는 최댓값이 계속된다.

| 구분 | 전단응력 | 전단응력 분포도 |
|------|----------|----------------|
| 균질보 | $\tau = \dfrac{V}{A} = \dfrac{VG}{Ib}$ | |
| RC 보 | $v = \dfrac{V}{bd} = \dfrac{V}{b_w d}$ | |

3) RC 보의 전단응력 일반식

① 전단응력 일반식

$$v = \frac{V(x^2 - x_1^{\,2})}{b\,x^2\left(d - \dfrac{x}{3}\right)}$$

② 최대 전단응력($x_1 = 0$일 때 최대)

$$v_{\max} = \frac{V}{b\,j\,d} = \frac{V}{b\left(d - \dfrac{x}{3}\right)}$$

③ 평균 전단응력

$$v = \frac{V}{b\,d} = \frac{V}{b_w\,d} \tag{3.1}$$

여기서, $V$ : 전단에 대한 위험단면에서의 전단력(절댓값)

■ 전단에 대한 위험단면

① 보, 1방향 슬래브 및 1방향 기초판 : $d$
② 2방향 슬래브, 2방향 기초판 : $0.5d$
③ 슬래브-기둥 접합부 : $0.5d$
④ 기초판-기둥 접합부 : $0.75d$

## ② 보의 전단거동 및 전단철근

1) 전단경간

① RC 보에서는 휨전단균열이 문제이고, 휨전단균열은 $\dfrac{V}{M}$ 또는 $\dfrac{v}{f}$ 에 좌우된다.

② 전단응력은 $v = k_1 \dfrac{V}{b\,d}$ , 휨응력은 $f = k_2 \dfrac{M}{b\,d^2}$ 이다. 이들 관계식으로부터 $\dfrac{v}{f} = \dfrac{k_1}{k_2} \cdot \dfrac{Vd}{M}$ 이고, 전단경간 $a = \dfrac{M}{V}$ 을 대입하면

$$\frac{f}{v} = \frac{k_2}{k_1} \cdot \frac{a}{d} \tag{3.2}$$

여기서, $k_1$ : 주로 휨균열의 높이에 좌우되는 상수

$k_2$ : 균열의 상태에 따라 정해지는 상수

$a$ : 전단경간(전단지간)

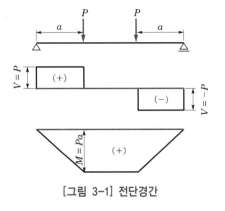

[그림 3-1] 전단경간

## 2) 전단경간비($a/d$)에 따른 전단강도의 변화

① $\dfrac{a}{d} \le 1$인 경우

높이가 큰 보(깊은 보, $l_n/d \le 4$)로 보의 강도가 전단력에 의해 지배된다. 철근콘크리트 보의 아치작용이 발생한다.

② $1 < \dfrac{a}{d} \le 2.5$인 경우

깊은 보에 있어서도 전단강도가 사인장균열강도보다 크기 때문에 전단파괴(전단인장파괴, 전단압축파괴)가 나타난다.

③ $2.5 < \dfrac{a}{d} \le 6$인 경우

보통의 보로 전단강도가 사인장균열강도와 같아서 사인장파괴가 나타난다.

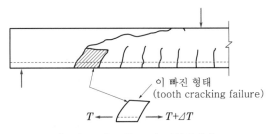

[그림 3-2] 보통 보의 사인장파괴

④ $\dfrac{a}{d} > 6$인 경우

경간이 큰 보로 전단강도보다 휨강도에 지배되므로 휨에 의한 파괴가 나타난다.

■ 깊은 보의 아치작용

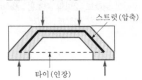

스트럿(압축)

타이(인장)

■ 짧은 보$\left(\dfrac{a}{d} = 1 \sim 2.5\right)$의 전단파괴

① 전단인장파괴

균열로 인한 부착력의 손실

② 전단압축파괴

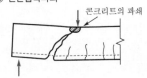

콘크리트의 파쇄

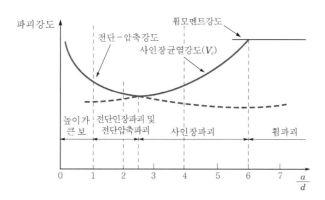

[그림 3-3] $\dfrac{a}{d}$ 에 따른 전단강도의 변화

3) 보의 사인장균열

(1) 복부전단균열

① 휨응력은 작고 전단응력이 큰 지점부 가까이의 중립축 근처에서 발생하는 경사균열을 말한다.

② I형 단면과 같이 얇은 복부에서 발생한다.

③ 복부전단균열 시 콘크리트의 최대 전단응력이다.

$$v_{cr} = \frac{V_{cr}}{bd} = 0.29\lambda\sqrt{f_{ck}}\,[\mathrm{MPa}] \tag{3.3}$$

(2) 휨전단균열

① 휨모멘트에 의해 부재에 수직균열이 먼저 발생한다.

② 전단에 유효한 비균열 단면이 감소한다.

③ 전단응력이 증가한다.

④ 수직균열 끝에 발생하는 경사균열(사인장균열)로 발전한다.

⑤ 휨모멘트가 크고 전단력도 큰 단면에서 발생한다.

⑥ 휨전단균열 시 콘크리트의 최대 전단응력이다.

$$v_{cr} = \frac{V_{cr}}{bd} = 0.16\lambda\sqrt{f_{ck}}\,[\mathrm{MPa}] \tag{3.4}$$

⑦ 휨전단균열을 일으키는 전단력은 복부전단균열을 일으키는 전단력의 1/2 정도이다.

출제 POINT

■ 휨균열과 전단균열

① 휨균열 : 보의 하단의 중앙부에서 발생하는 균열

② 전단균열 : 보의 중립축 근처의 지점부에서 발생하는 균열

■ 복부전단균열 시 콘크리트의 최대 전단응력

$$v_{cr} = \frac{V_{cr}}{bd} = 0.29\lambda\sqrt{f_{ck}}\,[\mathrm{MPa}]$$

■ 휨전단균열 시 콘크리트의 최대 전단응력

$$v_{cr} = \frac{V_{cr}}{bd} = 0.16\lambda\sqrt{f_{ck}}\,[\mathrm{MPa}]$$

■ 철근콘크리트 보의 사인장균열

① 복부전단균열

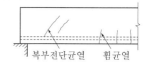

② 휨전단균열

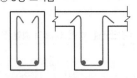

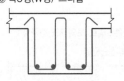
## 4) 전단철근(사인장철근)

### (1) 전단철근의 정의

전단철근은 전단보강철근으로 복부철근 또는 사인장철근이라고도 하며, 전단력으로 인해 발생하는 경사균열(사인장균열)을 막기 위해 배치한다.

### (2) 전단철근의 종류

① 굽힘철근(bent-up bar, 절곡철근)

　주철근을 30° 이상의 각도로 구부려 올린 사인장철근으로, 보통은 45°의 경사로 구부려 올리거나 구부려 내린다.

② 수직스터럽(vertical stirrup)

　주철근에 직각으로 배치된 스터럽이다.

③ 경사스터럽(inclined stirrup)

　주철근에 45° 이상의 각도로 설치되는 스터럽이다.

④ 부재의 축에 직각으로 배치된 용접철망

⑤ 스터럽과 굽힘철근의 병용(조합)

⑥ 나선철근, 원형 띠철근 또는 후프철근

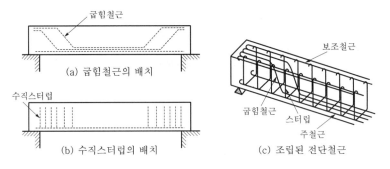

[그림 3-4] 전단철근의 종류

## SECTION 2 보의 전단설계

### 1 설계의 원칙

#### 1) 설계원리

휨과 전단을 받는 단면의 전단설계는 다음 식에 기초를 둔다.

$$V_d = \phi V_n = \phi(V_c + V_s) \geq V_u \tag{3.5}$$

여기서, $V_d$ : 설계전단강도, $\phi$ : 강도감소계수($=0.75$)

$V_n$ : 공칭전단강도

$V_c$ : 콘크리트가 부담하는 전단강도

$V_s$ : 전단철근이 부담하는 전단강도

$V_u$ : 계수전단력(계수전단강도, 소요전단강도)

2) 전단에 대한 위험단면

① 철근콘크리트 부재의 전단에 대한 위험단면은 받침부 내면으로부터 경간 중앙 쪽으로 유효깊이 $d$만큼 떨어진 단면으로 본다. 위험단면에서 구한 계수전단력 $V_u$를 사용한다.

② 보 및 1방향 슬래브, 1방향 확대기초는 지점에서 $d$만큼 떨어진 곳이다.

③ 2방향 슬래브, 2방향 확대기초(기초판)는 지점에서 $d/2(=0.5d)$만큼 떨어진 곳이다.

④ 슬래브-기둥 접합부는 기둥면에서 $0.5d$만큼 떨어진 곳, 기초판-기둥 접합부는 기둥면에서 $3/4d(=0.75d)$만큼 떨어진 곳이다.

⑤ 인장을 받는 지지부재와 일체로 된 부재는 받침부 내면의 계수전단력 $V_u$를 사용한다[그림 3-5(c)].

⑥ 지지부 가까이 집중하중을 받는 보에서는 받침부 내면의 계수전단력 $V_u$를 사용한다[그림 3-5(d)].

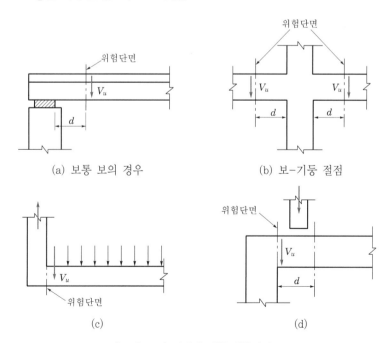

(a) 보통 보의 경우　　　　(b) 보-기둥 절점

(c)　　　　(d)

[그림 3-5] 전단에 대한 위험단면

■ 전단강도

① 공칭전단강도
$$V_n = V_c + V_s$$
② 설계전단강도
$$V_d = \phi V_n = \phi(V_c + V_s)$$
③ 전단철근의 최소 전단강도
$$V_s \geq \frac{V_u}{\phi} - V_c$$
④ 콘크리트가 부담하는 전단강도
$$V_c = \frac{1}{6}\lambda\sqrt{f_{ck}}\,b_w d$$
⑤ 전단철근이 부담하는 전단강도
$$V_s = \frac{A_v f_{yt} d}{s}$$

■ 전단설계 시 콘크리트 강도
$$\sqrt{f_{ck}} \leq 8.4\text{MPa}$$

## 2 전단강도 산정식

### 1) 콘크리트가 부담하는 전단강도

① 전단강도 $V_c$를 결정할 때 구속된 부재에서 크리프와 건조수축으로 인한 축 방향 인장력의 영향을 고려하여야 하며, 깊이가 일정하지 않은 부재의 경사진 휨압축력의 영향도 고려하여야 한다.

② 이 장에서 사용된 $\sqrt{f_{ck}}$는 8.4MPa을 초과하지 않도록 해야 한다. 이는 압축강도가 70MPa 이상의 고강도 콘크리트에 대한 자료의 부족으로 신뢰성이 떨어지기 때문이다.

③ 실용식(상세한 계산을 하지 않는 경우)

$$V_c = \frac{1}{6}\lambda\sqrt{f_{ck}}\,b_w d \tag{3.6}$$

④ 정밀식(상세한 계산 필요시)

$$V_c = \left(0.16\lambda\sqrt{f_{ck}} + 17.6\rho_w\frac{V_u d}{M_u}\right)b_w d \leq 0.29\lambda\sqrt{f_{ck}}\,b_w d$$

여기서, $V_c$ : 소요전단강도

$$M_u : \text{계수휨모멘트}\left(\frac{V_u d}{M_u} \leq 1,\ \rho_w = \frac{A_s}{b_w d}\right)$$

### 2) 전단철근이 부담하는 전단강도 및 철근 상세

① 수직스터럽을 사용한 경우

$$V_s = \frac{A_v f_{yt} d}{s} = \frac{V_u - \phi V_c}{\phi} \tag{3.7}$$

여기서, $A_v$ : 거리 $s$ 내의 전단철근의 전체 단면적

$f_{yt}$ : 전단철근의 설계기준항복강도

② 경사스터럽을 사용한 경우

$$V_s = \frac{A_v f_{yt} d}{s}(\sin\alpha + \cos\alpha) \tag{3.8}$$

여기서, $\alpha$ : 경사스터럽과 부재축의 사잇각

$s$ : 종방향 철근과 평행한 방향의 철근 간격

③ 전단철근이 1개의 굽힘철근 또는 받침부에서 모두 같은 거리에서 구부린 평행한 1조의 철근으로 구성될 경우

$$V_s = A_v f_{yt}\sin\alpha \tag{3.9}$$

다만, $V_s$는 $0.25\sqrt{f_{ck}}\,b_w d$를 초과할 수 없으며, $\alpha$는 굽힘철근과 부재축의 사잇각이다.

④ 굽힘철근을 전단철근으로 사용할 때는 그 경사길이의 중앙 3/4만이 전단철근으로서 유효하다고 본다.

⑤ 여러 종류의 전단철근이 부재의 같은 부분을 보강하기 위해 사용되는 경우의 전단강도 $V_s$는 각 종류별로 구한 $V_s$를 합한 값으로 하여야 한다.

⑥ 전단철근이 부담하는 전단강도 $V_s$는 $0.2\left(1-\dfrac{f_{ck}}{250}\right)f_{ck}\,b_w d$ 이하이어야 한다.

■ 출제 POINT

■ 전단철근이 부담하는 전단강도
$$V_s \leq 0.2\left(1-\frac{f_{ck}}{250}\right)f_{ck}\,b_w d$$

## ③ 전단철근의 설계

### 1) 전단철근의 배치

① $\phi V_c \leq V_u$인 경우 전단철근을 배치하여야 한다.

② $V_u \leq \dfrac{1}{2}\phi V_c$인 경우는 계산상, 안전상 전단철근이 필요 없다.

③ $\dfrac{1}{2}\phi V_c < V_u \leq \phi V_c$인 경우에는 이론적으로는 전단철근이 필요 없지만, 최소한의 전단철근($A_{v,\min}$)으로 보강하여야 한다.

④ $V_u \geq \phi V_c$인 경우에는 필요 전단철근량($A_v$)을 계산하여 철근을 배치하여야 한다.

■ 전단철근의 배치 유무
① 전단철근 불필요
$$V_u \leq \frac{1}{2}\phi V_c$$
② 최소 전단철근 배치
$$\frac{1}{2}\phi V_c < V_u \leq \phi V_c$$
③ 계산된 전단철근 배치
$$V_u \geq \phi V_c$$
$$\therefore\ A_v = \frac{V_s s}{f_y d}$$

### 2) 전단철근량 산정

#### (1) 최소 전단철근량

$$A_{v,\min} = 0.0625\sqrt{f_{ck}}\,\frac{b_w s}{f_{yt}} \geq 0.35\,\frac{b_w s}{f_y} \tag{3.10}$$

여기서, $A_{v,\min}$ : 최소 전단철근량

$s$ : 전단철근 간격(mm)

$b_w$ : 복부 폭(mm)

#### (2) 최소 전단철근의 규정을 적용하지 않는 경우(예외 규정)

① 전체 높이가 250mm 이하인 경우

② I형 보, T형 보의 높이가 플랜지 두께의 2.5배 또는 복부 폭의 1/2 중 큰 값 이하인 보

③ 슬래브 및 기초판(확대기초)

④ 콘크리트 장선구조

⑤ 교대 벽체 및 날개벽, 옹벽의 벽체, 암거 등과 같이 휨이 주거동인 판 부재

⑥ 보의 깊이가 600mm를 초과하지 않고 설계기준압축강도가 40MPa을 초과하지 않는 강섬유콘크리트 보에 작용하는 계수전단력이 $\phi \frac{1}{6} \lambda \sqrt{f_{ck}} b_w d$를 초과하지 않는 경우

### (3) 필요 전단철근량

① 전단철근이 부담하는 전단강도

$V_u = \phi V_n = \phi(V_c + V_s) = \phi V_c + \phi V_s$ 로부터

$$\therefore \ V_s = \frac{1}{\phi}(V_u - \phi V_c) = \frac{A_v f_y d}{s} \tag{3.11}$$

② 필요 전단철근량

$$A_v \geq \frac{V_s s}{f_y d} = \frac{(V_u - \phi V_c)s}{\phi f_y d} \tag{3.12}$$

## 3) 전단철근의 간격

### (1) 전단철근의 간격 계산

$$V_s = \frac{1}{\phi}(V_u - \phi V_c) = \frac{A_v f_y d}{s}$$

$$\therefore \ s \leq \frac{A_v f_y d}{V_s} = \frac{\phi A_v f_y d}{V_u - \phi V_c} \tag{3.13}$$

### (2) 전단철근의 간격조건

① 수직스터럽의 간격은 $0.5d$ 이하, 600mm 이하이어야 한다.

$$s \leq \frac{d}{2}, \ s \leq 600\,\mathrm{mm} \tag{3.14}$$

② 경사스터럽과 굽힘철근은 부재 중간 높이 $0.5d$에서 반력점 방향으로 주인장철근까지 연장된 45° 선과 한 번 이상 교차되도록 배치하여야 한다.

③ $V_s > \frac{1}{3} \lambda \sqrt{f_{ck}} b_w d$인 경우 ①, ②의 최대 간격을 절반(1/2)으로 감소시켜야 한다.

$$s \leq \frac{d}{4}, \ s \leq 300\,\mathrm{mm} \tag{3.15}$$

**SECTION** **3** 특수한 경우의 전단설계

## 1 비틀림 설계

1) 비틀림 설계 일반

### (1) 비틀림 설계조건

① 비틀림응력은 그 성질이 전단응력과 같기 때문에 설계에서는 비틀림을 전단에 포함시켜서 생각하는 것이 보통이다.

② 설계원리

$$T_d = \phi T_n \geq T_u \tag{3.16}$$

여기서, $T_u$ : 계수비틀림모멘트

　　　　$T_n$ : 부재의 공칭비틀림강도

　　　　$\phi$ : 비틀림에 대한 강도감소계수($=0.75$)

### (2) 균열비틀림모멘트

① 비틀림모멘트가 균열 단면의 비틀림모멘트보다 클 때 균열이 발생하는 것으로 한다.

② 직사각형 단면의 균열비틀림모멘트

$$T_{cr} = \frac{1}{3} \lambda \sqrt{f_{ck}} \frac{A_{cp}^{2}}{P_{cp}} \tag{3.17}$$

여기서, $T_{cr}$ : 균열에 의한 단면의 비틀림모멘트

　　　　$A_{cp}$ : 콘크리트 단면에서 외부 둘레로 둘러싸인 면적($= bh$)

　　　　$P_{cp}$ : 콘크리트 단면의 외부 둘레($= 2(b+h)$)

③ 보와 슬래브가 일체로 된 부재의 균열비틀림모멘트

보와 슬래브가 완전 일체로 된 경우에 보의 단면을 슬래브 부분으로 더 연장하는 경우로, 그 연장길이는 슬래브에서 내민 부분 깊이 중 큰 값만큼 더 연장하되, 슬래브 두께의 4배 이하가 되도록 한다.

### (3) 비틀림을 고려하지 않아도 되는 경우

① 계수비틀림모멘트 $T_u$가 균열비틀림모멘트 $T_{cr}$의 1/4보다 작으면 큰 영향을 미치지 못하므로 이를 무시할 수 있다.

② 철근콘크리트 부재의 경우

$$T_u < \phi \left( \frac{1}{12} \lambda \sqrt{f_{ck}} \right) \frac{A_{cp}^{2}}{P_{cp}} \tag{3.18}$$

---

학습 POINT

- 균열비틀림모멘트($T_{cr}$)
- 공칭비틀림강도($T_n$)
- 비틀림 철근의 상세
- 전단마찰을 고려하여 설계해야 하는 경우
- 깊은 보의 최소 전단철근량

■ 비틀림 부재의 설계방법

① 박벽관(thin-walled tube)이론
② 소성공간트러스(plastic space truss)이론

■ 계수비틀림모멘트의 산정

$$T_u = \phi T_{cr} = \phi \left( \frac{1}{3} \lambda \sqrt{f_{ck}} \frac{A_{cp}^{2}}{P_{cp}} \right)$$

## 2) 비틀림 철근의 설계

### (1) 공칭비틀림강도

① 수직철근(횡방향 철근)의 공칭비틀림강도

$$T_n = \frac{2A_o A_t f_{yt}}{s}\cot\theta \tag{3.19}$$

여기서, $A_o$ : 전단흐름에 의해 닫혀진 단면적($= 0.85 x_o h$)

$\theta$ : 압축 경사각(30° 이상 ~ 60° 이하)

② 종방향 철근의 공칭비틀림강도

$$T_n = \frac{2A_o A_l f_y}{P_h \cot\theta} \tag{3.20}$$

### (2) 비틀림 철근량 산정

① 종방향 철근의 단면적($A_l$)

$$A_l = \frac{A_t}{s} P_h \left(\frac{f_{yt}}{f_y}\right)\cot^2\theta \tag{3.21}$$

여기서, $A_t$ : 폐쇄 스터럽 한 가닥의 단면적

$f_y$ : 종방향 비틀림 철근의 설계기준항복강도(MPa)

$f_{yt}$ : 횡방향 비틀림 철근의 설계기준항복강도(MPa)

$P_h$ : 횡방향 폐쇄 스터럽 중심선의 둘레

$s$ : 비틀림 철근의 간격

② 폐쇄 스터럽의 단면적($A_t$)

$$A_t \geq \frac{T_u s}{2\phi A_o f_{yt}\cot\theta} \tag{3.22}$$

### (3) 최소 비틀림 철근량

① 횡방향 폐쇄 스터럽의 최소 면적

$$(A_v + 2A_t) \geq 0.0625\sqrt{f_{ck}}\frac{b_w s}{f_{yt}} \geq 0.35\frac{b_w s}{f_{yt}} \tag{3.23}$$

여기서, $A_v$ : 간격 $s$ 내의 전단철근의 단면적($\text{mm}^2$)

$A_t$ : 간격 $s$ 내의 비틀림에 저항하는 폐쇄 스터럽 한 가닥의 단면적($\text{mm}^2$)

② 종방향 비틀림 철근의 최소 전체 면적

$$A_{l,\min} = \frac{0.42\sqrt{f_{ck}}\,A_{cp}}{f_y} - \left(\frac{A_t}{s}\right)P_h\frac{f_{yt}}{f_y} \tag{3.24}$$

단, $\dfrac{A_t}{s} \geq 0.175\dfrac{b_w}{f_{yt}}$ 이어야 한다.

### (4) 비틀림 철근의 상세

① 비틀림 철근의 설계기준항복강도는 500MPa 이하이어야 한다.

② 종방향 비틀림 철근은 양단에 정착하여야 한다.

③ 횡방향 비틀림 철근의 간격은 $P_h/8$, 300mm보다 작아야 한다.

④ 종방향 철근은 폐쇄 스터럽의 둘레를 따라 300mm 이하의 간격으로 분포시켜야 한다.

⑤ 종방향 철근의 지름은 스터럽 간격의 1/24 이상이어야 하며, D10 이상의 철근이어야 한다.

■ 비틀림 철근의 설계기준항복강도는 500 MPa 이하이어야 한다.

## ② 전단마찰 설계

### 1) 전단마찰 설계 일반

① 전단력 전단면은 전단강도를 기본으로 설계하여야 하며, 이 경우 $V_n$은 전단마찰 설계방법에 따라 구하여야 한다.

② 균열은 해당 전단면에 걸쳐 발생한다고 가정한다.

### 2) 전단마찰강도

#### (1) 전단마찰철근이 전단면에 수직한 경우[그림 3-6(a), (b)]

① 공칭전단강도 : $V_n = \mu A_{vf} f_y$

② 설계전단강도 : $V_d = \phi V_n = \phi \mu A_{vf} f_y \geq V_u$

③ 전단마찰철근의 단면적

$$A_{vf} = \frac{V_u}{\phi \mu f_y} \tag{3.25}$$

여기서, $V_n$ : 전단강도($0.2f_{ck}A_c$ 또는 $5.5A_c$[N] 이하)

$\quad\quad\quad A_{vf}$ : 전단마찰철근의 단면적

$\quad\quad\quad \mu$ : 균열면의 마찰계수

$\quad\quad\quad \phi$ : 강도감소계수(0.75)

■ 전단마찰을 고려하여 설계해야 하는 경우

① 굳은 콘크리트와 여기에 이어친 콘크리트와의 접합면

② 기둥과 브래킷(bracket) 또는 내민받침(corbel)과의 접합면

③ 프리캐스트 구조에서 부재요소의 접합면

④ 콘크리트와 강재와의 접합면

■ 전단마찰철근의 설계기준항복강도는 500MPa 이하이어야 한다.

**(2) 전단마찰철근이 전단면과 경사진 경우[그림 3-6(c)]**

① 공칭전단강도 : $V_n = A_{vf} f_y (\mu \sin \alpha_f + \cos \alpha_f)$

② 설계전단강도 : $V_d = \phi V_n = \phi A_{vf} f_y (\mu \sin \alpha_f + \cos \alpha_f) \geq V_u$

③ 전단마찰철근의 단면적

$$A_{vf} = \frac{V_u}{\phi f_y (\mu \sin \alpha_f + \cos \alpha_f)} \tag{3.26}$$

여기서, $\alpha_f$ : 전단마찰철근과 전단면 사이의 각

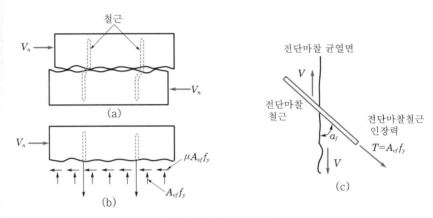

[그림 3-6] 전단마찰철근

## ③ 깊은 보 설계

### 1) 깊은 보 설계 일반

■ 콘크리트 구조기준에 의한 깊은 보

① 순경간($l_n$)이 부재 깊이의 4배 이하인 보($l_n/d \leq 4$)

② 하중이 받침부로부터 부재 깊이의 2배 거리 이내에 작용하는 보로 압축대가 형성될 수 있는 부재

① 보의 높이가 경간에 비하여 보통의 보보다 높은 보로서, 한쪽 면이 하중을 받고 반대쪽 면이 지지되어 하중과 받침부 사이에 압축대가 형성되는 구조요소를 깊은 보(deep beam)라고 한다.

② 깊은 보의 강도는 전단에 지배된다. 그 전단강도는 보통의 식으로 계산되는 값보다 크다.

③ 깊은 보에 대한 전단설계는 깊은 보에 대한 전단설계 규정에 따라야 한다.

④ 깊은 보는 비선형 변형률 분포를 고려하여 설계하거나 스트럿-타이 모델에 의해 설계하여야 하며, 횡좌굴을 고려하여야 한다.

⑤ 깊은 보의 공칭전단강도

$$V_n \leq \frac{5}{6} \lambda \sqrt{f_{ck}} \, b_w d$$

■ 깊은 보의 공칭전단강도

$V_n \leq \frac{5}{6} \lambda \sqrt{f_{ck}} \, b_w d$

## 2) 깊은 보의 최소 전단철근량

**출제 POINT**

■ 깊은 보의 최소 전단철근량
① 수직전단철근
• 단면적($A_v$) : $0.0025b_w s$ 이상
• 간격($s$) : $d/5$ 이하, 300mm 이하
② 수평전단철근
• 단면적($A_v$) : $0.0015b_w s_h$ 이상
• 간격($s_h$) : $d/5$ 이하, 300mm 이하

① 휨인장철근과 직각인 수직전단철근의 단면적 $A_v$를 $0.0025\,b_w\,s$ 이상으로 하여야 하며, $s$를 $d/5$ 이하, 또한 300mm 이하로 하여야 한다.

② 휨인장철근과 평행한 수평전단철근의 단면적 $A_v$를 $0.0015\,b_w\,s_h$ 이상으로 하여야 하며, $s_h$를 $d/5$ 이하, 또한 300mm 이하로 하여야 한다.

③ 위의 최소 전단철근 대신 스트럿-타이 모델을 만족하는 철근을 배치할 수 있다.

④ 실험에 의하면 수직전단철근이 수평전단철근보다 전단저항에 효과적이다.

⑤ 최소 휨인장철근량은 보의 경우와 같다.

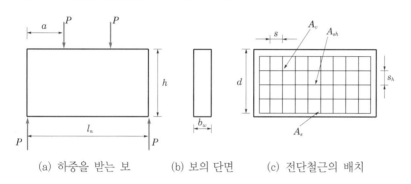

(a) 하중을 받는 보    (b) 보의 단면    (c) 전단철근의 배치

[그림 3-7] 깊은 보

## 1. 보의 전단응력과 거동

★★
**01** 철근콘크리트 보에 생기는 전단응력(shearing stress)의 분포를 바르게 나타낸 것은?

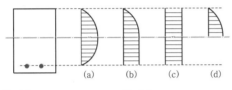

① (a)       ② (b)
③ (c)       ④ (d)

> **해설** RC 보의 전단응력 분포
> 압축측 연단에서 중립축까지 곡선이 변화하며, 중립축에서 최댓값이 중립축 이하까지 계속된다.

**02** 철근콘크리트 보에서 가장 큰 전단응력이 생기는 곳은?

① 압축측       ② 중립축
③ 인장측       ④ 전단면 동일

> **해설** 보의 전단응력 분포는 중립축의 최댓값이 인장철근까지 계속된다.

**03** 다음 중 전단철근이 있는 보의 전단강도에 가장 영향을 주지 않는 것은?

① 콘크리트가 부담하는 전단력
② 균열면에서의 골재의 맞물림력(interlocking force)
③ 수평철근의 연결작용(dowel action)
④ 철근의 정착강도

> **해설** 보의 전단강도에 가장 영향을 주지 않는 것은 철근의 정착강도이다.

★
**04** 단철근 직사각형 보의 지점에서 유효깊이 $d$만큼 떨어져 있는 단면에 전단력 240kN이 작용할 때의 전단응력은? [단, $b_w = 50$cm, $d = 80$cm]

① 0.5MPa       ② 0.6MPa
③ 0.7MPa       ④ 0.8MPa

> **해설** 평균 전단응력
> $$v = \frac{V}{b_w d} = \frac{240 \times 10^3}{500 \times 800} = 0.6\text{MPa}(=\text{N/mm}^2)$$

**05** 전단응력과 전단균열에 대한 설명 중에서 옳은 것은?

① 철근콘크리트 보의 중립축 이하에서는 45° 경사 방향으로 인장응력이 발생하여 사인장균열을 일으킨다.
② 사인장균열은 휨응력에 의해서 발생하며, 그 값이 $v$로 나타나므로 전단균열이라고 한다.
③ 전단응력은 중립축에서 가장 크고 단순보의 중앙 부근이 지점 부근보다 더 크다.
④ 전단응력은 단면의 상·하단에서 가장 크고, 중립축에서는 0이다.

> **해설** 사인장균열은 중립축 이하 인장측에서 발생하며 45° 경사를 이룬다.
>
>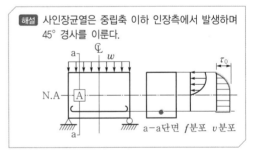
>
> a-a단면 $f$분포 $v$분포

★
**06** 콘크리트 보의 중립축에서 사인장응력은 중립축과 몇 도의 각을 이루는가?

① 0°       ② 30°
③ 45°       ④ 90°

**정답** 1.② 2.③ 3.④ 4.② 5.① 6.③

**해설** 사인장응력은 중립축과 45°의 경사를 이룬다.

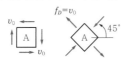

© 주철근에 45° 또는 그 이상의 경사로 배치하는 스터럽
② 주철근에 30° 또는 그 이상의 경사로 구부리는 굽힘철근
⑩ 스터럽과 굽힘철근의 병용
⑪ 나선철근, 후프철근 등

**07** 보통 철근콘크리트 보의 받침부 부근에는 전단과 휨의 합성에 의해 사인장균열이 발생한다. 이때 이 사인장(전단)력에 저항하는 보 내부와 전단력에 대한 설명으로 거리가 가장 먼 것은?

① 균열이 발생되지 않는 부분의 콘크리트가 부담하는 전단력
② 균열면과 평행을 이루는 전단보강철근이 저항하는 전단력
③ 인장철근의 도웰작용(dowel action)에 의한 수직저항력
④ 균열면에서 골재의 맞물림에 따른 수직저항 분력

**해설** 사인장력에 저항하는 보 내부의 작용
㉠ 균열이 발생하지 않은 부분의 콘크리트가 부담하는 전단력
㉡ 균열면과 교차된 스터럽이 부담하는 전단력
㉢ 인장철근의 도웰작용(dowel action)에 의한 수직내력
㉣ 균열면에서 골재의 맞물림작용에 의한 수직 분력

★★★
**08** 일반적으로 사용되고 있는 전단철근의 종류를 열거한 것 중 옳지 않은 것은?

① 주철근에 수직한 U형 스터럽
② 주철근에 30° 이상의 경사를 이루는 경사스터럽
③ 주철근의 수평부분과 30° 또는 그 이상의 각을 이루도록 구부려 올린 굽힘철근
④ 주철근에 수직한 폐합 스터럽

**해설** 전단철근의 종류
㉠ 주철근에 수직으로 배치하는 스터럽
㉡ 부재축에 직각으로 배치하는 용접철망

★
**09** 다음 그림과 같은 단순보의 전단경간(shear span)의 영향에 대한 설명 중 옳지 않은 것은? [단, 전단경간이란 지점에서부터 집중하중이 작용하고 있는 점까지의 거리 $a$를 의미한다.]

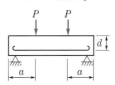

① 전단경간 $a$와 보의 높이 $d$와의 비 $a/d$를 전단경간비(shear span to depth ratio)라고 한다.
② $a/d$가 큰 경우는 경간이 긴 경우를 의미하며, 휨모멘트의 영향이 커져서 휨균열을 일으키기 쉽다.
③ $a/d$가 작은 경우는 경간에 비해 보의 높이가 큰 경우를 의미하며, 전단력의 영향이 커져서 전단균열을 일으키기 쉽다.
④ $a/d$가 6보다 큰 RC 보에서는 휨균열보다 전단균열이 먼저 발생하여 사인장균열파괴를 일으키기 쉽다.

**해설** 전단경간비
㉠ 보의 균열 및 파괴 형태는 $\dfrac{a}{d}$에 의해서 좌우되는데, 이는 $\dfrac{M}{V}$의 영향이기도 하다.
$$\therefore \frac{a}{d} = \frac{1}{d}\frac{M}{V}$$
㉡ $\dfrac{a}{d} > 6$ : 경간이 긴 경우로 휨균열 발생
㉢ $2.5 < \dfrac{a}{d} \leq 6$ : 보의 높이가 큰 경우로 전단균열 발생

★
**10** 다음 중 전단철근으로 사용할 수 없는 것은?

① 부재축에 직각으로 배치한 용접철망

② 주인장철근에 30°의 각도로 설치되는 스터럽

③ 나선철근, 원형 띠철근 또는 후프철근

④ 스터럽과 굽힘철근의 조합

> 해설 **전단철근의 종류**
> ㉠ 주철근에 직각으로 배치하는 스터럽
> ㉡ 부재축에 직각으로 배치된 용접철망
> ㉢ 주철근에 45° 또는 그 이상의 경사로 배치하는 스터럽
> ㉣ 주철근을 30° 또는 그 이상의 경사로 구부린 굽힘철근
> ㉤ 스터럽과 굽힘철근의 병용
> ㉥ 나선철근, 후프철근 등

★★
**11** 다음 철근 중 철근콘크리트 부재의 전단철근으로 사용할 수 없는 것은?

① 주인장 철근에 45°의 각도로 설치되는 스터럽

② 주인장 철근에 30°의 각도로 설치되는 스터럽

③ 주인장 철근에 30°의 각도로 구부린 굽힘철근

④ 주인장 철근에 45°의 각도로 구부린 굽힘철근

> 해설 **전단철근의 종류**
> ㉠ 주철근에 45° 또는 그 이상의 경사로 배치하는 스터럽
> ㉡ 주철근에 45° 또는 그 이상의 경사로 구부린 굽힘(절곡)철근
> ㉢ 주철근에 30° 또는 그 이상의 경사로 구부린 굽힘(절곡)철근

★
**12** 정철근 또는 부철근을 둘러싸고, 이에 직각이 되게 또는 경사지게 배치한 복부철근은?

① 배력철근  ② 스터럽

③ 조립용 철근  ④ 굽힘철근

> 해설 **스터럽(stirrup)**
> 정철근 또는 부철근을 둘러싸고, 이에 직각이 되게 또는 경사지게 배치한 복부철근이다.

**13** 철근콘크리트 보에서 사인장철근(복부철근)을 배근하는 이유는?

① 휨인장응력을 받게 하기 위하여

② 전단응력에 저항시키기 위하여

③ 부착응력을 늘리기 위하여

④ 지압응력을 늘리기 위하여

> 해설 사인장철근은 전단력으로 인해 발생하는 경사균열을 방지하기 위해 배치한다.

**14** 철근콘크리트 보에 배치하는 복부철근에 관한 기술 중 틀린 것은?

① 복부철근의 종류는 굽힘철근과 스터럽으로 나눈다.

② 복부철근의 휨모멘트가 가장 크게 작용하는 곳에 배치한다.

③ 복부철근의 사인장응력에 대하여 배치하는 철근이다.

④ 복부철근을 사인장철근이라고도 한다.

> 해설 복부철근은 전단철근으로 전단에 대한 위험단면에 배치한다.

**15** 다음은 보에 스터럽을 쓰는 이유를 적은 것이다. 이 중 옳은 것은?

① 부재의 강성을 높이고 사인장응력을 받게 하기 위하여

② 콘크리트의 탄성을 높이기 위하여

③ 콘크리트가 옆으로 튀어나오는 것을 방지하기 위하여

④ 철근의 조립을 위하여

> 해설 스터럽(stirrup)은 부재의 강성을 높이고 사인장(전단)응력을 부담하는 전단철근이다.

---

정답 10. ② 11. ② 12. ② 13. ② 14. ② 15. ①

**16** 철근콘크리트 보에서 단부에 스터럽(stirrup)을 배치하는 이유 중 가장 적합한 것은?

① 콘크리트의 강도를 높이기 위하여
② 철근이 미끄러지는 것을 방지하기 위하여
③ 보에 생기는 휨모멘트에 저항시키기 위하여
④ 보에 생기는 전단응력에 저항시키기 위하여

> **해설** 전단철근은 굽힘철근과 스터럽으로 구분되며, 전단응력을 부하하는 철근이다.

**17** 폐합 스터럽으로 배근해야 할 곳을 설명한 것 중 잘못된 것은?

① 부($-$)의 휨모멘트를 받는 곳
② 압축철근이 있는 경우
③ 비틀림을 받는 곳
④ 정($+$)의 휨모멘트를 받는 곳

> **해설** 일반적으로 정($+$)의 휨모멘트를 받는 곳에는 폐합 스터럽을 두지 않고 U형 스터럽을 둔다.

**18** 철근콘크리트 구조물의 전단철근 상세에 대한 다음 설명 중 잘못된 것은?

① 주인장철근에 30° 이상의 각도로 구부린 굽힘철근은 전단철근으로 사용할 수 있다.
② 스터럽과 굽힘철근을 조합하여 전단철근으로 사용할 수 없다.
③ 경사스터럽과 굽힘철근은 부재의 중간 높이인 $0.5d$에서 반력점 방향으로 주인장철근까지 연장된 45° 선과 한 번 이상 교차되도록 배치하여야 한다.
④ 용접이형철망을 제외한 일반적인 전단철근의 설계기준항복강도는 500MPa을 초과할 수 없다.

> **해설** 스터럽과 굽힘철근을 병용(조합)하여 전단철근으로 사용할 수 있다.

**19** W형 스터럽에서 $\phi 6(A_s = 0.283\text{cm}^2)$일 때 스터럽 1조의 단면적은 얼마인가?

① $1.132\text{cm}^2$      ② $0.849\text{cm}^2$
③ $0.566\text{cm}^2$      ④ $0.283\text{cm}^2$

> **해설** 전단철근의 단면적
> W형 스터럽은 4곳에서 전단응력을 부담한다.
> $\therefore\ A_v = 4 \times 0.283 = 1.132\text{cm}^2$

**20** 전단철근의 설계항복강도 $f_y$는 다음 어느 값을 초과할 수 없는가?

① 400MPa      ② 420MPa
③ 450MPa      ④ 500MPa

> **해설** 철근의 설계기준항복강도($f_y$)
> ㉠ 휨철근 : 600MPa
> ㉡ 전단철근 : 500MPa

**21** 철근콘크리트 구조물의 전단철근 상세기준에 대한 다음 설명 중 잘못된 것은?

① 이형철근을 전단철근으로 사용하는 경우 설계기준항복강도 $f_y$는 600MPa을 초과하여 취할 수 없다.
② 전단철근으로서 스터럽과 굽힘철근을 조합하여 사용할 수 있다.
③ 주철근에 45° 이상의 각도로 설치되는 스터럽은 전단철근으로 사용할 수 있다.
④ 경사스터럽과 굽힘철근은 부재 중간 높이인 $0.5d$에서 반력점 방향으로 주인장철근까지 연장된 45° 선과 한 번 이상 교차되도록 배치하여야 한다.

> **해설** 철근의 설계기준항복강도($f_y$)
> ㉠ 휨철근 : 600MPa
> ㉡ 전단철근 : 500MPa

**22** 철근콘크리트 구조물의 전단철근 상세에 대한 다음 설명 중 잘못된 것은?

① 스터럽의 간격은 어떠한 경우이든 400mm 이하로 하여야 한다.

② 주인장철근에 45도 이상의 각도로 설치되는 스터럽은 전단철근으로 사용할 수 있다.

③ 일반적인 전단철근의 설계기준항복강도 $f_y$ 는 500MPa을 초과하여 취할 수 없다.

④ 전단철근으로 사용하는 스터럽과 기타 철근 또는 철선은 콘크리트 압축연단부터 거리 $d$ 만큼 연장하여야 한다.

> 해설 스터럽의 간격은 일정하지 않고 조건에 따라 달리 적용한다.

**★★**
**23** 철근콘크리트 보에서 전단력이 큰 부분에 배근하는 경우 특히 필요한 사항은?

① 스터럽(stirrup)을 조밀하게 넣는다.

② 압축철근을 충분히 넣는다.

③ 인장철근을 충분히 넣는다.

④ 철근의 이음길이를 충분히 한다.

> 해설 전단보강철근
> ㉠ 스터럽과 굽힘철근(절곡철근)을 사용한다.
> ㉡ 스터럽을 조밀하게 배치한다.

**24** 스터럽의 실제 설계에서 제일 우선순위가 높은 것은?

① 소요스터럽의 치수 선정

② 스터럽을 배근할 간격 선택

③ 최대 휨모멘트

④ 최대 전단력 및 스터럽의 소요구간

> 해설 전단에 대한 위험단면에서 스터럽이 부담해야 할 최대 전단력과, 스터럽의 배치구간과 배치간격을 제일 먼저 설계해야 한다.

**25** 강도설계에서 부재의 공칭전단응력 $v_n$ 은? [단, 여기서 $V_u$ 는 단면의 총전단력이다.]

① $v_n = \dfrac{V_u}{\phi b_w d}$　　② $v_n = \dfrac{V_u \phi}{b_w d}$

③ $v_n = \dfrac{V_u d}{\phi b_w}$　　④ $v_n = \dfrac{V_u b_w}{\phi d}$

> 해설 공칭전단응력
> $$v_n = \frac{V_n}{b_w d} = \frac{V_u}{\phi b_w d} \quad (\because \ \phi V_n \geq V_u)$$

**26** 다음 그림과 같은 단철근 직사각형 보 위에 100kN 의 집중하중이 작용할 때 A점에서의 전단응력은 다음 중 어느 것인가?

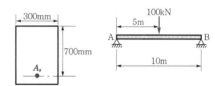

① 0.238MPa　　② 0.402MPa

③ 0.543MPa　　④ 0.697MPa

> 해설 평균 전단응력
> ㉠ 위험단면에서 전단력
> $$V = \frac{P}{2} = \frac{100}{2} = 50 \text{kN}$$
> ㉡ 평균 전단응력(RC 보)
> $$v = \frac{V}{bd} = \frac{50,000}{700 \times 300} = 0.238 \text{MPa}$$

**★★**
**27** 다음 그림과 같은 단순보에 단철근 직사각형 보를 설계하려 한다. C점의 전단응력은 얼마인가?

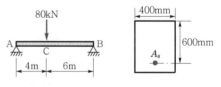

① 0.1MPa　　② 0.2MPa

③ 0.3MPa　　④ 0.4MPa

해설 전단응력

㉠ C점의 전단력($V_c$)

$$R_A = \frac{80 \times 6}{10} = 48\text{kN}(\uparrow)$$

$$\therefore \ V_c = R_A = 48\text{kN}$$

㉡ C점의 전단응력

$$v_c = \frac{V_c}{b_w d} = \frac{48,000}{400 \times 600} = 0.2\text{MPa}$$

해설 전단응력

㉠ T형 보는 복부에서 전단응력을 부담하는 것으로 한다.

㉡ 전단응력

$$v = \frac{V}{b_w d} = \frac{135 \times 10^3}{600 \times 900} = 0.25\text{MPa}$$

★
**28** 다음 그림과 같은 철근콘크리트 캔틸레버보의 최대 전단응력은 얼마로 보고 설계하여야 하는가?

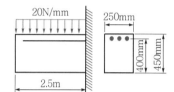

① 0.4MPa ② 0.5MPa
③ 0.6MPa ④ 0.10MPa

해설 전단응력

㉠ 위험단면에서 전단력
$$w = 20\text{N/mm} = 20\text{kN/m}$$
$$\therefore \ V_c = wl - wd$$
$$= 20 \times 2.5 - 20 \times 0.4 = 42\text{kN}$$

㉡ 위험단면의 전단응력
$$v = \frac{V_c}{b_w d} = \frac{42 \times 10^3}{250 \times 400} = 0.42\text{MPa}$$

**29** 다음 그림과 같은 단면에 전단력 $V = 135$kN이 작용할 때 이 단면에 일어나는 최대 전단응력은 얼마인가?

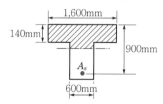

① 0.094MPa ② 0.25MPa
③ 0.271MPa ④ 0.286MPa

★
**30** 경간 10m, 유효플랜지 폭 100cm, 복부 폭 30cm, 유효깊이 50cm인 보에 등분포하중 30kN/m(자중 포함)가 작용할 때 최대 전단응력은?

① 0.9MPa ② 1.02MPa
③ 1.24MPa ④ 1.35MPa

해설 전단응력

㉠ 위험단면에서 전단력
$$V = \frac{wl}{2} - wd$$
$$= \frac{30 \times 10}{2} - 30 \times 0.5 = 135\text{kN}$$

㉡ 위험단면의 전단응력
$$v = \frac{V}{bd} = \frac{135,000}{300 \times 500} = 0.9\text{MPa}$$

**31** 계수하중이 다음 그림과 같은 단철근 직사각형 보의 전단에 대한 위험단면에서의 전단력은 얼마인가?

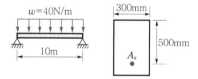

① 120N ② 180N
③ 210N ④ 240N

해설 전단력

㉠ 보에서 전단에 대한 위험단면은 지점에서 $d$만큼 떨어진 단면이다.

㉡ 위험단면의 전단력
$$V = \frac{wl}{2} - wd = \frac{40 \times 10}{2} - 40 \times 0.5 = 180\text{N}$$

정답 28. ① 29. ② 30. ① 31. ②

**32** 다음 그림과 같은 단순보에서 자중을 포함하여 계수 하중이 20kN/m 작용하고 있다. 이 보의 위험단면에서 전단력은 얼마인가?

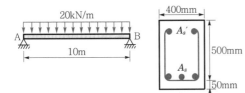

① 100kN  ② 90kN

③ 80kN  ④ 70kN

> 해설 위험단면에서 전단력
> $$V = \frac{wl}{2} - wd = \frac{20 \times 10}{2} - 20 \times 0.5 = 90 \text{kN}$$

**★★**
**33** 다음 그림과 같은 캔틸레버보의 작용 극한전단력 $V_u$ 는? [단, 콘크리트의 단위중량은 2,500kg/m³, $f_{ck} = $ 20MPa, $f_y = $ 300MPa이며 위험단면에 대해 계산한다.]

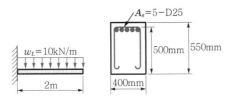

① 34kN  ② 23kN

③ 53kN  ④ 32kN

> 해설 극한(계수)전단력
> $$w_D = 2,500 \text{kg/m}^3 = 25,000 \text{N/m}^3$$
> $$w_L = 10 \text{kN/m} = 10,000 \text{N/m}$$
> $$\therefore V_u = 1.2 w_D + 1.6 w_L$$
> $$= 1.2 \times (0.4 \times 0.55) \times (2 - 0.5) \times 25,000$$
> $$+ 1.6 \times (2 - 0.5) \times 10,000$$
> $$= 33,900 \text{N} = 33.9 \text{kN}$$

**34** 전단철근의 필요성 중 옳은 것은?

① 보의 휨파괴에 대한 보강

② 지점에서 $d$만큼 떨어진 보의 안쪽에서 사인장파괴에 대한 보강

③ 휨인장응력에 대한 보강

④ 보의 처짐 억제

> 해설 전단철근은 전단에 대한 위험단면에서 사인장(전단)파괴를 방지하기 위해 배치한다.

## 2. 보의 전단설계

**★**
**35** 전단을 받는 휨부재의 단면설계에서 기초로 하는 식을 나타낸 것 중 옳은 것은? [단, $V_u$ : 극한지지력, $V_n$ : 공칭전단강도, $V_c$ : 콘크리트가 부담하는 전단강도, $V_s$ : 철근이 부담하는 전단강도]

① $V_u \leq \phi V_c$  ② $V_u \leq \phi V_n$

③ $V_u \leq \phi V_s$  ④ $V_u \geq \phi V_s$

> 해설 전단설계의 원칙
> $$V_d = \phi V_n \geq V_u$$

**36** 부재의 높이가 일정한 경우 휨에 의한 보 또는 1방향 슬래브에서 설계전단응력이 일어나는 지점은 어디인가?

① 받침부에서 유효깊이 $d$만큼 떨어진 단면

② 받침부

③ 경간의 중앙

④ 받침부에서 $\frac{d}{2}$만큼 떨어진 단면

> 해설 전단에 대한 위험단면
> ㉠ 보 또는 1방향 슬래브 : 받침부에서 $d$만큼 떨어진 단면
> ㉡ 2방향 슬래브 : 받침부에서 $\frac{d}{2}$만큼 떨어진 단면

**37** 보통 중량콘크리트의 직사각형 보($b$=30cm, $d$=50cm)에서 콘크리트가 부담할 수 있는 공칭전단강도는? [단, 강도설계법, $f_{ck}$=24MPa]

① 6,390N  ② 7,413N

③ 9,675N  ④ 122.5kN

> 해설 콘크리트가 부담하는 전단강도
> $$V_c = \frac{1}{6}\lambda\sqrt{f_{ck}}\,b_w d$$
> $$= \frac{1}{6}\times 1.0\sqrt{24}\times 300\times 500\times 10^{-3}$$
> $$= 122.5\text{kN}$$

**38** 다음 철근콘크리트 보에 전단력과 휨만이 작용할 때 콘크리트가 받을 수 있는 전단강도(실용식)를 계산하면? [단, $f_{ck}$=24MPa, 전단에 대한 강도감소계수 $\phi_v$를 고려할 것]

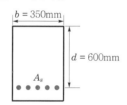

① $\phi_v V_c = 98,800\text{N}$  ② $\phi_v V_c = 11,060\text{N}$

③ $\phi_v V_c = 128,598\text{N}$  ④ $\phi_v V_c = 142,500\text{N}$

> 해설 콘크리트가 부담하는 전단강도
> $$\phi V_c = \phi\left(\frac{1}{6}\lambda\sqrt{f_{ck}}\,b_w d\right)$$
> $$= 0.75\times\frac{1}{6}\times 1.0\sqrt{24}\times 350\times 600$$
> $$= 128,598\text{N}$$

**39** 강도설계법으로 할 때 시방서에서 규정하고 있는 콘크리트가 부담하는 전단강도 $V_c$는?

① $V_c = \frac{1}{9}\lambda\sqrt{f_{ck}}\,b_w d$  ② $V_c = \frac{1}{6}\lambda\sqrt{f_{ck}}\,b_w d$

③ $V_c = \frac{1}{3}\lambda\sqrt{f_{ck}}\,b_w d$  ④ $V_c = \frac{2}{3}\lambda\sqrt{f_{ck}}\,b_w d$

> 해설 보의 전단강도
> ㉠ 콘크리트가 부담하는 전단강도
> $$V_c = \frac{1}{6}\lambda\sqrt{f_{ck}}\,b_w d$$
> ㉡ 전단철근이 부담하는 전단강도
> $$V_s = \frac{A_v f_{yt} d}{s}$$

**40** 극한전단력 $V_u\,[V_u \le \phi(V_c + V_s)]$가 전단강도 $\phi V_c$를 초과하는 곳에는 전단철근을 배치하여야 하며 부재축에 직각인 전단철근을 사용하는 경우의 전단강도 $V_s$는? [단, $A_v$는 $s$ 거리 내의 전단철근의 단면적, $s$는 전단철근의 간격이다.]

① $V_s = \frac{A_v f_{sa} d}{s}$  ② $V_s = \frac{A_v f_y}{s\,d}$

③ $V_s = \frac{A_v f_y d}{s}$  ④ $V_s = \frac{f_v d s}{A_v}$

> 해설 전단철근이 부담하는 전단강도
> $V_u > \phi V_c$인 경우
> $$V_u = \phi(V_c + V_s)$$
> $$\therefore\; V_s = \frac{A_v f_y d}{s} = \frac{V_u}{\phi} - V_c$$

**41** D13 철근을 U형 스터럽으로 가공하여 300mm 간격으로 부재축에 직각이 되게 설치한 전단철근의 강도 $V_s$는? [단, 스터럽의 설계기준항복강도($f_{yt}$)=400MPa, $d$=600mm, D13 철근의 단면적은 127mm$^2$로 계산하며 강도설계이다.]

① 101.6kN  ② 203.2kN

③ 406.4kN  ④ 812.8kN

> 해설 전단철근이 부담하는 전단강도
> $$V_s = \frac{A_v f_{yt} d}{s} = \frac{2\times 127\times 400\times 600}{300}\times 10^{-3}$$
> $$= 203.2\text{kN}$$

**42** 길이가 3m인 캔틸레버보의 자중을 포함한 계수하중이 100kN/m일 때 위험단면에서 전단철근이 부담해야 할 전단력($V_s$)은 약 얼마인가? [단, $f_{ck}$ =24MPa, $f_y$ =300MPa, $b_w$ =300mm, $d$ =500mm]

① 158.2kN  ② 193.7kN

③ 210.8kN  ④ 252.8kN

> 해설 전단철근이 부담하는 전단강도
> ㉠ 위험단면에서의 계수전단력
> $$V_u = 100 \times (3 - 0.5) = 250\text{kN}$$
> ㉡ 콘크리트가 부담할 수 있는 전단력
> $$V_c = \frac{1}{6} \lambda \sqrt{f_{ck}}\, b_w\, d$$
> $$= \frac{1}{6} \times 1.0 \sqrt{24} \times 300 \times 500 \times 10^{-3}$$
> $$= 122.5\text{kN}$$
> ㉢ 전단철근이 부담해야 할 전단력
> $$V_s = \frac{V_u}{\phi} - V_c = \frac{250}{0.75} - 122.5 = 210.8\text{kN}$$

**43** 시방서에서 전단보강철근이 발휘할 수 있는 공칭전단강도 $V_s$를 $0.2\left(1 - \dfrac{f_{ck}}{250}\right)f_{ck}b_w d$로 제한한 이유는 무엇인가?

① 철근량을 줄이기 위해서
② 콘크리트의 사압축파괴를 피하기 위해서
③ 휨강도를 증대시켜 연성파괴를 유도하기 위해서
④ 부재 단면의 깊이를 제한하기 위해서

> 해설 콘크리트의 사압축파괴를 방지하기 위해 공칭전단강도($V_s$)를 제한한다.

**44** $b_w$ =400mm, $d$ =700mm인 보에 $f_y$ =400MPa인 D16 철근을 인장주철근에 대한 경사각 $\alpha$ =60°인 U형 경사스터럽으로 설치했을 때 전단보강철근의 공칭강도($V_s$)는? [단, 스터럽 간격 $s$ =300mm, D16 철근 1본의 단면적은 199mm²이다.]

① 253.7kN  ② 321.7kN

③ 371.5kN  ④ 507.4kN

> 해설 경사스터럽의 공칭전단강도
> $$V_s = \frac{A_v f_y\, d(\sin\alpha + \cos\alpha)}{s}$$
> $$= \frac{2 \times 199 \times 400 \times 700 \times (\sin 60° + \cos 60°)}{300}$$
> $$= 507,433\text{N} = 507.43\text{kN}$$

**45** 다음 그림과 같이 활하중($W_L$)은 30kN/m, 고정하중($W_D$)은 콘크리트의 자중(단위무게 23kN/m³)만 작용하고 있는 캔틸레버보가 있다. 이 보의 위험단면에서 전단철근이 부담해야 할 전단력은? [단, 하중은 하중조합을 고려한 소요강도($U$)를 적용하고 $f_{ck}$ =24MPa, $f_y$ =300MPa이다.]

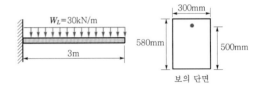

① 88.7kN  ② 53.5kN

③ 21.3kN  ④ 9.5kN

> 해설 전단철근이 부담하는 전단강도
> ㉠ 계수전단력
> $$W_D = 0.3 \times 0.58 \times 23 = 4\text{kN/m}$$
> $$V_u = 1.2 V_D + 1.6 V_L$$
> $$= 1.2 \times 4 \times (3 - 0.5) + 1.6 \times 30 \times (3 - 0.5)$$
> $$= 132\text{kN}$$
> ㉡ 콘크리트가 부담하는 전단강도
> $$\phi V_c = \phi\left(\frac{1}{6} \lambda \sqrt{f_{ck}}\, b_w\, d\right)$$
> $$= 0.75 \times \frac{1}{6} \times 1.0 \sqrt{24} \times 300 \times 500 \times 10^{-3}$$
> $$= 91.9\text{kN}$$
> ㉢ 전단철근이 부담하는 전단강도
> $$\phi V_n = \phi(V_c + V_s) \geq V_u$$
> $$\therefore V_s = \frac{V_u - \phi V_c}{\phi} = \frac{132 - 91.9}{0.75}$$
> $$= 53.47\text{kN}$$

**46** 콘크리트 구조기준에서 고려하고 있는 철근콘크리트 보의 공칭전단강도($V_n$)에 영향을 주는 인자가 아닌 것은?

① 종방향 철근에 의한 전단강도

② 콘크리트에 의한 전단강도

③ 주인장철근에 30° 이상의 각도로 구부린 굽힘철근에 의한 전단강도

④ 주인장철근에 45° 이상의 각도로 설치되는 스터럽에 의한 전단강도

> **해설** ㉠ 보의 공칭전단강도 : $V_n = V_c + V_s$
> ㉡ 종방향 철근은 비틀림을 부담하는 철근이다.

**★★★**
**47** $b$=30cm, $d$=55cm, $h$=60cm, $A_s$=20cm²로 휨에 대해서 보강되어 있고 전단에 대한 보강은 하지 않았다. 이때 시방 규정에 따라 허용된 최대 극한 전단력 $V_u$는 얼마인가? [단, $f_{ck}$=21MPa, $f_y$=300MPa]

① 88,710N

② 89,930N

③ 94,516N

④ 100,817N

> **해설** 계수(극한)전단력
> $$V_u = \phi(V_c + V_s) = \phi V_c \quad (\because \ V_s = 0)$$
> $$= \phi\left(\frac{1}{6}\lambda\sqrt{f_{ck}}\,b_w\,d\right)$$
> $$= 0.75 \times \frac{1}{6} \times 1.0\sqrt{21} \times 300 \times 550$$
> $$= 94,516\text{N}$$

**★**
**48** 종방향 철근을 절곡하여 전단철근으로 사용할 때 굽힘철근으로 유효한 부분은?

① 경사길이의 상단 3/4 부분

② 경사길이의 중앙 3/4 부분

③ 경사길이의 하단 3/4 부분

④ 경사길이 전부

> **해설** 굽힘철근을 전단철근으로 사용할 때는 그 경사길이의 중앙 3/4만이 전단철근으로서 유효하다고 본다.

**★★**
**49** 다음 그림에 나타난 직사각형 단철근 보의 공칭전단강도 $V_n$을 계산하면? [단, 철근 D13을 스터럽으로 사용하며, 스터럽 간격은 150mm, 철근 D13 1본의 단면적은 126.7mm², $f_{ck}$=28MPa, $f_y$=350MPa이다.]

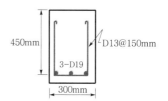

① 120kN

② 133kN

③ 253kN

④ 385kN

> **해설** 공칭전단강도
> ㉠ 콘크리트가 부담하는 전단강도
> $$V_c = \frac{1}{6}\lambda\sqrt{f_{ck}}\,b_w\,d$$
> $$= \frac{1}{6} \times 1.0\sqrt{28} \times 300 \times 450 \times 10^{-3}$$
> $$= 119.06\text{kN}$$
> ㉡ 전단철근이 부담하는 전단강도
> $$V_s = \frac{A_v f_y d}{s}$$
> $$= \frac{2 \times 126.7 \times 350 \times 450}{150} \times 10^{-3}$$
> $$= 266.07\text{kN}$$
> ㉢ 보의 공칭전단강도
> $$V_n = V_c + V_s$$
> $$= 119.06 + 266.07 = 385.13\text{kN}$$

**★★**
**50** 계수전단력 $V_u$=108kN이 작용하는 직사각형 보에서 콘크리트의 설계기준강도 $f_{ck}$=24MPa인 경우 전단철근을 사용하지 않아도 되는 최소 유효깊이는 약 얼마인가? [단, $b_w$=400mm]

① 489mm

② 552mm

③ 693mm

④ 882mm

> **해설** 콘크리트 단면의 최소 유효깊이
> $$V_u \leq \frac{1}{2}\phi V_c = \frac{1}{2}\phi\left(\frac{1}{6}\lambda\sqrt{f_{ck}}\,b_w d\right)$$
> $$\therefore \ d = \frac{12 V_u}{\phi\lambda\sqrt{f_{ck}}\,b_w} = \frac{12 \times 108,000}{0.75 \times 1.0\sqrt{24} \times 400}$$
> $$= 881.82\text{mm}$$

**정답** 46. ① 47. ③ 48. ② 49. ④ 50. ④

**51** 다음과 같은 철근콘크리트 단면에서 전단철근의 보강 없이 저항할 수 있는 최대 계수전단력($V_u$)은? [단, $f_{ck}=21$MPa, $f_y=400$MPa, $\phi=0.75$]

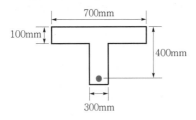

① 73.735kN      ② 64.512kN

③ 46.083kN      ④ 34.369kN

> **해설** 최대 계수전단력
>
> ㉠ $V_u \le \dfrac{1}{2}\phi V_c$인 경우 전단보강이 불필요하다.
>
> ㉡ 최대 계수전단력
>
> $$V_u = \frac{1}{2}\phi\left(\frac{1}{6}\lambda\sqrt{f_{ck}}\,b_w\,d\right)$$
> $$= \frac{0.75}{12}\times 1.0\sqrt{21}\times 300\times 400\times 10^{-3}$$
> $$= 34.3693\text{kN}$$

**52** 강도설계법에 의해서 전단철근을 사용하지 않고 계수하중에 의한 전단력 $V_u=50$kN을 지지하려면 직사각형 단면보의 최소 면적($b_w d$)은 약 얼마인가? [단, $f_{ck}=28$MPa이며, 최소 전단철근도 사용하지 않는 경우로, 전단에 대한 $\phi=0.75$이다.]

① 151,190mm$^2$      ② 123,530mm$^2$

③ 97,840mm$^2$      ④ 49,320mm$^2$

> **해설** 콘크리트의 최소 단면적
>
> $$V_u \le \frac{1}{2}\phi V_c = \frac{1}{2}\phi\left(\frac{1}{6}\lambda\sqrt{f_{ck}}\,b_w\,d\right)$$
> $$\therefore\ b_w d = \frac{12V_u}{\phi\lambda\sqrt{f_{ck}}} = \frac{12\times 50,000}{0.75\times 1.0\sqrt{28}}$$
> $$= 151,186\text{mm}^2$$

**53** 계수하중에 의한 전단력 $V_u=75$kN을 받을 수 있는 직사각형 단면을 설계하려고 한다. 규정에 의한 최소 전단철근을 사용할 경우 필요한 콘크리트의 최소 단면적 $b_w d$는 얼마인가? [단, $f_{ck}=28$MPa, $f_y=300$MPa]

① 101,090mm$^2$      ② 103,073mm$^2$

③ 106,303mm$^2$      ④ 113,390mm$^2$

> **해설** 콘크리트의 최소 단면적
>
> $$V_u \le \phi V_c = \phi\left(\frac{1}{6}\lambda\sqrt{f_{ck}}\,b_w\,d\right)$$
> $$\therefore\ b_w d = \frac{6V_u}{\phi\lambda\sqrt{f_{ck}}} = \frac{6\times 75,000}{0.75\times 1.0\sqrt{28}}$$
> $$= 113,389.3\text{mm}^2$$

**54** 하중계수를 사용한 소요전단강도 $V_u=71.6$kN을 받을 수 있는 직사각형 단면을 설계하고자 한다. 전단철근의 최소량을 사용할 경우 필요한 콘크리트의 최소 단면적 $b_w d$는 얼마인가? [단, $f_{ck}=28$MPa]

① 475cm$^2$      ② 507cm$^2$

③ 1,082cm$^2$      ④ 1,302cm$^2$

> **해설** 콘크리트의 최소 단면적
>
> $$V_u \le \phi V_c = \phi\left(\frac{1}{6}\lambda\sqrt{f_{ck}}\,b_w\,d\right)$$
> $$\therefore\ b_w d = \frac{6V_u}{\phi\lambda\sqrt{f_{ck}}} = \frac{6\times 71.6\times 10^3}{0.75\times 1.0\sqrt{28}}$$
> $$= 108,249\text{mm}^2 = 1,082.5\text{cm}^2$$

**55** 계수전단력 $V_u=75$kN에 대하여 규정에 의한 최소 전단철근을 배근하여야 하는 직사각형 철근콘크리트 보가 있다. 이 보의 폭이 300mm일 경우 유효깊이($d$)의 최솟값은? [단, $f_{ck}=24$MPa, $f_y=350$MPa]

① 375mm      ② 387mm

③ 394mm      ④ 409mm

**콘크리트 단면의 유효깊이**

㉠ 최소 전단철근량 배근범위

$$\frac{1}{2}\phi\,V_c < V_u \le \phi\,V_c$$

㉡ 보의 유효깊이

$$V_u \le \phi\,V_c = \phi\left(\frac{1}{6}\lambda\sqrt{f_{ck}}\,b_w\,d\right)$$

$$\therefore\ d = \frac{6\,V_u}{\phi\,\lambda\sqrt{f_{ck}}\,b_w}$$

$$= \frac{6\times 75,000}{0.75\times 1.0\sqrt{24}\times 300} = 408.25\text{mm}$$

**해설 최소 전단철근량**

$$A_{v,\,min} = 0.0625\sqrt{f_{ck}}\,\frac{b_w\,s}{f_y} \ge 0.35\frac{b_w\,s}{f_y}$$

㉠ $A_{v,\,min} = 0.0625\sqrt{f_{ck}}\,\dfrac{b_w\,s}{f_y}$

$$= 0.0625\sqrt{21}\times\frac{300\times 250}{400}$$

$$= 53.7\text{mm}^2$$

㉡ $A_{v,\,min} = 0.35\,\dfrac{b_w\,s}{f_y}$

$$= 0.35\times\frac{300\times 250}{400}$$

$$= 65.63\text{mm}^2$$

$$\therefore\ A_{s,\,min} = 65.63\text{mm}^2\,(최댓값)$$

---

★★★
**56** 강도설계법에 의해 전단철근을 설계할 때 최소 전단철근량만을 사용하는 구간에 합당한 조건은? [단, $V_u$ : 극한전단력, $V_c$ : 콘크리트가 부담하는 전단력]

① $V_u \ge \dfrac{1}{2}\phi\,V_c > \phi\,V_c$

② $V_u \le \dfrac{1}{2}\phi\,V_c < \phi\,V_c$

③ $\dfrac{1}{2}\phi\,V_c < V_u \le V_c$

④ $\dfrac{1}{2}\phi\,V_c < V_u \le \phi\,V_c$

**해설 전단철근의 설계**

㉠ $V_u \le \dfrac{1}{2}\phi\,V_c$ : 전단철근 불필요

㉡ $\dfrac{1}{2}\phi\,V_c < V_u \le \phi\,V_c$ : 최소 전단철근 배치

㉢ $V_u > \phi\,V_c$ : 계산된 전단철근 배치

★
**57** $b = 300\text{mm}$, $d = 500\text{mm}$인 직사각형 보에 하중계수를 고려한 계수전단력 80kN이 작용하고, $f_{ck} = 21\text{MPa}$, $f_y = 400\text{MPa}$이라면 필요한 최소 전단철근량은 약 얼마인가? [단, 전단철근은 수직스터럽을 사용하며, 간격은 250mm이다.]

① $35.4\text{mm}^2$  ② $65.7\text{mm}^2$

③ $170.5\text{mm}^2$  ④ $220.3\text{mm}^2$

**58** 전단에 대한 설명 중 잘못된 것은?

① 휨모멘트가 작게 생기는 단면에는 전단강도를 $0.29\sqrt{f_{ck}}\,b_w\,d$까지 볼 수 있다.

② 공칭전단강도 $\phi\,V_c$가 극한전단력 $V_u$ 이상이면 전단보강은 필요하지 않다.

③ 전단철근으로 부담하는 전단강도 $V_s$가 $2/3\sqrt{f_{ck}}\,b_w\,d$ 이상이면 복부 콘크리트의 압축파쇄가 일어난다.

④ 전단철근, 복부철근, 사인장철근은 전단보강이라는 면에서 같은 의미를 나타낸다.

**해설 전단철근의 배치**

㉠ $V_u \le \dfrac{1}{2}\phi\,V_c$ : 전단보강 불필요

$$\therefore\ A_v = 0$$

㉡ $\dfrac{1}{2}\phi\,V_c < V_u \le \phi\,V_c$ : 최소 전단철근량 필요

$$\therefore\ A_{v,\,min} = 0.0625\sqrt{f_{ck}}\,\frac{b_w\,s}{f_g} \ge 0.35\frac{b_w\,s}{f_y}$$

**59** 다음의 경우는 전단보강을 하지 않아도 좋은 경우이다. 틀린 것은 어느 것인가?

① 슬래브 및 확대기초

② 총높이가 25cm 이하이거나 T형 보

③ 플랜지 두께의 2.5배 또는 복부 폭의 1.5배 중 큰 값 이하인 T형 보

④ $V_u$ 가 $\phi V_c$ 의 $\frac{1}{2}$ 보다 적은 곳

> **해설** 최소 전단철근 배치
>
> ㉠ $\frac{1}{2}\phi V_c < V_u \le \phi V_c$ 인 경우 최소 전단철근량을 배치해야 한다.
>
> ㉡ 최소 전단철근량이 적용되지 않는 경우(예외규정)
> • $h \le 25\text{cm}$
> • $h \le \left[2.5t_f, \ \frac{1}{2}b_w\right]_{max}$
> • 슬래브 및 확대기초
> • 콘크리트 장선구조

**60** 철근콘크리트 부재에서 단철근으로 부재축에 직각인 스터럽을 사용할 때 최대 간격은 얼마이어야 하는가? [단, $d$는 부재의 유효깊이이다.]

① $d$ 이하이며 어느 경우든 400mm 이하

② $d$ 이하이며 어느 경우든 600mm 이하

③ $0.5d$ 이하이며 어느 경우든 400mm 이하

④ $0.5d$ 이하이며 어느 경우든 600mm 이하

> **해설** 전단철근의 간격(최솟값)
>
> ㉠ $V_s \le \frac{1}{3}\lambda\sqrt{f_{ck}}\, b_w d$ 인 경우
>
> $s = \frac{d}{2}$ 이하, 600mm 이하
>
> ㉡ $V_s > \frac{1}{3}\lambda\sqrt{f_{ck}}\, b_w d$ 인 경우
>
> $s = \frac{d}{4}$ 이하, 300mm 이하
>
> ㉢ $s = \dfrac{A_v f_y d}{V_s}$

**61** 직각으로 설치되는 스터럽(stirrup) 철근의 간격을 산정하는 식에서 스터럽의 간격에 비례하지 않는 요소는 다음 중 어느 것인가?

① 스터럽이 부담해야 할 전단강도

② 스터럽 철근의 단면적

③ 스터럽 철근의 설계기준항복강도

④ 보의 유효깊이

> **해설** 전단철근의 간격
>
> ㉠ 전단철근의 간격: $s = \dfrac{A_v f_y d}{V_s}$
>
> ㉡ 전단철근이 부담해야 할 전단강도($V_s$)에 반비례한다.

**62** 철근콘크리트 부재에서 전단철근이 부담해야 할 전단력이 400kN일 때 부재축에 직각으로 배치된 전단철근의 최대 간격은? [단, $A_v$=700mm², $f_y$=350MPa, $f_{ck}$=21MPa, $b_w$=400mm, $d$=560mm]

① 140mm

② 200mm

③ 300mm

④ 343mm

> **해설** 전단철근의 간격
>
> ㉠ 전단철근의 간격조건
>
> $\frac{1}{3}\lambda\sqrt{f_{ck}}\, b_w d$
>
> $= \frac{1}{3}\times 1.0\sqrt{21}\times 400\times 560\times 10^{-3}$
>
> $= 342.2\text{kN} < V_s = 400\text{kN}$
>
> ∴ $\frac{d}{4}$ 이하, 300mm 이하
>
> ㉡ 전단철근의 간격 계산
>
> $s = \dfrac{A_v f_y d}{V_s} = \dfrac{2\times 700\times 350\times 560}{400,000}$
>
> $= 686\text{mm}$
>
> $s \le \dfrac{d}{4} = \dfrac{560}{4} = 140\text{mm}$
>
> $s \le 300\text{mm}$
>
> ∴ $s = 140\text{mm}$(최솟값)

**정답** 59. ③  60. ④  61. ①  62. ①

**63** 철근콘크리트 부재에서 전단철근으로 부재축에 직각인 스터럽을 사용할 때 최대 간격은 얼마이어야 하는가? [단, $d$는 부재의 유효깊이이며, $V_s$가 $\left(\dfrac{\lambda\sqrt{f_{ck}}}{3}\right)b_w d$를 초과하지 않는 경우]

① $d$와 400mm 중 최솟값 이하

② $d$와 600mm 중 최솟값 이하

③ $0.5d$와 400mm 중 최솟값 이하

④ $0.5d$와 600mm 중 최솟값 이하

> **해설** 전단철근의 간격
> $V_s \le \dfrac{1}{3}\lambda\sqrt{f_{ck}}\,b_w d$인 경우(최솟값)
> ㉠ $s = \dfrac{A_v f_y d}{V_s}$ 이하
> ㉡ $s = \dfrac{d}{2}$ 이하, 600mm 이하

**★**
**64** 강도설계에서 전단철근의 공칭전단강도 $V_s$가 $\dfrac{1}{3}\lambda\sqrt{f_{ck}}\,b_w d$를 초과하는 경우 전단철근의 최대 간격은? [단, $b_w$는 복부의 폭이고, $d$는 유효깊이이다.]

① $\dfrac{d}{2}$ 이하, 60cm 이하

② $\dfrac{d}{2}$ 이하, 30cm 이하

③ $\dfrac{d}{4}$ 이하, 60cm 이하

④ $\dfrac{d}{4}$ 이하, 30cm 이하

> **해설** 전단철근의 간격
> $V_s > \dfrac{1}{3}\lambda\sqrt{f_{ck}}\,b_w d$인 경우(최솟값)
> ㉠ $s = \dfrac{A_v f_y d}{V_s}$ 이하
> ㉡ $s = \dfrac{d}{4}$ 이하, 300mm 이하

**65** 다음 그림과 같은 보에서 계수전단력 $V_u = 225$kN에 대한 가장 적당한 스터럽 간격은? [단, 사용된 스터럽은 철근 D13이다. 철근 D13의 단면적은 127mm², $f_{ck} = 24$MPa, $f_y = 350$MPa이다.]

① 110mm
② 150mm
③ 210mm
④ 225mm

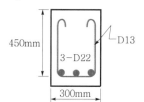

> **해설** 전단철근의 간격
> ㉠ 콘크리트가 부담하는 전단강도
> $$\phi V_c = \phi\left(\dfrac{1}{6}\lambda\sqrt{f_{ck}}\,b_w d\right)$$
> $$= 0.75 \times \dfrac{1}{6} \times 1.0\sqrt{24} \times 300 \times 450 \times 10^{-3}$$
> $$= 82.7\text{kN}$$
> ㉡ 전단철근이 부담하는 전단강도
> $$\phi V_s = V_u - \phi V_c = 225 - 82.7 = 142.3\text{kN}$$
> $$\therefore V_s = \dfrac{142.3}{0.75} = 189.73\text{kN}$$
> ㉢ 전단철근의 간격조건
> $$\dfrac{1}{3}\lambda\sqrt{f_{ck}}\,b_w d = \dfrac{1}{3} \times 1.0\sqrt{24} \times 300 \times 450$$
> $$= 221\text{kN} > V_s = 189.73\text{kN}$$
> $$\therefore \dfrac{d}{2}\ \text{이하, 600mm 이하}$$
> ㉣ 전단철근의 간격 계산
> $$s = \dfrac{A_v f_y d}{V_s} = \dfrac{2 \times 127 \times 350 \times 450}{189,730}$$
> $$= 210.85\text{mm 이하}$$
> $$s = \left[\dfrac{450}{2} = 225\text{mm},\ 600\text{mm},\ 210.85\text{mm}\right]_{\min}$$
> $$\therefore s = 210\text{mm(최솟값)}$$

**★★**
**66** 전단철근이 부담하는 전단력 $V_s = 150$kN일 때 수직스터럽으로 전단보강을 하는 경우 최대 배치 간격은 얼마 이하인가? [단, $f_{ck} = 28$MPa, 전단철근 1개 단면적=125mm², 횡방향 철근의 설계기준항복강도($f_{yt}$) =400MPa, $b_w = 300$mm, $d = 500$mm]

① 600mm
② 333mm
③ 250mm
④ 167mm

해설 전단철근의 간격

㉠ 전단철근의 간격조건

$$\frac{1}{3}\lambda\sqrt{f_{ck}}\,b_w\,d$$

$$=\frac{1}{3}\times1.0\sqrt{28}\times300\times500\times10^{-3}$$

$$=264.6\text{kN} > V_s=150\text{kN}$$

$$\therefore\ \frac{d}{2}\ \text{이하, 600mm 이하}$$

㉡ 전단철근의 간격 계산

$$s=\frac{A_v f_y d}{V_s}=\frac{2\times125\times400\times500}{150,000}$$

$$=333\text{mm}$$

$$s=\frac{d}{2}=\frac{500}{2}=250\text{mm 이하}$$

$$s=600\text{mm 이하}$$

$$\therefore\ s=250\text{mm(최솟값)}$$

㉡ 콘크리트가 부담할 수 있는 전단강도

$$V_c=\frac{1}{6}\lambda\sqrt{f_{ck}}\,b_w\,d$$

$$=\frac{1}{6}\times1.0\sqrt{21}\times300\times500\times10^{-3}$$

$$=114.6\text{kN}$$

㉢ 철근이 부담할 수 있는 전단강도

$$V_s=\frac{V_u}{\phi}-V_c=\frac{240}{0.75}-114.6$$

$$=205.4\text{kN}$$

㉣ 전단철근의 간격

$$\frac{1}{3}\lambda\sqrt{f_{ck}}\,b_w\,d$$

$$=\frac{1}{3}\times1.0\sqrt{21}\times300\times500\times10^{-3}$$

$$=229.13\text{kN} > V_s=205.4\text{kN}$$

$$\therefore\ \frac{d}{2}\ \text{이하, 600mm 이하}$$

$$s=\left[\frac{d}{2}=\frac{500}{2}=250\ \text{이하, 600mm 이하}\right]$$

$$\therefore\ s=250\text{mm(최솟값)}$$

㉤ 전단철근이 필요한 구간($x$)

$$(3.5-x):114.6=3.5:280$$

$$\therefore\ x=\frac{(280-114.6)\times3.5}{280}=2.07\text{m}$$

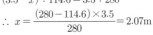
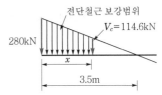

전단철근 보강범위

$V_c=114.6\text{kN}$

280kN

$x$

3.5m

**67** 자중을 포함한 계수하중 80kN/m를 지지하는 다음 그림과 같은 단순보가 있다. 경간은 7m이고 $f_{ck}=$ 21MPa, $f_y=$300MPa일 때 다음 설명 중 옳지 않은 것은?

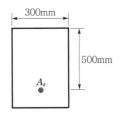

300mm

500mm

$A_s$

① 위험단면에서의 계수전단력은 240kN이다.

② 콘크리트가 부담할 수 있는 전단강도는 114.6kN 이다.

③ 전단철근(수직스터럽)의 최대 간격은 250mm 이다.

④ 이론적으로 전단철근이 필요한 구간은 지점 으로부터 1.73m까지의 구간이다.

해설 보의 전단설계

㉠ 위험단면의 계수전단력

$$V_u=\frac{wl}{2}-wd=\frac{80\times7}{2}-80\times0.5$$

$$=240\text{kN}$$

**68** 단철근 직사각형 보에서 부재축에 직각인 전단보강 철근이 부담해야 할 전단력 $V_s$가 350kN이라고 할 때 전단보강철근의 간격 $s$는 얼마 이하여야 하는가? [단, $A_v=$253mm², $f_y=$400MPa, $f_{ck}=$28MPa, $b_w=$300mm, $d=$580mm]

① 145mm     ② 168mm

③ 186mm     ④ 335mm

> **해설** **전단철근의 간격**
>
> ㉠ 전단철근의 간격조건
>
> $$\frac{1}{3}\lambda\sqrt{f_{ck}}\,b_w\,d$$
>
> $$= \frac{1}{3}\times 1.0\sqrt{28}\times 300\times 580\times 10^{-3}$$
>
> $$= 307\text{kN} < V_s = 350\text{kN}$$
>
> $$\therefore \ \frac{d}{4}\ \text{이하},\ 300\text{mm 이하}$$
>
> ㉡ 전단철근의 간격 계산
>
> $$s = \frac{A_v f_y d}{V_s} = \frac{253\times 400\times 580}{350{,}000}$$
>
> $$= 167.7\text{mm}$$
>
> $$s = \frac{d}{4} = \frac{580}{4} = 145\text{mm}\ \ \text{이하}$$
>
> $$s = 300\text{mm}\ \ \text{이하}$$
>
> $$\therefore\ s = 145\text{mm(최솟값)}$$

## 3. 비틀림 설계

**★★**
**69** $b_w = 250\text{mm}$, $h = 500\text{mm}$인 직사각형 철근콘크리트 보의 단면에 균열을 일으키는 비틀림모멘트 $T_{cr}$은 약 얼마인가? [단, $f_{ck} = 28\text{MPa}$]

① 9.8kN·m  ② 11.3kN·m

③ 12.5kN·m  ④ 18.4kN·m

> **해설** **균열비틀림모멘트**
>
> $$A_{cp} = bh = 250\times 500 = 125{,}000\text{mm}^2$$
>
> $$P_{cp} = 2(b+h) = 2\times(250+500) = 1{,}500\text{mm}^2$$
>
> $$\therefore\ T_{cr} = \frac{1}{3}\lambda\sqrt{f_{ck}}\,\frac{A_{cp}^{\ 2}}{P_{cp}}$$
>
> $$= \frac{1}{3}\times 1.0\sqrt{28}\times\frac{125{,}000^2}{1{,}500}\times 10^{-6}$$
>
> $$= 18.37\text{kN}\cdot\text{m}$$

**70** 콘크리트 구조물에서 비틀림에 대한 설계를 하려고 할 때 계수비틀림모멘트($T_u$)를 계산하는 방법에 대한 설명 중 틀린 것은?

① 균열에 의하여 내력의 재분배가 발생하여 비틀림모멘트가 감소할 수 있는 부정정구조물의 경우 최대 계수비틀림모멘트를 감소시킬 수 있다.

② 철근콘크리트 부재에서 받침부로부터 $d$ 이내에 위치한 단면은 $d$에서 계산된 $T_u$ 보다 작지 않은 비틀림모멘트에 대하여 설계하여야 한다.

③ 프리스트레스트 부재에서 받침부로부터 $d$ 이내에 위치한 단면을 설계할 때 $d$에서 계산된 $T_u$ 보다 작지 않은 비틀림모멘트에 대하여 설계하여야 한다.

④ 정밀한 해석을 수행하지 않는 경우 슬래브로부터 전달되는 비틀림하중은 전체 부재에 걸쳐 균등하게 분포하는 것으로 가정할 수 있다.

> **해설** **프리스트레스트 부재의 비틀림모멘트**
> 받침부에서 $h/2$ 이내에 위치한 단면은 $h/2$에서 계산된 $T_u$ 보다 작지 않은 비틀림모멘트에 대하여 설계하여야 한다.

**★**
**71** 슬래브와 일체로 시공된 다음 그림의 직사각형 단면 테두리 보에서 비틀림에 대해서 설계에서 고려하지 않아도 되는 계수비틀림모멘트 $T_u$의 최대 크기는 약 얼마인가? [단, $f_{ck} = 24\text{MPa}$, $f_y = 400\text{MPa}$, 비틀림에 대한 $\phi = 0.75$]

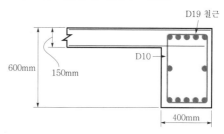

① 29.5kN·m  ② 17.5kN·m

③ 8.8kN·m  ④ 3kN·m

**Reinforced Concrete and Steel Structures**

해설 비틀림 영향을 무시하는 경우 계수비틀림모멘트

$$T_u \le \phi \frac{\lambda \sqrt{f_{ck}}}{12} \frac{A_{cp}^2}{P_{cp}}$$
$$= 0.75 \times \frac{1.0\sqrt{24}}{12} \times \frac{(600 \times 400)^2}{2 \times (600+400)} \times 10^{-6}$$
$$= 8.82 \text{kN} \cdot \text{m}$$

**72** ★★ 철근콘크리트 보에서 계수전단력 $V_u$가 $\phi V_c$의 1/2 을 초과하고 비틀림을 고려하지 않아도 되는 경우 요구되는 전단철근의 최소 단면적은? [단, $b_w =$ 300mm, 전단철근의 간격 $s = 200$mm, 횡방향 철근의 설계기준강도($f_{yt}$)=300MPa, $f_{ck}$=30MPa]

① 35mm$^2$
② 70mm$^2$
③ 105mm$^2$
④ 140mm$^2$

해설 전단철근의 최소 단면적

$$A_{v,min} = 0.0625 \sqrt{f_{ck}} \frac{b_w s}{f_{yt}} \ge 0.35 \frac{b_w s}{f_{yt}}$$

㉠ $A_{v,min} = 0.0625\sqrt{f_{ck}}\frac{b_w s}{f_{yt}}$
$$= 0.0625 \times \sqrt{30} \times \frac{300 \times 200}{300}$$
$$= 68.47\text{mm}^2$$

㉡ $A_{v,min} = 0.35 \frac{b_w s}{f_{yt}} = 0.35 \times \frac{300 \times 200}{300}$
$$= 70\text{mm}^2$$

∴ $A_{v,min} = 70\text{mm}^2$(최댓값)

**73** 철근콘크리트 구조물에서 비틀림 철근으로 사용할 수 없는 것은?

① 부재축에 수직인 폐쇄 스터럽
② 부재축에 수직인 횡방향 강선으로 구성된 폐쇄 용접철망
③ 철근콘크리트 보에서 나선철근
④ 주인장철근에 30도 이상의 각도로 구부린 굽힘철근

해설 보기 ④의 경우는 전단철근이다.

**74** 단면에 계수비틀림모멘트 $T_u = 18$kN·m가 작용하고 있다. 이 비틀림모멘트에 요구되는 스터럽의 요구 단면적은? [단, $f_{ck}$=21MPa이고, 횡방향 철근의 설계기준항복강도($f_{yt}$)=350MPa, $s$는 종방향 철근에 나란한 방향의 스터럽 간격, $A_t$는 간격 $s$ 내의 비틀림에 저항하는 폐쇄 스터럽 1가닥의 단면적이고, 비틀림에 대한 강도감소계수($\phi$)는 0.75 를 사용한다.]

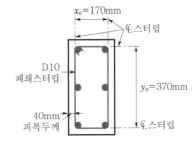

① $\frac{A_t}{s} = 0.0641 \text{mm}^2/\text{mm}$
② $\frac{A_t}{s} = 0.641 \text{mm}^2/\text{mm}$
③ $\frac{A_t}{s} = 0.0502 \text{mm}^2/\text{mm}$
④ $\frac{A_t}{s} = 0.502 \text{mm}^2/\text{mm}$

해설 스터럽의 요구 단면적

$$T_u \le \phi T_n = \phi\left(\frac{2A_o A_t f_{yt}}{s}\cot\theta\right)$$
$$\therefore \frac{A_t}{s} = \frac{T_u}{\phi(2A_o f_{yt}\cot\theta)}$$
$$= \frac{18,000,000}{0.75 \times 2 \times (0.85 \times 170 \times 370) \times 350 \times \cot 45°}$$
$$= 0.6413\text{mm}^2/\text{mm}$$

정답 72.② 73.④ 74.②

**102** SERIES 04 철근콘크리트 및 강구조

**75** 비틀림모멘트를 받는 부재의 설계에 대한 설명 중 틀린 것은?

① 극한비틀림모멘트가 $\phi\left(\dfrac{1}{12}\sqrt{f_{ck}}\right)\dfrac{A_{cp}^2}{P_{cp}}$ 보다 클 때 비틀림 설계를 해야 한다.

② 비틀림 설계에서 폐합 스터럽의 최대 간격은 $\dfrac{P_h}{8}$ 이하 또는 300mm 이하여야 한다.

③ 종방향 철근은 부재의 둘레 주위에 350mm 미만 간격으로 배치한다.

④ 비틀림 철근의 설계항복강도는 최대 400MPa 이다.

> **해설** 비틀림모멘트를 받는 부재에서 종방향 철근은 D10 이상을 사용해야 하며, 그 간격은 300mm 이하이어야 한다.

**76** ★ 비틀림 철근에 대한 설명 중 옳지 않은 것은? [단, $p_h$ : 가장 바깥의 횡방향 폐쇄 스터럽 중심선의 둘레(mm)]

① 비틀림 철근의 설계기준항복강도는 500MPa 를 초과해서는 안 된다.

② 횡방향 비틀림 철근의 간격은 $p_h$/8과 300mm 중 작은 값 이하여야 한다.

③ 비틀림에 요구되는 종방향 철근은 폐쇄 스터럽의 둘레를 따라 300mm 이하의 간격으로 분포시켜야 한다.

④ 스터럽의 각 모서리에 최소한 3개 이상의 종방향 철근을 두어야 한다.

> **해설** 비틀림 철근의 상세
> ㉠ 비틀림 철근의 설계기준항복강도는 500MPa 이하이어야 한다.
> ㉡ 종방향 비틀림 철근은 양단에 정착하여야 한다.
> ㉢ 횡방향 비틀림 철근의 간격은 $p_h$/8, 300mm보다 작아야 한다.
> ㉣ 종방향 철근은 폐쇄 스터럽의 둘레를 따라 300mm 이하의 간격으로 분포시켜야 한다.
> ㉤ 종방향 철근의 지름은 스터럽 간격의 1/24 이상이어야 하며, D10 이상의 철근이어야 한다.

**77** ★★ 철근콘크리트 부재의 비틀림 철근 상세에 대한 설명으로 틀린 것은? [단, $p_h$ : 가장 바깥의 횡방향 폐쇄 스터럽 중심선의 둘레(mm)]

① 종방향 비틀림 철근은 양단에 정착하여야 한다.

② 횡방향 비틀림 철근의 간격은 $p_h$/4보다 작아야 하고, 또한 200mm보다 작아야 한다.

③ 비틀림에 요구되는 종방향 철근은 폐쇄 스터럽의 둘레를 따라 300mm 이하의 간격으로 분포시켜야 한다.

④ 종방향 철근의 지름은 스터럽 간격의 1/24 이상이어야 하며, D10 이상의 철근이어야 한다.

> **해설** 횡방향 비틀림 철근의 간격은 $\dfrac{p_h}{8}$ 보다 작아야 하고, 또한 300mm보다 작아야 한다.

**78** 브래킷과 내민받침(corbel)에 대한 전단설계에 관한 설명 중 틀린 것은?

① 인장력 $N_{uc}$ 에 저항할 철근 $A_n$ 은 $N_{uc} \leq \phi A_n f_y$ 로부터 구한다.

② 설계에 포함되는 힘은 전단력 $V_u$, 모멘트 및 수평인장력 $N_{uc}$ 이다.

③ 주인장철근 $A_s$ 의 단면적은 $\left(\dfrac{2A_{vf}}{3}+A_n\right)$ 과 $(A_f + A_n)$ 중 큰 값이다.

④ 주인장철근의 최소 철근비는 $0.02\left(\dfrac{f_{ck}}{f_y}\right)$ 이다.

> **해설** 브래킷과 내민받침에서 주인장철근의 최소 철근비는 $0.04\left(\dfrac{f_{ck}}{f_y}\right)$ 이상이어야 한다.
>
> [관련기준] KDS 14 20 22 4.8.2 (5), (6)
> KDS 14 20 22 4.8.3 (1)

**정답** 75. ③ 76. ④ 77. ② 78. ④

## 4. 전단마찰 설계

**79** 다음 중 전단마찰로서 설계할 수 있는 경우가 아닌 것은?

① 기둥과 브래킷의 접합면
② 콘크리트와 강재의 접합면
③ 굳은 콘크리트와 여기에 이어진 콘크리트와의 접합면
④ 높이가 변화하는 보의 지점부 단면

> **해설** 전단마찰을 고려하여 설계해야 하는 경우
> ㉠ 굳은 콘크리트와 여기에 이어진 콘크리트와의 접합면
> ㉡ 기둥과 브래킷 또는 내민받침과의 접합면
> ㉢ 프리캐스트 구조에서 부재요소의 접합면(프리캐스트 보의 경우)
> ㉣ 콘크리트와 강재의 접합면

## 5. 깊은 보 설계

**80** 깊은 보(deep beam)에 대한 설명으로 옳은 것은?

① 순경간($l_n$)이 부재 깊이의 3배 이하이거나, 하중이 받침부로부터 부재 깊이의 0.5배 거리 이내에 작용하는 보
② 순경간($l_n$)이 부재 깊이의 4배 이하이거나, 하중이 받침부로부터 부재 깊이의 2배 거리 이내에 작용하는 보
③ 순경간($l_n$)이 부재 깊이의 5배 이하이거나, 하중이 받침부로부터 부재 깊이의 4배 거리 이내에 작용하는 보
④ 순경간($l_n$)이 부재 깊이의 6배 이하이거나, 하중이 받침부로부터 부재 깊이의 5배 거리 이내에 작용하는 보

> **해설** 깊은 보의 조건
> ㉠ $l_n \leq 4d$
> ㉡ 하중이 받침부로부터 부재 깊이의 2배 거리 이내에 작용하고 하중의 작용점과 받침부 사이에 압축대가 형성될 수 있는 부재

**81** 다음에서 깊은 보로 설계할 수 있는 것은?

① 한쪽 면이 하중을 받고 반대쪽 면이 지지되어 하중과 받침부 사이에 압축대가 형성되는 구조요소로서, 순경간($l_n$)이 부재 깊이의 4배 이하인 부재
② 한쪽 면이 하중을 받고 반대쪽 면이 지지되어 하중과 받침부 사이에 압축대가 형성되는 구조요소로서, 순경간($l_n$)이 부재 깊이의 5배 이하인 부재
③ 받침부 내면에서 부재 깊이의 2.5배 이하인 위치에 등분포하중이 작용하는 경우 경간 중앙부의 최대 휨모멘트가 작용하는 구간
④ 받침부 내면에서 부재 깊이의 2.5배 이하인 위치에 등분포하중이 작용하는 경우 등분포하중과 받침부 사이의 구간

> **해설** 순경간 $l_n$ 이 부재 깊이의 4배 이하인 부재를 깊은 보로 설계할 수 있다.

**82** 깊은 보(deep beam)의 강도는 다음 중 무엇에 의해 지배되는가?

① 압축          ② 인장
③ 휨            ④ 전단

> **해설** 깊은 보의 강도는 전단에 의해 지배된다.

**83** 깊은 보는 주로 어느 작용에 의하여 전단력에 저항하는가?

① 장부작용(dowel action)
② 골재 맞물림(aggregate interaction)
③ 전단마찰(shear friction)
④ 아치작용(arch action)

> **해설** 깊은 보의 설계
> ㉠ 깊은 보는 아치작용이 발생하여 전단력에 저항한다.
> ㉡ 깊은 보는 스트럿-타이 모델을 사용하여 설계하거나 또는 비선형 해석에 의해 설계한다.

**정답** 79. ④  80. ②  81. ①  82. ④  83. ④

**84** 철근콘크리트 깊은 보에 대한 전단설계방법 중 잘못된 것은?

① 깊은 보는 비선형 변형률 분포를 고려하여 설계하거나 스트럿-타이 모델에 의하여 설계하여야 한다.

② 수직전단철근의 간격은 $d/5$ 이하 또는 300mm 이하로 하여야 한다.

③ 깊은 보의 $V_n$은 $(2\lambda\sqrt{f_{ck}}/3)b_w d$ 이하이어야 한다.

④ 깊은 보에서 수직전단철근이 수평전단철근보다 전단보강효과가 더 크다.

**해설** 깊은 보의 공칭전단강도

$$V_n \leq \frac{5}{6}\lambda\sqrt{f_{ck}}\,b_w d$$

**85** 철근콘크리트 깊은 보 및 깊은 보에 대한 전단설계에 관한 설명으로 잘못된 것은?

① 순경간($l_n$)이 부재 깊이의 4배 이하이거나 하중이 받침부로부터 부재 깊이의 2배 거리 이내에 작용하는 보

② 수직전단철근의 간격은 $d/5$ 이하 또한 300mm 이하로 하여야 한다.

③ 수평전단철근의 간격은 $d/5$ 이하 또한 300mm 이하로 하여야 한다.

④ 깊은 보에서는 수평전단철근이 수직전단철근보다 전단보강효과가 더 크다.

**해설** 깊은 보에서는 수직전단철근이 수평전단철근 보다 전단보강효과가 더 크다.

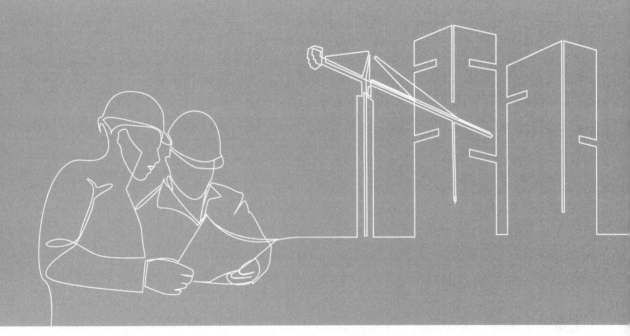

Reinforced Concrete and Steel Structures

# 철근의 정착과 이음

# 철근의 정착과 이음

CHAPTER 04

**최근 10년간 출제분석표**

| 2015 | 2016 | 2017 | 2018 | 2019 | 2020 | 2021 | 2022 | 2023 | 2024 |
|------|------|------|------|------|------|------|------|------|------|
| 8.3% | 5.0% | 6.7% | 8.3% | 5.0% | 5.0% | 5.0% | 5.0% | 6.7% | 8.3% |

---

**출제 POINT**

**학습 POINT**
• 부착에 영향을 미치는 요인
• 철근의 정착길이
• 철근의 구조 세목(갈고리)

---

**SECTION 1  철근의 정착**

## 1 철근의 부착과 정착

### 1) 부착과 정착 일반

① 부착(bond)이란 철근과 콘크리트 경계면에서 활동에 저항하는 성질을 말한다.

② 정착(anchorage)이란 철근이 콘크리트로에서 빠져나오는 것에 저항하는 성질을 말하고, 정착의 효과는 부착력에 의해 확보된다.

### 2) 철근과 콘크리트의 부착작용

① 시멘트풀과 철근 표면의 교착작용

② 콘크리트와 철근 표면의 마찰작용

③ 이형철근 표면의 요철에 의한 기계적 작용

### 3) 부착에 영향을 미치는 요인

① 철근의 표면상태
원형철근보다 이형철근이 부착강도가 크며, 약간 녹이 슬어 표면이 거친 철근이 부착에 유리하다.

② 콘크리트의 강도
㉠ 고강도일수록 부착에 유리하다. 부착강도가 압축강도에 비례해서 커지는 것은 아니다.
㉡ 부착은 콘크리트의 인장강도와 밀접한 관계가 있다.

③ 철근의 묻힌 위치 및 방향
블리딩(bleeding)현상 때문에 수평철근보다는 연직철근이 부착에 유리하며, 수평철근이라도 하부철근이 상부철근보다 부착에 유리하다.

---

■ **부착작용의 효과**

① 교착작용 : 점착성의 시멘트풀이 철근 표면에서 경화되어 얻어지는 작용
② 마찰작용 : 압력이 클수록, 표면이 거칠수록 크다.
③ 기계적 작용 : 콘크리트와 철근 마디와의 맞물림효과에 의한 작용

■ **부착에 영향을 미치는 요인**

① 철근 : 철근의 표면상태, 철근의 묻힌 위치 및 방향, 철근의 지름
② 콘크리트 : 콘크리트의 강도, 피복두께, 콘크리트의 다짐 정도

---

④ 피복두께

철근이 부착강도를 제대로 발휘하기 위해서는 충분한 두께의 피복두께가 필요하다. 피복두께가 부족하면 콘크리트의 할렬로 인해서 부착파괴를 유발하는 경우가 있다.

⑤ 다짐 정도

콘크리트의 다지기가 불충분해도 부착강도가 저하된다.

⑥ 철근의 지름

동일한 철근비를 사용할 경우, 굵은 철근보다는 지름이 작은 철근을 여러 개 사용하는 것이 부착에 유리하다.

■ **부착의 종류**

① 휨부착(허용응력설계법)
② 정착부착 : 콘크리트 속에 철근이 정착하면서 얻어지는 부착

## 2 철근의 정착

### 1) 철근의 정착 일반

① 정착길이 개념은 철근의 묻힘길이 구간에 대하여 발생하는 평균 부착응력에 기초한다.

② 부착응력은 묻힘길이, 갈고리, 기계적 정착, 또는 이들의 조합에 의하여 발휘되도록 철근을 정착하여야 한다.

③ 이때 갈고리는 압축철근의 정착에 있어서는 유효하지 않는 것으로 본다.

④ 이 장에 사용되는 $\sqrt{f_{ck}}$ 값은 8.4MPa을 초과하지 않아야 한다.

⑤ 강도감소계수 $\phi$는 고려하지 않는다.

■ **철근의 정착방법**

① 매입길이(묻힘길이, 정착길이)에 의한 방법
② 갈고리에 의한 방법
③ 철근의 가로방향에 T형이 되도록 용접하는 방법
④ 특별한 정착장치를 사용하는 방법

### 2) 인장이형철근의 정착길이

① 인장이형철근의 정착길이($l_d$)는 기본정착길이($l_{db}$)에 보정계수를 곱하여 구한다.

② 정착길이($l_d$)는 300mm 이상이어야 한다.

ⓐ 기본정착길이

$$l_{db} = \frac{0.6 d_b f_y}{\lambda \sqrt{f_{ck}}} \tag{4.1}$$

여기서, $d_b$ : 철근의 공칭지름(mm)

$f_y$ : 철근의 항복강도(MPa)

$f_{ck}$ : 콘크리트의 설계기준강도(MPa)

ⓑ 정착길이

$$l_d = l_{db} \times 보정계수 \geq 300\text{mm} \tag{4.2}$$

③ 보정계수

| 조건 | 철근지름 | D19 이하의 철근 | D22 이상의 철근 |
|---|---|---|---|
| 정착되거나 이어지는 철근의 순간격이 $d_b$ 이상이고 피복두께도 $d_b$ 이상이면서 $l_d$ 전 구간에 설계기준에서 규정된 최소 철근량 이상의 스터럽 또는 띠철근을 배근한 경우, 또는 정착되거나 이어지는 철근의 순간격이 $2d_b$ 이상이고 피복두께가 $d_b$ 이상인 경우 | | $0.8\alpha\beta$ | $\alpha\beta$ |
| 기타 | | $1.2\alpha\beta$ | $1.5\alpha\beta$ |
| $\alpha$ (철근배치 위치계수) | 상부철근(정착길이 또는 겹침이음부 아래 300mm를 초과되게 굳지 않은 콘크리트를 친 수평철근) | | 1.3 |
| | 기타 철근 | | 1.0 |
| $\beta$ (도막계수) | 피복두께가 $3d_b$ 미만 또는 순간격이 $6d_b$ 미만인 에폭시 도막 혹은 아연-에폭시 이중 도막철근 또는 철선 | | 1.5 |
| | 기타 에폭시 도막 혹은 아연-에폭시 이중 도막철근 또는 철선 | | 1.2 |
| | 아연도금 혹은 도막되지 않은 철근 또는 철선 | | 1.0 |

■ 에폭시 도막철근이 상부철근인 경우
보정계수 $\alpha\beta \leq 1.7$

④ 에폭시 도막철근이 상부철근인 경우에 $\alpha\beta$가 1.7보다 클 필요는 없다.

### 3) 압축이형철근의 정착길이

■ 압축철근을 정착할 경우 갈고리는 유효하지 않다.

① 압축이형철근의 정착길이($l_d$)는 기본정착길이($l_{db}$)에 보정계수를 곱하여 구한다.

② 정착길이($l_d$)는 200mm 이상이어야 한다.

㉠ 기본정착길이

$$l_{db} = \frac{0.25\,d_b f_y}{\lambda\sqrt{f_{ck}}} \geq 0.043 d_b f_y \tag{4.3}$$

㉡ 정착길이

$$l_d = l_{db} \times 보정계수 \geq 200\text{mm} \tag{4.4}$$

③ 보정계수

| 조건 | 보정계수 |
|---|---|
| 요구되는 철근량을 초과하여 배치한 경우 | $\dfrac{소요\ A_s}{배근\ A_s}$ |
| 지름이 6mm 이상이고 나선 간격이 100mm 이하인 나선철근, 또는 중심 간격이 100mm 이하이고 설계기준에 따라 배치된 D13 띠철근으로 둘러싼 압축이형철근 | 0.75 |

### 4) 표준갈고리에 의한 정착길이

① 표준갈고리를 갖는 인장이형철근의 정착길이($l_{dh}$)는 기본정착길이($l_{hb}$) 에 보정계수를 곱하여 구한다.

② 정착길이($l_{dh}$)는 $8\,d_b$ 이상, 150mm 이상이어야 한다.

ㄱ) 기본정착길이

$$l_{hb} = \frac{0.24\,\beta\,d_b f_y}{\lambda\,\sqrt{f_{ck}}} \tag{4.5}$$

ㄴ) 정착길이

$$l_{dh} = l_{hb} \times 보정계수 \geq 8\,d_b,\ 150mm \tag{4.6}$$

③ 보정계수

| 조건 | 보정계수 |
|---|---|
| D35 이하의 철근에서 갈고리 평면에 수직 방향인 측면 피복두께가 70mm 이상이고, 90° 갈고리의 경우 갈고리를 넘어선 부분의 피복두께가 50mm 이상인 경우 | 0.7 |
| D35 이하 90° 갈고리 철근에서 정착길이 $l_{dh}$ 구간을 $3d_b$ 이하의 간격으로 띠철근 또는 스터럽이 정착되는 철근을 수직으로 둘러싼 경우, 또는 갈고리 끝 연장부와 구부림부의 전 구간을 $3d_b$ 이하의 간격으로 띠철근 또는 스터럽이 정착되는 철근을 평행하게 둘러싼 경우 | 0.8 |
| D35 이하 180° 갈고리 철근에서 정착길이 $l_{dh}$ 구간을 $3d_b$ 이하의 간격으로 띠철근 또는 스터럽이 정착되는 철근을 수직으로 둘러싼 경우 | 0.8 |
| 전체 $f_y$를 발휘하도록 정착을 특별히 요구하지 않는 단면에서 휨철근이 소요철근량 이상 배치된 경우 | $\dfrac{소요\,A_s}{배근\,A_s}$ |

④ 갈고리는 압축을 받는 경우 철근정착에 유효하지 않는 것으로 보아야 한다.

⑤ 표준갈고리의 정착길이($l_{dh}$)는 위험단면에서부터 갈고리 외측까지의 거리이다.

■ 표준갈고리의 정착길이($l_{dh}$)

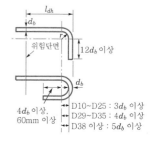

### 5) 다발철근의 정착

① 인장 또는 압축을 받는 하나의 다발철근 내에 있는 개개 철근의 정착길이 $l_d$는 다발철근이 아닌 경우의 각 철근의 정착길이보다 3개의 철근으로 구성된 다발철근에 대해서는 20%, 4개의 철근으로 구성된 다발철근에 대해서는 33%를 증가시켜야 한다.

② 다발철근의 정착길이 $l_d$를 계산할 때에는 순간격, 피복두께 및 도막계수, 그리고 구속효과 관련 항을 계산할 경우에는 다발철근 전체와 동등한 단면적과 도심을 가지는 하나의 철근으로 취급하여야 한다.

## ③ 철근의 구조 세목

### 1) 표준갈고리

#### (1) 표준갈고리 종류
① 철근을 정착하기 위해 철근의 단부에 갈고리를 둘 수 있다.
② 갈고리는 압축구역에서는 두지 않고, 인장철근에만 둔다. 단, 원형철근에는 반드시 갈고리를 두어야 한다.
③ 주철근의 표준갈고리와 스터럽과 띠철근의 표준갈고리가 있다.

#### (2) 주철근의 표준갈고리
① 90° 표준갈고리는 구부린 끝에서 $12d_b$ 이상 더 연장해야 한다.
② 180° 표준갈고리는 구부린 반원 끝에서 $4d_b$ 이상, 60mm 이상 더 연장해야 한다.

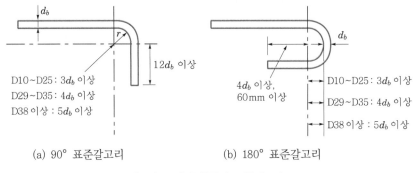

D10~D25 : $3d_b$ 이상
D29~D35 : $4d_b$ 이상
D38 이상 : $5d_b$ 이상

12$d_b$ 이상

$4d_b$ 이상, 60mm 이상

D10~D25 : $3d_b$ 이상
D29~D35 : $4d_b$ 이상
D38 이상 : $5d_b$ 이상

(a) 90° 표준갈고리    (b) 180° 표준갈고리

[그림 4-1] 주철근의 표준갈고리

#### (3) 스터럽과 띠철근의 표준갈고리
① 90° 표준갈고리 D16 이하의 철근은 구부린 끝에서 $6d_b$ 이상 더 연장해야 하고, D19, D22 및 D25 철근은 구부린 끝에서 $12d_b$ 이상 더 연장해야 한다.
② 135° 표준갈고리 D25 이하의 철근은 구부린 끝에서 $6d_b$ 이상 더 연장해야 한다.

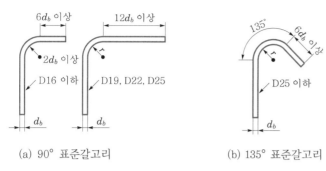

(a) 90° 표준갈고리　　　　(b) 135° 표준갈고리

[그림 4-2] 스터럽과 띠철근의 표준갈고리

## 2) 최소 구부림의 내면반지름

① 180° 표준갈고리와 90° 표준갈고리의 구부리는 내면반지름은 최소 구부림의 내면반지름 규정을 적용하여야 한다.

② D19 이상의 스터럽과 띠철근의 구부림 내면반지름도 최소 구부림의 내면반지름 규정을 적용하여야 한다.

③ D16 이하의 스터럽과 띠철근으로 사용하는 표준갈고리의 내면반지름은 $2d_b$ 이상으로 하여야 한다.

④ 굽힘철근의 구부리는 최소 내면반지름은 $5d_b$ 이상이고, 라멘구조 모서리 부분의 외측 철근의 최소 내면반지름은 $10d_b$ 이상으로 해야 한다.

⑤ 표준갈고리 외의 모든 철근의 구부림 내면반지름은 최소 구부림의 내면반지름 규정 이상이어야 한다.

## 3) 철근 구부리기

① 책임구조기술자가 승인한 경우를 제외하고 모든 철근은 상온에서 구부려야 한다.

② 콘크리트 속에 일부가 묻혀 있는 철근은 현장에서 구부리지 않도록 해야 한다. 다만, 설계도면에 도시되어 있거나 책임구조기술자가 승인한 경우에는 콘크리트 속에 묻혀 있는 철근을 구부릴 수 있다.

■ 출제 POINT

■ 최소 구부림의 내면반지름

① 철근의 지름에 의한 내면반지름

| 철근의 크기 | 최소 내면반지름 |
| --- | --- |
| D10~D25 | $3d_b$ |
| D29~D35 | $4d_b$ |
| D38 이상 | $5d_b$ |

※ $d_b$ : 철근 공칭지름

② 굽힘철근의 구부림 내면반지름

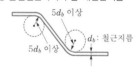

③ 라멘구조 접합부의 외측에 연하는 철근의 구부림 내면반지름

💬 **학습 POINT**

• 철근의 겹침이음
• 철근의 겹침이음길이

■ **기계적 이음**

① 나사(커플러)이음
② 슬리브 압착이음(grip joint)
③ 슬리브 충전이음(sleeve, coupler)

■ **다발철근의 겹침이음길이 증가량**

① 3개의 다발철근의 경우: 20%
② 4개의 다발철근의 경우: 33%

■ **인장이형철근의 겹침이음**

① A급 이음: 배근된 철근량이 소요철근량의 2배 이상이고, 겹침이음된 철근량이 총철근량의 1/2 이하인 경우
(배근 $A_s$)/(소요 $A_s$) ≥ 2
② B급 이음: A급 이외의 이음

---

**SECTION 2 철근의 이음**

## ① 철근의 이음 일반

### 1) 철근의 겹침이음

① 이어대지 않는 것을 원칙으로 한다. 단, 설계도면에 표시, 시방서에 기재, 감독관 승인이 있을 경우에는 이어댈 수 있다.

② 최대 인장응력이 작용하는 곳에서는 이음을 하지 않는 것이 좋다.

③ 이음부는 한 곳에 집중시키지 말고, 엇갈리게 두는 것이 좋다.

④ 지름 35mm를 초과하는 철근은 겹침이음을 해서는 안 된다. 이 경우 용접에 의한 맞댐이음이나 기계적 이음을 해야 하고, 이때 이음부의 인장력은 $f_y$의 125% 이상이어야 한다.

### 2) 철근다발의 겹침이음

① 철근다발의 겹침이음은 다발 내의 각 철근에 요구되는 겹침이음길이에 따라 결정하고, 다발 내의 각 철근의 겹침이음길이는 서로 중첩되어서는 안 된다.

② 다발철근의 겹침이음길이는 3개의 다발철근은 20%, 4개의 다발철근은 33% 증가시킨다.

③ 겹침이음으로 이어진 철근의 순간격은 겹침이음길이의 1/5 이하, 150mm 이하가 되도록 한다.

## ② 이형철근의 겹침이음길이

### 1) 인장이형철근의 겹침이음길이

① 인장이형철근의 최소 겹침이음길이는 300mm 이상이어야 한다.

　㉠ A급 이음: $1.0\,l_d$ 이상, 300mm 이상　　　　　　　　(4.7)

　㉡ B급 이음: $1.3\,l_d$ 이상, 300mm 이상

② 서로 다른 지름의 철근을 겹침이음하는 경우의 이음길이는 크기가 큰 철근의 정착길이와 크기가 작은 철근의 정착길이 중 큰 값을 기준으로 한다.

2) 압축이형철근의 겹침이음길이

① 압축철근의 겹침이음길이는 다음과 같이 구할 수 있다.

$$l_s = \left( \frac{1.4 f_y}{\lambda \sqrt{f_{ck}}} - 52 \right) d_b \qquad (4.8)$$

② 산정된 이음길이는 $f_y \leq 400\,\mathrm{MPa}$인 경우 $0.072 f_y d_b$보다 길 필요는 없다.

③ 산정된 이음길이는 $f_y > 400\,\mathrm{MPa}$인 경우 $(0.13 f_y - 24) d_b$보다 길 필요는 없다.

④ 이때 겹침이음길이는 300mm 이상이어야 한다.

⑤ 콘크리트의 설계기준강도가 21MPa 미만인 경우는 겹침이음길이를 1/3 증가시켜야 한다.

⑥ 압축철근의 겹침이음길이는 인장철근의 겹침이음길이보다 길 필요는 없다.

⑦ 서로 다른 지름의 철근을 겹침이음하는 경우의 이음길이는, 크기가 큰 철근의 정착길이와 크기가 작은 철근의 정착길이 중 큰 값을 기준으로 한다.

**출제 POINT**

■ 압축이형철근의 겹침이음길이

① $f_y \leq 400\,\mathrm{MPa}$인 경우
$l_s \leq 0.072 f_y d_b$, 300mm 이상

② $f_y > 400\,\mathrm{MPa}$인 경우
$l_s \leq (0.13 f_y - 24) d_b$, 300mm 이상

③ $f_{ck} < 21\,\mathrm{MPa}$인 경우 $l_s$를 $\frac{1}{3}$ 증가시킨다.

## 1. 부착과 정착

**01** 철근콘크리트가 일체식 거동을 나타낼 수 있도록 두 재료 사이의 부착효과를 일으키는 것이 아닌 것은?

① 이형철근의 정착효과
② 시멘트풀과 철근의 점착력
③ 물과 시멘트의 수화반응에 의한 수화열
④ 철근과 콘크리트 사이의 마찰

> **해설** 철근과 콘크리트의 부착작용
> ㉠ 시멘트풀과 철근 표면의 교착작용
> ㉡ 콘크리트와 철근 표면의 마찰작용
> ㉢ 이형철근 표면의 요철(凹凸)에 의한 기계적 작용

**02** 다음 철근의 부착강도에 영향을 주는 요소에 대한 설명으로 가장 거리가 먼 것은?

① 철근 표면의 거칠기
② 철근의 간격 및 유효길이
③ 콘크리트의 압축강도
④ 철근의 지름과 피복두께

> **해설** 부착에 영향을 주는 요인
> ㉠ 철근의 표면상태
> ㉡ 철근의 묻힌 위치 및 방향
> ㉢ 철근의 지름
> ㉣ 콘크리트의 강도
> ㉤ 콘크리트의 다짐 정도
> ㉥ 피복두께

**03** 철근의 부착강도에 영향을 주는 요인이 아닌 것은?

① 철근의 표면상태
② 철근의 인장강도
③ 콘크리트의 압축강도
④ 철근의 피복두께

> **해설** 부착에 영향을 미치는 요인
> ㉠ 철근의 표면상태
> ㉡ 철근의 묻힌 위치 및 방향
> ㉢ 철근의 지름
> ㉣ 콘크리트의 강도
> ㉤ 피복두께
> ㉥ 콘크리트의 다짐 정도

**04** 철근과 콘크리트와의 부착에 대한 기술 중 잘못된 것은?

① 콘크리트의 압축강도가 증가하면 부착강도가 커지고, 블리딩이 많은 배합에서는 부착강도가 감소한다.
② 표면이 약간 녹슬어 있고 거친 표면을 가진 철근이 부착강도가 크다.
③ 피복두께는 클수록 부착이 좋으며, 적어도 철근지름 이상이어야 한다.
④ 철근지름을 가급적 크게 하고 사용 개수를 줄이는 것이 부착을 증진시키는 효과가 있다.

> **해설** 지름이 가는 철근을 여러 개 사용하는 것이 부착력을 증진시킨다.

**05** 휨부재에서 철근의 정착에 대한 위험단면의 설명 중 옳지 않은 것은?

① 경간 내의 최대 응력점
② 스터럽과 교차되지 않은 인장철근의 부분
③ 인장철근이 끝난 점
④ 인장철근이 절곡된 점

> **해설** 휨철근 정착에 대한 위험단면
> ㉠ 인장철근이 절단된 점
> ㉡ 인장철근이 절곡된 점
> ㉢ 경간 내에서의 최대 응력점

**정답** 1.③ 2.② 3.② 4.④ 5.②

**06** 철근의 정착에 대한 다음 기술 중에서 옳지 않은 것은?

① 휨철근은 압축 구역에서 끝내는 것을 원칙으로 한다.
② 많은 수의 가는 철근보다 적은 수의 굵은 철근이 부착에 유리하다.
③ 갈고리는 압축저항에는 효과가 없다.
④ 압축철근의 정착길이는 인장철근의 정착길이보다 짧다.

> **해설** 굵은 철근보다 가는 철근 여러 개를 사용하는 것이 철근의 주장이 커져 부착강도가 좋아진다.

**07** 강도(强度)가 같고 지름이 크고 작은 두 종류의 철근이 있다. 동일 철근량(즉 단면적이 같게)을 사용했을 때 다음 설명 중 옳은 것은?

① 작은 지름을 사용한 쪽이 전단력에 강하다.
② 큰 지름을 사용한 쪽이 전단력에 강하다.
③ 작은 지름을 사용한 쪽이 부착력이 크다.
④ 큰 지름을 사용한 쪽이 부착력이 크다.

> **해설** 지름이 크고 작은 두 종류의 철근으로 동일 철근량을 사용할 경우. 작은 지름의 철근을 사용하는 편이 큰 철근 둘레를 얻을 수 있으므로 부착력이 커진다.

**08** 상부철근의 부착력이 약한 것은 콘크리트의 어떤 성질에 기인하는가?

① bleeding
② consistency
③ laitance
④ slump

> **해설** 상부철근의 부착력이 약한 것은 콘크리트의 블리딩(bleeding)현상 때문이다. 수평철근보다는 연직철근이 부착에 유리하며, 수평철근이라도 하부철근이 상부철근보다 부착에 유리하다.

**09** 철근의 정착에 대한 다음 설명 중 옳지 않은 것은?

① 휨철근을 정착할 때 절단점에서 $V_u$가 $\frac{3}{4} V_n$을 초과하지 않을 경우 휨철근을 인장구역에서 절단해도 좋다.
② 갈고리는 압축을 받는 구역에서 철근정착에 유효하지 않은 것으로 보아야 한다.
③ 철근의 인장력을 부착만으로 전달할 수 없는 경우에는 표준갈고리를 병용한다.
④ 단순 부재에서는 정모멘트 철근의 1/3 이상, 연속 부재에서는 정모멘트 철근의 1/4 이상을 부재의 같은 면을 따라 받침부까지 연장하여야 한다.

> **해설** 휨철근의 절단
>
> ㉠ 휨철근은 절단점에서 $V_u$가 $\frac{2}{3} \phi V_n$을 초과하지 않을 경우 인장구역에서 절단해도 좋다.
> ㉡ D35 이하의 철근이며 연속철근의 절단점에서 배치된 철근량이 휨에 필요한 철근 단면적의 2배 이상 배치되어 있고, $V_u$가 $\frac{3}{4} \phi V_n$을 초과하지 않는 경우 인장구역에서 절단해도 좋다.
>
> [관련기준] KDS 14 20 52[2021] 4.4.1 (6)

**10** 다음은 인장측 철근을 끊는 경우에 대한 설명이다. 옳지 않은 것은?

① 끊은 철근 외의 나머지 연장된 철근량이 끊는 점에서의 휨에 대하여 소요되는 철근 단면적이어야 한다(단, D35 이하).
② 끊는 곳에서 전단력이 극한전단강도의 2/3 이하일 때
③ 철근을 끊는 점의 전후 각 $\frac{3}{4} d$ 구간에 사용되는 스터럽의 간격은 $\frac{d}{8\lambda_b}$ 이내로 한다(단, $\lambda_b$는 끊는 철근의 총철근에 대한 단면비).
④ 철근을 끊는 점의 전후 각 $\frac{3}{4} d$ 구간에 소요량 이상의 스터럽을 촘촘히 둔다.

**정답** 6. ② 7. ③ 8. ① 9. ① 10. ①

해설 휨철근의 절단

㉠ 휨철근은 절단점에서 $V_u$ 가 $\frac{2}{3}\phi V_n$ 을 초과 하지 않을 경우 인장구역에서 절단해도 좋다.
㉡ D35 이하의 철근이며 연속철근의 절단점에서 배치된 철근량이 휨에 필요한 철근 단면적의 2배 이상 배치되어 있고, $V_u$ 가 $\frac{3}{4}\phi V_n$ 을 초과 하지 않는 경우 인장구역에서 절단해도 좋다.

[관련기준] KDS 14 20 52[2021] 4.4.1 (6)

## 2. 철근의 정착

**★**
**11** 다음 중 철근의 정착방법이 아닌 것은?

① 매입길이에 의한 정착방법
② 갈고리에 의한 정착방법
③ 철근의 가로방향에 T형 철근을 용접하여 정착하는 방법
④ 철근을 절곡시켜 정착하는 방법

해설 철근의 정착방법

㉠ 매입길이에 의한 방법
㉡ 갈고리에 의한 방법
㉢ 철근의 가로방향에 T형이 되도록 용접하는 방법
㉣ 특별한 정착장치를 사용하는 방법

**★**
**12** 콘크리트의 설계기준압축강도가 30MPa이며, 철근의 설계기준항복강도가 400MPa인 인장이형철근 D22의 기본정착길이($l_{db}$)는 얼마인가? [단, D22 철근의 공칭지름은 22.2mm, 단면적은 387mm²]

① 402mm
② 771mm
③ 973mm
④ 1,157mm

해설 인장이형철근의 기본정착길이

$$l_{db} = \frac{0.6\,d_b f_y}{\lambda\sqrt{f_{ck}}} = \frac{0.6\times22.2\times400}{1.0\sqrt{30}}$$
$$= 972.76\text{mm}$$

**★★★**
**13** 이형철근이 인장을 받을 때 기본정착길이를 구하는 식으로 옳은 것은? [단, $d_b$ : 철근의 공칭지름]

① $\dfrac{0.6d_b f_y}{\lambda\sqrt{f_{ck}}}$

② $0.6d_b f_y \lambda\sqrt{f_{ck}}$

③ $\dfrac{0.25d_b f_y}{\lambda\sqrt{f_{ck}}}$

④ $0.25d_b f_y \lambda\sqrt{f_{ck}}$

해설 철근의 기본정착길이

㉠ 인장이형철근의 기본정착길이
$$l_{db} = \frac{0.6\,d_b f_y}{\lambda\sqrt{f_{ck}}}$$
㉡ 압축이형철근의 기본정착길이
$$l_{db} = \frac{0.25\,d_b f_y}{\lambda\sqrt{f_{ck}}} \geq 0.043 d_b f_y$$
㉢ 표준갈고리에 의한 기본정착길이
$$l_{hb} = \frac{0.24\beta d_b f_y}{\lambda\sqrt{f_{ck}}}$$

**14** 인장철근의 정착방법으로 가장 좋은 경우는?

① 표준갈고리를 붙여 인장부 콘크리트에 정착한다.
② 원칙적으로 압축부 콘크리트에 정착해야 한다.
③ 편리한 곳에 정착한다.
④ 인장부 콘크리트에 항상 정착해야 한다.

해설 인장철근은 원칙적으로 콘크리트의 압축측에 정착해야 한다.

**15** D32 인장철근의 기본정착길이는? [단, 여기서 D32의 $A_b$ =7.94cm², $d_b$ =3.18cm이고 $f_{ck}$ =21MPa, $f_y$ = 350MPa이다.]

① 120cm
② 125cm
③ 146cm
④ 105cm

해설 인장이형철근의 기본정착길이

$$l_{db} = \frac{0.6\,d_b f_y}{\lambda\sqrt{f_{ck}}} = \frac{0.6\times31.8\times350}{1.0\sqrt{21}}$$
$$= 1,457.3\text{mm} ≒ 145.7\text{cm}$$

정답 11. ④  12. ③  13. ①  14. ②  15. ③

**16** 휨을 받는 인장철근으로 4-D25 철근이 배치되어 있을 경우, 다음 그림과 같은 직사각형 단면보의 기본정착길이 $l_{db}$는 얼마 이상이어야 하는가? [단, 강도설계법에 의하며, 철근의 지름 $d_b$=2.54cm, $f_{ck}$=21MPa, $f_y$=400MPa이다.]

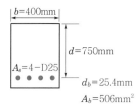

$b$=400mm
$d$=750mm
$A_s$=4-D25
$d_b$=25.4mm
$A_b$=506mm²

① 56cm  ② 84cm
③ 133cm  ④ 139cm

> **해설** 인장이형철근의 기본정착길이
> $$l_{db} = \frac{0.6 d_b f_y}{\lambda \sqrt{f_{ck}}} = \frac{0.6 \times 25.4 \times 400}{1.0 \sqrt{21}}$$
> $$= 1,330.3 \text{mm} \fallingdotseq 133 \text{cm}$$

**17** 강도설계법에서 인장을 받는 이형철근의 정착길이 $l_d$는 얼마 이상이어야 하는가? [단, 갈고리가 없는 경우이다.]

① $l_d$=30cm 이상  ② $l_d$=40cm 이상
③ $l_d$=20cm 이상  ④ $l_d = 0.06 A_b f_y$

> **해설** 이형철근의 정착길이
> ㉠ 매입길이에 의한 기본정착길이
> $$l_{db} = \frac{0.6 d_b f_y}{\lambda \sqrt{f_{ck}}}$$
> ㉡ 보정계수
> • $\alpha$ : 철근배치 위치계수
> • $\beta$ : 철근의 표면처리(도막)계수
> ㉢ 정착길이
> $$l_d = \alpha \beta l_{db} \geq 300 \text{mm}$$

**18** 인장철근 D35의 기본정착길이는 얼마인가? [단, $d_b$=3.49cm, $f_{ck}$=27MPa, $f_y$=400MPa]

① 129cm  ② 124cm
③ 161cm  ④ 100cm

> **해설** 인장이형철근의 기본정착길이
> $$l_{db} = \frac{0.6 d_b f_y}{\lambda \sqrt{f_{ck}}} = \frac{0.6 \times 34.9 \times 400}{1.0 \sqrt{27}}$$
> $$= 1,611.96 \text{mm} = 161.2 \text{cm}$$

**19** 다음은 철근의 정착과 이음에 대한 사항이다. 틀린 것은?

① 인장철근의 기본정착길이에 곱해주는 보정계수는 둘 이상이 적용될 수 있을 때에는 큰 것 하나만 쓴다.
② 갈고리는 압축을 받는 구역에서는 철근 정착에 유효하지 않다.
③ 인장을 받는 이형철근의 겹침이음길이는 300mm 이상이어야 한다.
④ 인장철근을 구부려서 복부를 지나 부재의 반대축에 있는 철근과 연속시키거나 거기에 정착시켜도 된다.

> **해설** 기본정착길이에 곱해주는 보정계수가 둘 이상이 적용될 경우 모두 적용한다.

**20** 인장이형철근의 정착길이 산정 시 필요한 보정계수에 대한 설명 중 틀린 것은? [단, $f_{sp}$ : 콘크리트의 쪼갬인장강도]

① 상부철근(정착길이 또는 겹침이음부 아래 300mm를 초과되게 굳지 않은 콘크리트를 친 수평철근)인 경우, 철근 배근위치에 따른 보정계수 1.3을 사용한다.
② 에폭시 도막철근인 경우, 피복두께 및 순간격에 따라 1.2나 2.0의 보정계수를 사용한다.
③ $f_{sp}$가 주어지지 않은 경량콘크리트인 경우, 1.3의 보정계수를 사용한다.
④ 에폭시 도막철근이 상부철근인 경우, 보정계수끼리 곱한 값이 1.7보다 클 필요는 없다.

해설 철근의 도막계수($\beta$)

⊙ 피복두께가 $3d_b$ 미만 또는 순간격이 $6d_b$ 미만
 인 에폭시 도막 혹은 아연-에폭시 이중 도막철
 근 또는 철선 : 1.5
ⓒ 기타 에폭시 도막 혹은 아연-에폭시 이중 도막
 철근 또는 철선 : 1.2
ⓒ 아연도금 철근 또는 철선 : 1.0
ⓔ 도막되지 않은 철근 또는 철선 : 1.0

**21** 인장이형철근의 정착길이는 기본정착길이($l_{db}$)에 보
정계수를 곱한다. 상부 수평철근의 보정계수($\alpha$)는?

① 1.3　　　　② 1.0
③ 0.8　　　　④ 0.75

해설 철근배치 위치계수($\alpha$)

⊙ 상부철근 : 1.3
ⓒ 기타 철근 : 1.0

**22** 인장이형철근의 기본정착길이($l_{db}$) 계산값이 73cm이
고, 고려해야 할 보정계수가 1.4와 1.18인 부재에서의
철근의 소요정착길이($l_d$)는?

① 102.20cm　　② 86.14cm
③ 120.60cm　　④ 44.19cm

해설 소요정착길이

⊙ 보정계수는 둘 다 고려한다.
ⓒ 정착길이($l_d$) = 기본정착길이×보정계수
　　= $\alpha\beta l_{db}$ = 1.4×1.18×73
　　= 120.6cm

**23** 인장이형철근의 정착길이를 줄일 수 있는 방법으
로 옳지 않은 것은?

① 철근에 대한 콘크리트 피복두께를 크게 한다.
② 철근의 간격을 크게 한다.
③ D22 이상의 철근을 사용한다.
④ 소요철근량 이상의 철근을 사용한다.

해설 지름이 작은 철근을 여러 개 사용하는 것이 부착
에 유리하다.

**24** 정착길이 아래 300mm를 초과되게 굳지 않은 콘크
리트를 친 상부 인장이형철근의 정착길이를 구하
려고 한다. $f_{ck}$ =21MPa, $f_y$ =300MPa을 사용한다
면 상부철근으로서의 보정계수를 사용할 때 정착
길이는 얼마 이상이어야 하는가? [단, D29 철근으
로 공칭지름은 28.6mm, 공칭 단면적은 642mm$^2$이
고, 기타의 보정계수는 적용하지 않는다.]

① 1,461mm　　② 1,123mm
③ 987mm　　　④ 865mm

해설 인장이형철근의 정착길이

⊙ 기본정착길이
$$l_{db} = \frac{0.6d_b f_y}{\lambda\sqrt{f_{ck}}} = \frac{0.6\times28.6\times300}{1.0\sqrt{21}}$$
　　= 1,123.4mm
ⓒ 정착길이
　$\alpha$ = 1.3(철근배치 위치계수)
　∴ $l_d$ = 보정계수×$l_{db}$
　　= 1.3×1,123.4 = 1,460.4mm

**25** $f_{ck}$ =28MPa, $f_y$ =350MPa로 만들어지는 보에서
압축이형철근으로 D29(공칭지름 28.6mm)를 사용
한다면 기본정착길이는?

① 412mm　　　② 446mm
③ 473mm　　　④ 522mm

해설 압축이형철근의 기본정착길이

$$l_{db} = \frac{0.25d_b f_y}{\lambda\sqrt{f_{ck}}} \geq 0.043d_b f_y$$

⊙ $l_{db} = \dfrac{0.25\times28.6\times350}{1.0\sqrt{28}} = 472.93$mm
ⓒ $l_{db} = 0.043\times28.6\times350 = 430.43$mm
∴ $l_{db} = 473$mm(최댓값)

정답 21. ①　22. ③　23. ③　24. ①　25. ③

**26** D25(공칭지름 25.4mm)를 사용하는 압축이형철근의 기본정착길이는? [단, $f_{ck}$ = 27MPa, $f_y$ = 400MPa이다.]

① 357mm
② 489mm
③ 745mm
④ 1,174mm

> **해설** 압축이형철근의 기본정착길이
>
> $$l_{db} = \frac{0.25 d_b f_y}{\lambda \sqrt{f_{ck}}} \geq 0.043 d_b f_y$$
>
> ㉠ $l_{db} = \dfrac{0.25 \times 25.4 \times 400}{1.0\sqrt{27}} = 488.82\text{mm}$
>
> ㉡ $l_{db} = 0.043 \times 25.4 \times 400 = 436.88\text{mm}$
>
> ∴ $l_{db} = 489\text{mm}$(최댓값)

**27** $f_{ck}$ =24MPa, $f_y$ =400MPa로 된 부재에 인장을 받는 표준갈고리를 둔다면 기본정착길이는 얼마인가? [단, 도막되지 않은 철근의 공칭지름은 2.54cm(D25)인 경우이다.]

① 53cm
② 52cm
③ 45cm
④ 41cm

> **해설** 표준갈고리에 의한 기본정착길이
>
> $$l_{hb} = \frac{0.24\beta d_b f_y}{\lambda \sqrt{f_{ck}}} = \frac{0.24 \times 1.0 \times 25.4 \times 400}{1.0\sqrt{24}}$$
>
> $$= 518.5\text{mm} \fallingdotseq 52\text{cm}$$

**28** 인장을 받는 표준갈고리의 정착길이($l_d$)는 다음과 같이 계산한다. 이 중 틀린 것은 어느 것인가? [단, $d_b$ : 철근지름]

① 기본정착길이($l_{hb}$)에 보정계수를 곱하여 정착길이를 구한다.
② $8d_b$ 이상, 250mm 이상이어야 한다.
③ $f_y$ =400MPa인 철근에서 기본정착길이는 $\dfrac{96 d_b}{\lambda \sqrt{f_{ck}}}$ 이다.
④ 기본정착길이는 $\dfrac{0.24\beta d_b f_y}{\lambda \sqrt{f_{ck}}}$ 이다.

> **해설** 표준갈고리에 의한 정착길이
>
> $$l_{dh} = l_{hb} \times \text{보정계수} \geq 8d_b,\ 150\text{mm}$$

**29** 갈고리 철근의 정착에 관한 설명 중 틀린 것은?

① 철근의 매입길이가 작을 경우 제한된 거리 내에서 표준갈고리를 사용한다.
② 스터럽 또는 띠철근의 표준갈고리에는 90° 갈고리, 135° 갈고리가 있다.
③ 갈고리 철근의 정착길이는 철근의 항복강도 $f_y$ 와 무관하다.
④ 갈고리 철근은 인장력을 받는 구역에서 정착에 효과적이다.

> **해설** 철근의 정착길이
>
> ㉠ 표준갈고리에 의한 기본정착길이
>
> $$l_{hb} = \frac{0.24\beta d_b f_y}{\lambda \sqrt{f_{ck}}}$$
>
> ㉡ 정착길이 = 기본정착길이×보정계수
>
> ㉢ 갈고리 철근의 정착길이는 철근의 항복강도 $f_y$ 와 관계있다.

**30** 인장을 받는 표준갈고리의 정착길이는 SD300, $f_{ck}$ =27MPa, D10($d_b$ =0.95cm)을 사용할 때 시방서 규정을 따르면 얼마인가? [단, 도막되지 않은 철근이다.]

① 12cm
② 13cm
③ 14cm
④ 15cm

> **해설** 표준갈고리에 의한 정착길이
>
> ㉠ 기본정착길이
>
> $$l_{hb} = \frac{0.24\beta d_b f_y}{\lambda \sqrt{f_{ck}}} = \frac{0.24 \times 1.0 \times 9.5 \times 300}{1.0\sqrt{27}}$$
>
> $$= 131.6\text{mm}$$
>
> ㉡ 정착길이($l_{dh}$)= $l_{hb}$ ×보정계수≥ $8d_b$, 150mm
>
> $l_{dh} = 131.6 \times 0.8 = 105.3\text{mm}$ 이상
>
> $l_{dh} = 8 \times 9.5 = 76\text{mm}$ 이상
>
> $l_{dh} = 150\text{mm}$ 이상
>
> ∴ $l_{dh} = 150\text{mm}$(최댓값)

**정답** 26. ②  27. ②  28. ②  29. ③  30. ④

**31** 인장을 받는 표준갈고리의 정착길이는 최소 얼마이어야 하는가? [단, $d_b$ : 철근의 공칭지름]

① $6d_b$ 이상, 10cm 이상
② $6d_b$ 이상, 15cm 이상
③ $8d_b$ 이상, 15cm 이상
④ $8d_b$ 이상, 10cm 이상

> **해설** 표준갈고리의 정착길이
> $l_{dh} = 8d_b$ 이상, 150mm 이상

**32** 보의 정철근 또는 부철근의 수평 순간격은 철근의 공칭지름 이상으로 해야 하는데, 다음 그림과 같이 다발 철근을 사용한다면 수평 순간격을 규정하는 공칭지름은 얼마인가? [단, D22의 공칭지름은 22.2mm이다.]

① 35.9mm
② 50.3mm
③ 31.4mm
④ 34.5mm

> **해설** 철근의 공칭지름
> 다발철근의 공칭지름은 등가 단면적으로 환산되는 한 개의 철근지름으로 고려한다.
> $$\frac{\pi D_n^2}{4} = 2\frac{\pi D^2}{4}$$
> $$\therefore D_n = \sqrt{2}\,D = \sqrt{2} \times 22.2 = 31.4\text{mm}$$

**33** 표준갈고리에 대한 기술 중 잘못된 것은?

① 표준갈고리는 반원형 갈고리, 90° 갈고리, 스터럽과 띠철근의 갈고리로 분류된다.
② 스터럽과 띠철근 갈고리는 90° 갈고리, 135° 갈고리로 세분된다.
③ 반원형 갈고리와 90° 갈고리의 구부리는 내면반지름은 철근지름의 4배 이상이다.
④ 90° 갈고리는 90° 원의 끝에서 $12d_b$ 이상 더 연장해야 한다.

> **해설** 표준갈고리의 상세
> ㉠ 갈고리의 구부리는 내면반지름
>  • D10~D25 : $3d_b$ 이상
>  • D29~D35 : $4d_b$ 이상
>  • D38 이상 : $5d_b$ 이상
> ㉡ 90° 갈고리의 연장길이
>  • D16 이하 : $6d_b$ 이상
>  • 그 외 : $12d_b$ 이상

**34** 굽힘철근의 구부리는 내면반지름은 철근지름의 최소 몇 배 이상이어야 하는가?

① 1배      ② 3배
③ 5배      ④ 10배

> **해설** 철근 구부리기에서 철근의 내면반지름
> ㉠ 스터럽, 띠철근 : 철근지름 이상
> ㉡ 굽힘철근 : 철근지름의 5배 이상
> ㉢ 라멘구조의 모서리 외측 부분 : 철근지름의 10배 이상

**35** 다음 그림은 반원형의 표준갈고리이다. 구부린 끝에서 얼마 이상을 더 연장해야 하는가? [단, $d_b$ : 철근지름]

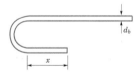

① $x$ 는 $4d_b$ 이상, 6cm 이상
② $x$ 는 $6d_b$ 이상, 6cm 이상
③ $x$ 는 $12d_b$ 이상, 10cm 이상
④ $x$ 는 $10d_b$ 이상, 12cm 이상

> **해설** 180°(반원형) 표준갈고리는 구부린 반원 끝에서 $4d_b$ 이상, 60mm 이상 더 연장해야 한다.

## 3. 철근의 이음

**36** 철근의 이음에 대한 설명 중 틀린 것은?

① 철근의 이음방법으로 겹침이음이 가장 많이 사용된다.

② 이형철근을 겹침이음할 때는 일반적으로 갈고리를 하지 않는다.

③ 원형철근을 겹침이음할 때는 갈고리를 붙인다.

④ 지름이 35mm를 초과하는 철근은 겹침이음 하여야 한다.

> **해설** 지름이 35mm를 초과하는 철근은 겹침이음을 해서는 안 되고 용접에 의한 맞댐이음을 하여야 한다.
> ㉠ $D \leq 35mm$인 경우 : 겹침이음
> ㉡ $D > 35mm$인 경우 : 맞댐이음

**★★**
**37** 철근의 정착과 이음에 대한 다음 설명 중 틀린 것은?

① 정착길이는 철근의 피복두께와 철근의 간격에 관계된다.

② 압축철근의 정착에는 갈고리를 사용하지 않는다.

③ 원형철근의 겹침이음에는 갈고리를 하여야 한다.

④ 철근의 지름에 관계없이 이형철근은 겹침이음을 한다.

> **해설** 지름이 35mm를 초과하는 철근은 겹침이음을 해서는 안 된다.
> ㉠ $D \leq 35mm$인 경우 : 겹침이음
> ㉡ $D > 35mm$인 경우 : 맞댐이음

**★**
**38** 철근콘크리트 보의 주철근을 이음하는 데 가장 적당한 곳은?

① 보의 중앙 콘크리트 보

② 받침부로부터 경간의 1/3 되는 곳

③ 받침부로부터 경간의 1/4 되는 곳

④ 휨응력이 가장 작은 곳

> **해설** 철근콘크리트 보의 시공이음
> ㉠ 철근이음 : 휨모멘트가 최소인 곳(지점부)
> ㉡ 시공이음 : 전단력이 최소인 곳(중앙부)

**39** 다음은 철근이음에 관한 일반사항이다. 옳지 않은 것은?

① D35를 초과하는 철근은 겹침이음을 하지 않아야 한다.

② 이음은 가능한 한 최대 인장응력점으로부터 떨어진 곳에 두어야 한다.

③ 휨부재에서 서로 직접 접촉되지 않게 겹침이음된 철근은 횡방향으로 소요겹침이음길이의 1/3 또는 200mm 중 작은 값 이상 떨어지지 않아야 한다.

④ 다발철근의 겹침이음은 다발 내의 개개 철근에 대한 겹침이음길이를 기본으로 하여 결정하여야 한다.

> **해설** 휨부재에서 서로 직접 접촉되지 않게 겹침이음된 철근은 횡방향으로 소요겹침이음길이의 1/5 또는 150mm 중 작은 값 이상 떨어지지 않아야 한다.

**40** 철근콘크리트 보의 시공이음은 어느 위치에 하는 것이 가장 좋은가?

① 받침부

② 전단력이 작은 위치

③ 받침부로부터 경간의 1/3 되는 곳

④ 받침부로부터 경간의 1/4 되는 곳

> **해설** 철근콘크리트 보의 시공이음
> ㉠ 철근이음 : 휨모멘트가 최소인 곳(지점부)
> ㉡ 시공이음 : 전단력이 최소인 곳(중앙부)

**정답** 36. ④ 37. ④ 38. ④ 39. ③ 40. ②

**41** 다음은 철근의 이음에 관하여 기술한 것이다. 틀린 것은?

① 확대기초와 압축이형철근의 상이한 철근이음 시를 제외하고 D35를 초과하는 철근은 겹침 이음해서는 안 된다.

② 3개의 다발철근에서는 30%, 4개의 다발철근 에서는 40%만큼 겹침이음길이를 증가시켜야 한다.

③ 다발 내의 각 철근의 겹침이음은 같은 위치에 중첩해서는 안 된다.

④ 휨부재에서 서로 접촉되지 않는 겹침이음으 로 이어진 철근 간의 순간격은 겹침이음길이 의 1/5 이하, 15cm 이하여야 한다.

> **해설** 다발철근의 겹침이음길이는 3개의 다발철근인 경 우 20%, 4개의 다발철근인 경우 33%만큼 증가시 켜야 한다.

**42** 압축(이형)철근이음을 다발로 된 철근으로 겹침이 음할 때 3개의 다발철근을 사용한다면 규정된 겹 침이음길이의 몇 %를 증가시켜야 하는가?

① 10%   ② 20%
③ 25%   ④ 33%

> **해설** 다발철근의 겹침이음길이 증가량
> ㉠ 3개로 된 다발철근: 20% 증가
> ㉡ 4개로 된 다발철근: 33% 증가

**43** 압축(이형)철근이음을 다발로 된 철근으로 겹침이 음할 때 4개의 다발철근을 사용한다면 규정된 겹 침이음길이의 몇 %를 증가시켜야 하는가?

① 10%   ② 20%
③ 25%   ④ 33%

> **해설** 다발철근의 겹침이음길이 증가량
> ㉠ 3개로 된 다발철근: 20% 증가
> ㉡ 4개로 된 다발철근: 33% 증가

**44** 인장이형철근의 겹침이음길이는 $l_d$의 배수로 표시 된다. 그 배수의 등급은 시방서에 따르면 몇 가지 로 분류되는가?

① 2등급   ② 3등급
③ 4등급   ④ 5등급

> **해설** 인장이형철근의 겹침이음길이
> ㉠ A급 이음: $1.0 l_d$(배근된 철근량이 소요철근량 의 2배 이상이고, 겹침이음된 철근량이 총철근의 1/2 이하인 경우)
> ㉡ B급 이음: $1.3 l_d$(A급 이외의 경우)
> ㉢ $l_d$는 기본 겹침이음길이로 보정계수는 적용되 지 않으며, 300mm 이상이어야 한다.

**45** 인장이형철근의 겹침이음길이에 관한 다음 사항 중에서 옳지 않은 것은?

① 이음부에 사용된 철근 단면적이 소요철근량 의 2배 이상인 곳에서 전체의 3/4 이하의 철 근이 소요겹침이음길이 내에서 겹침이음할 경우가 A급 이음이다.

② 이음부에 사용된 철근 단면적이 소요철근량 의 2배보다 작은 곳에서 철근의 절반 이하가 소요겹침이음길이 내에서 겹침이음할 경우가 B급 이음이다.

③ 이음부에 사용된 철근 단면적이 소요철근량 의 2배보다 작은 곳에서 철근의 절반 이하가 소요겹침이음길이 내에서 겹침이음할 경우가 B급 이음이다.

④ 이음부에 사용된 철근 단면적이 소요철근량 의 2배보다 작은 곳에서 전체의 절반을 초과 하는 철근의 소요겹침이음길이 내에서 겹침 이음할 경우가 A급 이음이다.

> **해설** A급 이음
> 배근된 철근량이 소요철근량의 2배 이상이고, 겹 침이음된 철근량이 총철근량의 1/2 이하인 경우

**46** 철근의 겹침이음길이에 대한 다음 설명 중 틀린 것은?

① A급 이음 : $1.0l_d$

② B급 이음 : $1.3l_d$

③ C급 이음 : $1.5l_d$

④ 어떠한 경우라도 300mm 이상

> **해설** **인장이형철근의 겹침이음길이**
>
> ㉠ A급 이음 : $1.0l_d$ 이상
>
> ㉡ B급 이음 : $1.3l_d$ 이상
>
> ㉢ 적어도 300mm 이상

**47** 인장력을 받는 이형철근의 겹침이음길이는 A급과 B급으로 분류한다. 여기서 A급 이음의 조건으로 옳은 것은?

① 배치된 철근량이 이음부 전체 구간에서 해석 결과 요구되는 소요철근량의 2배 이상이고, 소요겹침이음길이 내 겹침이음된 철근량이 전체 철근량의 1/2 이하인 경우

② 배치된 철근량이 이음부 전체 구간에서 해석 결과 요구되는 소요철근량의 2배 이하이고, 소요겹침이음길이 내 겹침이음된 철근량이 전체 철근량의 1/2 이하인 경우

③ 배치된 철근량이 이음부 전체 구간에서 해석 결과 요구되는 소요철근량의 2배 이상이고, 소요겹침이음길이 내 겹침이음된 철근량이 전체 철근량의 1/2 이상인 경우

④ 배치된 철근량이 이음부 전체 구간에서 해석 결과 요구되는 소요철근량의 2배 이하이고, 소요겹침이음길이 내 겹침이음된 철근량이 전체 철근량의 1/2 이상인 경우

> **해설** **A급 이음**
>
> 배근된 철근량이 소요철근량의 2배 이상이고, 겹침이음된 철근량이 총철근량의 1/2 이하인 경우

**48** 압축이형철근의 겹침이음길이에 대한 설명으로 옳은 것은? [단, $d_b$ : 철근의 공칭지름]

① 압축이형철근의 기본정착길이($l_{db}$) 이상, 또한 200mm 이상으로 하여야 한다.

② $f_y$가 500MPa 이하인 경우는 $0.72f_y d_b$ 이상, $f_y$가 500MPa을 초과할 경우는 $(1.3f_y - 24)d_b$ 이상이어야 한다.

③ $f_{ck}$가 28MPa 미만인 경우는 규정된 겹침이음길이를 1/5 증가시켜야 한다.

④ 서로 다른 크기의 철근을 압축부에서 겹침이음하는 경우 이음길이는 크기가 큰 철근의 정착길이와 크기가 작은 철근의 겹침이음길이 중 큰 값 이상이어야 한다.

> **해설** **압축이형철근의 겹침이음길이**
>
> ㉠ 압축이형철근의 겹침이음길이
>
> $$l_s = \left( \frac{1.4f_y}{\lambda \sqrt{f_{ck}}} - 52 \right) d_b \geq 300mm$$
>
> ㉡ $f_y \leq 400$MPa인 경우 $l_s \leq 0.072f_y d_b$
>
> ㉢ $f_y > 400$MPa인 경우 $l_s \leq (0.13f_y - 24)d_b$
>
> ㉣ $f_{ck} < 21$MPa인 경우 겹침이음길이를 1/3 증가시켜야 한다.

**49** 인장을 받는 이형철근의 겹침이음에서 배근된 철근량이 이음부 전체 구간에서 해석결과 요구되는 소요철근량의 2배 이상이고, 소요겹침이음길이 내에서 겹침이음된 철근량이 전체 철근량의 1/2 이하인 경우 A급 이음에 해당한다. 이러한 A급 이음의 겹침이음길이는 규정에 따라 계산된 인장이형철근의 정착길이 $l_d$의 몇 배 이상이어야 하는가?

① 1.0배

② 1.2배

③ 1.3배

④ 1.5배

> **해설** **인장이형철근의 겹침이음길이**
>
> ㉠ A급 이음 : $1.0l_d$ 이상
>
> ㉡ B급 이음 : $1.3l_d$ 이상
>
> ㉢ 어느 경우에도 300mm 이상

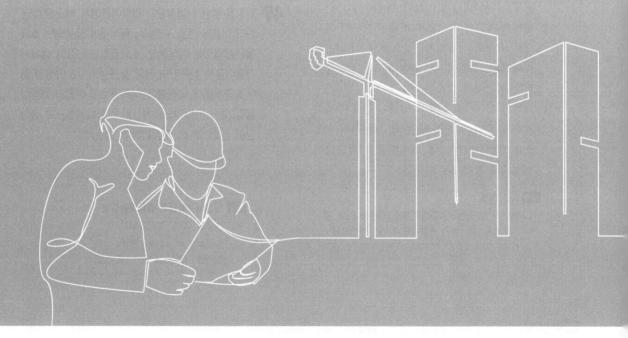

Reinforced Concrete and Steel Structures

CHAPTER **5**

# 보의 처짐과 균열
## (사용성)

**CHAPTER 05**

# 보의 처짐과 균열(사용성)

**회독 체크표**

| 1회독 | 월 | 일 |
| 2회독 | 월 | 일 |
| 3회독 | 월 | 일 |

**최근 10년간 출제분석표**

| 2015 | 2016 | 2017 | 2018 | 2019 | 2020 | 2021 | 2022 | 2023 | 2024 |
|------|------|------|------|------|------|------|------|------|------|
| 6.7% | 15.0% | 10.0% | 6.7% | 8.3% | 11.7% | 8.3% | 15.0% | 10.0% | 6.7% |

 **출제 POINT**

💬 **학습 POINT**
- 사용성 문제

---

**SECTION 1 사용성과 내구성의 일반사항**

## 1 사용성과 내구성 검토

**1) 검토 일반**

① 구조물의 안전에는 지장이 없으나, 구조물을 사용하는 데 있어서는 어떠한 지장을 초래하는 경우가 있다.

② 안전성은 계수하중에 의하여 검토하지만, 사용성은 사용하중에 의하여 검토한다.

③ 부재의 처짐이나 균열, 피로 등은 보통의 사용상태에서 문제가 되기 때문이다.

④ 구조물이나 부재는 계수(극한)하중이나 사용하중을 받을 때 안전성 (stability)과 사용성(serviceability)을 검토해야 하고, 환경조건을 고려한 내구성도 검토해야 한다.

⑤ 구조체는 탄성으로 거동한다고 가정하여 탄성이론을 적용하여 검토한다.

■ **사용성과 내구성의 검토사항**

① 폭이 큰 균열
② 과대한 처짐
③ 반복하중으로 인한 피로
④ 진동, 변형, 변위, 손상 등

**2) 사용성 문제와 내구성 문제**

**(1) 사용성 문제**

① 구조물의 기능에 지장을 초래한다.

② 구조물의 미관을 해친다.

③ 사용자에게 불안감을 준다.

④ 균열은 과도한 처짐의 원인이 되고 외관에 손상을 준다.

**(2) 내구성 문제**

① 철근의 부식에 의한 구조물의 내구성을 저하시킨다.

② 피로파괴를 유발하여 구조물의 내구성이 저하된다.

③ 구조물의 내력 및 성능을 저하시킨다.

3) 설계방법에 따른 사용성과 내구성의 검토

| 설계방법 | 설계하중과 중점사항 | 사용성과 내구성의 검토 |
|---|---|---|
| 허용응력 설계법 | 사용하중에 의한 사용성에 중점을 둔 설계법 | 처짐이나 균열에 대하여 자동적으로 사용성과 안전성을 확보 |
| 강도 설계법 | 계수하중에 의한 안전성에 중점을 둔 설계법 | 사용하중에 의한 처짐이나 균열 또는 피로에 대한 사용성을 별도로 검토해야 함 |
| 한계상태 설계법 | 안전성과 사용성을 하나의 설계체계 속에서 다루려는 설계법으로 사용성과 안전성을 확보 | |

## ② 강도설계법의 설계 시 필수 검토사항

1) 검토사항 일반

① 사용하중에 의한 처짐이나 균열 또는 피로에 대한 사용성을 별도로 검토해야 한다.

② 콘크리트는 피로한도를 가지지 않는다. 반복하중의 반복횟수를 기준으로 피로강도를 정한다.

2) 검토사항

① 사용성(serviceability)
사용하기에 불편함 또는 불안감 등을 해소할 수 있는 정도를 나타내며, 검토 수단으로는 사용하중에 의한 처짐, 균열, 피로, 진동 등이 있다.

② 내구성(durability)
구조물이 본래의 기능을 지속적으로 유지하는 정도를 말하고, 환경조건을 고려하여 내구성 검토가 이루어진다.

③ 안전성(safety)
구조물의 파괴에 대한 안전을 확보하는 정도로써 극한하중(계수하중)을 사용한다.

■ 강도설계법 설계 시 필수 검토사항
① 사용성(serviceability)
② 내구성(durability)
③ 안전성(safety)

**출제 POINT**

💬 **학습 POINT**
- 탄성처짐($\delta_e$)
- 장기처짐계수($\lambda_\Delta$)
- 장기처짐($\delta_l$)
- 최종처짐($\delta_t$)
- 균열모멘트($M_{cr}$)
- 처짐의 제한
- 최대 허용처짐

■ 균열모멘트

$$M_{cr} = \frac{I_g}{y_t} f_r [\text{kN} \cdot \text{m}]$$

여기서, $f_r$ : 휨인장강도(파괴계수)
$y_t$ : 중립축에서 인장측 연단
까지의 거리

■ 휨인장강도(파괴계수)

$$f_r = 0.63\lambda\sqrt{f_{ck}}\,[\text{MPa}]$$

■ 단면2차모멘트($I$)의 대소

$$I_{cr} < I_e < I_g$$

<sub>SECTION</sub> **2** 처 짐

## 1 탄성처짐

1) 탄성처짐의 일반

(1) 탄성처짐은 하중이 실리자마자 발생되는 처짐으로 순간처짐(즉시처짐)이라고 한다.

(2) 탄성이론에 의해 발생하는 최대 처짐공식을 사용하여 구한다.

① 탄성처짐($\delta_e$)

$$\delta_{e,\max} = \frac{5\,w\,l^4}{384\,E_c\,I_e} = \frac{P\,l^3}{48\,E_c\,I_e} \tag{5.1}$$

② 최대 처짐공식의 유효 단면2차모멘트($I_e$)

$$I_e = \left(\frac{M_{cr}}{M_a}\right)^3 I_g + \left[1 - \left(\frac{M_{cr}}{M_a}\right)^3\right] I_{cr} < I_g \tag{5.2}$$

여기서, $M_{cr}$ : 균열모멘트

$M_a$ : 처짐이 계산되는 단면 부재의 최대 휨모멘트

$I_g$ : 총단면2차모멘트

$I_e$ : 유효 단면2차모멘트

$I_{cr}$ 균열 환산 단면2차모멘트

③ 균열 환산 단면2차모멘트($I_{cr}$)

㉠ 단철근 직사각형 보

$$I_{cr} = \frac{b\,c^3}{3} + n\,A_s\,(d-c)^2 \tag{5.3}$$

㉡ 복철근 직사각형 보

$$I_{cr} = \frac{b\,c^3}{3} + n\,A_s\,(d-c)^2 + 2\,n\,A_s{'}\,(d-d')^2$$

여기서, $c$ : 압축연단에서 중립축까지의 거리

④ 단순보는 지간 중앙 단면에 대하여, 캔틸레버보는 지점 단면에 대하여 위의 식으로 계산되는 $I_e$를 사용한다.

2) 연속보에 대한 처짐

　① 연속보에 있어서는 정모멘트 구역과 부모멘트 구역에서 $I_e$의 값이 매우 다르다.

　② 연속보에 대하여는 가중평균(weighted average)의 $I_e$를 사용한다.

　③ 양단 연속인 경우 유효 단면2차모멘트

$$I_e = 0.70 I_{em} + 0.15 (I_{e1} + I_{e2}) \qquad (5.4)$$

　　여기서, $I_{em}$ : 지간 중앙의 유효 단면2차모멘트

　　　　　　$I_{e1}, I_{e2}$ : 양단의 부모멘트 단면에 대한 유효 단면2차모멘트

　④ 일단 연속인 경우 유효 단면2차모멘트

$$I_e = 0.85 I_{em} + 0.15 I_{e1} \qquad (5.5)$$

　　여기서, $I_{e1}$ : 연속단의 유효 단면2차모멘트

　⑤ 다음 식의 산술평균 $I_e$를 사용해도 좋다.

$$I_e = \frac{1}{2}\left[ I_{em} + \frac{1}{2}(I_{e1} + I_{e2}) \right] \qquad (5.6)$$

■ 유효 단면2차모멘트

① 양단 연속
$$I_e = 0.70 I_{em} + 0.15(I_{e1} + I_{e2})$$

② 일단 연속
$$I_e = 0.85 I_{em} + 0.15 I_{e1}$$

③ 산술평균
$$I_e = \frac{1}{2}\left[ I_{em} + \frac{1}{2}(I_{e1} + I_{e2}) \right]$$

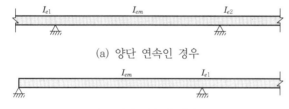

(a) 양단 연속인 경우

(b) 일단 연속인 경우

[그림 5-1] 연속보의 $I_e$ 계산

## ② 장기처짐 및 최종처짐

1) 장기처짐

　(1) 장기추가처짐은 크리프와 건조수축 등 지속하중에 의한 변형으로 인하여 시간이 경과함과 더불어 진행되는 처짐이다.

　(2) 장기추가처짐량은 순간처짐에 장기처짐계수를 곱하여 구한다.

　① 장기처짐량($\delta_l$) = 탄성처짐($\delta_e$) × 장기처짐계수($\lambda_\Delta$)

■ 출제 POINT

■ 압축철근비

$$\rho' = \frac{A_s'}{bd}$$

■ 압축철근비($\rho'$)를 구하는 위치

① 단순 및 연속 경간인 경우 : 보 중앙에
   서 구한 값
② 캔틸레버인 경우 : 받침부에서 구한 값

■ 시간경과계수($\xi$)

① 3개월 : 1.0
② 6개월 : 1.2
③ 1년 : 1.4
④ 5년 이상 : 2.0

② 장기처짐계수

$$\lambda_\Delta = \frac{\xi}{1 + 50\rho'} \tag{5.7}$$

여기서, $\rho'$ : 압축철근비

$\xi$ : 시간경과계수

2) 최종처짐

① 최종처짐량($\delta_t$)은 탄성처짐과 장기처짐을 합하여 구한다.

② 최종처짐＝탄성처짐＋장기처짐

$$\delta_t = \delta_e + \delta_l = \delta_e + \delta_e \lambda_\Delta = \delta_e(1 + \lambda_\Delta) \tag{5.8}$$

### ③ 처짐의 제한

1) 처짐의 제한 일반

① 콘크리트 부재의 처짐을 규제하기 위해 부재의 최소 두께를 규정하고 있다.

② 처짐을 계산하지 않는 경우의 최소 두께($t$) 또는 높이($h$)

　㉠ $f_y = 400\text{MPa}$ 철근을 사용한 경우

| 부재 | 캔틸레버 | 단순지지 | 일단 연속 | 양단 연속 |
|---|---|---|---|---|
| 보 | $\dfrac{l}{8}$ | $\dfrac{l}{16}$ | $\dfrac{l}{18.5}$ | $\dfrac{l}{21}$ |
| 1방향 슬래브 | $\dfrac{l}{10}$ | $\dfrac{l}{20}$ | $\dfrac{l}{24}$ | $\dfrac{l}{28}$ |

여기서, $l$ : 경간길이(cm)

　㉡ $f_y = 400\text{MPa}$ 이외의 경우

$$\text{계산된 } h \times \left(0.43 + \frac{f_y}{700}\right) \tag{5.9}$$

　㉢ 경량콘크리트에 대해서는 계산된 $h \times (1.65 - 0.00031 m_c)$로 구한
　　다. 단, $(1.65 - 0.00031 m_c) \geq 1.09$이어야 한다.

2) 최대 허용처짐

① 처짐 계산에 의하여 다음의 최대 허용처짐을 만족하는 경우, 최소 두께
　를 적용할 필요가 없다.

② 최대 허용처짐 규정

| 부재의 종류 | 고려해야 할 처짐 | 처짐한계 |
|---|---|---|
| 과도한 처짐에 의해 손상되기 쉬운 비구조요소를 지지 또는 부착하지 않은 평지붕구조 | 활하중 $L$에 의한 순간처짐 | $\dfrac{l}{180}$ |
| 과도한 처짐에 의해 손상되기 쉬운 비구조요소를 지지 또는 부착하지 않은 바닥구조 | 활하중 $L$에 의한 순간처짐 | $\dfrac{l}{360}$ |
| 과도한 처짐에 의해 손상되기 쉬운 비구조요소를 지지 또는 부착한 지붕 또는 바닥구조 | 전체 처짐 중에서 비구조요소가 부착된 후에 발생하는 처짐 부분 (모든 지속하중에 의한 장기처짐과 추가적인 활하중에 의한 순간처짐의 합) | $\dfrac{l}{480}$ |
| 과도한 처짐에 의해 손상될 염려가 없는 비구조요소를 지지 또는 부착한 지붕 또는 바닥구조 | | $\dfrac{l}{240}$ |

---

**SECTION 3 균 열**

## 1 균열의 종류

### 1) 경화 전 균열의 종류

**(1) 소성수축균열**

① 응결·경화 과정에서 비교적 조기에 생기는 균열

② 요인 : 콘크리트 타설 후 슬래브 등에서 갑자기 낮은 습도의 대기나 바람에 노출된 경우, 노출된 표면에서 수분 증발이 콘크리트의 블리딩보다 빠르게 일어날 경우

③ 대책 : 표면의 수분 증발을 막아 방지

**(2) 침하균열**

① 콘크리트의 침강수축과 구조적 이동에 의해 발생하는 균열

② 요인 : 철근지름이 클수록, 슬럼프가 클수록, 피복두께가 작을수록 균열 증가

③ 대책 : 거푸집의 정확한 설계와 시공 시 충분한 다짐, 슬럼프 최소화

**(3) 경화 전 균열의 특성**

① 콘크리트 타설 후 1~3시간 정도에 발생

② 균열폭 : 최대 3mm

③ 균열의 길이 : 2~3m

④ 균열의 깊이 : 50mm 이하

■ 균열 발생의 원인

① 시공상의 원인
• 조기재령에서 부족한 양생
• 재료분리, cold joint에 의한 균열
• 불균일한 타설 및 다짐

② 설계상의 원인
• 철근 상세의 오류
• 응력집중에 대한 검토 누락
• 기초의 설계 오류

③ 재료상의 원인
• 시멘트 수화열
• 알칼리 골재반응
• 큰 $W/C$비에 의한 건조수축
• 콘크리트의 침하와 블리딩

④ 환경조건의 원인
• 온도변화
• 건습의 반복
• 동결융해
• 화학작용

**출제 POINT**

▪ 균열의 형태

① 휨균열
② 전단균열
③ 비틀림균열
④ 부착균열
⑤ 수화열에 의한 균열
⑥ 집중하중으로 인한 균열

▪ 균열의 종류

① 경화 전에 발생하는 균열
② 경화 후에 발생하는 균열

## 2) 경화 후 균열의 종류

### (1) 건조수축으로 인한 균열

① 콘크리트가 건조하기 시작하면 외부는 수축하려 하면서 내부의 구속을 받아 인장응력이 발생하게 되고, 이로 인해 균열을 일으키는 현상이다.

② 단위수량이 클수록 건조수축균열은 커진다.

③ 수축줄눈의 설치 및 적절한 철근 배치로 방지한다.

### (2) 온도균열(열응력으로 인한 균열)

① 콘크리트 수화작용에 의한 수화열이나 대기의 온도변화로 인한 콘크리트의 부등 체적변화로 인해 발생되는 균열을 말한다.

② 내부온도 증가를 억제함으로써 방지한다.

### (3) 화학적 반응으로 인한 균열

① 알칼리 실리카반응이나 알칼리 탄소골재반응으로 인해 발생하는 균열이다.

② 저알칼리 시멘트 및 포졸란을 사용함으로써 방지한다.

### (4) 자연(기상작용)으로 인한 균열

① 동결융해의 반복

② 기온·습도의 변화

③ 구조물의 반복적인 건습

④ 화재 표면 가열

### (5) 비구조적 및 구조적 균열

| 구분 | 정의 | 균열 종류 |
|------|------|----------|
| 비구조적 균열 | 구조물의 안전성 저하는 없으나, 내구성 저하와 사용성 저하를 초래할 수 있는 균열 | • 소성침하균열<br>• 소성수축균열<br>• 초기온도수축균열<br>• 장기건조수축균열<br>• 불규칙한 미세균열<br>• 염화물에 의한 철근부식에 의한 균열<br>• 알칼리 골재반응에 의한 균열 |
| 구조적 균열 | 구조물 또는 구조 부재에 사용하중의 작용으로 인해 발생한 균열 | • 설계오류로 인한 균열<br>• 외부하중에 의한 균열<br>• 단면 및 철근량의 부족에 의한 균열 |

## 2 균열 일반

### 1) 균열의 성질

① 균열은 외관상 좋지 않고, 폭이 큰 균열은 철근을 부식시켜 내구성을 저하시킨다.

② 균열의 수가 문제가 아니라 균열폭이 문제가 된다. 따라서 균열폭이 큰 몇 개의 균열보다 많은 수의 미세한 균열이 바람직하다.

③ 균열폭은 철근의 응력과 지름에 비례하고, 철근비에 반비례한다. 따라서 동일 철근 단면적을 사용할 경우, 가능한 한 가는 철근을 여러 개 사용하는 것이 균열폭을 작게 할 수 있다.

④ 콘크리트 표면의 균열폭은 콘크리트 피복두께에 비례한다.

⑤ 이형철근을 사용하고, 철근을 콘크리트의 최대 인장구역에 잘 분배하면 균열폭을 최소화할 수 있다.

⑥ 균열폭에 영향을 미치는 요소는 철근의 종류와 수, 철근의 응력, 피복두께 등이다. 균열폭은 외관, 액체의 누출, 철근의 부식 등에 관계한다.

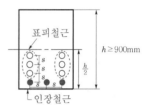

## 2) 균열 제어용 휨철근 배치

① 보나 1방향 슬래브는 휨균열을 제어하기 위하여 휨철근을 배치하여야 한다.

② 휨인장철근은 부재 단면의 최대 휨인장영역 내에 배치하여야 한다.

③ T형 보의 플랜지가 인장을 받는 경우에는 플랜지 유효폭이나 경간의 1/10의 폭 중에서 작은 폭에 걸쳐서 분포시켜야 한다.

④ 보나 장선의 $h$가 900mm를 초과하면 종방향 표피철근을 인장연단으로부터 $h/2$ 지점까지 부재 양측면을 따라 균일하게 배치하여야 한다.

⑤ 부재는 하중에 의한 균열을 제어하기 위해 필요한 철근 외에도 필요에 따라 온도변화, 건조수축 등에 의한 균열을 제어하기 위한 추가적인 보강철근을 부재 단면의 주변에 분산시켜 배치하여야 하고, 이 경우 철근의 지름과 간격을 가능한 한 작게 하여야 한다.

## 3) 균열 제어용 휨철근 및 표피철근의 중심 간격

① 균열 제어용 휨철근, 표피철근의 중심 간격은 다음 두 식에 의해 계산된 값 중에서 작은 값 이하로 철근의 중심 간격 $s$를 정하며, 이 값은 균열폭 0.3mm를 기본으로 한 철근의 간격이다.

$$s = 375\left(\frac{k_{cr}}{f_s}\right) - 2.5c_c \tag{5.10}$$

$$s = 300\left(\frac{k_{cr}}{f_s}\right) \tag{5.11}$$

여기서, $c_c$ : 표피철근의 표면에서 부재 측면까지 최단거리

$f_s$ : 사용하중상태의 철근의 응력$\left(= \frac{2}{3}f_y(\text{근사식})\right)$

② 철근 노출을 고려한 계수 $k_{cr}$은 환경조건에 따라 달리 적용한다.

③ 인장연단 가장 가까이에 배치되는 철근의 중심 간격($s$)은 표피철근의 중심 간격과 같다. 단, 여기서 $c_c$는 인장철근 표면과 콘크리트 표면 사이의 최소 두께이다.

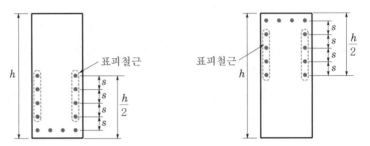

(a) 정(+)의 휨모멘트에 의한 인장철근    (b) 부(−)의 휨모멘트에 의한 인장철근

[그림 5-2] 보나 장선의 종방향 표피철근

4) 노출환경

① 내구성에 관한 균열폭을 검토할 경우 구조물이 놓이는 환경조건을 고려하여야 한다.

② 강재의 부식에 대한 환경조건의 구분

| 건조환경 | 일반 옥내 부재, 부식의 우려가 없을 정도로 보호한 경우의 보통 주거 및 사무실 건물 내부 |
|---|---|
| 습윤환경 | 일반 옥외의 경우, 흙 속의 경우, 옥내의 경우에 있어서 습기가 찬 곳 |
| 부식성 환경 | • 습윤환경과 비교하여 건습의 반복작용이 많은 경우, 특히 유해 물질을 함유한 지하수위 이하의 흙 속에 있어서 강재의 부식에 해로운 영향을 주는 경우, 동결작용이 있는 경우, 동상방지제를 사용하는 경우<br>• 해양콘크리트 구조물 중 해수 중에 있거나 극심하지 않은 해양 환경에 있는 경우(가스, 액체, 고체) |
| 고부식성 환경 | • 강재의 부식에 현저하게 해로운 영향을 주는 경우<br>• 해양콘크리트 구조물 중 간만조위의 영향을 받거나 비말대에 있는 경우, 극심한 해풍의 영향을 받는 경우 |

## ③ 균열폭의 검증

1) 균열폭 검증이 필요한 경우

① 특별히 수밀성이 요구되는 구조는 적절한 방법으로 균열에 대한 검토를 하여야 한다. 이 경우 허용 균열폭을 설정하여 검토할 수 있다.

② 미관이 중요한 구조는 미관상의 허용 균열폭을 설정하여 균열을 검토할 수 있다.

③ 위의 경우를 제외하고는 이 설계기준의 다른 모든 규정을 만족하는 경우, 균열에 대한 검토가 이루어진 것으로 간주할 수 있다.

출제 POINT

2) 허용 균열폭

① 해석에 의해 균열폭을 검토할 때 다음 식을 만족해야 한다.

$$w_k \leq w_a \tag{5.12}$$

여기서, $w_k$ : 지속하중이 작용할 때 계산된 균열폭

$w_a$ : 내구성, 사용성(누수) 및 미관에 관련하여 허용되는 균열폭

■ 균열폭에 영향을 미치는 요인

① 외관, 액체의 누출, 철근의 부식 등
② 철근의 종류와 수, 철근의 응력
③ 피복두께

② 철근콘크리트 구조물의 내구성 확보를 위한 허용 균열폭($w_a$[mm])

| 강재의 종류 | 건조환경 | 습윤환경 | 부식성 환경 | 고부식성 환경 |
|---|---|---|---|---|
| 철근<br>(큰 값) | 0.4mm,<br>$0.006c_c$ | 0.3mm,<br>$0.005c_c$ | 0.3mm,<br>$0.004c_c$ | 0.3mm<br>$0.0035c_c$ |
| 프리스트레싱<br>긴장재(큰 값) | 0.2mm,<br>$0.005c_c$ | 0.2mm,<br>$0.004c_c$ | — | — |

③ 수처리 구조물의 내구성과 누수 방지를 위한 허용 균열폭($w_a$[mm])

| 구분 | 휨인장 균열 | 전 단면 인장 균열 |
|---|---|---|
| 오염되지 않은 물(음용수, 상수도시설물) | 0.25 | 0.20 |
| 오염된 액체(오염이 매우 심한 경우 발주자와 협의) | 0.20 | 0.15 |

---

## SECTION 4 | 피로 및 내구성 설계

### 1 피로의 일반

1) 피로강도

① 콘크리트는 금속과 달라서 피로한도를 가지지 않는다. 반복하중의 반복 횟수를 기준으로 피로한도를 정한다. 콘크리트의 피로한도는 보통 100만 회이다.

② 콘크리트의 압축에 대한 피로한도는 정적강도의 50~55% 범위에 있다.

③ 콘크리트의 휨강도에 대한 피로한도는 정적강도의 30~60% 범위에 있다.

학습 POINT
• 피로 적용범위
• 피로 검토가 필요하지 않은 응력변동범위

출제 POINT

2) 피로 적용범위

① 하중 중에서 변동하중이 차지하는 비율이 크거나 작용빈도가 크기 때문에 피로에 대한 안전성 검토를 필요로 하는 경우에 적용하여야 한다.

② 보 및 슬래브의 피로는 휨 및 전단에 대하여 검토해야 한다.

③ 기둥의 피로는 검토하지 않아도 좋다. 다만, 휨모멘트나 축인장력의 영향이 특히 큰 경우에는 보에 준하여 검토해야 한다.

3) 피로의 검토

① 충격을 포함한 사용활하중에 의한 철근 및 PS 긴장재의 응력범위가 다음 조건을 만족할 경우에는 피로를 고려하지 않아도 된다.

■ 철근의 응력변동범위

① 응력변동범위=최대 응력-최소 응력
② $f_{s,range} = f_{s,max} - f_{s,min}$

[표 5-1] 피로를 고려하지 않아도 되는 철근과 긴장재의 응력범위

| 강재의 종류와 위치 | | 철근 또는 긴장재의 응력변동범위(MPa) |
|---|---|---|
| 이형철근 | SD300 | 130 |
| | SD400 이상 | 150 |
| PS 긴장재 | 연결부 또는 정착부 | 140 |
| | 기타 부위 | 160 |

② 반복하중에 의한 철근의 응력이 위의 값을 초과하여 피로의 검토가 필요할 경우는 합리적 방법으로 피로에 대한 안전을 검토해야 한다.

③ 피로의 검토가 필요한 구조 부재는 높은 응력을 받는 부분에서 철근을 구부리지 않도록 한다.

## ② 내구성 설계

1) 내구성 설계 일반

① 콘크리트 구조는 주어진 주변 환경조건에서 설계 공영기간 동안에 안전성, 사용성, 내구성, 미관을 갖도록 설계, 시공, 유지관리하여야 한다.

② 설계 착수 전에 구조물 발주자와 설계자는 구조물의 중요도, 환경조건, 구조 거동, 유지관리방법 등을 고려하여야 한다.

2) 내구성 설계기준

① 해풍, 해수, 황산염 및 기타 유해물질에 노출된 콘크리트는 내구성 허용기준의 조건을 만족하는 콘크리트를 사용하여야 한다.

② 설계자는 구조물의 내구성을 확보할 수 있는 적절한 설계기법을 결정하여야 한다.

③ 설계 초기단계에서 구조적으로 환경에 민감한 구조 배치를 피하고, 유지관리 및 점검을 위하여 접근이 용이한 구조 형상을 선정하여야 한다.

④ 구조물이나 부재의 외측 표면에 있는 콘크리트의 품질이 보장될 수 있도록 하여야 한다. 다지기와 양생이 적절하여 밀도가 크고, 강도가 높으며, 투수성이 낮은 콘크리트를 시공하고 피복두께를 확보하여야 한다.

⑤ 구조물의 모서리나 부재 연결부 등의 건전성 확보를 위한 철근콘크리트 및 프리스트레스트 콘크리트 구조요소의 구조 상세가 적절하여야 한다.

⑥ 고부식성 환경조건에 있는 구조는 표면을 보호하여 내구성을 증진시켜야 한다.

⑦ 설계자는 내구성에 관련된 콘크리트 재료, 피복두께, 철근과 긴장재, 처짐, 균열, 피로 및 기타 사항에 대한 제반 규정을 모두 검토하여야 한다.

⑧ 책임구조기술자는 구조용 콘크리트 부재에 대해 예측되는 노출 정도를 고려하여 노출등급을 정하여야 한다.

출제 POINT

## 1. 처짐

★
**01** 우리나라의 시방서 '강도설계'편에 따르면 처짐의 검사는 어떤 하중에 의하도록 되어 있는가?

① 계수하중(factored load)

② 설계하중(design load)

③ 사용하중(service load)

④ 상재하중(surcharge load)

> **해설** 강도설계법에 있어서 사용성과 관련된 처짐 등의 검사는 사용하중에 의한다.

★★
**02** 철근콘크리트 보의 처짐에 대한 설명 중 옳지 않은 것은?

① 엄밀한 해석에 의하지 않는 한, 일반콘크리트 휨부재의 크리프와 건조수축에 의한 추가 장기처짐은 해당 지속하중에 의해 생긴 순간처짐에 장기추가처짐에 대한 계수($\lambda_\Delta$)를 곱하여 구한다.

② 처짐을 계산할 때 하중의 작용에 의한 순간처짐은 부재 강성에 대한 균열과 철근의 영향을 고려하여 탄성처짐공식을 사용하여 계산하여야 한다.

③ 처짐 계산에 사용하는 단면2차모멘트 $I$값은 균열상태에 관계없이 총단면적에 대한 $I$를 사용한다.

④ 균열모멘트 $M_{cr}$을 구할 때 사용하는 콘크리트의 휨인장강도를 파괴계수라고도 하며 $f_r = 0.63\lambda\sqrt{f_{ck}}$를 사용한다.

> **해설** 처짐 계산에 사용되는 단면2차모멘트는 유효 단면2차모멘트($I_e$)를 사용한다.

**03** 처짐에 관한 설명 중 틀린 것은?

① 철근콘크리트 부재의 처짐은 탄성처짐과 장기처짐으로 구분된다.

② 장기처짐은 주로 건조수축과 크리프에 의해 일어난다.

③ 압축철근은 장기처짐의 감소에 효과적이다.

④ 탄성처짐의 계산 시 사용하는 $I$는 보의 해석에서 사용되는 $I$를 사용한다.

> **해설** 콘크리트 부재의 처짐을 계산하는 데 사용되는 $I$는 일정하지 않으며, 부재의 균열상태에 따라 각각 다르다. 탄성처짐의 경우 유효 단면2차모멘트($I_e$)를 사용한다.

**04** 철근콘크리트 보의 순간처짐(탄성처짐)에 대한 기술 중 잘못된 것은?

① 사용하중에 의한 모멘트가 균열모멘트보다 적은 경우 단면2차모멘트는 총단면2차모멘트 $I_g$를 사용하여 처짐을 구한다.

② 유효 단면2차모멘트 $I_e$의 값은 균열 단면인 경우 그 단면의 최대 작용모멘트 $M_a$와 무관하다.

③ 처짐량 $\delta = \dfrac{Kwl^2}{EI_e}$ (등분포하중인 경우)로 계산하는데 특정한 단면에서도 $I_e$가 $I_g$보다 클 수는 없다.

④ 연속보에서는 최대 정모멘트와 부모멘트가 발생하는 단면 각각의 $I_e$의 평균값을 유효 단면2차모멘트로 취한다.

> **해설** 유효 단면2차모멘트
> ㉠ $I_e = \left(\dfrac{M_{cr}}{M_a}\right)^3 I_g + \left\{1 - \left(\dfrac{M_{cr}}{M_a}\right)^3\right\} I_{cr} \leq I_g$
> ㉡ $I_e$는 단면의 최대 작용모멘트($M_a$)와 관계있다.

**정답** 1. ③ 2. ③ 3. ④ 4. ②

**05** 처짐에 대한 기술 중 옳지 않은 것은?

① 장기처짐은 순간처짐(탄성처짐)과 크리프와 건조수축에 의한 추가처짐의 합으로 나타난다.

② 일반적으로 추가처짐이 탄성처짐보다는 크게 나타난다.

③ 비구조재(칸막이, 창문 등)에 손상을 주지 않도록 처짐이 제한되어야 한다.

④ 복철근(압축부에 압축철근 배근)으로 하면 추가처짐이 작아진다.

해설 ㉠ 장기처짐은 건조수축과 크리프에 의한 것으로 순간처짐 이후에 발생하는 처짐이다.
㉡ 최종처짐은 탄성처짐($\delta_e$)과 장기처짐($\delta_l$)의 합으로 구한다.

**06** 다음 그림의 등분포하중을 받는 단순지지된 철근콘크리트 보의 최대 처짐은? [단, $I_g = 650,000 \text{cm}^4$, $I_{cr} = 265,000 \text{cm}^4$, $M_{cr} = 70 \text{kN} \cdot \text{m}$, $E_c = 25,000 \text{MPa}$]

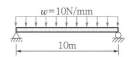

$w = 10 \text{N/mm}$

10m

① 1.387cm  ② 1.565cm
③ 1.794cm  ④ 1.835cm

해설 탄성처짐
㉠ 최대 휨모멘트
$w = 10 \text{N/mm} = 10 \text{kN/m}$
$\therefore M_a = \dfrac{wl^2}{8} = \dfrac{10 \times 10^2}{8} = 125 \text{kN} \cdot \text{m}$

㉡ 유효 단면2차모멘트
$I_e = \left(\dfrac{M_{cr}}{M_a}\right)^3 I_g + \left[1 - \left(\dfrac{M_{cr}}{M_a}\right)^3\right] I_{cr}$
$= \left(\dfrac{70}{125}\right)^3 \times 6.5 \times 10^{-3} + \left[1 - \left(\dfrac{70}{125}\right)^3\right]$
$\times 2.65 \times 10^{-3}$
$= 3.326 \times 10^{-3} \text{m}^4$

㉢ 최대 처짐(탄성처짐)
$\delta_e = \dfrac{5wl^4}{384 E_c I_e}$
$= \dfrac{5 \times 10 \times (10 \times 10^3)^4}{384 \times 25,000 \times 3.326 \times 10^9}$
$= 15.66 \text{mm}$

**07** 다음 그림과 같은 지간 10m인 직사각형 단면의 철근콘크리트 보에 10kN/m의 등분포하중과 100kN의 집중하중이 작용할 때 최대 처짐을 구하기 위한 유효 단면2차모멘트는? [단, 철근을 무시한 콘크리트 전체 단면의 중심축에 대한 단면2차모멘트($I_g$): $6.5 \times 10^9 \text{mm}^4$, 균열 단면의 단면2차모멘트($I_{cr}$): $5.65 \times 10^9 \text{mm}^4$, 외력에 의해 단면에서 휨균열을 일으키는 휨모멘트($M_{cr}$): 140kN · m]

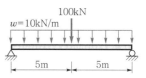

$w = 10 \text{kN/m}$  100kN

5m  5m

① $4.563 \times 10^9 \text{mm}^4$  ② $5.694 \times 10^9 \text{mm}^4$
③ $6.838 \times 10^9 \text{mm}^4$  ④ $7.284 \times 10^9 \text{mm}^4$

해설 유효 단면2차모멘트
㉠ 최대 휨모멘트
$M_a = \dfrac{wl^2}{8} + \dfrac{Pl}{4}$
$= \dfrac{10 \times 10^2}{8} + \dfrac{100 \times 10}{4} = 375 \text{kN} \cdot \text{m}$
$= 375,000,000 \text{N} \cdot \text{mm}$

㉡ 유효 단면2차모멘트
$I_e = \left(\dfrac{M_{cr}}{M_a}\right)^3 I_g + \left[1 - \left(\dfrac{M_{cr}}{M_a}\right)^3\right] I_{cr} < I_g$
$= \left(\dfrac{140,000,000}{375,000,000}\right)^3 \times 6.5 \times 10^9$
$+ \left[1 - \left(\dfrac{140,000,000}{375,000,000}\right)^3\right] \times 5.65 \times 10^9$
$= 5.69423 \times 10^9 \text{mm}^4$
$\therefore I_{cr} < I_e < I_g$

**08** 콘크리트 보의 장기처짐에 대한 기술 중 틀린 것은?

① 즉시처짐 후에 추가로 일어나는 장기처짐은 즉시처짐에 어떤 계수를 곱하여 구할 수 있다.

② 장기처짐은 시간의 경과에 따라 증가하나 5년 이후에는 정지한다고 보아도 된다.

③ 장기처짐의 양은 압축철근량에 영향을 받는다.

④ 장기처짐은 시간이나 압축철근비보다 유효 단면2차모멘트 $I_e$의 영향을 더 많이 받는다.

정답 5. ① 6. ② 7. ② 8. ④

해설 장기처짐
- ㉠ 장기처짐은 탄성처짐에 장기처짐계수를 곱하여 구한다.
- ㉡ 장기처짐은 시간($\xi$)이나 압축철근비($\rho'$)에 영향을 받는다.

해설 장기처짐계수
$$\lambda_\Delta = \frac{\xi}{1+50\rho'} = \frac{2.0}{1+50\times0.01} = 1.3333$$

**09** 시간과 더불어 진행되는 장기처짐은 탄성처짐에 $\lambda_\Delta$ 계수를 곱하여 사용한다. 이때 $\lambda_\Delta$의 값으로 옳은 것은? [단, $\xi$는 지속하중의 재하기간에 따른 계수이고, $\rho'$는 압축철근비를 의미한다.]

① $\lambda_\Delta = \dfrac{\xi}{1+50\rho'}$      ② $\lambda_\Delta = \dfrac{1+50\rho'}{\xi}$

③ $\lambda_\Delta = \dfrac{1+\rho'}{50\xi}$      ④ $\lambda_\Delta = \dfrac{\xi}{50+\rho'}$

해설 장기처짐
- ㉠ 장기처짐량: $\delta_l = \lambda_\Delta\,\delta_e$
- ㉡ 장기처짐계수: $\lambda_\Delta = \dfrac{\xi}{1+50\rho'}$

**12** 휨부재의 강도설계법에서 장기처짐계수는 $\lambda_\Delta = \dfrac{\xi}{1+50\rho'}$로 구한다. 이 식에 대한 설명 중 잘못된 것은?

① $\rho'$은 단순 및 연속 경간에서는 경간 중앙 단면의 압축철근비이다.
② $\rho'$은 캔틸레버보에서는 지지부 단면의 인장철근비이다.
③ $\xi$는 지속하중 재하기간에 따라 달라지는 계수로서 12개월이면 1.4를 사용한다.
④ $\xi$에 2.0을 사용하는 경우는 지속하중의 재하기간이 5년 이상인 경우이다.

해설 장기처짐계수
- ㉠ 압축철근비: $\rho' = \dfrac{A_s{}'}{bd}$
- ㉡ 단순보 및 연속보에서는 경간 중앙 단면의 압축철근비이다.
- ㉢ 캔틸레버보에서는 지지부 단면의 압축철근비이다.

★★★
**10** 지속하중으로 인해 발생되는 장기처짐을 계산하는 식 중에서 지속하중 재하기간에 따르는 계수 $\xi$ 값중 틀린 것은?

① 5년 또는 그 이상일 때 $\xi = 2.8$
② 12개월일 때 $\xi = 1.4$
③ 6개월일 때 $\xi = 1.2$
④ 3개월일 때 $\xi = 1.0$

해설 시간경과계수($\xi$)
- ㉠ 3개월: 1.0       ㉡ 6개월: 1.2
- ㉢ 1년: 1.4        ㉣ 5년 이후: 2.0

★
**13** 단철근 보 단면에 하중이 재하됨과 동시에 탄성처짐이 2cm 생겼다. 이 하중이 지속적으로 작용할 때 추가로 생기는 장기처짐량은 얼마인가? [단, 여기서 하중은 5년 이상 지속적으로 재하된 것으로 본다.]

① 2cm      ② 4cm
③ 6cm      ④ 8cm

해설 장기처짐
- ㉠ 단철근 보이므로 $\rho' = 0$이고, $\xi = 2.0$이므로 $\therefore \lambda_\Delta = 2.0$
- ㉡ 장기처짐 = 탄성처짐 $\times \lambda_\Delta = 2 \times 2.0 = 4$cm

★
**11** 압축철근비가 0.01이고, 인장철근비가 0.003인 철근콘크리트 보에서 장기추가처짐에 대한 계수($\lambda_\Delta$)의 값은? [단, 하중 재하기간은 5년 6개월이다.]

① 0.80      ② 0.933
③ 2.80      ④ 1.333

**14** 하중 재하기간이 5년이 넘은 경우 장기처짐량은 얼마인가? [단, 단기의 순간 탄성처짐량은 30mm 이고, 이 보는 단순 부재로서 중앙 단면의 압축철 근비 $\rho'$는 0.002이다.]

① 10mm      ② 30mm

③ 40mm      ④ 60mm

> **해설** 장기처짐
> ㉠ 장기처짐계수
> $$\lambda_{\Delta} = \frac{\xi}{1+50\rho'} = \frac{2.0}{1+50\times0.02} = 1.0$$
> ㉡ 장기처짐량
> $$\delta_l = \delta_e \lambda_{\Delta} = 30 \times 1.0 = 30\text{mm}$$

**15** $A_s = 3{,}600\text{mm}^2$, $A_s' = 1{,}200\text{mm}^2$로 배근된 다음 그림과 같은 복철근 보의 탄성처짐이 12mm라 할 때 5년 후 지속하중에 의해 유발되는 장기처짐은 얼마인가? [단, 5년 후 지속하중 재하에 따른 계수 $\xi = 2.0$이다.]

① 36mm

② 18mm

③ 12mm

④ 6mm

> **해설** 장기처짐
> ㉠ 압축철근비
> $$\rho' = \frac{A_s'}{bd} = \frac{1{,}200}{200\times300} = 0.02$$
> ㉡ 장기처짐계수
> $$\lambda_{\Delta} = \frac{\xi}{1+50\rho'} = \frac{2.0}{1+50\times0.02} = 1.0$$
> ㉢ 장기처짐
> $$\delta_l = \delta_e \lambda_{\Delta} = 12 \times 1.0 = 12\text{mm}$$

**16** $A_s' = 1{,}400\text{mm}^2$로 배근된 다음 그림과 같은 복철 근 보의 탄성처짐이 10mm라 할 때 1년 후 장기처 짐을 고려한 총처짐량은? [단, 1년 후 지속하중 재 하에 따른 계수 $\xi = 1.4$이다.]

① 10mm

② 13.25mm

③ 16.43mm

④ 18.24mm

> **해설** 최종처짐
> ㉠ 장기처짐
> $$\rho' = \frac{A_s'}{bd} = \frac{1{,}400}{250\times400} = 0.014$$
> $$\xi = 1.4(1년\ 후)$$
> $$\lambda_{\Delta} = \frac{\xi}{1+50\rho'} = \frac{1.4}{1+50\times0.014} = 0.8235$$
> $$\therefore\ \delta_l = \delta_e \lambda_{\Delta} = 10 \times 0.8235 = 8.235\text{mm}$$
> ㉡ 최종처짐
> $$\delta_t = \delta_e + \delta_l = 10 + 8.235 = 18.235\text{mm}$$

**17** 복철근 단순보에서 모든 하중이 지속하중이고 압축 철근비가 0.015일 때 구조수명 중 최대 처짐량은?

① 순간처짐량의 2.00배이다.

② 순간처짐량의 2.14배이다.

③ 순간처짐량의 2.31배이다.

④ 순간처짐량의 2.53배이다.

> **해설** 최종처짐
> ㉠ 장기처짐계수
> $$\xi = 2.0(지속하중)$$
> $$\therefore\ \lambda_{\Delta} = \frac{\xi}{1+50\rho'} = \frac{2.0}{1+50\times0.015} = 1.14$$
> ㉡ 최종처짐 = 탄성처짐 + 탄성처짐 $\times \lambda_{\Delta}$
> $$= (1+\lambda_{\Delta}) \times 탄성처짐$$
> $$= (1+1.14) \times 탄성처짐$$
> $$= 2.14배$$

**18** $b = 350\text{mm}$, $d = 550\text{mm}$인 직사각형 단면의 보에서 지속하중에 의한 순간처짐이 16mm였다. 1년 후 총처 짐량은 얼마인가? [단, $A_s = 2{,}246\text{mm}^2$, $A_s' = 1{,}284\text{mm}^2$, $\xi = 1.4$]

① 20.5mm      ② 32.8mm

③ 42.1mm      ④ 26.5mm

해설 최종처짐
㉠ 장기처짐계수
$$\rho' = \frac{A_s'}{bd} = \frac{1,284}{350 \times 550} = 0.00667$$
$\xi = 1.4$(1년 후)
$$\therefore \lambda_\Delta = \frac{\xi}{1 + 50\rho'}$$
$$= \frac{1.4}{1 + 50 \times 0.00667} = 1.0487$$
㉡ 최종처짐량
$$\delta_t = \delta_e + \delta_l = \delta_e(1 + \lambda_\Delta)$$
$$= 16 \times (1 + 1.0487)$$
$$= 32.7792\text{mm}$$

**19** 지속하중에 의한 탄성처짐이 20mm 발생한 캔틸레 버보의 5년간의 총처짐을 계산하면 얼마인가? [단, 보의 인장철근비는 0.02, 지지부의 압축철근비는 0.01이다.]

① 26.7mm      ② 36.7mm

③ 46.7mm      ④ 56.7mm

해설 최종처짐
㉠ 장기처짐계수
$\xi = 2.0$(5년 후)
$$\therefore \lambda_\Delta = \frac{\xi}{1 + 50\rho'}$$
$$= \frac{2.0}{1 + 50 \times 0.01} = 1.33$$
㉡ 최종처짐
$$\delta_t = \delta_e + \delta_e \lambda_\Delta = 20 + 20 \times 1.33 = 46.67\text{mm}$$

**20** 길이 6m의 단순 철근콘크리트 보에서 처짐을 계산하 지 않아도 되는 보의 최소 두께는 얼마인가? [단, 보통 콘크리트($m_c = 2,300\text{kg/m}^3$)를 사용하며, $f_{ck} = $ 21MPa, $f_y = 400\text{MPa}$이다.]

① 356mm      ② 403mm

③ 376mm      ④ 349mm

해설 단순지지보의 최소 두께($f_y = 400\text{MPa}$인 경우)
$$h = \frac{l}{16} = \frac{6,000}{16} = 375.53\text{mm}$$

**21** 보통 콘크리트 부재의 해당 지속하중에 대한 탄성 처짐이 3cm이었다면 크리프 및 건조수축에 따른 추가적인 장기처짐을 고려한 최종 총처짐량은 얼 마인가? [단, 하중 재하기간은 10년이고, 압축철근 비 $\rho'$은 0.005이다.]

① 7.8cm      ② 6.8cm

③ 5.8cm      ④ 4.8cm

해설 최종처짐
㉠ $\xi = 2.0$(5년 이상)
㉡ 장기처짐
$$\lambda_\Delta = \frac{\xi}{1 + 50\rho'} = \frac{2.0}{1 + 50 \times 0.005} = 1.6$$
$$\therefore \delta_l = \delta_e \lambda_\Delta = 3 \times 1.6 = 4.8\text{cm}$$
㉢ 최종처짐
$$\delta_t = \delta_e + \delta_l = 3 + 4.8 = 7.8\text{cm}$$

***

**22** 보통 골재로 만든 철근콘크리트 보에서 처짐 계산 을 하지 않을 경우에 단순지지된 보의 최소 높이는 경간을 $l$ 이라 할 때 얼마인가? [단, $f_y$ 가 400MPa 인 철근으로 만든 보이다.]

① $\dfrac{l}{11}$      ② $\dfrac{l}{16}$

③ $\dfrac{l}{27}$      ④ $\dfrac{l}{32.5}$

해설 처짐 검토가 불필요한 부재
㉠ 부재의 최소 두께($f_y = 400\text{MPa}$인 경우)

| 경계조건 | 캔틸레버 | 단순지지 | 일단 연속 | 양단 연속 |
|---|---|---|---|---|
| 보 | $l/8$ | $l/16$ | $l/18.5$ | $l/21$ |
| 1방향 슬래브 | $l/10$ | $l/20$ | $l/24$ | $l/28$ |

㉡ $l$ 의 단위는 cm, $f_y \neq 400\text{MPa}$인 경우에는 $h$값 에 $\left(0.43 + \dfrac{f_y}{700}\right)$를 곱한다.

정답   19. ③   20. ③   21. ①   22. ②

**23** 콘크리트 설계기준강도가 24MPa, 철근의 항복강도가 300MPa로 설계된 지간 4m인 단순지지보가 있다. 처짐을 계산하지 않는 경우의 최소 두께는?

① 167mm  ② 200mm

③ 215mm  ④ 250mm

> **해설** 단순지지보의 최소 두께($f_y \neq 400$MPa인 경우)
>
> $$h = \frac{l}{16}\left(0.43 + \frac{f_y}{700}\right)$$
> $$= \frac{4,000}{16} \times \left(0.43 + \frac{300}{700}\right) = 214.6\text{mm}$$

**★**
**24** 길이 6m의 단순 철근콘크리트 보의 처짐을 계산하지 않아도 되는 보의 최소 두께는 얼마인가? [단, $f_{ck} = 21$MPa, $f_y = 350$MPa]

① 349mm  ② 356mm

③ 375mm  ④ 403mm

> **해설** 단순지지보의 최소 두께($f_y \neq 400$MPa인 경우)
>
> $$h = \frac{l}{16}\left(0.43 + \frac{f_y}{700}\right)$$
> $$= \frac{6,000}{16} \times \left(0.43 + \frac{350}{700}\right) = 348.75\text{mm}$$

**★★**
**25** 강도설계법 규준에 의한 1방향 슬래브의 최소 두께 중 틀린 것은? [단, 처짐을 계산하지 않는 경우]

① 단순지지 슬래브 $l/20$

② 일단 연속 슬래브 $l/24$

③ 양단 연속 슬래브 $l/30$

④ 캔틸레버 슬래브 $l/10$

> **해설** 처짐을 계산하지 않는 경우의 최소 두께($h$)
>
> | 경계조건 | 캔틸레버 | 단순지지 | 일단 연속 | 양단 연속 |
> |---|---|---|---|---|
> | 보 | $l/8$ | $l/16$ | $l/18.5$ | $l/21$ |
> | 1방향 슬래브 | $l/10$ | $l/20$ | $l/24$ | $l/28$ |

**26** 과도한 처짐에 의해 손상되기 쉬운 비구조요소를 지지 또는 부착하지 않은 바닥구조의 처짐한계는 다음 중 어느 값 이하가 되어야 하는가? [단, 활하중에 의한 순간처짐]

① $\dfrac{l}{180}$  ② $\dfrac{l}{240}$

③ $\dfrac{l}{360}$  ④ $\dfrac{l}{480}$

> **해설** 장기처짐효과를 고려한 처짐량
>
> | 부재의 형태 | 고려해야 할 처짐 | 처짐한계 |
> |---|---|---|
> | 과도한 처짐에 의해 손상되기 쉬운 비구조요소를 지지 또는 부착하지 않은 평지붕구조 | 활하중 $L$에 의한 순간처짐 | $\dfrac{l}{180}$ |
> | 과도한 처짐에 의해 손상되기 쉬운 비구조요소를 지지 또는 부착하지 않은 바닥구조 | 활하중 $L$에 의한 순간처짐 | $\dfrac{l}{360}$ |
> | 과도한 처짐에 의해 손상되기 쉬운 비구조요소를 지지 또는 부착한 지붕 또는 바닥구조 | 전체 처짐 중에서 비구조요소가 부착된 후에 발생하는 처짐 부분(모든 지속하중에 의한 장기처짐과 추가적인 활하중에 의한 순간처짐의 합) | $\dfrac{l}{480}$ |
> | 과도한 처짐에 의해 손상될 염려가 없는 비구조요소를 지지 또는 부착한 지붕 또는 바닥구조 | | $\dfrac{l}{240}$ |

## 2. 균열

**★★**
**27** 콘크리트의 균열에 대한 기술 중 잘못된 것은?

① 콘크리트의 균열은 균열폭이 문제가 아니라 균열의 수가 문제이다.

② 이형철근을 사용하면 균열폭을 최소로 할 수 있다.

③ 인장측의 철근을 잘 분해하면 균열폭을 최소화할 수 있다.

④ 콘크리트 표면의 균열폭은 철근에 대한 콘크리트 피복두께에 비례한다.

> **해설** 콘크리트의 균열은 균열의 수가 문제가 아니라 균열폭이 문제이다.

> **해설** 보의 깊이가 $h \geq 900mm$인 경우 $h/2$까지 부재 양측면을 따라 균일하게 종방향 표피철근을 배치하여야 한다.

**28** 보의 처짐과 균열에 관한 시방서 규정의 다음 설명 중 맞지 않는 것은?

① 부재의 처짐은 사용하중(service load)에 대하여 검토해야 한다.

② 장기처짐에 영향을 주는 중요요인들은 온도, 습도, 양생조건, 재하 시의 재령, 지속하중의 크기, 압축철근량 등이다.

③ 미세한 균열이 많은 것보다는 몇 개의 넓은 균열이 있는 것이 더 바람직하다.

④ 2방향 구조물에 관한 시방서의 최소 두께에 대한 요구조건이 만족되면 처짐은 계산할 필요가 없다.

> **해설** 구조물의 내구성을 위해서는 폭이 큰 몇 개의 균열보다는 많은 수의 미세한 균열이 바람직하다.

**29** 종방향 표피철근에 대한 설명으로 옳은 것은?

① 보나 장선의 깊이 $h$가 900mm를 초과하면 종방향 표피철근을 인장연단으로부터 $h/2$지점까지 부재 양쪽 측면을 따라 균일하게 배치하여야 한다.

② 보나 장선의 깊이 $h$가 1,000mm를 초과하면 종방향 표피철근을 인장연단으로부터 $h/3$지점까지 부재 양쪽 측면을 따라 균일하게 배치하여야 한다.

③ 보나 장선의 유효깊이 $d$가 900mm를 초과하면 종방향 표피철근을 인장연단으로부터 $d/2$지점까지 부재 양쪽 측면을 따라 균일하게 배치하여야 한다.

④ 보나 장선의 유효깊이 $d$가 1,000mm를 초과하면 종방향 표피철근을 인장연단으로부터 $d/3$지점까지 부재 양쪽 측면을 따라 균일하게 배치하여야 한다.

**30** 철근콘크리트 부재에서 균열폭 제한을 위해 적절한 조치는?

① 가능한 한 지름이 작은 이형철근을 배근한다.

② 가능한 한 콘크리트 피복두께를 두껍게 한다.

③ 가능한 한 배근간격을 넓힌다.

④ 가능한 한 지름이 큰 이형철근을 배근한다.

> **해설** 균열폭을 최소로 하기 위한 조치
> ㉠ 이형철근을 사용한다.
> ㉡ 인장측에 철근을 잘 배치한다.
> ㉢ 콘크리트 피복두께를 될 수 있으면 얇게 한다.
> ㉣ 동일한 철근 단면적에서 굵은 철근보다 가는 철근을 여러 개 사용한다.

**31** 철근콘크리트의 균열에 대한 설명으로 틀린 것은?

① 이형철근을 사용하면 균열폭을 줄일 수 있다.

② 동일 철근량에 대해 가능한 한 지름이 가는 철근을 많이 사용하면 균열을 줄일 수 있다.

③ 가능한 범위 내에서 배근간격이 작을수록 균열폭은 증가한다.

④ 균열폭은 철근의 응력에 비례한다.

> **해설** 철근의 배근간격이 작을수록 균열폭은 작아진다.

**32** 철근콘크리트 구조물의 균열에 대한 설명 중 틀린 것은?

① 이형철근을 사용하면 균열폭을 최소로 할 수 있다.

② 콘크리트 표면의 균열폭은 덮개에 반비례한다.

③ 균열폭은 철근의 응력과 지름에 비례하고, 철근비에 반비례한다.

④ 인장철근에 철근을 잘 분배하면 균열폭을 최소로 할 수 있다.

**정답** 28. ③  29. ①  30. ①  31. ③  32. ②

> **해설** 균열폭은 철근응력, 철근지름, 철근덮개에 비례하고, 철근비에 반비례한다.

---

**33** ★ 전체 깊이가 900mm를 초과하는 휨부재 복부의 양 측면에 부재 축방향으로 배근하는 철근의 명칭은?

① 배력철근　　　　　② 표피철근

③ 피복철근　　　　　④ 연결철근

> **해설** 보나 장선의 $h$가 900mm를 초과하면 종방향 표피 철근을 인장연단으로부터 $h/2$지점까지 부재 양 측면을 따라 균일하게 배치하여야 한다.

---

**34** 단철근 직사각형 보의 폭이 300mm, 유효깊이가 500mm, 높이가 600mm일 때 외력에 의해 단면에서 휨균열을 일으키는 휨모멘트($M_{cr}$)를 구하면? [단, $f_{ck}$ = 24MPa, 콘크리트의 파괴계수($f_r$) = $0.63\lambda\sqrt{f_{ck}}$]

① 45.2kN · m　　　　② 48.9kN · m

③ 52.1kN · m　　　　④ 55.6kN · m

> **해설** 균열모멘트
> $$I_g = \frac{bh^3}{12}, \ y_t = \frac{h}{2}$$
> $$\therefore M_{cr} = \frac{I_g}{y_t}f_r = \frac{I_g}{y_t}\left(0.63\lambda\sqrt{f_{ck}}\right)$$
> $$= \frac{300 \times 600^3}{12 \times 300} \times 0.63 \times 1.0\sqrt{24} \times 10^{-6}$$
> $$= 55.55\text{kN} \cdot \text{m}$$

---

**35** ★★★ 다음 단면의 균열모멘트 $M_{cr}$의 값은? [단, $f_{ck}$ = 25MPa, $f_y$ = 400MPa]

① 16.8kN

② 41.58kN

③ 63.88kN

④ 85.05kN

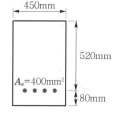

> **해설** 균열모멘트
> $$I_g = \frac{bh^3}{12}, \ y_t = \frac{h}{2}$$
> $$\therefore M_{cr} = \frac{I_g}{y_t}f_r = \frac{I_g}{y_t}\left(0.63\lambda\sqrt{f_{ck}}\right)$$
> $$= \frac{450 \times 600^3}{12 \times 300} \times 0.63 \times 1.0\sqrt{25} \times 10^{-6}$$
> $$= 85.05\text{kN} \cdot \text{m}$$

---

**36** ★★ 보 또는 1방향 슬래브는 휨균열을 제어하기 위하여 휨철근의 배치에 대한 규정으로 콘크리트 인장연단에 가장 가까이 배치되는 휨철근의 중심 간격($s$)을 제한하고 있다. 철근의 항복강도가 300MPa이며 피복두께가 30mm로 설계된 휨철근의 중심 간격($s$)은 얼마 이하로 하여야 하는가? [단, 습윤환경상태이다.]

① 300mm　　　　　② 315mm

③ 345mm　　　　　④ 390mm

> **해설** 표피철근의 배근간격
> ㉠ 계수값
> $$c_c = 30\text{mm}, \ k_{cr} = 210(\text{습윤환경})$$
> $$f_s = \frac{2}{3}f_y = \frac{2}{3} \times 300 = 200\text{MPa}$$
> ㉡ 철근의 중심 간격(최솟값)
> $$s = 375\frac{k_{cr}}{f_s} - 2.5c_c$$
> $$= 375 \times \frac{210}{200} - 2.5 \times 30 = 318.75\text{mm}$$
> $$s = 300\frac{k_{cr}}{f_s} = 300 \times \frac{210}{200} = 315\text{mm}$$
> $$\therefore s = [318.75, \ 315]_{\min} = 315\text{mm}$$

---

**37** ★ 시방서에 규정된 강재의 부식에 대한 환경조건에 의한 철근콘크리트 구조물의 허용 균열폭(mm)을 기술한 것 중 잘못된 것은? [단, $c_c$ : 콘크리트의 최소 피복두께(mm)]

① 건조환경 : $0.006c_c$

② 습윤환경 : $0.005c_c$

③ 부식성 환경 : $0.004c_c$

④ 고부식성 환경 : $0.003c_c$

---

**정답** 33. ②　34. ④　35. ④　36. ②　37. ④

**38** 일반적으로 물을 저장하는 수조 등과 같은 수밀성을 요구하는 구조물의 허용 균열폭은 얼마인가?

① 0.2mm   ② 0.4mm

③ 0.6mm   ④ 0.8mm

해설 **허용 균열폭**

㉠ 일반적인 물(상수도 등 음용수)을 저장하는 수처리구조물의 최소 허용 균열폭은 0.2mm이다.

㉡ 휨인장균열의 허용 균열폭은 0.25mm, 전단면 인장균열의 허용 균열폭은 0.20mm이다.

**★**
**39** 다음 그림과 같은 보의 단면에서 표피철근의 간격 $s$는 약 얼마인가? [단, 습윤환경에 노출되는 경우로서 표피철근의 표면에서 부재 측면까지 최단거리($c_c$)는 50mm, $f_{ck}$=28MPa, $f_y$=400MPa이다.]

① 170mm

② 190mm

③ 220mm

④ 240mm

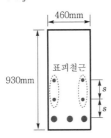

해설 **표피철근의 배근간격**

㉠ 계수

$k_{cr}=210$(습윤환경),  $c_c=50$mm

$f_s=\dfrac{2}{3}f_y=\dfrac{2}{3}\times400=267$MPa

㉡ 철근의 중심 간격(최솟값)

$s=375\dfrac{k_{cr}}{f_s}-2.5c_c$

$=375\times\dfrac{210}{267}-2.5\times50$

$=170$mm

$s=300\dfrac{k_{cr}}{f_s}=300\times\dfrac{210}{267}=236$mm

$\therefore\ s=[170,\ 236]_{\min}=170$mm

## 3. 피로

**★★**
**40** 피로에 대해 기술한 것 중 잘못된 것은?

① 보 및 슬래브의 피로에 대하여는 휨 및 전단에 대하여 검토하는 것이 일반적이다.

② 기둥의 피로에 대해서도 검토하는 것이 원칙이다.

③ 피로의 검토가 필요한 구조 부재에서는 높은 응력을 받는 부분의 철근은 구부리지 않는다.

④ 충격을 포함한 사용활하중에 의한 철근의 응력범위가 130MPa에서 150MPa 사이에 들면 피로에 대해 검토할 필요가 없다.

해설 **피로 검토**

㉠ 보, 슬래브는 휨과 전단에 대하여 검토한다.

㉡ 기둥은 피로에 대하여 검토하지 않아도 좋다.

**41** 다음은 철근콘크리트 구조물의 피로에 대한 안전성 검토에 관한 설명이다. 옳지 않은 것은?

① 하중 중에서 변동하중이 차지하는 비율이 큰 부재는 피로에 대하여 안전성 검토를 하여야 한다.

② 보나 슬래브의 피로는 휨 및 전단에 대하여 검토하여야 한다.

③ 일반적으로 기둥의 피로는 검토하지 않아도 좋다.

④ 피로에 대한 안전성 검토 시에는 활하중의 충격은 고려하지 않는다.

해설 피로에 대한 안전성 검토 시에는 충격을 포함한 사용활하중을 고려한다.

**★**
**42** SD300 철근을 사용하는 철근콘크리트 구조물에서 피로를 고려하지 않아도 되는 철근의 응력범위는 얼마인가?

① 160MPa   ② 150MPa

③ 140MPa   ④ 130MPa

피로를 검토하지 않아도 되는 응력변동범위
　　㉠ SD300 : 130MPa
　　㉡ SD400 이상 : 150MPa

**43** 피로에 대한 콘크리트 구조기준의 규정으로 틀린 설명은?

① 보의 피로는 휨 및 전단에 대하여 검토하여야 한다.
② 일반적인 기둥의 경우 피로를 검토하지 않아도 좋다.
③ 슬래브의 피로는 휨 및 전단에 대하여 검토하여야 한다.
④ 피로의 검토가 필요한 구조 부재는 높은 응력을 받는 부분에서는 반드시 철근을 구부려서 시공하여야 한다.

해설 피로의 검토가 필요한 구조 부재는 높은 응력을 받는 부분에서 철근을 구부리지 않도록 한다.

★★
**44** 피로에 대한 안전성 검토는 철근의 응력범위의 값으로 평가하게 되는데, 이때 철근의 응력범위에 대한 설명으로 옳은 것은?

① 충격을 포함한 사용활하중에 의한 철근의 최대 응력값
② 충격을 포함한 사용활하중에 의한 철근의 최대 응력에서 충격을 포함한 사용활하중에 의한 철근의 최소 응력을 뺀 값
③ 계수하중에 의한 철근의 최대 응력값
④ 충격을 포함한 사용활하중에 의한 철근의 최대 응력에서 고정하중에 의한 철근의 응력을 뺀 값

해설 피로를 검토하지 않아도 되는 응력변동범위
　㉠ 피로에 대한 안전성을 검토할 경우 검토해야 할 철근의 응력범위는 충격을 포함한 사용활하중에 의한 철근의 최대 응력에서 충격을 포함한 사용활하중에 의한 철근의 최소 응력을 뺀 값이다.
　㉡ 계산된 철근의 응력범위가 다음 값 이내에 들면 피로에 대해 검토할 필요가 없다.

| 철근의 종류 | 철근의 인장 및 압축응력 변동범위(MPa) |
|---|---|
| SD300 | 130 |
| SD400 이상 | 150 |

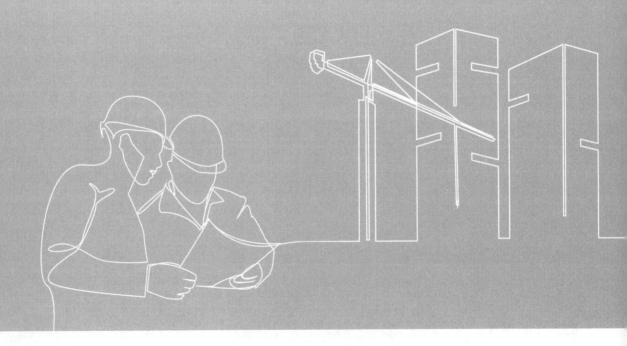

Reinforced Concrete and Steel Structures

# 휨과 압축을 받는
# 부재(기둥)의 해석과 설계

# 휨과 압축을 받는 부재(기둥)의 해석과 설계

## 회독 체크표

| 1회독 | 월 | 일 |
| 2회독 | 월 | 일 |
| 3회독 | 월 | 일 |

## 최근 10년간 출제분석표

| 2015 | 2016 | 2017 | 2018 | 2019 | 2020 | 2021 | 2022 | 2023 | 2024 |
|------|------|------|------|------|------|------|------|------|------|
| 6.7% | 8.3% | 5.0% | 3.3% | 3.3% | 3.3% | 6.7% | 8.3% | 5.0% | 6.7% |

### 출제 POINT

#### 학습 POINT
• 기둥의 정의
• 띠철근 기둥의 구조 세목
• 나선철근 기둥의 구조 세목
• $P-M$ 상관도

■ 주각(pedestal)
① 높이가 단면 최소 치수의 3배 미만인 것
② 기둥은 순수한 축방향 압축하중만을 받는 일은 거의 없고, 축방향 압축과 휨을 동시에 받는 것이 보통이다.

■ 기둥의 종류
① 띠철근 기둥
② 나선철근 기둥
③ 합성기둥
④ 조합기둥
⑤ 기타

## SECTION 1 기둥의 일반

### 1 기둥의 특징

1) 기둥의 정의

① 축방향 압축을 받는 부재를 기둥(column) 또는 압축부재(compression member)라고 한다. 축방향 압축하중을 받는 데 사용하는 부재로서 높이가 단면의 최소 치수의 3배 이상인 것을 기둥이라고 한다.

② 기둥이 보와 일체로 만들어짐으로써 기둥 단부에 걸려오는 모멘트가 발생하거나, 또는 예상하지 않은 편심 축하중 때문에 모멘트가 발생되어 축응력과 휨응력이 동시에 발생한다.

③ 압축부재의 강도는 길이의 영향과 양단의 지지조건의 영향을 크게 받는다. 장주는 좌굴의 영향 때문에 강도가 감소한다.

2) 기둥의 종류

(1) 띠철근 기둥

① 축방향 철근을 적당한 간격의 띠철근(tie)으로 둘러 감은 압축부재를 말한다.

② 단면은 정사각형이나 직사각형이 많이 쓰이며, 원형 단면이나 삼각형 단면이 쓰이기도 한다.

③ 띠철근의 간격은 보통 300~450mm 정도이다.

(2) 나선철근 기둥

① 축방향 철근을 나선철근(spiral)으로 촘촘하게 나선형으로 둘러 감은 압축부재를 말한다.

② 단면은 주로 원형 단면이 쓰인다.

③ 나선철근의 간격(pitch)은 25~75mm 정도이다.

### (3) 합성기둥

① 구조용 강재나 강관을 축방향으로 보강한 압축부재를 말한다.

② 나선철근 기둥의 심부에 구조용 강재를 배치한 기둥(매입형), 강관 속을 콘크리트로 채운 기둥(충전형) 등이 있다.

③ 이때 축방향 철근을 사용해도 좋고 사용하지 않아도 좋다.

### (4) 기타

① 조합기둥

② 중심 축하중을 받는 기둥, 편심 축하중을 받는 기둥

③ 단주, 장주 등

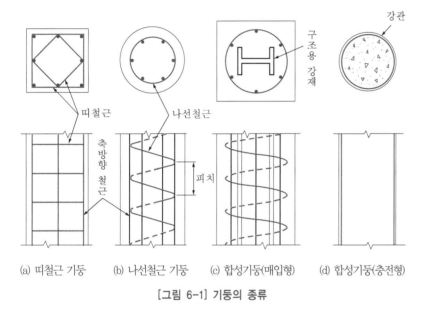

[그림 6-1] 기둥의 종류

(a) 띠철근 기둥　(b) 나선철근 기둥　(c) 합성기둥(매입형)　(d) 합성기둥(충전형)

## ② 기둥의 구조 세목

### 1) 기둥의 주요 구조 세목(제한사항)

| 구분 | | 띠철근 기둥 | 나선철근 기둥 |
|---|---|---|---|
| 축방향 철근 (주철근) | 철근비 | 1~8% | 1~8% |
| | 최소 개수 | • 직사각형, 원형 단면 : 4개 이상<br>• 삼각형 단면 : 3개 이상 | 6개 이상<br>$f_{ck} \geq 21\,\mathrm{MPa}$ |
| | 간격 | • 40mm 이상<br>• 철근지름의 1.5배 이상<br>• 굵은골재 최대 치수 4/3배 이상 | 좌동 |

(계속)

**출제 POINT**

■ 조합기둥

구조용 강재를 용접 철선망으로 보강한 기둥

■ 철근비의 최소 한도(1%)를 둔 이유

① 예상 외의 휨에 대비해야 한다.

② 크리프 및 건조수축의 영향을 감소시키는 효과가 있다.

③ 시공 시 저하되기 쉬운 콘크리트 강도를 일정량 이상의 철근을 사용함으로써 보충한다.

④ 콘크리트의 재료분리로 인한 부분적 결함을 철근으로 보충하기 위해서다.

| 구분 | | 띠철근 기둥 | 나선철근 기둥 |
|---|---|---|---|
| 띠철근 또는 나선철근 (보조철근) | 지름 | • 축철근이 D32 이하일 때 : D10 이상<br>• 축철근이 D35 이상일 때 : D13 이상 | 10mm 이상 |
| | 간격 | • 축철근 지름의 16배 이하<br>• 띠철근 지름의 48배 이하<br>• 기둥 단면의 최소 치수 이하 | 25~75mm |

### 2) 띠철근 기둥

① 축방향 철근의 단면적($A_{st}$)은 $0.01A_g \leq A_{st} \leq 0.08A_g$이다.

$$0.01 \leq \rho_g \leq 0.08 \tag{6.1}$$

여기서, $A_g$ : 기둥의 총단면적

단, 축방향 철근이 겹침이음이 되는 경우에는

$$\rho_g \leq 0.04, \quad A_{st} \leq 0.04A_g$$

② 모서리의 축방향 철근과 하나 건너 위치하고 있는 축방향 철근들은 135° 이하로 구부린 띠철근의 모서리에 의해 횡지지되어야 한다.

③ 확대기초의 상면이나 건물의 각종 바닥 상·하면처럼 기둥이 바닥층이나 보와 접합되는 부위에서는 띠철근의 간격을 다른 부위의 띠철근 간격의 1/2 이하의 간격으로 촘촘히 배치해야 한다.

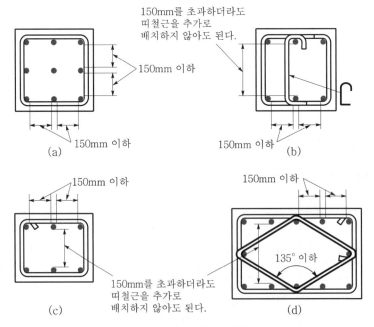

[그림 6-2] 띠철근의 배치

### 3) 나선철근 기둥

① 나선철근 기둥은 촘촘히 감은 나선철근으로 콘크리트의 횡방향 변형을 방지하여 보다 큰 하중을 받을 수 있도록 한 기둥이다.

② 나선철근비는 체적비로 다음과 같다.

$$\rho_s = \frac{\text{나선철근의 체적}}{\text{심부의 체적}} = 0.45 \left( \frac{A_g}{A_{ch}} - 1 \right) \frac{f_{ck}}{f_{yt}} \qquad (6.2)$$

③ 나선철근의 항복강도는 700MPa 이하이어야 한다. 단, 400MPa을 초과하면 겹침이음을 할 수 없다.

④ 나선철근의 정착길이는 나선철근 끝에서 1.5회전 이상 더 연장해야 한다.

⑤ 나선철근의 이음은 용접이음 또는 겹침이음으로 하되, 겹침이음의 길이는 이형철근 또는 철선인 경우 나선철근 지름의 48배 이상, 원형철근 또는 철선인 경우 나선철근 지름의 72배 이상, 또 300mm 이상이어야 한다.

⑥ 나선철근은 수직간격재를 사용하여 단단하고 곧게 조립해야 한다.

### 4) 축방향 철근의 간격과 이음

① 띠철근 기둥의 축방향 철근은 띠철근을 따라 양쪽으로 순간격이 150mm 이하가 되도록 한다.

② 축방향 철근의 이음은 주로 겹침이음이 사용된다.

③ 겹침이음길이 내에 있는 띠철근의 유효 단면적이 $0.0015hs$ 이상인 띠철근 기둥에서는 겹침이음길이를 앞의 값의 83%로 해도 좋으나, 300mm 이상 되어야 한다. 여기서 $h$는 부재의 두께, $s$는 띠철근의 간격이다.

### 5) 합성기둥

① 콘크리트의 설계기준강도는 $f_{ck} > 21\,\text{MPa}$이어야 한다.

② 구조용 강재의 항복강도 $f_y$는 사용할 강재의 최소 항복강도를 취하되 350MPa을 초과하지 않아야 한다.

③ 축방향 철근은 콘크리트 순단면적의 1~8%를 사용해야 한다.

### 6) 축방향 압축과 휨의 조합작용

#### (1) 기둥에서 축하중과 모멘트의 관계

① 축하중이란 기둥의 중심축(도심축)에 따라 작용하는 압축하중을 말한다.

② 축하중만을 받는 기둥은 거의 없으며, 대부분 편심하중을 받는다. 따라서 압축부재는 축방향 압축과 휨을 동시에 받는다.

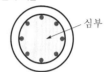

③ 편심거리에 의한 모멘트는 $M = Pe$ 이다. 따라서 모멘트와 축하중의 비를 편심거리($e$)로 나타낼 수 있다.

$$e = \frac{M}{P} \tag{6.3}$$

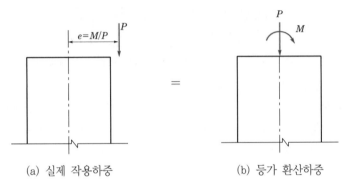

(a) 실제 작용하중    (b) 등가 환산하중

[그림 6-3] 축방향 압축과 휨을 받는 기둥

### (2) $P$-$M$ 상관도

■ $P$-$M$ 상관도
($P$-$M$ interaction diagram)

부재의 압축력 $P$와 휨모멘트 $M$의 관계를 나타낸 그림을 말하며, 기둥강도 상관도(column strength interaction diagram)라고도 한다.

① $P_0$는 중심축 압축강도이고, 이때 $M = 0$이다. $M_0$는 휨강도이고, 이때 $P = 0$이다.

② 압축파괴영역에서 모멘트가 증가하면 축방향 압축력이 감소한다.

③ $P$와 $M$이 이 곡선 안에 들면 기둥이 안전하지만, 곡선 밖으로 나가면 기둥은 파괴된다.

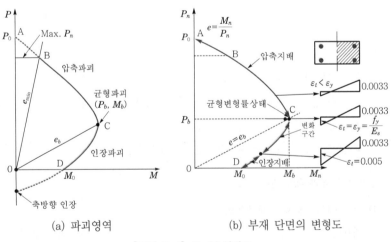

(a) 파괴영역    (b) 부재 단면의 변형도

[그림 6-4] $P$-$M$ 상관도

**(3)** $P$-$M$ 상관도에 의한 지배단면

① $P$와 $M$을 동시에 받는 부재에서 콘크리트의 변형률($\varepsilon_c$)이 0.0033 ($f_{ck} \leq 40\,\mathrm{MPa}$)이 됨과 동시에 철근의 변형률이 항복변형률 $\varepsilon_y$에 도달하는 상태를 균형변형률상태라고 한다.

② 균형변형률상태일 때의 편심거리를 균형편심(평형편심)거리 $e_b$라고 하고, 균형변형률점의 $P$와 $M$을 각각 균형 축하중 강도 $P_b$와 균형모멘트 $M_b$로 나타낸다.

③ 균형변형률상태의 점을 기준으로 위쪽은 압축지배구간, 아래쪽은 변화구간과 인장지배구간으로 구분된다.

출제 POINT

---

**SECTION 2  기둥의 설계**

## 1 기둥의 설계 일반

**1) 설계의 원칙**

**(1) 축방향 압축과 휨을 동시에 받는 압축지배 부재의 설계강도**

$$P_d = \phi P_n \geq P_u \tag{6.4}$$

$$M_d = \phi M_n \geq M_u \tag{6.5}$$

여기서, $P_d$, $M_d$ : 축방향 압축과 휨을 동시에 받는 부재의 설계강도
$P_n$, $M_n$ : 부재 단면이 동시에 발휘할 수 있는 공칭축방향력 및 공칭휨모멘트

**(2) 시공오차 또는 예상치 못한 편심하중에 의한 강도감소**

① 설계기준에서는 이를 고려하기 위해 $\phi P_0$에 다시 계수 $\alpha$를 곱하여 축방향 압축의 최대 설계하중을 구한다.

② 띠철근 기둥 : $\alpha \phi P_0 = 0.80(\phi P_0)$

③ 나선철근 기둥 : $\alpha \phi P_0 = 0.85(\phi P_0)$

**(3) 편심거리에 따른 기둥의 거동**

① 최소 편심거리($e_{\min}$)는 $P$-$M$ 상관도에서 b점에 해당하는 편심거리로, 편심이 작아서 축방향 하중만 작용한다고 볼 수 있는 편심거리, 즉 편심거리를 무시할 수 있는 편심거리이다.

② 균형(평형)편심거리($e_b$)는 $P$-$M$ 상관도에서 c점에 해당하는 편심거리로, 균형변형률상태일 때의 편심거리를 말한다.

■ **학습 POINT**
• 기둥의 설계원칙
• 단주와 장주의 구분
• 횡구속 골조
• 비횡구속 골조
• 편심거리에 따른 기둥의 파괴형태

■ **기둥의 $\alpha$계수**
① 띠철근 기둥 : 0.80
② 나선철근 기둥과 합성기둥 : 0.85

■ **기둥의 강도감소계수($\phi$)**
① 압축지배구간에서 띠철근 기둥은 $\phi = 0.65$, 나선철근 기둥에서는 $\phi = 0.70$이다.
② 인장지배구간에서는 $\phi = 0.85$이다.
③ 변화구간에서는 보와 같이 직선보간법에 의해 $\phi$를 결정해야 한다.

■ **최소 편심거리**
① 띠철근 기둥
$e_{\min} = 0.10t$
② 나선철근 기둥
$e_{\min} = 0.05t$
여기서, $t$ : 부재의 최소 단면치수

③ $e < e_{\min}$인 구간에서 부재의 설계는 $\alpha \phi P_0$로 지배되며, 이때 $M = 0$으로 본다.

④ $e_{\min} < e < e_b$이면 $P_d = \phi P_n$와 $M_d = \phi M_n$의 조합작용에 대하여 설계해야 한다. 이때 부재의 강도는 콘크리트의 압축으로 지배된다.

⑤ $e > e_b$이면 역시 $P_d$와 $M_d$의 조합작용에 대하여 설계해야 하지만, 이때 부재의 강도는 철근의 인장으로 지배된다.

⑥ $P$가 작고 편심이 큰 경우에 부재는 보와 같은 거동을 하게 된다.

## ② 단주와 장주의 구분

### 1) 단주와 장주의 구분

① 기둥은 단주와 장주로 구분된다. 세장비가 어느 한도 이하인 기둥을 단주라 하고, 그 한도를 넘어선 기둥을 장주라 한다. 단주와 장주는 세장비(slenderness ratio)에 의하여 결정된다.

② 단주는 콘크리트의 파쇄나 철근의 항복으로 파괴되지만, 장주는 좌굴(buckling)로 파괴된다.

③ 설계기준에서 단주는 세장의 영향, 압축부재의 장주효과를 무시하고 설계할 수 있다.

### 2) 횡방향 변위가 구속된 경우(횡구속 골조)

① 세장비가 다음 조건을 만족할 경우에는 단주로 설계한다.

$$\lambda = \frac{k l_u}{r} \le 34 - 12\left(\frac{M_1}{M_2}\right) \tag{6.6}$$

② 단, $34 - 12\left(\dfrac{M_1}{M_2}\right) \le 40$이고, 부재가 단일곡률(단곡률)의 경우 $\dfrac{M_1}{M_2}$은 정(+), 부재가 이중곡률(복곡률)의 경우 $\dfrac{M_1}{M_2}$은 부(−)를 취한다.

여기서, $\lambda$ : 기둥의 세장비

    $k$ : 유효길이계수

    $l_u$ : 기둥의 비지지길이

    $r$ : 단면의 최소 회전반지름

    $M_1$ : 압축부재의 계수단모멘트(factored end moment) 중 작은 값

    $M_2$ : 계수단모멘트 중 큰 값

3) 횡방향 변위가 구속되지 않은 경우(비횡구속 골조)

① 세장비가 다음 조건을 만족할 경우에는 단주로 설계한다.

$$\lambda = \frac{kl_u}{r} \leq 22 \tag{6.7}$$

② 단면의 회전반지름 $r$은 근사적 방법으로 사용해도 좋다.

③ 유효길이계수 $k$는 다음에 따른다.

　㉠ 횡방향 상대변위가 없는 기둥 : $k = 1.0$

　㉡ 횡방향 상대변위가 있는 기둥 : 해석에 의해 정한다.

---

**SECTION 3  단주와 장주의 설계**

## 1 단주의 설계

1) 중심 축하중을 받는 단주의 축하중 강도

① 띠철근 기둥의 축하중 강도($\phi = 0.65$, $\alpha = 0.80$)

$$P_d = \phi P_n = \phi \alpha P_0 = \phi\, 0.80 [0.85 f_{ck}(A_g - A_{st}) + f_y A_{st}] \tag{6.8}$$

② 나선철근 기둥의 축하중 강도($\phi = 0.70$, $\alpha = 0.85$)

$$P_d = \phi P_n = \phi \alpha P_0 = \phi\, 0.85 [0.85 f_{ck}(A_g - A_{st}) + f_y A_{st}] \tag{6.9}$$

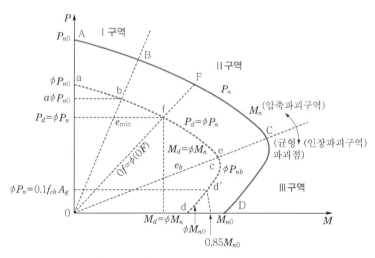

[그림 6-5] 단주의 $P\text{-}M$ 상관도 적용

■ 편심 축하중을 받는 기둥

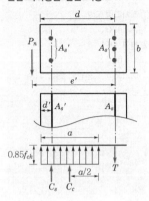

■ 소성중심(plastic centroid)

콘크리트의 전 단면이 균등하게 $0.85f_{ck}$ 의 응력을 받고 철근도 균등하게 항복점 응력 $f_y$ 를 받는다고 가정했을 때의 전체 응력의 합력 작용점

■ 균형상태일 때의 편심 축하중이 작용하 는 경우

① 중립축의 위치

$$c_b = \frac{\varepsilon_c}{\varepsilon_c + \varepsilon_y}d$$
$$= \frac{660}{660+f_y}d$$

② 등가응력직사각형의 깊이

$$a_b = \beta_1 c_b = \beta_1\left(\frac{660}{660+f_y}d\right)$$

2) 압축과 휨(편심 축하중)을 받는 띠철근 기둥

① 공칭축하중 강도

$$P_n = (C_c + C_s - T_s) \tag{6.10}$$

여기서, $C_c = 0.85f_{ck}ab$, $C_s = A_s'f_y$, $T = A_sf_s$

㉠ 압축철근이 항복하기 전의 경우

$$P_n = 0.85f_{ck}ab + A_s'f_y - A_sf_s$$

㉡ 압축철근이 항복한 경우

$$P_n = 0.85f_{ck}ab + A_s'f_y - A_sf_y$$

② 설계축하중강도

$$P_d = \phi P_n = \phi(C_c + C_s - T_s) \tag{6.11}$$

3) 균형상태를 이루는 편심 축하중이 작용하는 균형 축하중($P_b$)과 균형모멘트($M_b$)

① 철근이 대칭으로 배치된 대칭 단면에서 소성 중심은 단면의 중심(도심)이다.

② 균형 축하중($P_b$)

$\sum V = 0$을 적용하면 $P_b = 0.85f_{ck}a_bb + f_yA_s' - f_yA_s$이고, 강도감 소계수를 생각하면

$$\phi P_b = \phi(0.85f_{ck}a_bb + f_yA_s' - f_yA_s) \tag{6.12}$$

③ 균형모멘트($M_b$)

소성 중심에 대하여 $\sum M = 0$을 적용하면

$$M_b = P_be_b$$
$$= 0.85f_{ck}a_bb(d-d') + f_yA_s'(d-d'-d'') + f_yA_sd'' \tag{6.13}$$

따라서

$$\phi M_b = \phi P_be_b$$
$$= \phi[0.85f_{ck}a_bb(d-d') + f_yA_s'(d-d'-d'') + f_yA_sd''] \tag{6.14}$$

④ 균형편심거리($e_b$)

위 식에서 균형편심거리($e_b$)를 구할 수도 있고, $M_b = P_be_b$로부터 구해 도 된다.

$$e_b = \frac{M_b}{P_b} \tag{6.15}$$

⑤ 보는 압축파괴를 피하고 연성파괴를 얻기 위하여 균형보로 하지 않을 수도 있지만, 기둥에서는 압축파괴나 균형파괴를 회피할 수는 없다.

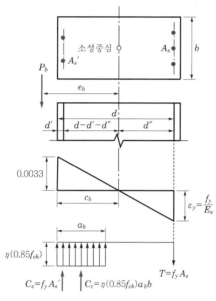

[그림 6-6] 균형변형률상태의 기둥

**출제 POINT**

■ 편심 축하중을 받는 기둥의 응력 상태
① 하중이 편심된 곳의 응력
   • 철근 : 압축응력 상태
   • 콘크리트 : 압축응력 상태
② 편심된 반대면의 응력
   • 철근 : 인장응력 상태
   • 콘크리트의 인장응력은 무시

## ② 장주의 설계

### 1) 장주의 특성

① 장주는 세장의 영향을 받아 좌굴에 의해 파괴되고, 같은 단면치수를 가지는 단주보다 훨씬 작은 하중으로 파괴된다.

② 장주는 가로흔들림(sidesway, 횡방향 상대변위)이 있는 경우와 없는 경우로 나뉜다.

③ 장주효과를 고려할 때, 압축부재는 2계 비선형 해석방법 또는 휨모멘트 확대계수법의 근사 해법에 의해 설계할 수 있다.

### 2) 좌굴현상

① 장단면의 크기에 비해 기둥의 길이가 비교적 긴 기둥은 압축력의 크기가 어느 한도에 달하게 되면 갑자기 불안정한 상태가 되어 옆으로 부풀어 나오면서 휘는 현상이 발생하게 되는데, 이 현상을 좌굴현상(buckling)이라고 한다.

② 장주는 기둥 길이의 영향 때문에 단주보다 더 큰 휨모멘트가 발생하여 좌굴현상이 발생한다. 따라서 그 영향을 고려하여 설계하여야 하며 확대모멘트에 대하여 설계하여야 한다.

## 3) 오일러(Euler)의 장주공식

### (1) 좌굴하중과 좌굴응력

① 좌굴하중(임계하중)

$$P_b = P_{cr} = \frac{\pi^2 EI}{(l_k)^2} = \frac{n\pi^2 EI}{l^2} \tag{6.16}$$

② 좌굴응력(임계응력)

$$f_b = f_{cr} = \frac{P_c}{A} = \frac{n\pi^2 E}{\lambda^2} = \frac{\pi^2 E}{\left(\dfrac{kl_u}{r}\right)^2} \tag{6.17}$$

여기서, $EI$ : 휨강도

$\dfrac{kl_u}{r}$ : 유효세장비

$l_u$ : 기둥의 비지지길이

$k$ : 유효길이계수

$kl_u$ : 기둥의 유효길이

③ 단부조건에 따른 계수

■ 관계식

① 좌굴유효길이
$l_k = kl_u$

② 좌굴강도계수
$n = \dfrac{1}{k^2}$

| 단부조건 | 1단 고정<br>타단 자유 | 양단 힌지 | 1단 고정<br>타단 힌지 | 양단 고정 |
|---|---|---|---|---|
| 지지조건에 따른<br>기둥의 분류 | $kl=2l$ | $kl=l$ | $kl=0.7l$ | $kl=0.5l$ |
| 좌굴유효길이($l_k$) | $2l$ | $1l$ | $0.7l$ | $0.5l$ |
| 좌굴강도계수($n$) | 1/4(1) | 1(4) | 2(8) | 4(16) |

### (2) 기둥의 비지지길이와 유효길이

① 기둥의 비지지길이($l_u$)는 부재 사이의 길이를 말한다.

② 비지지길이는 바닥슬래브나 보를 횡지지할 수 있는 부재 사이의 순길이를 말한다.

③ 기둥머리나 헌치가 있는 경우에는 검토면에서 기둥머리나 헌치의 최하단까지의 길이를 말한다.

④ 기둥의 강도는 기둥을 지지하는 단부조건에 따라 달라지는데, 단부조건 의 영향을 고려한 기둥의 길이를 유효길이($k l_u$)라고 한다.

⑤ 기둥의 유효길이는 변곡점(반곡점)과 변곡점 사이의 길이이다.

### (3) 확대모멘트

① 철근콘크리트 압축부재는 구조의 연속성, 기둥에 편심되어 하중이 작용 할 경우 또는 횡하중 때문에 압축과 동시에 휨을 받는다. 이때 횡방향 변위가 발생한다면 기둥 중앙부에서의 휨모멘트는 압축력과 횡방향 변 위가 일으키는 휨모멘트만큼 확대되게 된다. 축방향 압축력의 영향을 고려한 모멘트를 확대모멘트라 한다.

② 확대모멘트 개념

임의의 점의 모멘트 $M$은 $M = M_0 + Py$이고, 최대 처짐 $\Delta$만큼 처지 는 곳에서 최대 모멘트는 근사적으로

$$M_{\max} = \frac{1}{1 - \dfrac{P}{P_c}} M_0$$

모멘트 확대는 두 단 모멘트의 상대적 크기에 좌우되므로

$$M_{\max} = \frac{C_m}{1 - \dfrac{P}{P_c}} M_0$$

여기서, $M_0$ : 본래의 모멘트, $P$ : 축하중, $P_c$ : 좌굴하중

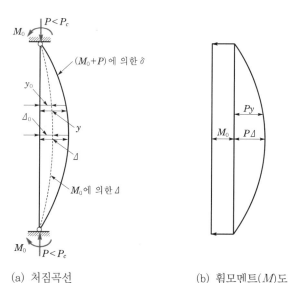

(a) 처짐곡선  (b) 휨모멘트($M$)도

[그림 6-7] 압축과 휨을 받는 장주

출제 POINT

■ 모멘트 확대계수

$$\delta_{ns} = \cfrac{C_m}{1 - \cfrac{P_u}{0.75P_c}} \geq 1.0$$

③ 횡방향 상대변위가 방지된 횡구속 골조의 확대모멘트

$$M_c = \delta_{ns} M_2 = \cfrac{C_m}{1 - \cfrac{P_u}{0.75P_c}} M_2 \tag{6.18}$$

여기서, $M_c$ : 계수축하중과 편심거리에 의해 발생하는 확대모멘트

$\delta_{ns}$ : 모멘트 확대계수 $\left( = \cfrac{C_m}{1 - \cfrac{P_u}{0.75P_c}} \geq 1.0 \right)$

$P_u$ : 계수축방향력

$P_c$ : 양단의 경계조건을 고려한 좌굴하중 $\left( = \cfrac{\pi^2 EI}{(kl_u)^2} \right)$

$C_m$ : 실제 휨모멘트도를 등가 균일분포 휨모멘트도로 치환하는 데 관련된 계수

㉠ 횡방향 상대 변위가 구속되어 있고, 기둥의 양단 사이에 횡방향 하중이 없는 경우

$$C_m = 0.6 + 0.4 \cfrac{M_1}{M_2}$$

㉡ 그 외의 경우

$$C_m = 1.0$$

## 1. 기둥의 일반

**01** 기둥이란 연직 또는 연직에 가까운 축방향 압축력을 받는 부재인데, 이때 길이는 다음 중 얼마이어야 하는가?

① 길이가 단면 최소 치수의 2배 이상
② 길이가 단면 최소 치수의 3배 이상
③ 길이가 단면 최소 치수의 3배 미만
④ 길이가 단면 최소 치수의 2배 미만

> **해설** 기둥의 정의
> ㉠ 기둥: 길이가 단면 최소 치수의 3배 이상인 구조
> ㉡ 주각(받침대): 길이가 단면 최소 치수의 3배 미만인 구조

**02** 기둥의 종류를 잘못 나열한 것은?

① 띠철근 기둥, 나선철근 기둥
② 합성기둥, 조합기둥, 강관 속을 콘크리트로 채운 기둥
③ 중심 축하중을 받는 기둥, 편심 축하중을 받는 기둥
④ 장주, 단주, 받침대

> **해설** 받침대는 기둥이 아니고 주각(pedestal)이다.

**03** 기둥에 같은 양의 축철근을 배근하였을 때 다음 중 어느 것이 축방향 설계강도가 가장 큰가? [단, 기둥 단면, 축방향 철근 단면은 모두 동일하다.]

① 띠철근 기둥
② 나선철근 기둥
③ 나선철근이나 띠철근 없는 축근만의 기둥
④ 기둥길이가 기둥지름의 20배를 넘는 띠철근 기둥

> **해설** 동일 조건에서 축방향 설계강도가 가장 큰 기둥은 나선철근 기둥이다.

**04** 강도설계법으로 철근콘크리트 부재를 설계할 때 사용되는 강도감소계수가 잘못된 것은?

① 휨부재 : 0.85~0.65
② 나선철근 압축부재 : 0.80
③ 전단 : 0.75
④ 무근콘크리트 : 0.55

> **해설** 강도감소계수($\phi$)
> ㉠ 휨부재 : 0.85~0.65
> ㉡ 나선철근 압축부재 : 0.70
> ㉢ 기타 압축부재(띠철근) : 0.65
> ㉣ 무근콘크리트 : 0.55

**05** 콘크리트 구조설계기준에서 띠철근으로 보강된 기둥에 대해서는 감소계수 $\phi=0.65$, 나선철근으로 보강된 기둥에 대해서는 $\phi=0.70$을 적용한다. 그 이유에 대한 설명으로 가장 적당한 것은?

① 콘크리트의 압축강도 측정 시 공시체의 형태가 원형이기 때문이다.
② 나선철근으로 보강된 기둥이 띠철근으로 보강된 기둥보다 연성이나 인성이 크기 때문이다.
③ 나선철근으로 보강된 기둥은 띠철근으로 보강된 기둥보다 골재분리현상이 적기 때문이다.
④ 같은 조건(콘크리트 단면적, 철근 단면적)에서 사각형(띠철근) 기둥이 원형(나선철근) 기둥보다 큰 하중을 견딜 수 있기 때문이다.

> **해설** 나선철근 기둥이 띠철근 기둥보다 연성이나 인성이 크기 때문이다.

**정답** 1. ② 2. ④ 3. ② 4. ② 5. ②

Reinforced Concrete and Steel Structures

**06** 다음 그림과 같은 상단 자유, 하단 고정인 대칭 단면 철근콘크리트 기둥에 하중이 재하(載荷)하지 않은 채 시일이 경과되어 건조상태에 있다. 이 기둥 상부에 대한 다음 설명 중 맞는 것은?

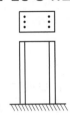

① 철근에는 인장력이 생겼고, 콘크리트에는 압축력이 생겼다.
② 철근에는 압축력이 생겼고, 콘크리트에는 인장력이 생겼다.
③ 재하되지 않았으므로 아무 응력도 생기지 않았다.
④ 기둥이므로 철근과 콘크리트에는 모두 압축력이 생겼다.

> **해설** 콘크리트의 건조수축으로 인해 철근에는 압축력이 발생하고, 철근의 변형에 대한 저항으로 인해 콘크리트는 인장력이 발생한다.

**07** 철근콘크리트 기둥에서 총단면적 $A_g$ =3,000cm², 철근 단면적 $A_s$ =50cm²이고, $n$ =10일 때 탄성한도 내에서의 환산 단면적은? [단, 단기하중이다.]

① 3,300cm²   ② 3,450cm²
③ 3,500cm²   ④ 3,650cm²

> **해설** 환산 단면적(단기하중: $n$)
> $A = A_g + (n-1)A_s = 3,000 + (10-1) \times 50$
> $= 3,450\text{cm}^2$

**08** 철근콘크리트 기둥이 단기하중을 받아서 단면이 변형되어 6.5MPa의 콘크리트 응력이 발생할 때 철근의 응력은? [단, $n$ =9]

① 62.3MPa   ② 58.5MPa
③ 53.5MPa   ④ 60.7MPa

> **해설** 철근의 응력(단기하중)
> $f_s = nf_c = 9 \times 6.5 = 58.5\text{MPa}$

**09** 다음 띠철근 기둥의 단면에 장기하중 1MN이 작용하고 있을 때 기둥에 생기는 콘크리트 응력은? [단, $f_{ck}$ =21MPa, $f_y$ =300MPa이며 유효 환산 단면적을 이용할 것]

① 6.672MPa
② 5.672MPa
③ 4.815MPa
④ 3.672MPa

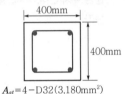

$A_{st}$ =4-D32(3,180mm²)

> **해설** 콘크리트의 응력
> ㉠ 탄성계수비
>    $f_{ck} \leq$ 40MPa인 경우 $\Delta f$ =4MPa
>    $f_{cm} = f_{ck} + \Delta f = 21 + 4 = 25\text{MPa}$
>    $\therefore\ n = \dfrac{E_s}{E_c} = \dfrac{E_s}{8,500\sqrt[3]{f_{cm}}}$
>       $= \dfrac{2.0 \times 10^5}{8,500 \times \sqrt[3]{25}} \fallingdotseq 8.0$
> ㉡ 콘크리트 응력(장기하중)
>    $f_c = \dfrac{P}{A_g + (2n-1)A_{st}}$
>       $= \dfrac{1.0 \times 10^6}{400 \times 400 + (2 \times 8 - 1) \times 3,180}$
>       $= 4.8146\text{MPa}$

**10** 압축응력을 받는 철근콘크리트 부재의 환산 단면적은? [단, 장기하중이 작용. 여기서, $A_c$ : 콘크리트의 순단면적, $A_g$ : 부재의 총단면적, $A_s{}'$ : 압축철근의 단면적, $n$ : 탄성계수비($= E_s/E_c$)]

① $A_c + nA_s{}'$   ② $A_g + 2nA_s{}'$
③ $A_c + (2n-1)A_s{}'$   ④ $A_g + (2n-1)A_s{}'$

> **해설** 환산 단면적(장기하중: $2n$)
> $A = A_c + 2nA_s{}' = A_g + (2n-1)A_s{}'$

**11** 압축철근의 철근 제한에 관한 다음 시방서 규정 중 옳지 않은 것은? [단, 압축부재이다.]

① 나선철근의 설계기준항복강도는 700MPa 이하로 한다.
② 비합성 압축부재의 철근비는 1~6%이다.
③ 축방향 철근의 최소 수는 나선철근을 가진 원형 배치에서는 6개로 한다.
④ 축방향 철근의 최소 수는 띠철근을 가진 사각형 배치에서는 4개로 한다.

> **해설** 압축부재의 축방향 철근비는 1~8%이다.

**12** 기둥 단면을 설계 시 축철근비를 1~8%로 제한한 이유를 잘못 기술한 것은?

① 콘크리트의 크리프와 건조수축의 영향을 최소화하기 위해서이다.
② 철근량이 많으면 비경제적이고 콘크리트치기가 곤란하기 때문이다.
③ 콘크리트를 칠 때 재료분리로 인한 부분적 결함을 보완하기 위해서이다.
④ 기둥은 압축부재이므로 최소 철근량을 배근한 이유는 휨에 대한 보강이 아니고 압축에 부족한 단면을 보강하기 위한 것이다.

> **해설** 축방향 철근비에 제한을 두는 이유
> ㉠ 최소 1%를 두는 이유
> • 예상치 않은 편심으로 인한 휨모멘트에 저항한다.
> • 시공 시 재료분리 등으로 인한 부분적 결함을 보완한다.
> • 콘크리트의 건조수축, 크리프의 영향을 감소시킨다.
> • 너무 적으면 배치효과가 없다.
> ㉡ 최대 8%를 두는 이유
> • 시공에 지장을 초래한다.
> • 비경제적이다.

**13** 나선철근과 띠철근 기둥에서 축방향 철근의 순간격에 대한 설명으로 옳은 것은?

① 25mm 이상, 또한 철근 공칭지름의 0.5배 이상으로 하여야 한다.
② 30mm 이상, 또한 철근 공칭지름의 1배 이상으로 하여야 한다.
③ 40mm 이상, 또한 철근 공칭지름의 1.5배 이상으로 하여야 한다.
④ 50mm 이상, 또한 철근 공칭지름의 2.5배 이상으로 하여야 한다.

> **해설** 축방향 철근의 순간격(최댓값)
> ㉠ 40mm 이상
> ㉡ 철근지름의 1.5배 이상
> ㉢ 굵은골재 최대 치수의 $\frac{4}{3}$배 이상

**14** 철근콘크리트의 기둥에 관한 구조 세목으로 틀린 것은?

① 비합성 압축부재의 축방향 주철근 단면적은 전체 단면적의 0.01배 이상, 0.08배 이하로 하여야 한다.
② 압축부재의 축방향 주철근의 최소 개수는 나선철근으로 둘러싸인 경우 6개로 하여야 한다.
③ 압축부재의 축방향 주철근의 최소 개수는 삼각형 띠철근으로 둘러싸인 경우 3개로 하여야 한다.
④ 띠철근의 수직간격은 축방향 철근지름의 48배 이하, 띠철근이나 철선지름의 16배 이하, 또한 기둥 단면의 최대 치수 이하로 하여야 한다.

> **해설** 띠철근의 수직간격(최솟값)
> ㉠ 축방향 철근지름의 16배 이하
> ㉡ 띠철근지름의 48배 이하
> ㉢ 기둥 단면 최소 치수 이하

**정답** 11. ② 12. ④ 13. ③ 14. ④

**15** 기둥에서 축철근의 순간격 중 옳지 않은 것은?

① 40mm 이상

② 축철근지름의 1.5배 이상

③ 굵은골재 최대 치수의 $\frac{4}{3}$배 이상

④ 단면 최대 치수의 $\frac{1}{3}$ 이상

> **해설** 축방향 철근의 순간격(최댓값)
> ㉠ 40mm 이상
> ㉡ 철근지름의 1.5배 이상
> ㉢ 굵은골재 최대 치수의 $\frac{4}{3}$배 이상

**16** 다음 그림의 띠철근 기둥에서 띠철근으로 D13(공칭지름 12.7mm) 및 축방향 철근으로 D35(공칭지름 34.9mm)의 철근을 사용할 때 띠철근의 최대 수직간격은 얼마인가?

① 200mm

② 300mm

③ 560mm

④ 610mm

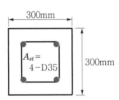

> **해설** 띠철근의 수직간격
> ㉠ 축철근지름의 16배=34.9×16=558.4mm
> ㉡ 띠철근지름의 48배=12.7×48=609.6mm
> ㉢ 기둥 단면 최소 치수=300mm
> ∴ 수직간격=300mm(최솟값)

**17** 압축부재의 축방향 철근이 D32일 때 사용할 수 있는 띠철근의 지름은?

① D6 이상

② D10 이상

③ D13 이상

④ D16 이상

> **해설** 띠철근의 지름
> ㉠ 축방향 철근이 D32 이하일 경우 : D10 이상
> ㉡ 축방향 철근이 D35 이상일 경우 : D13 이상

**18** 다음 그림과 같은 띠철근 기둥에서 띠철근의 최대 간격으로 적당한 것은? [단, D10의 공칭지름은 9.5mm, D32의 공칭지름은 31.8mm]

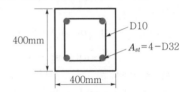

① 400mm

② 450mm

③ 500mm

④ 550mm

> **해설** 띠철근의 수직간격
> ㉠ 축철근지름의 16배=16×31.8=508.8mm
> ㉡ 띠철근지름의 48배=48×9.5=456mm
> ㉢ 기둥 단면 최소 치수=400mm
> ∴ 수직간격=400mm(최솟값)

**19** 다음 그림과 같은 띠철근 압축부재에서 시방서 규정에 적합한 축방향 철근량의 범위는? [단, 단면의 크기에 따른 축방향 철근비의 제한규정에 따라 계산한다.]

① 10~80cm²

② 10~160cm²

③ 20~160cm²

④ 20~80cm²

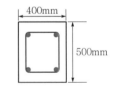

> **해설** 축방향 철근량($A_{st}$)
> $$0.01 \le \rho_g \left( = \frac{A_{st}}{A_g} \right) \le 0.08$$
> $$0.01 \le \frac{A_{st}}{40 \times 50} \le 0.08$$
> $$\therefore 20\text{cm}^2 \le A_{st} \le 160\text{cm}^2$$

**20** 나선철근을 가진 압축부재의 나선철근비($\rho_s$)는?

① 단면적비

② 체적비

③ 강도비

④ 길이비

> **해설** 압축부재의 나선철근비는 체적비로 나타낸다.

**21** 기둥 설계에서 나선철근을 배치하는 이유는 무엇인가?

① 콘크리트의 건조수축에 의한 균열 방지

② 외력에 대한 하중의 응력분포를 고르게 하기 위해서

③ 외력에 대한 하중을 받고, 콘크리트의 균열 방지

④ 축방향 철근의 위치를 확고히 하기 위해서

> **해설** 나선철근의 배치목적은 축방향 철근의 위치 확보 및 축방향 철근을 횡방향으로 결속하여 좌굴을 방지한다.

**22** 나선철근 기둥에 사용되는 콘크리트의 재령 28일 압축강도는 얼마 이상이어야 하는가?

① 18.0MPa ② 20.0MPa

③ 21.0MPa ④ 28.0MPa

> **해설** 콘크리트 압축강도
> $$f_{ck} \geq 21\text{MPa}$$

**23** 나선철근 기둥의 설계에 있어서 나선철근비를 구하는 식으로 옳은 것은? [단, $A_g$ : 기둥의 총단면적, $A_{ch}$ : 나선철근 기둥의 심부 단면적, $f_{yt}$ : 나선철근의 설계기준항복강도, $f_{ck}$ : 콘크리트의 설계기준강도]

① $0.45\left(\dfrac{A_g}{A_{ch}}-1\right)\dfrac{f_{yt}}{f_{ck}}$  ② $0.45\left(\dfrac{A_g}{A_{ch}}-1\right)\dfrac{f_{ck}}{f_{yt}}$

③ $0.45\left(1-\dfrac{A_g}{A_{ch}}\right)\dfrac{f_{ck}}{f_{yt}}$  ④ $0.85\left(\dfrac{A_{ch}}{A_g}-1\right)\dfrac{f_{ck}}{f_{yt}}$

> **해설** 나선철근비(체적비)
> $$\rho_s = \frac{\text{나선철근의 체적}}{\text{심부의 체적}} = 0.45\left(\frac{A_g}{A_{ch}}-1\right)\frac{f_{ck}}{f_{yt}}$$

**24** 나선철근 단주의 나선철근비를 나타내는 것은?

① $\dfrac{\text{나선철근의 전체적}}{\text{심부의 체적}}$

② $\dfrac{\text{나선철근의 전면적}}{\text{심부의 면적}}$

③ $\dfrac{\text{심부의 면적}}{\text{나선철근의 전면적}}$

④ $\dfrac{\text{심부의 체적}}{\text{나선철근의 전체적}}$

> **해설** 나선철근비(체적비)
> $$\rho_s = \frac{\text{나선철근의 체적}}{\text{심부의 체적}} = 0.45\left(\frac{A_g}{A_{ch}}-1\right)\frac{f_{ck}}{f_{yt}}$$

**25** 다음 그림과 같은 원형 철근 기둥에서 콘크리트 구조기준에서 요구하는 최대 나선철근의 간격은 약 얼마인가? [단, $f_{ck}$ =28MPa, $f_{yt}$ =400MPa, D10 철근의 공칭 단면적은 71.3mm²이다.]

① 38mm ② 42mm

③ 45mm ④ 56mm

> **해설** 나선철근의 간격
> ㉠ $\rho_s \geq 0.45\left(\dfrac{A_g}{A_{ch}}-1\right)\dfrac{f_{ck}}{f_{yt}}$
> $$= 0.45 \times \left(\frac{400^2}{300^2}-1\right) \times \frac{28}{400} = 0.0245$$
> ㉡ $\rho_s = \dfrac{\text{나선철근의 체적}}{\text{심부의 체적}}$
> $$= \frac{4 \times 71.3 \times \pi \times 300}{\pi \times 300^2 \times s} = 0.0245$$
> $\therefore\ s = 38.8\text{mm}$

**26** 나선철근 압축부재 단면의 심부지름이 400mm, 기둥 단면의 지름이 500mm인 나선철근 기둥의 나선철근비는 최소 얼마 이상이어야 하는가? [단, 나선철근의 설계기준항복강도 $(f_{yt})$=400MPa, $f_{ck}$=21MPa]

① 0.0133  ② 0.0201
③ 0.0248  ④ 0.0304

> **해설** 나선철근비(체적비)
> $$\rho_s = 0.45\left(\frac{A_g}{A_{ch}}-1\right)\frac{f_{ck}}{f_{yt}}$$
> $$= 0.45 \times \left[\left(\frac{500}{400}\right)^2 -1\right] \times \frac{21}{400} = 0.01329$$

**27** 강도설계법으로 다음 그림과 같은 나선철근 기둥에서 나선철근의 최소 철근비는 얼마 이상이어야 하는가? [단, $f_{ck}$=21MPa, $f_y$=300MPa]

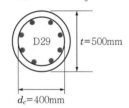

D29  $t$=500mm
$d_c$=400mm

① 1.77%  ② 1%
③ 2.05%  ④ 0.88%

> **해설** 나선철근비(체적비)
> $$\rho_s \geq 0.45\left(\frac{A_g}{A_{ch}}-1\right)\frac{f_{ck}}{f_{yt}}$$
> $$= 0.45 \times \left(\frac{\frac{\pi \times 50^2}{4}}{\frac{\pi \times 40^2}{4}}-1\right) \times \frac{21}{300}$$
> $$= 0.0177 = 1.77\%$$

**28** 40cm×45cm의 직사각형 나선철근 기둥을 등가원형 기둥으로 보고 설계해야 한다. 이때 등가원형 기둥으로 환산한 단면적은 얼마인가?

① 1,257cm² ② 1,350cm²
③ 1,450.2cm² ④ 1,589.6cm²

> **해설** 환산단면적
> ㉠ 최소 부재치수를 지름으로 하는 원형 단면으로 고려한다.
> ㉡ 환산 단면적
> $$A = \frac{\pi D^2}{4} = \frac{\pi \times 40^2}{4} = 1,256.6cm^2$$

**29** 나선철근 기둥의 나선철근의 순간격에 대한 기술 중 맞는 것은?

① 축철근지름의 16배 이하
② 나선철근지름의 48배 이하
③ 심부지름의 $\frac{1}{6}$ 이하
④ 25mm 이상, 75mm 이하

> **해설** 나선철근기둥에서 나선철근의 순간격은 25~75mm 이다.

**30** 나선철근 기둥의 심부지름 35cm, 기둥 단면의 지름 45cm인 단면에 나선철근 D10(0.713cm²)을 배근할 때 피치를 구하면? [단, $f_{ck}$=28MPa, $f_y$=400MPa]

① 3.0cm  ② 3.5cm
③ 4.0cm  ④ 4.5cm

> **해설** 나선철근의 간격
> ㉠ $\rho_s \geq 0.45\left(\frac{A_g}{A_{ch}}-1\right)\frac{f_{ck}}{f_{yt}}$
> $$= 0.45 \times \left(\frac{\pi \times 45^2}{\pi \times 35^2}-1\right) \times \frac{28}{400} = 0.0206$$
> ㉡ $\rho_s = \frac{나선철근의 체적}{심부의 체적}$
> $$= \frac{4 \times 0.713 \times \pi \times 35}{\pi \times 35^2 \times s} \geq 0.0206$$
> $\therefore s = 3.96cm$

**31** 지름이 40cm인 원형 기둥의 세장비는 얼마인가? [단, 기둥의 유효길이 $l$=5m이다.]

① 30  ② 35
③ 45  ④ 50

**해설** 기둥의 세장비

**해설** 기둥의 세장비

㉠ 정해

$$\lambda = \frac{l}{r} = \frac{l}{\sqrt{\dfrac{I}{A}}} = \frac{l}{\dfrac{D}{4}} = \frac{4l}{D}$$

$$= \frac{4 \times 500}{40} = 50$$

㉡ 근사해

$$r \fallingdotseq 0.25t = 0.25 \times 40 = 10\text{cm}$$

$$\therefore \lambda = \frac{l}{r} = \frac{500}{10} = 50$$

---

## 2. 기둥의 설계

**32** 휨과 축방향 압축을 동시에 받는 부재는 다음 관계를 만족하도록 설계해야 한다. 옳은 것은?

① $P_u > \phi P_n$, $M_u > \phi M_n$

② $P_u < \phi P_n$, $M_u < \phi M_n$

③ $P_u \leq \phi P_n$, $M_u \leq \phi M_n$

④ $P_u \geq \phi P_n$, $M_u \geq \phi M_n$

> **해설** 기둥의 설계원리
> 휨과 축방향 압축을 동시에 받는 부재는 휨에 대해서도 안정해야 하고, 축방향 압축에 대해서도 안정해야 한다.
> $\therefore P_u \leq \phi P_n$, $M_u \leq \phi M_n$

---

**★**
**33** 강도설계법에서 인장으로 지배되는 경우로서 인장철근이 먼저 항복할 때는 다음 중 어느 경우인가?
[단, $e$ : 편심거리, $e_b$ : 균형편심거리, $P_b$ : 균형하중, $P_u$ : 계수하중]

① $e < e_b$, $P_u < P_b$인 경우

② $e > e_b$, $P_u < P_b$인 경우

③ $e > e_b$, $P_u > P_b$인 경우

④ $e < e_b$, $P_u > P_b$인 경우

---

> **해설** 편심거리에 따른 기둥의 파괴형태
> ㉠ $e < e_b(P_u > P_b)$ : 압축파괴
> ㉡ $e = e_b(P_u = P_b)$ : 균형(평형)파괴
> ㉢ $e > e_b(P_u < P_b)$ : 인장파괴

**★**
**34** 강재의 압축부재에 대한 설명으로 옳은 것은?

① 축방향 압축강도($P_c$)의 단면 계산에서 리벳이나 볼트 구멍을 제외한 순단면적을 사용한다.

② 축방향 압축강도($P_c$)의 단면 계산에서 총단면적을 사용한다.

③ 축방향 압축강도($P_c$)의 계산에서 응력은 휨응력만 계산한다.

④ 압축부재가 길이에 비해 단면이 작으면 세장비가 작아져서 좌굴파괴를 일으킨다.

> **해설** 강재의 압축부재는 총단면적($A_g$)을 사용하고, 인장부재는 순단면적($A_n$)을 사용한다.

---

**★★★**
**35** 축하중과 휨모멘트를 받는 기둥에서 평형편심($e_b$)과 실제 편심($e$)과의 조건에 따른 실제 사항 중 틀린 것은?

① $e < e_b$이면 $e$ 가 아무리 적어도 $e = e_{min}$(최소 편심)으로 보고 설계한다.

② $e < e_b$이면 그 기둥의 강도는 압축으로 지배된다.

③ $e > e_b$이면 그 기둥의 강도는 인장으로 지배된다.

④ $e > e_b$이면 그 기둥의 강도는 압축으로 지배된다.

> **해설** 편심거리에 따른 기둥의 파괴형태
> ㉠ $e < e_b(P_u > P_b)$ : 압축파괴
> ㉡ $e = e_b(P_u = P_b)$ : 평형(균형)파괴
> ㉢ $e > e_b(P_u < P_b)$ : 인장파괴

---

**정답** 32. ③  33. ②  34. ②  35. ④

## 3. 단주

**★★★**
**36** 압축부재의 축방향 설계강도 $\phi P_n$은 다음 값을 초과할 수 없다. 이 중 띠철근 압축부재에 대한 것은?

① $\phi P_n = 0.85\phi_c[0.85f_{ck}(A_g - A_{st}) + f_y A_{st}]$

② $\phi P_n = 0.85\phi_c[f_{ck}(A_g - A_{st}) + f_y A_{st}]$

③ $\phi P_n = 0.80\phi_c[f_{ck}(A_g - A_{st}) + f_y A_{st}]$

④ $\phi P_n = 0.80\phi_c[0.85f_{ck}(A_g - A_{st}) + f_y A_{st}]$

> **해설** 압축부재의 축방향 설계강도($\phi P_n$)
> $$P_d = \alpha\phi_c P_n$$
> $$= \alpha\phi_c[0.85f_{ck}(A_g - A_{st}) + f_y A_{st}]$$
> ㉠ 띠철근 기둥: $\alpha = 0.80$, $\phi_c = 0.65$
> ㉡ 나선철근 기둥: $\alpha = 0.85$, $\phi_c = 0.70$

**★**
**37** 다음 그림과 같은 띠철근 기둥의 공칭축강도($P_n$)는 얼마인가? [단, $f_{ck} = 24$MPa, $f_y = 300$MPa, 종방향 철근의 총단면적 $A_{st} = 2{,}027$mm²이다.]

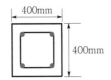

① 2,145.7kN      ② 2,279.2kN

③ 3,064.6kN      ④ 3,492.2kN

> **해설** 띠철근 기둥의 공칭축강도($P_n$)
> $$P_n = \alpha[0.85f_{ck}(A_g - A_{st}) + f_y A_{st}]$$
> $$= 0.80 \times [0.85 \times 24 \times (400 \times 400 - 2{,}027)$$
> $$+ 300 \times 2{,}027] \times 10^{-3} = 3{,}064.5994\text{kN}$$

**38** 직사각형 기둥(300mm×450mm)인 띠철근 단주의 공칭축강도($P_n$)는 얼마인가? [단, $f_{ck} = 28$MPa, $f_y = 400$MPa, $A_{st} = 3{,}854$mm²]

① 2,611.2kN      ② 3,263.2kN

③ 3,730.3kN      ④ 3,963.4kN

> **해설** 띠철근 기둥의 공칭축강도($P_n$)
> $$P_n = \alpha[0.85f_{ck}(A_g - A_{st}) + A_{st} f_y]$$
> $$= 0.80 \times [0.85 \times 28 \times (300 \times 450 - 3{,}854)$$
> $$+ 3{,}854 \times 400] \times 10^{-3}$$
> $$= 3{,}730.3\text{kN}$$

**39** $0.85f_{ck}(A_g - A_c)$는 무엇을 나타낸 식인가? [단, 여기서 $A_g$는 기둥의 총단면적이고, $A_c$는 심부 콘크리트의 단면적이다.]

① 심부 콘크리트의 극한강도

② 나선철근비

③ 나선철근의 허용축하중

④ 외곽부 콘크리트의 극한강도

> **해설** $0.85f_{ck}(A_g - A_c)$는 외곽부 콘크리트의 극한강도를 나타낸 식이다.

**★★★**
**40** 강도설계법에 의한 나선압축부재의 최대 설계강도 $\phi P_n$은?

① $\phi P_n = 0.80\phi[0.85f_{ck}A_g - A_y A_{st}]$

② $\phi P_n = 0.85\phi[0.85f_{ck}A_g + f_y A_{st}]$

③ $\phi P_n = 0.80\phi[0.85f_{ck}(A_g - A_{st}) + f_y A_{st}]$

④ $\phi P_n = 0.85\phi[0.85f_{ck}(A_g - A_{st}) + f_y A_{st}]$

> **해설** 나선철근 기둥의 최대 설계강도($\phi P_n$)
> ㉠ 나선철근 기둥의 $\alpha = 0.85$, $\phi = 0.70$
> ㉡ $\phi P_n = \alpha\phi P_n$
> $$= 0.85\phi[0.85f_{ck}(A_g - A_{st}) + f_y A_{st}]$$

**★**
**41** $A_g = 180{,}000$mm², $f_{ck} = 24$MPa, $f_y = 350$MPa이고 종방향 철근의 총단면적($A_{st}$)=4,500mm²인 나선철근 기둥(단주)의 공칭축강도($P_n$)는?

① 2,987.7kN      ② 3,067.4kN

③ 3,873.2kN      ④ 4,381.9kN

**정답** 36. ④  37. ③  38. ③  39. ④  40. ④  41. ④

**해설** 나선철근 기둥의 공칭축강도($P_n$)

$$P_n = \alpha[0.85f_{ck}(A_g - A_{st}) + f_y A_{st}]$$
$$= 0.85 \times [0.85 \times 24 \times (180{,}000 - 4{,}500)$$
$$+ 350 \times 4{,}500] \times 10^{-3}$$
$$= 4{,}381.9\text{kN}$$

**42** 다음 그림과 같은 나선철근 단주의 공칭 중심 축하중($P_n$)은? [단, $f_{ck}$=28MPa, $f_y$=350MPa, 축방향 철근은 8-D25($A_s$=4,050mm²)를 사용한다.]

① 1,786kN

② 2,551kN

③ 3,450kN

④ 3,665kN

400mm

**해설** 나선철근 기둥의 공칭 중심 축하중($P_n$)

$$P_n = \alpha[0.85f_{ck}(A_g - A_{st}) + f_y A_{st}]$$
$$= 0.85 \times \left[0.85 \times 28 \times \left(\frac{\pi \times 400^2}{4} - 4{,}050\right)\right.$$
$$\left. + 350 \times 4{,}050\right] \times 10^{-3}$$
$$= 3{,}665.12\text{kN}$$

**★★**
**43** 강도설계에 의한 나선철근 기둥의 설계축하중강도($\phi P_n$)는 얼마인가? [단, 기둥의 $A_g$=200,000mm², $A_{st}$=6-D35=5,700mm², $f_{ck}$=21MPa, $f_y$=300MPa, $\phi$=0.70]

① 2,957kN　　② 3,000kN

③ 3,081kN　　④ 3,201kN

**해설** 나선철근 기둥의 설계축하중강도($\phi P_n$)

㉠ 공칭축하중강도($P_n$)
$$P_n = \alpha[0.85f_{ck}(A_g - A_{st}) + f_y A_{st}]$$
$$= 0.85 \times [0.85 \times 21 \times (200{,}000 - 5{,}700)$$
$$+ 300 \times 5{,}700] \times 10^{-3}$$
$$= 4{,}401.52\text{kN}$$

㉡ 설계축하중강도($\phi P_n$)
$$P_d = \phi P_n = 0.70 \times 4{,}401.52 = 3{,}081.06\text{kN}$$

**44** 다음 그림과 같은 나선철근 단주의 극한 중심 축하중 $P_u$는 얼마인가? [단, $f_{ck}$=28MPa, $f_y$=350MPa, 축방향 철근은 D25-8개($A_s$=40.5cm²)를 사용한다.]

① 1,787kN

② 1,914kN

③ 1,987kN

④ 2,006kN

300mm

**해설** 나선철근 기둥의 극한 중심 축하중강도($P_u$)

$$P_d = \alpha\phi P_n \geq P_u$$
$$= \alpha\phi[0.85f_{ck}(A_g - A_{st}) + f_y A_{st}]$$
$$= 0.85 \times 0.70$$
$$\times \left[0.85 \times 28 \times \left(\frac{\pi \times 300^2}{4} - 4{,}050\right)\right.$$
$$\left. + 350 \times 4{,}050\right] \times 10^{-3}$$
$$\fallingdotseq 1{,}787\text{kN}$$

**★★**
**45** 다음 그림 (a)의 단면을 갖는 축방향 압축부재의 변형률 분포가 그림 (b)와 같을 때 편심 축하중 $P_n$의 크기는? [단, $f_{ck}$=28MPa, $f_y$=400MPa, $E_s$=$2.0 \times 10^5$MPa, $A_s$=$A_s'$=20.28cm², 압축응력의 분포는 Whitney의 직사각형 분포로 가정한다.]

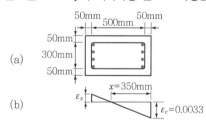

① 2,640.8kN　　② 2,778.5kN

③ 2,885.9kN　　④ 2,832.2kN

**해설** 공칭축하중강도(편심 축하중이 작용하는 경우)

$$a = \beta_1 c = 0.85 \times 350 = 297.5\text{mm}$$
$$\therefore P_n = C_c + C_s - T_s$$
$$= 0.85f_{ck}ab + A_s'f_y - A_s f_y$$
$$= 0.85 \times 28 \times 297.5 \times 400 \times 10^{-3}$$
$$= 2{,}832.2\text{kN}$$

**★**
**46** 다음 그림과 같은 띠철근 단주의 균형상태에서 축
방향 공칭하중($P_b$)은 얼마인가? [단, $f_{ck} = 27$MPa,
$f_y = 400$MPa, $A_{st} = 4-D35 = 3,800$mm²]

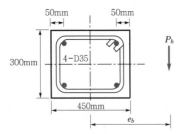

① 1,327.9kN
② 1,520.0kN
③ 3,645.2kN
④ 5,165.3kN

> **해설** 설띠철근 기둥의 공칭축하중강도
> ㉠ 균형상태일 때 등가깊이($a$)
> $f_{ck} \le 40$MPa인 경우
> $\varepsilon_{cu} = 0.0033$, $\eta = 1.0$, $\beta_1 = 0.80$
> $$C_b = \frac{\varepsilon_{cu}}{\varepsilon_{cu} + \varepsilon_y}d$$
> $$= \frac{0.0033}{0.0033 + 0.002} \times (450 - 50)$$
> $$= 249\text{mm}$$
> $$\therefore a = \beta_1 c = 0.80 \times 249 = 199.2\text{mm}$$
> ㉡ 콘크리트의 압축강도($C_c$)
> $$C_c = \eta(0.85 f_{ck})ab$$
> $$= 1.0 \times 0.85 \times 27 \times 199.2 \times 300 \times 10^{-3}$$
> $$= 1,371.49\text{kN}$$
> ㉢ 철근의 인장강도($T_s$)
> $$T_s = A_s f_y = \frac{3,800}{2} \times 400 \times 10^{-3} = 760\text{kN}$$
> ㉣ 철근의 압축강도($C_s$)
> $$\varepsilon_s{}' = 0.0033 \times \frac{(C_b - d')}{C_b}$$
> $$= 0.0033 \times \frac{(249 - 50)}{249} = 0.00264 > \varepsilon_y$$
> ∴ 압축철근이 항복한다.
> $$\therefore C_s = A_s{}'f_y - \eta(0.85 f_{ck})A_s{}'$$
> $$= (1,900 \times 400 - 1.0 \times 0.85$$
> $$\times 27 \times 1,900) \times 10^{-3} = 716.40\text{kN}$$
> ㉤ 균형상태일 때 공칭축하중 강도($P_b$)
> $$P_b = C_c + C_s - T_s$$
> $$= 1,371.49 + 716.40 - 760.00$$
> $$= 1,327.89\text{kN}$$
>
> [관련기준] KDS 14 20 20[2022] 4.1.2 (7)

## 4. 장주

**47** 기둥연결부에서 단면치수가 변하는 경우에 배치되
는 구부린 주철근은?

① 옵셋굽힘철근
② 연결철근
③ 종방향 철근
④ 인장타이

> **해설** 장주의 주철근
> ㉠ 옵셋굽힘철근(offset bent bar) : 상·하 기둥연
> 결부에서 단면치수가 변하는 경우에 구부린
> 주철근
> ㉡ 인장타이(tension tie) : 스트럿-타이 모델에서
> 주인장력 경로로 선택되어 철근이나 긴장재가
> 배치되는 인장부재
> ㉢ 연결철근(cross tie) : 기둥 단면에서 외곽타이
> 안에 배치되는 타이

**★**
**48** 다음 철근콘크리트 기둥 중에서 장주의 영향을 무
시하여도 좋은 것은?

① 비횡구속 골조의 압축부재로서 유효세장비가
22인 부재
② 횡구속 골조의 압축부재로서 유효세장비가
35인 부재
③ 횡구속 골조의 양단 힌지인 압축부재로서 유
효세장비가 24인 부재
④ 비횡구속 골조의 압축부재로서 유효세장비가
35인 부재

> **해설** 장주와 단주의 구분
> ㉠ 횡방향 변위가 구속된 경우(횡구속 골조)
> $$\lambda \le 34 - 12\left(\frac{M_1}{M_2}\right) \le 40 \Rightarrow \text{단주}$$
> 여기서, $\lambda$ : 유효세장비
> $M_1$ : 압축부재의 계수단모멘트 중 작
> 은 값
> $M_2$ : 압축부재의 계수단모멘트 중 큰 값
> ㉡ 횡방향 변위가 구속되지 않은 경우(비횡구속
> 골조)
> $\lambda \le 22 \Rightarrow$ 단주
> ㉢ ③에서 횡방향으로 구속된 압축부재의 양단이
> 힌지이므로 $M_1 = M_2 = 0$이다. 따라서 $\lambda \le 34$
> 이면 장주의 영향을 무시한다.

**49** 기둥의 양단이 고정되고 횡방향 상대변위(sidesway)가 방지되어 있는 경우의 유효길이는 얼마인가? [단, 기둥길이는 $l$이다.]

① $0.5l$      ② $0.7l$

③ $1.0l$      ④ $2.0l$

> **해설** 기둥의 유효길이(양단 고정)
> $$l_k = kl = 0.5l$$

★
**50** 장주의 좌굴하중(임계하중)은 오일러공식으로부터 $P_{cr} = \dfrac{\pi^2 EI}{(kl)^2}$ 이다. 기둥의 양단이 힌지일 때 이론적인 $k$의 값은 얼마인가?

① $0.5$      ② $0.7$

③ $1.0$      ④ $2.0$

> **해설** 유효길이계수
>
> | 경계조건 | $k$(이론) | 경계조건 | $k$(이론) |
> | --- | --- | --- | --- |
> | 고정-고정 | 0.5 | 단순-단순 | 1.0 |
> | 고정-단순 | 0.7 | 고정-자유 | 2.0 |

★★
**51** 철골압축재의 좌굴 안정성에 대한 설명 중 틀린 것은?

① 좌굴길이가 길수록 유리하다.

② 힌지지지보다 고정지지가 유리하다.

③ 단면2차모멘트가 클수록 유리하다.

④ 단면2차반지름이 클수록 유리하다.

> **해설** 오일러의 좌굴현상
> ㉠ 좌굴하중(임계하중)
> $$P_b = \frac{\pi^2 EI}{(kl)^2} = \frac{n\pi^2 EI}{l^2}$$
> ㉡ 좌굴응력(임계응력)
> $$\sigma_b = \frac{n\pi^2 E}{\lambda^2} = \frac{\pi^2 E}{\left(\dfrac{kl}{r}\right)^2}$$

**52** 횡방향 상대변위가 방지되어 있는 압축부재의 유효길이계수 $k$값은?

① $1.0$      ② $1.1$

③ $1.2$      ④ $1.3$

> **해설** 기둥의 유효길이(양단 힌지)
> $$l_k = kl = 1.0l$$

★
**53** 양단이 단순지지된 다음 그림과 같은 단면을 갖는 기둥의 오일러 좌굴하중은 얼마인가? [단, 기둥의 길이는 $L = 6\text{m}$이며, 탄성계수 $E = 2.0 \times 10^5$MPa이다.]

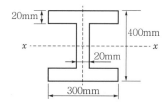

① $3,568\text{kN}$      ② $4,548\text{kN}$

③ $4,948\text{kN}$      ④ $5,408\text{kN}$

> **해설** 장주의 좌굴하중
> ㉠ 단면2차모멘트
> $$I_x = \frac{30 \times 40^3}{12} - \frac{28 \times 36^3}{12} = 51,136\text{cm}^4$$
> $$I_y = \frac{40 \times 30^3}{12} - 2 \times \left(\frac{36 \times 14^3}{12} + 36 \times 14 \times 8^2\right)$$
> $$= 9,024\text{cm}^4$$
> ㉡ 좌굴하중
> 양단 단순지지인 경우 $k = 1.0$
> $$\therefore P_{cr} = \frac{\pi^2 EI_{\min}}{(kl)^2}$$
> $$= \frac{\pi^2 \times 2.0 \times 10^5 \times 9,024 \times 10^4}{(1.0 \times 6 \times 1,000)^2} \times 10^{-3}$$
> $$= 4,948\text{kN} = 4.9\text{MN}$$

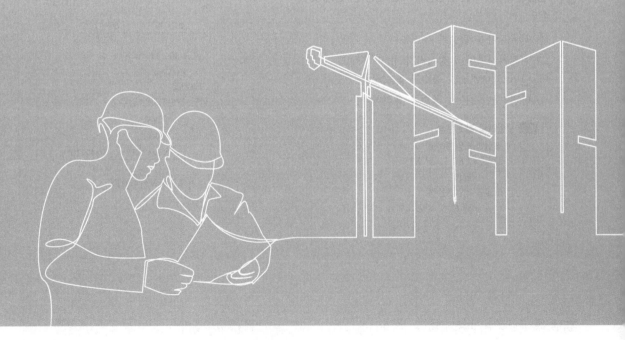

Reinforced Concrete and Steel Structures

# 슬래브, 확대기초 및 옹벽의 설계

# CHAPTER 07 슬래브, 확대기초 및 옹벽의 설계

**최근 10년간 출제분석표**

| 2015 | 2016 | 2017 | 2018 | 2019 | 2020 | 2021 | 2022 | 2023 | 2024 |
|------|------|------|------|------|------|------|------|------|------|
| 13.3% | 11.7% | 6.7% | 8.4% | 13.3% | 15.0% | 15.0% | 11.7% | 6.7% | 11.7% |

---

📝 **출제 POINT**

💬 **학습 POINT**

- 슬래브의 구조에 따른 분류
- 슬래브의 설계방법
- 1방향 슬래브의 모멘트계수
- 1방향 슬래브의 구조 상세
  (최소 두께, 철근 간격, 철근비)
- 2방향 슬래브의 하중 분배
- 2방향 슬래브의 하중 환산
- 직접설계법의 제한사항
- 정역학적 계수모멘트의 분배
- 2방향 슬래브의 구조 상세

■ 구조에 따른 분류

주철근 배치에 따라
① 1방향 슬래브
② 2방향 슬래브
③ 다방향 슬래브

■ 슬래브 경간

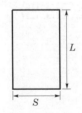

① $S$ : 단변 방향의 경간
② $L$ : 장변 방향의 경간

---

**SECTION 1 슬래브**

## 1 슬래브의 일반

### 1) 슬래브의 정의 및 종류

**(1) 슬래브의 정의**

① 구조물의 바닥이나 천장을 구성하고 있는 판 형상의 구조로서, 두께에 비하여 폭이 넓은 판 모양의 보를 슬래브(slab)라고 한다.

② 수평하게 놓인 넓은 평판으로 상·하면이 서로 나란하거나 거의 나란한 것을 말하며, 보, 콘크리트 벽체, 강재 부재, 기둥 또는 지반에 의해 지지된다.

**(2) 슬래브의 구조에 따른 분류**

① 1방향 슬래브

주철근을 1방향으로 배치한 슬래브로, 마주 보는 두 변에 의하여 지지되는 슬래브이다. 이때 주철근은 단변 방향으로만 배치된다. 이는 단변 방향의 하중분담률이 크기 때문이다.

$$\frac{L}{S} \geq 2.0 \qquad (7.1)$$

② 2방향 슬래브

주철근을 2방향으로 배치한 슬래브로 네 변으로 지지되는 슬래브로서, 서로 직교하는 두 방향으로 주철근을 배치한 슬래브이다.

$$1 \leq \frac{L}{S} < 2, \ \ 1 \geq \frac{S}{L} > 0.5 \qquad (7.2)$$

③ 다방향 슬래브

　　주철근을 3방향 이상으로 배치한 슬래브를 말한다.

④ 플랫 슬래브(flat slab)

　　㉠ 보 없이 기둥만으로 지지된 슬래브이다.

　　㉡ 받침판(drop panel, 지판)과 기둥머리(column capital)가 있다.

　　㉢ 기둥 주위의 전단력과 부휨모멘트에 의해 유발되는 큰 응력을 감소

　　　시키기 위해 설치한다.

⑤ 평판 슬래브(flat plate slab)

　　㉠ 순수하게 기둥만으로 지지된 슬래브이다.

　　㉡ 받침판(지판)과 기둥머리가 없다.

　　㉢ 하중이 크지 않거나 경간이 짧은 경우에 사용된다.

⑥ 격자 슬래브(워플 슬래브)

　　㉠ 격자 모양으로 비교적 작은 리브가 붙은 철근콘크리트 슬래브이다.

　　㉡ 슬래브의 자중을 줄이기 위해 사각형 모양의 빈 공간을 갖는 2방향

　　　장선구조로 되어 있다.

⑦ 장선 슬래브

　　좁은 간격의 보(장선, rib)와 슬래브가 강결되어 있는 슬래브이다.

**출제 POINT**

■ **지지조건에 따른 분류**

① 단순 슬래브
② 고정 슬래브
③ 연속 슬래브

■ **지지변수에 따른 분류**

① 1변 지지 슬래브(캔틸레버 슬래브)
② 2변 지지 슬래브
③ 3변 지지 슬래브
④ 4변 지지 슬래브

■ **단순지지의 1방향 슬래브**

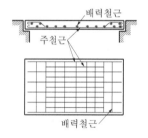

(a) 1방향 슬래브　　　(b) 2방향 슬래브　　　(c) 1방향 슬래브

(d) 플랫 플레이트　　　(e) 플랫 슬래브　　　(f) 격자 슬래브

[그림 7-1] 슬래브의 종류

## 2) 슬래브의 설계방법 ◆

판 이론(plate theory)에 의하여 설계하는 것이 원칙이지만 너무 복잡하기 때문에 근사 해법에 의해 설계하는 것이 보통이다.

### (1) 1방향 슬래브
① 1방향 슬래브는 폭이 넓은 보와 같다고 생각하고 보로서 설계한다.
② 단변을 경간으로 하는 폭이 1m인 직사각형 단면의 보로 보고 설계한다.

### (2) 2방향 슬래브
① 허용응력설계법에서는 근사 해법에 의해 설계해왔다.
② 강도설계법에서는 직접설계법(direct design method) 또는 등가골조법(equivalent ftame method, 등가뼈대법)에 의해 설계하도록 하고 있다.

### (3) 슬래브의 경간
① 단순 교량의 경간은 받침부 중심 간 거리로 한다.
② 받침부와 일체로 되어 있지 않은 슬래브에서는 순경간에 슬래브 중앙의 두께를 더한 값을 경간으로 하되, 그 값이 받침부 중심 간 거리를 넘어서는 안 된다.
③ 골조 또는 연속부재는 받침부(지지부) 중심 간 거리로 한다.
④ 연속 슬래브의 응력 계산에서 휨모멘트를 구할 때는 받침부 중심 간 거리를 경간으로 하되, 단면설계에서는 순경간 내면에서의 휨모멘트를 사용한다.
⑤ 지지보와 일체로 된 3m 이하의 순경간을 갖는 슬래브는 지지 폭이 없는 것으로 보고, 순경간을 경간으로 하는 연속보로 설계한다.

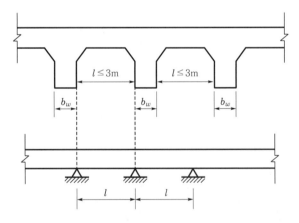

[그림 7-2] 3m 이하인 연속 슬래브의 계산 경간

## 2 1방향 슬래브의 설계

### 1) 모멘트계수와 전단력계수

#### (1) 1방향 슬래브의 해석

① 1방향 슬래브는 탄성이론에 의한 정밀 해석으로 휨모멘트를 구해야 하지만, 콘크리트 구조기준에서는 설계의 편의를 위해 근사적인 모멘트와 전단력을 주고 있다.

② 다만, 이 값들은 활하중이 사하중의 3배 이하인 계수 등분포하중 $w_u$를 받는 2경간 이상의 연속보 또는 1방향 슬래브에 적용되며, 단면의 크기가 일정한 경우에 한하여 적용된다.

#### (2) 모멘트계수

① 계수휨모멘트

$$M_u = C w_u l_n^2 \tag{7.3}$$

| 모멘트를 구하는 위치 및 조건 | | | $C$ |
|---|---|---|---|
| 경간 내부 (정모멘트) | 최외측 경간 | 외측 단부가 구속되지 않은 경우 | $\dfrac{1}{11}$ |
| | | 외측 단부가 받침부와 일체로 된 경우 | $\dfrac{1}{14}$ |
| | 내부경간 | | $\dfrac{1}{16}$ |
| 지점부 (부모멘트) | 받침부와 일체로 된 최외측지점 | 받침부가 테두리보나 구형인 경우 | $-\dfrac{1}{24}$ |
| | | 받침부가 기둥인 경우 | $-\dfrac{1}{16}$ |
| | 첫 번째 내부지점 외측 경간부 | 2개의 경간일 때 | $-\dfrac{1}{9}$ |
| | | 3개 이상의 경간일 때 | $-\dfrac{1}{10}$ |
| | 내측지점(첫 번째 내부지점 내측 경간부 포함) | | $-\dfrac{1}{11}$ |
| | 경간이 3m 이하인 슬래브의 내측지점 | | $-\dfrac{1}{12}$ |

■ 계수휨모멘트
① 최외측 경간(단부 비구속)
$$M_u = \dfrac{1}{11} w_u l_n^2$$
② 최외측 경간(단부와 받침부 일체)
$$M_u = \dfrac{1}{14} w_u l_n^2$$
③ 내부 경간
$$M_u = \dfrac{1}{16} w_u l_n^2$$
④ 내측지점(첫 번째 내부지점 내측)
$$M_u = -\dfrac{1}{11} w_u l_n^2$$

② 슬래브 양단부의 보의 처짐이 서로 다를 때는 그 영향을 고려하여야 한다.

#### (3) 계산된 모멘트값의 수정

① 활하중에 의한 경간 중앙의 부모멘트는 산정된 값의 1/2만 취한다.

② 경간 중앙의 정모멘트는 양단 고정으로 보고 계산한 값 이상으로 취해야 한다.

출제 POINT

③ 순경간이 3.0m를 초과하는 경우, 순경간 내면의 모멘트는 순경간을 경간으로 하여 계산한 고정단 휨모멘트 이상으로 적용해야 한다.

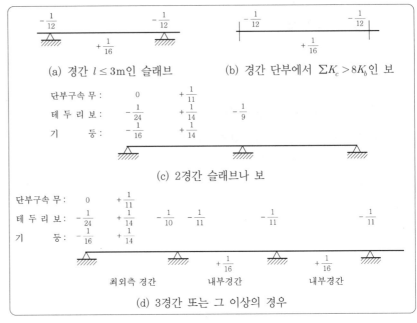

[그림 7-3] 모멘트계수

**(4) 전단력계수**

① 첫 번째 내부 받침부 외측면의 전단력 : $1.15\dfrac{w_u l_n}{2}$

② 이 외의 받침부의 전단력 : $\dfrac{w_u l_n}{2}$

**(5) 1방향 슬래브의 전단**

① 슬래브의 휨설계는 단변을 경간으로 하고, 폭이 1m인 직사각형 단면의 보로 설계한다. 그러므로 전단에 대한 검사방법도 보의 경우에 준한다.

② 일반적으로 슬래브에서 전단이 설계를 지배하는 일은 거의 없다.

③ 1방향 슬래브의 전단에 대한 위험단면은 보의 경우에 준한다. 즉 지점에서 $d$만큼 떨어진 주변이다.

④ 1방향 슬래브의 전단응력은 보와 동일하고, 사인장 전단파괴가 발생한다.

■ 1방향 슬래브의 전단에 대한 위험단면

지점에서 $d$만큼 떨어진 단면

■ 1방향 슬래브의 전단응력

$v = \dfrac{V}{bd} = \dfrac{V}{b_w d}$

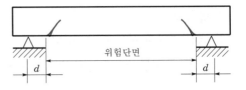

[그림 7-4] 1방향 슬래브의 전단에 대한 위험단면

## 2) 1방향 슬래브의 구조 상세(구조 세목)

① 1방향 슬래브의 두께는 과다처짐을 방지하거나 해로운 처짐을 피하기 위하여 다음 값 이상이어야 하고, 또 100mm 이상이어야 한다.

　㉠ $f_y = 400\text{MPa}$ 철근을 사용한 경우

| 부재 | 캔틸레버 | 단순지지 | 일단 연속 | 양단 연속 |
|------|---------|---------|----------|----------|
| 1방향 슬래브 | $\dfrac{l}{10}$ | $\dfrac{l}{20}$ | $\dfrac{l}{24}$ | $\dfrac{l}{28}$ |

　여기서, $l$ : 경간길이(mm)

　㉡ $f_y = 400\,\text{MPa}$ 이외의 경우

$$\text{계산된 } h \times \left(0.43 + \frac{f_y}{700}\right) \tag{7.4}$$

　㉢ 경량콘크리트에 대해서는 계산된 $h \times (1.65 - 0.00031 m_c)$로 구한다. 단, $(1.65 - 0.00031 m_c) \geq 1.09$이어야 한다.

② 주철근(정·부 철근)의 간격

　㉠ 최대 모멘트 발생 단면 : 슬래브 두께의 2배 이하, 300mm 이하

　㉡ 기타 단면 : 슬래브 두께의 3배 이하, 450mm 이하

③ 정·부 모멘트 철근에 직각 방향으로 수축·온도 철근을 배치하여야 한다. 수축·온도 철근의 배치간격은 슬래브 두께의 5배 이하, 450mm 이하이다.

④ 수축·온도 철근으로 배근되는 이형철근의 철근비는 다음 값 이상이어야 한다.

　㉠ 설계기준항복강도가 400MPa 이하인 이형철근을 사용한 슬래브 : 0.0020

　㉡ 항복변형률이 0.0035일 때 철근의 설계기준항복강도가 400MPa을 초과한 슬래브 : $0.0020 \times \dfrac{400}{f_y}$

　㉢ 어느 경우에도 0.0014 이상

⑤ 슬래브 끝의 단순 받침부에서도 내민슬래브에 의하여 부모멘트가 일어나는 경우에는 이에 상응하는 철근을 배치하여야 한다.

⑥ 슬래브의 단변 방향 보의 상부에 부모멘트로 인해 발생하는 균열을 방지하기 위하여 슬래브의 장변 방향으로 슬래브 상부에 철근을 배치하여야 한다.

■ **수축·온도 이형철근의 철근비**

① $f_y \leq 400\,\text{MPa}$ : 0.0020

② $\varepsilon_y = 0.0035,\ f_y > 400\,\text{MPa}$ :

　$0.0020 \times \dfrac{400}{f_y}$

③ 어느 경우에도 0.0014 이상

출제 POINT

■ 2방향 슬래브

$1 \leq \dfrac{L}{S} < 2$인 경우에는 2방향 슬래브로 설계한다.

■ 주열대와 중간대

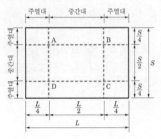

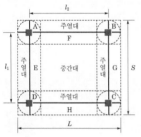

■ 2방향 슬래브의 하중 분배

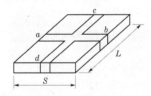

# ③ 2방향 슬래브의 설계

## 1) 2방향 슬래브의 설계절차

### (1) 설계대의 구분

① 주열대(column strip)와 중간대(middle strip)로 나누어 각 대에 각각 균일한 크기의 모멘트가 작용하는 것으로 생각하여 설계한다.

② 주열대

주열대는 기둥 중심선 양쪽으로 $0.25l_2$와 $0.25l_1$ 중 작은 값을 한쪽의 폭으로 하는 슬래브의 영역을 가리킨다. 받침부 사이의 보는 주열대에 포함한다.

③ 중간대

중간대는 두 주열대 사이의 슬래브 영역을 가리킨다.

### (2) 해석 및 설계방법

① 횡방향 변위가 발생하는 골조의 횡력 해석을 위한 부재의 강성은 철근과 균열의 영향을 고려하여야 한다.

② 슬래브 시스템이 횡하중을 받는 경우 횡력 해석과 연직하중의 해석결과를 조합하여야 한다.

③ 슬래브와 보가 있을 경우 받침부 사이의 보는 모든 단면에서 발생하는 계수휨모멘트에 저항할 수 있도록 설계하여야 한다.

④ 설계기준에서는 보의 유무에 관계없이 모든 2방향 슬래브는 직접설계법 또는 등가골조법(등가뼈대법)에 의해 설계하도록 하고 있다.

### (3) 2방향 슬래브의 하중 분배

서로 직교하는 두 슬래브대의 교차점 $e$의 처짐은 같다.

① 등분포하중이 작용하는 경우

$$w_L = \frac{wS^4}{L^4 + S^4}, \quad w_S = \frac{wL^4}{L^4 + S^4} \tag{7.5}$$

② 집중하중이 작용하는 경우

$$P_L = \frac{PS^3}{L^3 + S^3}, \quad P_S = \frac{PL^3}{L^3 + S^3} \tag{7.6}$$

여기서, $P_L,\ w_L$ : 긴 변이 부담하는 하중

$P_S,\ w_S$ : 짧은 변이 부담하는 하중

### (4) 2방향 슬래브의 지지보가 받는 하중의 환산

2방향 직사각형 슬래브의 지지보에 작용하는 등분포하중은 네 모서리에서 변과 45°의 각을 이루는 선과 슬래브의 장변에 평행한 중심선의 교차점으로 둘러싸인 삼각형 또는 사다리꼴의 분포하중을 받는 것으로 환산한다.

① 단경간($S$)에 대하여

$$w_S{}' = \frac{wS}{3} \tag{7.7}$$

② 장경간($L$)에 대하여

$$w_L{}' = \frac{wS}{3 \cdot}\left(\frac{3 - m^2}{2}\right), \ m = \frac{S}{L} \tag{7.8}$$

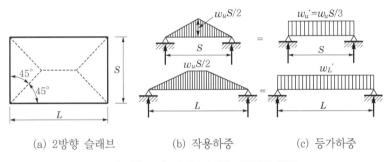

(a) 2방향 슬래브    (b) 작용하중    (c) 등가하중

**[그림 7-5] 지지보가 받는 하중의 환산**

### 2) 2방향 슬래브의 직접설계법

#### (1) 직접설계법의 제한사항

① 규정(제한사항)을 만족하는 슬래브 시스템은 직접설계법을 사용하여 설계할 수 있다.

② 모든 변에서 보가 슬래브를 지지할 경우 직교하는 두 방향에서 보의 상대강성은 다음을 만족하여야 한다.

$$0.2 \leq \frac{\alpha_1 l_2{}^2}{\alpha_2 l_1{}^2} \leq 5.0$$

#### (2) 전체 정적 계수휨모멘트

① 각 경간의 전체 정적 계수휨모멘트는 받침부 중심선 양측의 슬래브 판 중심선을 경계로 하는 설계대 내에서 산정하여야 한다.

② 정계수 휨모멘트와 평균 부계수 휨모멘트의 절댓값의 합은 어느 방향에서나 다음 값 이상으로 하여야 한다.

■2방향 슬래브의 직접설계법의 제한사항

① 각 방향으로 3경간 이상이 연속되어야 한다.

② 슬래브 판들은 단변 경간에 대한 장변 경간의 비가 2 이하인 직사각형이어야 한다.

③ 각 방향으로 연속된 받침부 중심 간 경간 길이의 차이는 긴 경간의 1/3 이하이어야 한다.

④ 연속한 기둥 중심선으로부터 기둥의 이탈은 이탈 방향 경간의 최대 10%까지 허용한다.

⑤ 모든 하중은 연직하중으로서 슬래브 판 전체에 등분포되는 것으로 간주한다. 활하중은 고정하중의 2배 이하이어야 한다.

■ 정역학적 계수휨모멘트의 분배

① 부계수 휨모멘트: $0.65M_o$(65% 분배)
② 정계수 휨모멘트: $0.35M_o$(35% 분배)
③ 전체 정적 계수휨모멘트

$$M_o = \frac{w_u l_2 l_n^2}{8}$$

여기서, 순경간 $l_n \geq 0.65l_1$

$$M_o = \frac{w_u l_2 l_n^{\,2}}{8} \tag{7.9}$$

③ 받침부 중심선 양측 슬래브 판의 직각 방향 경간이 다른 경우, $l_2$는 이들 횡방향 두 경간의 평균값으로 하여야 한다.

④ 가장자리에 인접하고 그에 평행한 경간의 $l_2$는 가장자리부터 슬래브 판 중심선까지 거리로 하여야 한다.

⑤ 순경간 $l_n$은 기둥, 기둥머리, 브래킷 또는 벽체의 내면 사이의 거리이다. $l_n$은 $0.65 l_1$ 이상으로 하여야 한다. 원형이나 정다각형 받침부는 같은 단면적의 정사각형 받침부로 취급하여야 한다.

### (3) 정계수 및 부계수 휨모멘트

① 부계수 휨모멘트는 직사각형 받침부 면에 위치하는 것으로 한다. 원형이나 정다각형 받침부는 같은 단면적의 정사각형 받침부로 취급할 수 있다.

② 내부경간에서는 전체 정적 계수휨모멘트 $M_o$를 다음과 같은 비율로 분배하여야 한다.

ㄱ 부계수 휨모멘트

$$0.65 M_o (65\% \text{ 분배}) \tag{7.10}$$

ㄴ 정계수 휨모멘트

$$0.35 M_o (35\% \text{ 분배}) \tag{7.11}$$

### (4) 연속 휨부재의 모멘트 재분배

① 근사 해법에 의해 휨모멘트를 계산한 경우를 제외하고, 어떠한 가정의 하중을 적용하여 탄성이론에 의하여 산정한 연속 휨부재 받침부의 부모멘트는 20% 이내에서 $1,000\varepsilon_t [\%]$만큼 증가 또는 감소시킬 수 있다.

② 경간 내의 단면에 대한 휨모멘트의 계산은 수정된 부모멘트를 사용하여야 하며, 휨모멘트 재분배 이후에도 정적평형은 유지되어야 한다.

③ 휨모멘트의 재분배는 휨모멘트를 감소시킬 단면에서 최외단 인장철근의 순인장변형률 $\varepsilon_t$가 0.0075 이상인 경우에만 가능하다.

### (5) 2방향 슬래브의 전단

① 등분포하중을 받는 2방향 슬래브가 보 또는 벽체로 지지되어 있을 때는 보의 경우에 따른다. 이와 같은 2방향 슬래브는 전단응력이 작으며, 특히 4변 지지인 경우에는 거의 전단보강이 필요하지 않다.

② 2방향 슬래브가 플랫 슬래브나 또는 평판 슬래브와 같이 보 없이 기둥으로 지지되거나, 기초판(확대기초)과 같이 집중하중을 받는 경우에는 기둥 둘레의 전단력이 매우 크고 복잡하다.

■ 전단파괴

① 1방향 슬래브: 사인장 전단파괴
② 2방향 슬래브: 펀칭 전단파괴

③ 2방향 슬래브의 전단파괴는 펀칭 전단파괴(punching shear failure)가 일어난다.

④ 2방향 슬래브의 전단에 대한 위험단면은 집중하중이나 집중반력을 받는 면의 $d/2$만큼 떨어진 주변이다.

⑤ 2방향 슬래브의 전단응력

$$v = \frac{V}{bd} = \frac{V}{b_w d} = \frac{V}{b_o d} \qquad (7.12)$$

여기서, $b_o$ : 위험단면의 둘레길이

■ 위험단면의 둘레길이
$$b_o = 2(x+d) + 2(y+d)$$
$$= 4(t+d)$$

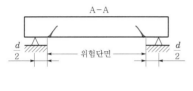 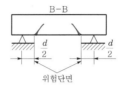

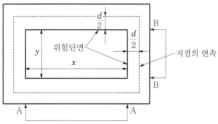

[그림 7-6] 2방향 슬래브의 전단에 대한 위험단면

## 3) 2방향 슬래브의 구조 상세(구조 세목)

### (1) 소요철근량과 간격

① 2방향 슬래브 시스템의 각 방향의 철근 단면적은 위험단면의 휨모멘트에 의해 결정하며, 요구되는 최소 철근량은 다음 값 이상이어야 한다. 1방향 슬래브와 같다.

   ㉠ 설계기준항복강도가 400MPa 이하인 이형철근을 사용한 슬래브 : 0.0020

   ㉡ 항복변형률이 0.0035일 때 철근의 설계기준항복강도가 400MPa을 초과한 슬래브 : $0.0020 \times \dfrac{400}{f_y}$

   ㉢ 어느 경우에도 0.0014 이상

② 위험단면에서 철근의 간격은 슬래브 두께의 2배 이하, 또한 300mm 이하로 하여야 한다. 다만, 와플구조나 리브구조로 된 부분은 예외로 한다.

### (2) 철근의 정착

① 불연속 단부에 직각 방향인 정모멘트에 대한 철근은 슬래브의 끝까지 연

■ 최소 철근비
① $f_y \leq 400\,\mathrm{MPa}$ : 0.0020
② $\varepsilon_y = 0.0035,\ f_y > 400\,\mathrm{MPa}$ :
  $0.0020 \times \dfrac{400}{f_y}$
③ 어느 경우에도 0.0014 이상

장하여 직선 또는 갈고리로 150mm 이상 테두리보, 기둥 또는 벽체 속에 묻어야 한다.

② 불연속 단부에 직각 방향인 정모멘트에 대한 철근은 구부림, 갈고리 또는 다른 방법으로, 받침부 면에서 테두리보, 기둥 또는 벽체 속으로 정착하여야 한다.

③ 불연속 단부에서 슬래브가 테두리보나 벽체로 지지되어 있지 않은 경우 또는 슬래브가 받침부를 지나 캔틸레버로 되어 있는 경우에는 철근을 슬래브 내부에 정착할 수 있다.

### (3) 외부 모퉁이의 보강철근

■ **외부 모퉁이의 특별보강철근**

① 모퉁이부터 장변의 1/5 길이만큼 각 방향에 배치

② 슬래브의 상부철근은 대각선 방향, 하부철근은 대각선의 직각 방향으로 배치

① 외부 모퉁이 슬래브를 $\alpha$값이 1.0보다 큰 테두리보가 지지하는 경우, 모퉁이 부분의 슬래브 상·하부에 모퉁이 보강철근을 배치하여야 한다.

② 슬래브 상·하부에 배치하는 특별 보강철근은 슬래브 단위폭당 최대 정모멘트와 같은 크기의 휨모멘트에 견딜 만큼 충분하여야 한다.

③ 특별 보강철근은 모퉁이부터 장변의 1/5 길이만큼 각 방향에 배치하여야 한다.

④ 특별 보강철근은 슬래브 상부철근에서 대각선 방향, 하부철근의 경우 대각선의 직각 방향으로 배치하여야 한다. 또는 양변에 평행한 철근을 상·하면에 배치할 수 있다.

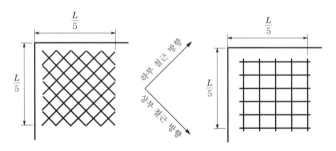

[그림 7-7] 슬래브 모퉁이의 보강철근

### (4) 2방향 슬래브의 주철근의 배치

짧은 경간 방향의 하중분담률이 크기 때문에 짧은 경간 방향의 주철근을 슬래브 바닥에 가장 가깝게 놓는다.

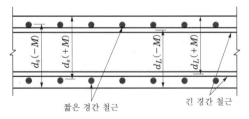

[그림 7-8] 2방향 슬래브의 주철근의 배치

## SECTION 2 확대기초(기초판)

출제 POINT

💬 **학습 POINT**
- 확대기초의 종류
- 확대기초의 저면적($A_f$)
- 확대기초의 휨설계
- 확대기초의 전단설계
- 확대기초의 구조 세목

### 1 확대기초 일반

#### 1) 정의 및 종류

**(1) 정의**

① 상부구조물에서 전달된 하중을 지반에 안전하게 전달시켜 주는 철근콘크리트 판구조물을 말한다.

② 기초 저면에서 일어나는 최대 반력이 지반의 허용지지력을 넘지 않도록 기초 저면적을 확대하여 만든 기초판을 말한다.

**(2) 종류**

① 독립 확대기초

기둥 1개를 받도록 단독으로 설치된 기초판으로 정사각형, 직사각형 또는 원형 단면으로 만들어진다.

② 연속(줄, 벽) 확대기초

벽으로부터 오는 하중을 확대 분포시켜 받는 기초판으로 1방향 거동을 보이며 줄기초라고도 한다.

③ 연결(복합) 확대기초

2개 이상의 기둥을 1개의 기초판으로 받도록 만든 기초판으로 복합기초라고도 한다.

④ 전면(온통) 확대기초

기초 지반이 연약한 경우에 많이 설계되는 기초이다. 모든 기둥을 하나의 연속된 기초판으로 지지하도록 만든 구조로서 매트(mat)기초라고도 한다.

⑤ 말뚝기초

기둥의 하중을 말뚝에 의해 지반에 전달하는 기초를 말한다.

■ **확대기초(기초판)의 종류**

① 독립 확대기초

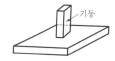

② 연속 확대기초

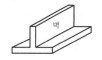

③ 연결 확대기초

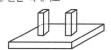

④ 전면(mat) 확대기초

#### 2) 설계를 위한 기본가정

**(1) 기본가정사항**

① 확대기초 저면의 압력분포를 선형으로 가정한다.

② 확대기초 저면과 기초 지반 사이에는 압축력만 작용한다.

③ 연결 확대기초에서는 하중을 기초 저면에 등분포시키는 것을 원칙으로 한다.

④ 연결 확대기초에서는 휨모멘트의 일부 또는 전부를 연결보에 부담시키고, 확대기초는 연직하중만 받는 것으로 한다.

**출제 POINT**

■ 확대기초(기초판) 지반의 극한지지력

$$q_u = \frac{P_u}{A}$$

여기서, $q_u$ : 지반의 극한지지력(N/m²)
　　　　$P_u$ : 계수하중(N)
　　　　$A$ : 면적(m²)

**(2) 확대기초(기초판)의 저면적($A_f$)**

사용하중과 허용지지력을 사용하여 구한다.

$$A_f \geq \frac{P}{q_a} \tag{7.13}$$

여기서, $A_f$ : 확대기초 저면적(m²)
　　　　$P$ : 사용하중(N)
　　　　$q_a$ : 지반의 허용지지력(N/m²)

## ② 확대기초의 설계

### 1) 휨설계

#### (1) 확대기초 각 단면의 휨모멘트

① 확대기초 각 단면의 휨모멘트는 기초판을 수직하게 자른 면에서 그 수직 한쪽 면의 면적에 작용하는 지지력에 대하여 계산한다.

② 저판(저면)의 지지력을 하중으로 재하시켜 위험단면에서 휨모멘트를 계산한다.

#### (2) 휨모멘트에 대한 위험단면

① 철근콘크리트 기둥을 지지하는 확대기초는 기둥 전면으로 본다[그림 7-9(a)].

② 원형 단면 기둥을 지지하는 확대기초는 같은 단면적을 갖는 정사각형 단면의 기둥 전면으로 본다[그림 7-9(b)].

③ 석벽공을 지지하는 확대기초는 벽의 중심선과 그의 전면과의 중간선으로 본다[그림 7-9(c)].

④ 저판을 통해 강재 기둥을 지지하는 확대기초는 기둥 전면과 저판 연단의 중간선으로 본다[그림 7-9(d)].

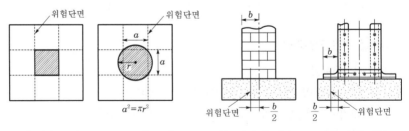

(a) 콘크리트 기둥　(b) 콘크리트 기둥　　(c) 석공벽 기둥　　(d) 강재 기둥
　　(직사각형)　　　　(원형)

[그림 7-9] 확대기초의 휨모멘트에 대한 위험단면

**(3) 위험단면에서의 휨모멘트**

① 확대기초 단면의 외측 부분을 캔틸레버로 보고 계수하중에 의한 지반반
력에 대해 휨모멘트를 계산한다.

② 위험단면에서의 휨모멘트

ㄱ a-a 단면(단변 방향)

$$M_a = q_u \times \frac{1}{2}(L-t) \times S \times \frac{1}{4}(L-t) = \frac{1}{8}q_u S(L-t)^2 \quad (7.14)$$

ㄴ b-b 단면(장변 방향)

$$M_b = q_u \times \frac{1}{2}(S-t) \times L \times \frac{1}{4}(S-t) = \frac{1}{8}q_u L(S-t)^2 \quad (7.15)$$

출제 POINT

■ 위험단면의 휨모멘트

① 단변 방향(a-a 단면)

$$M_a = \frac{1}{8}q_u S(L-t)^2$$

여기서, $M_a = Pe$

② 장변 방향(b-b 단면)

$$M_b = \frac{1}{8}q_u L(S-t)^2$$

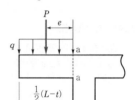

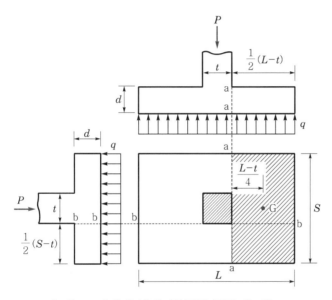

[그림 7-10] 확대기초의 위험단면에서의 휨모멘트

**2) 전단설계**

**(1) 확대기초의 전단설계 일반**

① 확대기초의 전단강도는 슬래브의 규정에 따라야 한다.

② 기둥, 받침대 또는 벽체를 지지하는 확대기초와 조적조 기둥을 지지하
는 확대기초의 전단에 대한 위험단면은 휨설계의 위험단면을 기준으로
산정한다.

③ 강재를 지지하는 기둥 또는 받침대를 지지하는 확대기초의 전단에 대한
위험단면은 휨설계의 위험단면을 기준으로 산정한다.

**(2) 전단설계**

① 1방향 작용일 경우의 확대기초의 전단설계는 보의 경우와 같다.

② 2방향 작용일 경우의 확대기초의 전단설계는 집중하중을 받는 2방향 슬래브의 전단설계와 같다.

③ 2방향 작용에 대한 전단 검토는 전단철근을 두지 않는 것이 보통이므로 콘크리트만에 의한 전단설계를 한다.

$$\phi V_c \geq V_u \tag{7.16}$$

여기서, $V_c$는 보의 전단설계와 같다.

**(3) 전단에 대한 위험단면**

① 1방향 확대기초의 전단에 대한 위험단면은 기둥 전면에서 $d$만큼 떨어진 지점으로 본다.

② 2방향 확대기초의 전단에 대한 위험단면은 기둥 전면에서 $0.5d$만큼 떨어진 단면으로 본다.

**(4) 위험단면에서의 전단력**

① 1방향 작용

$$V_u = q_u\left(\frac{L-t}{2} - d\right)S \tag{7.17}$$

② 2방향 작용

$$V_u = q_u(SL - B^2) \tag{7.18}$$

③ 2방향 작용의 전단응력은 슬래브와 동일하다.

$$v = \frac{V}{bd} = \frac{V}{b_w d} = \frac{V}{b_o d} \tag{7.19}$$

여기서, $B = t + d$

$b_o$ : 위험단면의 둘레길이$[= 2(x+d) + 2(y+d) = 4(t+d)]$

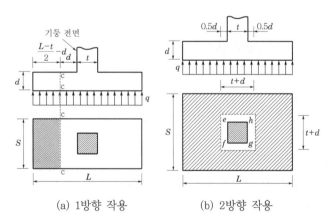

(a) 1방향 작용  (b) 2방향 작용

[그림 7-11] 확대기초의 위험단면에서의 전단력

3) 확대기초(기초판)의 구조 세목

① 철근의 정착에 대한 위험단면은 휨모멘트에 대한 위험단면과 같은 위치로 정한다.

② 확대기초의 하단 철근부터 상부까지의 높이는 확대기초가 흙 위에 놓인 경우는 150mm 이상, 말뚝기초 위에 놓인 경우에는 300mm 이상이어야 한다.

③ 기둥 또는 주각(받침대) 저부에 작용하는 힘과 모멘트는 콘크리트의 지압과 철근, 연결철근 및 기계적 연결쇠에 의해 이를 지지하는 주각(받침대) 또는 확대기초에 전달되어야 한다.

④ 직접설계법은 연결 확대기초 및 전면 확대기초의 설계에 사용될 수 없다.

⑤ 무근콘크리트는 말뚝 위에 놓이는 확대기초에서 사용해서는 안 된다.

⑥ 무근콘크리트 확대기초의 높이는 200mm 이상이어야 한다.

⑦ 무근콘크리트 확대기초의 최대 응력은 콘크리트의 지압강도를 초과할 수 없다.

> **출제 POINT**
>
> ■ **확대기초의 하단 철근부터 상부까지의 높이**
> ① 확대기초가 흙 위에 놓인 경우 :
>    150mm 이상
> ② 확대기초가 말뚝기초 위에 놓인 경우 :
>    300mm 이상
> ③ 무근콘크리트의 확대기초의 높이 :
>    200mm 이상

---

## SECTION 3 옹벽

### 1 옹벽 일반

> **학습 POINT**
>
> • 옹벽의 안정조건(전도, 활동, 침하)
> • 옹벽의 구조 해석 및 설계
> • 옹벽의 구조 상세

1) 옹벽의 정의 및 종류

(1) 옹벽의 정의

① 횡토압을 지지하기 위하여 무근이나 철근콘크리트를 사용한 흙막이 구조물이다.

② 토압에 대하여 옹벽의 자중 또는 배면토의 중량으로 안정을 유지하는 구조물이다.

(2) 옹벽의 종류

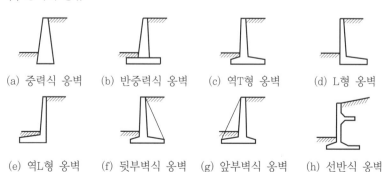

(a) 중력식 옹벽  (b) 반중력식 옹벽  (c) 역T형 옹벽  (d) L형 옹벽

(e) 역L형 옹벽  (f) 뒷부벽식 옹벽  (g) 앞부벽식 옹벽  (h) 선반식 옹벽

[그림 7-12] 옹벽의 종류

출제 POINT

■ 옹벽의 안정

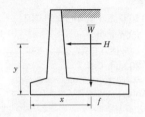

■ 옹벽의 안전율

① 전도에 대한 안정
   $F_s = 2.0$
② 활동에 대한 안정
   $F_s = 1.5$
③ 침하에 대한 안정
   $F_s = 1.0$

■ 편심거리에 따른 최대 지반반력

① $e < \dfrac{B}{6}$ 인 경우

$q_{\max} = \dfrac{V}{B}\left(1 + \dfrac{6e}{B}\right)$

② $e = \dfrac{B}{6}$ 인 경우

$q_{\max} = \dfrac{2V}{B}$

③ $e > \dfrac{B}{6}$ 인 경우

$q_{\max} = \dfrac{2V}{3a}$

④ $a$는 앞굽에서 하중 작용점까지의 거리이고, 옹벽 저판에 발생하는 인장응력은 무시한다.

2) 옹벽의 안정조건

(1) 전도에 대한 안정

① 옹벽의 앞굽 끝을 기준으로 한다.

② 전도에 대한 안전율은 2.0 이상이다.

$$\frac{M_r}{M_o} = \frac{\overline{W}x}{Hy} \geq 2.0 \qquad (7.20)$$

③ 모든 외력의 합력이 저판의 중앙 $\dfrac{1}{3}$ 안에 들어오도록 설계한다.

(2) 활동에 대한 안정

① 저항력을 키우기 위해 옹벽의 폭을 크게 하거나 활동 방지벽을 두기도 한다. 이 경우 활동 방지벽과 저판을 일체로 만들어야 한다.

② 활동에 대한 안전율은 1.5 이상이다.

$$\frac{H_r}{H} = \frac{f\,\overline{W}}{H} \geq 1.5 \qquad (7.21)$$

(3) 지반지지력 침하에 대한 안정

① 지반에 작용하는 최대 지반반력이 기초 지반의 허용지지력보다 작아야 한다.

② 침하에 대한 안전율은 1.0이다.

$$\frac{q_a}{q_1} \geq 1.0 \qquad (7.22)$$

③ 최대, 최소 지반반력

$$q_1 = \frac{P}{B}\left(1 \pm \frac{6e}{B}\right) \qquad (7.23)$$

④ 지반의 지지력은 지반공학적 방법 중 선택해서 적용할 수 있으며, 지반의 내부마찰각, 점착력 등과 같은 특성으로부터 지반의 극한지지력을 추정할 수 있다. 다만, 이 경우에 허용지지력($q_a$)은 $\dfrac{1}{3}q_u$로 취하여야 한다.

## ② 옹벽의 설계

1) 옹벽의 설계원칙

① 옹벽은 상재하중, 뒤채움 흙의 중량, 옹벽의 자중 및 옹벽에 작용되는 토압, 수압에 견디도록 설계하여야 한다.

② 무근콘크리트 옹벽은 자중에 의하여 저항력을 발휘하는 중력식 형태로 설계하여야 한다.

③ 일반적으로 옹벽에 작용하는 토압은 쿨롱(Coulomb) 토압을 적용하되, 역T형 옹벽 또는 부벽식 옹벽과 같이 토압이 뒷굽에서부터 위로 연직하게 세운 가상배면에 작용할 때는 랭킨(Rankine) 토압을 적용한다.

④ 옹벽은 활동이나 지반의 지지력에 대하여 안정해도, 지반 내부에 연약층이 있으면 침하 및 활동에 의한 파괴가 발생하게 된다. 따라서 옹벽의 안정성검사에는 먼저 옹벽의 뒤채움 흙 및 기초 지반을 포함한 전체에 대하여 실시하고, 옹벽의 활동 지반의 지지력 및 전도에 대하여 소요의 안전율을 갖는지 조사하여야 한다.

⑤ 저판의 설계는 기초판의 규정에 따라 수행하여야 한다.

**출제 POINT**

■ 옹벽의 지반반력

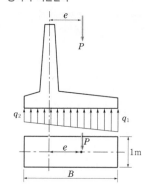

### 2) 옹벽의 구조 해석

#### (1) 옹벽의 구조 해석방법

| 옹벽의 종류 | 설계 위치 | 설계방법 |
|---|---|---|
| 캔틸레버식 옹벽 | 전면벽 | 캔틸레버보로 가정 |
| | 저판 | 캔틸레버보로 가정 |
| 뒷부벽식 옹벽 | 전면벽 | 3변 지지된 2방향 슬래브 |
| | 저판 | 고정보 또는 연속보 |
| | 뒷부벽 | T형 보 |
| 앞부벽식 옹벽 | 전면벽 | 3변 지지된 2방향 슬래브 |
| | 저판 | 고정보 또는 연속보 |
| | 앞부벽 | 직사각형 보 |

#### (2) 저판의 설계

① 저판의 뒷굽판은 좀 더 정확한 방법이 사용되지 않는 한 위에 재하되는 모든 하중을 지지하도록 설계되어야 한다.

② 캔틸레버 옹벽의 저판은 수직벽에 의해 지지된 캔틸레버로 설계할 수 있다.

③ 뒷부벽식 옹벽 및 앞부벽식 옹벽의 저판은 뒷부벽 또는 앞부벽 간의 거리를 경간으로 보고 고정보 또는 연속보로 설계할 수 있다.

■ 옹벽에 배치된 주철근은 인장측에 배근되며, 나머지 철근은 배력철근이다.

#### (3) 전면벽의 설계

① 캔틸레버 옹벽의 전면벽은 저판에 지지된 캔틸레버로 설계할 수 있다.

② 뒷부벽식 옹벽 및 앞부벽식 옹벽의 전면벽은 3변 지지된 2방향 슬래브로 설계할 수 있다.

③ 전면벽은 철근을 충분히 사용하여 뒷부벽 또는 앞부벽에 정착이 잘 되어야 한다.

**(4) 앞부벽 및 뒷부벽의 설계**

① 앞부벽은 직사각형 보로 보고 설계되어야 하고, 뒷부벽은 T형 보의 복부로 보고 설계한다.

② 이 경우 배치된 철근은 앞부벽은 압축철근이고, 뒷부벽은 인장철근이다.

**3) 옹벽의 구조 상세**

**(1) 옹벽의 전면벽 경사**

옹벽 연직벽의 전면은 1 : 0.02 정도의 경사를 뒤로 두어 시공오차나 지반침하에 의해서 벽면이 앞으로 기우는 것을 방지한다.

**(2) 배력철근**

① 뒷부벽식 옹벽은 전면벽과 저판에 의해서 부벽에 전달되는 응력을 지탱할 수 있도록 필요한 철근을 부벽에 정착하여야 한다.

② 전면벽과 저판에는 인장철근의 20% 이상의 배력철근을 두어야 한다.

**(3) 수축이음**

① 옹벽 연직벽의 표면에는 연직방향으로 V형 홈의 수축이음을 두어야 한다. 그 간격은 9m 이하여야 한다.

② 수축이음에서는 철근을 끊어서는 안 된다.

③ 이러한 V형 홈의 수축이음을 설치하면 벽 표면의 건조수축으로 인한 균열을 V형 홈에서 받아들이게 되어 균열 방지가 된다.

**(4) 신축이음**

① 옹벽의 연장이 30m 이상 될 경우에는 신축이음을 두어야 한다. 신축이음은 30m 이하의 간격으로 설치하되 완전히 끊어서 온도변화와 지반의 부등침하에 대비해야 한다.

② 신축이음에서는 철근도 끊어야 하며, 콘크리트가 서로 물리게 하는 것이 바람직하다.

**(5) 배수구멍**

① 옹벽에는 쉽게 배수될 수 있는 높이에 65mm 이상의 지름의 배수구멍을 4.5m 정도의 간격으로 설치해야 한다.

② 뒷부벽식 옹벽에서는 부벽의 각 격간에 1개 이상의 배수구멍을 두어야 한다.

③ 옹벽의 뒤채움 속에는 배수구멍으로 물이 잘 모이도록 배수층을 두어야 한다.

④ 배수층에는 조약돌, 부순돌 또는 자갈을 사용하며, 배수층의 두께는 30~40cm 정도로 한다.

■ 수축이음과 신축이음

① 수축이음

② 신축이음

## (6) 수직·수평 철근의 배치

① 수축과 온도변화에 의한 균열을 방지하기 위하여 벽의 노출면에 가깝게 수평, 수직 두 방향으로 철근을 배치해야 한다.

② 이 철근은 될 수 있는 대로 가는 것을 좁은 간격으로 배치하는 것이 좋다.

**출제 POINT**

■ 수평으로 배치되는 수축 및 온도 철근의 콘크리트 총단면에 대한 최소비의 설계 기준

① 지름 16mm 이하, $f_y \geq 400MPa$인 이형철근 : 0.0020
② 그 밖의 이형철근 : 0.0025
③ 지름이 16mm 이하인 용접철망 : 0.0020
④ 수평철근의 간격 : 벽체 두께의 3배 이하, 450mm 이하

## 1. 슬래브 일반

**01** 다음 중 4변이 지지된 직사각형 슬래브에서 1방향 슬래브란?

① $\dfrac{단경간}{장경간} \geq 2$이고 주철근을 1방향으로 배치했을 때

② 경간에 관계없이 주철근을 1방향으로만 배치했을 때

③ $\dfrac{장경간}{단경간} \geq 3$이고 주철근을 장변에 평행하게 배치할 때

④ $\dfrac{장경간}{단경간} \geq 2$이고 주철근을 단변에 평행하게 배치할 때

> **해설** 슬래브의 구분
> ㉠ 1방향 슬래브 : $\dfrac{장경간}{단경간} \geq 2$인 경우로 주철근을 단경간 방향으로만 배근(1방향 배근)
> ㉡ 2방향 슬래브 : $\dfrac{장경간}{단경간} < 2$인 경우로 주철근을 장경간, 단경간 양방향으로 배근(2방향 배근)

**02** 1방향 슬래브에서 주철근의 배치방향은?

① AC방향
② BD방향
③ AB방향
④ BC방향

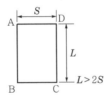

> **해설** 1방향 슬래브
> ㉠ $L > 2S$이므로 1방향 슬래브이다.
> ㉡ 주철근은 짧은 변 방향인 BC(또는 AD)방향으로 배치한다.

**03** 2방향 슬래브에서 1방향 슬래브로 보고 계산할 수 있는 경우는? [단, $L$ : 2방향 슬래브의 장경간, $S$ : 2방향 슬래브의 단경간]

① $\dfrac{L}{S}$이 2보다 클 때
② $\dfrac{L}{S}$이 1일 때
③ $\dfrac{S}{L}$가 2보다 클 때
④ $\dfrac{S}{L}$가 1일 때

> **해설** 슬래브의 구분
> ㉠ $\dfrac{L}{S} \geq 2$ : 1방향 슬래브
> ㉡ $\dfrac{L}{S} < 2$ : 2방향 슬래브

**04** 슬래브에서 긴 변과 짧은 변의 비가 2를 넘으면 짧은 변을 경간으로 하는 1방향 슬래브로 설계해야 한다. 그 이유는?

① 계산이 간편하기 때문에
② 철근이 절약되기 때문에
③ 하중의 대부분이 짧은 변 방향으로 작용하기 때문에
④ 휨모멘트가 작기 때문에

> **해설** 단변 방향의 하중분담률이 크기 때문에 1방향 슬래브로 설계한다.

**05** 슬래브에 대한 설명 중 옳은 것은?

① 2방향 슬래브의 배근은 짧은 변 방향으로 주철근을 배근하고 긴 변 방향으로 배력철근을 배근한다.
② 슬래브는 판 이론에 의해 설계해야 하며 근사해법으로 설계해서는 안 된다.
③ 1방향 슬래브는 짧은 변 방향을 경간으로 하는 폭 1m의 보로 설계한다.
④ 1방향 슬래브의 설계방법에는 직접설계법, 등가골조법 등이 있다.

> **해설** 슬래브의 설계방법
> ㉠ 1방향 슬래브 : 단변을 경간으로 하는 폭이 1m
> 인 직사각형 단면의 보로 보고 설계한다.
> ㉡ 2방향 슬래브(강도설계법) : 직접설계법, 등가
> 골조법(등가뼈대법)

**06** 연속 1방향 슬래브의 설계에 대한 다음 설명 중 옳지 않은 것은?

① 짧은 경간 방향으로 단위폭당 연속보와 같이 해석하여 단면설계를 한다.

② 슬래브의 부의 경간 중앙 휨모멘트는 산정된 값의 1/2만 취한다.

③ 정(正)의 경간 중앙 휨모멘트는 양단 고정단으로 보고 계산한 값보다 크게 취해서는 안 된다.

④ 순경간이 3m를 초과할 때 순경간 내면에서의 휨모멘트를 설계모멘트로 취하되, 이 값이 순경간을 고정단으로 본 고정단 휨모멘트보다 작게 해서는 안 된다.

> **해설** 정(+)의 경간 중앙 휨모멘트는 양단 고정단으로 보고 계산한 값보다 작게 취해서는 안 된다.

**07** 다음 그림의 슬래브 모멘트에서 지지보 내면의 모멘트가 $M_1$, $M_2$일 때 이 값은 $\dfrac{wl^2}{12}$에서 얼마만큼을 뺀 것인가? $\left[\text{단, } S = \dfrac{wl}{2} \text{이다.}\right]$

① $S\dfrac{b}{2}$

② $S\dfrac{b}{3}$

③ $S\dfrac{b}{4}$

④ $S\dfrac{b}{5}$

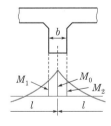

> **해설** 지점모멘트의 공제
> ㉠ 순경간이 3.0m를 초과할 때에는 순경간 내면의 휨모멘트를 사용할 수 있다. 그러나 이 값들이 순경간($l_n$)을 경간으로 하여 계산한 고정단 휨모멘트보다는 커야 한다. 따라서 지지보 내면의 휨모멘트의 최솟값은 순경간을 경간으로 하는 고정단 모멘트가 된다.
> ㉡ 순경간($l_n$)을 경간으로 하는 고정단 모멘트 계산

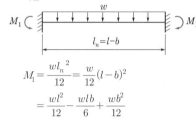

> $$M_1 = \frac{wl_n^2}{12} = \frac{w}{12}(l-b)^2$$
> $$= \frac{wl^2}{12} - \frac{wlb}{6} + \frac{wb^2}{12}$$
>
> 여기서 $\dfrac{wb^2}{12}$은 작은 값이므로 무시하면
>
> $$M_1 = \frac{wl^2}{12} - \frac{wl}{2} \times \frac{b}{3} = \frac{wl^2}{12} - S\frac{b}{3}$$
>
> ㉢ $M_1$, $M_2$는 $\dfrac{wl^2}{12}$에서 $S\dfrac{b}{3}$만큼을 뺀 값이다.

## 2. 1방향 슬래브

**08** 연속보 또는 1방향 슬래브에서 모멘트와 전단력을 구하기 위해서 근사 해법을 적용할 수 있는 조건 중에서 맞지 않는 것은?

① 활하중이 고정하중의 3배를 초과하는 경우

② 등분포하중이 작용하는 경우

③ 인접 2경간의 차이가 짧은 경간의 20% 이하인 경우

④ 부재의 단면 크기가 일정한 경우

> **해설** 활하중이 고정하중의 3배를 초과하는 경우는 2방향 슬래브에서 직접설계법의 제한사항이다.

**★★★**
**09** 다음 설명 중 옳은 것은? [단, $d$ : 단면의 유효깊이]

① 1방향 슬래브의 전단위험단면은 지점에서 $d$ 만큼 떨어진 곳이다.

② 보의 전단위험단면은 지점에서 $\frac{d}{2}$ 만큼 떨어진 곳이다.

③ 2방향 슬래브의 전단위험단면은 지점에서 $\frac{d}{3}$ 만큼 떨어진 곳이다.

④ 확대기초의 전단위험단면은 지점에서 $3d$ 만큼 떨어진 곳이다.

> **해설** 전단에 대한 위험단면
> ㉠ 보, 1방향 : 지점에서 $d$ 만큼 떨어진 곳
> ㉡ 2방향 슬래브, 2방향 확대기초 : 지점에서 $\frac{d}{2}$ 만큼 떨어진 곳

**★**
**10** 1방향 슬래브의 전단력에 대한 위험단면은 다음 중 어느 곳인가? [단, $d$ : 유효깊이]

① 받침부

② 받침부에서 $\frac{d}{2}$ 인 곳

③ 받침부에서 $d$ 인 곳

④ 중간인 곳

> **해설** 슬래브의 전단에 대한 위험단면
> ㉠ 1방향 슬래브 : 받침부에서 $d$ 인 곳(보와 동일)
> ㉡ 2방향 슬래브 : 받침부에서 $\frac{d}{2}$ 인 곳

**11** 1방향 슬래브의 두께는 최소 얼마 이상이어야 하는가?

① 110mm      ② 90mm

③ 120mm      ④ 100mm

> **해설** 1방향 슬래브의 최소 두께는 1방향 슬래브의 최소 두께 규정을 만족하고, 또한 최소 100mm 이상이어야 한다.

**★★**
**12** 1방향 슬래브에 대한 것 중 옳지 않은 것은?

① 1방향 슬래브의 두께는 부재의 구속조건에 따라 정하며 8cm 이상이어야 한다.

② 1방향 슬래브에 전단철근을 사용할 경우 휨모멘트가 최대인 단면에서는 슬래브 두께의 2배 이하로 배치한다.

③ 1방향 슬래브에서는 정철근 또는 부철근에 직각 방향으로 배력철근을 배치한다.

④ 슬래브 단부의 단순 받침부에서 부(−)모멘트가 발생할 것으로 예상되는 경우 이에 대하여 배근하여야 한다.

> **해설** 1방향 슬래브의 최소 두께는 부재의 구속조건에 따라 정하며 100mm 이상이어야 한다.

**13** 철근콘크리트 1방향 슬래브에 대한 설명으로 틀린 것은?

① 마주 보는 두 변에만 지지되는 슬래브는 1방향 슬래브로 설계하여야 한다.

② 4변에 의해 지지되는 2방향 슬래브 중에서 단변에 대한 장변의 비가 2배를 넘으면 1방향 슬래브로서 해석한다.

③ 슬래브의 두께는 최소 50mm 이상으로 하여야 한다.

④ 슬래브의 정모멘트 철근 및 부모멘트 철근의 중심 간격은 위험단면에서는 슬래브 두께의 2배 이하여야 하고, 또한 300mm 이하로 하여야 한다.

> **해설** 1방향 슬래브의 두께는 1방향 슬래브의 최소 두께 규정을 만족하고, 또한 최소 100mm 이상이어야 한다.

---

**정답** 9. ①   10. ③   11. ④   12. ①   13. ③

**14** 1방향 슬래브에 대한 설명으로 틀린 것은? ***

① 슬래브의 정모멘트 철근 및 부모멘트 철근의 중심 간격은 위험단면에서는 슬래브 두께의 3배 이하이어야 하고, 또한 450mm 이하로 하여야 한다.

② 1방향 슬래브의 두께는 최소 100mm 이상으로 하여야 한다.

③ 1방향 슬래브에서는 정모멘트 철근 및 부모멘트 철근에 직각 방향으로 수축·온도 철근을 배치하여야 한다.

④ 4변에 의해 지지되는 2방향 슬래브 중에서 단변에 대한 장변의 비가 2배를 넘으면 1방향 슬래브로서 해석한다.

> **해설** 1방향 슬래브 정·부 철근의 중심 간격
> ㉠ 위험단면: 슬래브 두께의 2배 이하, 300mm 이하
> ㉡ 기타 단면: 슬래브 두께의 3배 이하, 450mm 이하
> ㉢ 수축·온도 철근: 5배 이하, 450mm 이하

**15** 1방향 슬래브의 정철근 및 부철근의 중심 간격은 최대 휨모멘트가 일어나는 단면에서 슬래브 두께의 몇 배 이하 또는 몇 cm 이하로 하는가? **

① 2배 이하, 30cm 이하
② 2배 이하, 45cm 이하
③ 3배 이하, 30cm 이하
④ 3배 이하, 45cm 이하

> **해설** 1방향 슬래브 주철근의 중심 간격
> ㉠ 최대 휨모멘트가 일어나는 단면: 슬래브 두께의 2배 이하, 300mm 이하
> ㉡ 기타 단면: 슬래브 두께의 3배 이하, 450mm 이하

**16** 1방향 철근콘크리트 슬래브의 수축 및 온도 철근으로 배치되는 이형철근비는 최소 얼마 이상으로 하여야 하는가? *

① 0.0014
② 0.0016
③ 0.0018
④ 0.0020

> **해설** 1방향 슬래브 수축·온도 철근의 철근비
> ㉠ $f_y \leq 400$MPa인 경우: 0.0020
> ㉡ $\varepsilon_y = 0.0035$, $f_y > 400$MPa인 경우:
> $$0.0020 \frac{400}{f_y}$$
> ㉢ 어느 경우에도 0.0014 이상

**17** 슬래브 설계에서 배력철근을 배치하는 이유 중 틀린 것은? **

① 주철근량을 감소시킨다.
② 주철근의 간격을 유지시킨다.
③ 균열을 분포시킨다.
④ 응력을 고르게 분포시킨다.

> **해설** 배력철근의 역할
> ㉠ 응력을 골고루 분산시켜 균열폭 최소화
> ㉡ 주철근의 간격 유지, 위치 고정
> ㉢ 콘크리트의 건조수축이나 크리프 변형, 신축 억제
> ㉣ 온도변화 및 건조수축에 의한 균열 방지
> ㉤ 1방향 슬래브의 단변 방향으로 주철근이 배근되고, 장변 방향으로 배력철근이 배근됨

**18** 슬래브에 배력철근을 배근하는 이유로 잘못된 것은?

① 응력을 고르게 분산시킨다.
② 주철근의 간격을 유지시킨다.
③ 주철근의 양을 감소시킨다.
④ 콘크리트의 건조수축이나 온도변화에 의한 수축을 감소시킨다.

> **해설** 배력철근의 역할
> ㉠ 응력을 골고루 분산시켜 균열폭 최소화
> ㉡ 주철근의 간격 유지, 위치 고정
> ㉢ 콘크리트의 건조수축이나 크리프 변형, 신축 억제
> ㉣ 온도변화 및 건조수축에 의한 균열 방지

**정답** 14. ① 15. ① 16. ① 17. ① 18. ③

## 3. 2방향 슬래브

**19** ★★ 단순지지된 2방향 슬래브의 중앙점에 집중하중 $P$ 가 작용한다. 경간의 길이와 비가 1 : 2일 때 하중 분배율은?

① 8 : 1　　　　② 9 : 4

③ 27 : 8　　　　④ 3 : 2

> **해설** 2방향 슬래브의 하중 분배
> ㉠ 장경간 방향
> $$P_L = \left(\frac{S^3}{L^3+S^3}\right)P = \left(\frac{1^3}{2^3+1^3}\right)P = \frac{1}{9}P$$
> ㉡ 단경간 방향
> $$P_S = \left(\frac{L^3}{L^3+S^3}\right)P = \left(\frac{2^3}{2^3+1^3}\right)P = \frac{8}{9}P$$
> $$\therefore \frac{단경간(P_S)}{장경간(P_L)} = \frac{\frac{8}{9}P}{\frac{1}{9}P} = 8 : 1$$

**20** ★ 다음 그림과 같이 단순지지된 2방향 슬래브에 등분포하중 $w$ 가 작용할 때 ab방향에 분배되는 하중은 얼마인가?

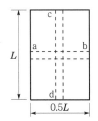

① 0.941$w$　　　　② 0.059$w$

③ 0.889$w$　　　　④ 0.111$w$

> **해설** 단경간 방향의 하중 분배
> $$w_{ab} = \frac{wL^4}{L^4+S^4} = \frac{wL^4}{L^4+(0.5L)^4}$$
> $$= \frac{w}{1+0.0625} = 0.9412w$$

**21** 슬래브의 단변 $S$=3m, 장변 $L$=4.5m에 집중하중 $P$=100kN이 슬래브 중앙에 작용할 경우 단변 $S$ 가 부담하는 하중은 얼마인가?

① 88kN　　　　② 73kN

③ 77kN　　　　④ 81kN

> **해설** 단경간 방향의 분담하중
> $$P_S = \left(\frac{L^3}{L^3+S^3}\right)P = \frac{4.5^3}{4.5^3+3^3} \times 100$$
> $$= 77.1\text{kN}$$

**22** ★★★ 다음 그림과 같은 단순지지된 2방향 슬래브에 작용하는 등분포하중 $w$ 가 ab와 cd방향에 분배되는 $w_{ab}$와 $w_{cd}$의 양은 얼마인가?

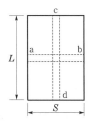

① $w_{ab} = \dfrac{wL^4}{L^4+S^4}$ , $w_{cd} = \dfrac{wS^4}{L^4+S^4}$

② $w_{ab} = \dfrac{wL^3}{L^3+S^3}$ , $w_{cd} = \dfrac{wS^3}{L^3+S^3}$

③ $w_{ab} = \dfrac{wS^4}{L^4+S^4}$ , $w_{cd} = \dfrac{wL^4}{L^4+S^4}$

④ $w_{ab} = \dfrac{wS^3}{L^3+S^3}$ , $w_{cd} = \dfrac{wL^3}{L^3+S^3}$

> **해설** 2방향 슬래브의 하중 분배
> ㉠ 등분포하중 $w$ 가 작용할 경우
> $$w_{ab} = \left(\frac{L^4}{L^4+S^4}\right)w$$
> $$w_{cd} = \left(\frac{S^4}{L^4+S^4}\right)w$$
> ㉡ 집중하중 $P$가 작용할 경우
> $$P_{ab} = \left(\frac{L^3}{L^3+S^3}\right)P$$
> $$P_{cd} = \left(\frac{S^3}{L^3+S^3}\right)P$$

**정답** 19. ①　20. ①　21. ③　22. ①

**★★**
**23** 2방향 슬래브(two way slab)에 작용하는 등분포하중을 $w$, 장경간을 $L$, 단경간을 $S$라 할 때 슬래브를 지지하는 단경간 방향의 보를 설계할 때의 등분포하중의 크기는?

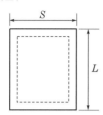

① $\dfrac{2wL}{3}$　　　② $\dfrac{wS}{3}$

③ $\dfrac{4wL}{3}$　　　④ $\dfrac{wL}{3}$

> **해설** 등가하중의 환산
>
> ㉠ 단경간 : $w_S{}' = \dfrac{wS}{3}$
>
> ㉡ 장경간 : $w_L{}' = \dfrac{wS}{3}\left(\dfrac{3-m^2}{2}\right)$, $m = \dfrac{S}{L}$

**★★★**
**24** 다음 슬래브에 표시한 점선들의 구역에 대한 설명으로 옳은 것은?

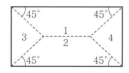

① 집중하중 때 슬래브에서 생기는 crack line 이다.
② 등분포하중 작용 시 슬래브의 각 지지보의 하중 작용구역이다.
③ 철근을 배근하기 위한 구역이다.
④ 1, 2구역의 하중은 단경간의 받침보가 받는다.

> **해설** 등분포하중의 환산
> 2방향 슬래브의 지지보가 받는 등분포하중을 점선으로 둘러싸인 삼각형 또는 사다리꼴의 분포하중을 받는 것으로 환산한다.

**★**
**25** 슬래브의 단경간 $S=3$m, 장경간 $L=5$m에 집중하중 $P=120$kN이 슬래브의 중앙에 작용할 경우 장경간 $L$이 부담하는 하중은 얼마인가?

① 21.3kN　　　② 31.3kN

③ 88.2kN　　　④ 98.7kN

> **해설** 장경간 방향의 분담하중
> $$P_L = \left(\frac{S^3}{L^3+S^3}\right)P = \frac{3^3}{5^3+3^3}\times 120 = 21.3\text{kN}$$

**26** 등분포하중($w$)을 받는 2방향 슬래브의 장변($L$)과 단변($S$)의 비 $\left(\dfrac{L}{S}\right)$가 1.5일 때 장변에 분배되는 하중은?

① $0.134w$　　　② $0.165w$

③ $0.198w$　　　④ $0.835w$

> **해설** 장경간 방향의 하중 분배
> $$w_L = \frac{wS^4}{L^4+S^4} = \frac{wS^4}{(1.5S)^4+S^4}$$
> $$= \frac{w}{6.0625} = 0.16495w$$

**27** 다음 그림과 같은 2방향 연속 슬래브에서 활하중과 고정하중을 포함한 등분포하중 $w=120$MPa(폭 1m당)이 작용할 때 짧은 경간에 작용하는 하중을 환산 등가 등분포하중으로 구한 것은? [단, 보의 자중은 무시한다.]

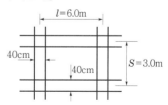

① 320MPa　　　② 240MPa

③ 160MPa　　　④ 120MPa

> **해설** 단변 방향의 등가하중
> $$w_S{}' = \frac{wS}{3} = \frac{120\times 3}{3} = 120\text{MPa}$$

**★★**
**28** 다음 그림과 같이 양단 고정보로 둘러싸인 콘크리트 바닥의 장변 방향 지지보가 받아주어야 할 하중을 표시한 것은?

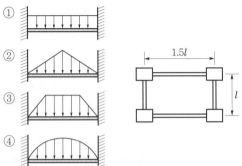

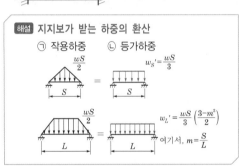

> **해설** 지지보가 받는 하중의 환산
> ㉠ 작용하중    ㉡ 등가하중
>
> $\frac{wS}{2}$ = $w_S' = \frac{wS}{3}$
>
> $\frac{wS}{2}$ = $w_L' = \frac{wS}{3}\left(\frac{3-m^2}{2}\right)$ 여기서, $m = \frac{S}{L}$

**★★**
**29** 2방향 슬래브를 직접설계법에 의해 설계할 때 단변 방향으로 정역학적 총설계모멘트가 339.4kN·m일 때 내부패널의 양단에서 지지해야 할 휨모멘트는 얼마인가?

① 203.6kN·m     ② -203.6kN·m
③ 220.6kN·m     ④ -220.6kN·m

> **해설** 정역학적 계수휨모멘트의 분배
> ㉠ 정모멘트 = $0.35M_0 = 0.35 \times 339.4$
>   = 118.79kN·m
> ㉡ 부모멘트 = $-0.65M_0 = -0.65 \times 339.4$
>   = -220.61kN·m

**★★★**
**30** 다음은 2방향 슬래브의 설계에 사용되는 직접설계법의 제한사항에 관한 것이다. 옳지 않은 것은 어느 것인가?

① 활하중은 고정하중의 2배 이하이어야 한다.
② 각 방향에 2개 이상의 연속 경간을 가져야 한다.
③ 각 방향에 연속되는 경간의 길이는 긴 경간의 1/3 이상 차이가 있어서는 안 된다.
④ 기둥은 어느 측에 대하여도 연속되는 기둥의 중심선으로부터 경간 길이의 10% 이상 벗어날 수 없다.

> **해설** 2방향 슬래브의 직접설계법 제한사항
> ㉠ 각 방향으로 3경간 이상이 연속되어야 한다.
> ㉡ 슬래브 판들은 단변 경간에 대한 장변 경간의 비가 2 이하인 직사각형이어야 한다.
> ㉢ 각 방향으로 연속된 받침부 중심 간 경간 길이의 차이는 긴 경간의 1/3 이상이어야 한다.
> ㉣ 연속한 기둥 중심선으로부터 기둥의 이탈은 이탈 방향 경간의 최대 10%까지 허용한다.
> ㉤ 모든 하중은 연직하중으로서 슬래브 판 전체에 등분포되는 것으로 간주한다. 활하중은 고정하중의 2배 이하이어야 한다.

**★**
**31** 슬래브의 지지보가 받는 하중은 다음 그림과 같이 삼각형과 사다리꼴 분포가 되는데, 장경간에 대한 등가 등분포하중 $w_L'$은? [단, $m = S/L$, $W$: 슬래브에 작용하는 등분포하중]

① $\frac{wS}{3}(3-m^2)$

② $\frac{wS}{3}\left(\frac{3-m^2}{2}\right)$

③ $\frac{wS}{3}\left(\frac{2-m^2}{3}\right)$

④ $\frac{wS}{3}(2-m^2)$

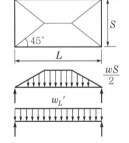

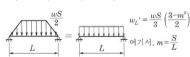

> **해설** 지지보가 받는 하중의 환산
> ㉠ 작용하중    ㉡ 등가하중
>
> $\frac{wS}{2}$ = $w_S' = \frac{wS}{3}$
>
> $\frac{wS}{2}$ = $w_L' = \frac{wS}{3}\left(\frac{3-m^2}{2}\right)$ 여기서, $m = \frac{S}{L}$

**32** 2방향 슬래브의 직접설계법을 적용하기 위한 제한 사항으로 틀린 것은?

① 각 방향으로 3경간 이상이 연속되어야 한다.

② 슬래브 판들은 단변 경간에 대한 장변 경간의 비가 2 이하인 직사각형이어야 한다.

③ 모든 하중은 연직하중으로서 슬래브 판 전체에 등분포되어야 한다.

④ 연속한 기둥 중심선으로부터 기둥의 이탈은 이탈 방향 경간의 최대 20%까지 허용할 수 있다.

> **해설** 연속한 기둥 중심선으로부터 기둥의 이탈은 이탈 방향 경간의 최대 10%까지 허용할 수 있다.

---

**★**
**33** 2방향 슬래브의 설계에서 직접설계법을 적용할 수 있는 제한조건으로 틀린 것은?

① 슬래브 판들은 단변 경간에 대한 장변 경간의 비가 2 이하인 직사각형이어야 한다.

② 각 방향으로 3경간 이상이 연속되어야 한다.

③ 각 방향으로 연속한 받침부 중심 간 경간 길이의 차이는 긴 경간의 1/3 이하이어야 한다.

④ 모든 하중은 연직하중으로 슬래브 판 전체에 등분포이고, 활하중은 고정하중의 2배 이상이어야 한다.

> **해설** 모든 하중은 연직하중으로 슬래브 판 전체에 등분포이어야 하고, 활하중은 고정하중의 2배 이하이어야 한다.

---

**★**
**34** 슬래브, 확대기초의 두께가 25cm 이하인 경우 사인장철근을 배근하지 않는 이유는?

① 사인장철근이 정착력을 발휘할 수 없기 때문에

② 사인장철근이 주철근 배근에 나쁜 영향을 주므로

③ 사인장철근을 배근하지 않아도 전단에 대해 안전하므로

④ 설계 시 사인장철근을 배근하지 않아도 항상 안전하므로

> **해설** 슬래브 및 확대기초의 두께가 25cm 이하이면 전단철근의 배치도 어려울 뿐만 아니라, 전단철근을 배치해도 효과가 없다.

---

**35** 슬래브의 전단에 대한 다음 설명 중 옳지 않은 것은?

① 1방향 슬래브의 전단에 대한 검사방법은 보의 경우에 따른다.

② 등분포하중을 받는 2방향 슬래브가 벽체로 지지되어 있을 때에는 보의 경우에 따른다.

③ 펀칭 전단이 일어난다고 생각될 때 위험단면은 집중하중이나 집중반력을 받는 면의 주변에서 $d/2$만큼 떨어진 주변 단면이다.

④ 4변 지지된 2방향 슬래브는 반드시 전단보강해야 한다.

> **해설** 4변이 지지된 2방향 슬래브는 거의 전단보강이 필요하지 않다.

---

**★**
**36** 다음 그림과 같은 슬래브에서 직접설계법에 의한 설계모멘트를 결정하고자 한다. 화살표 방향 패널 중 빗금 친 부분의 정적모멘트 $M_o$를 구하면? [단, 등분포 고정하중 $w_D$=7.18kPa, 등분포 활하중 $w_L$=2.39kPa이 작용하고 있으며 기둥의 단면은 300mm×300mm이다.]

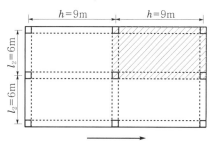

① 406.2kN · m    ② 506.2kN · m

③ 706.2kN · m    ④ 806.2kN · m

---

**해설** 정역학적 계수휨모멘트

㉠ 계수하중
$$w_u = 1.2w_D + 1.6w_L$$
$$= 1.2 \times 7.18 + 1.6 \times 2.39$$
$$= 12.44 \text{kPa}$$

㉡ 장변 방향 순경간
$$l_n = 9 - 0.3 = 8.7 \text{m}$$

㉢ 정적 계수휨모멘트
$$M_o = \frac{w_u l_2 {l_n}^2}{8} = \frac{12.44 \times 6 \times 8.7^2}{8}$$
$$= 706.187 \text{kN} \cdot \text{m}$$

**37** 연속 휨부재의 부모멘트를 재분배하고자 할 경우 휨모멘트를 감소시킬 단면에서 최외단 인장철근의 순인장변형률($\varepsilon_t$)이 얼마 이상인 경우에만 가능한가?

① 0.0045  ② 0.005
③ 0.0075  ④ $\varepsilon_y$

**해설** 연속 휨부재의 모멘트 재분배
㉠ $\varepsilon_t \geq 0.0075$인 경우에 재분배 가능
㉡ 재분배율 $= 1,000\varepsilon_t < 20\%$ 이하

**38** 2방향 슬래브에 관한 설명 중 틀린 것은?

① 단경간과 장경간의 비가 $0.5 < \dfrac{S}{L} \leq 1$일 때 2방향 슬래브로 설계한다.
② 슬래브 철근의 간격은 위험단면에서 슬래브 두께의 2배 이하이다.
③ 짧은 경간 방향의 철근을 긴 경간 방향의 철근보다 슬래브 바닥에 가깝게 배근한다.
④ 2방향 슬래브의 최소 철근량은 보의 경우에 준하며 $\dfrac{1.4}{f_y}bd$이다.

**해설** 2방향 슬래브에 대해서는 최소 철근량에 대한 규정이 적용되지 않는다.

**39** 연속 휨부재에 대한 해석 중에서 현행 콘크리트 구조기준에 따라 부모멘트를 증가 또는 감소시키면서 재분배를 할 수 있는 경우는?

① 근사 해법에 의해 휨모멘트를 계산한 경우
② 하중을 적용하여 탄성이론에 의하여 산정한 경우
③ 2방향 슬래브 시스템의 직접설계법을 적용하여 계산한 경우
④ 2방향 슬래브 시스템을 등가골조법으로 해석한 경우

**해설** 부모멘트를 증가 또는 감소시키면서 재분배를 할 수 있는 경우는 하중을 적용하여 탄성이론에 의하여 산정한 경우이다.

**★★**
**40** 근사 해법에 의해 휨모멘트를 계산한 경우를 제외하고, 어떠한 가정의 하중을 적용하여 탄성이론에 의하여 산정한 연속 휨부재 받침부의 부모멘트 재분배에 대한 설명으로 옳은 것은? [단, 최외단 인장철근의 순인장변형률($\varepsilon_t$)이 0.0075 이상인 경우]

① 20% 이내에서 $100\varepsilon_t$ [%]만큼 증가 또는 감소시킬 수 있다.
② 20% 이내에서 $500\varepsilon_t$ [%]만큼 증가 또는 감소시킬 수 있다.
③ 20% 이내에서 $750\varepsilon_t$ [%]만큼 증가 또는 감소시킬 수 있다.
④ 20% 이내에서 $1,000\varepsilon_t$ [%]만큼 증가 또는 감소시킬 수 있다.

**해설** 연속 휨부재의 모멘트 재분배
㉠ 근사 해법에 의해 휨모멘트를 계산한 경우를 제외하고, 어떠한 가정의 하중을 적용하여 탄성이론에 의해 산정한 연속 휨부재의 받침부의 부모멘트는 20% 이내에서 $1,000\varepsilon_t$ [%]만큼 증가 또는 감소시킬 수 있다.
㉡ 휨모멘트의 재분배는 휨모멘트를 감소시킬 단면에서 최외단 인장철근의 순인장변형률($\varepsilon_t$)이 0.0075 이상인 경우에만 가능하다.

**41** 강도설계법에 의한 2방향 슬래브의 구조 세목을 기술한 것 중 틀린 것은?

① 단경간에서 불연속단에 수직한 정철근을 슬래브의 연단으로 연장하여 15cm 이상의 길이를 벽체에 묻어야 한다.

② 위험단면에서 철근의 간격은 특별한 슬래브를 제외하고는 슬래브 두께의 3배를 초과하지 않아야 한다.

③ 드롭 패널의 두께는 드롭 패널이 없는 슬래브 두께의 1/4 이상이어야 한다.

④ 주열대와 중간대가 겹치는 구역에서는 1/4 이상의 철근이 개구부에 의하여 차단되어서는 안 된다.

> **해설** 2방향 슬래브의 위험단면에서 철근의 간격은 특별한 슬래브를 제외하고는 슬래브 두께의 2배를 초과하지 않아야 한다.

**42** 2방향 슬래브에서 단변 방향의 철근을 장변 방향의 철근보다 슬래브 바닥에 가깝게 놓는 이유 중 옳은 것은?

① 시공상 편리하므로

② 단변 방향으로 하중이 많이 전달되므로

③ 장변 방향으로 하중이 많이 전달되므로

④ 철근량을 감소시키기 위하여

> **해설** 단변 방향 연단에 철근이 놓이는 이유
> ㉠ 단변 방향의 하중분담률이 크기 때문이다.
> ㉡ 응력은 거리에 비례하므로 하중분담률이 큰 철근을 연단에 배치해야 더 큰 응력을 부담할 수 있다.

**43** 2방향 슬래브의 위험단면에서 철근 간격은 슬래브 두께의 얼마를 초과하지 않아야 하는가? [단, 강도설계법에 의한다.]

① 2배  ② 2.5배

③ 3배  ④ 4배

> **해설** 2방향 슬래브의 위험단면에서 철근 간격(리브를 가진 슬래브나 워플 슬래브는 제외)은 슬래브 두께의 2배 이하이어야 한다.

**44** 2방향 슬래브의 구조 세목에 대한 설명 중 잘못된 것은?

① 주열대의 폭은 기둥 중심선에서 양측으로 각각 $0.25l_1$이나 $0.25l_2$ 중 작은 값만큼 연장한 길이로 한다.

② 슬래브의 두께는 9cm 이상, 4주변장 합계의 1/180 이상이어야 한다.

③ 주철근의 간격은 허용응력설계법에서는 슬래브 두께의 3배 이하로 규정하고 있는 데 대하여, 강도설계법에서는 2배 이하로 규정하고 있다.

④ 슬래브가 지지보와 일체로 되지 않을 때는 장경간의 1/5길이의 모서리 부분에서, 상부철근은 대각선에 직각 방향으로 하부철근은 대각선 방향으로 배근한다.

> **해설** 슬래브가 지지보와 일체로 되지 않을 때는 장경간의 1/5길이의 모서리 부분에서 상부철근은 대각선 방향으로, 하부철근은 대각선에 직각방향으로 배근한다.

## 4. 확대기초(기초판)

**45** 확대기초의 설계 계산을 단순화하기 위한 가정 중 옳지 않은 것은?

① 확대기초 저면의 압력분포를 직선으로 본다.

② 확대기초 저면과 기초 지반 사이에는 압축력만이 작용한다고 본다.

③ 연결 확대기초에서 하중은 기초 저면에 등분포시키는 것을 원칙으로 한다.

④ 캔틸레버 확대기초에서는 연직하중을 연결보에 부담시키고, 확대기초는 휨모멘트만을 받는 것으로 본다.

**정답** 41. ②  42. ②  43. ①  44. ④  45. ④

> **해설** 보로 연결된 연결 확대기초(캔틸레버 확대기초)에
> 서는 휨모멘트의 일부 또는 전부를 연결보에 부담시
> 키고, 확대기초는 연직하중만을 받는 것으로 본다.

> **해설** 연결 확대기초
> 2개 이상의 기둥 또는 받침을 하나의 확대기초로
> 지지하도록 만든 확대기초를 말한다.

## ★★ 46 확대기초에 관한 설명 중 옳지 않은 것은?

① 벽, 기둥, 교각 등의 하중을 안전하게 지반에
전달하기 위하여 저면을 확대하여 만든 기초
를 말한다.

② 확대기초라 함은 독립 확대기초, 벽의 확대
기초, 연결 확대기초, 전면 기초를 말한다.

③ 확대기초는 단순보, 연속보, 캔틸레버 및 라
멘, 또는 이들이 결합된 구조로 보고 설계해
야 한다.

④ 기초 저면에 일어나는 최대 압력이 지반의 허
용지지력을 넘지 않도록 기초 저면을 확대하
여 만든 기초를 말한다.

> **해설** 확대기초(기초판)의 설계
> ⊙ 확대기초는 단순보, 연속보, 캔틸레버, 또는 이
> 들이 결합된 구조로 보고 설계한다.
> ⓛ 확대기초는 라멘구조로 보고 설계하지 않는다.

## ★ 47 확대기초에 대한 설명 중 틀린 것은?

① 독립 확대기초(isolated column footing)는
기둥이나 받침 1개를 지지하도록 단독으로
만든 기초를 말한다.

② 벽 확대기초(wall footing)란 벽으로부터 가
해지는 하중을 확대 보호하기 위해 만든 확대
기초를 말한다.

③ 연결 확대기초(combined footing)란 2개 이
상의 기둥 또는 받침을 2개 이상의 확대기초
로 지지하도록 만든 기둥을 말한다.

④ 전면 기초(raft footing)란 기초 지반이 비교
적 약하여 어느 범위의 전면적을 두꺼운 슬래
브를 기초판으로 하여 모든 기둥을 지지하도
록 한 연속보와 같은 기초이다.

## ★ 48 독립 확대기초가 기둥의 연직하중 1.25MN을 받을 때 정사각형 기초판으로 설계하고자 한다. 경제적인 면적은? [단, 지반의 허용지지력 $q_a$ =200kN/m²로 하고, 기초판의 무게는 무시한다.]

① 2m×2m  ② 2.5m×2.5m

③ 3m×3m  ④ 3.5m×3.5m

> **해설** 확대기초의 저면적($A_f$)
> $$A_f \geq \frac{P}{q_a} = \frac{1,250}{200} = 6.25m^2 = 2.5m \times 2.5m$$

## ★★ 49 다음 정방형 확대기초의 기둥에 고정하중 1,000 kN, 활하중 680kN이 작용할 때 확대기초의 소요 저면적은? [단, $q_a$ =180kN/m², 기초판의 자중을 고려하며, 콘크리트 단위중량은 2,400kg/m³이다.]

① 8.5m²

② 9.3m²

③ 10.0m²

④ 10.7m²

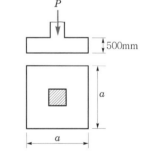

> **해설** 기초판의 소요저면적
> ⊙ 사용하중
> $$w_c = 2,400kg/m^3 = 24kN/m^3$$
> $$P = 1,000 + 680 + 24 \times 0.5A_f$$
> ⓛ 기초판의 저면적
> $$A_f \geq \frac{P}{q_a} = \frac{1,680 + 24 \times 0.5A_f}{180}$$
> $$168A_f = 1,680$$
> $$\therefore \ A_f \geq 10m^2$$

**50** 축방향 압축력 $P = 1,800$kN, 흙의 허용지내력 $q_a = 200$kN/m$^2$인 정사각형 확대기초의 저판의 한 변의 길이는 얼마이어야 하는가?

① 2m
② 3m
③ 4m
④ 5m

> **해설** 저판 한 변의 길이
>
> $$A \geq \frac{P}{q_a}$$
> $$a^2 \geq \frac{1,800}{200} = 9\text{m}^2 = 3\text{m} \times 3\text{m}$$
> $$\therefore \ a \geq 3\text{m}$$

**51** 강도설계법에 의한 확대기초 설계방법의 설명 중 틀린 것은?

① 확대기초에서 휨에 대한 위험단면은 기둥 또는 받침대의 전면으로 본다.
② 확대기초의 단면적은 하중계수를 곱한 기둥의 계수하중을 기초 지반의 허용지지력으로 나누어 계산한다.
③ 확대기초의 전단 거동은 1방향 작용 전단과 2방향 작용 전단을 고려하며, 이들 두 가지 영향 중 큰 것을 고려한다.
④ 1방향 작용 전단 시 위험단면은 기둥 전면에 확대기초의 유효깊이 $d$만큼 떨어진 거리에 위치한 단면이다.

> **해설** 확대기초를 강도설계법에 의해 설계할 경우 확대기초의 단면적을 계산할 때에는 기둥하중으로 사용하중(service load)을 사용한다.

**52** 연결기초판 설계 시 기둥으로부터 전달된 하중들의 합력이 저판의 도심과 일치되도록 설계하는 이유는?

① 지반반력이 삼각형이 되도록
② 지반반력이 사다리꼴이 되도록
③ 지반반력이 생기지 않도록
④ 지반반력이 직사각형이 되도록

> **해설** 하중의 합력이 저판의 도심과 일치되도록 설계하는 것은 지반반력이 직사각형이 되도록 유도하기 위함이다.

**53** 다음 그림과 같은 철근콘크리트 확대기초의 위험단면에서의 휨모멘트는 얼마인가? [단, 확대기초 저면에서 일어나는 압력은 200kN/m$^2$이다.]

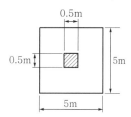

① 1,165.7kN · m
② 1,582.4kN · m
③ 2,045.5kN · m
④ 2,531.3kN · m

> **해설** 확대기초 위험단면의 휨모멘트
> ㉠ 확대기초의 휨모멘트에 대한 위험단면은 기둥 전면으로 본다. 지반지지력을 하중으로 재하시킨 후 휨모멘트를 구한다.
> ㉡ 위험단면의 휨모멘트
> $$M = \frac{1}{8} q S (L-t)^2$$
> $$= \frac{1}{8} \times 200 \times 5 \times (5-0.5)^2$$
> $$= 2,531.25\text{kN} \cdot \text{m}$$

**54** 다음은 확대기초에 대한 설명이다. 옳지 않은 것은?

① 부착응력에 대한 위험단면은 휨모멘트에 대한 위험단면과 같다.
② 독립 확대기초에서의 전단에 대한 위험단면은 펀칭 전단의 경우와 같다.
③ 연결 확대기초에서 전단에 대한 위험단면은 1방향 슬래브로 보고 기둥에서 $d$만큼 떨어진 곳에서 검토함과 동시에 펀칭 전단에 대해서도 검토해야 한다.
④ 독립 확대기초는 일반적으로 1방향으로 배근하는 것이 보통이다.

> **해설** 독립 확대기초는 일반적으로 2방향으로 배근하는
> 것이 보통이다.

## 55 ★★

다음 그림의 철근콘크리트벽 확대기초에서 벽길이
1m당 위험단면의 휨모멘트는?

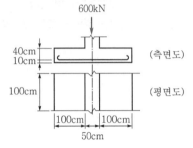

① 30kN·m      ② 43kN·m

③ 77kN·m      ④ 120kN·m

> **해설** 확대기초 위험단면의 휨모멘트
> ㉠ 지반반력
> $$q = \frac{P}{A} = \frac{600}{2.5 \times 1} = 240 \text{kN/m}^2$$
> ㉡ 위험단면의 휨모멘트
> $$M = Pe = (240 \times 1 \times 1) \times \left(1 \times \frac{1}{2}\right)$$
> $$= 120 \text{kN·m}$$

## 56 ★★★

다음 그림의 철근콘크리트 확대기초에 생기는 지
반반력의 크기는? [단, 폭은 1m이다.]

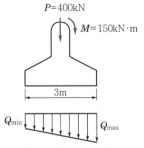

① $Q_{\min}$ : 63kN/m², $Q_{\max}$ : 233kN/m²

② $Q_{\min}$ : 33kN/m², $Q_{\max}$ : 273kN/m²

③ $Q_{\min}$ : 63kN/m², $Q_{\max}$ : 273kN/m²

④ $Q_{\min}$ : 33kN/m², $Q_{\max}$ : 233kN/m²

> **해설** 확대기초의 지반반력
> $$Q_{\substack{\min \\ \max}} = \frac{P}{A} \mp \frac{M}{Z} = \frac{P}{1 \times h} \mp \frac{6M}{1 \times h^2}$$
> $$= \frac{400}{1 \times 3} \mp \frac{6 \times 150}{1 \times 3^2}$$
> $$= 133.3 \mp 100 \text{kN/m}^2$$
> $$\therefore Q_{\min} = 33.3 \text{kN/m}^2, \ Q_{\max} = 233.3 \text{kN/m}^2$$

## 57

다음 그림과 같은 정사각형 독립 확대기초 저면에
작용하는 지압력이 $q = 100$kPa일 때 휨에 대한 위
험단면의 휨모멘트 강도는 얼마인가?

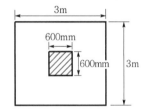

① 216kN·m      ② 360kN·m

③ 260kN·m      ④ 316kN·m

> **해설** 위험단면의 휨모멘트
> $$M = Pe = (1.5 - 0.3) \times 3 \times 100 \times \frac{1.5 - 0.3}{2}$$
> $$= 216 \text{kN·m}$$

## 58 ★

일반적으로 정사각형 기초판에서 전단에 위험한
단면은?

① 기둥의 전면

② 기둥 전면에서 $d$ 만큼 떨어진 면

③ 기둥 전면에서 $d/2$ 만큼 떨어진 면

④ 기둥 전면에서 기둥 두께만큼 안쪽으로 떨어
진 면

> **해설** 확대기초의 설계
> ㉠ 정사각형 확대기초는 일반적으로 2방향으로
> 배근하는 것이 보통이다.
> ㉡ 2방향의 전단에 대한 위험단면은 지점에서
> $d/2$만큼 떨어진 곳이다.

**정답** 55. ④   56. ④   57. ①   58. ③

**59** 1방향 배근을 한 벽 확대기초에서 전단력에 대한 위험단면으로 옳은 것은?

① 벽의 전면(前面)

② 벽의 전면으로부터 $d/2$만큼 떨어진 위치

③ 벽의 전면으로부터 유효깊이 $d$만큼 떨어진 위치

④ 벽의 중심선

> **해설** 전단에 대한 위험단면
> ㉠ 보, 1방향 슬래브, 1방향 확대기초 : 지점에서 $d$ 만큼 떨어진 곳
> ㉡ 2방향 슬래브, 2방향 확대기초 : 지점에서 $d/2$ 만큼 떨어진 곳

**60** 2.85m×2.85m($d$=510mm)인 독립 확대기초가 중앙에 0.46m×0.46m의 정사각형 기둥을 지지하고 있고 기둥에 작용하는 하중이 $P_u$=2,490kN이고 두 방향 전단 거동을 할 경우 위험단면에서 계수전단력 $V_u$를 구하면?

① 1,202.4kN

② 2,003.8kN

③ 2,201.6kN

④ 3,105.1kN

> **해설** 위험단면의 계수전단력
> ㉠ 지반반력
> $$q_u = \frac{P_u}{A} = \frac{2,490}{2.85 \times 2.85} = 306.56 \text{kN/m}^2$$
> ㉡ 계수전단력
> $B = t + d = 0.46 + 0.51 = 0.97\text{m}$
> $\therefore\ V_u = q_u(SL - B^2)$
> $\qquad = 306.56 \times (2.85^2 - 0.97^2)$
> $\qquad = 2,201.59 \text{kN}$

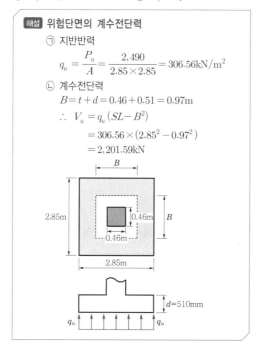

**61** 다음 그림과 같은 독립 확대기초에서 전단에 대한 위험단면의 둘레는 얼마인가? [단, 2방향 작용에 의하여 펀칭 전단이 발생하는 경우]

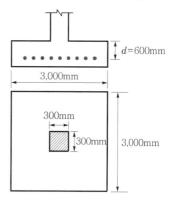

① 1,600mm

② 2,800mm

③ 3,600mm

④ 4,800mm

> **해설** 위험단면의 둘레길이
> $$b_o = 4(t+d) = 4 \times (300 + 600) = 3,600 \text{mm}$$

**62** 다음 그림과 같은 독립 확대기초에서 전단에 대한 위험단면의 주변 길이는 얼마인가? [단, 2방향 작용에 의해 펀칭 전단이 일어난다고 가정하고, 확대기초의 유효깊이는 60cm이다.]

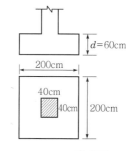

① 160cm

② 280cm

③ 400cm

④ 800cm

> **해설** 위험단면의 둘레길이
> $$b_o = 4(t+d) = 4 \times (40 + 60) = 400 \text{cm}$$

**63** 2방향 확대기초에서 하중계수가 고려된 계수하중 $P_u$(자중 포함)가 다음 그림과 같이 작용할 때 위험단면의 계수전단력($V_u$)은 얼마인가?

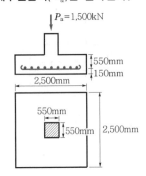

$P_u$=1,500kN

550mm
150mm
2,500mm

550mm
550mm  2,500mm

2,500mm

① $V_u$=1,111.24kN    ② $V_u$=2,263.4kN

③ $V_u$=1,209.6kN    ④ $V_u$=1,372.9kN

해설 위험단면의 계수전단력
　㉠ 지반반력
$$q_u = \frac{P_u}{A} = \frac{1,500}{2.5 \times 2.5} = 240\text{kN/m}^2$$
　㉡ 계수전단력
$$B = t + d = 0.55 + 0.55 = 1.1\text{m}$$
$$\therefore V_u = q_u(SL - B^2)$$
$$= 240 \times (2.5 \times 2.5 - 1.1^2)$$
$$= 1,209.6\text{kN}$$

**64** 다음 그림과 같이 1,250kN의 하중을 띠철근 기둥으로 지지할 경우 확대기초(2방향 배근)의 전단응력은 얼마인가? [단, 유효깊이는 50cm이다.]

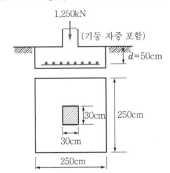

1,250kN
(기둥 자중 포함)
$d$=50cm

30cm
250cm
30cm

250cm

① 0.821MPa    ② 1.00MPa

③ 0.701MPa    ④ 0.925MPa

해설 위험단면의 전단응력
　㉠ 지반반력
$$q_u = \frac{P_u}{A} = \frac{1,250 \times 10^3}{2,500 \times 2,500} = 0.2\text{MPa}$$
　㉡ 계수전단력
$$B = t + d = 30 + 50 = 80\text{cm}$$
$$b_o = 4B = 4 \times 80 = 320\text{cm}$$
$$\therefore V_u = q_u(SL - B^2)$$
$$= 0.2 \times (2,500 \times 2,500 - 800^2)$$
$$= 1,122,000\text{N}$$
　㉢ 전단응력
$$v = \frac{V}{b_o d} = \frac{1,122,000}{3,200 \times 500} = 0.70125\text{MPa}$$

**65** 확대기초에 관한 설명 중 틀린 것은?

① 확대기초의 종류에는 독립 확대기초, 연결 확대기초, 캔틸레버 확대기초, 벽 확대기초 등이 있다.

② 확대기초는 일반적으로 단순보, 연속보, 캔틸레버보, 또는 이들이 결합된 것을 보고 설계해야 한다.

③ 확대기초에 작용하는 외부의 축하중, 전단력, 휨모멘트는 모두 지반으로 안전하게 전달되어야 한다.

④ 확대기초의 단부에서의 하단 철근부터 상부까지의 높이는 확대기초가 흙 위에 놓인 경우에 30cm 이상으로 규정되어 있다.

해설 확대기초의 단부에서 하단 철근부터 상부까지의 높이는 확대기초가 흙 위에 놓인 경우 150mm 이상, 말뚝기초 위에 놓인 경우 300mm 이상이어야 한다.

**66** 연결 확대기초에서 횡방향 철근을 배치하는 폭은? [단, $b$(폭) : 100mm, $d$(유효깊이) : 200mm]

① 300mm    ② 400mm

③ 200mm    ④ 500mm

해설 횡방향 철근의 배치 폭($B$)

$B$ = 기둥 폭 + 2 × 유효깊이
= 100 + 2 × 200
= 500mm

해설 합력의 작용점에 따른 지반반력 분포
㉠ 중앙 3분점: 삼각형
㉡ 중앙점(도심점): 직사각형
㉢ 중앙 3분점 내: 사다리꼴
㉣ 중앙 3분점 외: 한쪽은 인장, 다른 쪽은 압축

**★★**
**67** 흙 위에 놓인 철근콘크리트 확대기초의 하단 철근부터 단면 상부지의 높이는?

① 600mm 이상 　② 450mm 이상
③ 300mm 이상 　④ 150mm 이상

해설 확대기초의 최소 높이
㉠ 흙 위에 놓인 경우: 150mm 이상
㉡ 말뚝기초 위에 놓인 경우: 300mm 이상
㉢ 무근콘크리트의 확대기초: 200mm 이상

## 5. 옹벽

**★★**
**68** 다음 설명 중 옹벽 설계 시의 안정조건이 아닌 것은 어느 것인가?

① 전도에 대한 안정
② 활동에 대한 안정
③ 지반지지력에 대한 안정
④ 마찰력을 감소시킴

해설 옹벽의 안정조건
㉠ 전도에 대한 안정
㉡ 활동에 대한 안정
㉢ 지반 침하에 대한 안정

**★★**
**69** 옹벽 저면에 작용하는 합력의 작용점이 중앙 3분점 내에 있을 때 지반반력의 분포는?

① 3각형
② 사다리꼴
③ 직사각형
④ 한쪽은 인장, 다른 쪽은 압축력이 생긴다.

**70** 다음은 옹벽의 안정에 대한 설명이다. 틀린 것은 어느 것인가?

① 활동에 대한 마찰저항력은 옹벽에 작용하는 수평력의 2.0배 이상이어야 한다.
② 전도에 대한 저항모멘트는 옹벽에 작용하는 수평력에 의해 발생되는 전도모멘트의 2.0배 이상이어야 한다.
③ 중력식 옹벽의 경우 기초지반에 작용하는 외력의 합력이 기초지반의 중앙 1/3 이내에 들어오도록 해야 한다.
④ 지지 지반에 작용하는 최대 압력이 지반의 허용지지력을 넘어서는 안 된다.

해설 옹벽의 안정에 대한 안전율($F_s$)
㉠ 전도에 대한 안전율: 2.0
㉡ 활동에 대한 안전율: 1.5
㉢ 지반 침하에 대한 안전율: 1.0

**71** 다음 중 옹벽 설계에서 철근 배치의 그림이 역학적으로 가장 좋은 것은?

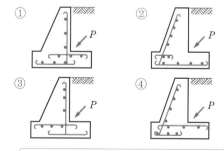

해설 옹벽의 철근 배치
옹벽에서 주철근은 인장력을 받는 곳에 배근하는 것이 원칙이고, 나머지 부분은 배력철근이다.

**72** 철근콘크리트 옹벽에서 전도(over turn)에 대하여 부족할 때 다음과 같이 한다. 해당되지 않는 것은 어느 것인가?

① 뒷굽 슬래브를 깊게 한다.
② 앞굽 슬래브를 앞으로 연장한다.
③ 수동토압이 작용하도록 활동 방지벽을 설치한다.
④ earth anchor 공법을 쓴다.

> **해설** 활동 방지벽은 활동에 대한 안정을 위해 설치할 수 있다.

**73** 옹벽에서 활동에 대한 저항력은 옹벽에 작용하는 수평력의 최소 몇 배 이상이어야 옹벽이 안정하다고 보는가?

① 1.5배      ② 1.8배
③ 2.0배      ④ 2.5배

> **해설** 옹벽의 안정에 대한 안전율($F_s$)
> ㉠ 전도에 대한 안전율 : 2.0
> ㉡ 활동에 대한 안전율 : 1.5
> ㉢ 지반 침하에 대한 안전율 : 1.0

**74** 옹벽에 관련된 설명 중에서 옳지 않은 것은 어느 것인가?

① 옹벽이란 토압에 저항하여 토사의 붕괴를 방지하기 위하여 축조한 구조물의 일종이다.
② 옹벽에 작용하는 하중에 대하여 전도(over-turning), 활동(sliding) 및 지반지지력(bearing power)에 대하여 안정해야 한다.
③ 활동에 대한 저항을 크게 하기 위하여 돌출부(shear key)를 설치할 때 돌출부와 저판을 별개의 구조물로 만들어야 한다.
④ 피복두께는 벽의 노출면에서는 3cm 이상, 콘크리트가 흙에 접하는 면에서는 8cm 이상으로 해야 한다.

> **해설** 활동에 대한 저항을 크게 하기 위하여 돌출부를 설치할 때 돌출부와 저판을 일체 구조물로 만들어야 한다.

**75** 다음 그림의 무근콘크리트 옹벽(단위중량 2,300kg/m³)이 활동에 대하여 안전하려면 $B$ 길이의 최솟값은? [단, 흙의 단위중량 1,800kg/m³, 토압을 랭킨공식으로 계산하며 토압계수 0.3, 마찰계수 0.5이다.]

① 1.87m
② 1.77m
③ 1.65m
④ 1.18m

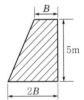

> **해설** 옹벽의 설계
> ㉠ 토압(랭킨공식)
> $$P_a = \frac{1}{2}Kw_s h^2 = \frac{1}{2}\times 0.3 \times 18,000 \times 5^2$$
> $$= 67,500\text{N}$$
> ㉡ 마찰저항력($f$)
> $$f = w_c V_c \mu = 23,000 \times \frac{B+2B}{2}\times 5 \times 0.5$$
> $$= 86,250B$$
> ㉢ $B$ 길이 결정
> $$\frac{수평저항력}{수평력} = \frac{f}{P_a} = \frac{86,250B}{67,500} \geq 1.5$$
> $$\therefore\ B \geq 1.174\text{m}$$

**76** 다음 그림과 같은 캔틸레버 옹벽의 최대 지반반력은 얼마인가?

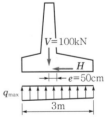

① 102kN/m²      ② 205kN/m²
③ 66.7kN/m²      ④ 33.3kN/m²

**정답** 72. ③   73. ①   74. ③   75. ④   76. ③

> **해설** 옹벽의 최대 지반반력
> $$q_{max} = \frac{V}{B}\left(1 + \frac{6e}{B}\right) = \frac{100}{3} \times \left(1 + \frac{6 \times 0.5}{3}\right)$$
> $$= 66.7\text{kN/m}^2$$

## ★ 77 옹벽 기초에 작용하는 지반반력 분포가 다음 그림과 같다. A-A 단면의 단위폭(1m)당 지반반력에 의한 휨모멘트를 구하면?

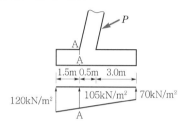

① 84.4kN · m/m
② 113.7kN · m/m
③ 129.5kN · m/m
④ 168.5kN · m/m

> **해설** A-A 단면의 휨모멘트
> $$M_A = 105 \times 1.5 \times \frac{1.5}{2} + \frac{1}{2} \times (120 - 105)$$
> $$\times 1.5 \times \frac{2 \times 1.5}{3}$$
> $$= 129.4\text{kN} \cdot \text{m/m}$$
>
> (그림: A-A 단면, 1.5m, 120kN/m², 105kN/m², $P_2$, $P_1$)

## ★★ 78 옹벽에 관한 설명으로 틀린 것은?

① 앞부벽식 옹벽의 부벽은 직사각형 보로 설계한다.
② 활동에 대한 저항력은 옹벽에 작용하는 수평력의 1.5배 이상이어야 한다.
③ 옹벽의 뒤채움으로는 다져진 부순 돌, 자갈보다는 다져진 실트 및 세사가 더 효과적이다.
④ 캔틸레버 옹벽의 전면벽은 저판에 지지된 캔틸레버로 설계할 수 있다.

> **해설** 옹벽의 뒤채움으로는 물이 잘 모이도록 다져진 부순 돌, 조약돌 또는 자갈을 사용한다.

## ★ 79 옹벽의 토압 및 설계 일반에 대한 설명 중 옳지 않은 것은?

① 활동에 대한 저항력은 옹벽에 작용하는 수평력의 1.5배 이상이어야 한다.
② 뒷부벽식 옹벽의 저판은 정밀한 해석이 사용되지 않는 한, 3변 지지된 2방향 슬래브로 설계하여야 한다.
③ 뒷부벽은 T형 보로 설계하여야 하며, 앞부벽은 직사각형 보로 설계하여야 한다.
④ 지반에 유발되는 최대 지반반력이 지반의 허용지지력을 초과하지 않아야 한다.

> **해설** 3변 지지된 2방향 슬래브로 설계되어야 하는 것은 옹벽의 저판이 아니라 옹벽의 전면벽이다.

## 80 옹벽의 설계 및 구조 해석에 대한 설명으로 틀린 것은?

① 활동에 대한 저항력은 옹벽에 작용하는 수평력의 1.5배 이상이어야 한다.
② 부벽식 옹벽의 추가 철근은 저판에 지지된 캔틸레버로 설계하여야 한다.
③ 저판의 뒷굽판은 정확한 방법이 사용되지 않는 한, 뒷굽판 상부에 재하되는 모든 하중을 지지하도록 설계하여야 한다.
④ 캔틸레버식 옹벽의 저판은 추가 철근과의 접합부를 고정단으로 간주한 캔틸레버로 가정하여 단면을 설계할 수 있다.

> **해설** 부벽식 옹벽의 추가 철근은 부벽 사이의 거리를 경간으로 가정한 고정보 또는 연속보로 설계할 수 있다.

**81** ★ 철근콘크리트 옹벽 설계에는 다음과 같은 사항을 알아야 한다. 이들 중 해당되지 않는 것은?

① 흙의 단위중량과 내부마찰각

② 지반지지력

③ 콘크리트와 지반과의 마찰계수

④ 벽체의 수동토압계수

> 해설 옹벽에서 벽체의 토압은 주동토압을 고려한다. 주동토압은 주동토압계수를 사용한다.

**82** 다음 중 옹벽의 구조 해석에 대한 사항 중 틀린 것은?

① 부벽식 옹벽의 저판은 정밀한 해석이 사용되지 않는 한, 부벽의 높이를 경간으로 가정한 고정보 또는 연속보로 설계할 수 있다.

② 캔틸레버식 옹벽의 추가 철근은 저판에 지지된 캔틸레버로 설계할 수 있다.

③ 부벽식 옹벽의 추가 철근은 3변 지지된 2방향 슬래브로 설계할 수 있다.

④ 뒷부벽은 T형 보로 설계하여야 하며, 앞부벽은 직사각형 보로 설계하여야 한다.

> 해설 부벽식 옹벽의 저판은 앞부벽 또는 뒷부벽 간의 거리를 경간으로 간주하고, 고정보 또는 연속보로 설계할 수 있다.

**83** ★★★ 옹벽의 토압 및 설계 일반에 대한 설명 중 옳지 않은 것은?

① 토압은 공인된 공식으로 산정하되 필요한 계수는 측정을 통하여 정해야 한다.

② 옹벽 각부의 설계는 슬래브와 확대기초의 설계방법에 준한다.

③ 뒷부벽식 옹벽은 부벽을 T형 보의 복부로 보고 전단벽과 저판을 연속 슬래브로 보고 설계한다.

④ 앞부벽식 옹벽은 앞부벽을 T형 보의 복부로 보고 전면벽을 연속 슬래브로 보아 설계한다.

> 해설 옹벽의 설계
> ㉠ 앞부벽식 : 구형 보(직사각형 보)의 복부로 보고 설계한다.
> ㉡ 뒷부벽식 : T형 보의 복부로 보고 설계한다.

**84** ★ 옹벽의 구조 해석에 대한 설명으로 잘못된 것은?

① 부벽식 옹벽 저판은 정밀한 해석이 사용되지 않는 한, 부벽 간의 거리를 경간으로 가정한 고정보 또는 연속보로 설계할 수 있다.

② 저판의 뒷굽판은 정확한 방법이 사용되지 않는 한, 뒷굽판 상부에 재하되는 모든 하중을 지지하도록 설계하여야 한다.

③ 캔틸레버식 옹벽의 추가 철근은 저판에 지지된 캔틸레버로 설계할 수 있다.

④ 뒷부벽식 옹벽의 뒷부벽은 직사각형 보로 설계하여야 한다.

> 해설 옹벽의 설계
> ㉠ 앞부벽식 : 직사각형 보로 설계(압축철근)
> ㉡ 뒷부벽식 : T형 보의 복부로 설계(인장철근)

**85** 옹벽 각부 설계에 대한 설명 중 옳지 않은 것은?

① 캔틸레버 옹벽의 저판은 수직벽에 의해 지지된 캔틸레버로 설계되어야 한다.

② 뒷부벽식 옹벽 및 앞부벽식 옹벽의 저판은 뒷부벽 또는 앞부벽 간의 거리를 경간으로 보고 고정보 또는 연속보로 설계되어야 한다.

③ 전면벽의 하부는 연속 슬래브로서 작용한다고 보고 설계하지만 동시에 벽체 또는 캔틸레버로서도 작용하므로 상당한 양의 가외철근을 넣어야 한다.

④ 뒷부벽은 직사각형 보로, 앞부벽은 T형 보로 설계되어야 한다.

> 해설 뒷부벽은 T형 보로, 앞부벽은 직사각형 보(구형 보)로 설계되어야 한다.

**86** 뒷부벽식 옹벽을 설계할 때 뒷부벽에 대한 설명으로 옳은 것은?

① T형 보로 설계하여야 한다.

② 캔틸레버로 설계하여야 한다.

③ 직사각형 보로 설계하여야 한다.

④ 3변 지지된 2방향 슬래브로 설계하여야 한다.

> **해설** 부벽식 옹벽의 설계
> ㉠ 뒷부벽 : T형 보로 설계(인장철근)
> ㉡ 앞부벽 : 직사각형 보로 설계(압축철근)

**87** 앞부벽식 옹벽은 부벽을 어떠한 보로 설계하는가?

① 단순보　　　　② 연속보

③ T형 보　　　　④ 직사각형 보

> **해설** 앞부벽식 옹벽은 부벽을 구형 보(직사각형 보)로 설계되어야 하며, 이 경우 철근은 압축을 받게 된다.

**88** 뒷부벽식 옹벽의 뒷부벽은 어떤 보로 보고 설계하는가?

① 직사각형 보　　　② T형 보

③ 단순보　　　　　④ 연속보

> **해설** 부벽식 옹벽의 설계
> ㉠ 앞부벽식 : 직사각형 보로 설계(압축철근)
> ㉡ 뒷부벽식 : T형 보로 설계(인장철근)

**89** 다음과 같은 옹벽의 각 부분 중 T형 보로 설계해야 할 부분은?

① 앞부벽식 옹벽의 저판

② 앞부벽

③ 뒷부벽식 옹벽의 저판

④ 뒷부벽

> **해설** 부벽식 옹벽의 설계
> ㉠ 뒷부벽 : T형 보로 설계(인장철근)
> ㉡ 앞부벽 : 직사각형 보로 설계(압축철근)

**90** 다음의 뒷부벽식(扶壁式) 옹벽에 표시된 철근은 무엇인가?

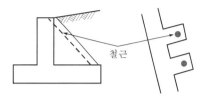

철근

① 인장철근　　　② 배력근(配力筋)

③ 보조철근　　　④ 복철근

> **해설** 뒷부벽은 T형 보로 설계되어야 하며, 이 경우 철근은 인장을 받게 된다.

**91** 옹벽의 신축이음에 대한 설명 중 잘못된 것은?

① 옹벽의 신축이음은 30m마다 두어야 한다.

② 신축이음에서는 철근을 자를 수 있다.

③ 신축이음이 있는 위치의 난간도 신축이음을 둔다.

④ 부벽식 옹벽에서는 부벽의 중앙에서 끊어서 신축이음으로 한다.

> **해설** 옹벽의 신축이음은 30m 이하의 간격으로 설치하되 완전히 끊어서 온도변화와 지반의 부등침하에 대비해야 한다.

**92** 앞부벽식 옹벽의 전면벽에는 인장철근의 몇 % 이상의 배력철근을 두어야 하는가?

① 10%　　　　② 20%

③ 30%　　　　④ 40%

> **해설** 전면벽과 저판에는 인장철근의 20% 이상의 배력철근을 주어야 한다.

**정답** 86. ①　87. ④　88. ②　89. ④　90. ①　91. ①　92. ②

## 6. 벽체

**93** 철근콘크리트 구조물 설계 시 철근 간격에 대한 설명으로 옳지 않은 것은? [단, 굵은골재의 공칭 최대 치수에 관련된 규정은 만족하는 것으로 가정한다.]

① 동일 평면에서 평행한 철근 사이의 수평 순간 격은 25mm 이상, 또한 철근의 공칭지름 이상으로 하여야 한다.

② 상단과 하단에 2단 이상으로 배치된 경우 상·하 철근은 동일 연직면 내에 배치되어야 하고, 이때 상·하 철근의 순간격은 25mm 이상으로 하여야 한다.

③ 나선철근과 띠철근 기둥에서 축방향 철근의 순간격은 40mm 이상, 또한 철근공칭지름의 1.5배 이상으로 하여야 한다.

④ 벽체 또는 슬래브에서 휨 주철근의 간격은 벽체나 슬래브 두께의 2배 이하로 하여야 하고, 또한 300mm 이하로 하여야 한다.

> 해설 벽체 또는 슬래브에서 휨 주철근의 간격은 벽체나 슬래브 두께의 3배 이하로 하여야 하고, 또한 450mm 이하로 하여야 한다.

**94** 철근콘크리트 벽체의 철근 배근에 대한 다음 설명 중 잘못된 것은?

① 동일 조건에서 최소 수직철근비가 최소 수평 철근비보다 크다.

② 지하실을 제외한 두께 250mm 이상의 벽체에 대해서는 수직 및 수평 철근을 벽면에 평행하게 양면으로 배치하여야 한다.

③ 수직철근이 집중 배치된 벽체 부분의 수직철근비가 0.01배 미만인 경우에는 횡방향 띠철근을 설치하지 않을 수 있다.

④ 수직철근이 집중 배치된 벽체 부분에서 수직철근이 압축력을 받는 철근이 아닌 경우에는 횡방향 띠철근을 설치할 필요가 없다.

> 해설 동일 조건에서 최소 수직철근비가 최소 수평철근비보다 작다.

**95** 철근콘크리트 벽체의 철근 배근에 대한 다음 설명 중 잘못된 것은?

① 수직 및 수평 철근의 간격은 벽 두께의 3배 이하, 또한 450mm 이하로 하여야 한다.

② 지하실 벽체를 제외한 두께 250mm 이상의 벽체에 대해서는 수직 및 수평 철근을 벽면에 평행하게 양면으로 배근하여야 한다.

③ 동일 조건에서 벽체의 전체 단면적에 대한 최소 수직철근비가 최소 수평철근비보다 크다.

④ 압축력을 받는 수직철근이 집중 배치된 벽체 부분의 수직철근비가 0.01배 이상인 경우에는 수직간격이 벽체 두께 이하인 횡방향 띠철근으로 감싸야 한다.

> 해설 벽체의 최소 철근비

| 구분 | 설계기준항복강도 400MPa 이상으로서 D16 이하의 이형철근 | 기타 이형철근 | 지름 16mm 이하의 용접철망 |
|---|---|---|---|
| 최소 수직철근비 | 0.0012 | 0.0015 | 0.0015 |
| 최소 수평철근비 | $0.0020 \dfrac{400}{f_y}$ | 0.0025 | 0.0020 |

**96** 강도설계법에서 벽체 전체 단면적에 대한 최소 수직·수평 철근비로 옳은 것은? [단, $f_y$ =400MPa, D13 철근 사용]

① 수직철근비 0.0012, 수평철근비 0.0020

② 수직철근비 0.0015, 수평철근비 0.0020

③ 수직철근비 0.0015, 수평철근비 0.0025

④ 수직철근비 0.0020, 수평철근비 0.0025

> 해설 설계기준항복강도 400MPa 이상으로서 D16 이하의 이형철근인 경우 최소 철근비
> ㉠ 벽체의 최소 수직철근비: 0.0012 이상
> ㉡ 벽체의 최소 수평철근비: $0.0020 \dfrac{400}{f_y}$
> $= 0.0020 \times \dfrac{400}{400} = 0.020$ 이상

**정답** 93. ④  94. ①  95. ③  96. ①

# 프리스트레스트 콘크리트 (PSC)

CHAPTER 08

# 프리스트레스트 콘크리트 (PSC)

## 회독 체크표

| 1회독 | 월 | 일 |
|---|---|---|
| 2회독 | 월 | 일 |
| 3회독 | 월 | 일 |

## 최근 10년간 출제분석표

| 2015 | 2016 | 2017 | 2018 | 2019 | 2020 | 2021 | 2022 | 2023 | 2024 |
|---|---|---|---|---|---|---|---|---|---|
| 16.9% | 20.0% | 16.7% | 15.0% | 13.4% | 15.0% | 15.0% | 20.0% | 16.7% | 16.6% |

 출제 POINT

### 학습 POINT

- PSC의 장단점
- 기본 3개념
- 상향력과 순하향 하중
- PSC의 분류

■ PSC의 가장 큰 이점

① 균열 방지
② 유효 단면 증가

---

SECTION **1** 프리스트레스트 콘크리트의 개요

## 1 PSC의 정의 및 특징

### 1) PSC의 정의

① 철근콘크리트 보의 인장측 콘크리트에 육안으로는 보이지 않는 미세한 균열이 발생한다. 콘크리트에 균열이 발생하면 콘크리트는 힘을 받지 못한다. 이러한 철근콘크리트의 결점을 없애거나 완화하여야 한다.

② 철근콘크리트의 결함인 균열을 방지하여 전 단면을 유효하게 이용할 수 있도록 사용하중 작용 시 발생하는 인장응력을 소정의 한도까지 상쇄할 수 있도록 미리 인위적으로 그 응력의 크기와 분포를 정하여 내력을 준 콘크리트를 프리스트레스트 콘크리트(Prestressed concrete)라고 한다.

### 2) PSC의 장단점

#### (1) PSC의 장점

① 고강도 콘크리트를 사용하므로 내구성이 좋다.

② RC 보에 비해 복부의 폭을 얇게 할 수 있어서 부재의 자중이 줄어든다.

③ RC 보에 비해 탄성적이고 복원성이 높다.

④ 전 단면을 유효하게 이용한다.

⑤ 조립식 강절구조로 시공이 용이하다.

⑥ 부재에 확실한 강도와 안전율을 갖게 한다.

#### (2) PSC의 단점

① RC에 비해 강성이 작아 변형이 크고 진동하기 쉽다.

② 내화성이 불리하다(400℃ 이상 온도).

③ 공사가 복잡하므로 고도의 기술을 요한다.

④ 부속 재료 및 그라우팅의 비용 등 공사비가 증가된다.

## 2 기본개념

1) 응력 개념(균등질 보의 개념)

### (1) 긴장재를 직선 배치한 경우

① 프리스트레스가 도입되면 콘크리트가 탄성체로 전환되어 탄성이론에 의한 해석이 가능하다는 개념으로 PSC의 기본적인 개념이다.

② 긴장재를 직선으로 도심축에 배치한 경우 콘크리트의 응력

$$f_c = f_{c1} + f_{c2} = \frac{P}{A} \pm \frac{M}{I}y \tag{8.1}$$

■ PSC의 3대 기본개념

① 응력 개념(균등질 보의 개념)
② 강도 개념(내력모멘트 개념)
③ 하중 평형 개념(등가하중 개념)

■ 부호 약정

① 일반구조
  • 인장 : ⊕
  • 압축 : ⊖
② 기둥
  • 인장 : ⊕/⊖
  • 압축 : ⊖/⊕
③ PSC 보
  • 압축 : ⊕
  • 인장 : ⊖

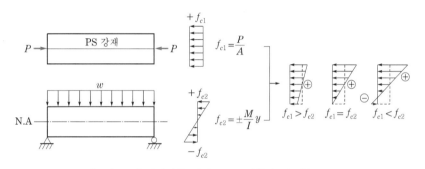

[그림 8-1] 긴장재를 직선으로 도심축에 배치한 경우

③ 긴장재를 직선으로 편심 배치한 경우 콘크리트의 응력

$$f_c = f_{c1} + f_{c2} + f_{c3} = \frac{P}{A} \mp \frac{Pe}{I}y \pm \frac{M}{I}y \tag{8.2}$$

■ 긴장재를 편심 배치한 경우

① $f_{c1}$ : 도심축에 작용하는 것으로 본 축하중 응력
② $f_{c2}$ : 편심에 의한 모멘트의 휨응력
③ $f_{c3}$ : 외부하중에 의한 휨응력
∴ $f_c = f_{c1} + f_{c2} + f_{c3}$

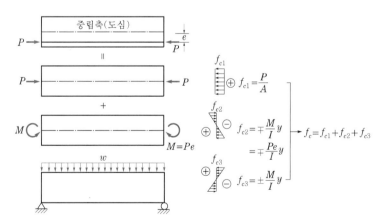

[그림 8-2] 긴장재를 직선으로 편심 배치한 경우

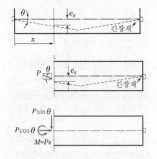

■ 긴장재를 절곡 배치한 경우

■ 강도 개념(내력모멘트 개념)

프리스트레스트 구조(PSC)와 철근콘크리트 구조(RC)가 같은 원리라고 보는 개념이다.

**(2) 긴장재를 절곡 배치한 경우**

① 긴장재를 절곡 또는 곡선으로 배치한 경우 콘크리트 단면에서 전단응력은 감소한다.

② 축력

$$N_x = P\cos\theta \fallingdotseq P \ (\theta \fallingdotseq 0\text{인 경우 } \cos\theta \fallingdotseq 1.0) \tag{8.3}$$

③ 전단력

$$S_x = R_A - P\sin\theta \tag{8.4}$$

④ 휨모멘트

$$M_x = P\cos\theta e_x = Pe_x \tag{8.5}$$

**2) 강도 개념(내력모멘트 개념, PSC=RC)**

① RC와 같이 압축력은 콘크리트가 받고, 인장력은 긴장재가 받게 하여 두 힘에 의한 우력모멘트가 외력모멘트에 저항한다는 개념이다.

② 휨모멘트는 $C = T = P$이므로

$$M = Cz = Tz = Pz \tag{8.6}$$

여기서, $P$ : PS 강재에 작용시킨 프리스트레스 힘

$M$ : 작용하중에 의한 휨모멘트

③ 콘크리트의 응력

$$f_c = \frac{C}{A} \pm \frac{Ce}{z} y = \frac{P}{A} \pm \frac{Pe}{x} y$$

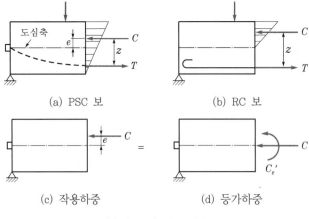

(a) PSC 보      (b) RC 보

(c) 작용하중      (d) 등가하중

[그림 8-3] 강도 개념

### 3) 하중 평형 개념(등가하중 개념)

① 프리스트레싱에 의해 부재에 작용하는 힘과 부재에 작용하는 외력이 평행이 되게 한다는 개념이다.

② 긴장재를 포물선으로 배치한 경우의 상향력

$$M = Ps = \frac{ul^2}{8} \text{ 으로부터 상향력은}$$

$$\therefore \ u = \frac{8Ps}{l^2} \tag{8.7}$$

여기서, $u$ : 프리스트레싱 작용에 의한 상향력

$s$ : 보의 중앙에서 콘크리트의 도심으로부터 긴장재의 도심까지의 거리

$l$ : 보의 경간(길이)

■ 상향력
① 포물선으로 배치한 경우
$$u = \frac{8Ps}{l^2}$$
② 절곡 배치한 경우
$$u = 2P\sin\theta$$

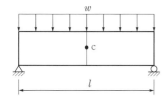

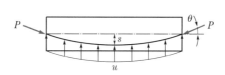

(a) 하중에 의한 최대 휨모멘트　　　(b) 상향력에 의한 휨모멘트

**[그림 8-4] 긴장재를 포물선으로 배치한 경우의 상향력**

③ 긴장재를 절곡으로 배치한 경우의 상향력

$\sum V = 0$로부터 상향력은

$$\therefore \ u = 2P\sin\theta \tag{8.8}$$

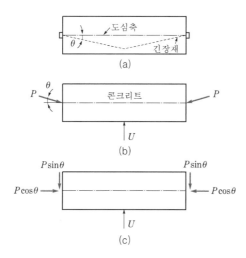

**[그림 8-5] 긴장재를 절곡으로 배치한 경우의 상향력**

④ 순하향 하중

구조물의 자중이나 외력에 의해 하향으로 작용하는 하중($w$, ↓)과 PS 긴장력에 의해 상향으로 발생되는 상향력($u$, ↑)이 하중평형법에 의해 상쇄되고 남은 순수하게 하향으로 작용하는 하중을 순하향 하중($w_o$, ↓)이라고 한다.

$$w_o = w - u \tag{8.9}$$

## ③ PSC의 분류

### 1) 프리스트레싱의 도입 정도와 방법에 의한 분류

#### (1) 프리스트레싱의 도입 정도에 의한 분류

① 완전 프리스트레싱(full prestressing) : 콘크리트의 전 단면에서 인장 응력이 발생하지 않도록 프리스트레스를 가하는 방법이다.

② 부분 프리스트레싱(partial prestressing) : 콘크리트 단면의 일부에 어느 정도의 인장응력이 발생하는 것을 허용하는 방법이다.

#### (2) 프리스트레싱 방법에 의한 분류

① 내적 프리스트레싱 : 내부 긴장재, 내부 케이블 사용

② 외적 프리스트레싱 : 외부 긴장재, 외부 케이블 사용

③ 내적, 외적 프리스트레싱의 병용

### 2) 긴장재의 부착 여부와 단부 정착장치의 유무에 따른 분류

#### (1) 긴장재의 부착 여부에 따른 분류

① 부착시킨 긴장재(bonded tendon) : 프리텐션 방식의 긴장재와 포스트 텐션 방식에서 그라우팅 작업을 한 긴장재는 콘크리트와 부착이 이루어진다.

② 부착시키지 않은 긴장재(unbonded tendon) : 포스트텐션 방식에서 그라우팅 작업을 하지 않은 긴장재는 콘크리트와 부착이 이루어지지 않는다.

#### (2) 단부 정착장치의 유무에 따른 분류

① 단부에 정착장치가 있는 긴장재(end-anchored tendon) : 일반적으로 포스트텐셔닝이다.

② 단부에 정착장치가 없는 긴장재(nonend-anchored tendon) : 일반적으로 프리텐셔닝이다.

3) 긴장재의 긴장시기와 구조물의 형상에 따른 분류

### (1) 긴장재의 긴장시기에 따른 분류

① 프리텐셔닝(pre-tensioning) : 콘크리트를 치기 전에 미리 긴장재를 긴장해 두는 방법이다.

② 포스트텐셔닝(post-tensioning) : 콘크리트가 굳은 뒤에 긴장재를 긴장하는 방법이다.

### (2) 구조물의 형상에 따른 분류

① 선형 프리스트레싱 : PSC 보, PSC 슬래브 등

② 원형 프리스트레싱 : PSC 원형 탱크, PSC 사일로(silo), PSC관 등

---

## SECTION 2 프리스트레스의 재료

## ① 콘크리트

학습 POINT
• 콘크리트 품질의 요구사항
• 콘크리트의 설계기준강도
• PS 강재 품질의 요구사항
• PS 강재의 종류
• PS 강재의 특성

1) 콘크리트 품질의 요구사항

### (1) 일반콘크리트의 요구사항

① 압축강도가 높아야 한다.

② 건조수축과 크리프가 작아야 한다(물-시멘트비 45% 이하 : 현장 35~40%, 공장 33~35%).

③ 단위시멘트량은 필요한 범위 내에서 최소로 하고, 시공이 가능한 범위 내에서 사용수량을 될 수 있는 대로 적게 한다.

④ 알맞은 입도를 갖는 양질의 골재를 사용한다.

### (2) PS 강재와 직접 부착되는 콘크리트(그라우트 포함)의 요구사항

① PS 강재를 부식시킬 수 있는 염화칼슘을 사용해서는 안 된다.

② 굵은골재 최대 치수 : 25mm를 표준

③ 단위수량 : $w/s$는 45% 이하

④ 양생 : 고온증기양생

■ 긴장력의 도입방식

① 프리텐션 방식 : 부착
콘크리트와 긴장재의 부착에 의해 긴장력이 도입

② 포스트텐션 방식 : 정착
부재 양단의 정착에 의해 긴장력이 도입

2) 콘크리트의 설계기준강도와 탄성계수

### (1) 콘크리트의 설계기준강도

① 강재가 고강도이므로 일반 RC에 비해 고강도 콘크리트를 사용한다.

② 프리텐션 공법 : $f_{ck} \geq 35\text{MPa}$

③ 포스트텐션 공법 : $f_{ck} \geq 30\text{MPa}$

■ PSC 설계에서 탄성계수비

$$n = \frac{E_{ps}}{E_c} \geq 6$$

여기서, $E_{ps} = 2.0 \times 10^5 \text{MPa}$

Reinforced Concrete and Steel Structures

출제 POINT

**(2) 콘크리트의 탄성계수(RC와 동일)**

① 탄성계수 일반식

$$E_c = 0.077 m_c^{1.5} \sqrt[3]{f_{cm}} \,[\text{MPa}] \tag{8.10}$$

② 보통 골재($m_c = 2,300\text{kg/m}^3$)를 사용한 콘크리트의 경우

$$E_c = 8,500 \sqrt[3]{f_{cm}} \,[\text{MPa}] \tag{8.11}$$

여기서, $f_{cm} = f_{ck} + \Delta f [\text{MPa}]$

$f_{ck}$ : 콘크리트의 설계기준압축강도(MPa)

$f_{cm}$ : 재령 28일에서 콘크리트의 평균 압축강도(MPa)

## ② PS 강재

**1) PS 강재 품질의 요구사항**

① 인장강도가 높아야 한다(고강도일수록 긴장력의 손실률이 적다).

② 항복비$\left(= \dfrac{\text{항복강도}}{\text{인장강도}} \times 100\%\right)$가 커야 한다.

③ 릴랙세이션이 작아야 한다.

④ 적당한 연성과 인성이 있어야 한다.

⑤ 응력 부식에 대한 저항성이 커야 한다.

⑥ 부착시켜 사용하는 PS 강재는 콘크리트와의 부착강도가 커야 한다.

⑦ 어느 정도의 피로강도를 가져야 한다.

⑧ 곧게 잘 펴지는 직선성(신직성)이 좋아야 한다.

**2) PS 강재의 종류**

**■ PS 강재의 종류**
① PS 강선
② PS 강봉
③ PS 강연선
**(1) PS 강선**

① 원형 PS 강선 : 지름 2.9~9mm의 원형 강선, 하나 또는 여러 개를 나란히 놓아 다발로 긴장재를 구성하며, 프리텐션 방식, 포스트텐션 방식에 사용된다.

② 이형 PS 강선 : 콘크리트와의 부착강도를 높이기 위해 표면에 돌기(凸부) 또는 곰보(凹부)를 연속 또는 일정 간격으로 붙인 것으로, 주로 프리텐션 방식에 사용된다.

**■ PS 강봉**
① 끝부분을 가공하거나 커플러(coupler) 등으로 연결하여 사용할 수 있고 릴랙세이션이 비교적 작다.
② 나사 강봉

**(2) PS 강봉**

① 원형 PS 강봉 : 지름 9.2~32mm, 주로 포스트텐션 방식에 사용된다.

② 이형 PS 강봉 : 지름 7.4~13mm, 표면에 돌기(凸부) 또는 곰보(凹부)를 연속 또는 일정 간격으로 붙인 것으로, 전조나사 등을 사용하여 쉽게 정착한다. 릴랙세이션이 작다.

### (3) PS 강연선(PS strand)

① 여러 개의 강선을 꼬아서 만든 것으로, 2연선, 7연선이 많이 쓰이며 19 연선, 37연선도 사용된다.

② 작은 지름의 PS 강연선 : 프리텐션 방식, 포스트텐션 방식에 모두 사용된다.

③ 큰 지름의 PS 강연선 : 포스트텐션 방식에 많이 쓰인다.

## 3) PS 강재의 재료적 특성

### (1) PS 강재의 특성

① PS 강선의 인장강도는 고강도 철근의 4배, PS 강봉은 약 2배이다.

② 인장강도의 크기 : PS 강봉 < PS 강선 < PS 강연선

③ 지름이 작은 것일수록 인장강도나 항복점 응력은 커지고, 파단 시의 연신율은 작아진다.

④ 뚜렷한 항복점이 없다.

■ 항복점 추정(offset method)

① 항복점 : 0.2%의 잔류 변형률을 나타내는 응력

② 탄성한도 : 0.02%의 잔류 변형률을 나타내는 응력

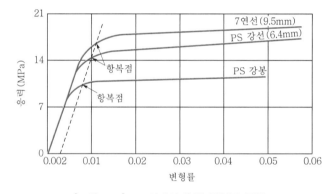

[그림 8-6] PS 강재의 응력-변형률 곡선

### (2) PS 강재의 탄성계수와 릴랙세이션

① PS 강재의 탄성계수

$$E_{ps} = 2.0 \times 10^5 \mathrm{MPa} \tag{8.12}$$

② PS 강재의 릴랙세이션

PS 강재를 긴장한 채 일정한 길이로 유지해 두면 시간의 경과와 더불어 인장응력이 감소하는 현상이다. 즉 긴장력이 느슨해지는 현상이다.

③ PS 강재의 릴랙세이션은 온도에 따라 다르며, 높은 온도하에서는 매우 커진다.

■ PS 강재의 릴랙세이션

① 순릴랙세이션

② 겉보기 릴랙세이션

### (3) 강재와 덕트의 순간격

① 프리텐션 부재

강선은 $5d_b$ 이상, 스트랜드는 $4d_b$ 이상이어야 한다.

■ 덕트(duct)

콘크리트 부재 속에 긴장재를 배치하기 위해 뚫어 놓은 구멍

■ 시스(sheath, 도관)

콘크리트를 타설할 때 덕트를 만들기 위해 사용하는 얇은 강관

② 프리텐션 부재의 경간 중앙부

수직간격을 부재 끝단보다 좁게 사용하거나 다발로 사용해도 된다.

③ 덕트의 순간격

포스트텐션 부재에서 덕트를 다발로 사용해도 좋으며, 이때 덕트의 순간격은 굵은골재 최대 치수의 1/3~1배 또는 2.5cm 이상이다.

### 4) 기타 보조재료

① 시스(sheath, 도관) : 포스트텐션 방식에서 덕트(duct)를 형성하기 위해 쓰이는 파상 모양의 얇은 강관

② 정착장치 : 포스트텐션 방식에서 긴장재를 긴장한 후 그 끝을 콘크리트에 정착시키는 기구

③ 접속장치 : PS 강재와 PS 강재를 접속하는 기구로 주로 나사를 많이 사용

---

**SECTION 3  프리스트레스의 도입과 손실**

## 학습 POINT

- 프리텐션 방식
- 포스트텐션 방식
- PSC 그라우트
- PS 강재의 정착방법
- 교량 가설공법
- 프리스트레스의 손실원인(손실량, 손실(감소)률, 유효율)
- 프리스트레스의 도입 시 강도

■ 용어의 정의

① 프리스트레스(prestress) : 외력에 의한 인장응력을 상쇄하기 위하여 미리 인위적으로 콘크리트에 준 응력

② 프리스트레싱(prestressing) : 콘크리트에 프리스트레스를 주는 일

③ 프리스트레스 힘(prestress force) : 프리스트레싱에 의하여 부재 단면에 작용하고 있는 힘

### ① 프리스트레스의 도입

### 1) 프리스트레싱 방법

#### (1) 프리텐션 방식

① 프리텐션 방식 및 종류

㉠ PS 강재에 인장력을 주어 긴장해 놓은 후 콘크리트를 타설하고, 콘크리트가 경화한 후 PS 강재의 인장력을 서서히 풀어서 콘크리트에 프리스트레스를 주는 방법으로 콘크리트와 긴장재의 부착에 의해 긴장력이 도입된다.

㉡ 방법에 의한 분류
- 단일 몰드 방식(individual mold method) - 단독식
- 롱 라인 방식(long line method) - 연속식

② 프리텐션 방식의 특징

㉠ 장점
- 동일한 형상과 치수의 부재를 대량으로 제조
- 시스(sheath), 정착장치 등이 필요하지 않음

㉡ 단점
- 긴장재를 곡선으로 배치하기 어려움
- 부재의 단부(정착구역)에는 프리스트레스가 도입되지 않음

③ 프리텐션 방식의 작업순서

지주 설치 → 강재 배치와 긴장 → 거푸집 설치 → 콘크리트 타설 → 콘크리트 양생 → 콘크리트 경화 후 강재 절단

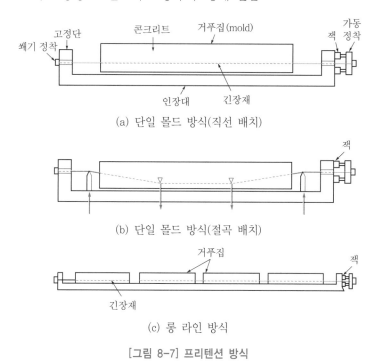

(a) 단일 몰드 방식(직선 배치)

(b) 단일 몰드 방식(절곡 배치)

(c) 롱 라인 방식

[그림 8-7] 프리텐션 방식

**■ 프리스트레싱 방법**

① 프리텐션 방식
  • 단일 몰드 방식(단독식)
  • 롱 라인 방식(연속식)
② 포스트텐션 방식(방법)
  • 부착시킨 포스트텐션 부재
  • 부착시키지 않은 포스트텐션 부재

### (2) 포스트텐션 방식

① 포스트텐션 방식 및 종류

　⊙ 콘크리트가 경화한 후 PS 강재를 긴장하여 그 끝을 콘크리트에 정착함으로써 프리스트레스를 주는 방법으로, 부재 양단의 정착에 의해 긴장력이 도입된다.

　ⓒ 방법에 의한 분류
  • 부착시킨 포스트텐션 부재 : PS 강재와 콘크리트를 부착시키기 위해 긴장력을 도입한 후 시멘트풀 등으로 그라우팅을 한 부재
  • 부착시키지 않은 포스트텐션 부재 : 피복된 PS 강재 또는 플라스틱 시스 속에 넣은 PS 강재 사용(그라우팅 불필요), 중간 칸막이를 가지는 중공 콘크리트 보, 얇은 슬래브에 사용

② 포스트텐션 방식의 특징

　⊙ 장점
  • PS 강재를 곡선상으로 배치할 수 있으므로 대형 구조물에 적합하다.
  • 구조물 자체를 지지대로 사용하기 때문에 인장대를 필요로 하지 않는다.

• 공사현장에서 긴장작업이 가능하다.

• 부착시키지 않은 포스트텐션 부재는 PS 강재의 재긴장이 가능하다.

⑴ 단점

• 부착시키지 않은 PSC 부재는 파괴강도가 낮고 균열폭이 커진다.

• 특수한 긴장방법과 정착장치가 필요하다.

③ 포스트텐션 방식의 작업순서

철근 배근, 시스 설치 및 거푸집 제작 → 콘크리트 타설 및 양생 → 콘크리트 경화 후 시스 속에 PS 강재 삽입 → PS 강재 긴장 및 정착 → 시스 속을 그라우팅

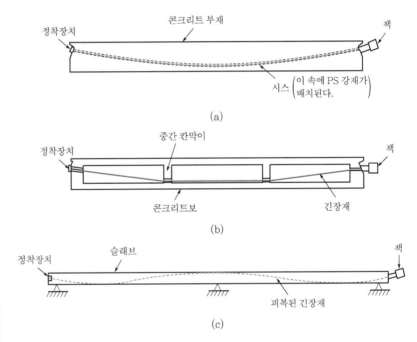

[그림 8-8] 포스트텐션 방식

### (3) PSC 그라우트

강재의 부식을 방지하고, 동시에 콘크리트와 부착시키기 위해서 시스 안에 시멘트풀 또는 모르터를 채우는 작업을 그라우트(grout)라 하고, 그라우트를 주입하는 작업을 그라우팅(grouting)이라고 한다.

## 2) PS 긴장재의 긴장방법

① 기계적 방법 : 잭(jack)을 사용하여 강재를 긴장하여 정착시키는 방법 (가장 보편적으로 쓰이는 방법)

② 화학적 방법 : 팽창성 시멘트를 이용하여 강재를 긴장시키는 방법

---

■그라우트의 요구조건

① 팽창률 : 10% 이하

② 블리딩률 : 0%

③ 재령 28일의 압축강도($f_{ck}$) : 20MPa 이상

④ 물-시멘트비 : 45% 이하

⑤ 주입압력 : 0.3MPa 이상

⑥ 교반 종류 후 주입 완료까지의 시간은 30분을 표준으로 한다.

■PS 긴장재의 긴장방법

① 기계적 방법 : 가장 많이 사용

② 화학적 방법

③ 전기적 방법

④ 프리플렉스 방법

③ 전기적 방법 : 강재에 전류를 흘려서 가열하여 늘어난 강재를 콘크리트
에 정착하는 방법

④ 프리플렉스(preflex) 방법 : 고강도 강재로 된 보에 실제 작용할 하중보
다 작은 하중을 가하여 휘게 한 상태에서 콘크리트를 친 후, 콘크리트가
충분한 강도에 도달하면 하중을 제거하여 콘크리트에 압축응력을 도입
하는 방법

3) PS 강재의 정착방법

### (1) 쐐기식 공법

① PS 강재와 정착장치 사이의 마찰력을 이용한 쐐기작용으로 PS 강재를
정착하는 방법이다.

② 프레시네 공법(Freyssinet 공법, 프랑스)

12개의 PS 강선을 같은 간격의 다발로 만들어 하나의 긴장재를 구성,
한 번에 긴장하여 1개의 쐐기로 정착하는 공법이다.

③ VSL 공법(Vorspann System Losiger 공법, 독일)

지름 12.4mm 또는 지름 12.7mm의 7연선 PS 스트랜드를 앵커헤드의
구멍에서 하나씩 쐐기로 정착하는 공법으로, 접속장치에 의해 PC 케이
블을 이어나갈 수 있고, 재긴장도 가능하다.

④ CCL 공법(영국), Magnel 공법(벨기에) 등

### (2) 지압식 공법

① 리벳머리식 : PS 강선 끝을 못머리와 같이 제두 가공하여 이것을 지압판
으로 지지하게 하는 방법으로, BBRV 공법(스위스)이 대표적이다.

② 너트식 : PS 강봉 끝의 전조된 나사에 너트를 끼워서 정착판에 정착하는
방법으로, PS 강봉의 정착에 주로 쓰인다. 디비닥(Dywidag) 공법, 리-
매콜(Lee-McCall) 공법이 대표적이다.

### (3) 루프식 공법

① 루프(loop) 모양으로 가공한 PS 강선 또는 강연선을 콘크리트 속에 묻
어 넣어 콘크리트와의 부착 또는 지압에 의해 정착하는 방법이다.

② 레오바(Leoba) 공법

③ 바우어-레온하르트(Baur-Leonhardt) 공법 : 정착용 가동 블록 이용

■ PS 강재의 정착방법
① 쐐기식 공법
② 지압식 공법
③ 루프식 공법

■ BBRV 공법(스위스)

리벳머리식 정착의 대표적인 공법으로,
보통 지름 7mm의 PS 강선 끝을 제두
기라는 특수한 기계로 냉간가공하여 리
벳머리를 만들고, 이것을 앵커헤드로
지지하는 방법

■ Dywidag 공법(독일)

① PS 강봉 단부의 전조나사에 특수 강재
너트를 끼워 정착판에 정착하는 방법
으로, 커플러(coupler)를 사용하여
PS 강봉을 쉽게 이어나갈 수 있다.
② 장대교 가설에 많이 이용되고, 캔틸레
버 가설공법(FCM)에도 적용이 가능
하다.

4) 제작공법의 비교

(1) PSC 제작공법의 특징

| 특성의 종류 | 프리텐션 | 포스트텐션 |
|---|---|---|
| 제작 시 공장설비 | 필요, 공장제작에 유리 | 불필요, 현장제작에 유리 |
| 콘크리트 품질 | 양호 | 프리텐션보다 떨어짐 |
| 생산량 | 대량생산 | 소량생산 |
| 부재길이 | 짧은 부재 | 긴 부재 |
| PS 강재 배치 | 직선 배치 | 곡선, 절곡 배치 |
| 콘크리트 강도 | 상대적으로 고강도 | 상대적으로 저강도 |
| 긴장력의 도입방식 | 부착 | 정착 |
| 보조재료 | 불필요 | 정착장치, 덕트, 그라우트 필요 |

(2) PS 긴장재의 정착(고정단)

① 프리텐션의 정착

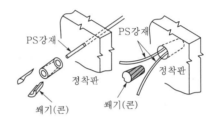

② 포스트텐션의 정착

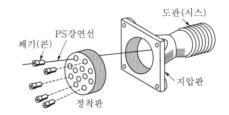

(3) PSC 교량 가설공법

| 현장타설 공법 | 프리캐스트 공법 |
|---|---|
| • ILM(Increment Launching Method, 연속압출공법)<br>• FCM(Free Cantilever Method, 캔틸레버공법)<br>• MSS(Movable Scaffolding System, 이동지보공법)<br>• FSM(Full Staging Method, 동바리공법) | • PSM(Precast Segment Method, 프리캐스트 세그먼트 공법)<br>• PGM(Precast Girder Method, 프리캐스트 거더 공법) |

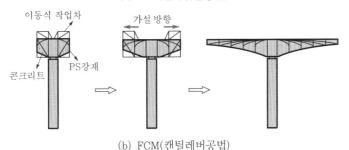

(a) ILM(연속압출공법)

(b) FCM(캔틸레버공법)

[그림 8-9] 교량 가설공법

### 5) 프리스트레스 도입 시 강도

프리스트레스를 도입할 때 콘크리트에 요구되는 강도는 다음 두 조건을 만족해야 한다.

① 프리스트레스 도입 시 안전과 충분한 부착강도를 얻기 위한 강도

$$f_{ci} \geq 1.7 f_{ct} \tag{8.13}$$

여기서, $f_{ct}$ : 프리스트레스 도입 직후 콘크리트에 발생하는 최대 압축응력
   $f_{ci}$ : 프리스트레스를 도입할 때 부재 본체의 콘크리트 압축강도

② 프리스트레스 도입 시 콘크리트의 압축강도

| 구분 | | 콘크리트 압축강도 |
|---|---|---|
| 프리텐션 부재 | | $f_{ci} \geq 30\text{MPa}$ |
| 포스트텐션 부재 | 여러 개의 강연선 | $f_{ci} \geq 28\text{MPa}$ |
| | 단일 강연선이나 강봉 | $f_{ci} \geq 17\text{MPa}$ |

## ② 프리스트레스의 손실

### 1) 프리스트레스의 손실원인

#### (1) 프리스트레스를 도입할 때 발생하는 손실

① 정착장치의 활동(anchorage slip, anchorage set)
② PS 강재와 시스 사이의 마찰 : 포스트텐션 방식에만 해당
③ 콘크리트의 탄성변형(탄성수축, elastic shortening)

■ 프리스트레스 도입 시 콘크리트 강도

① 프리텐션 부재 : $f_{ci} \geq 30\text{MPa}$
② 포스트텐션 부재(2개 이상의 강연선) : $f_{ci} \geq 28\text{MPa}$
③ 포스트텐션 부재(단일 강연선이나 강봉) : $f_{ci} \geq 17\text{MPa}$

■ 프리스트레스의 손실
(loss of prestress)

① 도입 시(즉시) 손실
② 도입 후(시간적) 손실

■ 도입 시 손실(즉시 손실)

① 콘크리트의 탄성변형
② PS 강재와 시스 사이의 마찰(포스트텐션 방식에만 해당)
③ 정착장치의 활동

**출제 POINT**

■ 도입 후 손실(시간적 손실)

① 콘크리트 크리프
② 콘크리트의 건조수축
③ PS 강재의 릴랙세이션

■ 유효율 $R$의 대략값

① 프리텐션 방식: $R=0.80$
② 포스트텐션 방식: $R=0.85$
③ 총감소=즉시 감소+시간적 감소
　(일반적으로 $P_i$의 20~35% 범위)

**(2) 프리스트레스 도입 후에 발생하는 손실**

① 콘크리트의 크리프

② 콘크리트의 건조수축(프리텐션 방식 > 포스트텐션 방식)

③ PS 강재의 릴랙세이션

**(3) 유효율과 감소율**

① 유효율

$$R = \frac{\text{유효 프리스트레스}}{\text{초기 프리스트레스}} \times 100\% \tag{8.14}$$

여기서, $P_e = RP_i$, $R = 1 - \dfrac{P_i - P_e}{P_i}$

② 감소율

$$L_r = \frac{\text{감소량}}{\text{초기 프리스트레스}} \times 100\% = \frac{\Delta P}{P_i} = \frac{P_i - P_e}{P_i} \times 100\% \tag{8.15}$$

여기서, $P_i$ : 즉시 손실 후 긴장재에 걸리는 인장력(초기 프리스트레스 힘)

　　　　$P_e$ : 시간적 손실 후 최종적으로 긴장재에 작용하는 인장력

　　　　　　　(유효 프리스트레스 힘)

③　유효율($R$) + 감소율($L_r$)=100% $\tag{8.16}$

**2) 프리스트레스의 손실량**

**(1) 콘크리트의 탄성변형에 의한 손실**

① 프리텐션 방식 : 부재의 강재와 콘크리트는 일체로 거동하므로 강재의 변형률 $\varepsilon_p$와 콘크리트의 변형률 $\varepsilon_c$는 같아야 한다.

$$\Delta f_{pe} = E_p \varepsilon_p = E_p \varepsilon_c = E_p \frac{f_{ci}}{E_c} = n f_{ci} \tag{8.17}$$

여기서, $f_{ci}$ : 프리스트레스 도입 후 강재 둘레 콘크리트의 응력

　　　　$n$ : 탄성계수비

② 포스트텐션 방식

　㉠ 강재를 전부 한꺼번에 긴장할 경우 : 콘크리트 부재에 직접 지지하여 강재를 긴장하기 때문에 응력의 감소가 없다.

　㉡ 순차적으로 긴장할 경우 : 제일 먼저 긴장하여 정착한 PS 강재가 가장 많이 감소하고, 마지막으로 긴장하여 정착한 긴장재는 감소가 없다. 따라서 프리스트레스의 감소량을 계산하려면 복잡하므로 제일

먼저 긴장한 긴장재의 감소량을 계산하여 그 값의 1/2을 모든 긴장재의 평균 손실량으로 한다.

$$\Delta f_{pe} = \frac{1}{2} n f_{ci} \left( \frac{N-1}{N} \right) \tag{8.18}$$

여기서, $N$ : 긴장재의 긴장횟수

$f_{ci}$ : 프리스트레싱에 의한 긴장재 도심위치에서의 콘크리트 압축응력

### (2) 마찰에 의한 손실

① 강재의 인장력은 시스와의 마찰로 인하여 긴장재의 끝에서 중심으로 갈수록 작아지며, 포스트텐션 방식에만 해당된다.

② 곡률마찰과 파상마찰을 동시에 고려할 때

$$P_x = P_0 e^{-(kl + \mu\alpha)} \tag{8.19}$$

여기서, $P_x$ : 인장단으로부터 $x$ 거리에서의 긴장재의 인장력

$P_0$ : 인장단에서의 긴장재의 인장력

$l$ : 인장단으로부터 고려하는 단면까지의 긴장재의 길이(m)

$k$ : 파상마찰계수

$\mu$ : 곡률마찰계수

$\alpha$ : 각 변화(radian)

③ 다만 $kl + \mu\alpha \leq 0.3$인 경우에는 근사식으로 계산

지점에서 $x$ 거리의 긴장력은 $P_x = P_0(1 - kl - \mu\alpha)$이고, 긴장력의 손실량은 $\Delta P = P_0 - P_x$이므로

$$\therefore \ \ \text{손실률}(L_r) = \frac{\Delta P}{P_0} = kl + \mu\alpha \tag{8.20}$$

### (3) 정착장치의 활동에 의한 손실

① 프리텐션 방식 : 고정 지주의 정착장치에서 발생한다.

② 포스트텐션 방식의 경우(1단 정착일 경우)

$$\Delta f_{pa} = E\varepsilon = E_p \frac{\Delta l}{l} \tag{8.21}$$

여기서, $E_p$ : 강재의 탄성계수($= 2.0 \times 10^5 \text{MPa}$)

$l$ : 긴장재의 길이

$\Delta l$ : 정착장치에서 긴장재의 활동량

출제 POINT

■ 정착장치에 의한 활동량($\Delta l$)

① 쐐기식 : 3~6mm 정도
② 지압식 : 1mm 정도
③ 양단 정착일 경우 : 활동량의 2배

**(4) 건조수축과 크리프에 의한 손실**

① 콘크리트의 건조수축에 의한 손실

$$\Delta f_{ps} = E_p \varepsilon_{cs} \qquad (8.22)$$

여기서, $\varepsilon_{cs}$ : 강재가 있는 곳의 콘크리트 건조수축 변형률

② 콘크리트의 크리프에 대한 손실

$$\Delta f_{pc} = n f_{ci} \phi \qquad (8.23)$$

여기서, $\phi$ : 크리프계수

**(5) 강재의 릴랙세이션에 의한 손실**

① 포스트텐션 부재의 경우

$$\Delta f_{pr} = f_\pi \frac{\log t}{10} \left( \frac{f_\pi}{f_{py}} - 0.55 \right)$$

② 프리텐션 부재의 경우

$$\Delta f_{pr} = f_\pi \left( \frac{\log t_n - \log t_r}{10} \right) \left( \frac{f_\pi}{f_{py}} - 0.55 \right)$$

여기서, $f_\pi$ : 프리스트레스 도입 직후의 긴장재의 인장응력

$f_{py}$ : 긴장재의 항복강도

$t$ : 프리스트레싱 후 크리프로 인한 손실 계산까지의 시간(hr)

③ 보통의 경우는 근사식을 사용한다.

---

## SECTION 4 | PSC 보의 해석과 설계

### 1 휨을 받는 보의 일반적 거동

**1) 휨을 받는 보의 거동 특성**

**(1) PSC 보의 거동 특성**

① PSC 보는 하중단계에 따라 그 거동이 변화하므로, 하중단계에 따라 검토해야 한다.

② PSC 보는 균열 발생 전과 균열 발생 후의 거동이 매우 다르다.

**(2) 하중단계에 따른 거동의 종류**

① 프리스트레스 도입 직후, 초기 프리스트레스 힘($P_i$)만이 작용할 경우

② 초기 프리스트레스 힘과 부재 자중이 작용할 때

③ 초기 프리스트레스 힘과 전체 사하중(고정하중)이 작용할 때

④ 유효 프리스트레스 힘($P_i$)과 사용하중(사하중+활하중)이 작용할 때

⑤ 사용하중에 하중계수를 곱한 하중, 즉 계수하중이 작용할 때

## 2) 설계와 해석상의 가정

### (1) 설계 일반

① 프리스트레스트 콘크리트 부재의 설계는 프리스트레스를 도입할 때부터 구조물의 수명기간 동안에 모든 재하단계의 강도 및 사용조건에 따른 거동에 근거하여야 한다.

② 프리스트레스에 의해 발생되는 응력집중은 설계를 할 때 검토되어야 한다.

③ 프리스트레스에 의해 발생되는 부재의 탄·소성변형, 처짐, 길이변화 및 비틀림 등에 의해 인접한 구조물에 미치는 영향을 고려하여야 한다. 이 경우 온도와 건조수축의 영향도 고려하여야 한다.

④ 덕트의 치수가 과대하여 긴장재와 덕트가 부분적으로 접촉하는 경우, 접촉하는 위치 사이에 있어서 부재 좌굴과 얇은 복부 및 플랜지의 좌굴이 발생할 가능성을 검토하여야 한다.

⑤ 긴장재가 부착되기 전의 단면 특성을 계산할 경우 덕트로 인한 단면적의 손실을 고려하여야 한다.

### (2) 균열 정도에 따른 등급의 구분

① 비균열 등급($f_t \leq 0.63\sqrt{f_{ck}}$, 비균열 단면)

사용하중하에서 총단면으로 계산한, 미리 압축을 가한 인장구역에서의 인장연단응력($f_t$)이 콘크리트 파괴계수($f_r$) 이하이므로 균열이 발생하지 않는다. 따라서 응력이나 처짐을 계산할 때, 총단면에 대한 단면2차모멘트($I_g$)를 사용하여 계산한다.

② 부분 균열 등급($0.63\sqrt{f_{ck}} < f_t \leq 1.0\sqrt{f_{ck}}$, 부분 균열 단면)

비균열 등급과 완전 균열 등급의 중간 수준으로 거동한다. 사용하중이 작용할 때의 응력은 총단면으로 계산한다. 그러나 처짐은 균열 환산단면에 기초하여 2개의 직선으로 구성되는 모멘트－처짐관계를 사용하여 계산하거나 또는 유효 단면2차모멘트($I_e$)를 사용하여 계산한다.

③ 완전 균열 등급($f_t > 1.0\sqrt{f_{ck}}$, 완전 균열 단면)

사용하중이 작용할 때의 응력은 균열 환산 단면을 사용하여 계산한다. 처짐은 균열 환산 단면 해석에 기초하여 2개의 직선으로 구성되는 모멘트－처짐관계를 사용하여 계산하거나 또는 유효 단면2차모멘트($I_e$)를 사용하여 계산한다.

출제 POINT

■ 균열 발생 전의 응력 해석상의 가정

① 단면의 변형률은 중립축으로부터의 거리에 비례한다.

② 콘크리트와 PS 강재 및 보강철근은 탄성체로 본다.

③ 콘크리트의 총단면을 유효하다고 본다.

④ 긴장재를 부착시키기 전의 단면의 계산에 있어서는 덕트의 단면적을 공제한다.

⑤ 부착시킨 긴장재 및 보강철근의 단면적은 콘크리트 단면으로 환산한다.

■ 설계기준

구분된 균열등급에 따라 응력 및 사용성을 검토해야 한다.

■ 균열 정도에 따른 등급의 구분

① 비균열 등급: $f_t \leq 0.63\sqrt{f_{ck}}$

② 부분 균열 등급:
$0.63\sqrt{f_{ck}} < f_t \leq 1.0\sqrt{f_{ck}}$

③ 완전 균열 등급: $f_t > 1.0\sqrt{f_{ck}}$

■ 프리스트레스된 2방향 슬래브

비균열 단면 부재($f_t \leq 0.50\sqrt{f_{ck}}$)로 설계해야 한다.

## ② 콘크리트와 PS 강재의 허용응력

### 1) 콘크리트의 허용응력

**(1) 프리스트레스 도입 직후 시간에 따른 프리스트레스 손실이 일어나기 전의 응력**

① 휨압축응력 : $0.60 f_{ci}$ 이하

② 단순지지 부재 단부 이외 곳의 휨인장응력 : $0.25\sqrt{f_{ci}}$ 이하

③ 단순지지 부재 단부에서의 휨인장응력 : $0.50\sqrt{f_{ci}}$ 이하

여기서, $f_{ci}$ : 프리스트레스를 도입할 때의 콘크리트 압축강도(MPa)

**(2) 모든 프리스트레스의 손실이 일어난 후 사용하중이 작용할 때의 콘크리트의 휨응력**

① ($P_e$+지속하중)이 작용할 때 압축연단응력 : $0.45\sqrt{f_{ck}}$ 이하

② ($P_e$+전체 하중)이 작용할 때 압축연단응력 : $0.60\sqrt{f_{ck}}$ 이하

■ PS 강재의 허용응력

① 긴장할 때 인장응력 :
$[0.80 f_{pu}, \ 0.94 f_{py}]_{\min}$ 이하

② 프리스트레스 도입 직후
- 프리텐셔닝 :
$[0.74 f_{pu}, \ 0.82 f_{py}]_{\min}$ 이하
- 포스트텐셔닝 : $[0.70 f_{pu}]$ 이하

### 2) PS 강재의 허용응력

**(1) 긴장을 할 때 긴장재의 인장응력**

$$0.80 f_{pu} \text{와} \ 0.94 f_{py} \ \text{중 작은 값 이하} \tag{8.24}$$

**(2) 프리스트레스 도입 직후의 인장응력**

① 프리텐셔닝

$$0.74 f_{pu} \ \text{또는} \ 0.82 f_{py} \ \text{중 작은 값 이하} \tag{8.25}$$

② 포스트텐셔닝

$$0.70 f_{pu} \ \text{이하} \tag{8.26}$$

여기서, $f_{py}$ : 강재의 설계기준항복강도(MPa)

$f_{pu}$ : 강재의 설계기준인장강도(MPa)

## ③ 보의 휨 해석과 전단 해석

### 1) 보의 휨 해석

**(1) PSC 보의 균열모멘트**

① 인장측 콘크리트에 휨 균열을 발생시키는 크기의 모멘트를 균열모멘트라고 한다. 콘크리트의 휨인장강도(파괴계수)에 도달한 순간으로 가정한다.

② 휨 균열은 인장측 콘크리트가 받는 인장응력이 휨인장강도를 넘어설 때 발생한다.

$$M_{cr} = Pe + \frac{PI}{Ay} + \frac{I}{y}f_r = P\left(e + \frac{r^2}{y}\right) + \frac{I}{y}f_r \qquad (8.27)$$

여기서, $f_r$ : 휨인장강도(파괴계수)

**출제 POINT**

■ RC의 균열모멘트

$$M_{cr} = \frac{I_g}{y_t}f_r[\text{kN} \cdot \text{m}]$$

$$f_r = 0.63\lambda\sqrt{f_{ck}}[\text{MPa}]$$

**(2) 보의 휨강도 해석(PS 강재와 콘크리트가 부착된 경우)**

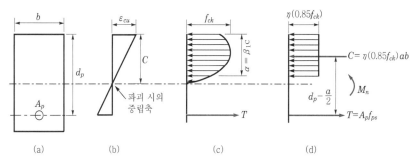

[그림 8-10] 콘크리트 응력의 분포

① 파괴할 때의 PS 강재의 응력

$$f_{ps} = E_p\varepsilon_{ps} \qquad (8.28)$$

여기서, $\varepsilon_{ps}$ : PS 강재의 축변형률($= \varepsilon_1 + \varepsilon_2 + \varepsilon_3$)

② 등가깊이

$C = T$로부터 $\eta(0.85f_{ck})ab = A_pf_{ps}$

$$\therefore a = \frac{A_pf_{ps}}{\eta(0.85f_{ck})b} \qquad (8.29)$$

③ 공칭휨강도

$$M_n = CZ = TZ = A_pf_{ps}\left(d_p - \frac{a}{2}\right) \qquad (8.30)$$

④ 설계휨강도

$$M_d = \phi M_n = \phi A_pf_{ps}\left(d_p - \frac{a}{2}\right) \qquad (8.31)$$

■ 설계원리

$$M_d = \phi M_n \geq M_u$$

$$V_d = \phi V_n \geq V_u$$

### (3) 긴장재의 인장응력

① 부착 긴장재의 인장응력

$$f_{ps} = f_{pu}\left\{1 - \frac{\gamma_p}{\beta_1}\left[\rho_p \frac{f_{pu}}{f_{ck}} + \frac{d}{d_p}(w - w')\right]\right\} \tag{8.32}$$

여기서, $\gamma_p$ : 긴장재의 종류에 따른 계수

(강봉=0.55, 중이완=0.40, 저이완=0.28)

$w$ : 인장철근 강재지수

$w'$ : 압축철근 강재지수

$\rho_p$ : 긴장재비

② 비부착 긴장재의 인장응력

㉠ $L/h \le 35$인 경우

$$f_{ps} = f_{pe} + 70 + \frac{f_{ck}}{100\,\rho_p} \le f_{py} \;\; or \;\; (f_{pe} + 420)[\text{MPa}] \tag{8.33}$$

㉡ $L/h > 35$인 경우

$$f_{ps} = f_{pe} + 70 + \frac{f_{ck}}{300\,\rho_p} \le f_{py} \;\; or \;\; (f_{pe} + 210)[\text{MPa}] \tag{8.34}$$

여기서, $f_{pe}$ : 긴장재의 유효 프리스트레스 응력$\left(= \dfrac{F_{pe}}{A_{sp}}\right)$

## 2) 보의 전단 해석

### (1) 콘크리트의 전단강도

① 휨철근 인장강도의 40% 이상의 유효 프리스트레스 힘이 작용하는 부재의 경우 다음 식을 사용한다.

② 실용식

$$V_c = \left(0.05\sqrt{f_{ck}} + 4.9\frac{V_u d}{M_u}\right)b_w d \tag{8.35}$$

여기서, $\dfrac{V_u d}{M_u} \le 1.0$

$V_c$ : 콘크리트의 공칭전단강도

③ 엄밀식($V_{ci}$와 $V_w$ 중 작은 값)

$$V_{ci} = 0.05\sqrt{f_{ck}}\,b_w d + V_d + \frac{V_i M_{cr}}{M_{\max}} \ge 0.14\sqrt{f_{ck}}\,b_w d$$

$$M_{cr} = \frac{I_c}{y_t}\left(0.5\sqrt{f_{ck}} + f_{pc} - f_d\right)$$

$$V_{cw} = \left(0.29\sqrt{f_{ck}} + 0.3f_{pc}\right)b_w d + V_p$$

여기서, $V_d$ : 고정하중에 의한 전단력

$V_i$ : 계수 전단력

$f_{pe}$ : 단면 선단에서 콘크리트의 압축응력

$f_d$ : 고정하중으로 인한 응력

$f_{pc}$ : 단면 중심에서 콘크리트의 압축응력

$V_p$ : 유효 프리스트레스 힘의 수직성분

**(2) 전단철근에 의한 전단강도**

① 부재축에 직각인 전단철근을 사용하는 경우

$$V_s = \frac{A_v f_y d}{s} \tag{8.36}$$

여기서, $A_v$ : $s$ 거리 내의 전단철근의 총단면적

② $V_s$ 는 $0.2\left(1 - \dfrac{f_{ck}}{250}\right)f_{ck}b_w d$ 이하이어야 한다.

■ 전단철근에 의한 전단강도
$$V_s \leq 0.2\left(1 - \frac{f_{ck}}{250}\right)f_{ck}b_w d$$

**(3) 최소 전단철근**

① 일반적인 경우

$$A_{s,\min} = 0.0625\sqrt{f_{ck}}\,\frac{b_w s}{f_{yt}} \geq 0.35\frac{b_w s}{f_y}$$

② 휨철근 인장강도의 40% 이상의 유효 프리스트레스가 작용하는 경우

$$A_v = \frac{A_{ps}}{80}\,\frac{f_{pu}}{f_y}\,\frac{s}{d}\sqrt{\frac{d}{b_w}}$$

여기서, $A_{ps}$ : PS 강재의 단면적

$f_{pu}$ : PS 강재의 인장강도

## 1. PSC의 개요

**01** 다음 PSC에 관한 사항 중 잘못된 것은?

① 프리스트레스트 콘크리트는 외력에 의하여 발생되는 인장응력을 소정의 한도로 상쇄할 수 있도록 미리 계획적으로 강재에 압축응력을 주어 콘크리트에 압축응력이 생기도록 한 것이다.

② 응력개념 혹은 균등질 보의 개념은 E. Freyssinet가 주장한 것이다.

③ PSC는 고강도 강재를 사용하여 균일한 발생을 방지할 수 있게 한 구조물로 일단 균열이 발생하면 RC와 같은 거동을 할 수 있다.

④ 프리스트레싱의 작용과 부재에 작용하는 하중을 비기게 하자는 데 목적을 둔 생각은 하중 평형의 개념으로 T.Y. Lin이 주장한 것이다.

> **해설** PSC 구조
> 외력에 의하여 발생되는 인장응력을 소정의 한도로 상쇄할 수 있도록 미리 강재에 인장응력을 주어 콘크리트에 압축응력이 생기도록 한 것을 PSC 구조라 한다.

**02** 프리스트레스트 콘크리트 구조의 이점 중 틀린 것은?

① 프리스트레스트 콘크리트는 부재에 확실한 강도, 안전율을 갖게 할 수 있다.

② 프리스트레스트 콘크리트는 화해(火害)에 대하여 철근콘크리트보다 우수하다.

③ 프리스트레스트 콘크리트는 설계하중하에서 콘크리트에 균열이 생기지 않으므로 내구성이 크다.

④ 프리스트레스트 콘크리트는 구조물이 가볍고 강하며 복원성이 우수하다.

> **해설** PSC는 열을 받으면 폭발적인 파괴를 일으킬 염려가 있으며 내화성이 불리하다.

**03** PSC 구조의 장점에 해당되지 않는 것은?

① 같은 하중에 대한 단면은 부재자중이 경감되어 그 경간장을 증대시킬 수 있다.

② 구조물은 가볍고 강하며 복원성이 우수하다.

③ 부재에는 확실한 강도와 안전율을 가지게 할 수 있다.

④ PC판에는 화재 시에 폭발할 염려가 없다.

> **해설** PSC 구조는 열에 약하여(400℃ 이상 온도) 내화성이 떨어진다.

**04** 프리스트레스트 콘크리트를 사용하는 가장 큰 이점은?

① 고강도 콘크리트의 이용

② 고강도 강재의 이용

③ 콘크리트의 균열 감소

④ 변형의 감소

> **해설** PSC 구조의 가장 큰 이점
> ㉠ 균열 방지(감소)
> ㉡ 유효 단면 증가

**05** 다음은 프리스트레스트 콘크리트에 관한 설명이다. 옳지 않은 것은?

① 탄력성과 복원성이 강한 구조부재이다.

② RC 부재보다 경간을 길게 할 수 있고 단면을 작게 할 수 있어 구조물이 날렵하다.

③ RC에 비해 강성이 작아서 변형이 크고 진동하기 쉽다.

④ RC 보다 내화성에 있어서 유리하다.

> **해설** PSC는 RC 부재보다 내화성이 불리하다.

**정답** 1.① 2.② 3.④ 4.③ 5.④

**06** 프리스트레스트 콘크리트 구조물의 특징에 대한 설명으로 틀린 것은?

① 철근콘크리트의 구조물에 비해 진동에 대한 저항성이 우수하다.

② 설계하중하에서 균열이 생기지 않으므로 내구성이 크다.

③ 철근콘크리트 구조물에 비하여 복원성이 우수하다.

④ 공사가 복잡하여 고도의 기술을 요한다.

> **해설** PSC 구조의 특성
> ㉠ RC 보에 비하여 탄성적이고 복원성이 높다.
> ㉡ RC 구조에 비하여 강성이 작아 변형이 크고 진동하기 쉽다.

**07** PSC(prestressed concrete)의 원리를 설명할 수 있는 기본개념이다. 옳지 않은 것은?

① 응력 개념

② 강도 개념

③ 변형도 개념

④ 하중 평형 개념

> **해설** PSC의 기본 3개념
> ㉠ 응력 개념(균등질 보 개념)
> ㉡ 강도 개념(내력모멘트 개념)
> ㉢ 하중 평형 개념(등가하중 개념)

**08** 프리스트레스트 콘크리트의 원리를 설명할 수 있는 기본개념으로 옳지 않은 것은?

① 균등질 보의 개념

② 내력모멘트의 개념

③ 하중 평형의 개념

④ 변형도 개념

> **해설** PSC의 기본 3개념
> ㉠ 응력 개념(균등질 보 개념)
> ㉡ 강도 개념(내력모멘트 개념)
> ㉢ 하중 평형 개념(등가하중 개념)

**09** PS 콘크리트의 균등질 보의 개념(homogeneous beam concept)을 설명한 것으로 가장 적당한 것은?

① 콘크리트에 프리스트레스가 가해지면 PSC 부재는 탄성재료로 전환되고, 이의 해석은 탄성이론으로 가능하다는 개념

② PSC 보를 RC 보처럼 생각하여 콘크리트는 압축력을 받고, 긴장재는 인장력을 받게 하여 두 힘의 우력모멘트로 외력에 의한 휨모멘트에 저항시킨다는 개념

③ PS 콘크리트는 결국 부재에 작용하는 하중의 일부 또는 전부를 미리 가해진 프리스트레스와 평행이 되도록 하는 개념

④ PS 콘크리트는 강도가 크기 때문에 보의 단면을 강재의 단면으로 가정하여 압축 및 인장을 단면 전체가 부담할 수 있다는 개념

> **해설** 응력 개념(균등질 보의 개념)
> 콘크리트에 프리스트레스가 도입되면 콘크리트가 탄성체로 전환되어 탄성이론에 의한 해석이 가능하다는 개념이다.

**10** 경간 6m인 단순 직사각형 단면($b=300mm$, $h=400mm$)보에 계수하중 30kN/m가 작용할 때 PS 강재가 단면 도심에서 긴장되며 경간 중앙에서 콘크리트 단면의 하연응력이 0이 되려면 PS 강재에 얼마의 긴장력이 작용되어야 하는가?

① 1,805kN

② 2,025kN

③ 3,054kN

④ 3,557kN

> **해설** PSC 구조의 긴장력
> ㉠ $M_u = \dfrac{w_u l^2}{8} = \dfrac{30 \times 6^2}{8} = 135kN \cdot m$
> ㉡ $f_t = \dfrac{P}{A} - \dfrac{M_u}{I} y = 0$
> ∴ $P = \dfrac{6M_u}{h} = \dfrac{6 \times 135}{0.4} = 2,025kN$

**11** 다음 그림과 같은 지간 8m인 단순보에 등분포하중 (자중 포함) $w=$30kN/m가 작용하며 PS 강재는 단면 도심에 배치되어 있다. Full Prestressing이 되기 위해서는 최소한의 인장력 $P$를 얼마로 해야 하는가?

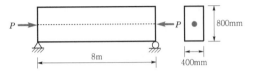

① 1,800kN
② 2,400kN
③ 2,600kN
④ 3,100kN

> **해설** PSC 구조의 긴장력
> ㉠ 완전 프리스트레싱(full prestressing)은 콘크리트의 인장응력이 발생하지 않도록 프리스트레스를 가하는 방법이다.
> ㉡ 인장력
> $$M=\frac{wl^2}{8},\ f_t=\frac{P}{A}-\frac{M}{I}y=0\text{에서}$$
> $$\therefore\ P=\frac{3wl^2}{4h}=\frac{3\times30\times8^2}{4\times0.8}=1,800\text{kN}$$

**12** 다음 그림과 같은 단면의 도심에 PS 강재가 배치되어 있다. 초기 프리스트레스 힘을 1,800kN 작용시켰다. 30%의 손실을 가정하여 콘크리트의 하연응력이 0이 되도록 하려면 이때의 휨모멘트값은 얼마인가? [단, 자중은 무시한다.]

① 120kN·m
② 126kN·m
③ 130kN·m
④ 150kN·m

> **해설** PSC 보의 해석
> $$f_t=\frac{P_e}{A}-\frac{M}{I}y=0$$
> $$\therefore\ M=\frac{P_e I}{A y}=P_e\frac{h}{6}$$
> $$=(1,800-1,800\times0.3)\times\frac{0.6}{6}$$
> $$=126\text{kN}\cdot\text{m}$$

**13** 그림의 PS 슬래브(높이 0.6m, 폭 1.0m)에 $P=$3,000kN이 작용할 때 프리스트레스 힘에 의한 슬래브 상연에서의 응력을 중앙 단면에 대하여 계산하면? [단, $e_p=$0.2m]

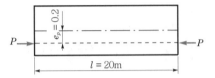

① +50.0MPa(압축응력)
② +10.0MPa(압축응력)
③ 0(무응력)
④ −5.0MPa(인장응력)

> **해설** PSC 보의 해석
> ㉠ 압축 (+), 인장 (−)로 가정한다.
> ㉡ 상연응력
> $$f_c=\frac{P}{A}-\frac{Pe}{I}y$$
> $$=\frac{3,000}{0.6\times1.0}-\frac{3,000\times0.2\times12}{1.0\times0.6^3}\times0.3$$
> $$=-5,000\text{kN/m}^2=-5\text{MPa}(\text{인장응력})$$

**14** PS 콘크리트의 강도 개념(strength concept)을 설명한 것으로 가장 적당한 것은?

① 콘크리트에 프리스트레스가 가해지면 PSC 부재는 탄성재료로 전환되고, 이의 해석은 탄성이론으로 가능하다는 개념
② PSC 보를 RC 보처럼 생각하여 콘크리트는 압축력을 받고 긴장재는 인장력을 받게 하여 두 힘의 우력모멘트로 외력에 의한 휨모멘트에 저항시킨다는 개념
③ PS 콘크리트는 결국 부재에 작용하는 하중의 일부 또는 전부를 미리 가해진 프리스트레스와 평행이 되도록 하는 개념
④ PS 콘크리트는 강도가 크기 때문에 보의 단면을 강재의 단면으로 가정하여 압축 및 인장을 단면 전체가 부담할 수 있다는 개념

---

**정답** 11.① 12.② 13.④ 14.②

> **해설** PSC의 기본 3개념
>
> ㉠ 응력 개념(균등질 보 개념)
> ㉡ 강도 개념(내력모멘트 개념)
> ㉢ 하중 평형 개념(등가하중 개념)

> **해설** PSC 보의 해석(강도 개념)
>
> $$M = Cz = Tz = Pz$$
> $$\therefore z = \frac{M}{P} = \frac{2,000}{4,000} = 0.5\text{m}$$

**★★**
**15** 다음 그림과 같은 단면을 갖는 지간 20m의 PSC 보에 PS 강재가 200mm의 편심거리를 가지고 직선 배치되어 있다. 자중을 포함한 등분포하중 16kN/m가 보에 작용할 때, 보 중앙 단면 콘크리트 상연응력은 얼마인가? [단, 유효 프리스트레스 힘 $P_e = 2,400$kN]

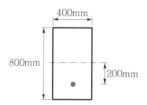

① 12MPa
② 13MPa
③ 14MPa
④ 15MPa

> **해설** PSC 보의 해석
>
> ㉠ 최대 휨모멘트
> $$M = \frac{wl^2}{8} = \frac{16 \times 20^2}{8} = 800\text{kN} \cdot \text{m}$$
>
> ㉡ 상연응력
> $$f_c = \frac{P}{A} - \frac{Pe}{I}y + \frac{M}{I}y$$
> $$= \frac{2,400}{0.4 \times 0.8} - \frac{12 \times 2,400 \times 0.2}{0.4 \times 0.8^3} \times 0.4$$
> $$+ \frac{12 \times 800}{0.4 \times 0.8^3} \times 0.4$$
> $$= 15,000\text{kN/m}^2 = 15\text{MPa}$$

**16** 휨모멘트 2MN·m(자중 포함)가 작용하는 PS보에 프리스트레스 $P = 4,000$kN이 가해졌을 경우 저항 모멘트의 팔 길이는 얼마인가?

① 0.2m
② 0.3m
③ 0.4m
④ 0.5m

**★★★**
**17** 경간 25m인 PS 콘크리트 보에 계수하중 40kN/m가 작용하고, $P = 2,500$kN의 프리스트레스가 주어질 때 등분포 상향력 $u$를 하중 평형(balanced load) 개념에 의해 계산하여 이 보에 작용하는 순수 하향분포하중을 구하면?

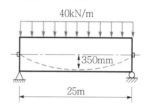

① 26.5kN/m
② 27.3kN/m
③ 28.8kN/m
④ 29.6kN/m

> **해설** PSC 보의 해석(하중 평형 개념)
>
> ㉠ 상향력($u$)
> $$u = \frac{8Ps}{l^2} = \frac{8 \times 2,500 \times 0.35}{25^2} = 11.2\text{kN/m}$$
>
> ㉡ 순하향 하중
> $$w_o = w - u = 40 - 11.2 = 28.8\text{kN/m}$$

**18** 다음 그림과 같이 등분포하중을 받는 단순보에 PS 강재를 $e = 50$mm만큼 편심시켜서 직선으로 작용시킬 때 보 중앙 단면의 하연응력은 얼마인가? [단, 자중은 무시한다.]

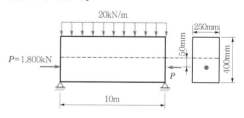

① 69MPa(압축)
② 42MPa(압축)
③ 33MPa(인장)
④ 6MPa(인장)

해설 PSC 보의 해석

㉠ 최대 휨모멘트
$$M = \frac{wl^2}{8} = \frac{20 \times 10^2}{8} = 250\text{kN} \cdot \text{m}$$

㉡ 하연응력
$$f_t = \frac{P}{A} + \frac{P_e}{I}y - \frac{M}{I}y$$
$$= \frac{1,800,000}{250 \times 400} + \frac{12 \times 1,800,000 \times 50}{250 \times 400^3}$$
$$\times 200 - \frac{12 \times 250,000,000}{250 \times 400^3} \times 200$$
$$= -6\text{MPa(인장)}$$

***
**19** 다음 PSC에서 PS 강재를 포물선으로 배치하여 양단에서 $P = 2,800\text{kN}$의 인장력을 줄 때 prestress에 의한 등분포 상향력 $u$ [kN/m]값은 얼마인가? [단, 중앙에서의 강재의 sag는 25cm이다.]

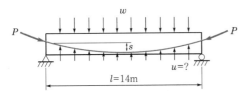

① 19.38kN/m　　② 22.30kN/m

③ 28.57kN/m　　④ 32.35kN/m

해설 PSC 보의 해석(등가하중 개념)
$$u = \frac{8Ps}{l^2} = \frac{8 \times 2,800 \times 0.25}{14^2} = 28.57\text{kN/m}$$

**20** 다음 그림과 같이 PS 강선을 포물선으로 배치했을 때 중앙점에서 PS 강선의 편심은 10cm이고, 양 지점에서는 0이었다. PS 강선을 3MN으로 인장할 때 생기는 등분포 상향력 $u$는?

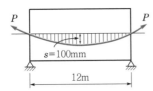

① 16.7kN/m　　② 13.3kN/m

③ 1.33kN/m　　④ 1.67kN/m

해설 PSC 보의 해석(등분포 상향력)
$$u = \frac{8Ps}{l^2} = \frac{8 \times 3,000 \times 0.1}{12^2} = 16.67\text{kN/m}$$

**21** 경간 15m인 $w = 40\text{kN/m}$(자중 포함)가 작용하는 PS 콘크리트 보에 $P = 2,000\text{kN}$의 프리스트레스가 주어질 때 등분포 상향력 $u$를 평형 하중 개념에 의해 계산하면 이 보의 순하향 분포하중은 얼마인가? [단, 새그 $s = 0.25$m이다.]

① 17.7kN/m　　② 22.3kN/m

③ 13.4kN/m　　④ 57.7kN/m

해설 PSC 보의 해석(순하향력)
㉠ 상향력
$$u = \frac{8Ps}{l^2} = \frac{8 \times 2,000 \times 0.25}{15^2}$$
$$= 17.78\text{kN/m}$$
㉡ 순하향력
$$w_o = w - u = 40 - 17.78 = 22.22\text{kN/m}$$

**
**22** 다음 그림과 같은 단순 PSC 보에서 등분포하중(자중 포함) $w = 30\text{kN/m}$가 작용하고 있다. 프리스트레스에 의한 상향력과 이 등분포하중이 비기기 위해서는 프리스트레스 힘 $P$를 얼마로 도입해야 하는가?

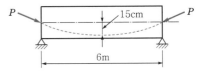

① 0.9MN　　② 1.2MN

③ 1.5MN　　④ 1.8MN

해설 등가하중 개념(긴장력)
$$M = Ps = \frac{wl^2}{8}$$
$$\therefore P = \frac{wl^2}{8s} = \frac{30 \times 6^2}{8 \times 0.15} = 900\text{kN} = 0.9\text{MN}$$

**23** 다음 그림과 같이 경간 중앙점에서 강선(tendon)을 꺾었을 때, 이 꺾은 점에서 상향력(上向力) $U$의 값은?

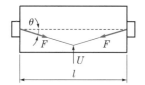

① $U = F\sin\theta$　　　② $U = F\tan\theta$

③ $U = 2F\sin\theta$　　④ $U = 2F\tan\theta$

> **해설** 절곡 배치 시 상향력
>
> $\sum V = 0$
>
> $\therefore U = 2F\sin\theta$
>
>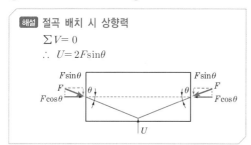

**24** 부분적 프리스트레싱(partial prestressing)의 설명으로 옳은 것은?

① 구조물에 부분적으로 PSC 부재를 사용하는 것

② 부재 단면의 일부에만 프리스트레스를 도입하는 것

③ 설계하중의 일부만 프리스트레스에 부담시키고, 나머지는 강철재에 부담시키는 것

④ 설계하중이 작용할 때 PSC 부재 단면의 일부에 인장응력이 생기는 것

> **해설** 프리스트레싱 도입 정도에 따른 분류
>
> ㉠ 완전 프리스트레싱(full prestressing) : 설계하중이 작용할 때 PSC 부재 단면에 인장응력이 생기지 않는 경우
>
> ㉡ 부분 프리스트레싱(partial prestressing) : 설계하중이 작용할 때 PSC 부재 단면의 일부에 인장응력이 생기는 경우

**25** 다음 그림과 같은 PSC에서 $s = 20\text{cm}$이고 경간 10m일 때 경간 중앙에서 상향하는 힘 $U$는? [단, $P = 500\text{kN}$]

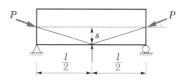

① 20kN　　　　　② 30kN

③ 40kN　　　　　④ 50kN

> **해설** 절곡 배치 시 상향력
>
> $\sum V = 0$
>
> $U - 2P\sin\theta = 0$
>
> $\therefore U = 2P\sin\theta$
>
> $= 2 \times 500 \times \dfrac{20}{\sqrt{500^2 + 20^2}} \fallingdotseq 39.97\text{kN}$
>
>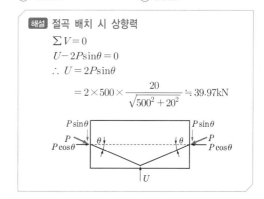

**26** 다음 그림과 같은 단순 PSC 보에서 지간 중앙의 절곡점에서 상향력($U$)과 외력($P$)이 비기기 위한 PS 강선 프리스트레스 힘($F$)의 크기는 얼마인가? [단, 손실은 무시한다.]

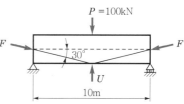

① 100kN　　　　② 50kN

③ 70kN　　　　　④ 30kN

> **해설** PSC 보의 긴장력
>
> $U = 2F\sin\theta = P$
>
> $\therefore F = \dfrac{P}{2\sin\theta} = P = 100\text{kN}$

**27** 다음 그림과 같은 PSC 부재에서 프리스트레싱에 의하여 콘크리트에 일어나는 모멘트도로 옳은 것은?

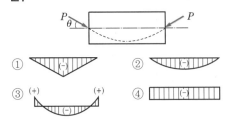

<details>
<summary>해설</summary>
</details>

해설 PSC 보의 해석
⊙ PS 강재가 곡선으로 배치된 경우 프리스트레싱에 의해 등분포 상향력($u$)이 발생하므로 부모멘트가 발생한다.
⊙ 등분포하중이므로 휨모멘트는 2차 곡선이 된다.

**28** 다음 그림의 단순지지보에서 긴장재는 C점에 100mm의 편차에 직선으로 배치되고, 1,100kN으로 긴장되었다. 보에는 120kN의 집중하중이 C점에 작용한다. 보의 고정하중을 무시할 때 A−C구간에서의 전단력은 약 얼마인가?

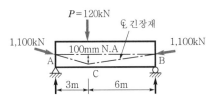

① 36.7kN(↓)  ② 120kN(↓)
③ 80kN(↑)  ④ 43.3kN(↑)

해설 PSC 보의 해석
⊙ 반력
$$R_A = \frac{120 \times 6}{9} = 80\text{kN}(\uparrow)$$
⊙ A−C구간의 전단력
$$\sin\theta = \frac{100}{3,000} = 0.0333$$
$$\therefore S_{AC} = 80 - 1,100 \times \sin\theta$$
$$= 43.33\text{kN}(\uparrow)$$

## 2. PSC의 재료

**29** PSC 구조물에서 굵은골재의 최대 치수는 일반적인 경우 얼마를 표준으로 하는가?

① 16mm  ② 19mm
③ 25mm  ④ 40mm

해설 굵은골재 최대 치수(표준)
⊙ 일반 구조물 : 25mm 이하
⊙ 대형, 특수 구조물 : 40mm 이하

**30** PSC 설계에서 $n = E_s / E_c$로는 다음 중 어느 것을 사용하는가?

① 20  ② 12
③ 6  ④ 3

해설 PSC 구조의 탄성계수비($n$)
$$n = \frac{E_{ps}}{E_c} \geq 6 \ (\because \ 6\sim8)$$
여기서, $E_{ps} = 2.0 \times 10^5 \text{MPa}$

**31** PSC의 원리와 일반적 성질에 대한 설명으로 잘못된 것은?

① PSC는 외력에 의하여 발생하는 응력을 소정의 한도까지 상쇄할 수 있도록 미리 내력을 준 콘크리트이다.
② PSC 부재에 사용하는 PS 강재는 보통 연강이고, 콘크리트의 설계기준항복강도는 24MPa 정도이다.
③ PSC의 기본개념은 응력 개념, 강도 개념 및 하중 평형 개념으로 분류할 수 있다.
④ PSC 부재는 초과하중이 작용하여 균열이 발생하더라도 그 하중이 제거되면 균열이 폐합되는 복원성이 우수하다.

해설 PSC 부재 콘크리트의 설계기준압축강도
⊙ 프리텐션 공법 : $f_{ck} \geq 35\text{MPa}$
⊙ 포스트텐션 공법 : $f_{ck} \geq 30\text{MPa}$

**32** 다음은 PSC의 재료에 대한 설명이다. 옳지 않은 것은?

① 콘크리트의 설계기준강도는 프리텐션의 경우 30MPa 이상, 포스트텐션의 경우 35MPa 이상이어야 한다.
② 물-시멘트비는 45% 이하가 되도록 하는 것이 좋다.
③ 콘크리트의 탄성계수 및 PS 강선의 탄성계수는 철근콘크리트의 경우와 같다.
④ 단위시멘트량은 필요한 범위 내에서 가능한 한 최소로 한다.

> **해설** 콘크리트의 설계기준압축강도
> ㉠ 프리텐션 공법: $f_{ck} \geq 35\text{MPa}$
> ㉡ 포스트텐션 공법: $f_{ck} \geq 30\text{MPa}$

**33** PS 강재에 요구되는 일반적인 성질 중 옳지 않은 것은?

① 콘크리트와의 부착력이 클 것
② 신직성(伸直性)이 클 것
③ 릴랙세이션(relaxation)이 적을 것
④ 인장강도가 적을 것

> **해설** PS 강재에 요구되는 성질
> ㉠ 인장강도가 높아야 한다.
> ㉡ 항복비(항복점 응력의 인장강도에 대한 백분율)가 커야 한다.
> ㉢ 릴랙세이션이 작아야 한다.
> ㉣ 적당한 연성과 인성이 있어야 한다.
> ㉤ 응력 부식에 대한 저항성이 커야 한다.
> ㉥ 어느 정도의 피로강도를 가져야 한다.
> ㉦ 직선성(신직성)이 좋아야 한다.

**34** PS 강재가 가져야 할 일반적인 성질로 틀린 것은?

① 적당한 연성과 인성이 있어야 한다.
② 어느 정도의 피로강도를 가져야 한다.
③ 직선성이 좋아야 한다.
④ 항복비가 작아야 한다.

> **해설** PS 강재는 항복비가 커야 한다(80% 이상).

**35** 다음은 PS 강재에 요구되는 일반적인 성질이다. 옳지 않은 것은?

① 응력 부식에 대한 저항성이 커야 한다.
② 릴랙세이션이 커야 한다.
③ 적당한 늘음과 인성이 있어야 한다.
④ 항복비가 커야 한다.

> **해설** PS 강재는 릴랙세이션(relaxation)이 작아야 한다.

**36** PS 강선이 갖추어야 할 일반적인 성질 중 옳지 않은 것은?

① 인장강도가 높아야 하고, 항복비가 커야 한다.
② 릴랙세이션이 커야 한다.
③ 파단 시의 늘음이 커야 한다.
④ 직선성(直線性)이 좋아야 한다.

> **해설** PS 강재에 요구되는 성질
> ㉠ 인장강도가 높아야 한다.
> ㉡ 항복비(항복점 응력의 인장강도에 대한 백분율)가 커야 한다.
> ㉢ 릴랙세이션이 작아야 한다.
> ㉣ 적당한 연성과 인성이 있어야 한다.
> ㉤ 응력 부식에 대한 저항성이 커야 한다.
> ㉥ 어느 정도의 피로강도를 가져야 한다.
> ㉦ 직선성이 좋아야 한다.

**37** PS 강재에 요구되는 일반 성질 중 옳지 않은 것은?

① 늘음과 인성(靭性)이 없을 것
② 인장강도가 클 것
③ 릴랙세이션이 적을 것
④ 응력부식에 대한 저항성이 클 것

> **해설** PS 강재는 적당한 늘음과 인성이 있어야 한다.

**정답** 32. ① 33. ④ 34. ④ 35. ② 36. ② 37. ①

**38** PS 강재의 종류가 아닌 것은?

① 강선(piano wire)

② 강봉(prestressing steel bar)

③ 도관(sheath)

④ 연선(strand)

> **해설** 시스(sheath, 도관)
> 포스트텐션 방식에서 PS 강재를 삽입하기 위해 미리 콘크리트 속에 뚫어 놓은 구멍을 덕트라 하고, 덕트를 형성하기 위해서 쓰이는 관을 시스라 한다.

**39** PS 강재는 고강도일수록 유리하다. 그 이유가 아닌 것은?

① 콘크리트의 건조수축과 크리프에 의하여 프리스트레스가 소멸된다.

② 건조수축과 크리프에 의한 프리스트레스 감소율이 작아진다.

③ 초기 프리스트레스가 클수록 효율이 좋다.

④ 응력 부식이 덜 일어난다.

> **해설** 콘크리트의 건조수축과 크리프에 의하여 프리스트레스가 감소한다.

★★
**40** 일반적으로 PSC에 사용되는 긴장강재의 항복점은 뚜렷하지 않다. 다음 그림은 인장시험에 의해 PS 강재의 항복강도를 구하는 방법이다. 그림에서 일반적인 항복강도 시 변형도 $\varepsilon_x$ 의 값은?

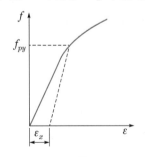

① 0.2%

② 0.3%

③ 0.02%

④ 0.03%

> **해설** 항복점이 뚜렷하지 않은 강재의 항복점 추정
> ㉠ 항복점: 0.2%의 잔류 변형률을 나타내는 능력
> ㉡ 탄성한도: 0.02%의 잔류 변형률을 나타내는 능력

**41** 시험에 의하지 않을 경우 PS 강재의 탄성계수는?

① $2.2 \times 10^5 \text{MPa}$

② $2.1 \times 10^5 \text{MPa}$

③ $2.04 \times 10^5 \text{MPa}$

④ $2.0 \times 10^5 \text{MPa}$

> **해설** PS 강재의 탄성계수($E_{ps}$)
> $$E_{ps} = 2.0 \times 10^5 \text{MPa}$$

## 3. 프리스트레스의 도입(제작공법)

★★★
**42** 다음 중 PS 부재의 프리텐션 공법의 제작과정으로 맞는 것은?

> ㉠ 콘크리트 치기 작업
> ㉡ PS 강재와 콘크리트를 부착시키는 그라우팅 작업
> ㉢ PS 강재를 긴장하여 인장응력을 주는 작업
> ㉣ PS 강재에 준 인장응력을 콘크리트에 전달하는 작업

① ㉢ - ㉠ - ㉣

② ㉠ - ㉢ - ㉡

③ ㉠ - ㉢ - ㉣

④ ㉢ - ㉠ - ㉡

> **해설** ㉡은 포스트텐션 공법의 제작과정 중의 하나이다.

★
**43** PSC에서 프리텐션 방식의 장점이 아닌 것은?

① PS 강재를 곡선으로 배치하기 쉽다.

② 정착장치가 필요하지 않다.

③ 제품의 품질에 대한 신뢰도가 높다.

④ 대량 제조가 가능하다.

**정답** 38. ③  39. ①  40. ①  41. ④  42. ①  43. ①

> **해설** 프리텐션 방식은 PS 강재를 곡선으로 배치하기
> 가 어렵다. 곡선 배치가 쉬운 것은 포스트텐션
> 방식이다.

**44** 다음과 같은 PSC 부재의 제작과정 중에서 프리텐션 공법에서는 필요하지 않은 것은?

① 콘크리트 치기 작업
② PS 강재에 인장력을 주는 작업
③ PS 강재에 준 인장력을 콘크리트 부재에 전달시키는 작업
④ PS 강재와 콘크리트를 부착시키는 그라우팅 작업

> **해설** 그라우팅(grouting) 작업은 포스트텐션 공법의 제작과정 중의 하나이다.

**★**
**45** 프리텐션 공법상 주의할 점 중 옳지 않은 것은 어느 것인가?

① PS 강재에는 균일한 인장력을 주어야 한다.
② PS 강재의 인장력은 한편에서 차례로 풀어서 충격이 일어나지 않도록 해야 한다.
③ 긴장력을 풀기 전에 측면의 거푸집을 떼고 가급적 마찰을 적게 한다.
④ PSC를 준 부재를 운반할 때는 PSC의 분포를 고려하여 지지점을 정한다.

> **해설** 프리텐션 공법에서 PSC 강재의 인장력을 한편에
> 서 차례로 풀면 편심모멘트에 의한 비틀림이 발생
> 할 우려가 있으므로 단면 도심에서 대칭이 되도록
> 하기 위해 양쪽에서 동시에 서서히 풀어서 진동이
> 나 충격이 가지 않도록 해야 한다.

**46** 프리텐션 부재에서 부재단으로부터 소정의 프리스트레스가 도입된 단면까지의 거리를 무엇이라고 하는가?

① 부착길이           ② 정착길이
③ 전달길이           ④ 유효길이

> **해설** 프리텐션 부재에서 부재단으로부터 소정의 프리
> 스트레스가 도입된 단면까지의 거리를 전달길이
> 라 한다.

**★**
**47** PSC에서 롱라인 공법(long line system)에 관한 설명 중 틀린 것은?

① 프리텐션 방식에 속한다.
② 여러 개의 부재를 동시에 제작할 수 있다.
③ 일반적으로 프리캐스트(precast) 부재의 공장제품에 사용되는 방법이다.
④ 거푸집 비용이 너무 많이 들기 때문에 많이 사용되지 않는다.

> **해설** 롱라인 공법(long line method, 연속식)
> ㉠ 프리텐션 공법 중의 하나이다.
> ㉡ 한 번에 여러 개의 동일 형상 부재를 제작할
> 수 있어 공장제품 제작에 용이하다.
> ㉢ 이 방법은 거푸집 비용이 많이 들지만 대량생
> 산을 위해 많이 사용되는 방법이다.

**★**
**48** 다음과 같은 그림에서 프리텐션보의 유효 환산 단면적 $A_e$는 얼마인가? [단, $A_p = 5\text{cm}^2$, $n = 6$]

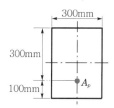

① $1,025\text{cm}^2$           ② $1,125\text{cm}^2$
③ $1,225\text{cm}^2$           ④ $1,325\text{cm}^2$

> **해설** 유효 환산 단면적(단기하중)
> $$A_e = A_g + (n-1)A_p = (30 \times 40) + (6-1) \times 5$$
> $$= 1,225\text{cm}^2$$

**49** 프리스트레스트 콘크리트에 대한 다음 설명 중 틀린 것은?

① 프리텐션 방식에서 프리스트레스의 도입은 콘크리트의 압축강도가 30MPa 이상이어야 한다.

② 프리스트레스의 손실은 여러 원인에 의하여 일어나지만 그 중 콘크리트의 크리프와 건조수축에 의한 영향이 제일 크다.

③ PSC에서 고강도 강재를 사용하는 이유는 높은 인장응력에 견디며, 손실 발생 후 프리스트레싱 효율이 좋기 때문이다.

④ PS 강재의 부식을 방지하기 위하여 프리텐션 부재에서는 방청제를 도포한 PS 강재를 사용해야 한다.

해설 PS 강재의 부식을 방지하기 위하여 포스트텐션 부재에서는 방청제를 도포한 PS 강재를 사용한다.

**50** 다음 중 포스트텐션 공법에 의한 프리스트레스 콘크리트 부재의 제작과정이 옳은 것은?

(a) 거푸집의 조립과 시스의 배치
(b) 프리스트레스 도입
(c) 콘크리트 치기
(d) 그라우팅

① (a) − (b) − (c) − (d)　② (a) − (c) − (b) − (d)
③ (a) − (d) − (b) − (c)　④ (a) − (b) − (d) − (c)

해설 PSC 보의 제작과정
거푸집 조립과 시스 배치 → 콘크리트 타설 → 프리스트레스 도입 → 그라우팅

**51** PS 강재와 정착장치에 대한 설명이다. 마찰(쐐기식)작용으로 PS 강재를 정착시키는 방법에 속하지 않는 공법은?

① VSL 공법　　② BBRV 공법
③ Freyssinet 공법　④ CCL 공법

해설 PS 강재 정착방법의 종류
㉠ 쐐기식 : Freyssinet, VSL, CCL, Magnel
㉡ 지압식 : BBRV, Dywidag, Lee−McCall
㉢ 루프식 : Leoba, Baur−Leonhardt

**52** 다음은 프리텐션 방식과 포스트텐션 방식의 장점을 열거한 것이다. 옳지 않은 것은?

① 프리텐션 방식은 보통 공장에서 제조되므로 제품의 품질에 대한 신뢰도가 높다.

② 프리텐션 방식은 PS 강재를 곡선으로 배치하기가 쉬워서 대형 부재 제작에도 적합하다.

③ 프리텐션 방식은 같은 모양과 치수의 프리캐스트 부재를 대량으로 제조할 수 있다.

④ 포스트텐션 방식은 프리캐스트 PSC 부재의 결합과 조립에 편리하게 이용된다.

해설 프리텐션 방식은 PS 강재의 곡선 배치가 어렵고, 대형 부재 제작에 적합한 것은 포스트텐션 방식이다.

**53** 포스트텐션 공법에서 그라우트(grout)를 행하는 가장 중요한 이유는?

① 강재의 부식 방지　② 강재의 정착과 부착
③ 긴장력의 증진　　④ 부착력의 확보

해설 그라우트의 목적
㉠ 강재의 부식 방지를 위하여
㉡ 콘크리트와 부착을 위하여

**54** 시스(sheath)에 대한 다음 설명 중 틀린 것은?

① 시스는 변형을 막고 탄성을 크게 하기 위해 파형으로 만든다.

② 콘크리트를 칠 때 진동기와 시스를 충분히 접촉시켜 공극을 없애야 한다.

③ 이음부는 모르타르의 침입을 막기 위해 테이프 등으로 감는다.

④ 그라우팅을 하기 직전 덕트 내부는 압축공기로 깨끗이 청소해야 한다.

정답 49. ④　50. ②　51. ②　52. ②　53. ①　54. ②

> **해설** 시스는 진동기의 접촉이나 충격에 의한 변형이 있어서는 안 된다.

> **해설** 도입 시 콘크리트에 요구되는 압축강도
> ㉠ 프리텐션 공법: $f_{ci} \geq 30\text{MPa}$
> ㉡ 포스트텐션 공법
> • 여러 개의 강연선: $f_{ci} \geq 28\text{MPa}$
> • 단일 강연선, 강봉: $f_{ci} \geq 17\text{MPa}$

**55** PS 강재의 긴장 및 정착방법에 관한 설명 중 옳지 않은 것은?

① 프레시넷(Freyssinet) 공법은 프레시넷콘과 복동수압잭을 이용하는 대표적인 프리텐션 방법(pretensionig method)이다.
② 디비닥(Dywidag) 공법은 PS 강봉을 사용하여 특수강재를 너트로서 정착하는 방법으로 돌출 거푸집을 사용하는 캔틸레버 가설법이다.
③ 마그넬(Magnel) 공법은 샌드위치판, 쐐기 및 잭(Magnel jack)을 사용하는 방법이다.
④ BBRV 공법은 4명의 스위스 기사에 의해 고안된 방법으로 리벳머리를 만들어 긴장 후에 너트에 의하여 정착하는 방법이다.

> **해설** 프레시넷 공법은 포스트텐션 공법 중 하나이다.

**56** 디비닥(Dywidag) 공법에 관한 사항 중 옳지 않은 것은?

① PS 강봉을 사용하여 특수강재 너트로서 정착하는 공법이다.
② PS 강봉을 쓰는 포스트텐션 공법이다.
③ 고강도 콘크리트를 쓰며 동바리 없이 하는 교량 가설법이다.
④ 프리캐스트(precast)의 프리텐션 공법이다.

> **해설** 디비닥 공법은 포스트텐션 공법에 적용된다.

**57** 프리텐션 방식으로 부재를 제작할 때 프리스트레싱 작업을 할 수 있는 경우의 콘크리트 강도는?

① 30MPa 이상    ② 35MPa 이상
③ 40MPa 이상    ④ 45MPa 이상

**58** 다음 그림과 같은 단면의 도심에 PS 강재가 배치되어 있다. 여기에 초기 프리스트레스 힘을 1.2MN 작용시켰다. 20%의 손실을 가정하여 콘크리트의 하연 응력이 0이 되도록 하려면 이때의 휨모멘트는 얼마인가? [단, 프리텐션 방식이다.]

① 96kN · m
② 84kN · m
③ 72kN · m
④ 60kN · m

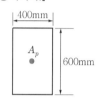

> **해설** PSC 보의 해석
> ㉠ 유효 프리스트레스 힘
> $$P_e = P_i - \Delta P = 1,200 - 1,200 \times 0.2$$
> $$= 960\text{kN}$$
> ㉡ 하연응력이 0인 경우 휨모멘트
> $$f_t = \frac{P_e}{A} - \frac{M}{I}y = \frac{P_e}{bh} - \frac{6M}{bh^2} = 0$$
> $$\therefore M = \frac{P_e h}{6} = \frac{960 \times 0.6}{6} = 96\text{kN} \cdot \text{m}$$

**59** 다음 프리스트레스트 콘크리트(PSC)에 의한 교량 가설법 중 교대 후방의 작업장에서 교량 상부구조를 10~30m의 블록(block)으로 제작한 후 미리 가설된 교각의 교축 방향으로 밀어내고, 다음 블록을 다시 제작하고 연결하여 연속적으로 밀어내며 시공하는 공법은?

① 캔틸레버공법(FCM)
② 이동식 지보공법(MSS)
③ 압출공법(ILM)
④ 동바리공법(FSM)

**정답** 55. ① 56. ④ 57. ① 58. ① 59. ③

이 공법은 현장타설공법으로 연속압출공법(ILM)에 대한 설명이다.

★★★
**60** 다음 그림과 같이 경간 20m, $b = 40\text{cm}$, $h = 90\text{cm}$인 직사각형 단면에 PS 강재가 도심에서 아래로 편심 $e_p = 25\text{cm}$만큼 배치되어 있을 때 보의 중앙 단면에서 일어나는 상연과 하연의 콘크리트 응력은 얼마이겠는가? [단, PS의 긴장력은 3.375MN이고 자중 포함 $w_i + w_d = 27\text{kN/m}$]

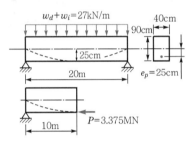

① (상) $f_t = 22.65\text{MPa}$, (하) $f_b = 1.5\text{MPa}$

② (상) $f_t = 20.8\text{MPa}$, (하) $f_b = 1.5\text{MPa}$

③ (상) $f_t = 18.75\text{MPa}$, (하) $f_b = 0\text{MPa}$

④ (상) $f_t = 15.58\text{MPa}$, (하) $f_b = 0\text{MPa}$

해설 PSC 보의 상·하연응력
  ㉠ 단면의 성질
  $$M = \frac{wl^2}{8} = \frac{27 \times 20^2}{8} = 1,350\text{kN} \cdot \text{m}$$
  $$I = \frac{bh^3}{12} = \frac{0.4 \times 0.9^3}{12} = 0.0243\text{m}^4$$
  ㉡ 상·하연응력
  $$f_{\binom{t}{b}} = \frac{P}{A} \mp \frac{Pe}{I}y \pm \frac{M}{I}y$$
  $$= \frac{3,375}{0.4 \times 0.9} \mp \frac{3,375 \times 0.25}{0.0243} \times 0.45$$
  $$\pm \frac{1,350}{0.0243} \times 0.45$$
  $$\therefore f_t = 18,750\text{kN/m}^2 = 18.75\text{MPa}$$
  $$f_b = 0$$

[참고] 기호 표시의 약속
  ㉠ 상연응력 : $f_{top} = f_{composite}$로 표시
  ㉡ 하연응력 : $f_{bottom} = f_{tensile}$로 표시

★★
**61** 다음 그림과 같은 단면의 중간 높이에 초기 프리스트레스 900kN을 작용시켰다. 20%의 손실을 가정하여 하단 또는 상단의 응력이 영(零)이 되도록 이 단면에 가할 수 있는 모멘트의 크기는?

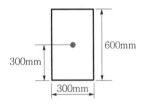

① 90kN · m  ② 84kN · m

③ 72kN · m  ④ 65kN · m

해설 PSC 보의 해석
  ㉠ 유효 프리스트레스 힘
  $$P_e = P_i - \Delta P = 900 - 900 \times 0.2 = 720\text{kN}$$
  ㉡ 상연응력이 0인 경우 휨모멘트
  $$f_c = \frac{P_e}{A} \pm \frac{M}{I}y = 0$$
  $$\therefore M = \frac{P_e h}{6} = \frac{720 \times 0.6}{6} = 72\text{kN} \cdot \text{m}$$

★★
**62** 다음 그림과 같이 고정하중과 활하중의 합 $w = 30\text{kN/m}$가 실릴 때 PS 강재가 단면 중심에서 긴장되며, 인장측의 콘크리트 응력이 0(zero)이 되려면 PS 강재에 얼마의 긴장력이 작용되어야 하는가?

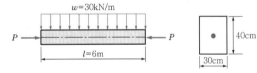

① 2,005kN  ② 2,025kN

③ 2,045kN  ④ 2,065kN

해설 하연응력이 0이 되기 위한 긴장력
  $$M = \frac{wl^2}{8}$$
  $$f_t = \frac{P}{A} - \frac{M}{I}y_b = \frac{P}{bh} - \frac{3wl^2}{4bh^2} = 0$$
  $$\therefore P = \frac{3wl^2}{4h} = \frac{3 \times 30 \times 6^2}{4 \times 0.4} = 2,025\text{kN}$$

**63** 경간 10m의 단순 직사각형 PSC 보에서 PS 강재의 인장력이 900kN이고 보의 자중만이 작용할 때, 이 보 중앙 하단의 응력은? [단, 프리스트레스의 감소는 무시하고, 계산 콘크리트의 단면적은 0.27m², $I = 0.02\text{m}^4$이다.]

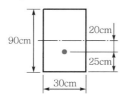

① 5.485MPa      ② 5.232MPa

③ 3.973MPa      ④ 3.102MPa

---

**해설** PSC 보의 하연응력

㉠ 최대 휨모멘트

$$w = 25 \times 0.3 \times 0.9 = 6.75\text{kN/m}$$

$$M_{\max} = \frac{wl^2}{8} = \frac{6.75 \times 10^2}{8}$$
$$= 84.375\text{kN} \cdot \text{m}$$

㉡ 하연응력

$$f_b = \frac{P}{A} + \frac{Pe}{I}y - \frac{M}{I}y$$
$$= \frac{900}{0.27} + \frac{900 \times 0.2}{0.02} \times 0.45$$
$$\quad - \frac{84.375}{0.02} \times 0.45$$
$$= 5,484.9\text{kN/m}^2 = 5.485\text{MPa}$$

---

**64** 다음 그림의 프리스트레스 콘크리트 T형 보의 하단에서 응력이 0이 되는 휨모멘트의 크기는 얼마인가? [단, $P_e = 480$kN, 단면값 계산에서 $A_p$를 무시하고 계산한다.]

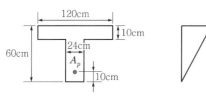

(a) 부재 단면      (b) 콘크리트 응력 분포

① 144kN · m      ② 164kN · m

③ 184kN · m      ④ 204kN · m

---

**해설** PSC 보의 해석

㉠ 단면의 성질

$$A = 1.2 \times 0.1 + 0.24 \times 0.5 = 0.24\text{m}^2$$

$$x = \frac{1.2 \times 0.1 \times 0.05 + 0.24 \times 0.5 \times 0.35}{1.2 \times 0.1 + 0.24 \times 0.5}$$
$$= 0.2\text{m}(상단으로부터)$$

$$I = \frac{1.2 \times 0.1^3}{12} + 1.2 \times 0.1 \times 0.15^2$$
$$\quad + \frac{0.24 \times 0.5^3}{12} + 0.24 \times 0.5 \times 0.15^2$$
$$= 0.008\text{m}^4$$

㉡ 하연응력이 0이 되기 위한 휨모멘트

$$y_b = 0.4\text{m}$$

$$f_b = \frac{P_e}{A} + \frac{P_e e_p}{I}y_0 - \frac{M}{I}y_b = 0$$

$$\frac{480}{0.24} + \frac{480 \times 0.3}{0.008} \times 0.4 - \frac{M}{0.008} \times 0.4 = 0$$

$$\therefore M = 184\text{kN} \cdot \text{m}$$

---

**65** 두께가 30cm인 1방향 단순 PSC 보($b = 30$cm, $d_p = 25$cm)에 외력이 작용하여 보 하면에 7MPa의 인장응력이 발생하였다. 이를 상쇄하기 위해 프리스트레스를 도입한 결과 인장응력이 1.5MPa로 줄었다. 이때 도입한 프리스트레스 힘의 크기는?

① 145kN      ② 155kN

③ 165kN      ④ 175kN

---

**해설** PSC 보의 긴장력

$$e = d_p - \frac{h}{2} = 25 - \frac{30}{2} = 10\text{cm}$$

$$f_b = f_{b_0} + \frac{P}{A} + \frac{Pe}{I}y$$

$$-1.5 = -7 + \frac{P}{bh} + \frac{6Pe}{bh^2}$$

$$5.5 = \frac{P}{bh}\left(1 + \frac{6e}{h}\right)$$

$$\therefore P = \frac{5.5bh}{1 + \frac{6e}{h}} = \frac{5.5 \times 300 \times 300}{1 + \frac{6 \times 100}{300}}$$
$$= 165,000\text{N} = 165\text{kN}$$

---

**정답** 63. ①   64. ③   65. ③

## 4. 프리스트레스의 손실

**66** PSC 부재에서 프리스트레스(prestress)의 직접적인 감소원인이 아닌 것은?

① 콘크리트의 탄성변형
② 마찰 및 정착단 활동
③ 콘크리트의 건조수축 및 크리프(creep)
④ PS 강재의 편심량

> **해설** PS 강재의 편심량은 프리스트레스의 감소원인이 아니다.

**67** 다음 중 프리스트레스트 콘크리트 부재에서 프리스트레스 손실의 원인이 아닌 것은?

① 정착장치에서의 활동
② 콘크리트의 건조수축
③ PS 강재의 항복
④ 콘크리트의 크리프

> **해설** PS 강재의 항복은 프리스트레스의 손실원인이 아니다.

**68** 프리스트레스의 손실원인에는 긴장작업 중이나 긴장작업 후의 여러 가지 원인에 의해 강재의 인장응력이 상당히 감소한다. 다음 중 긴장작업 중의 프리스트레스 손실원인이 아닌 것은?

① 콘크리트와 PS 강선과의 마찰
② 콘크리트의 탄성수축
③ PS 강선과 시스의 마찰
④ 콘크리트의 크리프와 건조수축

> **해설** 프리스트레스 도입 시 손실원인(즉시 손실)
> ㉠ 정착장치의 활동에 의한 손실
> ㉡ PS 강재와 시스 사이의 마찰에 의한 손실
> ㉢ 콘크리트의 탄성변형에 의한 손실

**69** PS 강선을 긴장시킬 때 생기는 프리스트레스의 손실원인이 아닌 것은?

① 콘크리트의 탄성수축에 의한 원인
② 마찰에 의한 원인
③ 콘크리트의 건조수축과 크리프에 의한 원인
④ 정착단의 활동에 의한 원인

> **해설** 프리스트레스의 도입 후 손실원인(시간적 손실)
> ㉠ 콘크리트의 크리프에 의한 손실
> ㉡ 콘크리트의 건조수축에 의한 손실
> ㉢ PS 강재의 릴랙세이션에 의한 손실

**70** 프리스트레스를 도입한 후에 생기는 프리스트레스의 손실원인에 해당하는 것은?

① 콘크리트의 크리프 및 건조수축
② 콘크리트의 탄성변형
③ 잭 및 정착부에서의 마찰
④ PS 강선의 각 변화 및 시스(sheath)와의 마찰

> **해설** 프리스트레스의 손실원인
> ㉠ 즉시 손실 : 정착장치의 활동, 마찰, 탄성변형
> ㉡ 시간적 손실 : 크리프, 건조수축, 릴랙세이션

**71** 다음의 프리스트레스 손실원인 중 프리스트레스 도입 후 시간이 경과됨에 따라 발생하는 손실에 해당하지 않는 것은?

① 정착장치의 활동
② PS 강재의 릴랙세이션
③ 콘크리트의 크리프
④ 콘크리트의 건조수축

> **해설** 프리스트레스의 손실원인
> ㉠ 도입 시 손실(즉시 손실) : 마찰, 활동, 탄성변형
> ㉡ 도입 후 손실(시간적 손실) : 크리프, 건조수축, 릴랙세이션

**정답** 66. ④  67. ③  68. ④  69. ③  70. ①  71. ①

**72** 프리스트레스의 감소원인 중 포스트텐션 공법에만 해당되는 것은?

① 탄성변형에 의한 손실

② 마찰에 의한 손실

③ 콘크리트의 크리프와 건조수축에 의한 손실

④ PS 강재의 릴랙세이션(relaxation)에 의한 손실

> **해설** 도입 시 마찰에 의한 손실은 포스트텐션 공법에만 해당하는 손실이다.

**★★**
**73** 프리스트레스의 손실에 관한 설명 중 옳지 않은 것은?

① 콘크리트의 크리프와 건조수축에 의한 손실은 프리텐션이나 포스트텐션에서나 큰 몫을 차지한다.

② 포스트텐션에서는 탄성손실을 극소화시킬 수 있다.

③ 마찰에 의한 손실은 통상 프리텐션에서 고려된다.

④ 일반적으로 프리텐션이 포스트텐션보다 손실이 크다.

> **해설** 마찰에 의한 손실은 통상 포스트텐션에서 고려된다.

**★**
**74** PSC에서 프리스트레스의 손실에 가장 큰 영향을 끼치는 요소는?

① 콘크리트의 탄성수축

② 정착단의 활동

③ 건조수축과 크리프

④ 강재의 릴랙세이션

> **해설** 프리스트레스의 가장 큰 손실원인은 콘크리트의 건조수축과 크리프이다.

**75** 다음 중 프리스트레스의 손실을 줄이는 방법이 될 수 없는 것은?

① 항복강도가 큰 강재를 사용한다.

② 물-시멘트비가 작은 콘크리트를 사용한다.

③ 단위시멘트량이 큰 콘크리트를 사용한다.

④ 저릴랙세이션 강재를 사용한다.

> **해설** 프리스트레스 손실을 줄이려면 단위시멘트량이 작은 콘크리트를 사용해야 한다.

**76** 다음의 프리스트레스 손실에 관한 설명 중 옳지 못한 것은?

① 프리텐션 부재에서 콘크리트의 탄성수축에 의한 손실은 프리스트레스의 도입 시 발생한다.

② 시간이 지남에 따라 발생하는 손실원인에는 콘크리트의 건조수축, 크리프, PS 강재의 릴랙세이션 등이 있다.

③ 프리스트레스의 손실량을 잘못 계산하면 부재의 설계강도에 영향을 미친다.

④ 사용하중 작용 시 프리스트레스 손실량의 과대한 예측은 지나친 솟음을 생기게 한다.

> **해설** 프리스트레스의 손실량을 잘못 계산하면 사용 중 작용 시 부재의 구조 거동, 솟음, 처짐, 균열 등에 영향을 미치지만, 부재의 설계강도에는 영향을 미치지 않는다.

**★★**
**77** 콘크리트의 압축강도 $f_c$=7MPa이고, $n$=6일 때 콘크리트의 탄성변형에 의한 PS 강재의 프리스트레스 감소량은 얼마인가?

① 36MPa

② 42MPa

③ 48MPa

④ 52MPa

> **해설** 콘크리트의 탄성변형에 의한 손실(감소)량
> $$\Delta f_p = n f_c = 6 \times 7 = 42\text{MPa}$$

---

**정답** 72. ② 73. ③ 74. ③ 75. ③ 76. ③ 77. ②

***
**78** 단면이 300mm×500mm이고 150mm²의 PS 강선 6개를 강선군의 도심과 부재 단면의 도심축이 일치하도록 배치된 프리텐션 PC 부재가 있다. 강선의 초기 긴장력이 1,000MPa일 때 콘크리트의 탄성변형에 의한 프리스트레스의 감소량은? [단, $n = 6$]

① 36MPa      ② 30MPa

③ 6MPa      ④ 4.8MPa

> **해설** PSC 보의 손실(감소)량
>
> $$\Delta f_p = n f_{ci} = n \frac{P_i}{A_c} = n \frac{f_{pi} A_p}{A_c}$$
> $$= 6 \times \frac{1,000 \times 150 \times 6}{300 \times 500} = 36\text{MPa}$$

*
**79** 30cm×50cm의 직사각형 단면을 가진 프리텐션 단순보에 편심 배치한 PS 강재를 750kN으로 긴장하였을 때 콘크리트의 탄성변형으로 인한 프리스트레스 감소량은? [단, $n = 6.0$]

① 45.63MPa

② 39.22MPa

③ 40.54MPa

④ 37.55MPa

[그림: 30cm × 50cm 직사각형 단면, $A_p$, $e_p = 8.0\text{cm}$]

> **해설** 탄성변형에 의한 손실(감소)량
>
> $$\Delta f_{pe} = n f_c = n \left( \frac{P_i}{A_c} + \frac{P_i e_p}{I} e_p \right)$$
> $$= 6 \times \left( \frac{750,000}{300 \times 500} \right.$$
> $$\left. + \frac{12 \times 750,000 \times 80}{300 \times 500^3} \times 80 \right)$$
> $$= 39.216\text{MPa}$$

**
**80** 단면이 400mm×500mm이고 150mm²의 PSC 강선 4개를 단면 도심축에 배치한 프리텐션 PSC 부재가 있다. 초기 프리스트레스가 1,000MPa일 때 콘크리트의 탄성변형에 의한 프리스트레스 감소량의 값은? [단, $n = 6$]

① 22MPa      ② 20MPa

③ 18MPa      ④ 16MPa

> **해설** PSC 보의 손실(감소)량
>
> ㉠ 초기 긴장력
> $$P_i = f_{pi} A_p = 1,000 \times 150 \times 4 = 6 \times 10^5 \text{N}$$
> ㉡ 탄성변형에 의한 감소량(프리텐션 부재)
> $$\Delta f_p = n f_{ci} = n \frac{P_i}{A_c} = 6 \times \frac{6 \times 10^5}{400 \times 500}$$
> $$= 18\text{N/mm}^2 = 18\text{MPa}$$

**
**81** 폭 200mm, 높이 300mm인 프리텐션 부재에 PS 강재가 도심에서 $e = 50$mm만큼 하향 편심 배치되어 있다. 프리스트레스 도입 직후에 PS 강재에 작용하는 인장력($P_i$)은 600kN일 때 탄성수축으로 인한 프리스트레스의 감소량은? [단, PS 강재의 탄성계수($E_p$)=2.0×10⁵MPa, 콘크리트의 탄성계수($E_c$)=2.86×10⁴MPa이며, 보의 자중은 무시한다.]

① 81.3MPa      ② 83.3MPa

③ 91.3MPa      ④ 93.3MPa

> **해설** 탄성변형에 의한 손실(감소)량
>
> $$\Delta f_{pe} = n f_c = n \left( \frac{P_i}{A_c} + \frac{P_i e}{I} e \right)$$
> $$= \frac{2.0 \times 10^5}{2.86 \times 10^4} \times \left( \frac{600,000}{200 \times 300} \right.$$
> $$\left. + \frac{12 \times 600,000 \times 50}{200 \times 300^3} \times 50 \right)$$
> $$= 93.2377\text{MPa}$$

**
**82** 직사각형 단면 350mm×450mm인 프리텐션 부재에 600mm²의 단면적을 가진 PS 강선을 콘크리트 단면 도심에 일치하도록 인장대의 양단에서 1,350MPa의 인장응력이 되도록 긴장한 후 프리스트레스가 주어질 경우 긴장 직후에 생기는 PS 강선의 응력은 약 얼마인가? [단, 탄성계수비 $n = 6$이다.]

① 1,270MPa      ② 1,289MPa

③ 1,301MPa      ④ 1,320MPa

**정답** 78. ①   79. ②   80. ③   81. ④   82. ④

해설 PSC 보의 유효응력($f_{pe}$)

　㉠ 탄성변형에 위한 손실(감소)량

$$\Delta f_p = n f_{ci} = 6 \times \frac{600 \times 1,350}{350 \times 450}$$

$$= 30.86 \text{MPa}$$

　㉡ PS 강선의 유효응력

$$f_{pe} = f_{pi} - \Delta f_p = 1,350 - 30.86$$

$$= 1,319.14 \text{MPa}$$

해설 탄성수축에 의한 손실(감소)량

$$\Delta f_{pe} = \frac{1}{2} n f_c \left( \frac{N-1}{N} \right)$$

$$= \frac{1}{2} \times 6 \times \frac{4 \times 200 \times 1,000}{300 \times 400} \times \frac{4-1}{4}$$

$$= 15 \text{MPa}$$

★
**83** 다음 그림과 같은 단면의 중간 높이에 있는 PS 강선에 500kN의 프리스트레스를 가하였다. PS 강선의 단면적은 5cm²이고, 탄성계수비 $n=6$일 때 탄성손실을 고려한 PS 강선의 인장응력은?

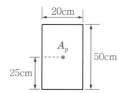

① 700MPa　　② 970MPa

③ 1,030MPa　　④ 850MPa

해설 PSC 보의 유효응력($f_{pe}$)

　㉠ 초기 긴장응력

$$f_{pi} = \frac{P_i}{A_p} = \frac{500 \times 10^3}{500} = 1,000 \text{MPa}$$

　㉡ 탄성변형에 의한 감소량

$$\Delta f_{pe} = n f_c = 6 \times \frac{500 \times 10^3}{200 \times 500} = 30 \text{MPa}$$

　㉢ PS 강선의 유효응력

$$f_{pe} = f_{pi} - \Delta f_{pe} = 1,000 - 30 = 970 \text{MPa}$$

★
**85** 다음 그림과 같은 2경간 연속보의 양단에서 PS 강재를 긴장할 때 단(端) A에서 중간 B까지의 마찰에 의한 프리스트레스의 (근사적인) 감소율은? [단, 곡률마찰계수 $\mu=0.4$, 파상마찰계수 $k=0.0027$]

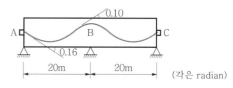

(각은 radian)

① 12.6%　　② 18.2%

③ 10.4%　　④ 15.8%

해설 PSC의 손실(감소)률

　㉠ 근사식의 적용 여부

$$\alpha = \theta_1 + \theta_2 = 0.16 + 0.10 = 0.26 \text{rad}$$

$$\theta = 0.26 \times \frac{180°}{\pi} = 14.9° \le 30°$$

　∴ 근사식을 적용한다.

　㉡ 마찰에 의한 손실(감소)율

$$L_r = (kl + \mu \alpha) \times 100$$

$$= (0.0027 \times 20 + 0.4 \times 0.26) \times 100$$

$$= 15.8\%$$

★★
**84** 30cm×40cm의 콘크리트 단면에 2cm²의 PS 강선 4개를 대칭으로 배치한 포스트텐션 부재에 있어서 PS 강선을 1개씩 차례로 긴장하는 경우, 콘크리트의 탄성수축에 의한 프리스트레스의 평균 손실량의 근삿값은 얼마인가? [단, 초기 프리스트레스는 1,000MPa, $n=6.0$]

① 13.6MPa　　② 15.0MPa

③ 16.8MPa　　④ 17.5MPa

**86** 마찰에 의한 손실을 무시할 때의 프리스트레스에 의한 PS 강재의 늘음량 $\Delta l$ 을 구하는 식은? [단, $l$ : PS 강재의 길이, $p_i$ : 초기 프리스트레스, $f_p$ : PS 강재의 전장에 대한 등분포 인장응력]

① $\dfrac{1}{E_p A_p} \left( \dfrac{P_i + P}{2} \right)$　　② $\dfrac{P_i l}{E_p A_p}$

③ $E_p A_p \left( \dfrac{P_i + P}{2} \right)$　　④ $\dfrac{E_p A_p}{P_i}$

정답 83. ② 84. ② 85. ④ 86. ②

> **해설** PS 강재의 늘음량
>
> $$f_p = \frac{P_i}{A_p} = E_p \varepsilon_p = E_p \frac{\Delta l}{l}$$
>
> $$\therefore \ \Delta l = \frac{P_i l}{A_p E_p}$$

> **해설** 활동에 의한 손실(감소)량(일단 정착)
>
> $$\Delta f_p = E_{ps} \varepsilon = E_{ps} \frac{\Delta l}{l} = 200,000 \times \frac{0.3}{3,000}$$
>
> $$= 20\text{MPa}$$

**★★**
**87** 다음 그림의 PSC 부재에서 A단에서 강재를 긴장할 경우 B단까지의 마찰에 의한 감소율(%)은 얼마인가? [단, $\theta_1 = 0.10$, $\theta_2 = 0.08$, $\theta_3 = 0.10$[radian], $\mu$(곡률마찰계수)=0.20, $\lambda$(파상마찰계수)=0.001이며 근사법으로 구할 것]

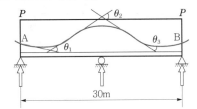

① 4.3%  ② 6.4%

③ 8.6%  ④ 17.2%

> **해설** PSC 보의 손실률(마찰)
> ㉠ 근사식의 적용 여부
> $$\alpha = \theta_1 + \theta_2 + \theta_3$$
> $$= 0.1 + 0.08 + 0.1 = 0.28 \, \text{rad}$$
> $$\theta = 0.28 \times \frac{180°}{\pi} = 16.04° \leq 30°$$
> $$l = 30\text{m} \leq 40\text{m}$$
> $$\lambda l + \mu\alpha = 0.001 \times 30 + 0.2 \times 0.28$$
> $$= 0.086 \leq 0.3$$
> ∴ 근사식을 적용한다.
> ㉡ 마찰에 의한 감소율($L_r$)
> $$L_r = \frac{\Delta P_f}{P_i} \times 100$$
> $$= (\lambda l + \mu\alpha) \times 100 = 0.086 \times 100$$
> $$= 8.6\%$$

**★**
**88** 보의 길이 $l = 30$m, 활동량 $\Delta l = 3$mm, 긴장재의 탄성계수($E_p$)=200,000MPa일 때 프리스트레스 감소량 $\Delta f_p$는? [단, 일단 정착이다.]

① 40MPa  ② 15MPa

③ 30MPa  ④ 20MPa

**89** 포스트텐션된 보에 포물선 긴장재가 배치되었다. A단에서 잭킹(jacking)할 때의 인장력은 900kN이었다. 강재와 시스의 마찰손실을 고려할 때 상대편 지지점 B단에서의 긴장력 $P_x$는 얼마인가? [단, 파상마찰계수 $k = 0.0066$/m, 곡률마찰계수 $\mu = 0.30$/radian이고, $\theta = 0.3 \times \frac{2}{9} = \frac{1}{15}$ radian이며, 근사식을 사용하여 계산한다.]

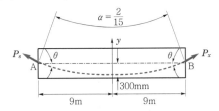

① 757kN  ② 829kN

③ 900kN  ④ 1,043kN

> **해설** PSC 보의 유효 긴장력
> ㉠ 근사식의 적용 여부
> $$kl + \mu\alpha = 0.0066 \times 18 + 0.3 \times \frac{2}{15}$$
> $$= 0.1588 \leq 0.3$$
> ∴ 근사식을 적용한다.
> ㉡ B단의 유효 긴장력($P_x$)
> $$P_x = P_B = P_o (1 - kl - \mu\alpha)$$
> $$= 900 \times (1 - 0.1588)$$
> $$= 757.08\text{kN}$$

**★★**
**90** 양단 정착하는 포스트텐션 부재에서 일단의 정착부 활동이 2mm 생겼다. PS 강재의 길이가 30m, 초기 프리스트레스가 1,800MPa일 때 프리스트레스의 손실량은? [단, $E_p = 2 \times 10^5$MPa, $E_c = 2.8 \times 10^4$MPa이다.]

① 15.75MPa  ② 20.74MPa

③ 13.34MPa  ④ 26.67MPa

> **해설** 활동에 의한 손실(감소)량(양단 정착)
> $$\Delta f_p = \frac{2E_p \Delta l}{l} = \frac{2 \times 2 \times 10^5 \times 2}{30 \times 10^3} = 26.67\text{MPa}$$

**91** 일단 정착된 포스트텐션 부재에서 PS 강재의 길이가 35m, 초기 프리스트레스는 1,200MPa일 때, 감소율이 2%가 되기 위해서는 활동량이 얼마이어야 하는가? [단, $E_{ps} = 2.0 \times 10^5$MPa]

① 3.8mm      ② 4.0mm

③ 4.2mm      ④ 4.4mm

> **해설** PSC 보의 활동량
> ㉠ 감소(손실)율
> $$\frac{\Delta f_p}{f_{pi}} = \frac{1}{f_{pi}} \frac{E_p \Delta l}{l} = 0.02$$
> ㉡ 활동량
> $$\Delta l = \frac{0.02 f_{pi} l}{E_p}$$
> $$= \frac{0.02 \times 1,200 \times 35 \times 10^3}{2 \times 10^5}$$
> $$= 4.2\text{mm}$$

**92** 길이 10m의 PS 강선을 인장대에서 긴장 정착할 때 인장력의 감소량은 얼마인가? [단, 프리텐션 방식을 사용하며 긴장장치에서의 활동량은 $\Delta l = 3$mm이고, $A_p = 5$mm², $E_p = 2.0 \times 10^5$MPa이다.]

① 200N      ② 300N

③ 400N      ④ 500N

> **해설** PSC 보의 감소량
> ㉠ 활동에 의한 감소량(응력)
> $$\Delta f_p = E_{ps} \frac{\Delta l}{l} = 2.0 \times 10^5 \times \frac{3}{10,000}$$
> $$= 60\text{MPa}$$
> ㉡ 감소하중(감소량)
> $$\Delta P = \Delta f_p A_p = 60 \times 5 = 300\text{N}$$

**93** 초기 프리스트레스가 1,200MPa이고, 콘크리트의 건조수축변형률 $\varepsilon_{sh} = 1.8 \times 10^{-4}$일 때 긴장재의 인장응력의 감소는? [단, PS 강재의 탄성계수 $E_p = 2.0 \times 10^5$MPa]

① 12MPa      ② 24MPa

③ 36MPa      ④ 48MPa

> **해설** 건조수축에 의한 손실(감소)량
> $$\Delta f_p = E_{ps} \varepsilon_{sh} = 2.0 \times 10^5 \times 1.8 \times 10^{-4}$$
> $$= 36\text{MPa}$$

**94** PS 강재의 탄성계수 $E_p = 2 \times 10^5$MPa, 콘크리트 건조수축률 $\varepsilon_{cs} = 18 \times 10^{-5}$일 때 PS 강재의 프리스트레스 감소율은 얼마인가? [단, 초기 프리스트레스는 1,200MPa이다.]

① 1%      ② 2%

③ 3%      ④ 4%

> **해설** 건조수축에 의한 손실(감소)률
> ㉠ 건조수축에 의한 감소량
> $$\Delta f_{ps} = E_{ps} \varepsilon_{cs} = 2 \times 10^5 \times 18 \times 10^{-5}$$
> $$= 36\text{MPa}$$
> ㉡ 감소율(손실률)
> $$L_r = \frac{\Delta f_{ps}}{f_{pi}} \times 100 = \frac{36}{1,200} \times 100 = 3\%$$

**95** 폭 20cm, 높이 50cm의 post-tensioned concrete보에 1,000kN의 인장력을 가했다. 이때 creep에 의한 prestress의 손실은 얼마인가? [단, creep 계수 $\phi_t = 2.5$이고, $E_c = 28,000$MPa, $E_s = 2.0 \times 10^5$MPa이다.]

① 약 178.5MPa      ② 약 97.0MPa

③ 약 87.0MPa      ④ 약 77.0MPa

> **해설** 크리프에 의한 손실(감소)량
> $$\Delta f_p = n f_c \phi_t = \frac{2.0 \times 10^5}{28,000} \times \frac{1,000,000}{200 \times 500} \times 2.5$$
> $$= 178.57\text{MPa}$$

**정답** 91. ③   92. ②   93. ③   94. ③   95. ①

**96** PS 강재의 인장응력 $f_p = 1,000$MPa, 크리프계수 $\phi_t = 2$, $n = 6$일 때 크리프에 의한 PS 강재의 인장 응력 감소율은? [단, $f_c = 6$MPa의 콘크리트 압축 응력이 발생한다.]

① 5.6%    ② 7.2%

③ 8.6%    ④ 9.6%

> **해설** 크리프에 의한 손실(감소)률
> ㉠ 크리프에 의한 감소량
> $$\Delta f_{pc} = nf_c\phi_t = 6 \times 6 \times 2 = 72\text{MPa}$$
> ㉡ 감소율(손실률)
> $$L_r = \frac{\Delta f_{pc}}{f_{pi}} \times 100 = \frac{72}{1,000} \times 100$$
> $$= 7.2\%$$

**97** PS 강재의 인장응력 $f_p = 1,100$MPa, 콘크리트의 압축응력 $f_c = 8$MPa, 콘크리트의 크리프계수 $\phi_t = 2.0$, $n = 6$일 때 크리프에 의한 PS 강재의 인장응 력 감소율은?

① 7.6%    ② 8.7%

③ 9.6%    ④ 10.7%

> **해설** 크리프에 의한 감소율
> ㉠ 크리프로 인한 손실량
> $$\Delta f_{pc} = nf_c\phi_t = 6 \times 8 \times 2 = 96\text{MPa}$$
> ㉡ 감소율(손실률)
> $$L_r = \frac{\Delta f_{pc}}{f_{pi}} \times 100 = \frac{96}{1,100} \times 100$$
> $$= 8.7\%$$

**98** 포스트텐션 부재에 강선을 단면(200mm×300mm) 의 중심에 배치하여 1,500MPa로 긴장하였다. 콘크 리트의 크리프로 인한 강선의 프리스트레스 손실 률은 약 얼마인가? [단, 강선의 단면적 $A_{ps} = $ 800mm², $n = 6$, 크리프계수는 2.0]

① 9%    ② 16%

③ 22%    ④ 27%

> **해설** 크리프에 의한 손실(감소)률
> ㉠ 크리프에 의한 감소량
> $$\Delta f_p = nf_c\phi_t = 6 \times \frac{1,500 \times 800}{200 \times 300} \times 2.0$$
> $$= 240\text{MPa}$$
> ㉡ 손실률(감소율)
> $$L_r = \frac{\Delta f_p}{P_i} \times 100 = \frac{240}{1,500} \times 100 = 16\%$$

**99** PSC에서 콘크리트의 응력은 $f$, 탄성계수는 $E_c$, 크 리프계수는 $\varphi$이면 크리프 변형률은?

① $\dfrac{E_c}{\varphi f}$    ② $\dfrac{f}{\varphi E_c}$

③ $\dfrac{\varphi f}{E_c}$    ④ $\dfrac{\varphi E_c}{f}$

> **해설** 콘크리트의 크리프 변형
> ㉠ 응력은 변형률에 비례한다.
> $$f = E_c\varepsilon \rightarrow \varepsilon = \frac{f}{E_s}$$
> ㉡ 크리프 변형률($\varepsilon_c$)은 탄성변형률($\varepsilon$)에 비례한다.
> $$\varepsilon_c = \varphi\varepsilon = \varphi\frac{f}{E_c}$$

**100** 30cm×50cm의 단면을 가진 PS 부재에 5cm²의 단 면적을 가진 PS 강선 5본을 $f_p = 1,100$MPa로 긴장 하였다. 콘크리트 압축응력 $f_c = 7$MPa이고, $E_p = 2.0 \times 10^5$MPa일 때 PS 강재의 릴랙세이션에 의한 프리스트레스의 감소량은?

① 120.5kN    ② 137.5kN

③ 192.3kN    ④ 375.0kN

> **해설** 릴랙세이션에 의한 손실(감소)량
> $$\Delta f_{pr} = \gamma f_{pi} = 0.05 \times 1,100 = 55\text{MPa}$$
> $$\therefore \Delta P_r = A_p\Delta f_{pr} = 5 \times 500 \times 55$$
> $$= 137,500\text{N} = 137.5\text{kN}$$
>
> [참고] $\gamma$값(감소율 – 근사식)
> ㉠ PS 강선, PS 스트랜드 : $\gamma = 5\%$
> ㉡ PS 강봉 : $\gamma = 3\%$

**101** PSC에서 콘크리트와 크리프(creep)에 의한 변형률 ($\varepsilon_c$)은 콘크리트의 응력에 비례하며, 다음 식으로 표시되는데 옳은 것은? [단, $f_c$ : 콘크리트에 일어나는 응력, $E_c$ : 콘크리트 탄성계수, $\varphi_t$ : 크리프계수]

① $\varepsilon_c = f_c E_c \varphi_t$

② $\varepsilon_c = \dfrac{f_c}{\varphi_t} E_c$

③ $\varepsilon_c = \dfrac{f_c}{E_c \varphi_t}$

④ $\varepsilon_c = \dfrac{f_c}{E_c} \varphi_t$

> **해설** 콘크리트의 크리프 변형
> ㉠ 크리프 변형률($\varepsilon_c$)는 탄성변형률($\varepsilon_e$)에 비례한다.
> $$\varepsilon_c = \varphi_t \varepsilon_e$$
> ㉡ 응력은 변형률에 비례한다.
> $$f_c = E_c \varepsilon_e \rightarrow \varepsilon_e = \frac{f_c}{E_s}$$
> $$\therefore \ \varepsilon_c = \varphi_t \varepsilon_e = \varphi_t \frac{f_c}{E_c}$$

## 5. PSC 보의 해석

**102** 철근콘크리트와 프리스트레스 콘크리트에 대한 다음 설명 중 틀린 것은?

① 철근콘크리트 및 프리스트레스트 콘크리트는 설계하중하에서 최대 응력이 발생한다.
② 프리스트레스트 콘크리트는 설계하중하에서 균열이 생기지 않으므로 내구성이 좋다.
③ 철근콘크리트에 비하여 구조물이 가볍고 강하며, 복원성이 우수하다.
④ 프리스트레스트 콘크리트는 시공이 복잡하므로 고도의 기술이 필요하고 설계도 상대적으로 어렵다.

> **해설** PSC 부재에서는 프리스트레싱 작업 중 최대 응력이 발생할 수 있다.

**103** PS 강재와 콘크리트와의 부착이 되지 않는 경우에 응력을 계산할 때에는 어떤 값으로 계산하는 것이 원칙인가?

① 총단면적
② 환산 단면적
③ 철근 단면과 콘크리트 단면과의 합
④ 순단면적

> **해설** 경우에 따른 사용 단면적
> ㉠ 부착이 된 경우: 유효 단면적
> ㉡ 부착이 안 된 경우: 순단면적

**★**
**104** 프리스트레스트 콘크리트 단면 산정 시에 고려해야 할 사항 중 틀린 것은?

① 콘크리트의 크리프 건조수축, 축방향 수축, 인접한 부재의 영향을 고려해야 한다.
② 반복하중에 의한 부착응력이 일어나는 곳에서 부착력 부족으로 발생하는 파괴의 가능성은 무시해도 좋다.
③ 연속보 기타의 부정정 구조에 대해서는 외력과 프리스트레스로 인한 휨모멘트와 전단력 등을 탄성 해법으로 결정해야 한다.
④ 부재 내의 프리스트레스가 인접 부재와 연결됨으로써 감소될 때에는 그 감소량을 설계해서 고려해야 한다.

> **해설** PSC 단면 산정 시 반복하중에 의한 부착응력이 일어나는 곳에서 부착력 부족으로 발생하는 파괴의 가능성을 고려해야 한다.

**105** 휨모멘트를 받는 PSC 부재의 단면설계 시 꼭 필요한 사항이 아닌 것은?

① 콘크리트 단면의 모양 및 크기 결정
② PS 강재의 편심량
③ PS 강재의 단면적 및 인장응력
④ 콘크리트 압축응력의 크기 및 분포 결정

---

해설 콘크리트의 압축응력의 크기와 분포는 RC 보와 같이 거동하므로 이미 알고 있는 사항이다.

**★★★**
**106** 다음 그림과 같은 프리스트레스트 콘크리트에서 직선으로 배치된 긴장재는 유효 프리스트레스 힘 1,050kN으로 긴장되었다. $f_{ck}$ = 30MPa일 때 보의 균열모멘트($M_{cr}$)는 약 얼마인가?

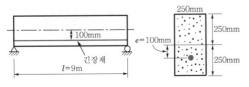

① 327kN · m  ② 228kN · m
③ 147kN · m  ④ 97kN · m

해설 PSC 보의 균열모멘트

$$M_{cr} = Pe + \frac{PI}{Ay} + \frac{I_y}{y_t}f_r$$
$$= (1,050,000 \times 100$$
$$+ \frac{1,050,000 \times 250 \times 500^3}{500 \times 250 \times 250 \times 12} + \frac{250 \times 500^3}{250 \times 12}$$
$$\times 0.63\sqrt{30}) \times 10^{-6}$$
$$= 228.44kN \cdot m$$

**★★**
**107** 정착구와 커플러의 위치에서 프리스트레싱 도입 직후 포스트텐션 긴장재의 허용응력은 최대 얼마인가? [단, $f_{pu}$ : 긴장재의 설계기준인장강도]

① $0.6f_{pu}$  ② $0.7f_{pu}$
③ $0.8f_{pu}$  ④ $0.9f_{pu}$

해설 프리스트레스 도입 직후 PS 강재의 허용응력
㉠ 프리텐셔닝 : $[0.74f_{pu}, 0.82f_{py}]_{min}$
㉡ 포스트텐셔닝 : $0.70f_{pu}$

**★★**
**108** 다음 그림과 같은 단면의 균열모멘트를 계산하면? [단, $f_{ci}$ : 1,000MPa, $f_{ck}$ : 40MPa, 콘크리트의 휨인장강도 $f_r$ : 4.5MPa, 강재 단면적 $A_p$ : 10cm², 경간 중앙에서의 편심량 $e_p$ : 12cm이며, 자중을 포함한 고정하중 $w_d$ : 2.4kN/m, 활하중 $w_l$ : 10kN/m이고, PS 강재와 콘크리트 사이에는 부착이 있다(경간 $l$ = 10m).]

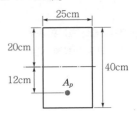

① $M_{cr} = 0.155MN \cdot m$
② $M_{cr} = 0.067MN \cdot m$
③ $M_{cr} = 0.233MN \cdot m$
④ $M_{cr} = 0.217MN \cdot m$

해설 PSC 보의 균열모멘트
㉠ 단면의 성질
$$I = \frac{bh^2}{12} = \frac{0.25 \times 0.4^3}{12} = 0.00133m^4$$
$$P_i = f_{ci}A_p = 1,000 \times 10 \times 10^{-4} = 1MN$$
$$f_r = 4.5MPa = 4.5N/mm^2 = 4.5MN/m^2$$
㉡ 균열모멘트($M_{cr}$)
$$M_{cr} = Pe + \frac{PI}{Ay} + \frac{I}{y}f_r$$
$$= 1 \times 0.12 + \frac{1 \times 0.00133}{0.25 \times 0.4 \times 0.2}$$
$$+ \frac{0.00133}{0.2} \times 4.5$$
$$= 0.217MN \cdot m$$

**109** 부분 프리스트레스된 보의 단면은 하중의 크기에 따라 단면이 발휘하는 모멘트를 다음과 같이 부른다. 압축이탈모멘트 $M_0$, 사용하중모멘트 $M_w$, 극한모멘트 $M_u$, 균열모멘트 $M_{cr}$ 크기의 순서가 옳은 것은?

① $M_u > M_{cr} > M_0 > M_w$

② $M_u > M_w > M_0 > M_{cr}$

③ $M_u > M_w > M_{cr} > M_0$

④ $M_u > M_{cr} > M_w > M_0$

> **해설** 극한모멘트 > 사용하중모멘트 > 균열모멘트 > 압축이탈모멘트

**★★**
**110** 주어진 T형 단면에서 부착된 프리스트레스트 보강재의 인장응력 $f_{ps}$는 얼마인가? [단, 긴장재의 단면적($A_{ps}$)=1,290mm², 프리스트레싱 긴장재의 종류에 따른 계수($\gamma_p$)=0.4, $f_{pu}$=1,900MPa, $f_{ck}$=35MPa이다.]

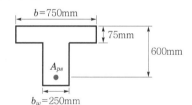

① 1,900MPa ② 1,861MPa

③ 1,752MPa ④ 1,651MPa

> **해설** 부착 긴장재의 인장응력($f_{ps}$)
>
> ㉠ 각 계수의 값
> $$\beta_1 = 0.80 (\because f_{ck} \leq 40\text{MPa})$$
> $$\rho_p = \frac{A_{ps}}{bd_p} = \frac{1,290}{750 \times 600} = 0.00287$$
> $$w = w' = 0$$
> ㉡ 부착 긴장재의 인장응력
> $$f_{ps} = f_{pu}\left\{1 - \frac{\gamma_p}{\beta_1}\left[\rho_p \frac{f_{pu}}{f_{ck}} + \frac{d}{d_p}(w-w')\right]\right\}$$
> $$= 1,900 \times \left\{1 - \frac{0.4}{0.80} \times \left[0.00287 \times \frac{1,900}{35} + 0\right]\right\}$$
> $$= 1,751.99\text{MPa}$$

**111** T형 PSC 보에 설계하중을 작용시킨 결과 보의 처짐은 0이었으며, 프리스트레스 도입단계부터 부착된 계측장치로부터 상부 탄성변형률 $\varepsilon = 3.5 \times 10^{-4}$을 얻었다. 콘크리트 탄성계수 $E_c$=26,000MPa, T형 보의 단면적 $A_g$=150,000mm², 유효율 $R$=0.85일 때 강재의 초기 긴장력 $P_i$를 구하면?

① 1,606kN ② 1,365kN

③ 1,160kN ④ 2,269kN

> **해설** 강재의 초기 긴장력($P_i$)
>
> ㉠ 유효 긴장력($P_e$)
> $$P_e = fA = E\varepsilon A$$
> $$= 26,000 \times 3.5 \times 10^{-4} \times 150,000 \times 10^{-3}$$
> $$= 1,365\text{kN}$$
> ㉡ 초기 긴장력($P_i$)
> $$P_e = RP_i = 0.85P_i$$
> $$\therefore P_i = \frac{P_e}{0.85} = \frac{1,365}{0.85} = 1,605.88\text{kN}$$

**★**
**112** 주어진 T형 단면에서 전단에 대해 위험단면에서 $V_u d/M_u$=0.28이었다. 휨철근 인장강도의 40% 이상의 유효 프리스트레스 힘이 작용할 때 콘크리트의 공칭전단강도($V_c$)는 얼마인가? [단, $f_{ck}$=45MPa, $V_u$ : 계수전단력, $M_u$ : 계수휨모멘트, $d$ : 압축측 표면에서 긴장재 도심까지의 거리]

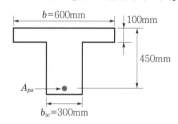

① 185.7kN ② 230.5kN

③ 321.7kN ④ 462.7kN

> **해설** 휨철근 인장강도의 40% 이상의 유효 프리스트레스 힘이 작용하는 경우 콘크리트에 의한 전단강도
> $$V_c = \left(0.05\sqrt{f_{ck}} + 4.9\frac{V_u d}{M_u}\right)b_w d$$
> $$= (0.05\sqrt{45} + 4.9 \times 0.28) \times 300 \times 450$$
> $$= 230,500.4\text{N} = 230.5\text{kN}$$

Reinforced Concrete and Steel Structures

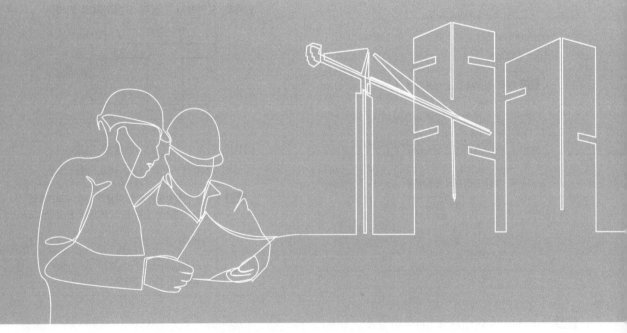

CHAPTER

9

# 강구조

# 강구조

CHAPTER 09

**회독 체크표**

| 1회독 | 월 | 일 |
| 2회독 | 월 | 일 |
| 3회독 | 월 | 일 |

**최근 10년간 출제분석표**

| 2015 | 2016 | 2017 | 2018 | 2019 | 2020 | 2021 | 2022 | 2023 | 2024 |
|------|------|------|------|------|------|------|------|------|------|
| 11.7% | 10.0% | 13.3% | 15.0% | 13.4% | 15.0% | 15.0% | 10.0% | 13.3% | 11.6% |

---

### 출제 POINT

**학습 POINT**
- 강구조의 장단점
- 구조용 강재의 종류와 강도
- 강재의 재료 정수
- 강재의 치수표시법
- 이음(접합)의 병용

---

## SECTION 1 강구조의 개요

### ① 강구조의 정의 및 특성

1) 강구조의 정의

① 강철로 제작된 구조물로서 주로 장대교량, 고층구조물에 사용되며, 각 종 교량, 건축물, 송배전탑, 철탑, 탱크, 댐의 수문 등의 부재로서 많이 사용되고 있다. 그 외에도 선박, 항공기, 로켓, 우주선, 자동차 등에 다 양하게 이용되고 있다.

② 건물의 뼈대를 강재 및 각종 형강을 볼트, 고력볼트, 용접 등의 접합방법 으로 조립하거나 또는 단일 형강을 사용하여 구성하는 구조 또는 건축물 을 말하며 철골구조라고도 한다.

2) 강구조의 장점

① 단위면적당의 강도가 대단히 크다.
② 재료가 균질성을 가지고 있다.
③ 다른 구조재보다 탄성적이며 설계가정에 가깝게 거동한다.
④ 내구성이 우수하다.
⑤ 커다란 변형에 저항할 수 있는 연성을 가지고 있다.
⑥ 손쉽게 구조변경을 할 수 있다.
⑦ 리벳, 볼트, 용접 등 연결재를 사용하여 체결할 수 있다.
⑧ 사전 조립이 가능하며 가설속도가 빠르다.
⑨ 다양한 형상과 치수를 가진 구조로 만들 수 있다.
⑩ 재사용이 가능하며, 고철 등으로도 재활용이 가능하다.

3) 강구조의 단점

① 부식되기 쉽고 정기적으로 도장을 해야 하므로 유지비용이 많이 든다.

② 강재는 내화성이 약하다.

③ 압축재로 사용한 강재는 강도가 크기 때문에 좌굴 위험성이 많다.

④ 반복하중에 의해 피로(fatigue)가 발생하여 강도의 감소 또는 파괴가 일어날 수 있다.

출제 POINT

## ② 강재의 제법 및 종류

1) 강재의 제법

| 제법 | 생산과정 |
|---|---|
| 제선 | 강재의 원료인 철광석에서 선철을 뽑아내는 과정이다. |
| 제강 | 고로에서 선철의 성질을 변화시켜 강재를 만들거나 또는 고철을 전기로에서 용융시켜서 강재를 만드는 과정으로, 기포 발생 여부에 따라 킬드강, 림드강이 있다. |
| 성형 | 제강과정을 통해서 얻은 강재를 일정한 형태와 단면성능을 갖는 부재로 만드는 과정으로, 압연과정을 통하여 구조용 강재가 생산된다. 열간압연과 냉간압연이 있다. |

■ 강재의 제법
① 제선: 선철을 뽑아내는 과정
② 제강: 강재를 만드는 과정
③ 성형: 부재로 만드는 과정

2) 화학적 조성에 따른 강재의 분류

(1) 강재를 구성하는 주요 원소

| 종류 | 함유량 | 특성 |
|---|---|---|
| 철(Fe) | 98% 이상 | 강재의 대부분을 차지하는 구성요소이다. |
| 탄소(C) | 0.04~2% | • 강재에서 철 다음으로 중요하다.<br>• 탄소량이 증가하면 강도는 증가하나, 연성이나 용접성은 떨어진다. |
| 망간(Mn) | 0.5~1.7% | 탄소와 비슷한 성질을 가진다. |
| 크롬(Cr) | 0.1~0.9% | 부식을 방지하기 위해 쓰이는 화학성분이다. |
| 니켈(Ni) | – | • 강재의 부식 방지를 위해 사용된다.<br>• 저온에서 인성을 증가시킨다. |
| 인(P)<br>황(S) | – | • 강재의 취성을 증가시켜 바람직하지 못한 성질을 가져온다. 사용량을 자제해야 한다.<br>• 강재의 기계가공성을 증가시킨다. |
| 실리콘(Si) | 0.4% 이하 | 강재에 주로 사용되는 탈산제 중 하나이다. |
| 구리(Cu) | 0.2% 이하 | 강재의 주요한 부식 방지제 중 하나이다. |

■ 강재의 구성원소
① 강재는 대부분이 철로 구성되며, 철 이외의 성분은 극소량이다.
② 이러한 극소량의 성분들이 강재의 재료적 성질을 좌우한다.

(2) 탄소강(carbon steel, mild steel)

① 가격이 싸고 성질이 우수하여 가장 널리 사용된다.

② 탄소량에 따라 강도와 인성이 결정된다.

③ 탄소량이 증가하면 강도는 증가하나, 연성이나 용접성은 떨어진다.

**(3) 구조용 합금강**(high-strength low alloy steels)

탄소강의 단점을 보완하기 위해서 합금원소를 첨가시킨 강재이다.

**(4) 열처리강**(high-strength quenched and tempered alloy steels)

담금질과 뜨임의 열처리를 통해 얻어낸 고강도강이다.

**(5) TMCP강**(Thermo Mechanical Control Process Steel)

① 용접성과 내진성이 뛰어난 극후판의 고강도 강재이다.

② 높은 강도와 인성을 갖는 강재이다.

③ 적은 탄소량으로 우수한 용접성을 나타낸다.

④ 판두께 40mm 이상의 후판이라도 항복강도의 저하가 없다.

## ③ 구조용 강재

■ 강재의 항복강도((②, 최저, 두께 16mm 이하)

① 275 : 275MPa 이상
② 355 : 355MPa 이상
③ 420 : 420MPa 이상
④ 460 : 460MPa 이상

■ 샤르피 흡수에너지 등급(③)

① A : 별도 조건 없음
② B : 일정 수준 충격치 요구, 27J(0℃) 이상
③ C : 우수한 충격치 요구, 47J(0℃) 이상

■ 내후성 등급(④)

① W : 녹 안정화 처리
② P : 일반도장 처리 후 사용

■ 열처리 등급(⑤)

① N : 소둔(Normalizing)
② QT : Quenching Tempering
③ TMC : 열가공제어
(Thermo Mechanical Control)

■ 내라멜라테어 등급(⑥)

① ZA : 별도 보증 없음
② ZB : Z방향 15% 이상
③ ZC : Z방향 25% 이상

**1) 구조용 강재의 종류와 강도**

**(1) 강재의 일반적인 표시기호**

$$\underset{①}{\text{SMA}} \quad \underset{②}{\text{355}} \quad \underset{③}{\text{B}} \quad \underset{④}{\text{W}} \quad \underset{⑤}{\text{N}} \quad \underset{⑥}{\text{ZC}} \qquad (9.1)$$

① 강재의 명칭

ㄱ SS : 일반구조용 압연강재(Steel Structure)

ㄴ SM : 용접구조용 압연강재(Steel Marine)

ㄷ SMA : 용접구조용 내후성 열간 압연강재(Steel Marine Atmosphere)

ㄹ SN : 건축구조용 압연강재(Steel New)

ㅁ FR : 건축구조용 내화강재(Fire Resistance)

ㅂ SCW : 용접구조용 원심력 주강관

② 강재의 항복강도(최저)

③ 샤르피 흡수에너지 등급

④ 내후성 등급

⑤ 열처리 등급

⑥ 내라멜라테어 등급

## (2) 주요 구조용 강재의 재질규격

| 번호 | 명칭 | 강종 |
|---|---|---|
| KS D 3503 | 일반구조용 압연강재 | SS275 |
| KS D 3515 | 용접구조용 압연강재 | SM275A, B, C, D, -TMC<br>SM355A, B, C, D, -TMC<br>SM420A, B, C, D, -TMC<br>SM460B, C, -TMC |
| KS D 3529 | 용접구조용 내후성 열간 압연강재 | SMA275AW, AP, BW, BP, CW, CP<br>SMA355AW, AP, BW, BP, CW, CP |
| KS D 3861 | 건축구조용 압연강재 | SN275A, B, C<br>SN355B, C |
| KS D 3866 | 건축구조용 열간 압연강재 | SHN275, SHN355 |
| KS D 5994 | 건축구조용 고성능 압연강재 | HSA650 |

출제 POINT

■ SN의 A, B, C의 의미
① 사용 부위의 요구성능 차이
② A : 용접이 없고, 소성변형능력도 요구되지 않는 구조 부재
③ B : 주요 구조 부재, 용접이 필요한 부재
④ C : 판두께 방향의 특성도가 요구되는 부재

## (3) 주요 구조용 강재의 재료강도(MPa)

| 강도 | 강재기호<br>판두께 | SS275 | SM275<br>SMA275 | SM355<br>SMA355 | SM420 | SH460 | SN275 | SN355 | SHN275 | SHL355 |
|---|---|---|---|---|---|---|---|---|---|---|
| $F_y$ | 16mm 이하 | 275 | 275 | 355 | 420 | 460 | 275 | 355 | 275 | 355 |
| | 16mm 초과 40mm 이하 | 265 | 265 | 345 | 410 | 450 | | | | |
| | 40mm 초과 75mm 이하 | 245 | 255 | 335 | 400 | 430 | 255 | 335 | | |
| | 75mm 초과 100mm 이하 | | 245 | 325 | 390 | 420 | | | − | − |
| $F_u$ | 75mm 이하 | 410 | 410 | 490 | 520 | 570 | 410 | 490 | 410 | 490 |
| | 75mm 초과 100mm 이하 | | | | | | | | − | − |

| 강도 | 강재기호<br>판두께 | HSA650 | SM275-TMC | SM355-TMC | SM420-TMC | SM460-TMC |
|---|---|---|---|---|---|---|
| $F_y$ | 80mm 이하 | 650 | 275 | 355 | 420 | 460 |
| $F_u$ | 80mm 이하 | 800 | 410 | 490 | 520 | 570 |

### (4) 접합재료의 강도

#### ① 고장력볼트의 최소 인장강도(MPa)

| 최소 강도 \ 볼트등급 | F8T | F10T | F13T[*] |
|---|---|---|---|
| $F_y$ | 640 | 900 | 1,170 |
| $F_u$ | 800 | 1,000 | 1,300 |

[*] KS B 1010에 의하여 수소지연파괴민감도에 대하여 합격된 시험성적표가 첨부된 제품에 한하여 사용하여야 한다.

#### ② 일반볼트의 최소 인장강도(MPa)

| 최소 강도 \ 볼트등급 | 4.6[*] |
|---|---|
| $F_y$ | 240 |
| $F_u$ | 400 |

[*] KS B 1002에 따른 강도 구분

■ 강재의 재료 정수

① 탄성계수: $E_s$ =210,000MPa
② 전단탄성계수: $G$ =81,000MPa
③ 푸아송비: $\nu$ =0.3
④ 선팽창계수: $\alpha$ =0.000012(1/℃)

### 2) 강재의 종류와 치수표시법

#### (1) 강재의 종류

쓰임새에 따라 일정한 단면형태를 가지며, 압연형강, 강관, 강판 및 강봉, 그리고 냉간성형강 등이 있다.

#### (2) 치수표시법

① 형강의 표시법

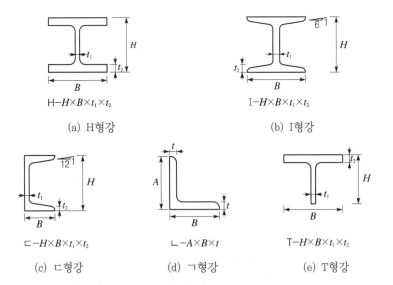

H–$H \times B \times t_1 \times t_2$

(a) H형강

I–$H \times B \times t_1 \times t_2$

(b) I형강

ㄷ–$H \times B \times t_1 \times t_2$

(c) ㄷ형강

ㄴ–$A \times B \times t$

(d) ㄱ형강

T–$H \times B \times t_1 \times t_2$

(e) T형강

② 강관, 강판 및 강봉의 표시법

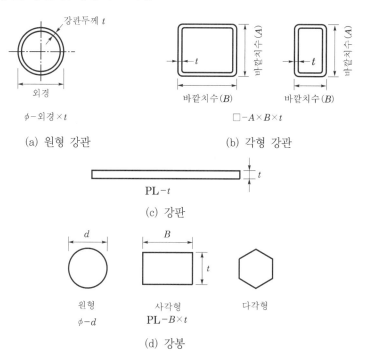

(a) 원형 강관

$\phi - 외경 \times t$

(b) 각형 강관

$\square - A \times B \times t$

(c) 강판

원형
$\phi - d$

사각형
$PL - B \times t$

다각형

(d) 강봉

## 4 강재의 이음방법

### 1) 강재 이음의 정의 및 종류

#### (1) 이음(접합, 연결)의 정의

서로 다른 부재를 접합(연결)하거나 또는 같은 부재를 연장시켜 이음하는 것을 말하며, 부재 사이의 힘을 전달하도록 연결해야 한다.

#### (2) 이음(접합)의 종류

① 기계적 방법 : 리벳이음, 일반볼트이음, 고력볼트이음, 핀이음 등이 있다.

② 용접 : 홈용접(그루브용접, 맞대기용접), 모살용접(필릿용접, 겹대기용접), 플러그용접, 슬롯용접 등이 있다.

③ 볼트접합에서 일반볼트는 영구적인 구조물에는 사용하지 못하고, 가체결용으로만 사용해야 한다.

④ 일반볼트 접합부에 진동, 충격 또는 반복하중을 받으면 접합부의 미끄럼에 의한 큰 변형이 생기므로 주요한 건물의 접합부에는 거의 사용하지 않고 고력볼트를 사용한다.

■ 강재의 이음방법

① 리벳이음
② 볼트이음
   • 일반볼트이음 : 가체결용
   • 고력볼트이음 : 영구용
③ 용접이음

Reinforced Concrete and Steel Structures

**(3) 강재의 이음방법**

① 볼트이음, 핀이음, 리벳이음 : 접합시키는 양쪽 재료 사이에 매개체인 파스너를 두고, 이를 통하여 응력이 전달되도록 하는 방법이다.

② 고력볼트이음 : 접합시키는 양쪽 재료에 압력을 주고, 양쪽 재료 간의 마찰력에 의하여 응력이 전달되도록 하는 방법이다.

③ 용접이음 : 접합시키는 양쪽 재료를 야금적으로 용융 일체화시켜 응력이 전달되도록 하는 방법이다.

④ 접착방법 : 접합시키는 양쪽 재료 사이에 접착제(고분자 재료)를 사용하여 접착에 의해 응력이 전달되도록 하는 방법이다.

**2) 이음의 일반사항 및 이음의 병용**

**(1) 이음의 일반사항**

① 이음(접합)부에서 계산된 응력보다 큰 응력에 저항하도록 설계하는 것이 원칙이다.

② 이음(접합)부의 강도가 모재강도의 75% 이상을 갖도록 설계해야 한다.

③ 부재 사이의 응력 전달이 확실해야 한다.

④ 가급적 편심이 발생하지 않도록 한다.

⑤ 응력 집중이 없어야 한다.

⑥ 부재의 변형에 따른 영향을 고려해야 한다.

⑦ 잔류응력이나 2차 응력을 일으키지 않아야 한다.

**(2) 이음(접합)의 방법을 병용할 경우**

① 용접이음과 리벳이음의 병용
한 이음부에 용접과 리벳을 병용하는 경우에는 용접이 모든 응력을 부담하는 것으로 본다.

② 용접이음과 고력볼트이음을 병용하는 경우
㉠ 홈용접을 사용한 맞대기이음과 고력볼트 마찰이음의 병용, 또는 응력 방향에 나란한 필릿(모살)용접과 고력볼트의 마찰이음을 병용하는 경우에는 각 이음이 응력을 부담하는 것으로 본다. 단, 각 이음의 응력 부담상태에 대해서는 충분한 검토를 하여야 한다.
㉡ 응력과 직각을 이루는 필릿이음과 고력볼트 마찰이음을 병용해서는 안 된다.
㉢ 용접과 고력볼트 지압이음을 병용해서는 안 된다.

■ 이음 방법의 병용
① 용접이음과 리벳이음의 병용
② 용접이음과 고력볼트이음의 병용
③ 응력과 직각을 이루는 필릿이음과 고력볼트 마찰이음을 병용해서는 안 됨
④ 용접과 고력볼트 지압이음을 병용해서는 안 됨

SECTION **2** ## 리벳이음

### 1 리벳이음의 종류 및 강도

1) 리벳이음의 종류

**(1) 겹대기이음과 맞대기이음**

① 겹대기이음 : 강판을 겹쳐서 접합하는 방법

② 맞대기이음 : 강판의 끝을 서로 맞대고 한쪽 또는 양쪽에 이음판을 붙여 접합하는 방법

**(2) 직접이음과 간접이음**

① 직접이음 : 모재와 모재를 직접 접합하는 방법

② 간접이음 : 모재 사이에 채움판을 넣어서 접합하는 방법

**(3) 리벳이음의 특징(장단점)**

① 비교적 저가로 시공할 수 있어 경제적이다.

② 리벳구멍으로 인한 단면 손실 때문에 강도 저하가 생긴다.

③ 별도의 이음부재(덧판)가 필요하고, 전체 중량이 증가한다.

④ 단면이 복잡해진다. 최근에는 거의 사용한 예가 없다.

2) 리벳의 응력 및 강도

**(1) 리벳의 강도(하중, 세기)**

① 1면 전단강도(단전단)

$$P_s = v_a \frac{\pi d^2}{4} \tag{9.2}$$

② 2면 전단강도(복전단)

$$P_s = 2v_a \frac{\pi d^2}{4} \tag{9.3}$$

③ 지압강도

$$P_b = f_{ba}\, dt \tag{9.4}$$

여기서, $v_s$ : 전단응력, $v_a$ : 허용전단응력

$f_b$ : 지압응력, $f_{ba}$ : 허용지압응력

$A$ : 리벳의 면적 $\left(= \dfrac{\pi d^2}{4}\right)$

판의 두께 : $t$와 $(t_1 + t_2)$ 중 작은 값

**출제 POINT**

💬 **학습 POINT**

• 리벳이음의 특징
• 리벳의 강도(하중, 세기)
• 리벳값(강도) 결정
• 리벳 소요 개수
• 판의 강도(압축과 인장)
• 순폭($b_n$)과 순단면적($A_n$) 산정
• L형강의 순폭 계산

■파괴형태

① 전단파괴
② 지압파괴
③ 할렬파괴

■리벳의 종류

① 둥근 리벳(가장 많이 사용)
② 접시리벳
③ 평리벳

■사용 리벳의 지름

① $\phi$ 19mm
② $\phi$ 22mm(가장 많이 사용)
③ $\phi$ 25mm

■리벳구멍의 최소 중심 간 거리
  리벳직경의 2.5배 이상

■리벳의 최소 사용 개수
  1군에 3개 이상

■ 리벳값(리벳강도)
리벳 하나가 부담할 수 있는 강도로, 전
단강도($P_s$)와 지압강도($P_b$) 중 작은
값을 리벳값(리벳강도)으로 한다.

■ 리벳구멍의 지름
① $d < 20mm$인 경우 : $d+1.0mm$
② $d \geq 20mm$인 경우 : $d+1.5mm$

### (2) 리벳의 소요 개수
① 리벳 수

$$n = \frac{P}{리벳값} \tag{9.5}$$

여기서, $n$ : 소요 리벳의 개수

$P$ : 작용외력

② 개수 결정 시 소수 이하는 무조건 올림(절상)이다.

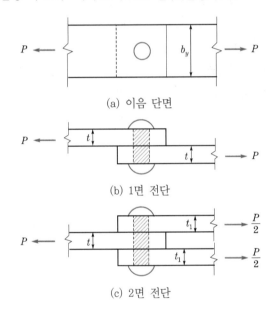

(a) 이음 단면

(b) 1면 전단

(c) 2면 전단

[그림 9-1] 리벳의 응력 및 강도

## 2 리벳이음한 판의 강도

### 1) 판(부재)의 강도

#### (1) 압축부재의 강도
압축재는 전 단면이 유효하므로 총단면적을 사용하여 계산한다. 즉 압축재
에 있어서 순단면적은 총단면적과 같다.

■ 판의 강도
① 압축부재 : 총단면적 사용
② 인장부재 : 순단면적 사용

$$P_c = f_{ca}A_g \tag{9.6}$$

여기서, $P_c$ : 축방향 압축강도

$f_{ca}$ : 부재의 허용압축응력

$A_g$ : 총단면적

## (2) 인장부재의 강도

인장재는 리벳구멍의 크기를 공제한 순단면적을 사용하여 계산한다. 순단
면적은 순폭($b_n$)에 부재의 두께($t$)를 곱한 값이다.

$$P_t = f_{ta} A_n \tag{9.7}$$

여기서, $P_t$ : 축방향 인장강도

$f_{ta}$ : 인장재의 허용인장응력

$A_n$ : 순단면적

## 2) 순폭과 순단면 계산

### (1) 강판의 순폭($b_n$) 계산

① 일렬 배치 시는 총폭에서 구멍개수에 해당하는 총지름을 제외시킨다.

$$b_n = b_g - n d \tag{9.8}$$

여기서, $b_g$ : 총폭

$d$ : 리벳구멍(리벳공)의 지름

$\phi$ : 리벳(또는 볼트)의 지름

② 지그재그(엇모) 배치 시는 단면의 총폭에서 최초의 리벳구멍의 지름을
빼고, 그 후에는 순차적으로 각 리벳의 구멍에 대해 공제폭 $\omega$를 뺀다.

$$b_n = b_g - d - n\omega \tag{9.9}$$

여기서, $\omega$ : 공제폭$\left(= d - \dfrac{p^2}{4g}\right)$

$p$ : 리벳(또는 볼트) 피치

$g$ : 리벳의 응력에 직각 방향인 리벳 선간의 길이(게이지)

③ 리벳의 순폭 결정

배열된 구멍을 순차적으로 이어 총폭을 절단하는 모든 경로에 대해 길이
를 계산하고 이 중 최솟값을 순폭으로 정한다. 그림 9-2(b)에서

㉠ ABCD 단면 : $b_{n1} = b_g - 2d$

㉡ ABEH 단면 : $b_{n2} = b_g - d - \omega$

㉢ ABECD 단면 : $b_{n3} = b_g - d - 2\omega$

㉣ ABEFG 단면 : $b_{n4} = b_g - d - 2\omega$

$$\therefore b_n = [b_{n1},\ b_{n2},\ b_{n3},\ b_{n4}]_{\min} \tag{9.10}$$

■ 출제 POINT

■ 단면적 산정
① 총단면적＝총폭×판의 두께
$A_g = b_g t$
② 순단면적＝순폭×판의 두께
$A_n = b_n t$

■ 순폭 산정
① 일렬 배치
$b_n = b_g - n d$
② 엇모 배치
$b_n = b_g - d - n\omega$

여기서, $\omega = d - \dfrac{p^2}{4g}$

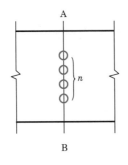
(a) 일렬(정렬) 배치

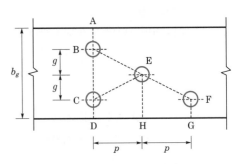
(b) 지그재그(엇모) 배치

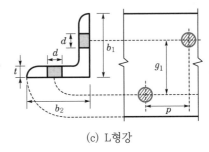
(c) L형강

[그림 9-2] 순폭의 결정

### (2) L형강의 순폭 계산

① $d > \dfrac{p^2}{4g}$ 인 경우($\omega > 0$)는 공제폭을 고려한다.

$$b_n = b_g - d - \omega \tag{9.11}$$

② $d \le \dfrac{p^2}{4g}$ 인 경우($\omega \le 0$)는 공제폭을 무시한다.

$$b_n = b_g - d \tag{9.12}$$

여기서, $b_g$ : 총폭($= b_1 + b_2 - t$)

$g$ : 게이지(리벳 선간 거리)($= g_1 - t$)

$t$ : 판의 두께$\left(\text{두께가 다른 경우 } t = \dfrac{t_1 + t_2}{2}\right)$

$\omega$ : 공제폭$\left(= d - \dfrac{p^2}{4g}\right)$

### (3) 순단면적의 계산

순단면적은 순폭에 부재의 두께를 곱하여 구한다.

$$A_n = 순폭 \times 판의 \ 두께 = b_n t \tag{9.13}$$

참고

**순단면적 산정**

① 정렬(일렬) 배치 : $A_n = A_g - ndt$

② 지그재그(엇모) 배치 : $A_n = A_g - ndt + \sum \dfrac{p^2}{4g} t$

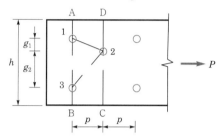

㉠ 파단선 A-1-3-B : $A_{n1} = (h - 2d)t$

㉡ 파단선 A-1-2-3-B : $A_{n2} = \left(h - 3d + \dfrac{p^2}{4g_1} + \dfrac{p^2}{4g_2}\right)t$

㉢ 파단선 A-1-2-C : $A_{n3} = \left(h - 2d + \dfrac{p^2}{4g_1}\right)t$

㉣ 파단선 D-2-3-B : $A_{n4} = \left(h - 2d + \dfrac{p^2}{4g_2}\right)t$

$\therefore A_n = [A_{n1},\ A_{n2},\ A_{n3},\ A_{n4}]_{\min}$

---

**SECTION 3 고력볼트이음**

## 1 볼트이음의 종류 및 장단점

1) 볼트이음의 종류

① 마찰이음

하중의 전달이 볼트의 체결에 의해서 발생하는 마찰에 의해서만 이루어지고, 미끄러짐에 의한 지압이음은 발생하지 않는 연결방법이다.

② 지압이음

하중의 전달이 연결부재의 미끄러짐이 발생하여 연결부재 간의 지압에 의해서 이루어지는 연결방법이다.

③ 인장이음

볼트의 축방향력에 의해서 연결부의 하중이 전달되는 연결방법이다.

학습 POINT
• 볼트이음의 종류
• 볼트구멍 크기의 결정
• 고력볼트의 장단점
• 고력볼트의 강도

■ 고력볼트이음

고력볼트이음은 마찰이음, 지압이음, 인장이음이 있으며, 그 중 마찰이음을 기본으로 한다.

■ 고력볼트의 유효성
마찰력에 의해서 나타난다.

■ 고력볼트의 최소 사용개수
1군에 2개 이상

■ 고력볼트 각부의 명칭

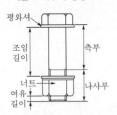

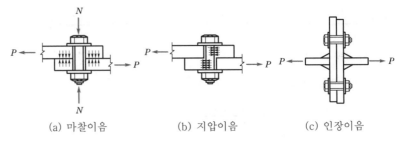

(a) 마찰이음     (b) 지압이음     (c) 인장이음

**[그림 9-3] 고장력볼트이음의 종류**

## 2) 부재의 순단면을 계산하는 경우 볼트구멍의 크기

### (1) 강구조연결설계기준(허용응력설계법)

(단위 : mm)

| 고력볼트 지름 | 표준구멍 지름 | 과대구멍 지름 | 단슬롯 | 장슬롯 |
|---|---|---|---|---|
| M16 | 18 | 20 | 18×22 | 18×40 |
| M20 | 22 | 24 | 22×26 | 22×50 |
| M22 | 24 | 28 | 24×30 | 24×55 |
| M24 | 26[*]<br>27[**] | 30 | 26×33[*]<br>27×32[**] | 26×60[*]<br>27×60[**] |
| M27 | 30 | 35 | 30×37 | 30×67 |
| M30 | 33 | 38 | 33×40 | 33×75 |

여기서, * : 허용응력설계법, ** : 하중저항계수설계법

### (2) 볼트구멍 크기의 결정(허용응력설계법)

■ 볼트구멍 크기(하중저항계수설계법)

① $\phi < 24\,\text{mm}$인 경우
$d_b = \phi + 2\text{mm}$

② $\phi \geq 24\,\text{mm}$인 경우
$d_b = \phi + 3\text{mm}$

① $\phi < 27\,\text{mm}$인 경우

$$d_b = \phi + 2\text{mm} \tag{9.14}$$

② $\phi \geq 27\,\text{mm}$인 경우

$$d_b = \phi + 3\text{mm} \tag{9.15}$$

## 3) 고력볼트이음의 장단점

### (1) 고력볼트이음의 장점

■ 볼트 연결부의 파괴형태

① 볼트의 전단파괴, 지압파괴
② 강판의 전단파괴, 지압파괴
③ 볼트의 인장파괴, 휨파괴
④ 강판의 인장파괴

① 고장력볼트이음은 내화력이 리벳이음이나 용접이음보다 크다.

② 소음이 덜하고, 이음매의 강도가 크다.

③ 불량한 부분의 교체가 쉽다.

④ 연결부의 증설이나 변경이 쉽다.

⑤ 현장 시공설비가 간편하다.

⑥ 노동력을 절약하고, 공사기간을 단축하므로 경제적이다.

### (2) 고력볼트이음의 단점

① 볼트구멍으로 인한 단면 손실 때문에 강도 저하가 생긴다.

② 별도의 이음부재(덧판)가 필요하고 전체 중량이 증가한다.

③ 단면이 복잡해진다.

## 2 고력볼트의 제원 및 강도

### 1) 고력볼트의 제원

(1) 마찰이음용 고력볼트, 너트 및 와셔는 특별히 정하는 경우를 제외하고 제1종 및 제2종의 M20, M22 및 M24를 사용하는 것을 표준으로 한다.

### (2) 볼트의 중심 간격

① 최소 및 최대 중심 간격

| 볼트의 호칭 | 최소 중심 간격(mm) | 최대 중심 간격(mm) | | 게이지($g$) |
|---|---|---|---|---|
| | | 피치($p$) | | |
| M20 | 65 | 130mm 이하 | $12t$ 이하 지그재그인 경우 $15t - \dfrac{3}{8}g \le 12t$ | $24t$ 이하, 300mm 이하 |
| M22 | 75 | 150mm 이하 | | |
| M24 | 85 | 170mm 이하 | | |

여기서, $t$ : 외측판 또는 형강의 두께(mm)

$p$ : 볼트의 응력방향의 간격(피치, mm)

$g$ : 볼트의 응력 직각 방향의 간격(게이지, mm)

② 최소 중심 간격은 부득이한 경우 볼트 지름의 2.5배까지 작게 할 수 있다.

### (3) 연단거리

① 볼트구멍의 중심에서 판의 연단까지의 거리를 말한다.

② 최소 연단거리(mm)

| 볼트의 호칭 | 전단연단, 수동가스절단연단 | 압연연단, 다듬질연단, 자동가스절단연단 |
|---|---|---|
| M20 | 32 | 28 |
| M22 | 37 | 32 |
| M24 | 42 | 37 |

③ 최대 연단거리는 표면판 또는 형강 두께의 8배로 한다. 단, 150mm 이하여야 한다.

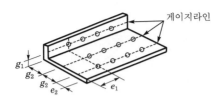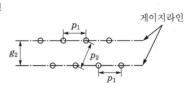

여기서, $e_1$ : 연단거리, $e_2$ : 측단거리, $g_1$, $g_2$ : 게이지, $p_1$, $p_2$ : 피치

[그림 9-4] 볼트의 게이지 및 피치

2) 고력볼트의 강도

(1) 고력볼트의 마찰이음

① 설계 볼트축력

$$T_0 = (0.7F_u) \times (0.75A_s) \tag{9.16}$$

② 마찰강도

$$P_f = \mu \frac{T_0}{S} \tag{9.17}$$

여기서, $T_0$ : 설계 볼트축력

$F_u$ : 볼트의 인장강도

$A_s$ : 볼트의 유효 단면적

$\mu$ : 마찰계수(0.4~0.5)

$S$ : 미끄러짐에 대한 안전율(1.7)

(2) 고력볼트의 지압이음과 인장이음

① 지압강도

$$P_b = f_{ba}dt \tag{9.18}$$

② 전단강도

$$P_s = v_a A_b \tag{9.19}$$

③ 인장이음 시 고력볼트의 축강도

$$P_t = f_{ta}A_b \tag{9.20}$$

여기서, $P_b$, $P_s$ : 볼트 1개당 강도

$P_t$ : 볼트 1개당 축강도

$f_{ba}$, $v_a$ : 볼트의 허용응력

$f_{ta}$ : 볼트의 허용인장응력

$A_b$ : 볼트의 공칭 단면적

■ 고력볼트의 조임방법

① 토크관리법
(torque control method)

② 너트회전법
(turn of nut tightening)

■ 볼트 조임순서

1차 조임(밀착조임)
→ 마킹 표시 → 본조임(2차 조임)

■ 조임력($T$) 산정식(토크관리법)

$T = kd_1N$

여기서, $k$ : 토크계수(0.11~0.19)

$d_1$ : 축부지름

$N$ : 축력(표준장력)

## SECTION 4 용접이음

### 1 용접이음의 일반 및 종류

#### 1) 용접이음의 일반

##### (1) 용접의 분류 및 방법

① 용접은 2개 이상의 강재를 국부적으로 일체화시키는 접합으로서, 접합부에 용융금속을 생성하거나 또는 공급하여 국부 용융으로 접합하는 방법이며, 모재의 용융을 동반한다.

② 강재의 용접에는 급속한 온도변화에 따라 모재의 재질변화, 용접변형, 잔류응력이 발생하므로 설계 및 시공에서 고려해야 한다.

##### (2) 용접의 적용

① 응력을 전달하는 용접이음에는 전 단면 용입 홈용접, 부분 용입 홈용접 또는 연속 필릿용접을 사용하도록 한다.

② 용접선에 대해 직각 방향으로 인장응력을 받는 이음에는 완전 용입 홈용접을 사용하는 것을 원칙으로 하며, 부분 용입 홈용접을 적용하지 않는 것으로 한다.

##### (3) 용접이음의 장점

① 이음부에서 이음판이나 L형강과 같은 강재가 필요 없고 부재를 직접 이을 수 있으므로 재료가 절약되는 동시에 단면이 간단해진다.

② 단면 감소로 인한 강도 저하가 없다.

③ 소음이 적고 경비와 시간이 절약된다.

##### (4) 용접이음의 단점

① 부분적으로 가열되므로 잔류응력이나 변형이 남게 된다.

② 용접부 내부의 검사가 쉽지 않다.

③ 응력 집중현상이 발생하기 쉽다.

#### 2) 용접이음의 종류

##### (1) 용접이음의 형태와 형식에 의한 분류

① 용접이음의 형태에 의한 분류
  맞댐이음, 겹침이음, 모서리이음, 단부이음, T이음 등

② 용접이음의 형식에 의한 분류
  홈용접(그루브용접), 필릿용접(모살용접), 플러그용접, 슬롯용접 등

---

#### 학습 POINT

- 용접이음의 장단점
- 홈용접(그루브용접, 맞대기용접)
- 필릿용접(모살용접, 겹대기용접)
- 플러그(구멍)용접
- 슬롯용접
- 용접이음의 도시 및 기호
- 용접부의 강도와 응력
- 용접 비파괴검사
- 용접결함의 종류
- 용접작업의 주의사항

■용접의 종류
① 아크용접(주로 사용)
② 전기저항용접
③ 가스용접

■용접의 방법
① 융접(fusion) : 용접상태에 있어서 재료에 기계적 압력을 가하지 않고 행하는 용접방법
② 압접 : 용접상태에 있어서 재료에 기계적 압력을 가하여 행하는 용접방법

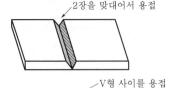

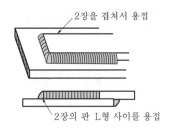

(a) 홈(맞대기)용접          (b) 필릿(겹대기)용접

(c) T이음          (d) 단부이음          (e) 모서리이음

[그림 9-5] 용접이음의 종류

### (2) 홈용접(groove welding, 그루브용접, 맞대기용접)

■ 홈(그루브)용접의 각부 명칭

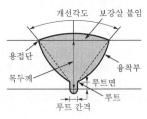

① 부재의 한쪽 또는 양쪽 끝을 용접이 양호하게 될 수 있도록 끝 단면을 비스듬히 절단하여 용접하는 방법이다.

② I형 용접 : 강판이 얇은 경우에 사용된다.

③ V형 용접 : 가장 일반적으로 사용하는 용접이다.

④ X형 용접 : 강판이 두꺼운 경우(19mm 이상)에 사용하는 용접이다.

⑤ 기타 : K, U, J, H형 용접 등이 있다.

### (3) 필릿용접(fillet welding, 모살용접, 겹대기용접)

① 두 장의 판재를 겹쳐서 목두께의 방향이 모재의 면과 45°가 되게 하는 용접으로, 전면 또는 측면 필릿용접, T자형, +자형 필릿용접이 있다.

② 용접선의 종류에 따라 연속 필릿용접, 단속 필릿용접, 병렬용접, 엇모 용접으로 구분한다.

■ 용접부의 단부 상세

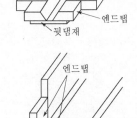

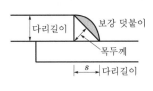

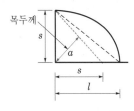

[그림 9-6] 필릿용접 및 각부 명칭

### (4) 플러그(구멍)용접(plug welding)과 슬롯용접(slot welding)

① 모재를 겹친 후 두 장의 판 한쪽에 원형 또는 긴 구멍(슬롯)을 뚫고, 그 구멍 주위를 필릿용접으로 다시 메우는 용접을 말한다.

② 겹침이음에서 필요한 필릿용접길이가 확보되지 않을 때에 활용될 수 있다.

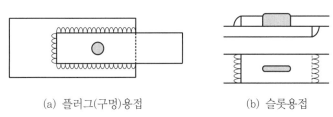

(a) 플러그(구멍)용접          (b) 슬롯용접

**[그림 9-7] 플러그(구멍)용접과 슬롯용접**

## ② 용접이음의 도시 및 강도

### 1) 용접이음의 도시법 및 용접기호의 표기방법

#### (1) 용접이음의 도시법

① 용접이음의 도시는 용접기호를 사용하여 도시한다.

② 용접기호에는 기본기호, 조합기호, 보조기호 등이 있다.

③ 용접 지시선 위는 화살표 반대쪽에, 용접 지시선 아래는 화살표 쪽에 용접하는 것을 표시한다.

■ 용접기호

① 기본기호
② 조합기호
③ 보조기호

#### (2) 용접기호의 표기방법

① 용접할 곳이 화살표 쪽 또는 앞쪽일 때

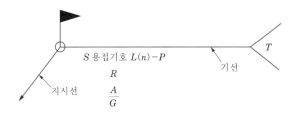

② 용접할 곳이 화살표 반대쪽 또는 뒤쪽일 때

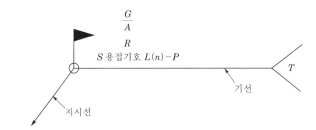

여기서, $S$ : 용접치수, $R$ : 루트간격, $A$ : 개선각, $L$ : 용접길이

$T$ : 꼬리(특기사항 기록), $-$ : 표면모양

$G$ : 용접부 처리방법

$P$ : 용접간격, ▶ : 현장용접, ○ : 온둘레(일주)용접

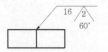
■ 강재의 용접표시

① 지시한 쪽 V형 홈용접: 홈깊이
16mm, 홈각도 60°, 루트간격 2mm

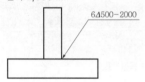

② 지시한 반대쪽 필릿(모살)용접: 다리
길이 6mm, 용접길이 500mm, 용접
간격 2,000mm

### (3) 용접기호

| 용접 종류 | 실형 | 도시 |
|---|---|---|
| • V형 홈용접<br>판두께 19mm, 홈깊이 16mm, 홈각도 60°, 루트 간격 2mm의 경우 | | |
| • X형 홈용접<br>홈깊이 화살쪽 16mm, 화살과 반대쪽 9mm, 홈각도 화살쪽 60°, 화살과 반대쪽 90°, 루트간격 3mm의 경우 | | |
| • V형 홈용접(T이음)<br>뒷덧판 사용, 홈각도 45°, 루트간격 6.4mm의 경우 | | |
| • 모살용접(연속)<br>양쪽 다리길이가 다를 때 | | |
| • 모살용접(단속)<br>병렬용접, 용접길이 50mm, 피치 150mm의 경우 | | |
| • 엇모용접(단속)<br>전면 다리길이 6mm, 후면 다리길이 9mm, 용접길이 50mm, 피치 300mm의 경우 | | |

### 2) 용접부의 강도

#### (1) 목두께($a$)

① 목두께란 응력을 전달하는 용접부의 유효두께를 말한다.

② 홈용접의 경우: $a = t$(모재의 두께가 다를 경우 얇은 쪽)

③ 필릿용접의 경우: $a = 0.7s$

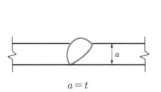

$a = t$

(a) 홈(그루브)용접의 목두께

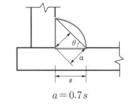

$a = 0.7s$

(b) 모살(필릿)용접의 목두께

[그림 9-8] 용접부의 목두께

## (2) 유효길이($l_e$)

① 응력의 직각 방향에 투영시킨 거리, 즉 재축에 직각인 접합 부분의 폭을 말한다.

② 홈용접 : 용접각도에 관계없이 수직길이($l_e = l\sin\alpha$)가 유효길이이다.

③ 필릿용접에서 끝 돌림 용접 부분은 유효길이에 포함시키지 않는다.

④ 구멍필릿용접과 슬롯필릿용접의 유효길이는 목두께 중심을 잇는 용접 중심선의 길이로 한다.

**출제 POINT**

■ 필릿용접의 유효길이($l_e$)

필릿용접의 유효길이는 필릿용접의 총길이에서 필릿사이즈(용접사이즈, 용접치수, 다리길이)의 2배를 공제한다.

$$\therefore \; l_e = l - 2s$$

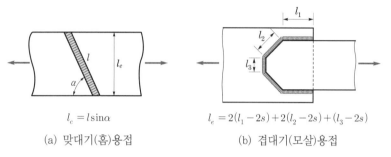

$$l_e = l\sin\alpha$$

(a) 맞대기(홈)용접

$$l_e = 2(l_1 - 2s) + 2(l_2 - 2s) + (l_3 - 2s)$$

(b) 겹대기(모살)용접

[그림 9-9] 용접부의 유효길이

## (3) 용접부의 응력

① 인장력, 압축력 또는 전단력을 받는 이음부의 응력은 동일하다고 가정한다.

② 수직(인장 또는 압축)응력, 전단응력

$$f = v = \frac{P}{\sum a l_e} \tag{9.21}$$

여기서, $a$ : 목두께, $l_e$ : 용접의 유효길이

## (4) 필릿(모살)용접치수

① 등 치수로 하는 것을 원칙으로 한다.

② 모살용접의 최소, 최대 치수

■ 필릿용접치수

=다리길이=용접치수=용접사이즈

| 접합부의 얇은 쪽 모재두께($t$) | 모살용접의 최소 치수 | 모살용접의 최대 치수 |
|---|---|---|
| $t \leq 6$ | 3 | $t < 6$mm일 때 $s = t$ |
| $6 < t \leq 13$ | 5 | |
| $13 < t \leq 19$ | 6 | $t \geq 6$mm일 때 $s = t - 2$ |
| $t > 19$ | 8 | |

③ $\quad t_1 > s > \sqrt{2t_2}$ (9.22)

여기서, $t_1$ : 얇은 모재두께

$\qquad t_2$ : 두꺼운 모재두께

$\qquad s$ : 필릿용접치수(mm, 다리길이, 용접사이즈)

④ 응력을 전달하는 단속 필릿용접의 최소 유효길이는 용접치수(용접사이즈)의 10배 이상 또는 40mm 이상이어야 한다.

### ③ 용접이음의 검사 및 용접결함

1) 용접검사(비파괴검사)의 종류

| 검사법 | 주요 특징 |
|---|---|
| 방사선투과시험<br>(RT, 내부결함 검출) | • 100회 이상 검사 가능<br>• 가장 많이 사용<br>• 기록으로 저장 가능 |
| 초음파탐상법<br>(UT, 내부결함 검출) | • 기록으로 저장 불가능<br>• 복잡한 부위는 불가능<br>• 5mm 이상 불가능<br>• 검사속도가 빠름 |
| 자분탐상시험<br>(MT, 표면결함 검출) | • 15mm 정도까지 가능<br>• 미세 부분도 측정 가능<br>• 자화력장치가 큼 |
| 침투탐상시험<br>(PT, 표면결함 검출) | • 검사가 간단(자광성 기름 이용)<br>• 넓은 범위 검사 가능<br>• 내부결함 검출 곤란<br>• 비용 저렴 |

2) 용접결함의 종류

① 균열 : 비드(bead) 균열, 크레이터(crater) 균열, 루트 균열, 측단 균열, 고온균열, 저온균열 등

② 융합 불량, 용입 부족(용입 불량)

③ 슬래그(slag) 함입

④ 피트(pit) : 비드 표면에 입을 벌리고 있는 것

⑤ 블로홀(blow hole, 기공) : 용접금속 내부에 존재하는 공기

⑥ 언더컷(under cut) : 용접 끝단에 생기는 작은 홈

⑦ 오버랩(over lap) : 용융된 금속이 모재면에 덮쳐진 상태

⑧ 피시 아이(fish eye) : 용착금속 단면에 수소의 영향으로 생기는 은색 원점

⑨ 언더필(under fill, 단면 불량) : 용접부 윗면이나 아랫면이 모재의 표면보다 낮게 된 것

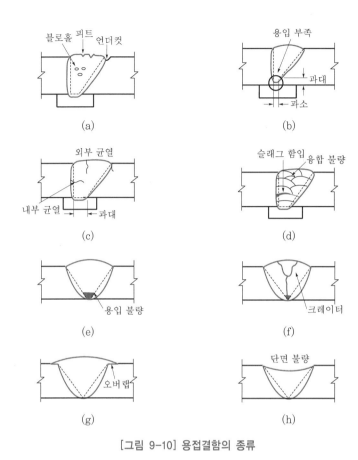

[그림 9-10] 용접결함의 종류

## 4 용접작업의 주의사항

① 용접은 되도록 아래보기 자세로 한다.

② 두께 및 폭의 변화시킬 경사는 1/5 이하로 한다.

③ 용접열은 되도록 균등하게 분포시킨다.

④ 중심에서 주변을 향해 대칭으로 용접하여 변형을 적게 한다.

⑤ 두께가 다른 부재를 용접할 때 두꺼운 판의 두께가 얇은 판 두께의 2배를 초과하면 안 된다.

⑥ 응력을 전달하는 겹침이음에는 2줄 이상의 필릿용접을 사용하고, 얇은 쪽의 강판 두께의 5배 이상, 또한 20mm 이상 겹치게 해야 한다.

■ 용접의 작업자세

① 아래보기 자세(제일 좋음)
② 수평 자세
③ 연직 자세
④ 위보기 자세

**출제 POINT**

💬 **학습 POINT**
- 강교의 충격계수($i$)
- 바닥판의 설계휨모멘트
- 판형교의 설계 세목
- 보강재
- 브레이싱

■ 교량은 도로교 시방서의 내용에 준하여 설계해야 한다.

**SECTION 5 교량**

## 1 교량의 구조 및 도로교 설계하중

### 1) 교량의 구조

① 상부구조

교대 및 교각 상부의 모든 구조를 총칭한다. 바닥과 바닥틀, 브레이싱(bracing), 주형(girder) 등이 있다.

② 하부구조

교대(abutment), 교각(pier)과 말뚝기초를 포함한다.

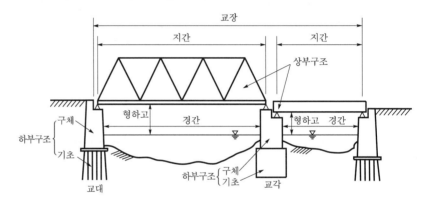

[그림 9-11] 교량 일반도

### 2) 도로교 설계하중

#### (1) 도로교 설계기준에 따른 설계하중의 분류

① 주하중과 부하중

| 주하중 | 부하중 |
|---|---|
| • 고정하중(사하중)<br>• 활하중<br>• 충격<br>• 프리스트레스<br>• 콘크리트의 크리프의 영향<br>• 콘크리트 건조수축의 영향<br>• 토압<br>• 수압<br>• 부력 또는 양압력 | • 풍하중<br>• 온도변화의 영향<br>• 지진의 영향 |

② 특수하중

| 주하중에 상당하는 특수하중 | 부하중에 상당하는 특수하중 |
|---|---|
| • 설하중<br>• 지반변동의 영향<br>• 지점 이동의 영향<br>• 파압<br>• 원심하중 | • 제동하중<br>• 가설 시 하중<br>• 충돌하중<br>• 기타 |

### (2) 고정하중(사하중)

① 대부분 교량 자체와 부속물의 중량에 의해 발생한다.

② 교량상의 제 시설(난간, 가로등 등) 및 부속물의 중량

③ 바닥판(슬래브 및 포장)의 중량

④ 바닥틀(세로보 및 가로보)의 중량

⑤ 주형 또는 주구(횡구, 대경구 포함)의 중량

### (3) 활하중

① 구조물이 완공된 후 작용하는 하중이나 작용력을 말한다.

② DB하중(표준트럭하중)($l \leq 40\text{m}$)

| 교량등급 | 하중 | 총중량(kN) | 전륜(kN) | 후륜(kN) | $b_1$[cm] | $b_2$[cm] | $a$[cm] |
|---|---|---|---|---|---|---|---|
| 1등교 | DB-24 | 432 | 24 | 96 | 12.5 | 50 | 20 |
| 2등교 | DB-18 | 324 | 18 | 72 | 12.5 | 50 | 20 |
| 3등교 | DB-13.5 | 243 | 13.5 | 54 | 12.5 | 50 | 20 |

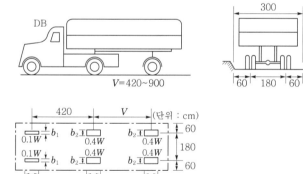

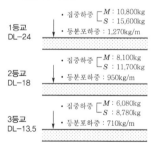

■ DL하중(차선하중)($l > 40\text{m}$)

| | | |
|---|---|---|
| 1등교<br>DL-24 | • 집중하중 $\begin{cases} M : 10{,}800\text{kg} \\ S : 15{,}600\text{kg} \end{cases}$<br>• 등분포하중 : 1,270kg/m | |
| 2등교<br>DL-18 | • 집중하중 $\begin{cases} M : 8{,}100\text{kg} \\ S : 11{,}700\text{kg} \end{cases}$<br>• 등분포하중 : 950kg/m | |
| 3등교<br>DL-13.5 | • 집중하중 $\begin{cases} M : 6{,}080\text{kg} \\ S : 8{,}780\text{kg} \end{cases}$<br>• 등분포하중 : 710kg/m | |

여기서, $W$ : DB-24 하중에서는 24t, DB-18 하중에서는 18t

$a$ : 20cm

$b_1$ : 12.5cm

$b_2$ : 50cm

[그림 9-12] 표준트럭하중

**(4) 강교의 충격계수**

활하중의 충격에 의해 발생하는 하중을 충격하중으로 본다. 활하중에 충격계수를 곱하여 충격하중을 계산한다.

$$i = \frac{15}{40+L} \leq 0.3 \tag{9.23}$$

여기서, $L$ : 지간길이(m)

**(5) 바닥판의 설계휨모멘트**

① 주철근의 방향이 차량 진행 방향에 직각인 경우 단순판의 폭 1m에 대한 활하중 휨모멘트는 다음과 같이 계산한다.

    ㉠ DB-24 : $\dfrac{L+0.6}{9.6} P_{24}[\text{kgf} \cdot \text{m/m}]$     (9.24)

    ㉡ DB-18 : $\dfrac{L+0.6}{9.6} P_{18}[\text{kgf} \cdot \text{m/m}]$

    ㉢ DB-13.5 : $\dfrac{L+0.6}{9.6} P_{13.5}[\text{kgf} \cdot \text{m/m}]$

    여기서, $L$ : 경간(m)

             $P$ : 트럭의 1개 후륜하중

             ($P_{24}=9{,}600\text{kgf}$, $P_{18}=7{,}200\text{kgf}$, $P_{13.5}=5{,}400\text{kgf}$)

② 바닥판이 3개 이상의 지점을 가진 연속 바닥판의 정·부의 휨모멘트는 위의 값의 0.8배를 취한다.

## ② 판형교 설계

1) 판형교 설계 세목

**(1) 판형교의 정의**

교량의 지간이 길거나 매우 큰 하중이 작용하는 경우에 강판을 용접이음하여 대형의 I형 부재를 주형으로 사용한 것을 판형교(Plate girder bridge)라고 한다.

**(2) 판형의 응력**

① 판형의 휨응력

$$f = \frac{M}{I} y \tag{9.25}$$

② 복부판의 전단응력

$$v_b = \frac{V}{A_w} \tag{9.26}$$

여기서, $v_b$ : 휨모멘트에 따르는 전단응력

$V$ : 휨모멘트에 따르는 전단력

$A_w$ : 복부판의 총단면

■ 판형교 설계세목
① 판형의 유형
 • 휨응력 : 플랜지
 • 전단응력 : 복부판
② 경제적인 주형의 높이
③ 플랜지의 단면적

**(3) 경제적인 주형의 높이**

주형의 높이를 결정할 때 가장 많이 영양을 미치는 것은 휨모멘트이다.

$$h = 1.1 \sqrt{\frac{M}{ft}} \tag{9.27}$$

여기서, $f$ : 허용 휨응력, $t$ : 복부판의 두께, $M$ : 휨모멘트

**(4) 플랜지의 단면적**

$$A_f = \frac{M}{fh} - \frac{A_w}{6} \tag{9.28}$$

여기서, $f$ : 허용 휨응력, $h$ : 주형의 높이, $A_w$ : 복부의 단면적

## 2) 보강재와 브레이싱

**(1) 보강재(stiffner)**

① 복부판의 전단 좌굴을 방지하기 위하여 소정의 간격으로 수직보강재를 설치한다.

② 지점부의 수직보강재와 플랜지는 용접한다.

③ 수평보강재는 수직보강재의 복부판의 같은 쪽에 붙일 필요는 없지만, 같은 쪽에 붙일 경우에는 수직보강재 사이에서 되도록 폭넓게 붙이는 것이 좋다.

**(2) 브레이싱(bracing, 능구, 횡구)**

① I형 단면의 판형에서 과대하중의 집중을 완화하고, 주형 간의 상대적 처짐을 억제하기 위하여 중간 수직 브레이싱(sway bracing)을 설치한다.

② I형 단면의 판형에서 횡하중에 저항하기 위하여, 구조물의 강성을 확보하기 위하여, 비틀림에 저항하기 위하여 수평 브레이싱(lateral bracing)을 설치한다.

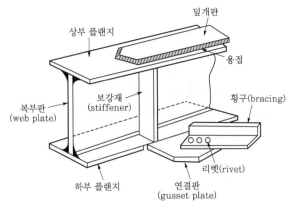

[그림 9-13] plate girder의 구조도

## 1. 리벳이음

**01** 강재의 연결부 구조를 설명한 것이다. 이 중 잘못된 것은?

① 구성하는 각 재편에 가급적 편심이 생기도록 구성하는 것이 좋다.
② 응력의 전달이 확실해야 한다.
③ 부재에 해로운 응력 집중이 없어야 한다.
④ 잔류 응력이나 2차 응력을 일으키지 않아야 한다.

> **해설** 연결부를 구성하는 각 재편은 편심이 생기지 않도록 하고, 재편의 중심이 일치하도록 하는 것이 좋다.

**02** 다음 용어 중에서 강구조에 해당되지 않는 것은?

① tie plate
② knee brace
③ strut
④ stirrup

> **해설** 스터럽(stirrup)은 철근콘크리트 구조에서 전단철근의 한 종류이다.

**03** 철골구조의 같은 장소에서 접합을 병용하여 사용할 때 응력분담에 대한 설명 중 틀린 것은?

① 고력볼트와 리벳을 병용할 때는 각각의 허용응력에 따라 분담시킨다.
② 볼트와 리벳을 병용할 때는 전응력을 볼트가 부담한다.
③ 고력볼트와 볼트를 병용할 때는 전응력을 고력볼트가 부담한다.
④ 리벳, 볼트, 용접의 병용이음에서는 전응력을 용접이 부담한다.

> **해설** 리벳과 볼트를 병용했을 때에는 리벳이 모든 외력에 저항하도록 한다.

**04** 리벳이음에 관한 다음 사항 중 옳지 않은 것은?

① 리벳에는 둥근 리벳, 접시리벳, 평리벳이 있다.
② 교량에 사용되는 리벳의 지름은 19mm, 22mm, 25mm이며, 동일 부재에서는 한 종류의 리벳을 쓰는 것이 좋다.
③ 평리벳은 둥근 리벳에 비하여 강도가 크지만 비싸므로 잘 쓰이지 않는다.
④ 접시리벳은 구조상 리벳머리가 튀어나오면 곤란할 때 쓰인다.

> **해설** 평리벳은 강도가 작고 값이 고가이므로 별로 사용하지 않는다.

**05** 리벳(rivet)과 볼트(volt)의 이음에서 1군에 사용되는 리벳과 볼트의 최소 개수는 얼마인가?

① rivet 3, bolt 2
② rivet 2, bolt 3
③ rivet 3, bolt 4
④ rivet 4, bolt 3

> **해설** 1군에 사용되는 최소 사용 개수
> ㉠ 리벳이음 : 3개
> ㉡ 볼트이음 : 2개

**06** 리벳으로 연결된 리벳이 상·하 두 부분으로 절단되었다면 그 원인은?

① 연결부재의 인장파괴
② 리벳의 압축파괴
③ 연결부재의 지압파괴
④ 리벳의 전단파괴

**정답** 1.① 2.④ 3.② 4.③ 5.① 6.④

해설 **리벳의 파괴형태**

㉠ 전단파괴 : 리벳이 절단되어 파괴되는 형태
㉡ 지압파괴 : 리벳이 강재에 의해 눌려 찌그러지는 파괴형태

---

**07** 판형에서 플랜지와 복부를 결합하는 리벳은 주로 다음 중 어느 것에 의해 결정하는가?

① 휨모멘트
② 전단력
③ 복부의 좌굴
④ 보의 처짐

해설 ㉠ 리벳의 파괴형태 : 플랜지와 복부판의 이음에 생기는 파괴는 주로 전단력에 의한 전단파괴이다.
㉡ 전단응력

$$v = \frac{V G_x}{I b}$$

---

**08** 리벳의 전단세기를 계산하는 식은? [단, $d$ : 리벳지름, $v_a$ : 리벳의 전단강도]

① $\dfrac{\pi d^2}{2}$
② $\dfrac{\pi d^2}{v_a}$
③ $\dfrac{\pi d^2}{4} v_a$
④ $\dfrac{\pi d^2}{4}$

해설 **리벳의 전단세기**(하중, 강도)

$$P_s = v_a A = v_a \frac{\pi d^2}{4}$$

---

★
**09** 다음 그림과 같이 리벳으로 부재를 연결할 때 지압강도는? [단, $f_{ba} = 280$MPa]

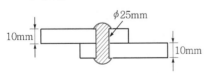

① 28kN
② 50kN
③ 70kN
④ 11.2kN

---

해설 **리벳의 지압세기**(하중, 강도)

$$P_b = f_{ba} dt = 280 \times 25 \times 10 \times 10^{-3}$$
$$= 70\text{kN}$$

---

★
**10** 리벳의 값을 결정하는 방법 중 옳은 것은?

① 허용전단력과 허용압축력으로 결정한다.
② 허용전단력과 허용지압력 중 큰 것으로 한다.
③ 허용전단력과 허용압축력의 평균값으로 결정한다.
④ 허용전단력과 허용지압력 중 작은 것으로 한다.

해설 리벳 하나가 부담할 수 있는 강도로 전단강도($P_s$)와 지압강도($P_b$) 중 작은 값을 리벳값(리벳강도)으로 한다.

---

★★★
**11** 다음 그림과 같은 리벳이음에서 허용전단응력이 70MPa이고, 허용지압응력이 150MPa일 때 이 리벳의 강도는? [단, 리벳지름 $d = 22$mm, 철판두께 $t = 12$mm]

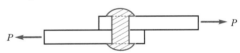

① 26.6kN
② 39.6kN
③ 30.4kN
④ 42.2kN

해설 **리벳의 강도**

㉠ 전단세기(하중, 강도)

$$P_s = v_a \frac{\pi d^2}{4} = 70 \times \frac{\pi \times 22^2}{4} \times 10^{-3}$$
$$= 26.6\text{kN}$$

㉡ 지압세기(하중, 강도)

$$P_b = f_{ba} dt = 150 \times 22 \times 12 \times 10^{-3}$$
$$= 39.6\text{kN}$$

㉢ 리벳강도(리벳값)
$$P = 26.6\text{kN}(최솟값)$$

---

**12** 리벳이음에서 리벳지름 $d = 19$mm, 철판두께 $t =$ 12mm, 허용전단응력은 80MPa, 허용지압응력은 160MPa일 때 이 리벳의 강도는? [단, 1면 전단의 경우임]

① 22.7kN  　　② 28.4kN

③ 30.9kN  　　④ 36.5kN

> **해설** 리벳의 강도
>
> ㉠ 전단세기(하중, 강도)
> $$P_s = v_a \frac{\pi d^2}{4} = 80 \times \frac{\pi \times 19^2}{4} \times 10^{-3}$$
> $$= 22.67\text{kN}$$
> ㉡ 지압세기(하중, 강도)
> $$P_b = f_{ba} \, dt = 160 \times 19 \times 12 \times 10^{-3}$$
> $$= 36.48\text{kN}$$
> ㉢ 리벳강도(리벳값)
> $$P = 22.67\text{kN}(최솟값)$$

**13** 다음 그림과 같은 리벳이음에서 리벳구멍의 지름 $d = 22$mm, 철판두께 $t = 12$mm, 허용전단응력 $v_a = 80$MPa, 허용지압응력 $f_{ba} = 160$MPa일 때 리벳의 강도는?

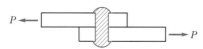

① 30.34kN  　　② 42.24kN

③ 60.80kN  　　④ 13.04kN

> **해설** 리벳의 강도
>
> ㉠ 전단세기(하중, 강도)
> $$P_s = v_a \frac{\pi d^2}{4} = 80 \times \frac{\pi \times 22^2}{4} \times 10^{-3}$$
> $$= 30.34\text{kN}$$
> ㉡ 지압세기(하중, 강도)
> $$P_b = f_{ba} \, dt = 160 \times 22 \times 12 \times 10^{-3}$$
> $$= 42.24\text{kN}$$
> ㉢ 리벳값(리벳강도)
> $$P = 30.34\text{kN}(최솟값)$$

**14** 다음 그림과 같은 리벳접합의 허용내력은 다음 중 어느 것인가? [단, $v_a = 120$MPa, $f_{ba} = 300$MPa이다.]

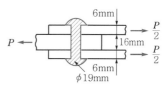

① 34kN  　　② 68kN

③ 70kN  　　④ 83kN

> **해설** 리벳의 강도
>
> ㉠ 전단세기(하중, 강도)
> $$P_s = 2v_a \frac{\pi d^2}{4} = 2 \times 120 \times \frac{\pi \times 19^2}{4} \times 10^{-3}$$
> $$= 68.01\text{kN}$$
> ㉡ 지압세기(하중, 강도)
> 판의 두께는 16mm와 6+6=12mm 중 12mm(작은 값)를 사용한다.
> $$\therefore \; P_b = f_{ba} \, dt = 300 \times 19 \times 12 \times 10^{-3}$$
> $$= 68.4\text{kN}$$
> ㉢ 리벳값(리벳강도)
> $$P = 68\text{kN}(최솟값)$$

**15** 다음 그림과 같은 연결에서 리벳의 강도는? [단, 허용전단응력은 130MPa, 허용지압응력은 300MPa이다.]

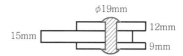

① 73.7kN  　　② 85.5kN

③ 89.4kN  　　④ 92.8kN

> **해설** 리벳의 강도
>
> ㉠ 전단세기(하중, 강도)
> $$P_s = 2v_a \frac{\pi d^2}{4} = 2 \times 130 \times \frac{\pi \times 19^2}{4} \times 10^{-3}$$
> $$= 73.68\text{kN}$$
> ㉡ 지압세기(하중, 강도)
> 판의 두께는 15mm와 12+9=21mm 중 15mm(작은 값)를 사용한다.
> $$\therefore \; P_b = f_{ba} \, dt = 300 \times 19 \times 15 \times 10^{-3}$$
> $$= 85.50\text{kN}$$
> ㉢ 리벳값(리벳강도)
> $$P = 73.68\text{kN}(최솟값)$$

**정답** 12. ①　13. ①　14. ②　15. ①

**16** $P=300$kN의 인장응력이 작용하는 판두께 10mm 인 철판에 $\phi$19mm인 리벳을 사용하여 접합할 때의 소요 리벳 수는? [단, 허용전단응력=110MPa, 허용지압응력=220MPa]

① 8개  ② 10개
③ 12개  ④ 14개

> **해설** 리벳의 소요 개수
> ㉠ 리벳강도의 결정
> $$P_s = v_a \frac{\pi d^2}{4} = 110 \times \frac{\pi \times 19^2}{4} \times 10^{-3}$$
> $$= 31.18\text{kN}$$
> $$P_b = f_{ba} dt = 220 \times 19 \times 10 \times 10^{-3}$$
> $$= 41.80\text{kN}$$
> ∴ 리벳강도(리벳값)=31.2kN(최솟값)
> ㉡ 리벳의 소요 개수
> $$n = \frac{\text{작용하중}}{\text{리벳강도}} = \frac{300}{31.2} = 9.62 ≒ 10\text{개}$$

**17** 인장력 400kN이 작용하는 두께 16mm의 강철판을 $\phi$22mm의 공장리벳으로 겹침이음할 때 소요 리벳 수는? [단, 허용전단력 $v_a = 100$MPa, 허용지압응력 $f_{ba} = 220$MPa이다.]

① 9개  ② 11개
③ 13개  ④ 15개

> **해설** 리벳의 소요 개수
> ㉠ 리벳강도의 결정
> $$P_s = v_a \frac{\pi d^2}{4} = 100 \times \frac{\pi \times 22^2}{4} \times 10^{-3}$$
> $$= 37.99\text{kN}$$
> $$P_b = f_{ba} dt = 220 \times 22 \times 16 \times 10^{-3}$$
> $$= 77.44\text{kN}$$
> ∴ 리벳강도(리벳값)=37.99kN(최솟값)
> ㉡ 리벳의 소요 개수
> $$n = \frac{\text{작용하중}}{\text{리벳강도}} = \frac{400}{37.99} = 10.5 ≒ 11\text{개}$$

**18** 다음 그림의 강판 겹대기이음에서 인장력 $P=$ 450kN이 작용할 때 리벳을 두 줄로 배치하면 소요 개수 $n$은 얼마인가? [단, 이음부는 단전단강도로 지배되며, 리벳의 지름은 $\phi$22mm, 허용전단응력 $v_a = 120$MPa이다.]

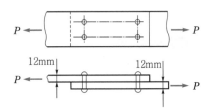

① $n=12$개  ② $n=11$개
③ $n=10$개  ④ $n=9$개

> **해설** 리벳의 소요 개수
> ㉠ 리벳강도의 결정
> $$P_s = v_a \frac{\pi d^2}{4} = 120 \times \frac{\pi \times 22^2}{4} \times 10^{-3}$$
> $$= 45.6\text{kN}$$
> ∴ 리벳강도 $= 45.6$kN
> ㉡ 리벳의 소요 개수
> $$n = \frac{\text{작용하중}}{\text{리벳강도}} = \frac{450}{45.6} = 9.88 ≒ 10\text{개}$$

**19** 강판을 이음할 때 지그재그형으로 리벳을 배치하면 재판의 순폭을 생각하고 있는 최초의 리벳구멍에 대하여는 그 지름을 빼고 이하 순차적으로 다음 식을 리벳구멍에 대해서 빼는데, 이때의 식은 다음 중 어느 식인가? [단, $g$ : 리벳 선간 거리, $p$ : 리벳 피치]

① $d - \dfrac{p^2}{4g}$  ② $d - \dfrac{g^2}{4p}$
③ $d - \dfrac{4p^2}{g}$  ④ $d - \dfrac{p^2}{4}$

> **해설** 공제폭($\omega$)
> $$\omega = d - \frac{p^2}{4g} = d - \frac{s^2}{4g}$$

**20** 다음 그림의 리벳이음에서 $t_1+t_2>t$ 이다. 지름 25mm의 공장리벳으로 연결할 때 이음부의 강도가 복전단강도로 결정되는 $t$의 범위는? [단, $v_a=$ 150MPa, $f_{ba}=$ 320MPa이다.]

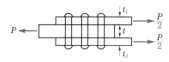

① $t$는 1.84cm보다 작아서는 안 된다.
② $t$는 3.68cm보다 커야 한다.
③ $t$는 1.84cm보다 작아야 한다.
④ $t$는 2.5cm보다 커야 한다.

> **해설** 판의 두께($t$)
> ㉠ 리벳값의 결정
> $$P_s=2\left(v_a\frac{\pi d^2}{4}\right)=2\times\left(150\times\frac{\pi\times25^2}{4}\right)$$
> $$=147,188\text{N}$$
> ∴ 리벳값($P_s$) = 147,188N
> ㉡ 두께 $t$의 산정
> $$P_b=f_{ba}dt=320\times25\times t$$
> $$=8,000\,t[\text{MPa}]$$
> $$P_s\le P_b$$
> $$147,188\le 8,000\,t$$
> ∴ $t\ge 18.40\text{mm}=1.84\text{cm}$

**21** 부재의 순단면을 계산하는 경우 지름이 19mm인 리벳을 박을 때 리벳구멍의 지름은 얼마로 하는가?

① 20.0mm　　　② 21.5mm
③ 22.0mm　　　④ 23.5mm

> **해설** 리벳구멍의 지름($d$)
> ㉠ 강구조연결설계기준(허용응력설계법)
>
> | 리벳의 지름(mm) | 리벳구멍의 지름(mm) |
> |---|---|
> | $\phi<20$ | $d=\phi+1.0$ |
> | $\phi\ge20$ | $d=\phi+1.5$ |
>
> ㉡ 리벳구멍의 지름
> $$d=\phi+1.0=19+1.0=20.0\text{mm}$$

**22** 다음 그림과 같은 1-PL 200×10의 강판에 $\phi$22mm 리벳으로 이음할 때 강판의 허용인장력(kN)은 얼마인가? [단, $f_{ta}$=130MPa]

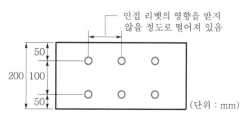

인접 리벳의 영향을 받지 않을 정도로 떨어져 있음

(단위 : mm)

① 155kN　　　② 169kN
③ 199kN　　　④ 209kN

> **해설** 강판의 허용인장력
> ㉠ 인장력은 순단면적($A_n$)을 사용한다.
> ㉡ 순단면적 산정
> $$b_n=200-2\times(22+1.5)=153\text{mm}$$
> $$\therefore A_n=b_n\,t=153\times10=1,530\text{mm}^2$$
> ㉢ 강판의 허용인장력
> $$P=f_{ta}A_n=130\times1,530\times10^{-3}$$
> $$=198.9\text{kN}$$

**23** 다음 그림과 같이 지름 25mm의 구멍이 있는 판 (plate)에서 인장응력 검토를 위한 순폭은 약 얼마인가?

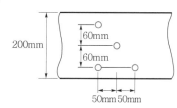

① 160.4mm　　　② 150mm
③ 145.8mm　　　④ 130mm

> **해설** 강판의 순폭($b_n$)
> 모든 파괴경로에 대해 검토한다.
> ㉠ $b_n=b_g-2d=200-2\times25=150\text{mm}$
> ㉡ $b_n=b_g-d-\left(d-\dfrac{P^2}{4g}\right)$
> $$=200-25-\left(25-\frac{50^2}{4\times60}\right)$$
> $$=160.4\text{mm}$$
> ㉢ $b_n=b_g-d-2\left(d-\dfrac{P^2}{4g}\right)$
> $$=200-25-2\times\left(25-\frac{50^2}{4\times60}\right)$$
> $$=145.8\text{mm}$$
> ∴ $b_n=145.8\text{mm}$(최솟값)

**정답** 20. ①　21. ①　22. ③　23. ③

**24** 다음 그림과 같은 강재를 인장재로 쓰고자 할 때 순폭은 얼마인가? [단, 리벳의 지름은 19mm이다.]

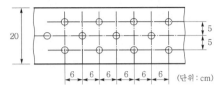

① 16.0cm

② 17.4cm

③ 17.0cm

④ 14.6cm

> 해설 강판의 순폭($b_n$)
>
> ㉠ $b_n = b - n d$
> $= 200 - 2 \times (19 + 1.0) = 160 \text{mm}$
>
> ㉡ $b_n = b - d - 2\left(d - \dfrac{p^2}{4g}\right)$
> $= 200 - 20 - 2 \times \left(20 - \dfrac{60^2}{4 \times 50}\right)$
> $= 176 \text{mm}$
>
> $\therefore \ b_n = 160 \text{mm} = 16.0 \text{cm}$(최솟값)

**25** 인장응력 검토를 위한 L-150×90×12인 형강(angle)의 순단면을 구하기 위한 전개 총폭 $b_g$ 는 얼마인가?

① 228mm

② 232mm

③ 240mm

④ 252mm

> 해설 L형강의 전개 총폭($b_g$)
>
> $b_g = b_1 + b_2 - t = 150 + 90 - 12 = 228 \text{mm}$

**26** 다음 그림과 같이 리벳팅한 강판의 전단강도를 구하면 얼마인가? [단, 철판두께 12mm, 리벳공의 지름 25mm, 철판의 허용인장응력 130MPa]

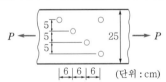

① 303.5kN

② 312.0kN

③ 312.6kN

④ 328.5kN

> 해설 강판의 전단강도
>
> ㉠ 순폭 산정
> $b_n = b - n d = 250 - 2 \times 25 = 200 \text{mm}$
>
> $b_n = b - d - 3\left(d - \dfrac{p^2}{4g}\right)$
> $= 250 - 25 - 3 \times \left(25 - \dfrac{60^2}{4 \times 50}\right)$
> $= 204 \text{mm}$
>
> $\therefore \ b_n = 200 \text{mm}$(최솟값)
>
> ㉡ 순단면적 산정
> $A_n = b_n t = 200 \times 12 = 2,400 \text{mm}^2$
>
> ㉢ 강판의 전단강도
> $P_s = f_{ta} A_n = 130 \times 2,400 \times 10^{-3}$
> $= 312 \text{kN}$

**27** 다음은 L형판에서 순폭($b_n$)에 대한 사항이다. 옳지 않은 것은?

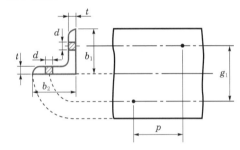

① 전개 총폭 $b = b_1 + b_2 - t$이다.

② 리벳 선간 거리(gauge) $g = g_1 - t$이다.

③ $\dfrac{p^2}{4g} < d$인 경우의 순폭 $b_n = b - \left(d - \dfrac{p^2}{4g}\right)$이다.

④ $\dfrac{p^2}{4g} \geq d$인 경우의 순폭 $b_n = b - d$이다.

> 해설 L형강의 순폭 산정
>
> ㉠ $\dfrac{p^2}{4g} < d$인 경우 공제폭($\omega$) 고려
> $b_n = b - d - \left(d - \dfrac{p^2}{4g}\right)$
>
> ㉡ $\dfrac{p^2}{4g} \geq d$인 경우 공제폭($\omega$) 무시
> $b_n = b - d$

정답 24. ① 25. ① 26. ② 27. ③

**28** 다음의 L형강에서 단면의 순단면을 구하기 위하여 전개한 총폭($b_g$)은 얼마인가?

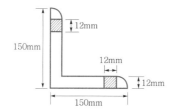

① 250mm
② 264mm
③ 288mm
④ 300mm

해설 L형강의 전개 총폭($b_g$)

$$b_g = b_1 + b_2 - t = 150 + 150 - 12 = 288\text{mm}$$

**29** L–90×90×13mm의 L형강을 다음 그림과 같이 연결판에 $\phi$25의 리벳으로 연결했을 때 이 앵글형강은 얼마의 하중에 견디겠는가? [단, 앵글형강 단면적은 21.71cm², 유효 단면적은 전단면적의 3/4으로 하고 강판의 $f_{ta}$=140MPa이다.]

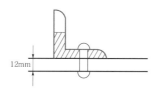

① $P = 182.46$kN
② $P = 172.46$kN
③ $P = 162.46$kN
④ $P = 152.46$kN

해설 L형강의 인장강도
㉠ 순단면적 산정
$$A_g = 21.71\text{cm}^2$$
$$A_e = \frac{3}{4}A_g = \frac{3}{4} \times 21.71 = 16.2825\text{cm}^2$$
$$\therefore A_n = A_e - \phi t$$
$$= 16.2825 - 2.5 \times 1.3$$
$$= 13.0325\text{cm}^2$$
㉡ L형강의 인장강도
$$P = f_{ta} A_n$$
$$= 140 \times 1,303.25 \times 10^{-3}$$
$$= 182.46\text{kN}$$

**30** 다음 그림과 같은 L형강에서 순폭 $b_n$을 구하면? [단, 리벳의 지름은 19mm이다.]

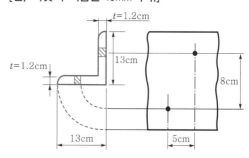

① 10.28cm
② 21.92cm
③ 15.85cm
④ 29.24cm

해설 L형강의 순폭
㉠ 공제폭 고려 여부
$$b_g = b_1 + b_2 - t = 13 + 13 - 1.2 = 24.8\text{cm}$$
$$g = g_1 - t = 8 - 1.2 = 6.8\text{cm}$$
$$\frac{p^2}{4g} = \frac{5^2}{4 \times 6.8} = 0.92\text{cm} < d = 1.9\text{cm}$$
$$\therefore \text{공제폭}(\omega) \text{ 고려}$$
㉡ 순폭 산정
$$b_n = b_g - d - \omega = 24.8 - 1.9 - (1.9 - 0.92)$$
$$= 21.92\text{cm}$$

## 2. 볼트이음

**31** 고력볼트의 유효성은 어느 것에 기인하는가?

① 전단력
② 인장력
③ 마찰력
④ 압축력

해설 고장력볼트의 유효성은 마찰력에 의해 나타난다.

**32** 볼트로 연결된 인장부재의 인장력을 받는 유효 단면적은?

① 볼트 단면적을 빼고 계산한다.
② 볼트 단면적의 2배를 빼고 계산한다.
③ 볼트 단면적을 빼지 않고 계산한다.
④ 볼트 단면적과는 상관없다.

정답 28. ③  29. ①  30. ②  31. ③  32. ①

해설 볼트로 연결된 부재의 유효 단면적

ㄱ 인장부재 : 볼트의 단면적을 뺀 순단면적

ㄴ 압축부재 : 볼트의 단면적을 포함한 전단면적

**★**
**33** 다음 그림과 같이 인장력을 받는 두 강판을 볼트로 연결할 경우 발생할 수 있는 파괴모드(failure mode) 가 아닌 것은?

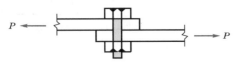

① 볼트의 전단파괴 　　② 볼트의 인장파괴

③ 볼트의 지압파괴 　　④ 강판의 지압파괴

해설 인장력이 작용하므로 볼트의 인장파괴가 발생할 수 있다.

**★★★**
**34** 다음 그림과 같은 두께 19mm 평판의 순단면적을 구하면? [단, 볼트구멍의 지름은 25mm이다.]

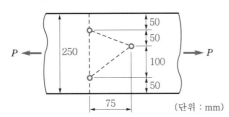

(단위 : mm)

① 3,270mm$^2$ 　　② 3,800mm$^2$

③ 3,920mm$^2$ 　　④ 4,530mm$^2$

해설 강판의 순단면적

ㄱ 순폭 산정
$$b_n = 250 - 2 \times 25 = 200\text{mm}$$
$$b_n = 250 - 25 - \left(25 - \frac{75^2}{4 \times 50}\right)$$
$$\quad - \left(25 - \frac{75^2}{4 \times 100}\right)$$
$$= 217.19\text{mm}$$
$$\therefore b_n = 200\text{mm}(최솟값)$$

ㄴ 순단면적 산정
$$A_n = b_n t = 200 \times 19 = 3,800\text{mm}^2$$

**35** 인장부재의 볼트 연결부를 설계할 때 고려되지 않는 항목은?

① 지압응력 　　② 볼트의 전단응력

③ 부재의 항복응력 　　④ 부재의 좌굴응력

해설 인장부재의 볼트 연결부에서는 부재의 좌굴응력 을 검토하지 않는다.

**★★**
**36** 다음 그림과 같은 두께 12mm 평판의 순단면적을 구하면? [단, 구멍의 지름은 23mm이다.]

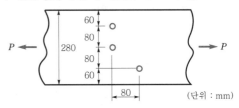

(단위 : mm)

① 2,310mm$^2$ 　　② 2,340mm$^2$

③ 2,772mm$^2$ 　　④ 2,928mm$^2$

해설 강판의 순단면적

ㄱ 순폭 산정
$$b_n = b_g - 2d = 280 - 2 \times 23 = 234\text{mm}$$
$$b_n = b_g - 2d - \left(d - \frac{P^2}{4g}\right)$$
$$= 280 - 2 \times 23 - \left(23 - \frac{80^2}{4 \times 80}\right)$$
$$= 231\text{mm}$$
$$\therefore b_n = 231\text{mm}(최솟값)$$

ㄴ 순단면적 산정
$$A_n = b_n t = 231 \times 12 = 2,772\text{mm}^2$$

**37** 복전단 고장력볼트(bolt)의 마찰이음에서 강판에 $P = 350$kN이 작용할 때 볼트의 수는 최소 몇 개가 필요한가? [단, 볼트의 지름 $d = 20$mm, 허용전단 응력 $\tau_a = 120$MPa]

① 3개 　　② 5개

③ 8개 　　④ 10개

정답 33. ② 34. ② 35. ④ 36. ③ 37. ②

해설 볼트의 소요 개수

$$n = \frac{작용하중}{볼트강도} = \frac{4 \times 350{,}000}{120 \times \pi \times 20^2 \times 2}$$
$$= 4.64 ≒ 5개$$

**★★ 38** 다음 그림과 같은 두께 13mm의 플레이트에 4개의 볼트구멍이 배치되어 있을 때 부재의 순단면적을 구하면? [단, 볼트구멍의 지름은 24mm이다.]

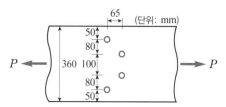

① $4{,}056\text{mm}^2$
② $3{,}916\text{mm}^2$
③ $3{,}775\text{mm}^2$
④ $3{,}524\text{mm}^2$

해설 강판의 순단면적

㉠ 순폭 산정

$$w = d - \frac{p^2}{4g} = 24 - \frac{65^2}{4 \times 80} = 10.8\text{mm}$$

• $b_n = 360 - 2 \times 24 = 312\text{mm}$
• $b_n = 360 - 24 - 10.8 - 24 = 301.2\text{mm}$
• $b_n = 360 - 2 \times 24 - 2 \times 10.8 = 290.4\text{mm}$
∴ $b_n = 290.4\text{mm}$(최솟값)

㉡ 순단면적 산정

$$A_n = b_n t = 290.4 \times 13 = 3{,}775.2\text{mm}^2$$

**★ 39** 순단면이 볼트의 구멍 하나를 제외한 단면(즉 A–B–C 단면)과 같도록 피치($s$)의 값을 결정하면? [단, 볼트구멍의 지름은 22mm이다.]

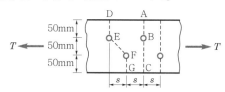

① 114.9mm
② 90.6mm
③ 66.3mm
④ 50mm

해설 강판의 피치

㉠ A–B–C 단면

$$b_n = b_g - d$$

㉡ D–E–F–G 단면

$$b_n = b_g - d - \left(d - \frac{p^2}{4g}\right)$$

㉢ 피치 산정

㉠=㉡으로부터

$$b_g - d = b_g - d - \left(d - \frac{p^2}{4g}\right)$$
∴ $p = 2\sqrt{gd} = 2\sqrt{50 \times 22} = 66.33\text{mm}$

**40** 고력볼트 1개인 인장파단 한계상태에 대한 설계인장강도는? [단, 볼트의 등급 및 호칭은 F10T, M20이다.]

① 177kN
② 236kN
③ 315kN
④ 385kN

해설 고력볼트의 설계인장강도

$$\phi R_n = \phi F_{nt} A_b = \phi(0.75F_u)A_b$$
$$= 0.75 \times (0.75 \times 1{,}000) \times \frac{\pi \times 20^2}{4} \times 10^{-3}$$
$$= 176.63\text{kN}$$

**★★ 41** 다음 그림의 고력볼트 마찰이음에서 필요한 볼트수는 몇 개인가? [단, 볼트는 M24(= $\phi$24mm), F10T를 사용하며, 마찰이음의 허용응력은 56kN이다.]

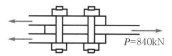

① 5개
② 6개
③ 7개
④ 8개

해설 고력볼트의 소요 개수

$$n = \frac{P}{2P_a} = \frac{840}{2 \times 56} = 7.5 ≒ 8개$$

**42** 고력볼트 F10T(M20) 일면전단일 때 볼트 1개당 설계 전단강도($\phi R_n$)를 구하면? [단, 고력볼트의 $F_u = 1,000MPa$, $\phi = 0.75$, $F_{ne} = 0.5F_u$]

① 117.8kN
② 94.2kN
③ 58.8kN
④ 47.1kN

> **해설** 고력볼트의 설계전단강도
> $$\phi R_n = \phi F_{ne} A_b N_s$$
> $$= 0.75 \times 0.5 \times 1,000 \times \frac{\pi \times 20^2}{4} \times 1 \times 10^{-3}$$
> $$= 117.81kN$$

## 3. 용접이음

**43** 강판을 용접할 때 가장 적합한 자세는?

① 위보기 자세
② 아래보기 자세
③ 수평 자세
④ 연직 자세

> **해설** 용접의 작업자세는 아래보기 자세가 제일 좋다.

**44** 다음은 용접 시공시험을 할 때 공사강판의 선정, 용접조건의 선정, 기타에 관한 원칙을 기술한 것이다. 옳지 않은 것은?

① 공사강판에서는 같은 용접조건으로 취급하는 강판 중 조건이 가장 나쁜 것을 사용한다.
② 용접자세는 실제로 행하는 자세 중 가장 불리한 것을 행한다.
③ 서로 다른 강재의 홈용접시험은 강도가 작은 쪽의 강재로 시험한다.
④ 재시험은 처음 개수의 2배로 한다.

> **해설** 용접의 작업자세는 가장 좋은 자세로 용접하는 것이 작업의 효율을 높인다.

**45** 강구조물의 연결작업에서 용접이음이 리벳이음에 비해 가장 유리한 점은?

① 강재의 절약
② 소음의 방지
③ 내구성과 견고성
④ 공사기간의 단축

> **해설** 이음부에서 이음판(덧판)의 강재가 필요 없으므로 재료가 절약되고 단면이 간단해진다.

**46** 용접이음을 리벳이음과 비교할 때의 장점 중 옳지 않은 것은?

① 리벳구멍으로 인한 인장측 단면 감소가 일어나지 않는다.
② 용접되는 부분은 연성도 크고 피로저항도 크다.
③ 작업에 따른 소음을 내지 않는다.
④ 리벳이음에 비하여 강재가 절약되므로 경제적이다.

> **해설** 용접 부분은 연성이 작아지고 피로저항도 작아진다.

**47** 용접이음 중 V형 용접은 어느 이음법에 속하는가?

① 맞대기용접이음
② 필릿용접이음
③ 플러그용접이음
④ 겹대기용접이음

> **해설** 용접이음의 종류
> ㉠ 홈용접(맞대기용접) : I형 용접, V형 용접, X형 용접 등
> ㉡ 필릿(모살)용접(겹대기용접)
> ㉢ 플러그용접

**48** 현장 용접 시 용접부의 허용응력은?

① 공장 용접의 95%를 취한다.
② 공장 용접의 90%를 취한다.
③ 공장 용접의 85%를 취한다.
④ 공장 용접의 80%를 취한다.

> **해설** 현장 용접 시 용접부의 허용응력은 공장 용접의 90%를 취한다.

**정답** 42. ① 43. ② 44. ② 45. ① 46. ② 47. ① 48. ②

★
**49** 다음 용접기호를 바르게 나타낸 것은 어느 것인가?

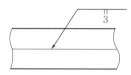

① I형 홈용접으로 루트간격 3mm
② I형 홈용접으로 판두께 3mm
③ H형 홈용접으로 홈깊이 3mm
④ U형 필릿용접으로 다리깊이 3mm

> 해설 I형 홈용접으로 루트간격 3mm로 용접한다.

★★
**50** 다음 그림에서 강재 용접 표시를 옳게 설명한 것은?

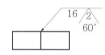

① U형 홈깊이 16mm, 홈각 60°, 루트간격 2mm
② K형 홈깊이 16mm, 홈각 60°, 루트간격 2mm
③ I형 홈깊이 16mm, 홈각 60°, 루트간격 2mm
④ V형 홈깊이 16mm, 홈각 60°, 루트간격 2mm

> 해설 V형 홈용접으로 홈깊이 16mm, 홈각도 60°, 루트 간격 2mm로 용접한다.

★
**51** 다음 그림의 용접기호를 옳게 설명한 것은 어느 것인가?

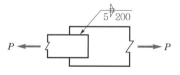

① 양면 연속 필릿용접, 다리길이 5mm, 용접길이 200mm
② 홈용접, 다리길이 5mm, 용접길이 200mm
③ 슬롯용접, 다리길이 5mm, 용접길이 200mm
④ 플러그용접, 다리길이 5mm, 용접길이 200mm

> 해설 양면 연속의 필릿(모살)용접으로 다리길이(용접치수) 5mm, 용접길이 200mm로 용접한다.

★
**52** 다음 그림은 어떤 용접을 나타낸 것인가?

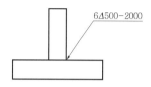

① 필릿용접, 연속, 다리길이 6mm, 용접길이 500mm
② 필릿용접, 단속, 다리길이 6mm, 용접길이 500mm
③ 맞대기용접, T형, 치수 6mm, 용접길이 500mm
④ 맞대기용접, T형, 다리길이 6mm, 용접길이 500mm

> 해설 한쪽 단속의 필릿(모살)용접으로 다리길이 6mm, 용접길이 500mm, 용접간격 2,000mm로 화살표로 지시한 반대쪽을 용접한다.

★★
**53** 다음의 그림은 어떤 용접을 나타낸 것인가?

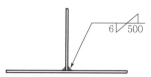

① 홈용접, T형, 치수 6mm, 용접길이 500mm
② 플러그용접, T형, 치수 6mm, 다리길이 500mm
③ 필릿용접, 병렬, 다리길이 6mm, 용접길이 500mm
④ 필릿용접, 지그재그, 다리길이 6mm, 용접길이 500mm

> 해설 엇모(지그재그) 모살(필릿)용접으로 다리길이 6mm, 용접길이 500mm로 용접한다.

정답 49. ① 50. ④ 51. ① 52. ② 53. ④

★★★
**54** 다음 용접기호에 대한 설명으로 옳은 것은?

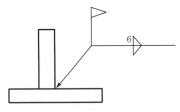

① 공장에서 용접치수 6mm로 양측에 모살용접
한다.
② 현장에서 용접치수 6mm로 화살 방향에 맞댐
용접한다.
③ 공장에서 용접치수 6mm로 화살 방향에 맞댐
용접한다.
④ 현장에서 용접치수 6mm로 양측에 모살용접
한다.

> 해설 현장 용접으로 양측에 용접치수 6mm로 모살(필
> 릿)용접한다.

★
**55** 다음 그림은 필릿용접부의 표준 단면도이다. 목의
두께 $a$는 $s$의 몇 배에 해당되는가?

① 0.6배  ② 0.7배
③ 0.8배  ④ 0.9배

> 해설 필릿용접의 목두께
> ㉠ 가장 위험단면(짧은 면)을 고려한다.
> ㉡ 필릿용접의 목두께
> $$a = s\sin45° = \frac{1}{\sqrt{2}}s = 0.7s$$

★★
**56** 다음 그림은 필릿(fillet)용접한 것이다. 목두께 $a$를
표시한 것으로 옳은 것은?

① $a = 0.7S_2$

② $a = 0.7S_1$

③ $a = 0.6S_2$

④ $a = 0.6S_1$

> 해설 가장 짧은 면을 고려한다.
> $$a = 0.7S_1$$

★
**57** 다음 그림과 같은 필릿용접에서 목두께가 옳게 표
시된 것은?

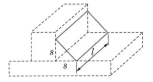

① $s$  ② $\frac{\sqrt{3}}{2}s$

③ $\frac{\sqrt{2}}{2}s$  ④ $\frac{1}{2}l$

> 해설 필릿용접의 목두께
> $$a = s\sin45° = \frac{1}{\sqrt{2}}s = \frac{\sqrt{2}}{2}s = 0.7s$$

★
**58** 다음 그림과 같은 필릿용접부의 목두께는?

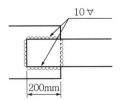

① 0.7cm  ② 7.07cm
③ 1.0cm  ④ 10cm

> 정답 54. ④  55. ②  56. ②  57. ③  58. ①

해설 필릿용접의 목두께

㉠ 다리길이(용접치수)가 10mm인 필릿(모살)용접
이다.

㉡ 목두께
$$a = 0.7s = 0.7 \times 10$$
$$= 7\text{mm} = 0.7\text{cm}$$

**★★**
**62** 다음 그림과 같은 맞대기용접의 인장응력은?

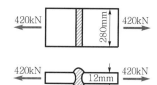

① 250MPa      ② 25MPa

③ 125MPa      ④ 12.5MPa

해설 홈(맞대기)용접의 인장응력
$$f_t = \frac{P}{A} = \frac{P}{\sum al_e} = \frac{420 \times 10^3}{12 \times 280} = 125\text{MPa}$$

**59** 다음 그림과 같은 필릿용접의 형상에서 $s = 9\text{mm}$ 일 때 목두께 $a$의 값으로 적당한 것은?

① 5.46mm

② 6.36mm

③ 7.26mm

④ 8.16mm

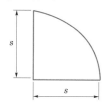

해설 필릿용접의 목두께
$$a = 0.7s = 0.7 \times 9 = 6.36\text{mm}$$

**★**
**60** 다음 그림과 같은 용접길이의 유효길이는 얼마인가?

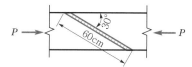

① 60cm      ② 52cm

③ 40cm      ④ 30cm

해설 홈(맞대기)용접의 유효길이
$$l_e = l\sin\alpha = 60 \times \sin30°$$
$$= 30\text{cm}$$

**★**
**63** 다음과 같은 맞대기이음부에 발생하는 응력의 크기는? [단, $P = 360\text{kN}$, 강판두께 12mm]

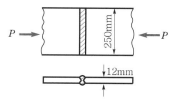

① 압축응력 $f_c = 14.4\text{MPa}$

② 인장응력 $f_t = 3,000\text{MPa}$

③ 전단응력 $\tau = 150\text{MPa}$

④ 압축응력 $f_c = 120\text{MPa}$

해설 홈(맞대기)용접의 압축응력
$$f_c = \frac{P}{A} = \frac{P}{\sum al_e} = \frac{360 \times 10^3}{12 \times 250}$$
$$= 120\text{MPa}$$

**61** 다음 그림과 같은 맞대기용접이음의 유효길이는?

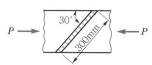

① 150mm      ② 300mm

③ 400mm      ④ 600mm

**64** 필릿용접에서 외력 $P$(인장력, 압축력 또는 전단력)에 의해 이음부에 생기는 응력은? [단, $a$ : 용접의 목두께, $l$ : 용접의 유효길이]

① $\dfrac{lP}{\sum a}$

② $\dfrac{l}{\sum Pa}$

③ $\dfrac{P}{\sum al}$

④ $\dfrac{l}{\sum P}$

> 해설 **필릿용접의 응력**
>
> ㉠ 전단응력 : $v = \dfrac{P}{A} = \dfrac{P}{\sum al_e}$
>
> ㉡ 인장 및 압축응력 : $f_c = \dfrac{P}{A} = \dfrac{P}{\sum al_e}$

**65** 다음 그림과 같이 용접이음을 했을 경우 전단응력은?

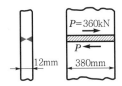

① 78.9MPa

② 67.5MPa

③ 57.5MPa

④ 45.9MPa

> 해설 **홈(맞대기)용접의 전단응력**
>
> $v = \dfrac{P}{A} = \dfrac{P}{\sum al_e} = \dfrac{360 \times 10^3}{12 \times 380}$
>
> $= 78.95\text{MPa}$

★★★
**66** 다음 그림과 같은 전단력 $P$=300kN이 작용하는 부재를 용접이음하고자 할 때 생기는 전단응력은?

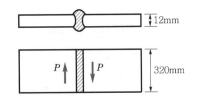

① 96.4MPa

② 78.1MPa

③ 109.2MPa

④ 84.3MPa

> 해설 **홈용접의 전단응력**
>
> $v = \dfrac{P}{A} = \dfrac{P}{\sum al_e} = \dfrac{300 \times 10^3}{12 \times 320}$
>
> $= 78.13\text{MPa}$

★★★
**67** 다음 그림과 같은 맞대기용접의 용접부에 생기는 인장응력은?

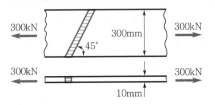

① 50MPa

② 70.7MPa

③ 100MPa

④ 141.4MPa

> 해설 **홈용접의 인장응력**
>
> $f_t = \dfrac{P}{A} = \dfrac{P}{\sum al_e} = \dfrac{300 \times 10^3}{10 \times 300} = 100\text{MPa}$

**68** 다음 그림과 같은 용접부의 응력은?

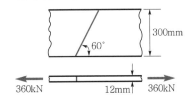

① 115MPa

② 110MPa

③ 100MPa

④ 94MPa

> 해설 **홈용접의 인장응력**
>
> $f_t = \dfrac{P}{A} = \dfrac{P}{\sum al_e} = \dfrac{360 \times 10^3}{12 \times 300} = 100\text{MPa}$

정답 64. ③  65. ①  66. ②  67. ③  68. ③

**69** ★ 다음 그림과 같은 맞대기용접의 용접부에 발생하는 인장응력은?

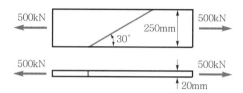

① 100MPa   ② 150MPa

③ 200MPa   ④ 220MPa

> 해설 홈용접의 인장응력
>
> $$f_t = \frac{P}{A} = \frac{P}{\sum al_e} = \frac{500 \times 10^3}{20 \times 250} = 100\text{MPa}$$

**70** ★★★ 다음 그림에서 인장력 $P = 400$kN이 작용할 때 용접이음부의 응력은 얼마인가?

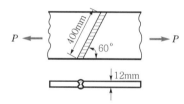

① 96.2MPa   ② 101.2MPa

③ 105.3MPa   ④ 108.6MPa

> 해설 홈용접의 인장응력
>
> $$f_t = \frac{P}{A} = \frac{P}{\sum al_e} = \frac{400 \times 10^3}{12 \times 400 \times \sin 60°}$$
> $$= 96.225\text{MPa}$$

**71** ★★ 필릿용접이음이 다음 그림과 같은 경우 용접에 발생하는 전단응력 $v$[MPa]의 값은?

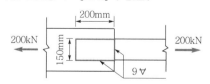

① 25.6MPa   ② 50.6MPa

③ 68.9MPa   ④ 89.8MPa

> 해설 필릿(모살)용접의 전단응력
>
> ㉠ 용접유효길이
> $$l_e = l - 2s$$
> $$= 2 \times (200 - 2 \times 9) + 2 \times (150 - 2 \times 9)$$
> $$= 628\text{mm}$$
> ㉡ 전단응력
> $$v = \frac{P}{A} = \frac{P}{\sum al_e} = \frac{200 \times 10^3}{0.7 \times 9 \times 628}$$
> $$= 50.55\text{MPa}$$

**72** ★ 다음 필릿용접의 전단응력은 얼마인가?

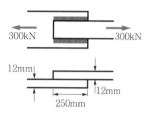

① 67.72MPa   ② 70.72MPa

③ 72.72MPa   ④ 79.01MPa

> 해설 필릿(모살)용접의 전단응력
>
> ㉠ 용접유효길이
> $$l_e = l - 2s$$
> $$= 2 \times (250 - 2 \times 12) = 452\text{mm}$$
> ㉡ 전단응력
> $$v = \frac{P}{A} = \frac{P}{\sum al_e} = \frac{300 \times 10^3}{0.7 \times 12 \times 452}$$
> $$= 79.01\text{MPa}$$

**73** 설계 계산에서 용접부의 강도는?

① 목두께×유효길이×허용응력

② 목두께×치수×허용응력

③ 치수×유효길이×허용응력

④ 면적×유효길이×허용응력

> 해설 용접부의 강도(하중)
>
> $$f = v = \frac{P}{A} = \frac{P}{\sum al_e}$$
> $$\therefore P = v \sum al_e$$

**★★**
**74** 다음 중 용접이음을 한 경우 용접부의 결함을 나타내는 용어가 아닌 것은?

① 언더컷(under cut)　② 오버랩(over lap)
③ 크랙(crack)　④ 필릿(fillet)

> **해설** 필릿(fillet)은 용접방법의 하나이다.

**★★**
**75** 강구조 용접부의 비파괴검사법에 해당하지 않는 것은?

① 초음파탐상검사　② 토크검사
③ 자분탐상검사　④ 방사선투과검사

> **해설** 강구조 용접부의 비파괴검사법
> ㉠ 내부결함 검출방법 : 방사선투과시험, 초음파탐상시험
> ㉡ 표면결함 검출방법 : 자분탐상시험, 침투탐상시험

**76** 다음 중 용접부의 결함이 아닌 것은?

① 오버랩(overlap)　② 언더컷(under cut)
③ 스터드(stud)　④ 균열(crack)

> **해설** 스터드는 전단연결재(shear connector, 강재 앵커)이다.

**★**
**77** 용접 결여의 종류 중 옳지 않은 것은?

① over lap 　② under cut

③ 다리길이 부족 　④ 용접두께 부족

> **해설** ④의 그림은 보강덧붙이 과다이다.

**★★**
**78** 용접작업 중 일반적인 주의사항을 열거한 것이다. 잘못 기술한 내용은?

① 용접의 열을 가능한 주변으로 집중시켜 분포시킨다.
② 앞의 용접에서 생긴 변형을 다른 용접에서 제거할 수 있도록 진행시킨다.
③ 특히 비틀어지지 않게 변형한 용접은 같은 방향으로 할 수 있으며 동시에 용접을 한다.
④ 용접은 중심에서 대칭으로 주변으로 향해서 하는 것이 변형을 적게 한다.

> **해설** 용접작업의 주의사항
> ㉠ 용접은 되도록 아래보기 자세로 한다.
> ㉡ 두께 및 폭의 변화시킬 경사는 1/5 이하로 한다.
> ㉢ 용접열은 되도록 균등하게 분포시킨다.
> ㉣ 중심에서 주변을 향해 대칭으로 용접하여 변형을 적게 한다.
> ㉤ 두께가 다른 부재를 용접할 때 두꺼운 판의 두께가 얇은 판두께의 2배를 초과하면 안 된다.
> ㉥ 응력을 전달하는 겹침이음에는 2줄 이상의 필릿 용접을 사용하고, 얇은 쪽의 강판두께의 5배 이상 겹치게 해야 한다.

**★**
**79** 용접 시의 주의사항에 관한 설명 중 틀린 것은?

① 용접의 열을 될 수 있는 대로 균등하게 분포시킨다.
② 용접부의 구속을 될 수 있는 대로 적게 하여 수축변형을 일으키더라도 해로운 변형이 남지 않도록 한다.
③ 평행한 용접은 같은 방향으로 동시에 용접하는 것이 좋다.
④ 주변에서 중심으로 향하여 대칭으로 용접해 나간다.

> **해설** 용접은 중심에서 주변을 향해 대칭으로 용접하여 변형을 적게 한다.

**정답** 74. ④　75. ②　76. ③　77. ④　78. ①　79. ④

## 4. 교량

**80** 교량에 사용되는 고장력강으로서 요구되는 특성이 아닌 것은?

① 인장강도는 커야 하고, 항복점은 낮아야 할 것
② 용접성이 좋아야 할 것
③ 가공성(열간, 냉간)이 좋아야 할 것
④ 내식성이 양호해야 할 것

> **해설** 교량에 사용되는 고장력강은 인장강도와 항복점이 커야 한다.

**81** 교량에 사용되는 고장력강으로 요구되는 특성이 아닌 것은?

① 가공성이 좋을 것
② 내식성이 양호해야 할 것
③ 용접성이 좋을 것
④ 인장강도, 항복강도가 크고, 피로강도가 작을 것

> **해설** 교량에 사용되는 고장력강은 인장강도, 항복강도, 그리고 피로강도가 커야 한다.

**82** 도로교에서 주행을 설계할 경우 단순 경간 35m의 1등교인 경우의 설계하중은?

① DB-18　② DB-24
③ DL-18　④ DL-24

> **해설** 도로교 설계활하중
> ⊙ 경간 $l \geq 40m$ : DL하중(차선하중)
> ⓒ 경간 $l < 40m$ : DB하중(표준트럭하중)
> ⓒ DB하중에서
> ・1등교 : DB-24
> ・2등교 : DB-18
> ・3등교 : DB-13.5

**83** 강교의 충격계수에 관한 식 중에서 맞는 것은? [단, $L$은 경간이다.]

① $i = \dfrac{15}{40+L}$　② $i = \dfrac{7}{20+L}$
③ $i = \dfrac{10}{25+L}$　④ $i = \dfrac{8}{35+L}$

> **해설** 강교의 충격계수
> $$i = \dfrac{15}{40+L} \leq 0.3$$

**84** 교량 설계에서 DB-24 하중은 총중량이 얼마인가?

① 480kN　② 432kN
③ 324kN　④ 243kN

> **해설** DB 하중의 총중량
> ⊙ 1등교(DB-24) : 432kN
> ⓒ 2등교(DB-18) : 324kN
> ⓒ 3등교(DB-13.5) : 243kN

**85** 어떤 강교의 지간이 12m일 때 충격계수는?

① 0.25　② 0.27
③ 0.29　④ 0.31

> **해설** 강교의 충격계수
> $$i = \dfrac{15}{40+L} = \dfrac{15}{40+12}$$
> $$= 0.2885 \leq 0.3$$

**86** 어떤 강교의 교량 경간이 15m일 때 충격계수는?

① 0.271　② 0.273
③ 0.278　④ 0.281

> **해설** 강교의 충격계수
> $$i = \dfrac{15}{40+L} = \dfrac{15}{40+15}$$
> $$= 0.27273 \leq 0.3$$

**정답** 80.① 81.④ 82.② 83.① 84.② 85.③ 86.②

**87** 강도로교 설계 시 1방향판에서 주철근의 방향이 차량 진행 방향에 직각일 때($S=0.6{\sim}7.3m$) 단순보의 폭 1m에 대한 활하중 휨모멘트의 계산식은? [단, $P$는 후륜하중, $S$는 계산경간이며, 충격은 별도이다.]

① $\left(\dfrac{S+0.6}{9.6}\right)P$　　② $\left(\dfrac{S+0.6}{9.8}\right)P$

③ $\left(\dfrac{S+9.2}{0.8}\right)P$　　④ $\left(\dfrac{S+0.5}{9.3}\right)P$

**해설** 활하중 휨모멘트의 계산식
$$M_l = \left(\frac{L+0.6}{9.6}\right)P\,[\text{kgf} \cdot \text{m/m}]$$

**88** 판형에서 복부판에 최대 전단력 $V=800kN$이 작용할 때 전단응력은 얼마인가? [단, 복부판의 순단면적 $A_{wn}=90cm^2$이고, 총단면적 $A_{wg}=120cm^2$이다.]

① 86.89MPa　　② 87.89MPa

③ 88.89MPa　　④ 89.89MPa

**해설** 판형의 전단응력
$$v_b = \frac{V}{A_{wn}} = \frac{800 \times 10^3}{9,000} = 88.89\text{MPa}$$

[참고] 근사식으로 전단응력을 계산할 경우

㉠ 압연보: $v = \dfrac{V}{A_{wg}}$

㉡ 판형보: $v = \dfrac{V}{A_{wn}}$

**89** 다음 그림과 같은 판형(plate girder)의 각부 명칭으로 틀린 것은?

① A : 상부판(flange)

② B : 보강재(stiffener)

③ C : 덮개판(cover plate)

④ D : 횡구(bracing)

**해설** 판형의 단면

㉠ D : 복부(web)

㉡ A는 휨모멘트를 부담하고, D는 전단력을 부담한다.

**90** 휨모멘트가 180kN · m일 때 I형강(形鋼)의 결정단면은? [단, $f_{ca}=120MPa$]

① 치수 350×150×9, 단면계수 871cm³

② 치수 350×150×12, 단면계수 1,280cm³

③ 치수 400×150×10, 단면계수 12,000cm³

④ 치수 400×150×12.5, 단면계수 1,580cm³

**해설** I형강의 단면계수
$$f_{ca} \geq f_{\max} = \frac{M}{I}y = \frac{M}{Z}$$
$$Z \geq \frac{M}{f_{ca}} = \frac{180 \times 10^6}{120}$$
$$= 1,500,000\text{mm}^3 = 1,500\text{cm}^3$$

**91** 판형에서 플랜지와 복부를 결합하는 리벳은 주로 다음 중 어느 것에 의해 결정하는가?

① 휨모멘트　　② 전단력

③ 복부의 좌굴　　④ 보의 처짐

**해설** 플랜지와 복부를 결합하는 리벳은 전단력에 의해 결정된다.

**92** 판형교 단면의 경제적인 높이를 구하는 식은? [단, $f$ : 총단면에 대한 연응력도, $t$ : 판의 두께, $M$ : 휨모멘트]

① $1.8\sqrt{\dfrac{M}{ft}}$　　② $1.1\sqrt{\dfrac{M}{ft}}$

③ $2.2\sqrt{\dfrac{ft}{M}}$　　④ $2.5\sqrt{\dfrac{M}{ft}}$

**해설** 경제적인 주형높이
$$h = 1.1\sqrt{\frac{M}{f_a t}}$$

**정답** 87. ①　88. ③　89. ④　90. ④　91. ②　92. ②

**93** 강판형(plate girder)의 경제적인 높이는 다음 중 어느 것에 의해 구해지는가?

① 전단력　　　　　② 휨모멘트
③ 비틀림모멘트　　④ 지압력

> **해설** 경제적인 주형높이
> ㉠ 주형높이는 휨모멘트의 영향을 받는다.
> ㉡ 주형높이
> $$h = 1.1\sqrt{\dfrac{M}{f_a t}}$$

**94** 합성형에 관한 내용 중 옳지 않은 것은?

① 합성형의 특징은 강재의 절약, 들보높이의 감소 등 여러 가지 이점이 있다.
② 활하중 합성의 경우 강형을 가설한 후 동바리공 없이 강형 위에 슬래브 콘크리트를 타설한다.
③ 고정하중 및 활하중 합성의 경우 동바리공 위에 강형을 가설한 다음 슬래브 콘크리트를 타설한다.
④ 위 플랜지(upper flange)와 아래 플랜지(lower flange)의 단면이 같은 I형강을 사용하는 것이 경제적인 면에서 유리하다.

> **해설** 합성형 보의 설계
> ㉠ 합성보의 상·하 플랜지는 콘크리트, 웨브는 강재로 시공하는 구조물이다.
> ㉡ 플랜지의 콘크리트는 압축에 강하고, 인장에 약하다.
> ㉢ 상부 플랜지와 하부 플랜지의 단면을 같게 하면 효율성이 떨어져 단면이 커지므로 경제적이지 못하다.
> ㉣ 상·하부 단면을 다르게 설계하는 것이 경제적이다.

**★**
**95** 합성보 교량에서 슬래브와 강보 상부 플랜지를 떨어지지 않게 결합시키는 결합재로 사용되는 것은 어느 것인가?

① 볼트　　　　　② 전단연결재
③ 합성철근　　　④ 접착제

> **해설** 슬래브와 상부 플랜지를 결합시키는 결합재는 전단연결재(shear connection, 강재 앵커)이다.

**96** 설계휨모멘트 $M = 800\text{kN} \cdot \text{m}$를 받는 I형 단면의 판형교 높이 $h$를 구한 값은? [단, $f_{ca} = f_{ta} = 140$ MPa, $t = 10\text{mm}$]

① 약 84cm　　　② 약 94cm
③ 약 104cm　　④ 약 114cm

> **해설** I형 단면의 판형교 높이
> $$h = 1.1\sqrt{\dfrac{M}{ft}} = 1.1\sqrt{\dfrac{800 \times 10^6}{140 \times 10}}$$
> $$= 831.52\text{mm} = 83.2\text{cm}$$

**★★**
**97** 판형교에서 플랜지의 단면적 $A_f$를 계산하는 식 중 옳은 것은? [단, $A_w$ : 복부의 단면적]

① $\dfrac{M}{fh} - \dfrac{A_w}{8}$　　　② $\dfrac{M}{fh} - \dfrac{A_w}{6}$
③ $\dfrac{Mf}{h} - \dfrac{A_w}{8}$　　　④ $\dfrac{Mf}{h} - \dfrac{A_w}{6}$

> **해설** 플랜지의 소요단면적
> $$A_f = \dfrac{M}{fh} - \dfrac{A_w}{6}$$

**★**
**98** 강합성 교량에서 콘크리트 슬래브와 강(鋼)주형 상부 플랜지를 구조적으로 일체가 되도록 결합시키는 요소는?

① 볼트　　　　　② 전단연결재
③ 합성철근　　　④ 접착제

> **해설** 콘크리트의 슬래브와 강재의 상부 플랜지를 결합시키는 결합재는 전단연결재(강재 앵커)이다.

**정답** 93. ②　94. ④　95. ②　96. ①　97. ②　98. ②

**99** 다음 그림과 같은 판형에서 stiffener(보강재)의 사용 목적은?

스티프너

① web plate의 좌굴을 방지하기 위하여
② flange angle의 간격을 넓게 하기 위하여
③ flange의 강성을 보강하기 위하여
④ 보 전체의 비틀림에 대한 강도를 크게 하기 위하여

해설 보강재(stiffener)는 복부판(web)의 전단좌굴 방지용 수직보강재이다.

**100** 판형에서 보강재(stiffener)의 사용목적은?

① 보 전체의 비틀림에 대한 강도를 크게 하기 위함이다.
② 복부판의 휨에 대한 강도를 높이기 위함이다.
③ flange angle의 간격을 넓게 하기 위함이다.
④ 복부판의 좌굴을 방지하기 위함이다.

해설 복부판의 전단좌굴을 방지하기 위하여 소정의 간격으로 수직보강재를 설치한다.

**101** 강교량에 주로 사용되는 판형(plate girder)의 보강재에 대한 설명 중 옳지 않은 것은?

① 보강재는 복부판의 전단력에 따른 좌굴을 방지하는 역할을 한다.
② 보강재는 단보강재, 중간보강재, 수평보강재가 있다.
③ 수평보강재는 복부판이 두꺼운 경우에 주로 사용된다.
④ 보강재는 지점 등의 이음 부분에 주로 설치한다.

해설 수평보강재는 복부의 전단좌굴 방지용 보강재로 복부판이 얇은 경우에 주로 설치한다.

**102** 강판형(plate girder) 복부(web)두께의 제한이 구성되어 있는 이유는?

① 좌굴의 방지        ② 공비의 절약
③ 자중의 경감        ④ 시공상의 난이

해설 복부두께의 제한이 구성되어 있는 이유는 복부판의 전단좌굴을 방지하기 위함이다.

**103** 보강재에 대한 설명 중 옳지 않은 것은?

① 보강재는 복부판의 전단력에 따른 좌굴을 방지하는 역할을 한다.
② 보강재에는 단보강재, 중간보강재, 수평보강재가 있다.
③ 수평보강재는 복부판이 두꺼운 경우에 주로 사용된다.
④ 보강재는 지점, 상황, 대경구 등의 이음 부분에 설치한다.

해설 보강재의 용도
ㄱ 일반적으로 수직보강재는 전단에 따른 복부판의 횡좌굴을 방지하는 역할을 하고, 수평보강재는 휨에 따른 복부판의 횡좌굴을 방지하는 역할을 한다.
ㄴ 보강재는 복부판이 얇은 경우에 주로 사용된다.

정답 99.① 100.④ 101.④ 102.① 103.③

# 부록

2022년 3회 기출문제부터는 CBT 전면시행으로 시험문제가 공개되지 않아서 수험생의 기억을 토대로 복원된 문제를 수록했습니다. 문제는 수험생마다 차이가 있을 수 있습니다.

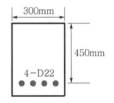

**01** 강도설계법에서 사용하는 강도감소계수($\phi$)의 값으로 틀린 것은?

① 무근콘크리트의 휨모멘트 : $\phi = 0.55$

② 전단력과 비틀림모멘트 : $\phi = 0.75$

③ 콘크리트의 지압력 : $\phi = 0.70$

④ 인장지배단면 : $\phi = 0.85$

> **해설** 강도감소계수
>
> 콘크리트의 지압력에 대한 강도감소계수($\phi$)는 0.65이다.
>
> **관련기준** KDS 14 20 10[2021] 4.2.3 (2)

**02** 철근콘크리트 보에 배치되는 철근의 순간격에 대한 설명으로 틀린 것은?

① 동일 평면에서 평행한 철근 사이의 수평 순간격은 25mm 이상이어야 한다.

② 상단과 하단에 2단 이상으로 배치된 경우 상하 철근의 순간격은 25mm 이상으로 하여야 한다.

③ 철근의 순간격에 대한 규정은 서로 접촉된 겹침이음철근과 인접한 이음철근 또는 연속철근 사이의 순간격에도 적용하여야 한다.

④ 벽체 또는 슬래브에서 휨주철근의 간격은 벽체나 슬래브 두께의 2배 이하로 하여야 한다.

> **해설** 벽체 또는 슬래브에서 휨주철근의 간격은 벽체나 슬래브 두께의 3배 이하, 450mm 이하로 하여야 한다.
>
> **관련기준** KDS 14 20 50[2021] 4.2.2 (5)

**03** 다음 그림과 같은 단철근 직사각형 보가 공칭휨강도($M_n$)에 도달할 때 인장철근의 변형률은 얼마인가? [단, 철근 D22 4개의 단면적 1,548mm², $f_{ck} = 35$MPa, $f_y = 400$MPa]

① 0.0102

② 0.0138

③ 0.0186

④ 0.0198

> **해설** 인장철근의 변형률
>
> ㉠ 등가응력분포의 계수값
>
> $f_{ck} \leq 40$MPa인 경우
>
> $\varepsilon_{cu} = 0.0033$, $\eta = 1.0$, $\beta_1 = 0.80$
>
> ㉡ 중립축의 위치($c$)
>
> $$a = \frac{A_s f_y}{\eta(0.85 f_{ck})b} = \frac{1,548 \times 400}{1 \times 0.85 \times 35 \times 300}$$
>
> $$= 69.38\text{mm}$$
>
> $$\therefore c = \frac{a}{\beta_1} = \frac{69.38}{0.80} = 86.73\text{mm}$$
>
> ㉢ 인장철근의 변형률($\varepsilon_s$)
>
> $$c : \varepsilon_{cu} = (d-c) : \varepsilon_s$$
>
> $$\therefore \varepsilon_s = \varepsilon_{cu}\left(\frac{d-c}{c}\right)$$
>
> $$= 0.0033 \times \frac{450 - 86.73}{86.73}$$
>
> $$= 0.01382$$
>
> **관련기준** KDS 14 20 20[2021] 4.1.1 (1)~(9)

**정답** 1.③ 2.④ 3.②

**04** 다음 그림의 T형 보에서 $f_{ck}$=28MPa, $f_y$=400MPa 일 때 공칭모멘트강도($M_n$)를 구하면? [단, $A_s$ = 5,000mm²]

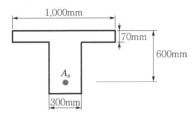

① 1,110.5kN · m    ② 1,251.0kN · m

③ 1,372.5kN · m    ④ 1,434.0kN · m

> **해설** T형 보의 공칭휨강도
>
> ㉠ T형 보 판별
> $$a = \frac{A_s f_y}{\eta(0.85f_{ck})b} = \frac{5,000 \times 400}{1.0 \times 0.85 \times 28 \times 1,000}$$
> $$= 84.0\text{mm} > t_f = 70\text{mm}$$
> $$\therefore \text{T형 보로 해석}$$
>
> ㉡ 등가깊이 산정
> $$A_{sf} = \frac{\eta(0.85f_{ck})t(b-b_w)}{f_y}$$
> $$= \frac{1.0 \times 0.85 \times 28 \times 70 \times (1,000-300)}{400}$$
> $$= 2,915.5\text{mm}^2$$
> $$\therefore a = \frac{(A_s - A_{sf})f_y}{\eta(0.85f_{ck})b_w}$$
> $$= \frac{(5,000-2,915.5) \times 400}{1.0 \times 0.85 \times 28 \times 300}$$
> $$= 116.8\text{mm}$$
>
> ㉢ 공칭휨강도
> $$M_n = A_{sf}f_y\left(d - \frac{t}{2}\right)$$
> $$\quad + (A_s - A_{sf})f_y\left(d - \frac{a}{2}\right)$$
> $$= \left[2,915.5 \times 400 \times \left(600 - \frac{70}{2}\right)\right.$$
> $$\quad + (5,000-2,915.5) \times 400$$
> $$\quad \left. \times \left(600 - \frac{116.8}{2}\right)\right] \times 10^{-6}$$
> $$= 1,110.49\text{kN} \cdot \text{m}$$
>
> **관련기준** KDS 14 20 10[2021] 4.3.10 (1)
> KDS 14 20 20[2021] 4.1.1 (3), (6), (8)

**05** 다음 그림의 PSC 콘크리트 보에서 PS 강재를 포물선으로 배치하여 프리스트레스 $P$=1,000kN이 작용할 때 프리스트레스의 상향력은? [단, 보 단면은 $b$=300mm, $h$=600mm이고, $s$=250mm이다.]

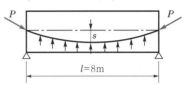

① 51.65kN/m    ② 41.76kN/m

③ 31.25kN/m    ④ 21.38kN/m

> **해설** 상향력(포물선 배치)
> $$M = Ps = \frac{ul^2}{8}$$
> $$\therefore u = \frac{8Ps}{l^2} = \frac{8 \times 1,000 \times 0.25}{8^2} = 31.25\text{kN/m}$$

**06** 다음 중 적합비틀림에 대한 설명으로 옳은 것은?

① 균열의 발생 후 비틀림모멘트의 재분배가 일어날 수 없는 비틀림

② 균열의 발생 후 비틀림모멘트의 재분배가 일어날 수 있는 비틀림

③ 균열의 발생 전 비틀림모멘트의 재분배가 일어날 수 없는 비틀림

④ 균열의 발생 전 비틀림모멘트의 재분배가 일어날 수 있는 비틀림

> **해설** 균열의 발생 후 비틀림모멘트의 재분배가 일어날 수 있는 비틀림을 적합비틀림이라 한다.
>
> **관련기준** KDS 14 20 01[2021] 1.4 용어의 정의

**07** 콘크리트의 강도설계에서 등가직사각형 응력블록의 깊이 $a = \beta_1 c$로 표현할 수 있다. $f_{ck}$가 60MPa인 경우 $\beta_1$의 값은 얼마인가?

① 0.85    ② 0.760

③ 0.65    ④ 0.626

해설 등가응력블록깊이의 비($\beta_1$)

| $f_{ck}$[MPa] | ≤40 | 50 | 60 | 70 | 80 | 90 |
|---|---|---|---|---|---|---|
| $\beta_1$ | 0.80 | 0.80 | 0.76 | 0.74 | 0.72 | 0.70 |

$\therefore \beta_1 = 0.76$

관련기준 KDS 14 20 20[2021] 4.1.1 (8) ③

---

해설 장기처짐

㉠ 장기처짐계수

$$\rho' = \frac{A_s'}{bd} = \frac{1,500}{300 \times 500} = 0.01$$

$$\xi = 2.0(5년 이상)$$

$$\therefore \lambda_\Delta = \frac{\xi}{1+50\rho'} = \frac{2.0}{1+50 \times 0.01} = \frac{4}{3}$$

㉡ 장기처짐

$$\delta_l = \delta_e \lambda_\Delta = 15 \times \frac{4}{3} = 20mm$$

관련기준 KDS 14 20 30[2021] 4.2.1 (5)

---

**08** 용접 시의 주의사항에 관한 설명 중 틀린 것은?

① 용접의 열을 될 수 있는 대로 균등하게 분포 시킨다.

② 용접부의 구속을 될 수 있는 대로 적게 하여 수축변형을 일으키더라도 해로운 변형이 남 지 않도록 한다.

③ 평행한 용접은 같은 방향으로 동시에 용접하 는 것이 좋다.

④ 주변에서 중심으로 향하여 대칭으로 용접해 나간다.

해설 용접작업 시 주의사항

중심에서 주변을 향해 대칭으로 용접하여 변형을 적게 한다.

관련이론 ① 용접은 되도록 아래보기 자세로 한다.

② 두께 및 폭의 변화시킬 경사는 1/5 이하로 한다.

③ 용접열을 되도록 균등하게 분포시킨다.

④ 중심에서 주변을 향해 대칭으로 용접하여 변형 을 적게 한다.

⑤ 두께가 다른 부재를 용접할 때 두꺼운 판의 두 께가 얇은 판두께의 2배를 초과하면 안 된다.

---

**09** $A_s = 4,000mm^2$, $A_s' = 1,500mm^2$로 배근된 다음 그림과 같은 복철근 보의 탄성처짐이 15mm이다. 5 년 이상의 지속하중에 의해 유발되는 장기처짐은 얼마인가?

① 15mm

② 20mm

③ 25mm

④ 30mm

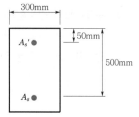

---

**10** 프리스트레스 감소원인 중 프리스트레스 도입 후 시간의 경과에 따라 생기는 것이 아닌 것은?

① PC 강재의 릴랙세이션

② 콘크리트의 건조수축

③ 콘크리트의 크리프

④ 정착장치의 활동

해설 프리스트레스의 손실원인

정착장치의 활동은 프리스트레스 도입 시의 손실 이다.

관련기준 KDS 14 20 60[2021] 4.3.1 (1)

관련이론 프리스트레스 도입 시 손실(즉시 손실)

① 정착장치의 활동에 의한 손실

② PS 강재와 시스(도관) 사이의 마찰에 의한 손실 (포스트텐션 방식에만 해당)

③ 콘크리트의 탄성변형(탄성수축)에 의한 손실

---

**11** 다음 그림과 같은 보통 중량콘크리트 직사각형 단면 의 보에서 균열모멘트($M_{cr}$)는? [단, $f_{ck} = 24MPa$]

① 46.7kN·m

② 52.3kN·m

③ 56.4kN·m

④ 62.1kN·m

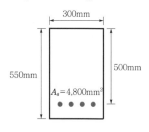

---

해설 **균열모멘트**

$$M_{cr} = \frac{I_g}{y_t} f_r = \frac{bh^2}{6}(0.63\lambda\sqrt{f_{ck}})$$

$$= \frac{300 \times 550^2}{6} \times 0.63 \times 1.0\sqrt{24} \times 10^{-6}$$

$$= 46.68 kN \cdot m$$

관련기준 KDS 14 20 30[2021] 4.2.1 (3)

**12** $M_u = 200kN \cdot m$의 계수모멘트가 작용하는 단철근 직사각형 보에서 필요한 철근량($A_s$)은 약 얼마인가? [단, $b=300mm$, $d=500mm$, $f_{ck}=28MPa$, $f_y=400MPa$, $\phi=0.85$]

① $1,072.7mm^2$  ② $1,266.3mm^2$
③ $1,524.6mm^2$  ④ $1,785.4mm^2$

해설 **소요 철근량**

㉠ 등가깊이 산정

$$M_u \le \phi M_n = \phi CZ$$

$$= \phi\eta(0.85f_{ck})ab\left(d-\frac{a}{2}\right)$$

$$200 \times 10^6 = 0.85 \times 1.0 \times 0.85 \times 28 \times a$$

$$\times 300 \times \left(500 - \frac{a}{2}\right)$$

$$= 3,034,500a - 3,034.5a^2$$

$$3,034.5a^2 - 3,034,500a + 200 \times 10^6 = 0$$

$$a^2 - 1,000a + 65,908.7 = 0$$

$$\therefore a = \frac{1,000 \pm \sqrt{1,000^2 - 4 \times 1 \times 65,908.7}}{2 \times 1}$$

$$= 71mm$$

㉡ 필요한 철근량

$$A_s = \frac{M_u}{\phi f_y\left(d-\frac{a}{2}\right)}$$

$$= \frac{200 \times 10^6}{0.85 \times 400 \times \left(500 - \frac{71}{2}\right)}$$

$$= 1,266.38mm^2$$

관련기준 KDS 14 20 20[2021] 4.1.1 (8)

**13** 서로 다른 크기의 철근을 압축부에서 겹침이음하는 경우 이음길이에 대한 설명으로 옳은 것은?

① 이음길이는 크기가 큰 철근의 정착길이와 크기가 작은 철근의 겹침이음길이 중 큰 값 이상이어야 한다.

② 이음길이는 크기가 작은 철근의 정착길이와 크기가 큰 철근의 겹침이음길이 중 작은 값 이상이어야 한다.

③ 이음길이는 크기가 작은 철근의 정착길이와 크기가 큰 철근의 겹침이음길이의 평균값 이상이어야 한다.

④ 이음길이는 크기가 큰 철근의 정착길이와 크기가 작은 철근의 겹침이음길이를 합한 값 이상이어야 한다.

해설 서로 다른 지름의 철근을 겹침이음하는 경우의 이음길이는 크기가 큰 철근의 겹침이음길이와 크기가 작은 철근의 겹침이음길이 중 큰 값을 기준으로 한다.

관련기준 KDS 14 20 52[2021] 4.5.3 (2)

**14** 주어진 T형 단면에서 부착된 프리스트레스트 보강재의 인장응력($f_{ps}$)은 얼마인가? [단, 긴장재의 단면적 $A_{ps}=1,290mm^2$이고, 프리스트레싱 긴장재의 종류에 따른 계수 $\gamma_p=0.4$, 긴장재의 설계기준인장강도 $f_{pu}=1,900MPa$, $f_{ck}=35MPa$]

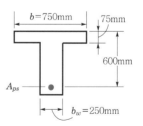

① $1,900MPa$  ② $1,861MPa$
③ $1,804MPa$  ④ $1,752MPa$

**15** 다음 그림과 같은 복철근 보의 유효깊이($d$)는? [단, 철근 1개의 단면적은 250mm²이다.]

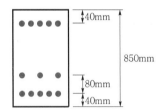

① 810mm      ② 780mm

③ 770mm      ④ 730mm

해설 보의 유효깊이

㉠ 인장철근의 무게 중심

$y = \dfrac{3}{8} \times 80 = 30$mm

㉡ 유효깊이 산정

$d = 850 - 40 - 30 = 780$mm

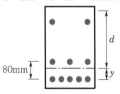

**16** 철근의 부착응력에 영향을 주는 요소에 대한 설명으로 틀린 것은?

① 경사인장균열이 발생하게 되면 철근이 균열에 저항하게 되고, 따라서 균열면 양쪽의 부착응력을 증가시키기 때문에 결국 인장철근의 응력을 감소시킨다.

② 거푸집 내에 타설된 콘크리트의 상부로 상승하는 물과 공기는 수평으로 놓인 철근에 의해 가로막히게 되며, 이로 인해 철근과 철근 하단에 형성될 수 있는 수막 등에 의해 부착력이 감소될 수 있다.

③ 전단에 의한 인장철근의 장부력(dowel force)은 부착에 의한 쪼갬응력을 증가시킨다.

④ 인장부 철근이 필요에 의해 절단되는 불연속 지점에서는 철근의 인장력변화 정도가 매우 크며 부착응력 역시 증가한다.

해설 철근의 부착응력

경사인장균열이 발생하게 되면 철근이 균열에 저항하게 되고, 따라서 균열면 양쪽의 부착응력을 감소시키기 때문에 결국 인장철근의 응력을 감소시킨다.

**17** 다음 그림과 같은 용접부의 응력은?

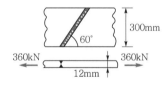

① 115MPa      ② 110MPa

③ 100MPa      ④ 94MPa

해설 용접부의 응력(홈용접, 맞대기용접)

$f = v = \dfrac{P}{\sum a l_e} = \dfrac{360,000}{12 \times 300} = 100$MPa(인장)

관련기준 KDS 14 30 25[2019] 4.2.1 (1)

**18** 계수전단력($V_u$)이 262.5kN일 때 다음 그림과 같은 보에서 가장 적당한 수직스터럽의 간격은? [단, 사용된 스터럽은 D13을 사용하였으며, D13 철근의 단면적은 127mm$^2$, $f_{ck}$=28MPa, $f_y$=400MPa이다.]

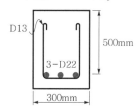

① 195mm  ② 201mm
③ 233mm  ④ 265mm

> **해설** 수직스터럽의 간격
> ㉠ 전단강도 산정
> $$V_c = \frac{1}{6}\lambda\sqrt{f_{ck}}\,b_w d$$
> $$= \frac{1}{6}\times 1.0\sqrt{28}\times 300\times 500\times 10^{-3}$$
> $$= 132.3\text{kN}$$
> $$V_s = \frac{V_u}{\phi} - V_c = \frac{262.5}{0.75} - 132.3$$
> $$= 217.7\text{kN}$$
> ㉡ 간격 제한
> $$\frac{1}{3}\lambda\sqrt{f_{ck}}\,b_w d$$
> $$= \frac{1}{3}\times 1.0\sqrt{28}\times 300\times 500\times 10^{-3}$$
> $$= 264.6\text{kN} > V_s = 217.7\text{kN}$$
> $$\therefore\ s = \frac{d}{2}\ \text{이하},\ 600\text{mm}\ \text{이하}$$
> ㉢ 간격 결정
> $$s = \frac{d}{2} = \frac{500}{2} = 250\text{mm}$$
> $$s = \frac{A_v f_y d}{V_s}$$
> $$= \frac{2\times 127\times 400\times 500}{217,700} = 233.3\text{mm}$$
> $$\therefore\ s = [250,\ 600,\ 233]_{\min} = 233\text{mm}\ \text{이하}$$
>
> **관련기준** KDS 14 20 22[2021] 4.1~4.3

**19** 다음 그림의 지그재그로 구멍이 있는 판에서 순폭을 구하면? [단, 구멍지름은 25mm이다.]

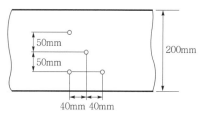

① 187mm  ② 141mm
③ 137mm  ④ 125mm

> **해설** 강판의 순폭
> 모든 파괴경로에 대해 길이를 계산하고, 이 중 최솟값을 순폭으로 한다.
> ㉠ $b_n = b_g - nd = 200 - 2\times 25 = 150\text{mm}$
> ㉡ $b_n = b_g - d - 2\left(d - \dfrac{p^2}{4g}\right)$
> $$= 200 - 25 - 2\times\left(25 - \frac{40^2}{4\times 50}\right) = 141\text{mm}$$
> $$\therefore\ b_n = [150,\ 141]_{\min} = 141\text{mm}$$
>
> **관련기준** KDS 14 30 10[2019] 4.1.3 (1), (2)

**20** 다음과 같은 조건의 경량콘크리트를 사용하고, 설계기준항복강도가 400MPa인 D25(공칭지름 : 25.4mm) 철근을 인장철근으로 사용하는 경우 기본정착길이($l_{db}$)는?

| |
|---|
| • 콘크리트 설계기준압축강도($f_{ck}$) : 24MPa |
| • 콘크리트 인장강도($f_{sp}$) : 2.17MPa |

① 1,430mm  ② 1,515mm
③ 1,535mm  ④ 1,575mm

> **해설** 인장철근의 기본정착길이
> ㉠ 경량콘크리트계수
> $$\lambda = \frac{f_{sp}}{0.56\sqrt{f_{ck}}} = \frac{2.17}{0.56\sqrt{24}} = 0.79 \le 1.0$$
> ㉡ 인장이형철근의 기본정착길이
> $$l_{db} = \frac{0.6d_b f_y}{\lambda\sqrt{f_{ck}}}$$
> $$= \frac{0.6\times 25.4\times 400}{0.79\sqrt{24}} = 1,575.11\text{mm}$$
>
> **관련기준** KDS 14 20 10[2021] 4.3.4 (1), (2)
> KDS 14 20 52[2021] 4.1.2 (2)

**01** 다음 중 콘크리트 구조물을 설계할 때 사용하는 하중인 "활하중(live load)"에 속하지 않는 것은?

① 건물이나 다른 구조물의 사용 및 점용에 의해 발생되는 하중으로서 사람, 가구, 이동칸막이 등의 하중

② 적설하중

③ 교량 등에서 차량에 의한 하중

④ 풍하중

> **해설** ㉠ 활하중 : 구조물을 사용하면서 발생하는 하중으로, 크기나 위치가 시간에 따라 변하는 하중을 말한다. 사람, 가구, 이동칸막이, 창고의 저장물, 교량이나 주차장 등에서 차량에 의한 하중 등이 있다.
> ㉡ 풍하중 : 바람에 의해 구조물에 가해지는 하중으로 대표적인 수평하중이다.
>
> **관련기준** KDS 14 20 01[2021] 1.4 용어의 정의

**02** 철근콘크리트 부재의 전단철근에 관한 다음 설명 중 옳지 않은 것은?

① 주인장철근에 30° 이상의 각도로 구부린 굽힘철근도 전단철근으로 사용할 수 있다.

② 부재축에 직각으로 배치된 전단철근의 간격은 $d/2$ 이하, 600mm 이하로 하여야 한다.

③ 최소 전단철근량은 $0.35\dfrac{b_w s}{f_{yt}}$ 보다 작지 않아야 한다.

④ 전단철근의 설계기준항복강도는 300MPa을 초과할 수 없다.

> **해설** 설계기준항복강도
> 전단철근의 설계기준항복강도($f_y$)는 500MPa을 초과할 수 없고, 휨철근은 600MPa을 초과할 수 없다.
>
> **관련기준** KDS 14 20 10[2021] 4.2.4 (1)
> KDS 14 20 22[2021] 4.3.1 (3)

**03** 복철근 보에서 압축철근에 대한 효과를 설명한 것으로 적절하지 못한 것은?

① 단면 저항모멘트를 크게 증대시킨다.

② 지속하중에 의한 처짐을 감소시킨다.

③ 파괴 시 압축응력의 깊이를 감소시켜 연성을 증대시킨다.

④ 철근의 조립을 쉽게 한다.

> **해설** 압축철근에 대한 효과
> ㉠ 압축철근이 부담하는 압축력만큼 인장철근의 인장력과 균형을 이루므로 인장철근비를 상대적으로 낮출 수 있다.
> ㉡ 장기처짐을 감소시킬 수 있다.
> ㉢ 연성을 증대시킨다.
> ㉣ 철근의 조립 등 시공성능을 향상시킨다.
> ㉤ 교번(교대)하중이 작용하는 경우 효과적이다.

**04** 철근콘크리트 보를 설계할 때 변화구간에서 강도감소계수($\phi$)를 구하는 식으로 옳은 것은? [단, 나선철근으로 보강되지 않은 부재이며, $\varepsilon_t$는 최외단 인장철근의 순인장변형률이다.]

① $\phi = 0.65 + \dfrac{200}{3}(\varepsilon_t - 0.002)$

② $\phi = 0.7 + \dfrac{200}{3}(\varepsilon_t - 0.002)$

③ $\phi = 0.65 + 50(\varepsilon_t - 0.002)$

④ $\phi = 0.7 + 50(\varepsilon_t - 0.002)$

> **해설** 변화구간단면의 강도감소계수(띠철근)
> ㉠ SD400 철근의 압축지배변형률 한계
> $$\varepsilon_{t,ccl} = \varepsilon_y = \frac{f_y}{E_s} = \frac{400}{2.0 \times 10^5}$$
> $$= 0.002$$
> ㉡ SD400 철근의 인장지배변형률 한계
> $\varepsilon_{t,tcl} = 0.005$

**정답** 1.④  2.④  3.①  4.①

ⓒ 강도감소계수 결정

$$\phi = 0.65 + 0.2\left(\frac{\varepsilon_t - \varepsilon_y}{\varepsilon_{t,tcl} - \varepsilon_y}\right)$$
$$= 0.65 + 0.2\left(\frac{\varepsilon_t - 0.002}{0.005 - 0.002}\right)$$
$$= 0.65 + \frac{200}{3}(\varepsilon_t - 0.002)$$

관련기준 KDS 14 20 20[2021] 4.2.3 (2) ②

**05** 다음 중 반T형 보의 유효폭($b$)을 구할 때 고려하여야 할 사항이 아닌 것은? [단, $b_w$ : 플랜지가 있는 부재의 복부폭]

① 양쪽 슬래브의 중심 간 거리
② (한쪽으로 내민 플랜지 두께의 6배)+$b_w$
③ (보의 경간의 1/12)+$b_w$
④ (인접 보와의 내측거리의 1/2)+$b_w$

해설 반T형 보의 유효폭
①의 양쪽 슬래브의 중심 간 거리는 T형 보의 유효폭을 구할 때의 고려사항이다.

관련기준 KDS 14 20 10[2021] 4.3.10 (1)

관련이론 T형 보의 유효폭(작은 값)
① (양쪽으로 각각 내민 플랜지 두께의 8배씩)+$b_w$
② 양쪽 슬래브의 중심 간 거리
③ 보의 경간의 1/4

**06** 단순지지된 2방향 슬래브의 중앙점에 집중하중 $P$가 작용할 때 경간비가 1 : 2라면 단변과 장변이 부담하는 하중비($P_S : P_L$)는? [단, $P_S$ : 단변이 부담하는 하중, $P_L$ : 장변이 부담하는 하중]

① 1 : 8
② 8 : 1
③ 1 : 16
④ 16 : 1

해설 2방향 슬래브의 하중 분배
㉠ 단변이 부담하는 하중
$$P_S = \frac{PL^3}{L^3 + S^3} = \frac{PL^3}{L^3 + \left(\frac{L}{2}\right)^3} = \frac{8}{9}P$$

㉡ 장변이 부담하는 하중
$$P_L = \frac{PS^3}{L^3 + S^3} = \frac{PS^3}{(2S)^3 + S^3} = \frac{1}{9}P$$
$$\therefore P_S : P_L = 8 : 1$$

**07** 다음 그림과 같은 복철근 직사각형 보에서 압축연단에서 중립축까지의 거리($c$)는? [단, $A_s$ =4,764mm$^2$, $A_s'$ =1,284mm$^2$, $f_{ck}$ =38MPa, $f_y$ =400MPa]

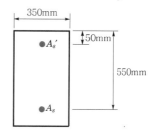

① 143.74mm
② 153.91mm
③ 168.62mm
④ 178.41mm

해설 중립축의 위치
㉠ 등가사각형 깊이
$f_{ck} \le 40$MPa이므로 $\beta_1 = 0.80$, $\eta = 1.0$
$$\therefore a = \frac{(A_s - A_s')f_y}{\eta(0.85f_{ck})b}$$
$$= \frac{(4,764 - 1,284) \times 400}{1.0 \times 0.85 \times 38 \times 350}$$
$$= 123.13\text{mm}$$

㉡ 중립축의 위치
$$c = \frac{a}{\beta_1} = \frac{123.13}{0.80} = 153.9125\text{mm}$$

관련기준 KDS 14 20 20[2021] 4.1.1 (8)

**08** 옹벽에서 T형 보로 설계하여야 하는 부분은?

① 뒷부벽식 옹벽의 뒷부벽
② 뒷부벽식 옹벽의 전면벽
③ 앞부벽식 옹벽의 저판
④ 앞부벽식 옹벽의 앞부벽

정답 5. ① 6. ② 7. ② 8. ①

해설 앞부벽 및 뒷부벽 옹벽의 설계

㉠ 뒷부벽식 옹벽의 뒷부벽 : T형 보로 설계
㉡ 앞부벽식 옹벽의 앞부벽 : 직사각형 보로 설계

관련기준 KDS 14 20 74[2021] 4.1.2.3 (1)

**09** 다음 그림과 같은 두께 13mm의 플레이트에 4개의 볼트구멍이 배치되어 있을 때 부재의 순단면적은? [단, 구멍의 지름은 24mm이다.]

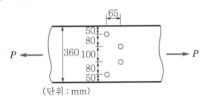

(단위 : mm)

① $4,056\text{mm}^2$     ② $3,916\text{mm}^2$

③ $3,775\text{mm}^2$     ④ $3,524\text{mm}^2$

해설 강판의 순단면적

㉠ 공제폭 산정

$$\omega = d - \frac{p^2}{4g} = 24 - \frac{65^2}{4 \times 80} = 10.8\text{mm}$$

㉡ 순폭 산정

$$b_n = 360 - 2 \times 24 = 312\text{mm}$$
$$b_n = 360 - 24 - 10.8 - 24 = 301.2\text{mm}$$
$$b_n = 360 - 2 \times 24 - 2 \times 10.8 = 290.4\text{mm}$$
$$\therefore b_n = 290.4\text{mm}(최솟값)$$

㉢ 순단면적 산정

$$A_n = b_n t = 290.4 \times 13 = 3,775.2\text{mm}^2$$

관련기준 KDS 14 30 10[2019] 4.1.3 (1), (2)

**10** 경간 6m인 단순 직사각형 단면($b = 300\text{mm}$, $h = 400\text{mm}$)보에 계수하중 30kN/m가 작용할 때 PS 강재가 단면 도심에서 긴장되며 경간 중앙에서 콘크리트 단면의 하연응력이 0이 되려면 PS 강재에 얼마의 긴장력이 작용되어야 하는가?

① 1,805kN     ② 2,025kN

③ 3,054kN     ④ 3,557kN

해설 PSC 보의 긴장력

㉠ 경간 중앙에서 최대 휨모멘트

$$M_{\max} = \frac{\omega_u l^2}{8} = \frac{30 \times 6^2}{8} = 135\text{kN} \cdot \text{m}$$

㉡ PS 강재의 긴장력

$$f_c = \frac{P}{A} - \frac{M}{Z} = 0$$
$$\therefore P = \frac{6}{h} M = \frac{6}{0.4} \times 135 = 2,025\text{kN}$$

**11** 다음 중 용접부의 결함이 아닌 것은?

① 오버랩(overlap)     ② 언더컷(undercut)

③ 스터드(stud)     ④ 균열(crack)

해설 스터드(stud)는 강재 앵커(전단연결재)의 한 종류이다.

관련이론 용접부의 결함

용접부의 결함으로는 오버랩(overlap), 언더컷(undercut), 균열(crack), 피트(pit), 블로홀(blow hole), 피시아이(fish eye) 등이 있다.

**12** 다음 그림과 같은 띠철근 기둥에서 띠철근의 최대 간격은? [단, D10의 공칭지름은 9.5mm, D32의 공칭지름은 31.8mm]

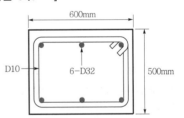

① 400mm     ② 456mm

③ 500mm     ④ 509mm

해설 띠철근의 수직간격

㉠ 축철근의 16배 = 31.8 × 16 = 508.8mm 이하
㉡ 띠철근의 48배 = 9.5 × 48 = 456mm 이하
㉢ 단면 최소 치수 = 500mm 이하
∴ $s \leq 456\text{mm}$(최솟값)

관련기준 KDS 14 20 50[2021] 4.4.2 (3) ②

**13** 휨부재 설계 시 처짐 계산을 하지 않아도 되는 보의 최소 두께를 콘크리트 구조기준에 따라 설명한 것으로 틀린 것은? [단, 보통 중량콘크리트($m_c$ = 2,300kg/m³)와 $f_y$는 400MPa인 철근을 사용한 부재이며, $l$은 부재의 길이이다.]

① 단순지지된 보 : $l/16$

② 1단 연속보 : $l/18.5$

③ 양단 연속보 : $l/21$

④ 캔틸레버보 : $l/12$

해설 처짐 검토가 불필요한 보의 최소 두께

캔틸레버 지지보의 경우는 $\dfrac{l}{8}$ 이다.

관련기준 KDS 14 20 30[2021] 4.2.1 (1)

**14** 철근콘크리트가 성립하는 이유에 대한 설명으로 잘못된 것은?

① 철근과 콘크리트와의 부착력이 크다.

② 콘크리트 속에 묻힌 철근은 녹슬지 않고 내구성을 갖는다.

③ 철근과 콘크리트의 무게가 거의 같고 내구성이 같다.

④ 철근과 콘크리트는 열에 대한 팽창계수가 거의 같다.

해설 철근콘크리트의 성립이유

ⓐ 철근과 콘크리트와의 부착이 양호하다.

ⓑ 콘크리트 속의 철근이 녹슬지 않는다.

ⓒ 철근과 콘크리트의 온도변화율(열팽창계수)이 거의 같다.

**15** 다음 T형 보에서 공칭모멘트강도($M_n$)는? [단, $f_{ck}$ = 24MPa, $f_y$ = 400MPa, $A_s$ = 4,764mm²]

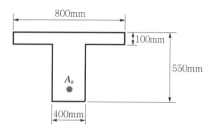

① 812.7kN · m

② 871.6kN m

③ 912.4kN · m

④ 934.5kN · m

해설 T형 보의 공칭휨강도

ⓐ T형 보의 판별

$$a = \dfrac{A_s f_y}{\eta(0.85 f_{ck})b}$$

$$= \dfrac{4,764 \times 400}{1.0 \times 0.85 \times 24 \times 800}$$

$$= 117\text{mm} > t_f = 100\text{mm}$$

∴ T형 보로 해석

ⓑ 등가깊이

$$A_{sf} = \dfrac{\eta(0.85 f_{ck})(b - b_w)t}{f_y}$$

$$= \dfrac{1.0 \times 0.85 \times 24 \times (800 - 400) \times 100}{400}$$

$$= 2,040\text{mm}^2$$

$$\therefore a = \dfrac{(A_s - A_{sf})f_y}{\eta(0.85 f_{ck})b_w}$$

$$= \dfrac{(4,764 - 2,040) \times 400}{1.0 \times 0.85 \times 24 \times 400}$$

$$= 133.5\text{mm}$$

ⓒ 공칭휨강도

$$M_n = A_{sf} f_y \left(d - \dfrac{t}{2}\right)$$

$$+ (A_s - A_{sf})f_y \left(d - \dfrac{a}{2}\right)$$

$$= \left[2,040 \times 400 \times \left(550 - \dfrac{100}{2}\right)\right.$$

$$+ (4,764 - 2,040) \times 400$$

$$\left. \times \left(550 - \dfrac{133.5}{2}\right)\right] \times 10^{-6}$$

$$= 934.5492\text{kN} \cdot \text{m}$$

관련기준 KDS 14 20 10[2021] 4.3.10 (1)
KDS 14 20 20[2021] 4.1.1 (3), (6), (8)

정답 13. ④ 14. ③ 15. ④

**16** 다음 그림과 같은 필릿용접의 형상에서 $s = 9$mm 일 때 목두께 $a$의 값으로 적당한 것은?

① 5.4mm
② 6.3mm
③ 7.2mm
④ 8.1mm

> **해설** 유효목두께(필릿용접)
>
> $a = 0.7s = 0.7 \times 9 = 6.3$mm
>
> **관련기준** KDS 14 30 25[2019] 4.2.3 (1)

**17** 철근의 겹침이음등급에서 A급 이음의 조건은 다음 중 어느 것인가?

① 배치된 철근량이 이음부 전체 구간에서 해석 결과 요구되는 소요철근량의 3배 이상이고, 소요겹침이음길이 내 겹침이음된 철근량이 전체 철근량의 1/3 이상인 경우

② 배치된 철근량이 이음부 전체 구간에서 해석 결과 요구되는 소요철근량의 3배 이상이고, 소요겹침이음길이 내 겹침이음된 철근량이 전체 철근량의 1/2 이하인 경우

③ 배치된 철근량이 이음부 전체 구간에서 해석 결과 요구되는 소요철근량의 2배 이상이고, 소요겹침이음길이 내 겹침이음된 철근량이 전체 철근량의 1/3 이상인 경우

④ 배치된 철근량이 이음부 전체 구간에서 해석 결과 요구되는 소요철근량의 2배 이상이고, 소요겹침이음길이 내 겹침이음된 철근량이 전체 철근량의 1/2 이하인 경우

> **해설** A급 이음조건
>
> ㉠ $\dfrac{\text{배근 } A_s}{\text{소요 } A_s} \geq 2.0$
>
> ㉡ 겹침이음된 철근량이 전체 철근량의 1/2 이하인 경우
>
> **관련기준** KDS 14 20 52[2021] 4.5.2 (2)

**18** PSC 부재에서 프리스트레스의 감소원인 중 도입 후에 발생하는 시간적 손실의 원인에 해당하는 것은?

① 콘크리트의 크리프
② 정착장치의 활동
③ 콘크리트의 탄성수축
④ PS 강재와 시스의 마찰

> **해설** 도입 후(시간적) 손실
>
> ㉠ 콘크리트의 건조수축에 의한 손실
> ㉡ 콘크리트의 크리프에 의한 손실
> ㉢ PS 강재의 릴랙세이션(relaxation)에 의한 손실

**19** PSC 보의 휨강도 계산 시 긴장재의 응력 $f_{ps}$의 계산은 강재 및 콘크리트의 응력-변형률 관계로부터 정확히 계산할 수도 있으나 콘크리트 구조기준에서는 $f_{ps}$를 계산하기 위한 근사적 방법을 제시하고 있다. 그 이유는 무엇인가?

① PSC 구조물은 강재가 항복한 이후 파괴까지 도달함에 있어 강도의 증가량이 거의 없기 때문이다.

② PS 강재의 응력은 항복응력 도달 이후에도 파괴 시까지 점진적으로 증가하기 때문이다.

③ PSC 보를 과보강 PSC 보로부터 저보강 PSC 보의 파괴상태로 유도하기 위함이다.

④ PSC 구조물은 균열에 취약하므로 균열을 방지하기 위함이다.

> **해설** PS 긴장재의 인장응력($f_{ps}$)
>
> PS 강재의 응력이 항복응력 도달 이후에도 파괴 시까지 점진적으로 증가하기 때문이다.
>
> **관련기준** KDS 14 20 60[2021] 4.4.1 (3), (4)

**정답** 16. ② 17. ④ 18. ① 19. ②

**20** 직사각형 보에서 계수전단력 $V_u = 70$kN을 전단철근 없이 지지하고자 할 경우 필요한 최소 유효깊이 $d$는 약 얼마인가? [단, $b = 400$mm, $f_{ck} = 21$MPa, $f_y = 350$MPa]

① $d = 426$mm  ② $d = 556$mm

③ $d = 611$mm  ④ $d = 751$mm

> **해설** 보의 최소 유효깊이
>
> ㉠ $V_u \leq \dfrac{1}{2} \phi V_c$인 경우 최소 전단철근량 배근도 필요 없다.
>
> ㉡ 최소 유효깊이 산정
> $$V_u \leq \frac{1}{2} \phi V_c = \frac{1}{2} \phi \left( \frac{1}{6} \lambda \sqrt{f_{ck}} \, b_w d \right)$$
> $$\therefore \ d = \frac{12 V_u}{\phi \lambda \sqrt{f_{ck}} \, b_w}$$
> $$= \frac{12 \times 70,000}{0.75 \times 1.0 \sqrt{21} \times 400}$$
> $$= 611 \text{mm}$$
>
> **관련기준** KDS 14 20 22[2021] 4.3.3 (1)

## 01

다음 그림과 같은 나선철근 단주의 설계축강도($P_n$)를 구하면? [단, D32 1개의 단면적=794mm², $f_{ck}$=24MPa, $f_y$=420MPa]

① 2,648kN

② 3,254kN

③ 3,797kN

④ 3,972kN

6-D32, D32, 400mm

> **해설** 공칭축강도(나선철근 기둥)
>
> $$P_n = \alpha P_0 = \alpha[0.85f_{ck}(A_g - A_{st}) + f_y A_{st}]$$
> $$= 0.85 \times \left[0.85 \times 24 \times \left(\frac{\pi \times 400^2}{4} - 794 \times 6\right)\right.$$
> $$\left. + 420 \times 794 \times 6\right] \times 10^{-3}$$
> $$= 3,797.15\text{kN}$$
>
> **관련기준** KDS 14 20 20[2021] 4.1.2 (7) ①

## 02

옹벽의 구조 해석에 대한 설명으로 틀린 것은?

① 저판의 뒷굽판은 정확한 방법이 사용되지 않는 한, 뒷굽판 상부에 재하되는 모든 하중을 지지하도록 설계하여야 한다.

② 부벽식 옹벽의 전면벽은 저판에 지지된 캔틸레버로 설계하여야 한다.

③ 부벽식 옹벽의 저판은 정밀한 해석이 사용되지 않는 한, 부벽 사이의 거리를 경간으로 가정한 고정보 또는 연속보로 설계할 수 있다.

④ 뒷부벽은 T형 보로 설계하여야 하며, 앞부벽은 직사각형 보로 설계하여야 한다.

> **해설** 부벽식 옹벽의 전면벽 설계
>
> 부벽식 옹벽의 전면벽은 3변 지지된 2방향 슬래브로 설계되어야 한다.
>
> **관련기준** KDS 14 20 74[2021] 4.1.2.2 (2)

## 03

다음 그림에 나타난 직사각형 단철근 보의 설계휨강도($\phi M_n$)를 구하기 위한 강도감소계수($\phi$)는 얼마인가? [단, $f_{ck}$=28MPa, $f_y$=400MPa]

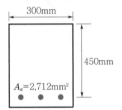

300mm, 450mm, $A_s$=2,712mm²

① 0.85

② 0.82

③ 0.79

④ 0.76

> **해설** 변화구간단면의 강도감소계수
>
> ㉠ 지배단면의 판정
>
> $f_{ck} \leq 40$MPa인 경우 $\beta_1 = 0.80$, $\eta = 1.0$
>
> $$a = \frac{A_s f_y}{\eta(0.85f_{ck})b} = \frac{2,712 \times 400}{1.0 \times 0.85 \times 28 \times 300}$$
> $$\fallingdotseq 152\text{mm}$$
> $$c = \frac{a}{\beta_1} = \frac{152}{0.80} = 190\text{mm}$$
> $$\varepsilon_y = \frac{f_y}{E_s} = \frac{400}{2 \times 10^5} = 0.002$$
> $$\varepsilon_t = \varepsilon_c\left(\frac{d_t - c}{c}\right) = 0.0033 \times \frac{450 - 190}{190}$$
> $$= 0.004516$$
> $$\varepsilon_{t,\,min} < \varepsilon_t < \varepsilon_{t,\,tcl}$$
>
> ∴ 변화구간단면으로 해석
>
> ㉡ 강도감소계수(SD400의 띠철근)
>
> $$\phi = 0.65 + 0.2\left(\frac{\varepsilon_t - \varepsilon_y}{\varepsilon_{t,\,tcl} - \varepsilon_y}\right)$$
> $$= 0.65 + 0.2 \times \frac{0.0045 - 0.002}{0.005 - 0.002}$$
> $$= 0.8167$$
>
> **관련기준** KDS 14 20 20[2021] 4.2.3 (2) ②

**정답** 1. ③  2. ②  3. ②

**04** 강도설계법의 기본가정을 설명한 것으로 틀린 것은 어느 것인가? [단, $f_{ck} \leq 40\text{MPa}$]

① 철근과 콘크리트의 변형률은 중립축에서의 거리에 비례한다고 가정한다.

② 콘크리트 압축연단의 극한변형률은 0.0033으로 가정한다.

③ 철근의 응력이 설계기준항복강도($f_y$) 이상일 때 철근의 응력은 그 변형률에 $E_s$를 곱한 값으로 한다.

④ 콘크리트의 인장강도는 철근콘크리트의 휨계산에서 무시한다.

> **해설** 강도설계법의 기본가정
> 휨철근의 항복강도($f_y$)는 600MPa을 초과할 수 없다. 항복강도 이하에서 철근의 응력은 그 변형률의 $E_s$ 배를 취한다.
>
> **관련기준** KDS 14 20 20[2021] 4.1.1 (4)

**05** 길이가 7m인 양단 연속보에서 처짐을 계산하지 않는 경우 보의 최소 두께로 옳은 것은? [단, $f_{ck}$ = 28MPa, $f_y$ =400MPa]

① 275mm  ② 334mm

③ 379mm  ④ 438mm

> **해설** 처짐 검토가 불필요한 보의 최소 두께
> 양단 연속, $f_y$ =400MPa인 경우
> $$\therefore h = \frac{l}{21} = \frac{7,000}{21} = 333.33\text{mm}$$
>
> **관련기준** KDS 14 20 30[2021] 4.2.1 (1)

**06** 계수전단강도 $V_u$ =60kN을 받을 수 있는 직사각형 단면이 최소 전단철근 없이 견딜 수 있는 콘크리트의 유효깊이 $d$는 최소 얼마 이상이어야 하는가? [단, $f_{ck}$ =24MPa, 단면의 폭($b$)=350mm]

① 560mm  ② 525mm

③ 434mm  ④ 328mm

> **해설** 콘크리트의 유효깊이
> ㉠ $V_u \leq \frac{1}{2}\phi V_c$인 경우 최소 전단철근도 불필요하다.
> ㉡ 최소 유효깊이
> $$V_u \leq \frac{1}{2}\phi V_c = \frac{1}{2}\phi\left(\frac{1}{6}\lambda\sqrt{f_{ck}}\,b_w d\right)$$
> $$\therefore d \geq \frac{12 V_u}{\phi\lambda\sqrt{f_{ck}}\,b_w}$$
> $$= \frac{12\times 60,000}{0.75\times 1.0\sqrt{24}\times 350}$$
> $$= 559.88\text{mm}$$
>
> **관련기준** KDS 14 20 22[2021] 4.3.3 (1)

**07** 전단철근에 대한 설명으로 틀린 것은?

① 철근콘크리트 부재의 경우 주인장철근의 45° 이상의 각도로 설치되는 스터럽을 전단철근으로 사용할 수 있다.

② 철근콘크리트 부재의 경우 주인장철근의 30° 이상의 각도로 구부린 굽힘철근을 전단철근으로 사용할 수 있다.

③ 전단철근으로 사용하는 스터럽과 기타 철근 또는 철선은 콘크리트 압축연단부터 거리 $d$ 만큼 연장하여야 한다.

④ 용접이형철망을 사용할 경우 전단철근의 설계기준항복강도는 500MPa을 초과할 수 없다.

> **해설** 용접이형철망의 설계기준항복강도
> 용접이형철망을 사용하는 전단철근의 설계기준항복강도는 600MPa을 초과할 수 없다.
>
> **관련기준** KDS 14 20 22[2021] 4.3.1 (3)

**08** 인장응력 검토를 위한 L-150×90×12인 형강(angle)의 전개 총폭($b_g$)은 얼마인가?

① 228mm  ② 232mm

③ 240mm  ④ 252mm

> **해설** L형강의 전개 총폭
> $$b_g = b_1 + b_2 - t = 150 + 90 - 12 = 228\text{mm}$$

**정답** 4. ③  5. ②  6. ①  7. ④  8. ①

**09** 비틀림 철근에 대한 설명으로 틀린 것은? [단, $A_{oh}$ 는 가장 바깥의 비틀림 보강철근의 중심으로 닫힌 단면적이고, $P_h$ 는 가장 바깥의 횡방향 폐쇄 스터럽 중심선의 둘레이다.]

① 횡방향 비틀림 철근은 종방향 철근 주위로 135° 표준갈고리에 의해 정착하여야 한다.

② 비틀림모멘트를 받는 속 빈 단면에서 횡방향 비틀림 철근의 중심선으로부터 내부벽면까지의 거리는 $\dfrac{0.5A_{oh}}{p_h}$ 이상이 되도록 설계하여야 한다.

③ 횡방향 비틀림 철근의 간격은 $\dfrac{p_h}{6}$ 및 400mm보다 작아야 한다.

④ 종방향 비틀림 철근은 양단에 정착하여야 한다.

> **해설** 횡방향 비틀림 철근의 간격
>
> 횡방향 비틀림 철근의 간격은 $\dfrac{p_h}{8}$ 보다 작아야 하고, 또한 300mm보다 작아야 한다.
>
> **관련기준** KDS 14 20 22[2021] 4.5.4 (4)

**10** 휨부재에서 철근의 정착에 대한 안전을 검토하여야 하는 곳으로 거리가 먼 것은?

① 최대 응력점

② 경간 내에서 인장철근이 끝나는 곳

③ 경간 내에서 인장철근이 굽혀진 곳

④ 집중하중이 재하되는 점

> **해설** 정착에 대한 안전 검토
>
> 집중하중이 재하되는 점은 휨에 대한 굽힘응력 검토가 필요하다.
>
> **관련기준** KDS 14 20 52[2021] 4.4.1 (1)
>
> **관련이론** 휨부재에서 최대 응력점과 경간 내에서 인장철근이 끝나거나 굽혀진 위험단면에서 철근의 정착에 대한 안전을 검토하여야 한다.

**11** 다음 필릿용접의 전단응력은 얼마인가?

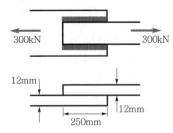

① 67.72MPa  ② 70.72MPa

③ 72.72MPa  ④ 79.01MPa

> **해설** 용접부의 응력(겹대기이음, 필릿용접)
>
> ㉠ 용접유효길이
> $$l_e = l - 2s = 2 \times (250 - 2 \times 12)$$
> $$= 452\text{mm}$$
>
> ㉡ 전단응력 산정
> $$v = \frac{P}{\sum a l_e} = \frac{300,000}{0.7 \times 12 \times 452}$$
> $$= 79.0139\,\text{MPa}$$
>
> **관련기준** KDS 14 30 25[2019] 4.2.3 (1)

**12** 단면이 400×500mm이고 150mm² 의 PSC 강선 4개를 단면 도심축에 배치한 프리텐션 PSC 부재가 있다. 초기 프리스트레스가 1,000MPa일 때 콘크리트의 탄성변형에 의한 프리스트레스 감소량의 값은? [단, $n=6$]

① 22MPa  ② 20MPa

③ 18MPa  ④ 16MPa

> **해설** 콘크리트의 탄성변형에 의한 감소량
>
> $$\Delta f_p = n f_{ci} = n\frac{P_i}{A} = n\frac{f_{pi}A_p}{bh}$$
> $$= 6 \times \frac{1,000 \times 150 \times 4}{400 \times 500} = 18\text{MPa}$$
>
> **관련기준** KDS 14 20 60[2021] 4.3.1 (1)

**13** 다음 그림과 같이 $w = 40$kN/m일 때 PS 강재가 단면 중심에서 긴장되며 인장측의 콘크리트 응력이 "0"이 되려면 PS 강재에 얼마의 긴장력이 작용하여야 하는가?

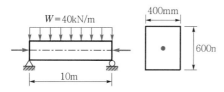

① 4,605kN  ② 5,000kN
③ 5,200kN  ④ 5,625kN

> **해설** PS 강재의 긴장력
>
> $$M = \frac{wl^2}{8}, \quad f_t = \frac{P}{A} - \frac{M}{Z}$$
>
> $$0 = \frac{P}{bh} - \frac{6M}{bh^2}$$
>
> $$\therefore P = \frac{6M}{h} = \frac{6}{0.6} \times \frac{40 \times 10^2}{8} = 5,000 \text{kN}$$

**14** 다음 그림과 같은 직사각형 단면의 보에서 인장철근은 D22 철근 3개가 윗부분에, D29 철근 3개가 아랫부분에 2열로 배치되었다. 이 보의 공칭휨강도($M_n$)는? [단, 철근 D22 3본의 단면적은 1,161mm², 철근 D29 3본의 단면적은 1,927mm², $f_{ck} = 24$MPa, $f_y = 350$MPa]

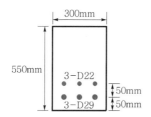

① 396.2kN·m  ② 424.6kN·m
③ 467.3kN·m  ④ 512.4kN·m

> **해설** 보의 공칭휨강도
>
> ㉠ 유효깊이
> $$d = \frac{\sum G}{\sum A} = \frac{\sum A y}{\sum A}$$
> $$= \frac{1,161 \times 450 + 1,927 \times 500}{1,161 + 1,927} = 481.2\text{m}$$

> ㉡ 등가깊이
> $f_{ck} \leq 40$MPa인 경우 $\eta = 1.0$, $\beta_1 = 0.80$
> $$\therefore a = \frac{A_s f_y}{\eta (0.85 f_{ck}) b}$$
> $$= \frac{(1,161 + 1,927) \times 350}{1.0 \times 0.85 \times 24 \times 300} = 176.6\text{mm}$$
>
> ㉢ 공칭휨강도
> $$M_n = A_s f_y \left( d - \frac{a}{2} \right)$$
> $$= (1,161 + 1,927) \times 350$$
> $$\times \left( 481.2 - \frac{176.6}{2} \right) \times 10^{-6}$$
> $$= 424.6463\text{kN} \cdot \text{m}$$
>
> **관련기준** KDS 14 20 20[2021] 4.1.1 (3), (8)

**15** 프리스트레스트 콘크리트의 원리를 설명할 수 있는 기본개념으로 옳지 않은 것은?

① 균등질 보의 개념  ② 내력모멘트의 개념
③ 하중 평형의 개념  ④ 변형도의 개념

> **해설** PSC의 기본 3개념
>
> ㉠ 응력 개념(균등질 보의 개념)
> ㉡ 강도 개념(내력모멘트의 개념, PSC = RC)
> ㉢ 등가하중 개념(하중 평형의 개념)

**16** 콘크리트의 강도설계법에서 $f_{ck} = 38$MPa일 때 직사각형 응력분포의 깊이를 나타내는 $\beta_1$의 값은 얼마인가?

① 0.78  ② 0.92
③ 0.80  ④ 0.75

> **해설** 등가응력분포 깊이의 비($\beta_1$)
>
> $f_{ck} \leq 40$MPa인 경우
> $$\therefore \beta_1 = 0.80$$
>
> **관련기준** KDS 14 20 20[2021] 4.1.1 (8)

**17** 강판형(plate girder) 복부(web) 두께의 제한이 규정되어 있는 가장 큰 이유는?

① 시공상의 난이  ② 공비의 절약
③ 자중의 경감  ④ 좌굴의 방지

> **해설** 두께의 제한 이유
> 강판형 보의 복부는 전단력이 매우 커서 전단좌굴이 발생한다. 이를 방지하기 위해 복부 두께를 제한하고 있다.
> **관련기준** KDS 14 31 10[2022]

**18** 4변에 의해 지지되는 2방향 슬래브 중에서 1방향 슬래브로 보고 해석할 수 있는 경우에 대한 기준으로 옳은 것은? [단, $L$ : 2방향 슬래브의 장경간, $S$ : 2방향 슬래브의 단경간]

① $\dfrac{L}{S}$ 이 2보다 클 때

② $\dfrac{L}{S}$ 이 1일 때

③ $\dfrac{L}{S}$ 이 $\dfrac{3}{2}$ 이상일 때

④ $\dfrac{L}{S}$ 이 3보다 작을 때

> **해설** 슬래브의 분류
> ㉠ 1방향 슬래브 : 주철근을 1방향(단변 방향)으로 배치한 슬래브
> $$\frac{L}{S} \geq 2.0$$
> ㉡ 2방향 슬래브 : 주철근을 2방향으로 배치한 슬래브
> $$1.0 \leq \frac{L}{S} < 2.0, \ 1.0 \geq \frac{S}{L} > 0.5$$
> **관련기준** KDS 14 20 70[2021] 4.1.1.1 (2)

**19** 폭 400mm, 유효깊이 600mm인 단철근 직사각형 보의 단면에서 콘크리트 구조기준에 의한 최대 인장철근량은? [단, $f_{ck}$ =28MPa, $f_y$ =400MPa]

① 4,552mm²  ② 4,877mm²
③ 5,164mm²  ④ 5,526mm²

> **해설** 최대 인장철근량
> ㉠ 최대 인장철근비
> $$\rho_{max} = \frac{\eta(0.85f_{ck})\beta_1}{f_y}\left(\frac{\varepsilon_c}{\varepsilon_c + \varepsilon_{t,\,min}}\right)$$
> $$= \frac{1.0 \times 0.85 \times 28 \times 0.80}{400}$$
> $$\times \frac{0.0033}{0.0033 + 0.004}$$
> $$= 0.021518$$
> ㉡ 최대 인장철근량
> $$A_{s\,max} = \rho_{max}b_w d$$
> $$= 0.021518 \times 400 \times 600$$
> $$= 5,164.32\text{mm}^2$$
> **관련기준** KDS 14 20 20[2021] 4.1.1 (3), (8)

**20** 깊은 보(deep beam)의 강도는 다음 중 무엇에 의해 지배되는가?

① 압축  ② 인장
③ 휨  ④ 전단

> **해설** 깊은 보
> 순경간 $l_n$ 이 부재깊이의 4배 이하인 보를 깊은 보라 하고, 높이가 큰 보를 말한다. 깊은 보는 주로 전단에 의해 지배된다.
> **관련기준** KDS 14 20 20[2021] 4.2.4 (1)

**01** 다음 중 철근콘크리트 보에서 사인장철근이 부담하는 주된 응력은?

① 부착응력      ② 전단응력

③ 지압응력      ④ 휨인장응력

> **해설** 전단철근(사인장철근)
>
> 사인장철근(복부철근)은 전단응력을 부담하고, 휨철근은 휨인장응력을 부담한다.

**02** 단철근 직사각형 보에서 폭 300mm, 유효깊이 500mm, 인장철근의 단면적 1,700mm²일 때 강도해석에 의한 직사각형 압축응력 분포도의 깊이($a$)는? [단, $f_{ck}$=20MPa, $f_y$=300MPa이다.]

① 50mm      ② 100mm

③ 200mm      ④ 400mm

> **해설** 등가응력분포 깊이
>
> $f_{ck} \le 40\,\text{MPa}$이므로 $\eta = 1.0$, $\beta_1 = 0.80$
>
> $$\therefore\ a = \frac{A_s f_y}{\eta(0.85 f_{ck})\,b}$$
>
> $$= \frac{1,700 \times 300}{1.0 \times 0.85 \times 20 \times 300} = 100\text{mm}$$
>
> **관련기준** KDS 14 20 20[2021] 4.1.1 (8)

**03** 강도설계법에 의한 휨부재의 등가사각형 압축응력 분포에서 $f_{ck}$=40MPa일 때 $\beta_1$의 값은?

① 0.766      ② 0.800

③ 0.833      ④ 0.850

> **해설** 등가응력분포 깊이의 비
>
> $f_{ck} \le 40\,\text{MPa}$인 경우 $\beta_1 = 0.80$
>
> **관련기준** KDS 14 20 20[2021] 4.1.1 (8)

**04** 표준갈고리를 갖는 인장이형철근의 정착에 대한 설명으로 옳지 않은 것은? [단, $d_b$ : 철근의 공칭지름]

① 갈고리는 압축을 받는 경우 철근 정착에 유효하지 않은 것으로 본다.

② 정착길이는 위험단면부터 갈고리의 외측단까지 길이로 나타낸다.

③ $f_{sp}$값이 규정되어 있지 않은 경우 모래경량콘크리트의 경량콘크리트계수 λ는 0.7이다.

④ 기본정착길이에 보정계수를 곱하여 정착길이를 계산하는데, 이렇게 구한 정착길이는 항상 $8d_b$ 이상, 또한 150mm 이상이어야 한다.

> **해설** 경량콘크리트계수
>
> ㉠ $f_{sp}$값이 규정되지 않은 경우
> - 전 경량콘크리트 : 0.75
> - 모래경량콘크리트 : 0.85
>
> ㉡ $f_{sp}$값이 규정된 경우
>
> $$\lambda = \frac{f_{sp}}{0.56\sqrt{f_{ck}}} \le 1.0$$
>
> **관련기준** KDS 14 20 10[2021] 4.3.4 (1) ①, ②

**05** 길이 6m의 단순지지 보통 중량 철근콘크리트 보의 처짐을 계산하지 않아도 되는 보의 최소 두께는? [단, $f_{ck}$=21MPa, $f_y$=350MPa이다.]

① 349mm      ② 356mm

③ 375mm      ④ 403mm

> **해설** 처짐 검토가 불필요한 보의 최소 두께
>
> 단순지지, $f_y \ne 400\text{MPa}$인 경우
>
> $$\therefore\ h = \frac{l}{16}\left(0.43 + \frac{f_y}{700}\right)$$
>
> $$= \frac{6,000}{16} \times \left(0.43 + \frac{350}{700}\right)$$
>
> $$= 348.75\text{mm}$$

**정답** 1. ②   2. ②   3. ②   4. ③   5. ①

관련기준 KDS 14 20 30[2021] 4.2.1 (1)

관련이론 처짐을 계산하지 않는 부재의 최소 두께

① $f_y = 400\text{MPa}$인 경우

| 경계조건<br>부재 | 캔틸<br>레버 | 단순<br>지지 | 일단<br>연속 | 양단<br>연속 |
|---|---|---|---|---|
| 보 | $l/8$ | $l/16$ | $l/18.5$ | $l/21$ |
| 1방향 슬래브 | $l/10$ | $l/20$ | $l/24$ | $l/28$ |

※ $l$의 단위는 cm이다.

② $f_y \neq 400\text{MPa}$인 경우에는 계산된 $h$에 $\left(0.43 + \dfrac{f_y}{700}\right)$를 곱한다.

③ 경량콘크리트는 계산된 $h$에 $(1.65 - 0.00031m_c)$를 곱하여 구하되 1.09 이상이어야 한다.

**06** 강도설계법에서 강도감소계수($\phi$)를 규정하는 목적이 아닌 것은?

① 부정확한 설계방정식에 대비한 여유를 반영하기 위해

② 구조물에서 차지하는 부재의 중요도 등을 반영하기 위해

③ 재료강도와 치수가 변동할 수 있으므로 부재의 강도 저하 확률에 대비한 여유를 반영하기 위해

④ 하중의 변경, 구조 해석할 때의 가정 및 계산의 단순화로 인해 야기될지 모르는 초과하중에 대비한 여유를 반영하기 위해

해설 하중계수 사용목적

초과하중의 영향을 고려하기 위함이다.

관련기준 KDS 14 20 01[2021] 1.4 용어의 정의

관련이론 하중계수를 사용하는 목적

① 하중의 공칭값과 실제 하중 간의 불가피한 차이

② 하중을 작용외력으로 변환시키는 해석상의 불확실성

③ 예기치 않은 초과하중, 환경작용 등의 변동 등을 고려하기 위하여 사용하중에 곱하는 안전계수

**07** 다음 그림과 같은 캔틸레버 옹벽의 최대 지반반력은?

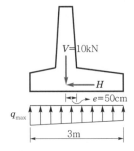

① $10.2\text{kN/m}^2$  ② $20.5\text{kN/m}^2$

③ $6.67\text{kN/m}^2$  ④ $3.33\text{kN/m}^2$

해설 옹벽의 안정조건(침하에 대한 안정)

$$q_{\max} = \frac{V}{A} + \frac{M}{Z} = \frac{V}{B}\left(1 + \frac{6e}{B}\right)$$
$$= \frac{10}{3} \times \left(1 + \frac{6 \times 0.5}{3}\right)$$
$$= 6.67\text{kN/m}^2$$

관련기준 KDS 14 20 74[2021] 4.1.1.2 (5)

**08** 옹벽의 구조 해석에 대한 내용으로 틀린 것은?

① 부벽식 옹벽의 전면벽은 3변 지지된 2방향 슬래브로 설계할 수 있다.

② 캔틸레버식 옹벽의 전면벽은 저판에 지지된 캔틸레버로 설계할 수 있다.

③ 뒷부벽은 T형 보로 설계하여야 하며, 앞부벽은 직사각형 보로 설계하여야 한다.

④ 부벽식 옹벽의 저판은 정밀한 해석이 사용되지 않는 한 부벽의 높이를 경간으로 가정한 고정보 또는 연속보로 설계할 수 있다.

해설 옹벽 저판의 구조 해석

앞부벽 또는 뒷부벽 간의 거리를 경간으로 하는 고정보 또는 연속보로 설계할 수 있다.

관련기준 KDS 14 20 74[2021] 4.1.2.1 (3)

정답 6.④ 7.③ 8.④

**09** 다음 그림과 같은 직사각형 단면의 단순보에 PS 강재가 포물선으로 배치되어 있다. 보의 중앙 단면에서 일어나는 상연응력(㉠) 및 하연응력(㉡)은? [단, PS 강재의 긴장력은 3,300kN이고, 자중을 포함한 작용하중은 27kN/m이다.]

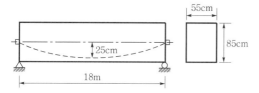

① ㉠ 21.21MPa, ㉡ 1.8MPa

② ㉠ 12.07MPa, ㉡ 0MPa

③ ㉠ 8.6MPa, ㉡ 2.45MPa

④ ㉠ 11.11MPa, ㉡ 3.00MPa

> **해설** PSC 보의 상·하연응력
>
> ㉠ 최대 휨모멘트 및 기본공식
>
> $$M = \frac{wl^2}{8} = \frac{27 \times 18^2}{8} = 1,093.5 \text{kN} \cdot \text{m}$$
>
> $$\therefore f_c \atop t = \frac{P}{A} \mp \frac{Pe}{I}y \pm \frac{M}{I}y$$
>
> $$= \frac{3,300 \times 10^3}{550 \times 850}$$
>
> $$\mp \frac{12 \times 3,300 \times 10^3 \times 250}{550 \times 850^3} \times \frac{850}{2}$$
>
> $$\pm \frac{12 \times 1,093.5 \times 10^6}{550 \times 850^3} \times \frac{850}{2}$$
>
> $$= 7.0588 \mp 12.4567 \pm 16.5106$$
>
> ㉡ 상연응력($f_c$)
>
> $$f_c = 7.0588 - 12.4567 + 16.5106$$
> $$= 11.1127 \text{MPa(압축)}$$
>
> ㉢ 하연응력($f_t$)
>
> $$f_t = 7.0588 + 12.4567 - 16.5106$$
> $$= 3.0049 \text{MPa(압축)}$$

**10** 철근콘크리트에서 콘크리트의 탄성계수로 쓰이며 철근콘크리트 단면의 결정이나 응력을 계산할 때 쓰이는 것은?

① 전단탄성계수　　② 할선탄성계수

③ 접선탄성계수　　④ 초기접선탄성계수

> **해설** 콘크리트의 탄성계수
>
> 철근콘크리트 구조물에 적용하는 콘크리트의 탄성계수($E_c$)는 할선(시컨트)탄성계수이다.
>
> $$\therefore E_c = 2.0 \times 10^5 \text{MPa}$$
>
> **관련기준** KDS 14 20 10[2021] 4.3.3 (1)

**11** 철근콘크리트 구조물의 균열에 관한 설명으로 옳지 않은 것은?

① 하중으로 인한 균열의 최대폭은 철근응력에 비례한다.

② 인장측에 철근을 잘 분배하면 균열폭을 최소로 할 수 있다.

③ 콘크리트 표면의 균열폭은 철근에 대한 피복두께에 반비례한다.

④ 많은 수의 미세한 균열보다는 폭이 큰 몇 개의 균열이 내구성에 불리하다.

> **해설** 균열폭의 성질
>
> 콘크리트 표면의 균열폭은 피복두께에 비례한다.
>
> **관련기준** KDS 14 20 30[2021] 4.1 (4)
>
> **관련이론** ① 균열폭은 철근의 응력, 철근지름에 비례하고 철근비에 반비례한다.
> ② 콘크리트 표면의 균열폭은 피복두께에 비례한다.
> ③ 같은 단면적의 철근량을 사용할 경우 가능한 한 가는 철근을 여러 개 배치하는 것이 균열폭을 작게 할 수 있다.
> ④ 이형철근을 사용하고 철근을 콘크리트 인장측에 잘 분해하면 균열폭을 최소화할 수 있다.
> ⑤ 균열 제어용 철근의 부재 단면의 주변에 분산시켜 배치해야 하고, 철근의 간격을 가능한 한 좁게 해야 한다.

**12** 캔틸레버식 옹벽(역T형 옹벽)에서 뒷굽판의 길이를 결정할 때 가장 주가 되는 것은?

① 전도에 대한 안정

② 침하에 대한 안정

③ 활동에 대한 안정

④ 지반지지력에 대한 안정

해설 옹벽의 안정조건(활동에 대한 안정)

뒷굽판의 길이를 크게 하여 저판의 미끄럼저항(마찰저항)을 확보한다.

관련기준 KDS 14 20 74[2021] 4.1.1.2 (2)

해설 보의 유효깊이

$$y = \frac{2}{5} \times 150 = 60\,\text{mm}$$

$$\therefore d = 500 - 60 = 440\,\text{mm}$$

**13** 단철근 직사각형 보의 설계휨강도를 구하는 식으로 옳은 것은? $\left[\text{단, } q = \dfrac{\rho f_y}{f_{ck}} \text{이다.}\right]$

① $\phi M_n = \phi \left[ f_{ck} b d^2 q (1 - 0.59q) \right]$

② $\phi M_n = \phi \left[ f_{ck} b d^2 (1 - 0.59q) \right]$

③ $\phi M_n = \phi \left[ f_{ck} b d^2 (1 + 0.59q) \right]$

④ $\phi M_n = \phi \left[ f_{ck} b d^2 q (1 + 0.59q) \right]$

해설 보의 설계휨강도

㉠ 공칭휨강도

$$M_n = A_s f_y \left( d - \frac{a}{2} \right)$$

$$= \rho b d f_y \left( d - \frac{1}{2} \times \frac{\rho b d f_y}{\eta(0.85 f_{ck}) b} \right)$$

$$= \rho b d^2 f_y \left( 1 - \frac{\rho f_y}{1.7 f_{ck}} \right)$$

$$= f_{ck} q b d^2 (1 - 0.59q)$$

여기서, $q = \dfrac{\rho f_y}{f_{ck}}$, $\rho = \dfrac{A_s}{b_w d}$

$$a = \frac{A_s f_y}{\eta(0.85 f_{ck}) b}$$

㉡ 설계휨강도

$$M_d = \phi M_n \geq M_u$$

**14** 다음 그림과 같은 인장철근을 갖는 보의 유효깊이는? [단, D19 철근의 공칭 단면적은 287mm²이다.]

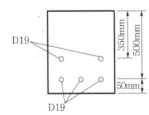

① 350mm ② 410mm

③ 440mm ④ 500mm

**15** 다음 그림과 같은 필릿용접에서 일어나는 응력으로 옳은 것은?

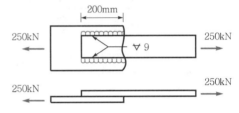

① 97.3MPa ② 109.02MPa

③ 99.2MPa ④ 100.00MPa

해설 용접부의 응력(겹대기이음, 필릿용접)

㉠ 유효목두께와 유효용접길이($l_e$)

$$a = 0.7s = 0.7 \times 9 = 6.3\,\text{mm}$$

$$l_e = 2(l - 2s) = 2 \times (200 - 2 \times 9)$$

$$= 364\,\text{mm}$$

㉡ 용접부의 응력

$$f_t = \frac{P}{\sum a l_e} = \frac{250,000}{6.3 \times 364} = 109.02\,\text{MPa}$$

관련기준 KDS 14 30 25[2019] 4.2.3 (1)

**16** 철근콘크리트 부재의 비틀림 철근 상세에 대한 설명으로 틀린 것은? [단, $p_h$ : 가장 바깥의 횡방향 폐쇄 스터럽 중심선의 둘레(mm)]

① 종방향 비틀림 철근은 양단에 정착하여야 한다.

② 횡방향 비틀림 철근의 간격은 $p_h/4$보다 작아야 하고, 또한 200mm보다 작아야 한다.

③ 종방향 철근의 지름은 스터럽 간격의 1/24 이상이어야 하며, 또한 D10 이상의 철근이어야 한다.

④ 비틀림에 요구되는 종방향 철근은 폐쇄 스터럽의 둘레를 따라 300mm 이하의 간격으로 분포시켜야 한다.

정답 13. ① 14. ③ 15. ② 16. ②

해설 비틀림 철근 상세

횡방향 비틀림 철근의 간격은 $p_h/8$보다 작아야 하고, 또한 300mm보다 작아야 한다.

관련기준 KDS 14 20 221[2021] 4.5.4 (4)

**17** 콘크리트 슬래브 설계 시 직접설계법을 적용할 수 있는 제한사항에 대한 설명 중 틀린 것은?

① 각 방향으로 3경간 이상 연속되어야 한다.

② 각 방향으로 연속한 받침부 중심 간 경간차이는 긴 경간의 1/3 이하이어야 한다.

③ 슬래브 판들은 단변경간에 대한 장변경간의 비가 2 이하인 직사각형이어야 한다.

④ 연속한 기둥 중심선을 기준으로 기둥의 어긋남은 그 방향 경간의 15% 이하이어야 한다.

해설 직접설계법의 제한사항

연속한 기둥의 중심선으로부터 기둥의 어긋남은 그 방향 경간의 최대 10%까지 허용할 수 있다.

관련기준 KDS 14 20 70[2021] 4.1.3.1 (5)

**18** 다음과 같은 맞대기이음부에 발생하는 응력의 크기는? [단, $P$=360kN, 강판두께=12mm]

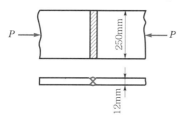

① 압축응력 $f_c$=14.4MPa

② 인장응력 $f_t$=3,000MPa

③ 전단응력 $\tau$=150MPa

④ 압축응력 $f_c$=120MPa

해설 용접부의 응력(맞대기이음, 홈용접)

㉠ 유효목두께와 유효길이

$a = t = 12mm$

$l_e = l = 250mm$

㉡ 용접부의 응력(압축)

$$f_c = \frac{P}{\sum a l_e} = \frac{360,000}{12 \times 250}$$

$$= 120MPa$$

관련기준 KDS 14 30 25[2019] 4.2.1 (1)

**19** 용접작업 중 일반적인 주의사항에 대한 내용으로 옳지 않은 것은?

① 구조상 중요한 부분을 지정하여 집중용접한다.

② 용접은 수축이 큰 이음을 먼저 용접하고, 수축이 작은 이음은 나중에 한다.

③ 앞의 용접에서 생긴 변형을 다음 용접에서 제거할 수 있도록 진행시킨다.

④ 특히 비틀어지지 않게 평행한 용접은 같은 방향으로 할 수 있으며 동시에 용접을 한다.

해설 용접작업 시 주의사항

용접부의 열이 집중되지 않도록 균등하게 분포시킨다.

관련이론 ① 용접은 되도록 아래보기 자세로 한다.
② 두께 및 폭의 변화시킬 경사는 1/5 이하로 한다.
③ 용접열을 되도록 균등하게 분포시킨다.
④ 중심에서 주변을 향해 대칭으로 용접하여 변형을 적게 한다.
⑤ 두께가 다른 부재를 용접할 때 두꺼운 판의 두께가 얇은 판두께의 2배를 초과하면 안 된다.

**20** 다음 그림과 같은 직사각형 단면의 프리텐션 부재에 편심 배치한 직선 PS 강재를 760kN 긴장했을 때 탄성수축으로 인한 프리스트레스의 감소량은? [단, $I = 2.5 \times 10^9 \text{mm}^4$, $n = 6$이다.]

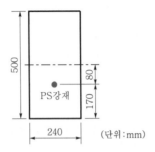

(단위 : mm)

① 43.67MPa  ② 45.67MPa

③ 47.67MPa  ④ 49.67MPa

---

**해설** 콘크리트 탄성수축에 의한 감소(손실)량

$$\Delta f_p = n f_c$$
$$= n\left(\frac{P}{A_c} + \frac{Pe}{I}e\right)$$
$$= 6 \times \left(\frac{760 \times 10^3}{240 \times 500} + \frac{760 \times 10^3 \times 80}{2.5 \times 10^9} \times 80\right)$$
$$= 49.6736 \text{MPa}$$

**관련기준** KDS 14 20 60[2021] 4.3.1 (1)

---

**01** 경간 $l$ =10m인 대칭 T형 보에서 양쪽 슬래브의 중심 간 거리 2,100mm, 슬래브의 두께($t$) 100mm, 복부의 폭($b_w$) 400mm일 때 플랜지의 유효폭은 얼마인가?

① 2,000mm
② 2,100mm
③ 2,300mm
④ 2,500mm

> **해설** 대칭 T형 보의 유효폭($b_e$)
> ㉠ $16t_f + b_w = 16 \times 100 + 400 = 2,000$mm
> ㉡ 슬래브 중심 간 거리 = 2,100mm
> ㉢ 경간의 $\dfrac{1}{4} = 10,000 \times \dfrac{1}{4} = 2,500$mm
> ∴ $b_e = 2,000$mm(최솟값)
>
> **관련기준** KDS 14 20 10[2021] 4.3.10 (1)

**02** 다음 그림의 고장력볼트 마찰이음에서 필요한 볼트의 수는 최소 몇 개인가? [단, 볼트는 M22 ($=\phi 22$mm), F10T를 사용하며, 마찰이음의 허용력은 48kN이다.]

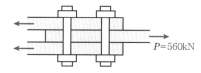

① 3개
② 5개
③ 6개
④ 8개

> **해설** 고장력 볼트 소요개수(2면 전단)
> $n = \dfrac{P}{2\rho} = \dfrac{560}{2 \times 48} = 5.83 ≒ 6$개

**03** 철근콘크리트 보에 스터럽을 배근하는 가장 중요한 이유로 옳은 것은?

① 주철근 상호 간의 위치를 바르게 하기 위하여
② 보에 작용하는 사인장응력에 의한 균열을 제어하기 위하여
③ 콘크리트와 철근과의 부착강도를 높이기 위하여
④ 압축측 콘크리트의 좌굴을 방지하기 위하여

> **해설** 전단철근(사인장철근)
> ㉠ 스터럽은 사인장균열(경사균열)을 억제하기 위해 배치하는 전단보강철근(사인장철근)이다.
> ㉡ 전단철근에는 스터럽과 절곡철근 등이 있다.

**04** 다음 그림과 같은 두께 12mm 평판의 순단면적은? [단, 구멍의 지름은 23mm이다.]

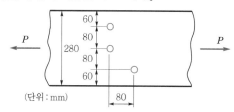

① 2,310mm$^2$
② 2,440mm$^2$
③ 2,772mm$^2$
④ 2,928mm$^2$

> **해설** 강판의 순단면적
> ㉠ 순폭은 모든 경로에 대해 길이를 계산하고, 이 중 최솟값을 순폭($b_n$)으로 한다.
> • $b_n = b_g - 2d = 280 - 2 \times 23 = 234$mm
> • $b_n = b_g - 2d - w$
> $\quad = b_g - 2d - \left(d - \dfrac{p^2}{4g}\right)$
> $\quad = 280 - 2 \times 23 - \left(23 - \dfrac{80^2}{4 \times 80}\right)$
> $\quad = 231$mm
> ∴ $b_n = 231$mm(최솟값)
> ㉡ 순단면적($A_n$)
> $\quad A_n = b_n t = 231 \times 12 = 2,772$mm$^2$
>
> **관련기준** KDS 14 30 10[2019] 4.1.3 (1), (2)

**05** 다음 그림과 같은 필릿용접의 유효목두께로 옳게 표시된 것은? [단, 강구조연결설계기준에 따름]

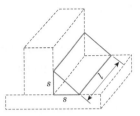

① $s$
② $0.9s$
③ $0.7s$
④ $0.5l$

해설 유효목두께
　㉠ 홈용접(맞대기이음) : $a = t$
　㉡ 필릿용접(겹대기이음)
　　$a = s \sin 45° = \dfrac{1}{\sqrt{2}} s = 0.7s$

관련기준 KDS 14 30 25[2019] 4.2.3 (1)

**06** $b$ =300mm, $d$ =600mm, $A_s$ =3-D35=2,870mm$^2$ 인 직사각형 단면보의 파괴양상은? [단, 강도설계법에 의한 $f_y$ =300MPa, $f_{ck}$ =21MPa이다.]

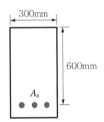

① 취성파괴
② 연성파괴
③ 균형파괴
④ 파괴되지 않는다.

해설 보의 파괴형태
　㉠ 보 단면의 철근비
　　$\rho = \dfrac{A_s}{b_w d} = \dfrac{2,870}{300 \times 600} = 0.01594$

　㉡ 최대 철근비
　　$\rho_{\max} = \dfrac{\eta(0.85 f_{ck})\beta_1}{f_y} \cdot \dfrac{\varepsilon_{cu}}{\varepsilon_{cu} + \varepsilon_{t,\min}}$
　　$= \dfrac{1.0 \times 0.85 \times 21 \times 0.80}{300}$
　　$\quad \times \dfrac{0.0033}{0.0033 + 0.004}$
　　$= 0.021518$

　㉢ 최소 철근비(KCI[2012] 6.3.2)
　　$\rho_{\min} = \dfrac{1.4}{f_y} = \dfrac{1.4}{300} = 0.0047$
　　∴ $\rho_{\min} < \rho < \rho_{\max}$
　　∴ 연성파괴

관련기준 KDS 14 20 20[2021] 4.2.2 (1), (2)

관련이론 최소 철근비 규정은 현행 시방서와 맞지 않는다.

**07** 철근콘크리트 부재에서 처짐을 방지하기 위해서는 부재의 두께를 크게 하는 것이 효과적인데, 구조상 가장 두꺼워야 될 순서대로 나열된 것은? [단, 동일한 부재길이($l$)를 갖는다고 가정한다.]

① 캔틸레버>단순지지>일단 연속>양단 연속
② 단순지지>캔틸레버>일단 연속>양단 연속
③ 일단 연속>양단 연속>단순지지>캔틸레버
④ 양단 연속>일단 연속>단순지지>캔틸레버

해설 처짐을 검토하지 않는 부재의 최소 두께
　㉠ 최소 두께 규정

| 부재 | 캔틸레버 지지 | 단순 지지 | 일단 연속 | 양단 연속 |
|---|---|---|---|---|
| 보 | $\dfrac{l}{8}$ | $\dfrac{l}{16}$ | $\dfrac{l}{18.5}$ | $\dfrac{l}{21}$ |
| 1방향 슬래브 | $\dfrac{l}{10}$ | $\dfrac{l}{20}$ | $\dfrac{l}{24}$ | $\dfrac{l}{28}$ |

　여기서, $l$ : 경간길이(cm), $f_y = 400\,MPa$

　㉡ 두께 순서
　캔틸레버 지지 > 단순지지 > 일단 연속 > 양단 연속

관련기준 KDS 14 20 30[2021] 4.2.1 (1)

정답 5. ③　6. ②　7. ①

**08** 폭이 400mm, 유효깊이가 500mm인 단철근 직사각형 보 단면에서 강도설계법에 의한 균형철근량은 약 얼마인가? [단, $f_{ck}$ =35MPa, $f_y$ =400MPa]

① 6,135mm$^2$  ② 6,623mm$^2$
③ 7,409mm$^2$  ④ 7,841mm$^2$

해설 보의 균형철근량
ㄱ 균형철근비
$f_{ck} \le 40$MPa인 경우 $\beta_1 = 0.80$, $\eta = 1.0$,
$\varepsilon_{cu} = 0.0033$
$\therefore \rho_b = \dfrac{\eta(0.85f_{ck})\beta_1}{f_y} \cdot \dfrac{660}{660+f_y}$
$= \dfrac{1.0 \times 0.85 \times 35 \times 0.80}{400} \times \dfrac{660}{660+400}$
$= 0.0370$
ㄴ 균형철근량
$A_{sb} = \rho_b b_w d$
$= 0.0370 \times 400 \times 500 = 7,409.4$mm$^2$

**09** 프리스트레스의 도입 후에 일어나는 손실의 원인이 아닌 것은?

① 콘크리트의 크리프
② PS 강재와 시스 사이의 마찰
③ 콘크리트의 건조수축
④ PS 강재의 릴랙세이션

해설 프리스트레스의 손실원인
PS 강재와 시스 사이의 마찰에 의한 손실은 프리스트레스 도입 시의 손실이다.

관련기준 KDS 14 20 60[2021] 4.3.1 (1)

관련이론 프리스트레스의 손실원인
① 도입 시 손실
• 콘크리트의 탄성변형에 의한 손실
• PS 강선과 시스의 마찰에 의한 손실
• 정착장치의 활동에 의한 손실
② 도입 후 손실
• 콘크리트의 건조수축에 의한 손실
• 콘크리트의 크리프에 의한 손실
• PS 강선의 릴랙세이션에 의한 손실

**10** 1방향 철근콘크리트 슬래브에서 설계기준항복강도 ($f_y$)가 450MPa인 이형철근을 사용한 경우 수축 · 온도 철근비는?

① 0.0016  ② 0.0018
③ 0.0020  ④ 0.0022

해설 1방향 슬래브의 수축 · 온도 철근비
ㄱ $f_y \le 400$MPa인 경우 $\rho = 0.0020$
ㄴ $f_y > 400$MPa인 경우 $\rho = 0.0020\dfrac{400}{f_y}$
ㄷ 어떤 경우에도 0.0014 이상
$\therefore \rho = 0.0020\dfrac{400}{f_y} = 0.0020 \times \dfrac{400}{450} = 0.0018$

관련기준 KDS 14 20 50[2021] 4.6.2 (1)

**11** 복철근 콘크리트 단면에 인장철근비는 0.02, 압축철근비는 0.01이 배근된 경우 순간처짐이 20mm일 때 6개월이 지난 후 총처짐량은? [단, 작용하는 하중은 지속하중이며, 6개월 재하기간에 따르는 계수 $\xi$ 는 1.2이다.]

① 56mm  ② 46mm
③ 36mm  ④ 26mm

해설 최종처짐량
ㄱ 장기처짐계수
$\lambda_\Delta = \dfrac{\xi}{1+50\rho'} = \dfrac{1.2}{1+50\times0.01} = 0.8$
ㄴ 최종처짐 = 탄성처짐 + 장기처짐
$\delta_t = \delta_e + \delta_l = \delta_e + \delta_e \lambda_\Delta = \delta_e(1+\lambda_\Delta)$
$= 20 \times (1+0.8) = 36$mm

관련기준 KDS 14 20 30[2021] 4.2.1 (5)

**12** 다음 그림과 같은 철근콘크리트 보 단면이 파괴 시 인장철근의 변형률은? [단, $f_{ck}$ = 28MPa, $f_y$ = 350MPa, $A_s$ =1,520mm$^2$]

① 0.004
② 0.008
③ 0.011
④ 0.015

해설 인장철근의 변형률

㉠ 등가응력분포의 계수값

$f_{ck} \le 40\,\mathrm{MPa}$인 경우 $\varepsilon_{cu}=0.0033,\ \eta=1.0,$

$\beta_1=0.80$

㉡ 등가깊이

$$a=\frac{A_s f_y}{\eta(0.85 f_{ck})b}$$

$$=\frac{1,520\times350}{1.0\times0.85\times28\times350}=63.86\,\mathrm{mm}$$

㉢ 중립축위치

$$c=\frac{a}{\beta_1}=\frac{63.86}{0.80}=79.83\,\mathrm{mm}$$

㉣ 인장철근의 변형률

$$\varepsilon_t=\varepsilon_{cu}\left(\frac{d_t-c}{c}\right)$$

$$=0.0033\times\frac{450-79.83}{79.83}=0.0153$$

관련기준 KDS 14 20 20[2021] 4.1.1 (8)

---

**13** 다음은 프리스트레스트 콘크리트에 관한 설명이다. 옳지 않은 것은?

① 프리캐스트를 사용할 경우 거푸집 및 동바리 공이 불필요하다.

② 콘크리트 전 단면을 유효하게 이용하여 RC 부재보다 경간을 길게 할 수 있다.

③ RC에 비해 단면이 작아서 변형이 크고 진동하기 쉽다.

④ RC 보다 내화성에 있어서 유리하다.

해설 PSC 보의 특성

PSC 구조는 내화성이 불리하다.

관련이론 PSC의 장단점

① 장점

• 내구성이 좋다.

• 자중이 감소한다.

• 균열이 감소한다.

• 전 단면을 유효하게 이용한다.

② 단점

• 진동하기 쉽다.

• 내화성이 떨어진다.

• 고도의 기술을 요한다.

• 공사비가 증가된다.

---

**14** 다음 그림과 같은 단면의 중간 높이에 초기 프리스트레스 900kN을 작용시켰다. 20%의 손실을 가정하여 하단 또는 상단의 응력이 영(零)이 되도록 이 단면에 가할 수 있는 모멘트의 크기는?

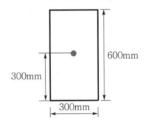

① 90kN · m
② 84kN · m
③ 72kN · m
④ 65kN · m

해설 PSC 보의 해석

㉠ 유효긴장력(20% 손실일 때)

$P_e=900\times0.8=720\,\mathrm{kN}$

㉡ 작용할 수 있는 모멘트의 크기

$$f_c=\frac{P}{A}-\frac{M}{I}y=0$$

$$0=\frac{P}{bh}-\frac{6M}{bh^2}$$

$$\therefore M=\frac{P_e h}{6}=\frac{720\times0.6}{6}=72\,\mathrm{kN}\cdot\mathrm{m}$$

---

**15** 철근콘크리트 부재의 피복두께에 관한 설명으로 틀린 것은?

① 최소 피복두께를 제한하는 이유는 철근의 부식 방지, 부착력의 증대, 내화성을 갖도록 하기 위해서이다.

② 현장치기 콘크리트로서 흙에 접하거나 옥외의 공기에 직접 노출되는 콘크리트의 최소 피복두께는 D19 이상의 철근의 경우 40mm이다.

③ 현장치기 콘크리트로서 흙에 접하여 콘크리트를 친 후 영구히 흙에 묻혀 있는 콘크리트의 최소 피복두께는 75mm이다.

④ 콘크리트 표면과 그와 가장 가까이 배치된 철근 표면 사이의 콘크리트 두께를 피복두께라 한다.

---

정답 13. ④  14. ③  15. ②

**해설** 흙에 접하거나 외기에 노출되는 콘크리트의 피복두께(현장치기 콘크리트)

- ㉠ D19 이상의 철근 : 50mm
- ㉡ D16 이하의 철근 : 40mm

**관련기준** KDS 14 20 50[2021] 4.3.1 (1) ③

**관련이론** 철근의 피복두께

① 피복두께 : 최외단에 배근된 주철근 또는 보조 철근의 표면으로부터 콘크리트 표면까지의 최단거리

② 피복두께의 기능
  - 철근의 녹(부식) 방지
  - 부착력 확보
  - 단열작용으로 열로부터 철근 보호

③ 최소 피복두께(현장치기 콘크리트) (단위 : mm)

| 부재의 종류 및 조건 | | | 최소 피복 두께 |
|---|---|---|---|
| | 보, 기둥 | | 40 |
| 옥외의 공기나 흙에 직접 접하지 않는 콘크리트 | 슬래브, 벽체, 장선구조 | D35 초과하는 철근 | 40 |
| | | D35 이하인 철근 | 20 |
| | 셸, 절판부재 | | 20 |
| 흙에 접하거나 옥외의 공기에 직접 노출되는 콘크리트 | D19 이상의 철근 | | 50 |
| | D16 이하의 철근, 지름 16mm 이하의 철선 | | 40 |
| 흙에 접하여 콘크리트를 친 후 영구히 흙에 묻혀 있는 콘크리트 | | | 75 |
| 수중에 치는 콘크리트 | | | 100 |

**16** 옹벽의 토압 및 설계 일반에 대한 설명 중 옳지 않은 것은?

① 활동에 대한 저항력은 옹벽에 작용하는 수평력의 1.5배 이상이어야 한다.

② 뒷부벽식 옹벽의 저판은 정밀한 해석이 사용되지 않는 한 3변 지지된 2방향 슬래브로 설계하여야 한다.

③ 뒷부벽은 T형 보로 설계하여야 하며, 앞부벽은 직사각형 보로 설계하여야 한다.

④ 지반에 유발되는 최대 지반반력이 지반의 허용지지력을 초과하지 않아야 한다.

**해설** 부벽식 옹벽의 전면벽 설계

3변 지지된 2방향 슬래브로 설계되어야 하는 것은 부벽식 옹벽의 전면벽이다.

**관련기준** KDS 14 20 74[2021] 4.1.2.2 (2)

**17** 폭 350mm, 유효깊이 500mm인 보에 설계기준항복강도가 400MPa인 D13 철근을 인장주철근에 대한 경사각($\alpha$)이 60°인 U형 경사스터럽으로 설치했을 때 전단보강철근의 공칭강도($V_s$)는? [단, 스터럽 간격 $s=250$mm, D13 철근 1본의 단면적은 127mm²이다.]

① 201.4kN
② 212.7kN
③ 243.2kN
④ 277.6kN

**해설** 경사스터럽이 부담하는 전단강도

$$V_s = \frac{A_v f_y d}{s}(\sin\alpha + \cos\alpha)$$
$$= \frac{127 \times 2 \times 400 \times 500}{250}$$
$$\times (\sin 60° + \cos 60°) \times 10^{-3}$$
$$= 277.6\text{kN}$$

**관련기준** KDS 14 20 22[2021] 4.3.4 (4)

**18** 보통 중량콘크리트의 설계기준강도가 35MPa, 철근의 항복강도가 400MPa로 설계된 부재에서 공칭 지름이 25mm인 압축이형철근의 기본정착길이는?

① 425mm
② 430mm
③ 1,010mm
④ 1,015mm

**해설** 압축이형철근의 기본정착길이(최댓값)

$$l_{db} = \frac{0.25 d_b f_y}{\lambda \sqrt{f_{ck}}} \geq 0.043 d_b f_y$$
$$l_{db} = \frac{0.25 d_b f_y}{\lambda \sqrt{f_{ck}}} = \frac{0.25 \times 25 \times 400}{1.0\sqrt{35}}$$
$$= 422.58\text{mm}$$
$$l_{db} = 0.043 d_b f_y = 0.043 \times 25 \times 400 = 430\text{mm}$$
$$\therefore \ l_{db} = [422.58, \ 430]_{\max} = 430\text{mm}$$

**관련기준** KDS 14 20 52[2021] 4.1.3 (2)

**정답** 16. ② 17. ④ 18. ②

**19** 계수하중에 의한 단면의 계수휨모멘트($M_u$)가 350kN·m인 단철근 직사각형 보의 유효깊이($d$)의 최솟값은? [단, $\rho$ =0.0135, $b$ =300mm, $f_{ck}$ =24MPa, $f_y$ = 300MPa, 인장지배단면이다.]

① 245mm        ② 368mm

③ 490mm        ④ 613mm

> **해설** 보의 유효깊이($d$)
>
> ㉠ 계수휨모멘트
>
> $$q = \frac{\rho f_y}{f_{ck}} = \frac{0.0135 \times 300}{24} = 0.169$$
>
> $$M_u \le M_d = \phi M_n = \phi f_{ck} q b d^2 (1-0.59q)$$
>
> ㉡ 보의 유효깊이
>
> $$d = \sqrt{\frac{M_u}{\phi f_{ck} q b (1-0.59q)}}$$
>
> $$= \sqrt{\frac{350 \times 10^6}{0.85 \times 24 \times 0.169 \times 300 \times (1-0.59 \times 0.169)}}$$
>
> $$= 613.13 \text{mm}$$

**20** 다음 그림과 같은 나선철근 기둥에서 나선철근의 간격(pitch)으로 적당한 것은? [단, 소요나선철근비 ($\rho_s$)는 0.018, 나선철근의 지름은 12mm, $D_c$는 나선철근의 바깥지름이다.]

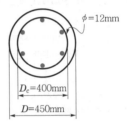

$\phi$ =12mm

$D_c$ =400mm

$D$ =450mm

① 61mm        ② 85mm

③ 93mm        ④ 105mm

> **해설** 나선철근의 간격
>
> $$\rho_s = \frac{\text{나선철근의 체적}}{\text{심부의 체적}} = 0.45 \left( \frac{A_g}{A_{ch}} - 1 \right) \frac{f_{ck}}{f_{gt}}$$
>
> $$= \frac{\pi d^2}{D_c s}$$
>
> $$\therefore \ s = \frac{\pi d^2}{D_c \rho_s} = \frac{\pi \times 12^2}{400 \times 0.018} = 62.8 \text{mm} \ \text{이하}$$
>
> **관련기준** KDS 14 20 20[2021] 4.3.2 (3)

**정답** 19. ④   20. ①

**01** 다음 그림과 같은 임의 단면에서 등가직사각형 응력분포가 빗금 친 부분으로 나타났다면 철근량($A_s$)은? [단, $f_{ck}$=21MPa, $f_y$=400MPa]

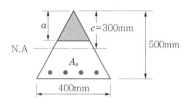

① 874mm²  ② 1,161mm²
③ 1,543mm²  ④ 2,109mm²

> **해설** 소요철근량
> ㉠ 등가응력폭의 산정($b'$)
> $a = \beta_1 c = 0.85 \times 300 = 255\text{mm}$
> $b : h = b' : a$
> $\therefore b' = \dfrac{b}{h}a = \dfrac{400}{500} \times 255 = 204\text{mm}$
> ㉡ 소요철근량
> $C = T$
> $\dfrac{1}{2}\eta(0.85f_{ck})ab' = A_s f_y$
> $\dfrac{1}{2} \times 1.0 \times 0.85 \times 21 \times 255 \times 204 = A_s \times 400$
> $\therefore A_s = 1,161\text{mm}^2$

**02** 다음 설명 중 옳지 않은 것은?

① 과소철근 단면에서는 파괴 시 중립축은 위로 조금 올라간다.
② 과다철근 단면인 경우 강도설계에서 철근의 응력은 철근의 변형률에 비례한다.
③ 과소철근 단면인 보는 철근량이 적어 변형이 갑자기 증가하면서 취성파괴를 일으킨다.
④ 과소철근 단면에서는 계수하중에 의해 철근의 인장응력이 먼저 항복강도에 도달된 후 파괴된다.

> **해설** 보의 파괴형태
> 과소철근보(저보강보)는 철근이 먼저 항복하여 큰 변형이 발생한 후에 부재의 파괴가 나타나는 연성파괴를 일으킨다.

**03** T형 보에서 주철근이 보의 방향과 같은 방향일 때 하중이 직접적으로 플랜지에 작용하게 되면 플랜지가 아래로 휘면서 파괴될 수 있다. 이 휨파괴를 방지하기 위해서 배치하는 철근은?

① 연결철근  ② 표피철근
③ 종방향 철근  ④ 횡방향 철근

> **해설** T형 보의 휨파괴 방지철근
> ㉠ 횡방향 철근 : 종방향 철근의 직각 방향으로 보강하는 철근으로 플랜지의 휨인장파괴에 저항하는 철근
> ㉡ 종방향 철근 : 부재의 길이 방향으로 배치한 철근으로 복부의 휨인장파괴에 저항하는 철근

**04** 다음 그림과 같이 $P$=300kN의 인장응력이 작용하는 판두께 10mm인 철판에 $\phi$19mm인 리벳을 사용하여 접합할 때 소요 리벳 수는? [단, 허용전단응력=110MPa, 허용지압응력=220MPa이다.]

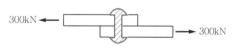

① 8개  ② 10개
③ 12개  ④ 14개

> **해설** 소요 리벳 수
> ㉠ 리벳값 결정
> $$P_s = \nu_a \frac{\pi d^2}{4} = 110 \times \frac{\pi \times 19^2}{4} = 31,188\text{N}$$
> $$P_b = f_{ba}dt = 220 \times 19 \times 10 = 41,800\text{N}$$
> $\therefore$ 리벳값 = 31.19kN(최솟값)

ⓛ 소요개수

$$n = \frac{\text{작용하중}}{\text{리벳값(리벳강도)}} = \frac{300}{31.19} = 9.62 = 10개$$

**05** PS 강재응력 $f_{ps}$ =1,200MPa, PS 강재 도심위치에서 콘크리트의 압축응력 $f_c$ =7MPa일 때 크리프에 의한 PS 강재의 인장응력 감소율은? [단, 크리프계수는 2이고, 탄성계수비는 6이다.]

① 7%　　　　　② 8%
③ 9%　　　　　④ 10%

> **해설** 감소율(도입 후의 손실)
> ㉠ 콘크리트의 크리프에 의한 손실(감소)량
> $$\Delta f_{pc} = n f_{ci} \phi = 6 \times 7 \times 2 = 84\text{MPa}$$
> ㉡ 감소율($L_r$)
> $$L_r = \frac{\Delta f_{pc}}{f_{ps}} \times 100\%$$
> $$= \frac{84}{1,200} \times 100\% = 7\%$$
>
> **관련기준** KDS 14 20 60[2021] 4.3.1 (1)

**06** 다음 중 최소 전단철근을 배치하지 않아도 되는 경우가 아닌 것은? [단, $\frac{1}{2}\phi V_c < V_u$인 경우이며 콘크리트 구조 전단 및 비틀림설계기준에 따른다.]

① 슬래브와 기초판
② 전체 깊이가 450mm 이하인 보
③ 교대 벽체 및 날개벽, 옹벽의 벽체, 암거 등과 같이 휨이 주거동인 판부재
④ 전단철근이 없어도 계수휨모멘트와 계수전단력에 저항할 수 있다는 것을 실험에 의해 확인할 수 있는 경우

> **해설** 최소 전단철근 배치의 예외규정
> 보의 전체 높이($h$)≤250mm인 경우이다.
>
> **관련기준** KDS 14 20 22[2021] 4.3.3 (1)

**07** 옹벽의 구조 해석에 대한 설명으로 틀린 것은? [단, 기타 콘크리트 구조설계기준에 따른다.]

① 부벽식 옹벽의 전면벽은 2변 지지된 1방향 슬래브로 설계하여야 한다.
② 뒷부벽은 T형 보로 설계하여야 하며, 앞부벽은 직사각형 보로 설계하여야 한다.
③ 저판의 뒷굽판은 정확한 방법이 사용되지 않는 한 뒷굽판 상부에 재하되는 모든 하중을 지지하도록 설계하여야 한다.
④ 캔틸레버식 옹벽의 저판은 전면벽과의 접합부를 고정단으로 간주한 캔틸레버로 가정하여 단면을 설계할 수 있다.

> **해설** 부벽식 옹벽의 전면벽 설계
> 부벽식 옹벽의 전면벽은 3변 지지된 2방향 슬래브로 설계한다.
>
> **관련기준** KDS 14 20 74[2021] 4.1.2.2 (2)

**08** 부분 프리스트레싱(partial prestressing)에 대한 설명으로 옳은 것은?

① 부재 단면의 일부에만 프리스트레스를 도입하는 방법
② 구조물에 부분적으로 프리스트레스트 콘크리트 부재를 사용하는 방법
③ 사용하중 작용 시 프리스트레스트 콘크리트 부재 단면의 일부에 인장응력이 생기는 것을 허용하는 방법
④ 프리스트레스트 콘크리트 부재 설계 시 부재 하단에만 프리스트레스를 주고, 부재 상단에는 프리스트레스하지 않는 방법

> **해설** 프리스트레싱의 분류
> ㉠ 완전 프리스트레싱(full prestressing) : 콘크리트의 전 단면에 인장응력이 발생하지 않도록 프리스트레스를 가하는 방법
> ㉡ 부분 프리스트레싱(partial prestressing) : 콘크리트 단면의 일부에 어느 정도의 인장응력이 발생하는 것을 허용하는 방법

**정답** 5. ① 6. ② 7. ① 8. ③

**09** 다음 그림과 같은 T형 단면을 강도설계법으로 해석할 경우 플랜지 내민 부분의 압축력과 균형을 이루기 위한 철근 단면적($A_{sf}$)은? [단, $f_{ck}$ =21MPa, $f_y$ =400MPa, $A_s$ =3,852mm² 이다.]

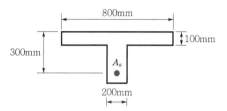

① 1,175.2mm²  ② 1,275.0mm²
③ 1,375.8mm²  ④ 2,677.5mm²

해설 플랜지 내민 부분에 해당하는 철근량

$$A_{sf} = \frac{\eta(0.85f_{ck})(b-b_w)t_f}{f_y}$$
$$= \frac{1.0 \times 0.85 \times 21 \times (800-200) \times 100}{400}$$
$$= 2,677.5mm^2$$

**10** 설계기준압축강도($f_{ck}$)가 24MPa이고, 쪼갬인장강도($f_{sp}$)가 2.4MPa인 경량골재콘크리트에 적용하는 경량콘크리트계수($\lambda$)는?

① 0.75  ② 0.81
③ 0.87  ④ 0.93

해설 경량콘크리트계수

㉠ $f_{sp}$값이 규정된 경우

$$\lambda = \frac{f_{sp}}{0.56\sqrt{f_{ck}}} = \frac{2.4}{0.56\sqrt{24}} = 0.87 \le 1.0$$

㉡ $f_{sp}$값이 규정되지 않은 경우
• 전 경량콘크리트 : 0.75
• 모래경량콘크리트 : 0.85
• 일반(보통) 콘크리트 : 1.0

관련기준 KDS 14 20 10[2021] 4.3.4 (1)

**11** 단면이 300mm×300mm인 철근콘크리트 보의 인장부에 균열이 발생할 때의 모멘트($M_{cr}$)가 13.9kN·m이다. 이 콘크리트의 설계기준압축강도($f_{ck}$)는? [단, 보통 중량콘크리트이다.]

① 18MPa  ② 21MPa
③ 24MPa  ④ 27MPa

해설 설계기준압축강도($f_{ck}$)

$$M_{cr} = \frac{I_g}{y_t}f_r = \frac{bh^2}{6}\left(0.63\lambda\sqrt{f_{ck}}\right)$$
$$\therefore f_{ck} = \left(M_{cr}\frac{6}{0.63\lambda bh^2}\right)^2$$
$$= \left[(13.9 \times 10^6) \times \frac{6}{0.63 \times 1.0 \times 300 \times 300^2}\right]^2$$
$$= 24.04N/mm^2 = 24MPa$$

관련기준 KDS 14 20 30[2021] 4.2.1 (3)

**12** 휨을 받는 인장이형철근으로 4-D25 철근이 배치되어 있을 경우 다음 그림과 같은 직사각형 단면보의 기본정착길이($l_{db}$)는? [단, 철근의 공칭지름= 25.4mm, D25 철근 1개의 단면적=507mm², $f_{ck}$ = 24MPa, $f_y$ =400MPa, 보통 중량콘크리트이다.]

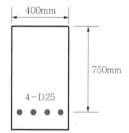

① 519mm  ② 1,150mm
③ 1,245mm  ④ 1,400mm

해설 인장이형철근의 기본정착길이

$$l_{db} = \frac{0.6d_b f_y}{\lambda\sqrt{f_{ck}}} = \frac{0.6 \times 25.4 \times 400}{1.0\sqrt{24}}$$
$$= 1,244.3mm$$

관련기준 KDS 14 20 52[2021] 4.1.2 (2)

정답 9. ④  10. ③  11. ③  12. ③

**13** 2방향 슬래브 설계에 사용되는 직접설계법의 제한사항으로 틀린 것은?

① 각 방향으로 2경간 이상 연속되어야 한다.

② 각 방향으로 연속한 받침부 중심 간 경간차이는 긴 경간의 1/3 이하이어야 한다.

③ 연속한 기둥 중심선을 기준으로 기둥의 어긋남은 그 방향 경간의 10% 이하이어야 한다.

④ 모든 하중은 슬래브 판 전체에 걸쳐 등분포된 연직하중이어야 하며, 활하중은 고정하중의 2배 이하이어야 한다.

> **해설** 직접설계법의 제한사항
>
> 2방향 슬래브는 각 방향으로 3경간 이상이 연속되어야 한다.
>
> **관련기준** KDS 14 20 70[2021] 4.1.3.1 (2) ~ (6)
>
> **관련이론** 2방향 슬래브의 직접설계법 제한사항
> ① 각 방향으로 3경간 이상이 연속되어야 한다.
> ② 슬래브 판들은 단변경간에 대한 장변경간의 비가 2 이하인 직사각형이어야 한다.
> ③ 각 방향으로 연속된 받침부 중심 간 경간길이의 차는 긴 경간의 1/3 이하이어야 한다.
> ④ 연속한 기둥 중심선으로부터 기둥의 어긋남은 그 방향 경간의 최대 10% 이하이어야 한다.
> ⑤ 모든 하중은 연직하중으로서 슬래브 판 전체에 등분포되는 것으로 간주한다. 활하중은 고정하중의 2배 이하이어야 한다.

**14** 철근콘크리트 보에서 스터럽을 배근하는 주목적으로 옳은 것은?

① 철근의 인장강도가 부족하기 때문에

② 콘크리트의 탄성이 부족하기 때문에

③ 콘크리트의 사인장강도가 부족하기 때문에

④ 철근과 콘크리트의 부착강도가 부족하기 때문에

> **해설** 사인장철근(전단철근)
>
> 스터럽은 사인장보강철근(전단철근)의 한 종류로 사인장강도(전단강도)를 저항하기 위해 배치한다.
>
> **관련기준** KDS 14 20 22[2021] 4.3.1 (1)

**15** 다음 그림과 같이 긴장재를 포물선으로 배치하고 $P=2{,}500\text{kN}$으로 긴장했을 때 발생하는 등분포 상향력을 등가하중의 개념으로 구한 값은?

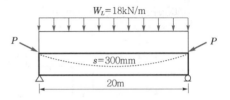

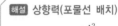

① 10kN/m      ② 15kN/m

③ 20kN/m      ④ 25kN/m

> **해설** 상향력(포물선 배치)
>
> $$M = Ps = \frac{ul^2}{8}$$
>
> $$\therefore \ u = \frac{8Ps}{l^2} = \frac{8 \times 2{,}500 \times 0.3}{20^2} = 15\text{kN/m}$$

**16** 순단면이 볼트의 구멍 하나를 제외한 단면(즉 A-B-C 단면)과 같도록 피치($s$)를 결정하면? [단, 구멍의 지름은 18mm이다.]

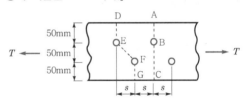

① 50mm      ② 55mm

③ 60mm      ④ 65mm

> **해설** 강판의 피치간격($s$)
>
> 모든 경로에 대해 길이를 계산하고, 이 중 최솟값을 순폭으로 한다.
> ㉠ $b_n = b_g - d$
> ㉡ $b_n = b_g - d - \left(d - \dfrac{s^2}{4g}\right)$
> ㉢ ㉠=㉡이어야 하므로
> $$d - \frac{s^2}{4g} = 0$$
> $$\therefore \ s = 2\sqrt{gd} = 2\sqrt{50 \times 18} = 60\text{mm}$$
>
> **관련기준** KDS 14 30 10[2019] 4.1.3 (1), (2)

**정답** 13. ①   14. ③   15. ②   16. ③

**17** 단철근 직사각형 보가 균형 단면이 되기 위한 압축 연단에서 중립축까지 거리는? [단, $f_{ck} \leq 40MPa$, $f_y = 300MPa$, $d = 600mm$이며 강도설계법에 의한다.]

① 494mm  　　　　② 413mm

③ 390mm  　　　　④ 293mm

> **해설** 중립축의 위치(설계)
>
> ㉠ 등가응력분포의 계수값
>
> $f_{ck} \leq 40MPa$인 경우 $\varepsilon_{cu} = 0.0033$
>
> ㉡ 중립축의 위치
>
> $$c_b = \frac{\varepsilon_{cu}}{\varepsilon_{cu} + \varepsilon_y} d = \frac{0.0033}{0.0033 + \dfrac{f_y}{E_s}} d$$
>
> $$= \frac{660}{660 + f_y} d = \frac{660}{660 + 300} \times 600$$
>
> $$= 412.5mm$$
>
> **관련기준** KDS 14 20 20[2021] 4.1.1 (2)

**18** 철골압축재의 좌굴 안정성에 대한 설명 중 틀린 것은?

① 좌굴길이가 길수록 유리하다.

② 단면2차반지름이 클수록 유리하다.

③ 힌지지지보다 고정지지가 유리하다.

④ 단면2차모멘트값이 클수록 유리하다.

> **해설** 좌굴 안정성
>
> ㉠ 세장비가 작을수록 좌굴 안정성이 높다.
>
> ㉡ 좌굴길이가 길면 세장비가 크고 좌굴 안정성이 낮다.
>
> $$\therefore \ f_{cr} = \frac{P_c}{A} = \frac{\pi^2 E}{\left(\dfrac{kl}{r}\right)^2}$$

**19** 다음 중 공칭축강도에서 최외단 인장철근의 순인장변형률 $\varepsilon_t$를 계산하는 경우에 제외되는 것은? [단, 콘크리트 구조 해석과 설계원칙에 따른다.]

① 활하중에 의한 변형률

② 고정하중에 의한 변형률

③ 지붕활하중에 의한 변형률

④ 유효 프리스트레스 힘에 의한 변형률

> **해설** 순인장변형률($\varepsilon_t$)
>
> 최외단 인장철근 또는 긴장재의 인장변형률에서 프리스트레스, 크리프, 건조수축, 온도변화에 의한 변형률을 제외한 인장변형률을 의미한다.

**20** 단철근 직사각형 보에서 $f_{ck} = 32MPa$이라면 등가 직사각형 응력블록과 관계된 계수 $\beta_1$은?

① 0.850  　　　　② 0.836

③ 0.822  　　　　④ 0.800

> **해설** 등가응력분포 깊이의 비
>
> $f_{ck} \leq 40MPa$인 경우
>
> $\therefore \ \beta_1 = 0.80$
>
> **관련기준** KDS 14 20 20[2021] 4.1.1 (8)

**정답** 17. ②  18. ①  19. ④  20. ④

**01** 콘크리트의 설계기준압축강도($f_{ck}$)가 50MPa인 경우 콘크리트 탄성계수 및 크리프 계산에 적용되는 콘크리트의 평균압축강도($f_{cm}$)는?

① 54MPa       ② 55MPa

③ 56MPa       ④ 57MPa

> **해설** 콘크리트의 평균압축강도($f_{cm}$)
>
> ⊙ 기본식과 $\Delta f$값
> $$f_{cm} = f_{ck} + \Delta f$$
> • $f_{ck} \leq 40\,\text{MPa}$이면 $\Delta f = 4\,\text{MPa}$
> • $f_{ck} \geq 60\,\text{MPa}$이면 $\Delta f = 6\,\text{MPa}$
> • $40\,\text{MPa} < f_{ck} < 60\,\text{MPa}$인 경우 직선보간
>
> ⓒ $f_{ck} = 50\,\text{MPa}$의 경우
> $$f_{cm} = f_{ck} + \Delta f = 50 + 5 = 55\,\text{MPa}$$
>
>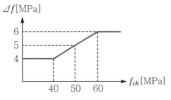
>
> **관련기준** KDS 14 20 10[2021] 4.3.3 (1)

**02** 프리스트레스트 콘크리트의 경우 흙에 접하여 콘크리트를 친 후 영구히 흙에 묻혀 있는 콘크리트의 최소 피복두께는?

① 40mm       ② 60mm

③ 75mm       ④ 100mm

> **해설** 프리스트레스하는 부재의 최소 피복두께
> 흙에 접하여 콘크리트를 친 후 영구히 흙에 묻혀 있는 콘크리트의 최소 피복두께는 75mm이다.
>
> **관련기준** KDS 14 20 50[2021] 4.3.2 (1) ①

**03** 2방향 슬래브의 직접설계법을 적용하기 위한 제한사항으로 틀린 것은?

① 각 방향으로 3경간 이상이 연속되어야 한다.

② 슬래브 판들은 단변경간에 대한 장변경간의 비가 2 이하인 직사각형이어야 한다.

③ 모든 하중은 슬래브 판 전체에 걸쳐 등분포된 연직하중이어야 한다.

④ 연속한 기둥 중심선을 기준으로 기둥의 어긋남은 그 방향 경간의 최대 20%까지 허용할 수 있다.

> **해설** 직접설계법의 제한사항
> 2방향 슬래브의 경우 연속한 기둥의 중심선으로부터 기둥의 어긋남은 그 방향 경간의 최대 10%까지 허용한다.
>
> **관련기준** KDS 14 20 70[2021] 4.1.3.1 (2) ~ (6)
>
> **관련이론** 2방향 슬래브의 직접설계법 제한사항
> ① 각 방향으로 3경간 이상이 연속되어야 한다.
> ② 슬래브 판들은 단변경간에 대한 장변경간의 비가 2 이하인 직사각형이어야 한다.
> ③ 각 방향으로 연속된 받침부 중심 간 경간길이의 차는 긴 경간의 1/3 이하이어야 한다.
> ④ 연속한 기둥 중심선으로부터 기둥의 어긋남은 그 방향 경간의 최대 10% 이하이어야 한다.
> ⑤ 모든 하중은 연직하중으로서 슬래브 판 전체에 등분포되는 것으로 간주한다. 활하중은 고정하중의 2배 이하이어야 한다.

**04** 경간이 8m인 PSC 보에 계수등분포하중($w$)이 20kN/m 작용할 때 중앙 단면 콘크리트 하연에서의 응력이 0이 되려면 강재에 줄 프리스트레스 힘($P$)은? [단, PS 강재는 콘크리트 도심에 배치되어 있다.]

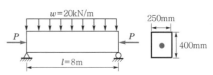

① $P=2,000$kN       ② $P=2,200$kN

③ $P=2,400$kN       ④ $P=2,600$kN

**정답** 1. ②   2. ③   3. ④   4. ③

PS 강재의 긴장력

㉠ 경간 중앙의 최대 휨모멘트

$$M = \frac{wl^2}{8} = \frac{20 \times 8^2}{8} = 160 \text{kN} \cdot \text{m}$$

㉡ PS 강재의 긴장력

$$f_t = \frac{P}{A} - \frac{M}{Z}$$

$$0 = \frac{P}{bh} - \frac{6M}{bh^2}$$

$$\therefore P = \frac{6M}{h} = \frac{6 \times 160}{0.4} = 2,400 \text{kN}$$

**05** 복전단 고장력볼트(bolt)의 마찰이음에서 강판에 $P = 350 \text{kN}$이 작용할 때 볼트의 수는 최소 몇 개가 필요한가? [단, 볼트의 지름($d$)은 20mm이고, 허용 전단응력($\tau_a$)은 120MPa이다.]

① 3개      ② 5개

③ 8개      ④ 10개

해설 볼트의 소요 개수

㉠ 마찰이음의 허용력

$$\rho = \tau_a A = 120 \times \frac{\pi \times 20^2}{4} = 37,680 \text{N}$$

㉡ 볼트의 소요 개수

$$n = \frac{P}{2\rho} = \frac{350,000}{2 \times 37,680} = 4.64 ≒ 5개$$

**06** 부재의 순단면적을 계산할 경우 지름 22mm의 리벳을 사용하였을 때 리벳구멍의 지름은 얼마인가? [단, 강구조연결설계기준(허용응력설계법)을 적용한다.]

① 21.5mm      ② 22.5mm

③ 23.5mm      ④ 24.5mm

해설 리벳구멍의 지름($d$)

㉠ 강구조연결설계기준(허용응력설계법)

| 리벳의 지름(mm) | 리벳구멍의 지름(mm) |
|---|---|
| $\phi < 20$ | $d = \phi + 1.0$ |
| $\phi \geq 20$ | $d = \phi + 1.5$ |

㉡ 리벳구멍의 지름

$$d = \phi + 1.5 = 22 + 1.5 = 23.5 \text{mm}$$

관련기준 KDS 14 30 25[2019] 4.1.10 (3)

**07** 철근콘크리트 구조물에서 연속 휨부재의 모멘트 재분배를 하는 방법에 대한 설명으로 틀린 것은?

① 근사 해법에 의하여 휨모멘트를 계산한 경우에는 연속 휨부재의 모멘트 재분배를 할 수 없다.

② 어떠한 가정의 하중을 작용하여 탄성이론에 의하여 산정한 연속 휨부재 받침부의 부모멘트는 10% 이내에서 $800\varepsilon_t$[%]만큼 증가 또는 감소시킬 수 있다.

③ 경간 내의 단면에 대한 휨모멘트의 계산은 수정된 부모멘트를 사용하여야 한다.

④ 휨모멘트를 감소시킬 단면에서 최외단 인장철근의 순인장변형률 $\varepsilon_t$가 0.0075 이상인 경우에만 가능하다.

해설 연속 휨부재의 모멘트 재분배

연속 휨부재 받침부의 부모멘트는 20% 이내에서 $1,000\varepsilon_t$[%]만큼 증가 또는 감소시킬 수 있다.

관련기준 KDS 14 20 10[2021] 4.3.2 (1)

**08** 단철근 직사각형 보에서 설계기준압축강도 $f_{ck} = 60 \text{MPa}$일 때 계수 $\beta_1$은? [단, 등가직사각 응력블록의 깊이 $a = \beta_1 c$이다.]

① 0.78      ② 0.76

③ 0.65      ④ 0.64

해설 등가응력깊이의 비($\beta_1$)

| $f_{ck}$[MPa] | ≤40 | 50 | 60 | 70 | 80 |
|---|---|---|---|---|---|
| $\beta_1$ | 0.80 | 0.80 | 0.76 | 0.74 | 0.72 |

$$\therefore \beta_1 = 0.76$$

관련기준 KDS 14 20 20[2021] 4.1.1 (8)

정답 5.② 6.③ 7.② 8.②

**09** 인장철근의 겹침이음에 대한 설명으로 틀린 것은?

① 다발철근의 겹침이음은 다발 내의 개개 철근에 대한 겹침이음길이를 기본으로 결정되어야 한다.

② 어떤 경우이든 300mm 이상 겹침이음한다.

③ 겹침이음에는 A급, B급 이음이 있다.

④ 겹침이음된 철근량이 전체 철근량의 1/2 이하인 경우는 B급 이음이다.

> **해설** A급 이음조건
>
> ㉠ $\dfrac{\text{배근 } A_s}{\text{소요 } A_s} \geq 2$
>
> ㉡ 겹침이음된 철근량이 전체 철근량의 $\dfrac{1}{2}$ 이하인 경우
>
> **관련기준** KDS 14 20 52[2021] 4.5.2 (2)

**10** 다음 그림과 같은 보의 단면에서 표피철근의 간격 $s$는 약 얼마인가? [단, 습윤환경에 노출되는 경우로서 표피철근의 표면에서 부재 측면까지 최단거리($c_c$)는 50mm, $f_{ck}=28$MPa, $f_y=400$MPa이다.]

① 170mm

② 200mm

③ 230mm

④ 260mm

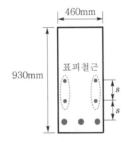

> **해설** 표피철근의 중심 간격($s$)
>
> ㉠ 계수와 철근응력
>
> $k_{cr}=210$(습윤환경)
>
> $f_s=\dfrac{2}{3}f_y=\dfrac{2}{3}\times 400=267$MPa
>
> ㉡ 철근의 중심 간격 결정
>
> $s=375\dfrac{k_{cr}}{f_s}-2.5c_c$
>
> $=375\times\dfrac{210}{267}-2.5\times 50=170$mm

$s=300\dfrac{k_{cr}}{f_s}=300\times\dfrac{210}{267}=236$mm

$\therefore\ s=170$mm(최솟값)

> **관련기준** KDS 14 20 20[2021] 4.2.3 (6)

**11** 강판을 다음 그림과 같이 용접이음할 때 용접부의 응력은?

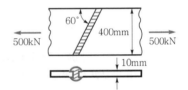

① 110MPa

② 125MPa

③ 250MPa

④ 722MPa

> **해설** 용접부의 응력(홈용접, 맞대기이음)
>
> $f_t=\dfrac{P}{\sum a l_e}=\dfrac{500\times 10^3}{10\times 400}=125$MPa(인장)
>
> **관련기준** KDS 14 30 25[2019] 4.2.1 (1)

**12** 유효깊이($d$)가 910mm인 다음 그림과 같은 단철근 T형 보의 설계휨강도($\phi M_n$)를 구하면? [단, 인장철근량($A_s$)은 7,652mm², $f_{ck}=21$MPa, $f_y=350$MPa, 인장지배단면으로 $\phi=0.85$, 경간은 3,040mm이다.]

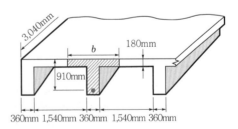

① 1,845kN · m

② 1,863kN · m

③ 1,883kN · m

④ 1,901kN · m

**해설** T형 보의 설계휨강도

㉠ 유효폭($b_e$) 결정

$16t_f + b_w = 16 \times 180 + 360 = 3,240\text{mm}$

슬래브 중심 간 거리 = 1,900mm

보 경간의 $\dfrac{l}{4} = 3,040 \times \dfrac{1}{4} = 760\text{mm}$

$\therefore b_e = 760\text{mm}$(최솟값)

㉡ 등가깊이

$A_{sf} = \dfrac{\eta(0.85f_{ck})(b-b_w)t_f}{f_y}$

$= \dfrac{1.0 \times 0.85 \times 21 \times (760-360) \times 180}{350}$

$= 3,672\text{mm}^2$

$\therefore a = \dfrac{(A_s - A_{sf})f_y}{\eta(0.85f_{ck})b_w}$

$= \dfrac{(7,652-3,672) \times 350}{1.0 \times 0.85 \times 21 \times 360}$

$= 216.8\text{mm}$

㉢ 설계휨강도

$M_d = \phi M_n = \phi(M_{nf} + M_{nw})$

$= \phi\left\{ A_{sf}f_y\left(d - \dfrac{t_f}{2}\right) \right.$

$\left. + (A_s - A_{sf})f_y\left(d - \dfrac{a}{2}\right) \right\}$

$= 0.85 \times \left\{ 3,672 \times 350 \times \left(910 - \dfrac{180}{2}\right) \right.$

$+ (7,652 - 3,672) \times 350$

$\left. \times \left(910 - \dfrac{216.8}{2}\right) \right\} \times 10^{-6}$

$= 1,844.92\text{kN} \cdot \text{m}$

**관련기준** KDS 14 20 10[2021] 4.3.10 (1)

**13** 다음에서 설명하는 부재형태의 최대 허용처짐은? [단, $l$은 부재길이이다.]

| 과도한 처짐에 의해 손상되기 쉬운 비구조요소를 지지 또는 부착한 지붕 또는 바닥구조 |
| --- |

① $\dfrac{l}{180}$  ② $\dfrac{l}{240}$

③ $\dfrac{l}{360}$  ④ $\dfrac{l}{480}$

**해설** 최대 허용처짐

| 부재형태 | 처짐한계 |
| --- | --- |
| 과도한 처짐에 의해 손상되기 쉬운 비구조요소를 지지 또는 부착한 지붕 또는 바닥구조 | $\dfrac{l}{480}$ |
| 과도한 처짐에 의해 손상될 염려가 없는 비구조요소를 지지 또는 부착한 지붕 또는 바닥구조 | $\dfrac{l}{240}$ |

**관련기준** KDS 14 20 30[2021] 4.2.1 (7)

**14** 다음 그림과 같은 직사각형 보를 강도설계이론으로 해석할 때 콘크리트의 등가사각형 깊이 $a$는? [단, $f_{ck} = 21\text{MPa}$, $f_y = 300\text{MPa}$이다.]

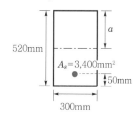

① 109.9mm  ② 121.6mm

③ 129.9mm  ④ 190.5mm

**해설** 등가응력분포의 깊이

$a = \dfrac{A_s f_y}{\eta(0.85f_{ck})b}$

$= \dfrac{3,400 \times 300}{1.0 \times 0.85 \times 21 \times 300}$

$= 190.5\text{mm}$

**관련기준** KDS 14 20 20[2021] 4.1.1 (8)

**15** 옹벽의 안정조건 중 전도에 대한 저항휨모멘트는 횡토압에 의한 전도모멘트의 최소 몇 배 이상이어야 하는가?

① 1.5배  ② 2.0배

③ 2.5배  ④ 3.0배

**해설** 옹벽의 안정조건

　㉠ 전도 : 안전율 $2.0\left(\dfrac{M_r}{M_o}\geq 2.0\right)$

　㉡ 활동 : 안전율 $1.5\left(\dfrac{H_r}{H}\geq 1.5\right)$

　㉢ 침하 : 안전율 $1.0\left(\dfrac{q_a}{q_{\max}}\geq 1.0\right)$

**관련기준** KDS 14 20 74[2021] 4.1.1.2 (3)

**16** 콘크리트 구조물에서 비틀림에 대한 설계를 하려고 할 때 계수비틀림모멘트($T_u$)를 계산하는 방법에 대한 설명으로 틀린 것은?

① 균열에 의하여 내력의 재분배가 발생하여 비틀림모멘트가 감소할 수 있는 부정정구조물의 경우 최대 계수비틀림모멘트를 감소시킬 수 있다.

② 철근콘크리트 부재에서, 받침부에서 $d$ 이내에 위치한 단면은 $d$에서 계산된 $T_u$보다 작지 않은 비틀림모멘트에 대하여 설계하여야 한다.

③ 프리스트레스 콘크리트 부재에서, 받침부에서 $d$ 이내에 위치한 단면을 설계할 때 $d$에서 계산된 $T_u$보다 작지 않은 비틀림모멘트에 대하여 설계하여야 한다.

④ 정밀한 해석을 수행하지 않은 경우 슬래브에 의해 전달되는 비틀림하중은 전체 부재에 걸쳐 균등하게 분포하는 것으로 가정할 수 있다.

**해설** 계수비틀림모멘트의 계산

　프리스트레스 콘크리트 부재에서, 받침부에서 $\dfrac{h}{2}$ 이내에 위치한 단면은 $\dfrac{h}{2}$ 의 단면에서 계산된 비틀림모멘트 $T_u$ 를 사용하여 계산한다.

**관련기준** KDS 14 20 22[2021] 4.4.2 (5)

**17** 다음 그림과 같은 띠철근 기둥에서 띠철근의 최대 수직간격으로 적당한 것은? [단, D10의 공칭지름은 9.5mm, D32의 공칭지름은 31.8mm이다.]

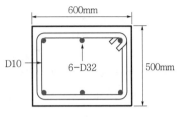

① 456mm
② 472mm
③ 500mm
④ 509mm

**해설** 띠철근의 수직간격

　㉠ 축방향 철근지름의 16배 이하
　　$= 16\times 31.8 = 508.8\text{mm}$

　㉡ 띠철근지름의 48배 이하
　　$= 48\times 9.5 = 456\text{mm}$

　㉢ 기둥 단면 최소 치수 $= 500\text{mm}$

　∴ $s = 456\text{mm}$(최솟값)

**관련기준** KDS 14 20 50[2021] 4.4.2 (3) ②

**18** $b_w = 350\text{mm}$, $d = 600\text{mm}$인 단철근 직사각형 보에서 보통 중량콘크리트가 부담할 수 있는 공칭전단강도($V_c$)를 정밀식으로 구하면 약 얼마인가? [단, 전단력과 휨모멘트를 받는 부재이며 $V_u = 100\text{kN}$, $M_u = 300\text{kN}\cdot\text{m}$, $\rho_w = 0.016$, $f_{ck} = 24\text{MPa}$이다.]

① 164.2kN
② 171.5kN
③ 176.4kN
④ 182.7kN

**해설** 콘크리트의 공칭전단강도(정밀식)

　㉠ 사용조건

　　$\dfrac{V_u d}{M_u} = \dfrac{100\times 0.6}{300} = 0.2 \leq 1$

　　$V_c \leq 0.29\sqrt{f_{ck}}\,b_w d$

　　$\quad = 0.29\sqrt{24}\times 350\times 600\times 10^{-3}$

　　$\quad = 298.35\text{kN}$

　㉡ 콘크리트의 공칭전단강도(정밀식)

　　$V_c = \left(0.16\lambda\sqrt{f_{ck}} + 17.6\rho_w\dfrac{V_u d}{M_u}\right)b_w d$

　　$\quad = (0.16\times 1.0\sqrt{24} + 17.6\times 0.016\times 0.2)$

　　$\qquad \times 350\times 600\times 10^{-3}$

　　$\quad = 176.43\text{kN} < 298.35\text{kN}$

　∴ $V_c = 176.43\text{kN}$

**관련기준** KDS 14 20 22[2021] 4.2.1 (2) ①

**19** $A_s = 3,600\,\text{mm}^2$, $A_s' = 1,200\,\text{mm}^2$로 배근된 다음 그림과 같은 복철근 보의 탄성처짐이 12mm라 할 때 5년 후 지속하중에 의해 유발되는 추가장기처짐은 얼마인가?

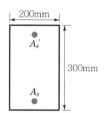

① 6mm

② 12mm

③ 18mm

④ 36mm

해설 **장기처짐**

㉠ 장기처짐계수

$$\rho' = \frac{A_s'}{bd} = \frac{1,200}{200 \times 300} = 0.02, \quad \xi = 2.0$$

$$\therefore \lambda_\Delta = \frac{\xi}{1 + 50\rho'} = \frac{2.0}{1 + 50 \times 0.02} = 1$$

㉡ 장기처짐($\delta_l$)

장기처짐 = 탄성처짐 × 장기처짐계수

$$\therefore \delta_l = \delta_e \lambda_\Delta = 12 \times 1.0 = 12\,\text{mm}$$

**20** 다음 그림과 같은 2경간 연속보의 양단에서 PS 강재를 긴장할 때 단 A에서 중간 B까지의 근사법으로 구한 마찰에 의한 프리스트레스의 감소율은? [단, 각은 radian이며, 곡률마찰계수($\mu$)는 0.4, 파상마찰계수($k$)는 0.0027이다.]

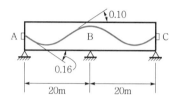

① 12.6%

② 18.2%

③ 10.4%

④ 15.8%

해설 **감소율(마찰에 의한 손실)**

㉠ 근사식 사용 검토

$$\alpha = (\alpha_1 + \alpha_2)\frac{180°}{\pi}$$

$$= (0.16 + 0.1) \times \frac{180°}{\pi}$$

$$= 14.9° \le 30°$$

∴ 근사식 사용 가능

㉡ 감소율($L_r$)

$$L_r = (kl + \mu a) \times 100$$

$$= (0.0027 \times 20 + 0.4 \times 0.26) \times 100$$

$$= 15.8\%$$

관련기준 KDS 14 20 60[2021] 4.3.2 (1)

**01** 보의 경간이 10m이고 양쪽 슬래브의 중심 간 거리가 2.0m인 대칭형 T형 보에 있어서 플랜지 유효폭은? [단, 부재의 복부폭($b_w$)은 500mm, 플랜지의 두께($t_f$)는 100mm이다.]

① 2,000mm  
② 2,100mm  
③ 2,500mm  
④ 3,000mm

해설 **T형 보의 유효폭($b_e$)**

㉠ $16t_f + b_w = 16 \times 100 + 500 = 2,100\text{mm}$

㉡ 슬래브 중심 간 거리 = 2,000mm

㉢ 보 경간의 $\frac{1}{4} = 10,000 \times \frac{1}{4} = 2,500\text{mm}$

∴ $b_e = 2,000\text{mm}$(최솟값)

관련기준 KDS 14 20 10[2021] 4.3.10 (1)

**02** 철근의 겹침이음에서 A급 이음의 조건에 대한 설명으로 옳은 것은?

① 배근된 철근량이 이음부 전체 구간에서 해석 결과 요구되는 소요철근량의 2배 이상이고, 소요겹침이음길이 내 겹침이음된 철근량이 전체 철근량의 1/2 이하인 경우

② 배근된 철근량이 이음부 전체 구간에서 해석 결과 요구되는 소요철근량의 1.5배 이상이고, 소요겹침이음길이 내 겹침이음된 철근량이 전체 철근량의 1/2 이상인 경우

③ 배근된 철근량이 이음부 전체 구간에서 해석 결과 요구되는 소요철근량의 2배 이상이고, 소요겹침이음길이 내 겹침이음된 철근량이 전체 철근량의 1/3 이하인 경우

④ 배근된 철근량이 이음부 전체 구간에서 해석 결과 요구되는 소요철근량의 1.5배 이상이고, 소요겹침이음길이 내 겹침이음된 철근량이 전체 철근량의 1/3 이상인 경우

해설 **A급 이음의 조건**

㉠ $\dfrac{\text{배근 } A_s}{\text{소요 } A_s} \geq 2.0$

㉡ 겹침이음 철근량이 전체 철근량의 $\dfrac{1}{2}$ 이하인 경우

관련기준 KDS 14 20 52[2021] 4.5.2 (2)

**03** 옹벽의 구조 해석에 대한 설명으로 틀린 것은?

① 뒷부벽은 직사각형 보로 설계하여야 하며, 앞부벽은 T형 보로 설계하여야 한다.

② 저판의 뒷굽판은 정확한 방법이 사용되지 않는 한 뒷굽판 상부에 재하되는 모든 하중을 지지하도록 설계하여야 한다.

③ 캔틸레버식 옹벽의 저판은 전면벽과의 접합부를 고정단으로 간주한 캔틸레버로 가정하여 단면을 설계할 수 있다.

④ 부벽식 옹벽의 전면벽은 3변 지지된 2방향 슬래브로 설계할 수 있다.

해설 **뒷부벽 및 앞부벽 옹벽의 설계**

뒷부벽은 T형 보로, 앞부벽은 직사각형 보로 보고 설계한다.

관련기준 KDS 14 20 14[2021] 4.1.2.3 (1)

**04** 다음 중 용접부의 결함이 아닌 것은?

① 오버랩(overlap)  
② 언더컷(undercut)  
③ 스터드(stud)  
④ 균열(crack)

해설 스터드(stud)는 강재 앵커(전단연결재)의 한 종류이다.

관련이론 **용접부의 결함**

용접부의 결함으로는 오버랩(overlap), 언더컷(undercut), 균열(crack), 피트(pit), 블로홀(blow hole), 피시아이(fish eye) 등이 있다.

정답 1.① 2.① 3.① 4.③

**05** 다음 그림과 같은 단면의 균열모멘트 $M_{cr}$은? [단, $f_{ck}=24\text{MPa}$, $f_y=400\text{MPa}$, 보통 중량콘크리트이다.]

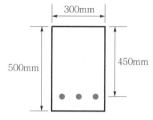

① 22.46kN · m  ② 28.24kN · m

③ 30.81kN · m  ④ 38.58kN · m

**해설** 균열모멘트

$$M_{cr}=\frac{I_g}{y_t}f_r=\frac{bh^2}{6}\left(0.63\lambda\sqrt{f_{ck}}\right)$$
$$=\frac{300\times500^2}{6}\times0.63\times1.0\sqrt{24}\times10^{-6}$$
$$=38.58\text{kN}\cdot\text{m}$$

**관련기준** KDS 14 20 30[2021] 4.2.1 (3)

**06** 깊은 보의 전단설계에 대한 구조 세목의 설명으로 틀린 것은?

① 휨인장철근과 직각인 수직전단철근의 단면적 $A_v$를 $0.0025b_w s$ 이상으로 하여야 한다.

② 휨인장철근과 직각인 수직전단철근의 간격 $s$를 $d/5$ 이하, 또한 300mm 이하로 하여야 한다.

③ 휨인장철근과 평행한 수평전단철근의 단면적 $A_{vh}$를 $0.0015b_w s_h$ 이상으로 하여야 한다.

④ 휨인장철근과 평행한 수평전단철근의 간격 $s_h$를 $d/4$ 이하, 또한 350mm 이하로 하여야 한다.

**해설** 최소 철근량 산정 및 배치
휨인장철근과 평행한 수평전단철근 간격 $s_h$를 $d/5$ 이하, 또한 300mm 이하로 하여야 한다.

**관련기준** KDS 14 20 22[2021] 4.7.2 (2)

**07** 균형철근량보다 적고 최소 철근량보다 많은 인장철근을 가진 과소철근보가 휨에 의해 파괴될 때의 설명으로 옳은 것은?

① 인장측 철근이 먼저 항복한다.

② 압축측 콘크리트가 먼저 파괴된다.

③ 압축측 콘크리트와 인장측 철근이 동시에 항복한다.

④ 중립축이 인장측으로 내려오면서 철근이 먼저 파괴된다.

**해설** 보의 파괴형태
㉠ 저보강보($\rho<\rho_b$) : 과소철근보, 연성파괴(인장철근이 먼저 항복), 파괴 예측이 가능
㉡ 과보강보($\rho>\rho_b$) : 과다철근보, 취성파괴(콘크리트가 먼저 항복), 파괴 예측이 불가능

**08** 다음 그림과 같은 맞대기용접의 용접부에 발생하는 인장응력은?

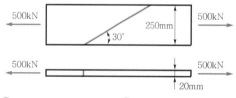

① 100MPa  ② 150MPa

③ 200MPa  ④ 220MPa

**해설** 용접부의 응력(홈용접, 맞대기이음)
$$f_t=\frac{P}{\sum al_e}=\frac{500,000}{20\times250}$$
$$=100\text{MPa(인장)}$$

**관련기준** KDS 14 30 25[2019] 4.3.1 (1)

**09** 콘크리트 속에 묻혀 있는 철근이 콘크리트와 일체가 되어 외력에 저항할 수 있는 이유로 틀린 것은?

① 철근과 콘크리트 사이의 부착강도가 크다.

② 철근과 콘크리트의 탄성계수가 거의 같다.

③ 콘크리트 속에 묻힌 철근은 부식하지 않는다.

④ 철근과 콘크리트의 열팽창계수가 거의 같다.

**정답** 5. ④  6. ④  7. ①  8. ①  9. ②

해설 **탄성계수비**

철근의 탄성계수($E_s$)는 콘크리트 탄성계수($E_c$)보다 약 7배 정도 크다.

$$\therefore n = \frac{E_s}{E_c} = 6 \sim 8$$

관련기준 KDS 14 20 10[2021] 4.3.3

---

**10** 다음 그림의 보에서 계수전단력 $V_u = 262.5$kN에 대한 가장 적당한 스터럽 간격은? [단, 사용된 스터럽은 D13 철근이다. 철근 D13의 단면적은 127mm², $f_{ck} = 24$MPa, $f_y = 350$MPa이다.]

① 125mm
② 195mm
③ 210mm
④ 250mm

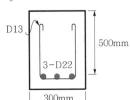

해설 **수직스터럽의 간격**

㉠ 전단강도 산정

$$V_c = \frac{1}{6} \lambda \sqrt{f_{ck}} \, b_w d$$
$$= \frac{1}{6} \times 1.0 \sqrt{24} \times 300 \times 500 \times 10^{-3}$$
$$= 122 \text{kN}$$
$$V_u = \phi(V_c + V_s)$$
$$\therefore V_s = \frac{V_u}{\phi} - V_c = \frac{262.5}{0.75} - 122 = 228 \text{kN}$$

㉡ 간격 제한

$$\frac{1}{3} \lambda \sqrt{f_{ck}} \, b_w d$$
$$= \frac{1}{3} \times 1.0 \sqrt{24} \times 300 \times 500 \times 10^{-3}$$
$$= 245 \text{kN} > V_s = 228 \text{kN}$$
$$\therefore s = \frac{d}{2} \text{ 이하, } 600 \text{mm 이하}$$

㉢ 간격 결정

$$s = \frac{d}{2} = \frac{500}{2} = 250 \text{mm}$$
$$s = \frac{A_v f_y d}{V_s} = \frac{127 \times 2 \times 350 \times 500}{228}$$
$$= 195 \text{mm}$$
$$\therefore s = [250, \ 600, \ 195]_{\min} = 195 \text{mm 이하}$$

---

**11** $A_s' = 1,500$mm², $A_s = 1,800$mm²로 배근된 다음 그림과 같은 복철근 보의 순간처짐이 10mm일 때 5년 후 지속하중에 의해 유발되는 장기처짐은?

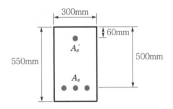

① 14.1mm
② 13.3mm
③ 12.7mm
④ 11.5mm

해설 **장기처짐($\delta_l$)**

㉠ 장기처짐계수

$$\rho' = \frac{A_s'}{bd} = \frac{1,500}{300 \times 500} = 0.01$$
$$\therefore \lambda_\Delta = \frac{\xi}{1 + 50\rho'} = \frac{2.0}{1 + 50 \times 0.01} = 1.333$$

㉡ 장기처짐

장기처짐 = 탄성처짐 × 장기처짐계수
$$\therefore \delta_l = \delta_e \lambda_\Delta = 10 \times 1.333 = 13.3 \text{mm}$$

관련기준 KDS 14 20 30[2021] 4.2.1 (5)

---

**12** 프리스트레스트 콘크리트의 원리를 설명하는 개념 중 다음에서 설명하는 개념은?

PSC 보를 RC 보처럼 생각하여 콘크리트는 압축력을 받고, 긴장재는 인장력을 받게 하여 두 힘의 우력모멘트로 외력에 의한 휨모멘트에 저항시킨다는 개념

① 균등질 보의 개념
② 하중 평형의 개념
③ 내력모멘트의 개념
④ 허용응력의 개념

해설 **강도 개념(내력모멘트 개념)**

PSC 보를 RC 보와 동일 개념으로 설계한다. 압축은 콘크리트가 부담하고, 인장은 PS 강재(철근)가 부담한다.
$$\therefore \text{PSC} = \text{RC}$$

---

**13** 부분적 프리스트레싱(partial prestressing)에 대한 설명으로 옳은 것은?

① 구조물에 부분적으로 PSC 부재를 사용하는 것

② 부재 단면의 일부에만 프리스트레스를 도입하는 것

③ 설계하중의 일부만 프리스트레스에 부담시키고, 나머지는 긴장재에 부담시키는 것

④ 설계하중이 작용할 때 PSC 부재 단면의 일부에 인장응력이 생기는 것

> **해설** 프리스트레싱의 분류
> ㉠ 완전 프리스트레싱(full prestressing) : 콘크리트의 전 단면에 인장응력이 발생하지 않도록 프리스트레스를 가하는 방법
> ㉡ 부분 프리스트레싱(partial prestressing) : 콘크리트 단면의 일부에 어느 정도 인장응력이 발생하는 것을 허용하는 방법

**14** 2방향 슬래브 직접설계법의 제한사항으로 틀린 것은?

① 각 방향으로 3경간 이상 연속되어야 한다.

② 슬래브 판들은 단변경간에 대한 장변경간의 비가 2 이하인 직사각형이어야 한다.

③ 각 방향으로 연속한 받침부 중심 간 경간차이는 긴 경간의 1/3 이하이어야 한다.

④ 연속한 기둥 중심선을 기준으로 기둥의 어긋남은 그 방향 경간의 20% 이하이어야 한다.

> **해설** 직접설계법의 제한사항
> 2방향 슬래브의 경우 연속한 기둥 중심선으로부터 기둥의 어긋남은 그 방향 경간의 최대 10% 이하이어야 한다.

> **관련기준** KDS 14 20 70[2021] 4.1.3.1 (2) ~ (6)

> **관련이론** 2방향 슬래브의 직접설계법 제한사항
> ① 각 방향으로 3경간 이상이 연속되어야 한다.
> ② 슬래브 판들은 단변경간에 대한 장변경간의 비가 2 이하인 직사각형이어야 한다.
> ③ 각 방향으로 연속된 받침부 중심 간 경간길이의 차는 긴 경간의 1/3 이하이어야 한다.
> ④ 연속한 기둥 중심선으로부터 기둥의 어긋남은 그 방향 경간의 최대 10% 이하이어야 한다.
> ⑤ 모든 하중은 연직하중으로서 슬래브 판 전체에 등분포되는 것으로 간주한다. 활하중은 고정하중의 2배 이하이어야 한다.

**15** 다음 그림과 같은 단면을 가지는 직사각형 단철근 보의 설계휨강도를 구할 때 사용되는 강도감소계수($\phi$)값은 약 얼마인가? [단, $f_{ck} = 38$MPa, $f_y = 400$MPa, $A_s = 3,176$mm²]

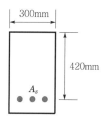

① 0.731

② 0.764

③ 0.817

④ 0.850

> **해설** 강도감소계수
> ㉠ 등가깊이
> $f_{ck} \leq 40$MPa인 경우 $\beta_1 = 0.80$, $\eta = 1.0$,
> $\varepsilon_{cu} = 0.0033$
> $$\therefore a = \frac{A_s f_y}{\eta(0.85 f_{ck})b}$$
> $$= \frac{3,176 \times 400}{1.0 \times 0.85 \times 38 \times 300} = 131.1 \text{mm}$$
> ㉡ 중립축의 위치
> $$c = \frac{a}{\beta_1} = \frac{131.1}{0.80} = 163.88 \text{mm}$$
> ㉢ 지배단면의 구분
> $$\varepsilon_t = \varepsilon_{cu}\left(\frac{d_t - c}{c}\right)$$
> $$= 0.0033 \times \left(\frac{420 - 163.88}{163.88}\right)$$
> $$= 0.0052 > 0.005$$
> $\therefore$ 인장지배단면
> ㉣ 강도감소계수 결정
> $\phi = 0.85$

> **관련기준** KDS 14 20 10[2021] 4.2.3 (2)
> KDS 14 20 20[2021] 4.1.1 (8)

**16** 강도설계법에서 $f_{ck} = 30$MPa, $f_y = 350$MPa일 때 단철근 직사각형 보의 균형철근비($\rho_b$)는?

① 0.0351

② 0.0369

③ 0.0380

④ 0.0391

해설 **보의 균형철근비**

$f_{ck} \leq 40\text{MPa}$인 경우 $\beta_1 = 0.80$, $\eta = 1.0$,
$\varepsilon_{cu} = 0.0033$

$\therefore \rho_b = \dfrac{\eta(0.85f_{ck})\beta_1}{f_y} \cdot \dfrac{660}{660+f_y}$

$= \dfrac{1.0 \times 0.85 \times 30 \times 0.80}{350} \times \dfrac{660}{660+350}$

$= 0.03809$

**17** 강도설계법의 설계가정으로 틀린 것은?

① 콘크리트의 인장강도는 철근콘크리트 부재 단면의 휨강도 계산에서 무시할 수 있다.

② 콘크리트의 변형률은 중립축부터 거리에 비례한다.

③ 콘크리트의 압축응력의 크기는 $0.80f_{ck}$로 균등하고, 이 응력은 최대 압축변형률이 발생하는 단면에서 $a = \beta_1 c$까지의 부분에 등분포한다.

④ 사용철근의 응력이 설계기준항복강도 $f_y$ 이하일 때 철근의 응력은 그 변형률에 $E_s$를 곱한 값으로 취한다.

해설 **강도설계법의 설계가정**

콘크리트 연단 압축응력의 크기는 $\eta(0.85f_{ck})$로 가정한다.

관련기준 KDS 14 20 20[2021] 4.1.1 (8)

**18** 다음 그림과 같은 독립확대기초에서 1방향 전단에 대해 고려할 경우 위험단면의 계수전단력($V_u$)는? [단, 계수하중 $P_u = 1,500$kN이다.]

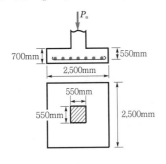

① 255kN  ② 387kN
③ 897kN  ④ 1,210kN

해설 **위험단면의 계수전단력($V_u$)**

㉠ 지반지지력

$q_u = \dfrac{P_u}{A} = \dfrac{1,500}{2.5 \times 2.5} = 240\text{kN/m}^2$

㉡ 계수전단력(1방향 작용)

$V_u = q_u S\left(\dfrac{L-t}{2} - d\right)$

$= 240 \times 2.5 \times \left(\dfrac{2.5-0.55}{2} - 0.55\right)$

$= 255\text{kN}$

**19** 순단면이 볼트의 구멍 하나를 제외한 단면(즉 A- B-C 단면)과 같도록 피치($s$)를 결정하면? [단, 구멍의 지름은 22mm이다.]

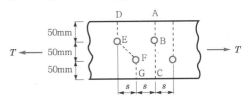

① 114.9mm  ② 90.6mm
③ 66.3mm   ④ 50mm

해설 **강판의 피치간격**

모든 경로에 대해 길이를 계산하고, 이 중 최솟값을 순폭으로 한다.

㉠ $b_n = b_g - d$

㉡ $b_n = b_g - d - \left(d - \dfrac{s^2}{4g}\right)$

㉢ ㉠=㉡이어야 하므로

$d - \dfrac{s^2}{4g} = 0$

$\therefore s = 2\sqrt{gd} = 2\sqrt{50 \times 22} = 66.33\text{mm}$

관련기준 KDS 14 30 10[2019] 4.1.3 (1), (2)

정답 17. ③  18. ①  19. ③

**20** PS 강재를 포물선으로 배치한 PSC 보에서 상향의 등분포력($u$)의 크기는 얼마인가? [단, $P = 2,600$kN, 단면의 폭($b$)은 50cm, 높이($h$)는 80cm, 지간 중앙에서 PS 강재의 편심($s$)은 20cm이다.]

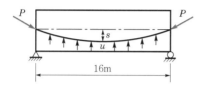

① 8.50kN/m      ② 16.25kN/m

③ 19.65kN/m     ④ 35.60kN/m

> **해설** 상향력(포물선 배치)
>
> $$M = Ps = \frac{ul^2}{8}$$
>
> $$\therefore\ u = \frac{8Ps}{l^2} = \frac{8 \times 2,600 \times 0.2}{16^2}$$
> $$= 16.25\text{kN/m}$$

**01** 복철근 콘크리트 단면에 인장철근비는 0.02, 압축철근비는 0.01이 배근된 경우 순간처짐이 20mm일 때 6개월이 지난 후 총처짐량은? [단, 작용하는 하중은 지속하중이다.]

① 26mm      ② 36mm

③ 48mm      ④ 68mm

> **해설** 최종처짐량
> ㉠ 장기처짐계수
> $\rho' = 0.01$, $\xi = 1.2$(6개월)
> $\therefore \lambda_\Delta = \dfrac{\xi}{1 + 50\rho'} = \dfrac{1.2}{1 + 50 \times 0.01} = 0.8$
> ㉡ 최종처짐＝탄성처짐＋장기처짐
> $\delta_t = \delta_e + \delta_l = \delta_e + \delta_e \lambda_\Delta$
> $\qquad = 20 + 20 \times 0.8 = 36\text{mm}$

> **관련기준** KDS 14 20 30[2021] 4.2.1 (5)

**02** PSC 보를 RC 보처럼 생각하여 콘크리트는 압축력을 받고, 긴장재는 인장력을 받게 하여 두 힘의 우력모멘트로 외력에 의한 휨모멘트에 저항시킨다는 개념은?

① 응력 개념

② 강도 개념

③ 하중 평형 개념

④ 균등질 보의 개념

> **해설** 강도 개념(내력모멘트 개념)
> PSC 보를 RC 보와 동일 개념으로 보고 콘크리트는 압축력을 부담하고, 긴장재는 인장력을 부담한다는 개념이다.

**03** 다음 그림과 같이 단순지지된 2방향 슬래브에 등분포하중 $w$가 작용할 때 ab방향에 분배되는 하중은 얼마인가?

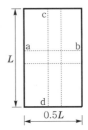

① $0.059w$      ② $0.111w$

③ $0.889w$      ④ $0.941w$

> **해설** 단변(ab방향)이 분담하는 하중(하중 분배)
> $$w_{ab} = \frac{wL^4}{L^4 + S^4} = \frac{L^4}{L^4 + (0.5L)^4} w = 0.941w$$

**04** 다음 그림과 같은 직사각형 단면을 가진 프리텐션 단순보에 편심 배치한 긴장재를 820kN으로 긴장하였을 때 콘크리트 탄성변형으로 인한 프리스트레스의 감소량은? [단, 탄성계수비 $n = 6$이고 자중에 의한 영향은 무시한다.]

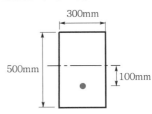

① 44.5MPa      ② 46.5MPa

③ 48.5MPa      ④ 50.5MPa

해설 콘크리트 탄성변형에 의한 감소(손실)량

$$\Delta f_p = n f_c$$
$$= n\left(\frac{P}{A_c} + \frac{Pe}{I}e\right)$$
$$= 6 \times \left(\frac{820,000}{300 \times 500}\right.$$
$$\left. + \frac{12 \times 820,000 \times 100}{300 \times 500^3} \times 100\right)$$
$$= 48.54\text{MPa}$$

관련기준 KDS 14 20 60[2021] 4.3.1 (1)

---

**05** 다음 그림과 같은 용접이음에서 이음부의 응력은?

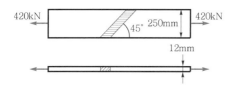

① 140MPa  ② 152MPa

③ 168MPa  ④ 180MPa

해설 용접부의 응력(홈용접, 맞대기이음)

$$f_t = \frac{P}{\sum a l_e} = \frac{420,000}{12 \times 250} = 140\text{MPa(인장)}$$

관련기준 KDS 14 30 25[2019] 4.2.1 (1)

---

**06** 다음 중 전단철근으로 사용할 수 없는 것은?

① 스터럽과 굽힘철근의 조합

② 부재축에 직각으로 배치한 용접철망

③ 나선철근, 원형 띠철근 또는 후프철근

④ 주인장철근에 30°의 각도로 설치되는 스터럽

해설 전단철근의 종류
  ㉠ 주철근에 직각인 스터럽(수직스터럽)
  ㉡ 주철근에 45° 이상 각도로 설치되는 스터럽(경사스터럽)
  ㉢ 주철근에 30° 이상의 각도로 구부린 굽힘철근
  ㉣ 스터럽과 굽힘철근의 조합
  ㉤ 부재축에 직각 배치한 용접철망

관련기준 KDS 14 20 22[2021] 4.3.1 (1), (2)

---

**07** 슬래브의 구조 상세에 대한 설명으로 틀린 것은?

① 1방향 슬래브의 두께는 최소 100mm 이상으로 하여야 한다.

② 1방향 슬래브의 정모멘트 철근 및 부모멘트 철근의 중심 간격은 위험단면에서는 슬래브 두께의 2배 이하이어야 하고, 또한 300mm 이하로 하여야 한다.

③ 1방향 슬래브의 수축·온도 철근의 간격은 슬래브 두께의 3배 이하, 또한 400mm 이하로 하여야 한다.

④ 2방향 슬래브의 위험단면에서 철근 간격은 슬래브 두께의 2배 이하, 또한 300mm 이하로 하여야 한다.

해설 수축·온도 철근의 간격
  1방향 슬래브의 수축·온도 철근의 간격은 슬래브 두께의 5배 이하, 또는 450mm 이하로 하여야 한다.

관련기준 KDS 14 20 50[2021] 4.6.2 (3)

---

**08** $b = 300\text{mm}$, $d = 500\text{mm}$, $A_s = 3-D25 = 1,520\text{mm}^2$ 가 1열로 배치된 단철근 직사각형 보의 설계휨강도 ($\phi M_n$)는? [단, $f_{ck} = 28\text{MPa}$, $f_y = 400\text{MPa}$이고 과소철근보이다.]

① 132.5kN·m  ② 183.3kN·m

③ 236.4kN·m  ④ 307.7kN·m

해설 보의 설계휨응력
  ㉠ 등가응력깊이
  $f_{ck} \le 40\text{MPa}$인 경우 $\beta_1 = 0.80$, $\eta = 1.0$
  $$\therefore a = \frac{A_s f_y}{\eta(0.85 f_{ck})b}$$
  $$= \frac{1,520 \times 400}{1.0 \times 0.85 \times 28 \times 300} = 85.1\text{mm}$$
  ㉡ 설계휨강도
  $$\phi M_n = \phi\left[\eta(0.85 f_{ck})ab\left(d - \frac{a}{2}\right)\right]$$
  $$= 0.85 \times 1.0 \times 0.85 \times 28 \times 85.1$$
  $$\times 300 \times \left(500 - \frac{85.1}{2}\right) \times 10^{-6}$$
  $$\doteqdot 236.4\text{kN·m}$$

관련기준 KDS 14 20 20[2021] 4.1.1 (8)

---

정답 5. ①  6. ④  7. ③  8. ③

**09** 다음 중 반T형 보의 유효폭을 구할 때 고려하여야 할 사항이 아닌 것은? [단, $b_w$는 플랜지가 있는 부재의 복부폭이다.]

① 양쪽 슬래브의 중심 간 거리

② 한쪽으로 내민 플랜지 두께의 6배$+b_w$

③ 보의 경간의 $\dfrac{1}{12}+b_w$

④ 인접 보와의 내측거리의 $\dfrac{1}{2}+b_w$

> **해설** 반T형 보의 유효폭($b_e$, 최솟값)
>
> ㉠ $6t_f+b_w$
>
> ㉡ 인접 보의 내측거리의 $\dfrac{1}{2}+b_w$
>
> ㉢ 보 경간의 $\dfrac{1}{12}+b_w$
>
> **관련기준** KDS 14 20 10[2021] 4.3.10 (1)

**10** 강도설계법에서 보의 휨파괴에 대한 설명으로 틀린 것은?

① 보는 취성파괴보다는 연성파괴가 일어나도록 설계되어야 한다.

② 과소철근보는 인장철근이 항복하기 전에 압축연단 콘크리트의 변형률이 극한변형률에 먼저 도달하는 보이다.

③ 균형철근보는 인장철근이 설계기준항복강도에 도달함과 동시에 압축연단 콘크리트의 변형률이 극한변형률에 도달하는 보이다.

④ 과다철근보는 인장철근량이 많아서 갑작스런 압축파괴가 발생하는 보이다.

> **해설** 보의 휨파괴 거동
>
> 과소철근보는 압축연단 콘크리트의 변형률이 극한변형률($\varepsilon_{cu}=0.0033$, $f_{ck}\leq40$MPa)에 도달하기 전에 인장철근이 먼저 항복한다.
>
> **관련기준** KDS 14 20 20[2021] 4.1.1 (3)

**11** 압축이형철근의 정착에 대한 설명으로 틀린 것은?

① 정착길이는 항상 200mm 이상이어야 한다.

② 정착길이는 기본정착길이에 적용 가능한 모든 보정계수를 곱하여 구하여야 한다.

③ 해석결과 요구되는 철근량을 초과하여 배치한 경우의 보정계수는 $\dfrac{\text{소요}\ A_s}{\text{배근}\ A_s}$이다.

④ 지름이 6mm 이상이고 나선 간격이 100mm 이하인 나선철근으로 둘러싸인 압축이형철근의 보정계수는 0.8이다.

> **해설** 압축이형철근의 정착
>
> 지름이 6mm 이상이고 나선 간격이 100mm 이하인 나선철근으로 둘러싸인 압축이형철근의 보정계수는 0.75이다.
>
> **관련기준** KDS 14 20 52[2021] 4.3.1 (3) ②

**12** 처짐을 계산하지 않는 경우 단순지지된 보의 최소 두께($h$)는? [단, 보통 중량콘크리트($m_c=2,300$kg/m³) 및 $f_y=300$MPa인 철근을 사용한 부재이며 길이가 10m인 보이다.]

① 429mm  ② 500mm

③ 537mm  ④ 625mm

> **해설** 보의 최소 두께(단순지지, $f_y\neq400$MPa)
>
> $$h=\frac{l}{16}\left(0.43+\frac{f_y}{700}\right)$$
> $$=\frac{1,000}{16}\times\left(0.43+\frac{300}{700}\right)$$
> $$\fallingdotseq538\text{mm}$$
>
> **관련기준** KDS 14 20 30[2021] 4.2.1 (1)

---

**정답** 9. ①  10. ②  11. ④  12. ③

**13** 표피철근의 정의로서 옳은 것은?

① 전체 깊이가 900mm를 초과하는 휨부재 복부의 양 측면에 부재축 방향으로 배치하는 철근

② 전체 깊이가 1,200mm를 초과하는 휨부재 복부의 양 측면에 부재축 방향으로 배치하는 철근

③ 유효깊이가 900mm를 초과하는 휨부재 복부의 양 측면에 부재축 방향으로 배치하는 철근

④ 유효깊이가 1,200mm를 초과하는 휨부재 복부의 양 측면에 부재축 방향으로 배치하는 철근

> **해설** 표피철근
> 보나 장선의 전체 깊이($h$)가 900mm를 초과하는 휨부재의 양 측면에서 부재축 방향으로 $h/2$까지 배치하는 철근을 말한다.
>
> **관련기준** KDS 14 20 20[2021] 4.2.3 (6)

**14** 다음 그림과 같은 두께 13mm의 플레이트에 4개의 볼트구멍이 배치되어 있을 때 부재의 순단면적은? [단, 구멍의 지름은 24mm이다.]

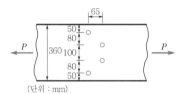

① 4,056mm$^2$

② 3,916mm$^2$

③ 3,775mm$^2$

④ 3,524mm$^2$

> **해설** 강판의 순단면적
> ㉠ 공제폭 산정
> $$\omega = d - \frac{p^2}{4g} = 24 - \frac{65^2}{4 \times 80} = 10.8mm$$
> ㉡ 순폭 산정
> $b_n = 360 - 2 \times 24 = 312mm$
> $b_n = 360 - 24 - 10.8 - 24 = 301.2mm$
> $b_n = 360 - 2 \times 24 - 2 \times 10.8 = 290.4mm$
> ∴ $b_n = 290.4mm$(최솟값)
> ㉢ 순단면적 산정
> $A_n = b_n t = 290.4 \times 13 = 3,775.2mm^2$
>
> **관련기준** KDS 14 30 10[2019] 4.1.3 (1), (2)

**15** 강도설계법에서 다음 그림과 같은 단철근 T형 보의 공칭휨강도($M_n$)는? [단, $A_s$ = 5,000mm$^2$, $f_{ck}$ = 21MPa, $f_y$ = 300MPa, 그림의 단위는 mm이다.]

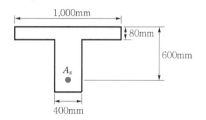

① 711.3kN·m

② 836.8kN·m

③ 947.5kN·m

④ 1,084.6kN·m

> **해설** T형 보의 공칭휨강도
> ㉠ T형 보 판별
> $$a = \frac{A_s f_y}{\eta(0.85 f_{ck}) b}$$
> $$= \frac{5,000 \times 300}{1.0 \times 0.85 \times 21 \times 1,000} = 84mm$$
> ∴ $a > t_f = 80mm$
> ∴ T형 보로 해석
> ㉡ 등가깊이
> $$A_{sf} = \frac{\eta(0.85 f_{ck})(b - b_w) t_f}{f_y}$$
> $$= \frac{1.0 \times 0.85 \times 21 \times (1,000 - 400) \times 80}{300}$$
> $$= 2,856mm^2$$
> $$\therefore a = \frac{(A_s - A_{sf}) f_y}{\eta(0.85 f_{ck}) b_w}$$
> $$= \frac{(5,000 - 2,856) \times 300}{1.0 \times 0.85 \times 21 \times 400} = 90.1mm$$
> ㉢ 공칭휨강도
> $$M_n = M_{nf} + M_{nw}$$
> $$= A_{sf} f_y\left(d - \frac{t}{2}\right) + (A_s - A_{st}) f_y\left(d - \frac{a}{2}\right)$$
> $$= \left[2,856 \times 300 \times \left(600 - \frac{80}{2}\right)\right.$$
> $$+ (5,000 - 2,856) \times 300$$
> $$\left. \times \left(600 - \frac{90.1}{2}\right)\right] \times 10^{-6}$$
> $$\fallingdotseq 836.8kN \cdot N$$
>
> **관련기준** KDS 14 20 10[2021] 4.3.10 (1)
> KDS 14 20 20[2021] 4.1.1 (8)

**16** 옹벽 설계에서 안정조건에 대한 설명으로 틀린 것은?

① 전도에 대한 저항휨모멘트는 횡토압에 의한 전도모멘트의 1.5배 이상이어야 한다.

② 옹벽의 활동에 대한 저항력은 옹벽에 작용하는 수평력의 1.5배 이상이어야 한다.

③ 지반에 유발되는 최대 지반반력은 지반의 허용지지력을 초과하지 않아야 한다.

④ 전도 및 지반지지력에 대한 안정조건은 만족하지만, 활동에 대한 안정조건만을 만족하지 못할 경우 활동방지벽 혹은 횡방향 앵커 등을 설치하여 활동저항력을 증대시킬 수 있다.

> 해설 **옹벽의 안정조건**
>
> ㉠ 전도 : 안전율 2.0 $\left(\dfrac{M_r}{M_o} \geq 2.0\right)$
>
> ㉡ 활동 : 안전율 1.5 $\left(\dfrac{H_r}{H} \geq 1.5\right)$
>
> ㉢ 침해(지지력) : 안전율 1.0 $\left(\dfrac{q_a}{q_{\max}} \geq 1.0\right)$
>
> 관련기준 KDS 14 20 74[2021] 4.1.1.2 (3)

**17** 프리스트레스의 손실원인은 그 시기에 따라 즉시 손실과 도입 후에 시간적인 경과 후에 일어나는 손실로 나눌 수 있다. 다음 중 손실원인의 시기가 나머지와 다른 하나는?

① 콘크리트의 크리프

② 콘크리트의 건조수축

③ 긴장재 응력의 릴랙세이션

④ 포스트텐션 긴장재와 덕트 사이의 마찰

> 해설 **프리스트레스의 손실원인**
>
> ㉠ 프리스트레스 도입 시 손실(즉시 손실) : 탄성변형, 마찰, 활동
>
> ㉡ 프리스트레스 도입 후 손실(시간적 손실) : 건조수축, 크리프, 릴랙세이션
>
> 관련기준 KDS 14 20 60[2021] 4.3.1 (1)

**18** $b_w = 250\text{mm}$, $d = 500\text{mm}$인 직사각형 보에서 콘크리트가 부담하는 설계전단강도($\phi V_c$)는? [단, $f_{ck} = 21\text{MPa}$, $f_y = 400\text{MPa}$, 보통 중량콘크리트이다.]

① 91.5kN  ② 82.2kN

③ 76.4kN  ④ 71.6kN

> 해설 **콘크리트가 부담하는 설계전단강도**
>
> $$\phi V_c = \phi\left(\frac{1}{6}\lambda\sqrt{f_{ck}}\,b_w\,d\right)$$
>
> $$= 0.75 \times \frac{1}{6} \times 1.0\sqrt{21} \times 250 \times 500 \times 10^{-3}$$
>
> $$= 71.6\text{kN}$$
>
> 관련기준 KDS 14 20 22[2021] 4.2.1 (1) ①

**19** 강도설계법에서 다음 그림과 같은 띠철근 기둥의 최대 설계축강도($\phi P_{n(\max)}$)는? [단, 축방향 철근의 단면적 $A_{st} = 1,865\text{mm}^2$, $f_{ck} = 28\text{MPa}$, $f_y = 300\text{MPa}$이고, 기둥은 중심 축하중을 받는 단주이다.]

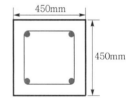

① 1,998kN  ② 2,490kN

③ 2,774kN  ④ 3,075kN

> 해설 **최대 설계축강도(띠철근 기둥)**
>
> $$P_d = \phi P_n = \phi \alpha P_o$$
>
> $$= \phi \alpha \left[0.85 f_{ck}(A_g - A_{st}) + f_y A_{st}\right]$$
>
> $$= 0.65 \times 0.80 \times \left[0.85 \times 28 \times (450^2 - 1,865)\right.$$
>
> $$\left. + 300 \times 1,865\right] \times 10^{-3}$$
>
> $$= 2,774.0\text{kN}$$
>
> 관련기준 KDS 14 20 20[2021] 4.1.2 (7) ②

**20** 다음 그림과 같은 강재의 이음에서 $P=600\text{kN}$이 작용할 때 필요한 리벳의 수는? [단, 리벳의 지름은 19mm, 허용전단응력은 110MPa, 허용지압응력은 240MPa이다.]

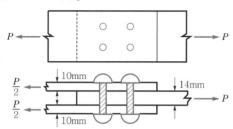

① 6개                    ② 8개
③ 10개                   ④ 12개

해설 리벳의 소요개수

㉠ 전단강도(복전단)

$$\rho_s = 2\nu_a \frac{\pi d^2}{4}$$

$$= 2 \times 110 \times \frac{\pi \times 19^2}{4} = 62{,}376\text{N}$$

㉡ 지압강도

$$\rho_b = f_{ba}\,dt = 240 \times 19 \times 14 = 63{,}840\text{N}$$

∴ 리벳값 $\rho = 62{,}376\text{N}$(작은 값)

㉢ 소요개수

$$n = \frac{\text{부재강도}(P)}{\text{리벳값}(\rho)} = \frac{600{,}000}{62{,}376} = 9.62 \fallingdotseq 10개$$

정답 20. ③

**01** 다음 그림과 같은 인장재의 순단면적은 약 얼마인가? [단, 구멍의 지름은 25mm이고, 강판두께는 10mm이다.]

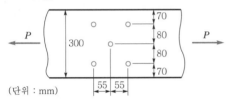

(단위 : mm)

① 2,323mm$^2$　　② 2,439mm$^2$
③ 2,500mm$^2$　　④ 2,595mm$^2$

해설 **강판의 순단면적**

㉠ 공제폭 산정

$$w = d - \frac{p^2}{4g} = 25 - \frac{55^2}{4 \times 80} = 15.6 \text{mm}$$

㉡ 순폭 산정

- $b_n = 300 - 2 \times 25 = 250 \text{mm}$
- $b_n = 300 - 25 - 15.6 = 259.4 \text{mm}$
- $b_n = 300 - 25 - 2 \times 15.6 = 243.8 \text{mm}$
- $\therefore b_n = 243.8 \text{mm}$(최솟값)

㉢ 순단면적 산정

$$A_n = b_n t = 243.8 \times 10 = 2,438 \text{mm}^2$$

관련기준 KDS 14 30 10[2019] 4.1.3 (1), (2)

**02** 다음 그림과 같은 단면의 도심에 PS 강재가 배치되어 있다. 초기 프리스트레스 1,800kN을 작용시켰다. 30%의 손실을 가정하여 콘크리트의 하연응력이 0이 되기 위한 휨모멘트값은? [단, 자중은 무시한다.]

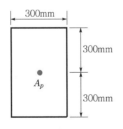

① 120kN · m　　② 126kN · m
③ 130kN · m　　④ 150kN · m

해설 **PSC 보의 해석**

㉠ 유효인장력(30% 손실일 때)

　$P_e = 1,800 \times 0.7 = 1,260 \text{kN}$

㉡ 작용할 수 있는 모멘트의 크기

$$f_t = \frac{P}{A} - \frac{M}{I}y = \frac{P}{bh} - \frac{6M}{bh^2} = 0$$

$$\therefore M = \frac{P_e h}{6} = \frac{1,260 \times 0.6}{6} = 126 \text{kN · m}$$

**03** 철근의 정착에 대한 설명으로 틀린 것은?

① 인장이형철근 및 이형철선의 정착길이($l_d$)는 항상 300mm 이상이어야 한다.
② 압축이형철근의 정착길이($l_d$)는 항상 400mm 이상이어야 한다.
③ 갈고리는 압축을 받는 경우 철근 정착에 유효하지 않은 것으로 보아야 한다.
④ 단부에 표준갈고리가 있는 인장이형철근의 정착길이($l_{dh}$)는 항상 철근의 공칭지름($d_b$)의 8배 이상, 또한 150mm 이상이어야 한다.

해설 압축이형철근의 정착길이($l_d$)는 기본정착길이($l_{db}$)에 보정계수를 곱하여 구하되 항상 200mm 이상이어야 한다.

관련기준 KDS 14 20 52[2021] 4.1.3 (1)

**04** 콘크리트의 설계기준압축강도가 28MPa, 철근의 설계기준항복강도가 350MPa로 설계된 길이가 4m인 캔틸레버보가 있다. 처짐을 계산하지 않는 경우의 최소 두께는? [단, 보통 중량콘크리트($m_c$ =2,300kg/m$^3$)이다.]

① 340mm　　② 465mm
③ 512mm　　④ 600mm

> **해설** 보의 최소 두께(캔틸레버 지지, $f_y \neq 400\text{MPa}$)
>
> $$h = \frac{l}{8}\left(0.43 + \frac{f_y}{400}\right) = \frac{4,000}{8} \times \left(0.43 + \frac{350}{700}\right)$$
> $$= 465\text{mm}$$
>
> **관련기준** KDS 14 20 30[2021] 4.2.1 (1)

**05** 다음 그림과 같은 철근콘크리트 보-슬래브구조에서 대칭 T형 보의 유효폭($b$)은?

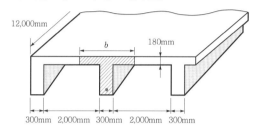

12,000mm
$b$
180mm
300mm 2,000mm 300mm 2,000mm 300mm

① 2,000mm  ② 2,300mm
③ 3,000mm  ④ 3,180mm

> **해설** T형 보의 유효폭($b_e$)
>
> ㉠ $16t_f + b_w = 16 \times 180 + 300 = 3,180\text{mm}$
> ㉡ 슬래브 중심 간 거리
> $\quad = 1,000 + 300 + 1,000 = 2,300\text{mm}$
> ㉢ 보 경간의 $\frac{1}{4} = 12,000 \times \frac{1}{4} = 3,000\text{mm}$
> $\therefore b_e = 2,300\text{mm}$(최솟값)
>
> **관련기준** KDS 14 20 10[2021] 4.3.10 (1)

**06** 옹벽의 설계에 대한 일반적인 설명으로 틀린 것은?

① 뒷부벽은 캔틸레버로 설계하여야 하며, 앞부벽은 T형 보로 설계하여야 한다.
② 활동에 대한 저항력은 옹벽에 작용하는 수평력의 1.5배 이상이어야 한다.
③ 전도에 대한 저항휨모멘트는 횡토압에 의한 전도모멘트의 2.0배 이상이어야 한다.
④ 저판의 뒷굽판은 정확한 방법이 사용되지 않는 한 뒷굽판 상부에 재하되는 모든 하중을 지지하도록 설계하여야 한다.

> **해설** 뒷부벽 및 앞부벽 옹벽의 설계
>
> 뒷부벽은 T형 보로, 앞부벽은 직사각형 보로 설계한다.
>
> **관련기준** KDS 14 20 74[2021] 4.1.2.3 (1)

**07** 나선철근 압축부재 단면의 심부지름이 300mm, 기둥 단면의 지름이 400mm인 나선철근 기둥의 나선철근비는 최소 얼마 이상이어야 하는가? [단, 나선철근의 설계기준항복강도($f_{yt}$)는 400MPa, 콘크리트의 설계기준압축강도($f_{ck}$)는 28MPa이다.]

① 0.0184  ② 0.0201
③ 0.0225  ④ 0.0245

> **해설** 나선철근비(체적비)
>
> $$\rho_s = 0.45\left(\frac{A_q}{A_{ch}} - 1\right)\frac{f_{ck}}{f_{yt}} = 0.45\left(\frac{D^2}{D_c^2} - 1\right)\frac{f_{ck}}{f_{yt}}$$
> $$= 0.45 \times \left(\frac{400^2}{300^2} - 1\right) \times \frac{28}{400}$$
> $$= 0.0245$$
>
> **관련기준** KDS 14 20 20[2021] 4.3.2 (3)

**08** 단면이 300mm×400mm이고 150mm$^2$의 PS 강선 4개를 단면 도심축에 배치한 프리텐션 PS 콘크리트부재가 있다. 초기 프리스트레스 1,000MPa일 때 콘크리트의 탄성수축에 의한 프리스트레스의 손실량은? [단, 탄성계수비($n$)는 6.0이다.]

① 30MPa  ② 34MPa
③ 42MPa  ④ 52MPa

> **해설** 콘크리트의 탄성수축에 의한 감소(손실)량
>
> $$\Delta f_p = nf_{ci} = n\frac{P_i}{A_c} = n\frac{A_p f_{pi}}{A_c}$$
> $$= 6 \times \frac{150 \times 4 \times 1,000}{300 \times 400}$$
> $$= 30\text{MPa}$$
>
> **관련기준** KDS 14 20 60[2021] 4.3.1 (1)

**정답** 5. ②  6. ①  7. ④  8. ①

**09** 다음은 슬래브의 직접설계법에서 모멘트 분배에 대한 내용이다. 다음의 ( ) 안에 들어갈 ㉠, ㉡으로 옳은 것은?

> 내부경간에서는 전체 정적 계수휨모멘트 $M_o$를 다음과 같은 비율로 분배하여야 한다.
> • 부계수 휨모멘트 ……… ( ㉠ )
> • 정계수 휨모멘트 ……… ( ㉡ )

① ㉠ 0.65, ㉡ 0.35  ② ㉠ 0.55, ㉡ 0.45
③ ㉠ 0.45, ㉡ 0.55  ④ ㉠ 0.35, ㉡ 0.65

> **해설** 전체 정적 계수휨모멘트 $M_o$의 분배
> ㉠ 부계수 휨모멘트 : 0.65
> ㉡ 정계수 휨모멘트 : 0.35
>
> **관련기준** KDS 14 20 70[2021] 4.1.3.3 (2)

**10** 깊은 보는 한쪽 면이 하중을 받고, 반대쪽 면이 지지되어 하중과 받침부 사이에 압축대가 형성되는 구조요소로서 다음의 (가) 또는 (나)에 해당하는 부재이다. 다음의 ( ) 안에 들어갈 ㉠, ㉡으로 옳은 것은?

> (가) 순경간 $l_n$이 부재깊이의 ( ㉠ )배 이하인 부재
> (나) 받침부 내면에서 부재깊이의 ( ㉡ )배 이하인 위치에 집중하중이 작용하는 경우는 집중하중과 받침부 사이의 구간

① ㉠ 4, ㉡ 2  ② ㉠ 3, ㉡ 2
③ ㉠ 2, ㉡ 4  ④ ㉠ 2, ㉡ 3

> **해설** 깊은 보의 정의
> ㉠ 순경간($l_n$)이 부재깊이의 4배 이하인 부재
> ㉡ 하중이 받침부로부터 부재깊이의 2배 이하인 위치에 작용하는 경우
>
> **관련기준** KDS 14 20 20[2021] 4.2.4 (1)

**11** 다음 그림과 같은 맞대기용접의 용접부에 생기는 인장응력은?

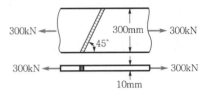

① 50MPa  ② 70.7MPa
③ 100MPa  ④ 141.4MPa

> **해설** 용접부의 응력(홈용접, 맞대기이음)
> $$f_t = \frac{P}{\sum a l_e} = \frac{300,000}{10 \times 300} = 100\text{MPa(인장)}$$
> **관련기준** KDS 14 30 25[2021] 4.2.1 (1)

**12** 계수하중에 의한 전단력 $V_u = 75$kN을 받을 수 있는 직사각형 단면을 설계하려고 한다. 기준에 의한 최소 전단철근을 사용할 경우 필요한 보통 중량콘크리트의 최소 단면적($b_w d$)은? [단, $f_{ck} = 28$MPa, $f_y = 300$MPa이다.]

① 101,090mm$^2$  ② 103,073mm$^2$
③ 106,303mm$^2$  ④ 113,390mm$^2$

> **해설** 최소 단면적
> $$V_u \le \phi V_c = \phi\left(\frac{1}{6}\lambda\sqrt{f_{ck}}\,b_w d\right)$$
> $$\therefore\ b_w d = \frac{6V_u}{\phi\lambda\sqrt{f_{ck}}} = \frac{6 \times 75,000}{0.75 \times 1.0\sqrt{28}}$$
> $$\fallingdotseq 113,390\text{mm}^2$$
> **관련기준** KDS 14 30 20[2021] 4.2.1 (1) ①

**13** 복철근 콘크리트 보 단면에 압축철근비 $\rho' = 0.01$이 배근되어 있다. 이 보의 순간처짐이 20mm일 때 1년간 지속하중에 의해 유발되는 전체 처짐량은?

① 38.7mm  ② 40.3mm
③ 42.4mm  ④ 45.6mm

**해설 최종처짐량**

㉠ 장기처짐계수

$\rho' = 0.01$, $\xi = 1.4(1년)$

$\therefore \lambda_\Delta = \dfrac{\xi}{1+50\rho'} = \dfrac{1.4}{1+50\times0.01} = 0.93$

㉡ 최종처짐=탄성처짐+장기처짐

$\therefore \delta_l = \delta_e + \delta_l = \delta_e + \delta_e\lambda_\Delta = \delta_e(1+\lambda_\Delta)$
$= 20\times(1+0.93) = 38.6\text{mm}$

**관련기준** KDS 14 20 30[2021] 4.2.1 (5)

## 14 다음에서 ( ) 안에 들어갈 수치로 옳은 것은?

> 보나 장선의 깊이 $h$가 ( )mm를 초과하면 종방향 표피철근을 인장연단부터 $h/2$지점까지 부재 양쪽 측면을 따라 균일하게 배치하여야 한다.

① 700  ② 800
③ 900  ④ 1,000

**해설 표피철근 배치**

보나 장선의 깊이($h$)가 900mm를 초과하면 $h/2$까지 종방향 표피철근을 부재 양쪽 측면에 따라 균일하게 배치하여야 한다.

**관련기준** KDS 14 20 20[2021] 4.2.3 (6)

## 15 단철근 직사각형 보의 폭이 300mm, 유효깊이가 500mm, 높이가 600mm일 때 외력에 의해 단면에서 휨균열을 일으키는 휨모멘트($M_{cr}$)는? [단, $f_{ck} =$ 28MPa, 보통 중량콘크리트이다.]

① 58kN · m  ② 60kN · m
③ 62kN · m  ④ 64kN · m

**해설 균열모멘트**

$$M_{cr} = \dfrac{I_g}{y_t}f_r = \dfrac{bh^2}{6}\left(0.63\lambda\sqrt{f_{ck}}\right)$$
$$= \dfrac{300\times600^2}{6}\times0.63\times1.0\sqrt{28}\times10^{-6}$$
$$= 60\text{kN} \cdot \text{m}$$

**관련기준** KDS 14 20 30[2021] 4.2.1 (3)

## 16 2방향 슬래브의 설계에서 직접설계법을 적용할 수 있는 제한사항으로 틀린 것은?

① 각 방향으로 3경간 이상 연속되어야 한다.
② 슬래브 판들은 단변경간에 대한 장변경간의 비가 2 이하인 직사각형이어야 한다.
③ 각 방향으로 연속한 받침부 중심 간 경간차이는 긴 경간의 1/3 이하이어야 한다.
④ 연속한 기둥 중심선을 기준으로 기둥의 어긋남은 그 방향 경간의 20% 이하이어야 한다.

**해설 직접설계법의 제한사항**

2방향 슬래브의 경우 연속한 기둥 중심선으로부터 기둥의 어긋남은 그 방향 경간의 최대 10% 이하이어야 한다.

**관련기준** KDS 14 20 70[2021] 4.1.3.1 (2) ~ (6)

**관련이론 2방향 슬래브의 직접설계법 제한사항**

① 각 방향으로 3경간 이상이 연속되어야 한다.
② 슬래브 판들은 단변경간에 대한 장변경간의 비가 2 이하인 직사각형이어야 한다.
③ 각 방향으로 연속된 받침부 중심 간 경간길이의 차는 긴 경간의 1/3 이하이어야 한다.
④ 연속한 기둥 중심선으로부터 기둥의 어긋남은 그 방향 경간의 최대 10% 이하이어야 한다.
⑤ 모든 하중은 연직하중으로서 슬래브 판 전체에 등분포되는 것으로 간주한다. 활하중은 고정하중의 2배 이하이어야 한다.

## 17 용접이음에 관한 설명으로 틀린 것은?

① 내부검사(X선검사)가 간단하지 않다.
② 작업의 소음이 적고 경비와 시간이 절약된다.
③ 리벳구멍으로 인한 단면 감소가 없어서 강도 저하가 없다.
④ 리벳이음에 비해 약하므로 응력집중현상이 일어나지 않는다.

**해설 용접이음의 특징**

용접이음은 리벳이음보다 강하며 단면 감소로 인한 응력집중현상이 나타나지 않는다.

**정답** 14. ③  15. ②  16. ④  17. ④

**18** 강도감소계수($\phi$)를 규정하는 목적으로 옳지 않은 것은?

① 부정확한 설계방정식에 대비한 여유

② 구조물에서 차지하는 부재의 중요도를 반영

③ 재료강도와 치수가 변동할 수 있으므로 부재의 강도 저하 확률에 대비한 여유

④ 하중의 공칭값과 실제 하중 간의 불가피한 차이 및 예기치 않은 초과하중에 대비한 여유

> **해설** 하중계수 사용목적
> 하중의 공칭값과 설계하중의 차이 및 초과하중의 영향을 고려하기 위한 계수이다.

> **관련기준** KDS 14 20 01[2021] 1.4 용어의 정의

> **관련이론** 하중계수를 사용하는 목적
> ① 하중의 공칭값과 실제 하중 간의 불가피한 차이
> ② 하중을 작용외력으로 변환시키는 해석상의 불확실성
> ③ 예기치 않은 초과하중, 환경작용 등의 변동 등을 고려하기 위하여 사용하중에 곱하는 안전계수

**19** 포스트텐션 긴장재의 마찰손실을 구하기 위해 다음과 같은 근사식을 사용하고자 할 때 근사식을 사용할 수 있는 조건으로 옳은 것은?

$$P_{px} = \frac{P_{pj}}{1 + kl_{px} + \mu_p \alpha_{px}}$$

• $P_{px}$ : 임의점 $x$에서 긴장재의 긴장력(N)

• $P_{pj}$ : 긴장단에서 긴장재의 긴장력(N)

• $k$ : 긴장재의 단위길이 1m당 파상마찰계수

• $l_{px}$ : 정착단부터 임의의 지점 $x$까지 긴장재의 길이(m)

• $\mu_p$ : 곡선부의 곡률마찰계수

• $\alpha_{px}$ : 긴장단부터 임의점 $x$까지 긴장재의 전체 회전각변화량(rad)

① $P_{pj}$의 값이 5,000kN 이하인 경우

② $P_{pj}$의 값이 5,000kN 초과하는 경우

③ $kl_{px} + \mu_p \alpha_{px}$값이 0.3 이하인 경우

④ $kl_{px} + \mu_p \alpha_{px}$값이 0.3 초과인 경우

> **해설** 긴장재의 마찰에 의한 손실(근사식)
> $kl_{px} + \mu_p \alpha_{px} \leq 0.3$인 경우 근사식을 사용할 수 있다.

> **관련기준** KDS 14 20 60[2021] 4.3.2 (1)

**20** 철근콘크리트 부재에서 $V_s$가 $\frac{1}{3}\lambda\sqrt{f_{ck}}\,b_w d$를 초과하는 경우 부재축에 직각으로 배치된 전단철근의 간격 제한으로 옳은 것은? [단, $b_w$ : 복부의 폭, $d$ : 유효깊이, $\lambda$ : 경량콘크리트계수, $V_s$ : 전단철근에 의한 단면의 공칭전단강도]

① $\frac{d}{2}$ 이하, 또 어느 경우이든 600mm 이하

② $\frac{d}{2}$ 이하, 또 어느 경우이든 300mm 이하

③ $\frac{d}{4}$ 이하, 또 어느 경우이든 600mm 이하

④ $\frac{d}{4}$ 이하, 또 어느 경우이든 300mm 이하

> **해설** 전단철근의 간격 제한
> ㉠ $V_s \leq \frac{1}{3}\lambda\sqrt{f_{ck}}\,b_w d$인 경우(최솟값)
> • $s = \frac{d}{2}$ 이하, 600mm 이하
> • $s = \frac{A_v f_y d}{V_s}$ 이하
> ㉡ $V_s > \frac{1}{3}\lambda\sqrt{f_{ck}}\,b_w d$인 경우(최솟값)
> • $s = \frac{d}{4}$ 이하, 300mm 이하
> • $s = \frac{A_v f_y d}{V_s}$ 이하

> **관련기준** KDS 14 20 22[2021] 4.3.2 (3)

**정답** 18. ④  19. ③  20. ④

2021년 5월 15일 시행

**01** 옹벽의 구조 해석에 대한 설명으로 틀린 것은?

① 뒷부벽식 옹벽의 뒷부벽은 직사각형 보로 설계하여야 한다.

② 캔틸레버식 옹벽의 전면벽은 저판에 지지된 캔틸레버로 설계할 수 있다.

③ 저판의 뒷굽판은 정확한 방법이 사용되지 않는 한 뒷굽판 상부에 재하되는 모든 하중을 지지하도록 설계하여야 한다.

④ 부벽식 옹벽 저판은 정밀한 해석이 사용되지 않는 한 부벽 사이의 거리를 경간으로 가정한 고정보 또는 연속보로 설계할 수 있다.

> **해설** 뒷부벽 및 앞부벽 옹벽의 설계
> ㉠ 앞부벽 : 직사각형 보로 설계
> ㉡ 뒷부벽 : T형 보로 설계
>
> **관련기준** KDS 14 20 74[2021] 4.1.2.3 (1)

**02** 철근콘크리트가 성립되는 조건으로 틀린 것은?

① 철근과 콘크리트 사이의 부착강도가 크다.

② 철근과 콘크리트의 탄성계수가 거의 같다.

③ 철근은 콘크리트 속에서 녹이 슬지 않는다.

④ 철근과 콘크리트의 열팽창계수가 거의 같다.

> **해설** 탄성계수비($n$)
> 탄성계수가 거의 같은 것은 아니다. 철근의 탄성계수는 콘크리트 탄성계수보다 약 7배 정도 크다.
> $\therefore E_s = n E_c \, (\because \; n = 6 \sim 8)$

**03** 경간이 12m인 대칭 T형 보에서 양쪽의 슬래브 중심 간 거리가 2.0m, 플랜지의 두께가 300mm, 복부의 폭이 400mm일 때 플랜지의 유효폭은?

① 2,000mm  ② 2,500mm

③ 3,000mm  ④ 5,200mm

> **해설** 대칭 T형 보의 유효폭($b_e$)
> ㉠ $16t_f + b_w = 16 \times 300 + 400 = 5,200\text{mm}$
> ㉡ 슬래브 중심 간 거리 = 2,000mm
> ㉢ 보 경간의 $\dfrac{1}{4} = 12,000 \times \dfrac{1}{4} = 3,000\text{mm}$
> $\therefore b_e = 2,000\text{mm}(최솟값)$
>
> **관련기준** KDS 14 20 10[2021] 4.3.10 (1)

**04** 콘크리트의 크리프에 대한 설명으로 틀린 것은?

① 고강도 콘크리트는 저강도 콘크리트보다 크리프가 크게 일어난다.

② 콘크리트가 놓이는 주위의 온도가 높을수록 크리프 변형은 크게 일어난다.

③ 물-시멘트비가 큰 콘크리트는 물-시멘트비가 작은 콘크리트보다 크리프가 크게 일어난다.

④ 일정한 응력이 장시간 계속하여 작용하고 있을 때 변형이 계속 진행되는 현상을 말한다.

> **해설** 크리프에 영향을 주는 요인
> 콘크리트 강도가 클수록 크리프는 작다.
>
> **관련이론** 콘크리트의 크리프(creep)
> ① 크리프의 정의 : 콘크리트에 일정한 응력이 장시간 계속해서 작용하고 있을 때 시간의 경과와 더불어 변형이 계속 진행되는 현상을 말한다.
> ② 물-시멘트비($w/c$)가 작은 콘크리트일수록 크리프 변형은 감소한다.
> ③ 하중 재하 시 콘크리트의 재령이 클수록 크리프 변형은 감소한다.
> ④ 고강도 콘크리트일수록 크리프 변형은 감소한다.
> ⑤ 콘크리트의 주위 온도가 낮을수록, 습도가 높을수록 크리프 변형은 감소한다.

**정답** 1. ①  2. ②  3. ①  4. ①

**05** 다음 그림과 같은 단순지지보에서 긴장재는 C점에 150mm의 편차에 직선으로 배치되고 1,000kN으로 긴장되었다. 보에는 120kN의 집중하중이 C점에 작용한다. 보의 고정하중은 무시할 때 C점에서의 휨모멘트는 얼마인가? [단, 긴장재의 경사가 수평압축력에 미치는 영향 및 자중은 무시한다.]

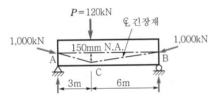

① $-150$kN·m  ② 90kN·m

③ 240kN·m  ④ 390kN·m

> **해설** PSC 보의 해석
> ⊙ 집중하중 120kN에 의한 휨모멘트
> $$R_A = \frac{120 \times 6}{9} = 80\text{kN}(\uparrow)$$
> $$\therefore M_{c1} = +3R_A = +3 \times 80 = +240\text{kN·m}$$
> ⊙ 긴장력에 의한 휨모멘트
> $$M_{c2} = -1,000 \times 0.15 = -150\text{kN·m}$$
> ⓒ C점의 휨모멘트
> $$M_c = M_{c1} - M_{c2} = 240 - 150 = 90\text{kN·m}$$

**06** 지름 450mm인 원형 단면을 갖는 중심 축하중을 받는 나선철근 기둥에서 강도설계법에 의한 축방향 설계축강도($\phi P_n$)는 얼마인가? [단, 이 기둥은 단주이고 $f_{ck}=27$MPa, $f_y=350$MPa, $A_{st}=8-$D22$=3,096$mm², 압축지배단면이다.]

① 1,166kN  ② 1,299kN

③ 2,425kN  ④ 2,774kN

> **해설** 설계축강도(나선철근 기둥)
> $$P_d = \phi P_n = \phi \alpha P_o$$
> $$= \phi \alpha [0.85 f_{ck}(A_g - A_{st}) + f_y A_{st}]$$
> $$= 0.70 \times 0.85 \times [0.85 \times 27$$
> $$\times \left( \frac{\pi \times 450^2}{4} - 3,096 \right)$$
> $$+ 350 \times 3,096] \times 10^{-3} = 2,773.18\text{kN}$$
> **관련기준** KDS 14 20 20[2021] 4.1.2 (7) ①

**07** 옹벽의 활동에 대한 저항력은 옹벽에 작용하는 수평력의 최소 몇 배 이상이어야 하는가?

① 1.5배  ② 2배

③ 2.5배  ④ 3배

> **해설** 옹벽의 안정조건
> ⊙ 전도 : 안전율 2.0 $\left( \dfrac{M_r}{M_o} \geq 2.0 \right)$
> ⊙ 활동 : 안전율 1.5 $\left( \dfrac{H_r}{H} \geq 1.5 \right)$
> ⓒ 침하 : 안전율 1.0 $\left( \dfrac{q_a}{q_{max}} \geq 1.0 \right)$
> **관련기준** KDS 14 20 74[2021] 4.1.1.2 (2)

**08** 폭($b$)이 250mm이고 전체 높이($h$)가 500mm인 직사각형 철근콘크리트 보의 단면에 균열을 일으키는 비틀림모멘트($T_{cr}$)는 약 얼마인가? [단, 보통 중량콘크리트이며 $f_{ck}=28$MPa이다.]

① 9.8kN·m  ② 11.3kN·m

③ 12.5kN·m  ④ 18.4kN·m

> **해설** 균열비틀림모멘트
> $$T_{cr} = \frac{1}{3} \lambda \sqrt{f_{ck}} \frac{A_{cp}^2}{p_{cp}}$$
> $$= \frac{1}{3} \times 1.0 \sqrt{28} \times \frac{(250 \times 500)^2}{2 \times (500 + 250)} \times 10^{-6}$$
> $$= 18.37\text{kN·m}$$
> **관련기준** KDS 14 20 22[2021] 4.4.2 (2)

**09** 리벳으로 연결된 부재에서 리벳이 상·하 두 부분으로 절단되었다면 그 원인은?

① 리벳의 압축파괴  ② 리벳의 전단파괴

③ 연결부의 인장파괴  ④ 연결부의 지압파괴

> **해설** 리벳의 파괴형태
> ⊙ 리벳의 전단파괴와 지압파괴
> ⊙ 강판(연결부)의 전단파괴와 지압파괴

**10** 프리스트레스트 콘크리트(PSC)의 균등질 보의 개념(homogeneous beam concept)을 설명한 것으로 옳은 것은?

① PSC는 결국 부재에 작용하는 하중의 일부 또는 전부를 미리 가해진 프리스트레스와 평행이 되도록 하는 개념

② PSC 보를 RC 보처럼 생각하여 콘크리트는 압축력을 받고, 긴장재는 인장력을 받게 하여 두 힘의 우력모멘트로 외력에 의한 휨모멘트에 저항시킨다는 개념

③ 콘크리트에 프리스트레스가 가해지면 PSC 부재는 탄성재료로 전환되고, 이의 해석은 탄성이론으로 가능하다는 개념

④ PSC는 강도가 크기 때문에 보의 단면을 강재의 단면으로 가정하여 압축 및 인장을 단면 전체가 부담할 수 있다는 개념

> **해설** PSC 보의 기본 3개념
> ㉠ 응력 개념(균등질 보 개념) : 탄성이론에 의한 해석방법
> ㉡ 강도 개념(내력모멘트 개념) : RC 구조와 동일한 개념(PSC 구조＝RC 구조)
> ㉢ 하중 평형 개념(등가하중 개념)

**11** 철근콘크리트 휨부재에서 최소 철근비를 규정한 이유로 가장 적당한 것은?

① 부재의 시공 편의를 위해서
② 부재의 사용성을 증진시키기 위해서
③ 부재의 경제적인 단면설계를 위해서
④ 부재의 급작스런 파괴를 방지하기 위해서

> **해설** 철근비의 제한이유
> 철근이 먼저 항복하여 부재의 연성파괴를 유도하기 위해 철근비를 제한하고 갑작스럽게 부재가 파괴되는 취성파괴를 방지하기 위함이다.
> $\therefore \rho_{min} \le \rho \le \rho_{max}$

**12** 철근콘크리트 구조물 설계 시 철근 간격에 대한 설명으로 틀린 것은? [단, 굵은골재의 최대 치수에 관련된 규정은 만족하는 것으로 가정한다.]

① 동일 평면에서 평행한 철근 사이의 수평순간격은 25mm 이상, 또한 철근의 공칭지름 이상으로 하여야 한다.

② 벽체 또는 슬래브에서 휨 주철근의 간격은 벽체나 슬래브 두께의 3배 이하로 하여야 하고, 또한 450mm 이하로 하여야 한다.

③ 나선철근 또는 띠철근이 배근된 압축부재에서 축방향 철근의 순간격은 40mm 이상, 또한 철근 공칭지름의 1.5배 이상으로 하여야 한다.

④ 상단과 하단에 2단 이상으로 배치된 경우 상·하 철근은 동일 연직면 내에 배치되어야 하고, 이때 상·하 철근의 순간격은 40mm 이상으로 하여야 한다.

> **해설** 보의 철근 순간격
> 상·하 철근은 동일 연직면 내에 배치되어야 하고, 상·하 철근의 순간격은 25mm 이상으로 하여야 한다.
>
> **관련기준** KDS 14 20 50[2021] 4.2.2 (2)

**13** 강합성 교량에서 콘크리트 슬래브와 강(鋼)주형 상부 플랜지를 구조적으로 일체가 되도록 결합시키는 요소는?

① 볼트　　　　　　② 접착제
③ 전단연결재　　　④ 합성철근

> **해설** 강재 앵커(전단연결재)
> ㉠ 강합성 교량에서 콘크리트 슬래브와 강주형 상부 플랜지를 구조적으로 일체가 되도록 결합시키는 것은 전단연결재이다.
> ㉡ 강재 앵커에는 스터드앵커, ㄷ형강앵커, 나선철근 등이 있고, 이 중 스터디앵커가 많이 사용된다.

**정답** 10. ③　11. ④　12. ④　13. ③

**14** 전단철근이 부담하는 전단력 $V_s = 150$kN일 때 수직스터럽으로 전단보강을 하는 경우 최대 배치간격은 얼마 이하인가? [단, 전단철근 1개 단면적 $= 125$mm$^2$, 횡방향 철근의 설계기준항복강도($f_{yt}$) $= 400$MPa, $f_{ck} = 28$MPa, $b_w = 300$mm, $d = 500$mm, 보통 중량콘크리트이다.]

① 167mm  ② 250mm
③ 333mm  ④ 600mm

> **해설** 전단철근의 간격 제한
>
> $$\frac{1}{3} \lambda \sqrt{f_{ck}} \, b_w d = \frac{1}{3} \times 1.0 \sqrt{28} \times 300 \times 500$$
> $$= 264.6\text{kN}$$
> $$V_s = 150\text{kN} < 264.6\text{kN}$$
> $$\therefore s = \frac{d}{2} \text{ 이하, } 600\text{mm 이하}$$
> ㉠ $s = \dfrac{d}{2} = \dfrac{500}{2} = 250$mm
> ㉡ $s = 600$mm 이하
> ㉢ $s = \dfrac{A_v f_y d}{V_s} = \dfrac{(125 \times 2) \times 400 \times 500}{150,000}$
> $$= 333\text{mm}$$
> $\therefore s = 250$mm(최솟값)
>
> **관련기준** KDS 14 20 22[2021] 4.3.2 (2)

**15** 압축이형철근의 겹침이음길이에 대한 설명으로 옳은 것은? [단, $d_b$ : 철근의 공칭지름]

① 어느 경우에나 압축이형철근의 겹침이음길이는 200mm 이상이어야 한다.
② 콘크리트의 설계기준압축강도가 28MPa 미만인 경우는 규정된 겹침이음길이를 1/5 증가시켜야 한다.
③ $f_y$가 500MPa 이하인 경우는 $0.72 f_y d_b$ 이상, $f_y$가 500MPa을 초과할 경우는 $(1.3 f_y - 24) d_b$ 이상이어야 한다.
④ 서로 다른 크기의 철근을 압축부에서 겹침이음하는 경우 이음길이는 크기가 큰 철근의 정착길이와 크기가 작은 철근의 겹침이음길이 중 큰 값 이상이어야 한다.

> **해설** 압축이형철근의 겹침이음길이
>
> ㉠ 압축이형철근의 겹침이음길이는 300mm 이상이어야 한다.
> ㉡ 설계기준압축강도($f_{ck}$) $<$ 21MPa일 때 겹침이음길이를 $\dfrac{1}{3}$ 증가시켜야 한다.
> ㉢ $f_y \leq 400$MPa일 때 $l_s = 0.072 d_b f_y$ 이상, $f_y > 400$MPa일 때 $l_s = (0.13 f_y - 24) d_b$ 이상이어야 한다.
>
> **관련기준** KDS 14 20 52[2021] 4.5.3 (1)

**16** 2방향 슬래브의 설계에서 직접설계법을 적용할 수 있는 제한조건으로 틀린 것은?

① 각 방향으로 3경간 이상이 연속되어야 한다.
② 슬래브 판들은 단변경간에 대한 장변경간의 비가 2 이하인 직사각형이어야 한다.
③ 각 방향으로 연속한 받침부 중심 간 경간차이는 긴 경간의 1/3 이하이어야 한다.
④ 모든 하중은 연직하중으로 슬래브 판 전체에 등분포이고, 활하중은 고정하중의 3배 이상이어야 한다.

> **해설** 직접설계법의 제한사항
>
> 2방향 슬래브의 모든 하중은 연직하중으로 슬래브 판 전체에 등분포이어야 하고, 활하중은 고정하중의 2배 이하이어야 한다.
>
> **관련기준** KDS 14 20 70[2021] 4.1.3.1 (2) ~ (6)
>
> **관련이론** 2방향 슬래브의 직접설계법 제한사항
>
> ① 각 방향으로 3경간 이상이 연속되어야 한다.
> ② 슬래브 판들은 단변경간에 대한 장변경간의 비가 2 이하인 직사각형이어야 한다.
> ③ 각 방향으로 연속된 받침부 중심 간 경간길이의 차는 긴 경간의 1/3 이하이어야 한다.
> ④ 연속한 기둥 중심선으로부터 기둥의 어긋남은 그 방향 경간의 최대 10% 이하이어야 한다.
> ⑤ 모든 하중은 연직하중으로서 슬래브 판 전체에 등분포되는 것으로 간주한다. 활하중은 고정하중의 2배 이하이어야 한다.

**17** 강판형(plate girder) 복부(web) 두께의 제한이 규정되어 있는 가장 큰 이유는?

① 시공상의 난이　　② 좌굴의 방지
③ 공비의 절약　　　④ 자중의 경감

> **해설** 복부 두께를 제한하는 이유
> 강판형 보의 복부는 전단력이 매우 커서 전단좌굴이 발생한다. 이를 방지하기 위해 복부 두께를 제한하고 있다.
> **관련기준** KDS 14 31 10[2022]

**18** 다음 그림과 같은 보의 단면에서 표피철근의 간격 $s$는 최대 얼마 이하로 하여야 하는가? [단, 건조환경에 노출되는 경우로서 표피철근의 표면에서 부재 측면까지 최단거리($c_c$)는 40mm, $f_{ck}$=24MPa, $f_y$=350MPa이다.]

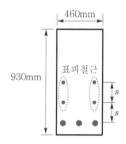

① 330mm　　　　② 340mm
③ 350mm　　　　④ 360mm

> **해설** 표피철근의 중심 간격($s$)
> ㉠ 계수와 철근응력(근사식)
> 　$k_{cr} = 280$(건조환경)
> 　$f_s = \dfrac{2}{3}f_y = \dfrac{2}{3} \times 350 = 233\text{MPa}$
> ㉡ 중심 간격 산정
> 　$s = 375\dfrac{k_{cr}}{f_s} - 2.5c_c$
> 　$= 375 \times \dfrac{280}{233} - 2.5 \times 40 = 350\text{mm}$
> 　$s = 300\dfrac{k_{cr}}{f_s} = 300 \times \dfrac{280}{233} = 361\text{mm}$
> 　$\therefore s = 350\text{mm}$(최솟값)
> **관련기준** KDS 14 20 20[2021] 4.2.3 (4)

**19** 프리스트레스 손실원인 중 프리스트레스 도입 후 시간의 경과에 따라 생기는 것이 아닌 것은?

① 콘크리트의 크리프
② 콘크리트의 건조수축
③ 정착장치의 활동
④ 긴장재 응력의 릴랙세이션

> **해설** 프리스트레스의 손실원인
> ㉠ 도입 시 손실(즉시 손실) : 탄성변형, 마찰, 활동
> ㉡ 도입 후 손실(시간적 손실) : 건조수축, 크리프, 릴랙세이션
> **관련기준** KDS 14 20 60[2021] 4.3.1 (1)

**20** 강도설계에 있어서 강도감소계수($\phi$)의 값으로 틀린 것은?

① 전단력 : 0.75
② 비틀림모멘트 : 0.75
③ 인장지배단면 : 0.85
④ 포스트텐션 정착구역 : 0.75

> **해설** 강도감소계수($\phi$)
> 포스트텐션 정착구역의 강도감소계수는 0.85이다.
> **관련기준** KDS 14 20 10[2021] 4.2.3 (2) ⑤

**정답** 17. ②　18. ③　19. ③　20. ④

# 제3회 토목기사 기출문제

✏ 2021년 8월 14일 시행

**01** 다음 그림과 같은 나선철근 단주의 강도설계법에 의한 공칭축강도($P_n$)는? [단, D32 1개의 단면적= 794mm², $f_{ck}$=24MPa, $f_y$=400MPa]

① 2,648kN

② 3,254kN

③ 3,716kN

④ 3,972kN

6-D32

D32

400mm

> **해설** 공칭축강도(나선철근 기둥)
>
> $$P_n = \alpha P_o = \alpha[0.85f_{ck}(A_g - A_{st}) + f_y A_{st}]$$
> $$= 0.85 \times \left[0.85 \times 24 \times \left(\frac{\pi \times 400^2}{4} - 794 \times 6\right)\right.$$
> $$\left. + 400 \times 794 \times 6\right] \times 10^{-3}$$
> $$= 3,716.16 \text{kN}$$
>
> **관련기준** KDS 14 20 20[2021] 4.1.2 (7) ①

**02** 균형철근량보다 적고 최소 철근량보다 많은 인장 철근을 가진 과소철근보가 휨에 의해 파괴될 때의 설명으로 옳은 것은?

① 인장측 철근이 먼저 항복한다.

② 압축측 콘크리트가 먼저 파괴된다.

③ 압축측 콘크리트와 인장측 철근이 동시에 항복한다.

④ 중립축이 인장측으로 내려오면서 철근이 먼저 파괴된다.

> **해설** 보의 파괴형태
>
> ㉠ 과소철근보 : 인장측 철근이 먼저 항복하며 연성파괴 거동을 한다.
> ㉡ 과다철근보 : 압축측 콘크리트가 먼저 항복하여 취성파괴 거동을 한다.
> ㉢ 균형철근보 : 압축측 콘크리트와 인장측 철근이 동시에 항복하여 취성파괴 거동을 한다.

**03** 직접설계법에 의한 2방향 슬래브 설계에서 전체 정적 계수휨모멘트($M_o$)가 340kN·m로 계산되었을 때 내부경간의 부계수 휨모멘트는?

① 102kN·m

② 119kN·m

③ 204kN·m

④ 221kN·m

> **해설** 전체 정적 계수휨모멘트 $M_o$의 분배
>
> ㉠ 부계수 휨모멘트 : $0.65M_o$
> ㉡ 정계수 휨모멘트 : $0.35M_o$
> ∴ 부계수 휨모멘트 = $0.65 \times 340$
> = 221kN·m
>
> **관련기준** KDS 14 20 70[2021] 4.1.3.3 (2)

**04** 부재의 설계 시 적용되는 강도감소계수($\phi$)에 대한 설명으로 틀린 것은?

① 인장지배단면에서의 강도감소계수는 0.85이다.

② 포스트텐션 정착구역에서 강도감소계수는 0.80이다.

③ 압축지배단면에서 나선철근으로 보강된 철근 콘크리트 부재의 강도감소계수는 0.70이다.

④ 공칭강도에서 최외단 인장철근의 순인장변형률($\varepsilon_t$)이 압축지배와 인장지배단면 사이일 경우에는 $\varepsilon_t$가 압축지배변형률한계에서 인장지배변형률한계로 증가함에 따라 $\phi$값을 압축지배단면에 대한 값에서 0.85까지 증가시킨다.

> **해설** 강도감소계수($\phi$)
>
> 포스트텐션 정착구역의 강도감소계수는 0.85이다.
>
> **관련기준** KDS 14 20 10[2021] 4.2.3 (2) ⑤

**정답** 1. ③   2. ①   3. ④   4. ②

**05** $b_w = 400mm$, $d = 700mm$인 보에 $f_y = 400MPa$인 D16 철근을 인장주철근에 대한 경사각 $\alpha = 60°$인 U형 경사스터럽으로 설치했을 때 전단철근에 의한 전단강도($V_s$)는? [단, 스터럽 간격 $s = 300mm$, D16 철근 1본의 단면적은 $199mm^2$이다.]

① 253.7kN
② 321.7kN
③ 371.5kN
④ 507.4kN

> **해설** 경사스터럽이 부담하는 전단강도
>
> $$V_s = \frac{A_v f_y d}{s}(\sin\alpha + \cos\alpha)$$
> $$= \frac{(2 \times 199) \times 400 \times 700}{300}$$
> $$\times (\sin 60° + \cos 60°) \times 10^{-3}$$
> $$= 507.4kN$$
>
> **관련기준** KDS 14 20 22[2021] 4.3.4 (4)

**06** 다음 그림과 같은 필릿용접의 유효목두께로 옳게 표시된 것은? [단, KDS 14 30 25 강구조연결설계기준(허용응력설계법)에 따른다.]

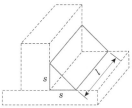

① $s$
② $0.9s$
③ $0.7s$
④ $0.5l$

> **해설** 유효 목두께
>
> ㉠ 홈용접(맞대기이음)
> $a = t$
> ㉡ 필릿용접(겹대기이음)
> $$a = s \sin 45° = \frac{1}{\sqrt{2}} s = 0.7s$$
>
> **관련기준** KDS 14 30 25[2019] 4.2.3 (1)

**07** 강도설계법에 의한 콘크리트 구조 설계에서 변형률 및 지배단면에 대한 설명으로 틀린 것은?

① 인장철근이 설계기준항복강도 $f_y$에 대응하는 변형률에 도달하고 동시에 압축 콘크리트가 가정된 극한변형률에 도달할 때 그 단면이 균형변형률상태에 있다고 본다.

② 압축연단 콘크리트가 가정된 극한변형률에 도달할 때 최외단 인장철근의 순인장변형률 $\varepsilon_t$가 0.0025의 인장지배변형률한계 이상인 단면을 인장지배단면이라고 한다.

③ 압축연단 콘크리트가 가정된 극한변형률에 도달할 때 최외단 인장철근의 순인장변형률 $\varepsilon_t$가 압축지배변형률한계 이하인 단면을 압축지배단면이라고 한다.

④ 순인장변형률 $\varepsilon_t$가 압축지배변형률한계와 인장지배변형률한계 사이인 단면은 변화구간단면이라고 한다.

> **해설** 인장지배단면
>
> 압축연단 콘크리트가 가정된 극한변형률에 도달할 때 최외단 인장철근의 순인장변형률 $\varepsilon_t$가 0.005 이상인 단면을 말한다.
>
> **관련기준** KDS 14 20 20[2021] 4.1.2 (4)
>
> **관련이론** ① 변형률 한계
>
> | 구분 | | 강재 종류 | 압축지배 변형률한계 | 인장 지배 변형률 한계 | 휨부재의 최소 허용 변형률 |
> |---|---|---|---|---|---|
> | RC | SD400 이하 | 철근항복 변형률 ($\varepsilon_y$) | | 0.005 | 0.004 |
> | | SD400 초과 | 철근항복 변형률 ($\varepsilon_y$) | | $2.5\varepsilon_y$ | $2.0\varepsilon_y$ |
> | PSC | | PS 강재 | 0.002 | 0.005 | – |
>
> ② 인장지배단면의 조건
> • $f_y \le 400MPa$인 경우 $\varepsilon_t \ge 0.005$
> • $f_y > 400MPa$인 경우 $\varepsilon_t \ge 2.5\varepsilon_y$

**08** 경간이 8m인 단순 프리스트레스트 콘크리트 보에 등분포하중(고정하중과 활하중의 합)이 $w = 30$kN/m 작용할 때 중앙 단면 콘크리트 하연에서의 응력이 0이 되려면 PS 강재에 작용되어야 할 프리스트레스 힘($P$)은? [단, PS 강재는 단면 중심에 배치되어 있다.]

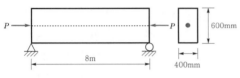

① 2,400kN      ② 3,500kN

③ 4,000kN      ④ 4,920kN

> **해설** PSC 보의 해석
>
> ㉠ 최대 휨모멘트
>
> $$M = \frac{wl^2}{8} = \frac{30 \times 8^2}{8} = 240 \text{kN} \cdot \text{m}$$
>
> ㉡ PS 강재의 긴장력(도심 배치)
>
> $$f = \frac{P}{A} - \frac{M}{I}y = \frac{P}{bh} - \frac{6M}{bh^2} = 0$$
>
> $$\therefore P = \frac{6M}{h} = \frac{6 \times 240}{0.6} = 2,400 \text{kN}$$

**09** 표피철근(skin reinforcement)에 대한 설명으로 옳은 것은?

① 상·하 기둥연결부에서 단면치수가 변하는 경우에 구부린 주철근이다.

② 비틀림모멘트가 크게 일어나는 부재에서 이에 저항하도록 배치되는 철근이다.

③ 건조수축 또는 온도변화에 의하여 콘크리트에 발생하는 균열을 방지하기 위한 목적으로 배치되는 철근이다.

④ 주철근이 단면의 일부에 집중 배치된 경우일 때 부재의 측면에 발생 가능한 균열을 제어하기 위한 목적으로 주철근 위치에서부터 중립축까지의 표면 근처에 배치하는 철근이다.

> **해설** 표피철근
>
> 전체 깊이($h$)가 900mm를 초과하는 휨부재 복부의 양 측면에서 부재 축방향으로 $h/2$까지 배치하는 철근을 말한다.
>
> **관련기준** KDS 14 20 20[2021] 4.2.3 (6)

**10** 옹벽의 설계에 대한 설명으로 틀린 것은?

① 무근콘크리트 옹벽은 부벽식 옹벽의 형태로 설계하여야 한다.

② 활동에 대한 저항력은 옹벽에 작용하는 수평력의 1.5배 이상이어야 한다.

③ 저판의 뒷굽판은 정확한 방법이 사용되지 않는 한 뒷굽판 상부에 재하되는 모든 하중을 지지하도록 설계하여야 한다.

④ 부벽식 옹벽의 저판은 정밀한 해석이 사용되지 않는 한 부벽 사이의 거리를 경간으로 가정한 고정보 또는 연속보로 설계할 수 있다.

> **해설** 옹벽의 설계
>
> 옹벽의 저판, 전면벽, 앞부벽 및 뒷부벽 등 옹벽구조별 설계법이 다르다.
>
> **관련기준** KDS 14 20 74[2021] 4.1.2.1 ~ 4.1.2.3

**11** 압축철근비가 0.01이고, 인장철근비가 0.003인 철근콘크리트 보에서 장기추가처짐에 대한 계수($\lambda_\Delta$)의 값은? [단, 하중 재하기간은 5년 6개월이다.]

① 0.66      ② 0.80

③ 0.93      ④ 1.33

> **해설** 장기처짐계수
>
> $\xi = 2.0$(5년 이상), $\rho' = 0.01$
>
> $$\therefore \lambda_\Delta = \frac{\xi}{1 + 50\rho'} = \frac{2.0}{1 + 50 \times 0.01} = 1.333$$
>
> **관련기준** KDS 14 20 30[2021] 4.2.1 (5)

**정답** 8. ①   9. ④   10. ①   11. ④

**12** 다음 그림과 같은 맞대기용접의 인장응력은?

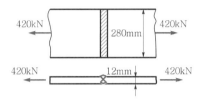

① 25MPa  ② 125MPa

③ 250MPa  ④ 1,250MPa

해설 **용접부의 응력(홈용접, 맞대기이음)**

$$f_t = \frac{P}{\sum a l_e} = \frac{420,000}{12 \times 280}$$

$$= 125\text{MPa(인장)}$$

관련기준 KDS 14 30 25[2019] 4.2.1 (1)

**13** 다음 그림과 같은 단순 프리스트레스트 콘크리트 보에서 등분포하중(자중 포함) $w = 30$kN/m가 작용하고 있다. 프리스트레스에 의한 상향력과 이 등분포하중이 평형을 이루기 위해서는 프리스트레스 힘($P$)을 얼마로 도입해야 하는가?

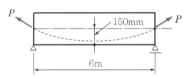

① 900kN  ② 1,200kN

③ 1,500kN  ④ 1,800kN

해설 **등가하중 개념(하중 평형 개념)**

$$M = Ps = \frac{wl^2}{8}$$

$$\therefore P = \frac{wl^2}{8s} = \frac{30 \times 6^2}{8 \times 0.15} = 900\text{kN}$$

**14** 철근의 이음방법에 대한 설명으로 틀린 것은? [단, $l_d$ : 정착길이]

① 인장을 받는 이형철근의 겹침이음길이는 A급 이음과 B급 이음으로 분류하며, A급 이음은 $1.0 l_d$ 이상, B급 이음은 $1.3 l_d$ 이상이며, 두 가지 경우 모두 300mm 이상이어야 한다.

② 인장이형철근의 겹침이음에서 A급 이음은 배치된 철근량이 이음부 전체 구간에서 해석결과 요구되는 소요철근량의 2배 이상이고, 소요겹침이음길이 내 겹침이음된 철근량이 전체 철근량의 1/2 이하인 경우이다.

③ 서로 다른 크기의 철근을 압축부에서 겹침이음하는 경우 D41과 D51 철근은 D35 이하 철근과의 겹침이음은 허용할 수 있다.

④ 휨부재에서 서로 직접 접촉되지 않게 겹침이음된 철근은 횡방향으로 소요겹침이음길이의 1/3, 또는 200mm 중 작은 값 이상 떨어지지 않아야 한다.

해설 **철근의 겹침이음방법**

휨부재에서 서로 직접 접촉되지 않게 겹침이음된 철근은 횡방향으로 소요겹침이음길이의 1/5, 또는 150mm 중 작은 값 이상 떨어지지 않아야 한다.

관련기준 KDS 14 20 52[2021] 4.5.1 (2) ③

**15** 옹벽에서 T형 보로 설계하여야 하는 부분은?

① 뒷부벽식 옹벽의 전면벽

② 뒷부벽식 옹벽의 뒷부벽

③ 앞부벽식 옹벽의 저판

④ 앞부벽식 옹벽의 앞부벽

해설 **뒷부벽 및 앞부벽 옹벽의 설계**

㉠ 뒷부벽 : T형 보로 설계(인장철근)
㉡ 앞부벽 : 직사각형 보로 설계(압축철근)

관련기준 KDS 14 20 74[2021] 4.1.2.3 (1)

정답 12. ② 13. ① 14. ④ 15. ②

**16** 다음 그림과 같은 필릿용접에서 일어나는 응력으로 옳은 것은? [단, KDS 14 30 25 강구조연결설계기준(허용응력설계법)에 따른다.]

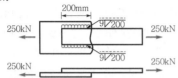

① 82.3MPa  ② 95.05MPa

③ 109.02MPa  ④ 130.25MPa

> **해설** 용접부의 응력(필릿용접, 겹대기이음)
>
> ㉠ 유효목두께
> $a = 0.7s = 0.7 \times 9 = 6.3\,\text{mm}$
>
> ㉡ 용접유효길이
> $l_e = 2(l_1 - 2s) = 2 \times (200 - 2 \times 9)$
> $= 364\,\text{mm}$
>
> ㉢ 인장응력
> $f_t = \dfrac{P}{\sum a l_e} = \dfrac{250{,}000}{6.3 \times 364} = 109.0179\,\text{MPa}$
>
> **관련기준** KDS 14 30 25[2019] 4.2.3 (1)

**17** 강도설계법에 대한 기본가정으로 틀린 것은?

① 철근과 콘크리트의 변형률은 중립축부터 거리에 비례한다.

② 콘크리트의 인장강도는 철근콘크리트 부재 단면의 축강도와 휨강도 계산에서 무시한다.

③ 철근의 응력이 설계기준항복강도 $f_y$ 이하일 때 철근의 응력은 그 변형률에 관계없이 $f_y$ 와 같다고 가정한다.

④ 휨모멘트 또는 휨모멘트와 축력을 동시에 받는 부재의 콘크리트 압축연단의 극한변형률은 콘크리트의 설계기준압축강도가 40MPa 이하인 경우에는 0.0033으로 가정한다.

> **해설** 강도설계법의 기본가정
>
> 철근의 항복강도($f_y$) 이하에서 철근의 응력은 변형률에 $E_s$ 배로 취한다.
> $\therefore f_s = E_s \varepsilon_s$
>
> **관련기준** KDS 14 20 20[2021] 4.1.1 (4)

**18** 철근콘크리트 구조물의 전단철근에 대한 설명으로 틀린 것은?

① 전단철근의 설계기준항복강도는 450MPa을 초과할 수 없다.

② 전단철근으로서 스터럽과 굽힘철근을 조합하여 사용할 수 있다.

③ 주인장철근에 45° 이상의 각도로 설치되는 스터럽은 전단철근으로 사용할 수 있다.

④ 경사스터럽과 굽힘철근은 부재 중간 높이인 0.5d에서 반력점 방향으로 주인장철근까지 연장된 45° 선과 한 번 이상 교차되도록 배치하여야 한다.

> **해설** 철근의 설계기준항복강도($f_y$)
>
> ㉠ 휨철근 : $f_y \le 600\,\text{MPa}$
> ㉡ 전단철근 : $f_y \le 500\,\text{MPa}$
>
> **관련기준** KDS 14 20 10[2021] 4.2.4 (1)
> KDS 14 20 22[2021] 4.3.1 (3)

**19** 프리스트레스트 콘크리트(PSC)에 대한 설명으로 틀린 것은?

① 프리캐스트를 사용할 경우 거푸집 및 동바리공이 불필요하다.

② 콘크리트 전 단면을 유효하게 이용하여 철근콘크리트(RC) 부재보다 경간을 길게 할 수 있다.

③ 철근콘크리트(RC)에 비해 단면이 작아서 변형이 크고 진동하기 쉽다.

④ 철근콘크리트(RC)보다 내화성에 있어서 유리하다.

> **해설** PSC 구조의 특징
>
> 고온(400℃ 이상)에서는 고강도 강재의 강도가 저하되므로 내화성이 불리하다.

**20** 나선철근 기둥의 설계에 있어서 나선철근비($\rho_s$)를 구하는 식으로 옳은 것은? [단, $A_g$ : 기둥의 총단면적, $A_{ch}$ : 나선철근 기둥의 심부 단면적, $f_{yt}$ : 나선철근의 설계기준항복강도, $f_{ck}$ : 콘크리트의 설계기준압축강도]

① $0.45\left(\dfrac{A_g}{A_{ch}}-1\right)\dfrac{f_{yt}}{f_{ck}}$   ② $0.45\left(\dfrac{A_g}{A_{ch}}-1\right)\dfrac{f_{ck}}{f_{yt}}$

③ $0.45\left(1-\dfrac{A_g}{A_{ch}}\right)\dfrac{f_{ck}}{f_{yt}}$   ④ $0.85\left(\dfrac{A_{ch}}{A_g}-1\right)\dfrac{f_{ck}}{f_{yt}}$

> **해설** 나선철근비(체적비)
>
> $$\rho_s = 0.45\left(\frac{A_g}{A_{ch}}-1\right)\frac{f_{ck}}{f_{yt}} = 0.45\left(\frac{D^2}{D_c{}^2}-1\right)\frac{f_{ck}}{f_{yt}}$$
>
> **관련기준** KDS 14 20 20[2021] 4.3.2 (3)

**01** 단철근 직사각형 보에서 $f_{ck}$=38MPa인 경우 콘크리트 등가직사각형 압축응력블록의 깊이를 나타내는 계수 $\beta_1$은?

① 0.74      ② 0.76

③ 0.80      ④ 0.85

> **해설** 등가응력분포 깊이의 비($\beta_1$)
> $f_{ck} \leq 40\text{MPa}$인 경우
> ∴ $\beta_1 = 0.80$
>
> **관련기준** KDS 14 20 20[2021] 4.1.1 (8)

**02** 표준갈고리를 갖는 인장이형철근의 정착에 대한 설명으로 틀린 것은? [단, $d_b$는 철근의 공칭지름이다.]

① 갈고리는 압축을 받는 경우 철근의 정착에 유효하지 않은 것으로 보아야 한다.

② 정착길이는 위험단면부터 갈고리의 외측 단부까지 거리로 나타낸다.

③ D35 이하 180° 갈고리 철근에서 정착길이구간을 $3d_b$ 이하 간격으로 띠철근 또는 스터럽이 정착되는 철근을 수직으로 둘러싼 경우에 보정계수는 0.7이다.

④ 기본정착길이에 보정계수를 곱하여 정착길이를 계산하는데, 이렇게 구한 정착길이는 항상 $8d_b$ 이상, 또한 150mm 이상이어야 한다.

> **해설** 표준갈고리를 갖는 인장이형철근의 기본정착길이에 대한 보정계수
> ㉠ 콘크리트의 피복두께가 70mm 또는 50mm 이상인 경우 : 0.7
> ㉡ 띠철근 또는 스터럽($3d_b$ 이하 간격) : 0.8
> ㉢ 휨철근이 소요철근량 이상 배치된 경우 :
> $$\frac{\text{소요 } A_s}{\text{배근 } A_s}$$
>
> **관련기준** KDS 14 20 52[2021] 4.1.5 (3)

**03** 프리스트레스를 도입할 때 일어나는 손실(즉시 손실)의 원인은?

① 콘크리트의 크리프

② 콘크리트의 건조수축

③ 긴장재 응력의 릴랙세이션

④ 포스트텐션 긴장재와 덕트 사이의 마찰

> **해설** 프리스트레스의 손실원인
> ㉠ 도입 시 손실(즉시 손실) : 콘크리트의 탄성변형, PS 강재와 시스의 마찰, 정착장치의 활동
> ㉡ 도입 후 손실(시간적 손실) : 콘크리트의 건조수축, 콘크리트의 크리프, 긴장재의 릴랙세이션
>
> **관련기준** KDS 14 20 60[2021] 4.3.1 (1)

**04** 콘크리트 설계기준압축강도가 28MPa, 철근의 설계기준항복강도가 400MPa로 설계된 길이가 7m인 양단 연속보에서 처짐을 계산하지 않는 경우 보의 최소 두께는? [단, 보통 중량콘크리트($m_c$=2,300kg/m³)이다.]

① 275mm      ② 334mm

③ 379mm      ④ 438mm

> **해설** 처짐을 검토하지 않는 보의 최소 두께
> 양단 연속, $f_y$=400MPa인 경우
> ∴ $h = \dfrac{l}{21} = \dfrac{7,000}{21} = 334\text{mm}$
>
> **관련기준** KDS 14 20 30[2021] 4.2.1 (1)

**05** 순간처짐이 20mm 발생한 캔틸레버보에서 5년 이상의 지속하중에 의한 총처짐은? [단, 보의 인장철근비는 0.02, 받침부의 압축철근비는 0.01이다.]

① 26.7mm      ② 36.7mm

③ 46.7mm      ④ 56.7mm

**해설** 최종처짐량

㉠ 장기처짐

$\rho' = 0.01$, $\xi = 2.0$(5년 이상)

$\lambda_\Delta = \dfrac{\xi}{1+50\rho'} = \dfrac{2.0}{1+50\times0.01} = 1.333$

$\therefore \delta_l = \delta_e \lambda_\Delta = 20 \times 1.333 = 26.7\text{mm}$

㉡ 최종처짐=탄성처짐+장기처짐

$\delta_t = \delta_e + \delta_l = 20 + 26.7 = 46.7\text{mm}$

**관련기준** KDS 14 20 30[2021] 4.2.1 (5)

**해설** 강도감소계수($\phi$)

㉠ 압축지배단면: 나선철근 0.70, 띠철근 0.65
㉡ 전단력과 비틀림모멘트: 0.75
㉢ 포스트텐션 정착구역: 0.85
㉣ 무근콘크리트: 0.55

**관련기준** KDS 14 20 10[2021] 4.2.3 (2) ⑤

**06** 철근콘크리트의 강도설계법을 적용하기 위한 설계 가정으로 틀린 것은?

① 철근과 콘크리트의 변형률은 중립축부터 거리에 비례한다.
② 인장측 연단에서 철근의 극한변형률은 0.0033으로 가정한다.
③ 콘크리트 압축연단의 극한변형률은 콘크리트의 설계기준압축강도가 40MPa 이하인 경우에는 0.0033으로 가정한다.
④ 철근의 응력이 설계기준항복강도($f_y$) 이하일 때 철근의 응력은 그 변형률에 철근의 탄성계수($E_s$)를 곱한 값으로 한다.

**해설** 인장측 연단의 항복변형률

㉠ 인장측 연단에서 철근의 항복변형률은 $\varepsilon_y$이다.

$\varepsilon_y = \dfrac{f_y}{E_s}$

㉡ 압축측 연단에서 콘크리트의 극한변형률은 0.0033으로 가정한다.

**관련기준** KDS 14 20 20[2021] 4.1.1 (4)

**07** 강도설계법에서 구조의 안전을 확보하기 위해 사용되는 강도감소계수($\phi$)값으로 틀린 것은?

① 인장지배단면: 0.85
② 포스트텐션 정착구역: 0.70
③ 전단력과 비틀림모멘트를 받는 부재: 0.75
④ 압축지배단면 중 띠철근으로 보강된 철근콘크리트 부재: 0.65

**08** 연속보 또는 1방향 슬래브의 휨모멘트와 전단력을 구하기 위해 근사 해법을 적용할 수 있다. 근사 해법을 적용하기 위해 만족하여야 하는 조건으로 틀린 것은?

① 등분포하중이 작용하는 경우
② 부재의 단면크기가 일정한 경우
③ 활하중이 고정하중의 3배를 초과하는 경우
④ 인접 2경간의 차이가 짧은 경간의 20% 이하인 경우

**해설** 연속보 또는 1방향 슬래브의 근사 해법 적용조건

㉠ 2경간 이상인 경우
㉡ 인접 2경간의 차이가 짧은 경간의 20% 이하인 경우
㉢ 등분포하중이 작용하는 경우
㉣ 활하중이 고정하중의 3배를 초과하지 않는 경우
㉤ 부재의 단면크기가 일정한 경우

**관련기준** KDS 14 20 10[2021] 4.3.1 (3)

**09** 보의 길이가 20m, 활동량이 4mm, 긴장재의 탄성계수($E_p$)가 200,000MPa일 때 프리스트레스의 감소량($\Delta f_{an}$)은? [단, 일단 정착이다.]

① 40MPa
② 30MPa
③ 20MPa
④ 15MPa

**해설** 활동에 의한 감소(손실)량

$\Delta f_p = E_p \varepsilon_p = E_p \dfrac{\Delta l}{l}$

$= 200,000 \times \dfrac{0.4}{2,000} = 40\text{MPa}$

**관련기준** KDS 14 20 60[2021] 4.3.1 (1)

**정답** 6. ② 7. ② 8. ③ 9. ①

**10** 다음 그림과 같은 단면을 갖는 지간 20m의 PSC 보에 PS 강재가 200mm의 편심거리를 가지고 직선배치되어 있다. 자중을 포함한 계수등분포하중 16kN/m가 보에 작용할 때 보 중앙 단면의 콘크리트 상연응력은? [단, 유효 프리스트레스 힘($P_e$)은 2,400kN이다.]

① 6MPa
② 9MPa
③ 12MPa
④ 15MPa

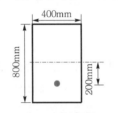

해설 **PSC 보의 해석**

㉠ 최대 휨모멘트

$$M = \frac{wl^2}{8} = \frac{16 \times 20^2}{8} = 800\text{kN} \cdot \text{m}$$

㉡ 상연응력(압축 +, 인장 −)

$$f_t = \frac{P}{A} - \frac{Pe}{I}y + \frac{M}{I}y$$

$$= \frac{2,400 \times 10^3}{400 \times 800}$$

$$- \frac{12 \times 2,400 \times 10^3 \times 200}{400 \times 800^3} \times 400$$

$$+ \frac{12 \times 800 \times 10^6}{400 \times 800^3} \times 400$$

$$= 15\text{MPa}(압축)$$

**11** 다음 그림과 같은 맞대기용접의 이음부에 발생하는 응력의 크기는? [단, $P$=360kN, 강판두께=12mm]

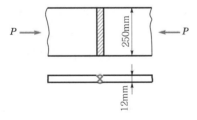

① 압축응력 $f_c$ =144MPa
② 인장응력 $f_t$ =3,000MPa
③ 전단응력 $\tau$ =150MPa
④ 압축응력 $f_c$ =120MPa

해설 **용접부의 응력(홈용접, 맞대기이음)**

$$f_c = \frac{P}{\sum a l_e} = \frac{360,000}{12 \times 250} = 120\text{MPa}(압축)$$

관련기준 KDS 14 30 25[2019] 4.2.1 (1)

**12** 유효깊이가 600mm인 단철근 직사각형 보에서 균형 단면이 되기 위한 압축연단에서 중립축까지의 거리는? [단, $f_{ck}$=28MPa, $f_y$=300MPa, 강도설계법에 의한다.]

① 494.5mm
② 412.5mm
③ 390.5mm
④ 293.5mm

해설 **중립축의 위치(설계)**

$f_{ck} \leq 40$MPa인 경우 $\varepsilon_{cu} = 0.0033$, $\eta = 1.0$, $\beta_1 = 0.80$

$$\varepsilon_y = \frac{f_y}{E_s} = \frac{300}{2 \times 10^5} = 0.0015$$

$$\therefore c_b = \frac{\varepsilon_{cu}}{\varepsilon_{cu} + \varepsilon_y}d$$

$$= \frac{0.0033}{0.0033 + 0.0015} \times 600 = 412.5\text{mm}$$

관련기준 KDS 14 20 20[2021] 4.1.1 (2)

**13** 강판을 리벳(rivet)이음할 때 지그재그로 리벳을 체결한 모재의 순폭은 총폭으로부터 고려하는 단면의 최초의 리벳구멍에 대하여 그 지름을 공제하고 이하 순차적으로 다음 식을 각 리벳구멍으로 공제하는데, 이때의 식은? [단, $g$ : 리벳 선간의 거리, $d$ : 리벳구멍의 지름, $p$ : 리벳피치]

① $d - \dfrac{p^2}{4g}$
② $d - \dfrac{g^2}{4p}$
③ $d - \dfrac{4p^2}{g}$
④ $d - \dfrac{4g^2}{p}$

해설 **공제폭($\omega$)**

$$\omega = d - \frac{p^2}{4g} = d - \frac{s^2}{4g}$$

**14** 다음 그림과 같은 띠철근 기둥에서 띠철근의 최대 수직간격은? [단, D10의 공칭지름은 9.5mm, D32의 공칭지름은 31.8mm이다.]

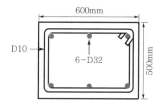

① 400mm
② 456mm
③ 500mm
④ 509mm

> **해설** 띠철근의 수직간격
> ㉠ 축방향 철근지름의 16배 이하
> $= 16 \times 31.8 = 508.8mm$
> ㉡ 띠철근지름의 48배 이하
> $= 48 \times 9.5 = 456mm$
> ㉢ 기둥 단면의 최소 치수 이하 = 500mm
> ∴ 수직간격($s$) = 456mm(최솟값)

> **관련기준** KDS 14 20 50[2021] 4.4.2 (3) ②

**15** 비틀림 철근에 대한 설명으로 틀린 것은? [단, $A_{oh}$는 가장 바깥의 비틀림보강철근의 중심으로 닫혀진 단면적(mm²)이고, $p_h$는 가장 바깥의 횡방향 폐쇄 스터럽 중심선의 둘레(mm)이다.]

① 횡방향 비틀림 철근은 종방향 철근 주위로 135° 표준갈고리에 의해 정착하여야 한다.
② 비틀림모멘트를 받는 속 빈 단면에서 횡방향 비틀림 철근의 중심선부터 내부벽면까지의 거리는 $0.5A_{oh}/p_h$ 이상이 되도록 설계하여야 한다.
③ 횡방향 비틀림 철근의 간격은 $p_h/6$보다 작아야 하고, 또한 400mm보다 작아야 한다.
④ 종방향 비틀림 철근은 양단에 정착하여야 한다.

> **해설** 횡방향 비틀림 철근의 간격
> 횡방향 비틀림 철근의 간격은 $p_h/8$보다 작아야 하고, 또한 300mm보다 작아야 한다.

> **관련기준** KDS 14 20 22[2021] 4.5.4 (4)

**16** 직사각형 단면의 보에서 계수전단력 $V_u$ =40kN을 콘크리트만으로 지지하고자 할 때 필요한 최소 유효깊이($d$)는? [단, 보통 중량콘크리트이며 $f_{ck}$ = 25MPa, $b_w$ =300mm이다.]

① 320mm
② 348mm
③ 384mm
④ 427mm

> **해설** 보의 최소 유효깊이
> ㉠ $V_u \le \frac{1}{2}\phi V_c$인 경우 최소 전단철량 배근도 필요 없다.
> ㉡ 최소 유효깊이($d$)
> $V_u \le \frac{1}{2}\phi V_c = \frac{1}{2}\phi\left(\frac{1}{6}\lambda\sqrt{f_{ck}}\, b_w d\right)$
> $\therefore d = \frac{12 V_u}{\phi\lambda\sqrt{f_{ck}}\, b_w}$
> $= \frac{12 \times 40 \times 10^3}{0.75 \times 1.0\sqrt{25}\times 300}$
> $= 427mm$

> **관련기준** KDS 14 20 22[2021] 4.3.3 (1)

**17** 슬래브와 보가 일체로 타설된 비대칭 T형 보(반T형 보)의 유효폭은? [단, 플랜지 두께=100mm, 복부폭=300mm, 인접 보와의 내측거리=1,600mm, 보의 경간=6.0m]

① 800mm
② 900mm
③ 1,000mm
④ 1,100mm

> **해설** 반T형 보의 유효폭($b_e$)
> ㉠ $6t_f + b_w = 6\times100+300 = 900mm$
> ㉡ 보 경간의 $\frac{1}{12}+b_w$
> $= 6,000\times\frac{1}{12}+300 = 800mm$
> ㉢ 인접 보 내측거리의 $\frac{1}{2}+b_w$
> $= 1,600\times\frac{1}{2}+300 = 1,100mm$
> $\therefore b_e = 800mm$(최솟값)

> **관련기준** KDS 14 20 10[2021] 4.3.10 (1)

**정답** 14. ② 15. ③ 16. ④ 17. ①

**18** 뒷부벽식 옹벽에서 뒷부벽을 어떤 보로 설계하여
야 하는가?

① T형 보        ② 단순보

③ 연속보        ④ 직사각형 보

> 해설 뒷부벽 및 앞부벽 옹벽의 설계
>
>    ⊙ 뒷부벽 : T형 보로 설계(인장철근)
>    ⓒ 앞부벽 : 직사각형 보로 설계(압축철근)
>
> 관련기준 KDS 14 20 74[2021] 4.1.2.3 (1)

**19** 다음 그림과 같은 인장철근을 갖는 보의 유효깊이
는? [단, D19 철근의 공칭 단면적은 287mm²이다.]

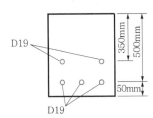

① 350mm        ② 410mm

③ 440mm        ④ 500mm

> 해설 보의 유효깊이($d$)
>
> $$y = \frac{2}{5} \times 150 = 60\,\text{mm}$$
>
> $$\therefore d = 500 - 60 = 440\,\text{mm}$$

**20** 인장응력 검토를 위한 L−150×90×12인 형강
(angle)의 전개 총폭($b_g$)은?

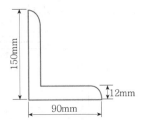

① 228mm        ② 232mm

③ 240mm        ④ 252mm

> 해설 L형강의 전개 총폭
>
> $$b_g = b_1 + b_2 - t = 150 + 90 - 12 = 228\,\text{mm}$$

정답 18. ①   19. ③   20. ①

# 2022 제2회 토목기사 기출문제

🖋 2022년 4월 24일 시행

**01** 프리텐션 PSC 부재의 단면적이 200,000mm²인 콘크리트 도심에 PS 강선을 배치하여 초기의 긴장력($P_i$)을 800kN 가하였다. 콘크리트의 탄성변형에 의한 프리스트레스의 감소량은? [단, 탄성계수비($n$)는 6이다.]

① 12MPa
② 18MPa
③ 20MPa
④ 24MPa

> **해설** 탄성변형에 의한 감소(손실)량
>
> $$\Delta f_p = n f_{ci} = n \frac{P_i}{A_c} = 6 \times \frac{800 \times 10^3}{200,000} = 24\text{MPa}$$
>
> **관련기준** KDS 14 20 60[2021] 4.3.1 (1)

**02** 다음 그림과 같은 직사각형 단면의 단순보에 PS 강재가 포물선으로 배치되어 있다. 보의 중앙 단면에서 일어나는 상연응력(㉠) 및 하연응력(㉡)은? [단, PS 강재의 긴장력은 3,300kN이고, 자중을 포함한 작용하중은 27kN/m이다.]

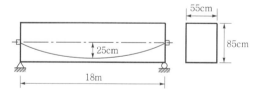

① ㉠ : 21.21MPa, ㉡ : 1.8MPa
② ㉠ : 12.07MPa, ㉡ : 0MPa
③ ㉠ : 11.11MPa, ㉡ : 3.0MPa
④ ㉠ : 8.6MPa, ㉡ : 2.45MPa

> **해설** PSC 보의 해석
>
> ㉠ 최대 휨모멘트
> $$M = \frac{wl^2}{8} = \frac{27 \times 18^2}{8} = 1,093.5\text{kN} \cdot \text{m}$$
>
> ㉡ 상·하연응력(압축+, 인장 −)의 기본식
> $$f_c{}_t = \frac{P}{A} \mp \frac{Pe}{I} y \pm \frac{M}{I} y$$

$$= \frac{3,300}{0.55 \times 0.85} \mp \frac{12 \times 3,300 \times 0.25}{0.55 \times 0.85^3}$$
$$\times 0.425 \pm \frac{12 \times 1,093.5}{0.55 \times 0.85^3} \times 0.425$$
$$= 7,058.82 \mp 12,456.74 \pm 16,510.85$$

ⓒ 상연응력($f_c$)
$$f_c = 7,058.82 - 12,456.74 + 16,510.85$$
$$= 11,112.93\text{kPa} ≒ 11.11\text{MPa(압축)}$$

ⓓ 하연응력($f_t$)
$$f_t = 7,058.82 + 12,456.74 - 16,510.85$$
$$= 3,004.71\text{kPa} ≒ 3.00\text{MPa(압축)}$$

**03** 2방향 슬래브 설계 시 직접설계법을 적용하기 위해 만족하여야 하는 사항으로 틀린 것은?

① 각 방향으로 3경간 이상이 연속되어야 한다.
② 슬래브 판들은 단변경간에 대한 장변경간의 비가 2 이하인 직사각형이어야 한다.
③ 각 방향으로 연속한 받침부 중심 간 경간차이는 긴 경간의 1/3 이하이어야 한다.
④ 연속한 기둥 중심선을 기준으로 기둥의 어긋남은 그 방향 경간의 20% 이하이어야 한다.

> **해설** 직접설계법의 제한사항
>
> 2방향 슬래브의 경우 연속한 기둥 중심선으로부터 기둥의 어긋남은 그 방향 경간의 최대 10% 이하이어야 한다.
>
> **관련기준** KDS 14 20 70[2021] 4.1.3.1 (2)~(6)
>
> **관련이론** 2방향 슬래브의 직접설계법 제한사항
> ① 각 방향으로 3경간 이상이 연속되어야 한다.
> ② 슬래브 판들은 단변경간에 대한 장변경간의 비가 2 이하인 직사각형이어야 한다.
> ③ 각 방향으로 연속된 받침부 중심 간 경간길이의 차는 긴 경간의 1/3 이하이어야 한다.
> ④ 연속한 기둥 중심선으로부터 기둥의 어긋남은 그 방향 경간의 최대 10% 이하이어야 한다.
> ⑤ 모든 하중은 연직하중으로서 슬래브 판 전체에 등분포되는 것으로 간주한다. 활하중은 고정하중의 2배 이하이어야 한다.

**정답** 1. ④ 2. ③ 3. ④

**04** 경간이 8m인 단순 지지된 프리스트레스트 콘크리트 보에서 등분포하중(고정하중과 활하중의 합)이 $w = 40$kN/m 작용할 때 중앙 단면 콘크리트 하연에서의 응력이 0이 되려면 PS 강재에 작용되어야 할 프리스트레스 힘($P$)은? [단, PS 강재는 단면 중심에 배치되어 있다.]

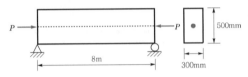

① 1,250kN
② 1,880kN
③ 2,650kN
④ 3,840kN

> **해설** PSC 보의 해석
>
> ㉠ 최대 휨모멘트
> $$M = \frac{wl^2}{8} = \frac{40 \times 8^2}{8} = 320\text{kN} \cdot \text{m}$$
>
> ㉡ PS 강재의 긴장력(도심 배치)
> $$f = \frac{P}{A} - \frac{M}{I}y = \frac{P}{bh} - \frac{6M}{bh^2} = 0$$
> $$\therefore \; P = \frac{6M}{h} = \frac{6 \times 320}{0.5} = 3,840\text{kN}$$

**05** 옹벽의 설계 및 구조 해석에 대한 설명으로 틀린 것은?

① 지반에 유발되는 최대 지반반력은 지반의 허용지지력을 초과할 수 없다.
② 전도에 대한 저항휨모멘트는 횡토압에 의한 전도모멘트의 1.5배 이상이어야 한다.
③ 저판의 뒷굽판은 정확한 방법이 사용되지 않는 한, 뒷굽판 상부에 재하되는 모든 하중을 지지하도록 설계하여야 한다.
④ 캔틸레버식 옹벽의 저판은 전면벽과의 접합부를 고정단으로 간주한 캔틸레버로 가정하여 단면을 설계할 수 있다.

> **해설** 옹벽의 안정조건과 안전율($F_s$)
>
> ㉠ 전도에 대한 안정 : $2.0 \left( \dfrac{M_r}{M_o} \geq 2.0 \right)$
>
> ㉡ 활동에 대한 안정 : $1.5 \left( \dfrac{H_r}{H} \geq 1.5 \right)$
>
> ㉢ 침하에 대한 안정 : $1.0 \left( \dfrac{q_a}{q_{\max}} \geq 1.0 \right)$
>
> **관련기준** KDS 14 20 74[2021] 4.1.1.2 (3)

**06** 강구조의 특징에 대한 설명으로 틀린 것은?

① 소성변형능력이 우수하다.
② 재료가 균질하여 좌굴의 영향이 낮다.
③ 인성이 커서 연성파괴를 유도할 수 있다.
④ 단위면적당 강도가 커서 자중을 줄일 수 있다.

> **해설** 강구조의 단점
> 압축재로 사용한 강재는 강도가 높기 때문에 좌굴 위험성이 많다.
>
> **관련이론** 강구조의 특징
> ① 장점
> • 단위면적당의 강도가 크고, 자중을 줄일 수 있다.
> • 강재는 균질성을 가지고 있고, 내구성이 우수하다.
> • 커다란 변형에 저항할 수 있는 연성을 가지고 있다.
> • 사전 조립이 가능하고 조립속도가 빠르다.
> ② 단점
> • 자연에 노출되어 부식되기 쉬우며 정기적으로 도장을 해야 한다.
> • 강재는 내화성이 약하다.
> • 압축재로 사용한 강재는 좌굴위험성이 높다.
> • 반복하중에 의해 피로가 발생하여 강도의 감소 또는 파괴가 일어날 수 있다.

**07** 단철근 직사각형 보에서 $f_{ck} = 32$MPa인 경우 콘크리트 등가직사각형 압축응력블록의 깊이를 나타내는 계수 $\beta_1$은?

① 0.74
② 0.76
③ 0.80
④ 0.85

**08** 콘크리트와 철근이 일체가 되어 외력에 저항하는 철근콘크리트 구조에 대한 설명으로 틀린 것은?

① 콘크리트와 철근의 부착강도가 크다.

② 콘크리트와 철근의 탄성계수는 거의 같다.

③ 콘크리트 속에 묻힌 철근은 거의 부식하지 않는다.

④ 콘크리트와 철근의 열에 대한 팽창계수는 거의 같다.

해설 탄성계수비

철근의 탄성계수($E_s$)는 콘크리트의 탄성계수($E_c$)보다 약 7배 정도 크다.

$\therefore \ n = \dfrac{E_s}{E_c} = 6 \sim 8$

관련기준 KDS 14 20 10[2021] 4.3.3

**09** 폭이 300mm, 유효깊이가 500mm인 단철근 직사각형 보에서 인장철근의 단면적이 1,700mm²일 때 강도설계법에 의한 등가직사각형 압축응력블록의 깊이($a$)는? [단, $f_{ck}$ =20MPa, $f_y$ =300MPa이다.]

① 50mm

② 100mm

③ 200mm

④ 400mm

해설 등가응력깊이

$f_{ck} \leq 40\text{MPa}$인 경우 $\eta = 1.0$, $\beta_1 = 0.80$

$\therefore \ a = \dfrac{A_s f_y}{\eta(0.85 f_{ck})b}$

$= \dfrac{1,700 \times 300}{1.0 \times 0.85 \times 20 \times 300} = 100\text{mm}$

관련기준 KDS 14 20 20[2021] 4.1.1 (8)

**10** 다음 그림과 같은 띠철근 기둥에서 띠철근의 최대 수직간격은? [단, D10의 공칭지름은 9.5mm, D32의 공칭지름은 31.8mm이다.]

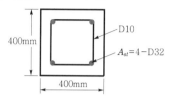

① 400mm

② 456mm

③ 500mm

④ 509mm

해설 띠철근의 수직간격($s$)

㉠ 축방향 철근지름의 16배 이하
$= 16 \times 31.8 = 508.8\text{mm}$

㉡ 띠철근지름의 48배 이하 $= 48 \times 9.5 = 456\text{mm}$

㉢ 기둥 단면의 최소 치수 이하 $= 400\text{mm}$

$\therefore \ s = 400\text{mm}$(최솟값)

관련기준 KDS 14 20 50[2021] 4.4.2 (3) ②

**11** 다음에서 설명하는 용어는?

보나 지판이 없이 기둥으로 하중을 전달하는 2방향으로 철근이 배치된 콘크리트 슬래브

① 플랫 플레이트

② 플랫 슬래브

③ 리브셸

④ 주열대

해설 용어 정의

㉠ 플랫 슬래브(flat slab) : 보 없이 지판에 의해 하중이 기둥으로 전달되며, 2방향으로 철근이 배치된 콘크리트 슬래브

㉡ 플랫 플레이트(flat plate) : 보나 지판이 없이 기둥으로 하중을 전달하는 2방향으로 철근이 배치된 콘크리트 슬래브

관련기준 KDS 14 20 01[2021] 1.4 용어의 정의

**12** 다음 그림과 같은 L형강에서 인장응력 검토를 위한 순폭 계산에 대한 설명으로 틀린 것은?

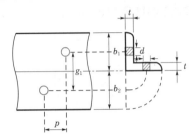

① 전개된 총폭$(b_g) = b_1 + b_2 - t$이다.

② 리벳 선간 거리$(g) = g_1 - t$이다.

③ $\dfrac{p^2}{4g} \geq d$인 경우 순폭$(b_n) = b_g - d$이다.

④ $\dfrac{p^2}{4g} < d$인 경우 순폭$(b_n) = b_g - d - \dfrac{p^2}{4g}$이다.

해설 **L형강의 순폭**

㉠ $\dfrac{p^2}{4g} < d$인 경우 공제폭$(\omega > 0)$을 고려한다.

$\therefore\ b_n = b_g - d - \omega = b_g - d - \left(d - \dfrac{p^2}{4g}\right)$

㉡ $\dfrac{p^2}{4g} \geq d$인 경우 공제폭$(\omega \leq 0)$을 무시한다.

$\therefore\ b_n = b_g - d$

**13** 단변 : 장변 경간의 비가 1 : 2인 단순지지된 2방향 슬래브의 중앙점에 집중하중 $P$가 작용할 때 단변과 장변이 부담하는 하중비$(P_S : P_L)$는? [단, $P_S$ : 단변이 부담하는 하중, $P_L$ : 장변이 부담하는 하중]

① 1 : 8  ② 8 : 1

③ 1 : 16  ④ 16 : 1

해설 **2방향 슬래브의 하중 분배**

㉠ 단변 방향 분담하중

$P_S = \dfrac{L^3}{L^3 + S^3} P = \dfrac{2^3}{2^3 + 1^3} P = \dfrac{8}{9} P$

㉡ 장변 방향 분담하중

$P_L = \dfrac{S^3}{L^3 + S^3} P = \dfrac{1^3}{2^3 + 1^3} P = \dfrac{1}{9} P$

$\therefore\ P_S : P_L = 8 : 1$

**14** 보통 중량콘크리트에서 압축을 받는 이형철근 D29 (공칭지름 28.6mm)를 정착시키기 위해 소요되는 기본정착길이$(l_{db})$는? [단, $f_{ck}$ =35MPa, $f_y$ =400MPa]

① 491.92mm  ② 483.43mm

③ 464.09mm  ④ 450.38mm

해설 **압축이형철근의 기본정착길이**

$$l_{db} = \frac{0.25 d_b f_y}{\lambda \sqrt{f_{ck}}} \geq 0.043 d_b f_y$$

㉠ $l_{db} = \dfrac{0.25 d_b f_y}{\lambda \sqrt{f_{ck}}} = \dfrac{0.25 \times 28.6 \times 400}{1.0 \sqrt{35}}$

$= 483.43\text{mm}$

㉡ $l_{db} = 0.043 d_b f_y = 0.043 \times 28.6 \times 400$

$= 491.92\text{mm}$

$\therefore\ l_{db} = 491.92\text{mm}(최댓값)$

관련기준 KDS 14 20 52[2021] 4.1.3 (2)

**15** 폭이 350mm, 유효깊이가 550mm인 직사각형 단면의 보에서 지속하중에 의한 순간처짐이 16mm일 때 1년 후 총처짐량은? [단, 배근된 인장철근량$(A_s)$은 2,246mm², 압축철근량$(A_s')$은 1,284mm²이다.]

① 20.5mm  ② 26.5mm

③ 32.8mm  ④ 42.1mm

해설 **최종처짐량**

㉠ 장기처짐계수

$\rho' = \dfrac{A_s'}{bd} = \dfrac{1,284}{350 \times 550} = 0.00667$

$\xi = 1.4(1년)$

$\therefore\ \lambda_\Delta = \dfrac{\xi}{1 + 50\rho'}$

$= \dfrac{1.4}{1 + 50 \times 0.00667} = 1.0487$

㉡ 최종처짐=탄성처짐 + 장기처짐

$\delta_t = \delta_e + \delta_l = \delta_e + \delta_e \lambda_\Delta$

$= 16 + 16 \times 1.0487$

$= 32.8\text{mm}$

관련기준 KDS 14 20 30[2021] 4.2.1 (5)

**16** 철근콘크리트 부재의 전단철근에 대한 설명으로 틀린 것은?

① 전단철근의 설계기준항복강도는 300MPa을 초과할 수 없다.

② 주인장철근에 30° 이상의 각도로 구부린 굽힘철근은 전단철근으로 사용할 수 있다.

③ 최소 전단철근량은 $\dfrac{0.35b_w s}{f_{yt}}$ 보다 작지 않아야 한다.

④ 부재축에 직각으로 배치된 전단철근의 간격은 $d/2$ 이하, 또한 600mm 이하로 하여야 한다.

> **해설** 철근의 설계기준항복강도($f_y$)
>
> ㉠ 휨철근 : $f_y \leq 600\text{MPa}$ 이하
> ㉡ 전단철근 : $f_y \leq 500\text{MPa}$ 이하
>
> **관련기준** KDS 14 20 10[2021] 4.2.4 (1)
> KDS 14 20 22[2021] 4.3.1 (3)

**17** 폭 350mm, 유효깊이 500mm인 보에 설계기준항복강도가 400MPa인 D13 철근을 인장주철근에 대한 경사각($\alpha$)이 60°인 U형 경사스터럽으로 설치했을 때 전단보강철근의 공칭강도($V_s$)는? [단, 스터럽 간격 $s$ =250mm, D13 철근 1본의 단면적은 127mm$^2$이다.]

① 201.4kN　　② 212.7kN

③ 243.2kN　　④ 277.6kN

> **해설** 경사스터럽이 부담하는 전단강도
>
> $$V_s = \frac{A_v f_y d}{s}(\sin\alpha + \cos\alpha)$$
> $$= \frac{(2\times127)\times400\times500}{250}$$
> $$\times(\sin60° + \cos60°)\times10^{-3}$$
> $$= 277.6\text{kN}$$
>
> **관련기준** KDS 14 20 22[2021] 4.3.4 (4)

**18** 철근콘크리트 보를 설계할 때 변화구간단면에서 강도감소계수($\phi$)를 구하는 식은? [단, $f_{ck}$ = 40MPa, $f_y$ =400MPa, 띠철근으로 보강된 부재이며, $\varepsilon_t$는 최외단 인장철근의 순인장변형률이다.]

① $\phi = 0.65 + \dfrac{200}{3}(\varepsilon_t - 0.002)$

② $\phi = 0.70 + \dfrac{200}{3}(\varepsilon_t - 0.002)$

③ $\phi = 0.65 + 50(\varepsilon_t - 0.002)$

④ $\phi = 0.70 + 50(\varepsilon_t - 0.002)$

> **해설** 변화구간단면의 강도감소계수(기타 철근)
>
> ㉠ 기타 철근으로 변화구간단면에서 SD400 철근의 압축지배변형률한계
> $$\varepsilon_{t,ccl} = \varepsilon_y = \frac{f_y}{E_s} = \frac{400}{2.0\times10^5} = 0.002$$
> ㉡ SD400 철근의 인장지배변형률한계
> $$\varepsilon_{t,cd} = 0.005$$
> ㉢ 강도감소계수 결정
> $$\phi = 0.65 + 0.2\left(\frac{\varepsilon_t - \varepsilon_y}{\varepsilon_{t.tcl} - \varepsilon_y}\right)$$
> $$= 0.65 + 0.2\left(\frac{\varepsilon_t - 0.002}{0.005 - 0.002}\right)$$
> $$= 0.65 + \frac{200}{3}(\varepsilon_t - 0.002)$$
>
> **관련기준** KDS 14 20 20[2021] 4.2.3 (2)

**19** 다음 그림과 같이 지름 25mm의 구멍이 있는 판(plate)에서 인장응력 검토를 위한 순폭은?

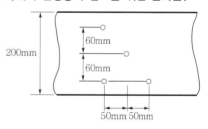

① 160.4mm　　② 150mm

③ 145.8mm　　④ 130mm

모든 경로에 대해 길이를 계산하고, 이 중 최솟값을 순폭으로 한다.

㉠ $b_n = b_g - 2d = 200 - 2 \times 25 = 150\text{mm}$

㉡ $b_n = b_g - d - \left(d - \dfrac{p^2}{4g}\right)$

$= 200 - 25 - \left(25 - \dfrac{50^2}{4 \times 60}\right)$

$= 160.4\text{mm}$

㉢ $b_n = b_g - d - 2\left(d - \dfrac{p^2}{4g}\right)$

$= 200 - 25 - 2 \times \left(25 - \dfrac{50^2}{4 \times 60}\right)$

$= 145.8\text{mm}$

$\therefore b_n = 145.8\text{mm}(\text{최솟값})$

관련기준 KDS 14 30 10[2019] 4.1.3 (1), (2)

**20** 폭이 300mm, 유효깊이가 500mm인 단철근 직사각형 보에서 강도설계법으로 구한 균형철근량은? [단, 등가직사각형 압축응력블록을 사용하며 $f_{ck} = 35\text{MPa}$, $f_y = 350\text{MPa}$이다.]

① $5,285\text{mm}^2$  ② $5,890\text{mm}^2$
③ $6,665\text{mm}^2$  ④ $7,235\text{mm}^2$

해설 보의 균형철근량

㉠ 균형철근비

$f_{ck} \leq 40\text{MPa}$인 경우 $\beta_1 = 0.80$, $\eta = 1.0$,

$\varepsilon_{cu} = 0.0033$

$\therefore \rho_b = \dfrac{\eta(0.85 f_{ck})\beta_1}{f_y} \cdot \dfrac{660}{660 + f_y}$

$= \dfrac{1.0 \times 0.85 \times 35 \times 0.80}{350} \times \dfrac{660}{660 + 350}$

$= 0.044436$

㉡ 균형철근량

$A_{sb} = \rho_b bd = 0.044436 \times 300 \times 500$

$= 6,665.4\text{mm}^2$

정답 20. ③

**01** 아래 그림의 빗금 친 부분과 같은 단철근 T형 보의 등가응력의 깊이($a$)는? [단, $A_s$ =6,354mm², $f_{ck}$ = 24MPa, $f_y$ =400MPa]

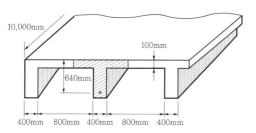

① 96.7mm

② 111.5mm

③ 121.3mm

④ 128.6mm

해설 T형 보의 등가응력깊이

㉠ 플랜지 유효폭 결정
- $16t_f + b_w = 16 \times 100 + 400 = 2,000$mm
- 슬래브 중심 간 거리 = 1,200mm
- 경간 $\times \dfrac{1}{4} = \dfrac{10,000}{4} = 2,500$mm
  ∴ $b_e = 1,200$mm(최솟값)

㉡ T형 보 판별

$$a = \frac{A_s f_y}{\eta(0.85 f_{ck})b}$$
$$= \frac{6,354 \times 400}{1.0 \times 0.85 \times 24 \times 1,200}$$
$$= 103.8\text{mm} > t_f = 100\text{mm}$$

∴ T형 보로 해석

㉢ 등가깊이 산정

$$A_{sf} = \frac{\eta(0.85 f_{ck})(b - b_w)t}{f_y}$$
$$= \frac{1.0 \times 0.85 \times 24 \times (1,200 - 400) \times 100}{400}$$
$$= 4,080\text{mm}^2$$
$$\therefore a = \frac{(A_s - A_{sf})f_y}{\eta(0.85 f_{ck})b_w}$$
$$= \frac{(6,354 - 4,080) \times 400}{1.0 \times 0.85 \times 24 \times 400}$$
$$= 111.47\text{mm}$$

관련기준 KDS 14 20 10[2022] 4.3.10 (1)

**02** 그림과 같은 복철근 직사각형 보에서 공칭모멘트 강도($M_n$)는? [단, $f_{ck}$ =24MPa, $f_y$ =350MPa, $A_s$ = 5,730mm², $A_s'$ =1,980mm²]

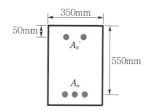

① 947.7kN · m

② 886.5kN · m

③ 805.6kN · m

④ 725.3kN · m

해설 공칭휨강도

㉠ 등가응력깊이

$$a = \frac{(A_s - A_s')f_y}{\eta(0.85 f_{ck})b}$$
$$= \frac{(5,730 - 1,980) \times 350}{1.0 \times 0.85 \times 24 \times 350}$$
$$= 183.82\text{mm} \neq 184\text{mm}$$

㉡ 공칭휨강도

$$M_n = (A_s - A_s')f_y\left(d - \frac{a}{2}\right) + A_s'f_y(d - d')$$
$$= \left[(5,730 - 1,980) \times 350 \times \left(550 - \frac{184}{2}\right)\right.$$
$$\left. + 1,980 \times 350 \times (550 - 50)\right] \times 10^{-6}$$
$$= 947.63\text{kN} \cdot \text{m}$$

**03** 다음과 같은 옹벽의 각 부분 중 직사각형 보로 설계해야 할 부분은?

① 앞부벽

② 부벽식 옹벽의 전면벽

③ 캔틸레버식 옹벽의 전면벽

④ 부벽식 옹벽의 저판

해설 부벽식 옹벽의 설계

㉠ 뒷부벽 : T형 보로 설계(인장철근)

㉡ 앞부벽 : 직사각형 보로 설계(압축철근)

관련기준 KDS 14 20 74[2022] 4.1.2

정답 1. ② 2. ① 3. ①

**04** 다음 단면의 균열모멘트 $M_{cr}$의 값은? [단, 보통 중량콘크리트로서, $f_{ck}=25$MPa, $f_y=400$MPa]

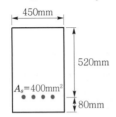

① 16.8kN·m  ② 41.58kN·m
③ 63.88kN·m  ④ 85.05kN·m

> **해설** 균열모멘트
>
> $$M_{cr}=\frac{I_g}{y_t}f_r=\frac{bh^2}{6}\times 0.63\lambda\sqrt{f_{ck}}$$
>
> $$=\frac{450\times 600^2}{6}\times 0.63\times 1.0\sqrt{25}\times 10^{-6}$$
>
> $$=85.05\text{kN·m}$$
>
> **관련기준** KDS 14 20 30[2022] 4.2.1 (3)

**05** PS콘크리트의 균등질 보의 개념(homogeneous beam concept)을 설명한 것으로 가장 적당한 것은?

① 콘크리트에 프리스트레스가 가해지면 PSC 부재는 탄성재료로 전환되고 이의 해석은 탄성이론으로 가능하다는 개념

② PSC 보를 RC 보처럼 생각하여, 콘크리트는 압축력을 받고 긴장재는 인장력을 받게 하여 두 힘의 우력모멘트로 외력에 의한 휨모멘트에 저항시킨다는 개념

③ PS 콘크리트는 결국 부재에 작용하는 하중의 일부 또는 전부를 미리 가해진 프리스트레스와 평형이 되도록 하는 개념

④ PS 콘크리트는 강도가 크기 때문에 보의 단면을 강재의 단면으로 가정하여 압축 및 인장을 단면 전체가 부담할 수 있다는 개념

> **해설** PSC의 기본 3개념
> ㉠ 응력 개념(균등질보의 개념)
> ㉡ 강도 개념(내력모멘트 개념)
> ㉢ 등가하중 개념(하중 평형 개념)

**06** 콘크리트 설계기준강도가 28MPa, 철근의 항복강도가 350MPa로 설계된 내민길이가 4m인 캔틸레버보가 있다. 처짐을 계산하지 않는 경우의 최소 두께는?

① 340mm  ② 465mm
③ 512mm  ④ 600mm

> **해설** 캔틸레버보의 최소 두께($f_y\neq 400$MPa인 경우)
>
> $$h=\frac{l}{8}\times\left(0.43+\frac{f_y}{700}\right)$$
>
> $$=\frac{4,000}{8}\times\left(0.43+\frac{350}{700}\right)$$
>
> $$=465\text{mm}$$
>
> **관련기준** KDS 14 20 30[2022] 4.2.1 (1)

**07** 2방향 슬래브 설계 시 직접설계법을 적용할 수 있는 제한사항에 대한 설명으로 틀린 것은?

① 각 방향으로 3경간 이상 연속되어야 한다.

② 슬래브판들은 단변 경간에 대한 장변 경간의 비가 2 이하인 직사각형이어야 한다.

③ 연속한 기둥 중심선을 기준으로 기둥의 어긋남은 그 방향 경간의 15% 이하이어야 한다.

④ 각 방향으로 연속한 받침부 중심 간 경간 차이는 경간의 1/3 이하이어야 한다.

> **해설** ③의 경우 10% 이하이어야 한다.
>
> **관련기준** KDS 14 20 70[2022] 4.1.3.1 (2)~(8)
>
> **관련이론** 2방향 슬래브의 직접설계법 제한사항
> ① 각 방향으로 3경간 이상이 연속되어야 한다.
> ② 슬래브판들은 단변 경간에 대한 장변 경간의 비가 2 이하인 직사각형이어야 한다.
> ③ 각 방향으로 연속된 받침부 중심 간 경간 길이의 차이는 긴 경간의 1/3 이상이어야 한다.
> ④ 연속한 기둥 중심선으로부터 기둥의 이탈은 이탈 방향 경간의 최대 10%까지 허용한다.
> ⑤ 모든 하중은 연직하중으로서 슬래브판 전체에 등분포되는 것으로 간주한다. 활하중은 고정하중의 2배 이하이어야 한다.

**정답** 4.④  5.①  6.②  7.③

**08** 깊은 보에 대한 전단설계의 규정 내용으로 틀린 것은? [단, $l_n$ : 받침부 내면 사이의 순경간, $\lambda$ : 경량콘크리트계수, $b_w$ : 복부의 폭, $d$ : 유효깊이, $s$ : 종방향 철근에 평행한 방향으로 전단철근의 간격, $s_h$ : 종방향 철근에 수직 방향으로 전단철근의 간격]

① $l_n$이 부재깊이의 3배 이상인 경우 깊은 보로서 설계한다.

② 깊은 보의 $V_n$은 $(5\lambda\sqrt{f_{ck}}/6)b_w d$ 이하이어야 한다.

③ 휨인장철근과 직각인 수직전단철근의 단면적 $A_v$를 $0.0025b_w s$ 이상으로 하여야 한다.

④ 휨인장철근과 평행한 수평전단철근의 단면적 $A_{vh}$를 $0.0015b_w s_h$ 이상으로 하여야 한다.

> **해설** 깊은 보의 조건
> ㉠ $l_n \leq 4d$
> ㉡ 하중이 받침부로부터 부재 깊이의 2배 거리 이내에 작용하고 하중의 작용점과 받침부 사이에 압축대가 형성될 수 있는 부재
>
> **관련기준** KDS 14 20 22[2022] 4.7.1 (1)

**09** 다음 그림과 같은 나선철근 단주의 공칭 중심 축하중($P_n$)은? [단, $f_{ck}$ =28MPa, $f_y$ =350MPa, 축방향 철근은 8-D25($A_s$ =4,050mm$^2$)를 사용한다.]

400mm

① 1,786kN
② 2,551kN
③ 3,450kN
④ 3,665kN

> **해설** 나선철근 기둥의 공칭축하중($P_n$)
> $$P_n = \alpha[0.85f_{ck}(A_g - A_{st}) + f_y A_{st}]$$
> $$= 0.85 \times \left[0.85 \times 28 \times \left(\frac{\pi \times 400^2}{4} - 4,050\right)\right.$$
> $$\left. + 350 \times 4,050\right] \times 10^{-3}$$
> $$= 3,665.12\text{kN}$$
>
> **관련기준** KDS 14 20 20[2022] 4.1.2 (7) ①

**10** 폭 $b$ =300mm, 유효깊이 $d$ =500mm, 철근단면적 $A_s$ =2,200mm$^2$를 갖는 단철근콘크리트 직사각형 보를 강도설계법으로 휨설계할 때, 설계 휨모멘트강도($\phi M_n$)는? [단, 콘크리트 설계기준강도 $f_{ck}$ =27MPa, 철근 항복강도 $f_y$ =400MPa]

① 186.6kN·m
② 234.7kN·m
③ 284.5kN·m
④ 326.2kN·m

> **해설** 설계휨강도
> ㉠ 공칭휨강도
> $f_{ck} \leq 40$MPa인 경우
> $\eta = 1.0$, $\beta_1 = 0.80$, $\varepsilon_{cu} = 0.0033$
> $$a = \frac{A_s f_y}{\eta(0.85f_{ck})b} = \frac{2,200 \times 400}{1.0 \times 0.85 \times 27 \times 300}$$
> $$= 128\text{mm}$$
> $$c = \frac{128}{0.80} = 160\text{mm}$$
> $$M_n = A_s f_y\left(d - \frac{a}{2}\right)$$
> $$= 2,200 \times 400 \times \left(500 - \frac{128}{2}\right) \times 10^{-6}$$
> $$= 383.68\text{kN·m}$$
> ㉡ 강도감소계수 결정
> $$\varepsilon_t = \varepsilon_{cu}\frac{d_t - c}{c} = 0.0033 \times \frac{500 - 160}{160}$$
> $$= 0.007 > 0.005$$이므로
> $\therefore$ 인장지배단면, $\phi = 0.85$
> ㉢ 설계휨강도
> $$\phi M_n = 0.85 \times 383.68$$
> $$= 326.128\text{kN·m}$$

**11** 용접이음에 관한 설명으로 틀린 것은?

① 리벳구멍으로 인한 단면감소가 없어서 강도 저하가 없다.

② 내부 검사(X-선 검사)가 간단하지 않다.

③ 작업의 소음이 적고, 경비와 시간이 절약된다.

④ 리벳이음에 비해 약하므로 응력집중현상이 일어나지 않는다.

> **해설** 부분적으로 가열하므로 응력집중현상이 발생한다.

**정답** 8. ① 9. ④ 10. ④ 11. ④

**12** $b=350$mm, $d=550$mm인 직사각형 단면의 보에서 지속하중에 의한 순간처짐이 16mm였다. 1년 후 총처짐량은 얼마인가? [단, $A_s=2{,}246$mm$^2$, $A_s{}'=1{,}284$mm$^2$, $\xi=1.4$]

① 20.5mm      ② 32.8mm

③ 42.1mm      ④ 26.5mm

> **해설** 최종처짐
>
> ㉠ 장기처짐계수
> $$\rho' = \frac{A_s{}'}{bd} = \frac{1{,}284}{350 \times 550} = 0.00667$$
> $\xi = 1.4$(1년 후)
> $$\therefore \ \lambda_\Delta = \frac{\xi}{1+50\rho'} = \frac{1.4}{1+50\times0.00667}$$
> $$= 1.0487$$
>
> ㉡ 최종처짐량
> $$\delta_t = \delta_e + \delta_l = \delta_e(1+\lambda_\Delta)$$
> $$= 16 \times (1+1.0487)$$
> $$= 32.7792\text{mm}$$
>
> **관련기준** KDS 14 20 30[2022] 4.2.1 (5)

**13** 다음 그림과 같은 두께 12mm 평판의 순단면적을 구하면? [단, 구멍의 지름은 23mm이다.]

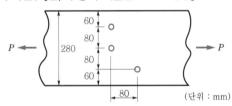

(단위 : mm)

① 2,310mm$^2$      ② 2,340mm$^2$

③ 2,772mm$^2$      ④ 2,928mm$^2$

> **해설** 강판의 순단면적
>
> ㉠ 순폭 산정
> $$b_n = b_g - 2d = 280 - 2\times23 = 234\text{mm}$$
> $$b_n = b_g - 2d - \left(d - \frac{P^2}{4g}\right)$$
> $$= 280 - 2\times23 - \left(23 - \frac{80^2}{4\times80}\right)$$
> $$= 231\text{mm}$$
> $$\therefore \ b_n = 231\text{mm}(최솟값)$$
>
> ㉡ 순단면적 산정
> $$A_n = b_n t = 231\times12 = 2{,}772\text{mm}^2$$

**14** 다음 그림과 같이 활하중($W_L$)은 30kN/m, 고정하중($W_D$)은 콘크리트의 자중(단위무게 23kN/m$^3$)만 작용하고 있는 캔틸레버보가 있다. 이 보의 위험단면에서 전단철근이 부담해야 할 전단력은? [단, 하중은 하중조합을 고려한 소요강도($U$)를 적용하고 $f_{ck}=24$MPa, $f_y=300$MPa이다.]

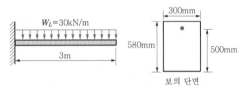

보의 단면

① 88.7kN      ② 53.5kN

③ 21.3kN      ④ 9.5kN

> **해설** 전단철근이 부담하는 전단강도
>
> ㉠ 계수전단력
> $$W_D = 0.3\times0.58\times23 = 4\text{kN/m}$$
> $$V_u = 1.2V_D + 1.6V_L$$
> $$= 1.2\times4\times(3-0.5) + 1.6\times30$$
> $$\times(3-0.5)$$
> $$= 132\text{kN}$$
>
> ㉡ 콘크리트가 부담하는 전단강도
> $$\phi V_c = \phi\left(\frac{1}{6}\lambda\sqrt{f_{ck}}\,b_w d\right)$$
> $$= 0.75\times\frac{1}{6}\times1.0\sqrt{24}\times300$$
> $$\times500\times10^{-3}$$
> $$= 91.9\text{kN}$$
>
> ㉢ 전단철근이 부담하는 전단강도
> $$\phi V_n = \phi(V_c + V_s) \geq V_u$$
> $$\therefore \ V_s = \frac{V_u - \phi V_c}{\phi} = \frac{132-91.9}{0.75}$$
> $$= 53.47\text{kN}$$
>
> **관련기준** KDS 14 20 10[2022] 4.2.2 (1)
> KDS 14 20 22[2022] 4.2.1 (1), 4.3.4 (1), (2)

**15** 초기 프리스트레스가 1,200MPa이고, 콘크리트의 건조수축변형률 $\varepsilon_{sh}=1.8\times10^{-4}$일 때 긴장재의 인장응력의 감소는? [단, PS 강재의 탄성계수 $E_p=2.0\times10^5$MPa]

① 12MPa      ② 24MPa

③ 36MPa      ④ 48MPa

**정답** 12. ②   13. ③   14. ②   15. ③

건조수축에 의한 손실(감소)량

$$\Delta f_p = E_{ps}\, \varepsilon_{sh} = 2.0 \times 10^5 \times 1.8 \times 10^{-4}$$
$$= 36 \text{MPa}$$

**16** 그림과 같은 단면의 도심에 PS 강재가 배치되어 있다. 초기 프리스트레스 힘을 1,800kN 작용시켰다. 30%의 손실을 가정하여 콘크리트의 하연응력이 0이 되도록 하려면 이때의 휨모멘트값은? [단, 자중은 무시]

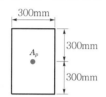

① 120kN · m      ② 126kN · m
③ 130kN · m      ④ 150kN · m

해설 PSC 보의 해석

㉠ 유효 프리스트레스 힘
$$P_e = P_i - \Delta P = 1,800 - 1,800 \times 0.3$$
$$= 1,260 \text{kN}$$

㉡ 하연응력이 0인 경우의 휨모멘트
$$f_t = \frac{P_e}{A} - \frac{M}{Z} = \frac{P_e}{bh} - \frac{6M}{bh^2} = 0$$
$$\therefore M = \frac{P_e h}{6} = \frac{1260 \times 0.6}{6} = 126 \text{kN} \cdot \text{m}$$

**17** 설계기준압축강도($f_{ck}$)가 24MPa이고, 쪼갬인장강도($f_{sp}$)가 2.4MPa인 경량골재콘크리트에 적용하는 경량콘크리트계수($\lambda$)는?

① 0.75      ② 0.85
③ 0.87      ④ 0.92

해설 경량콘크리트계수($f_{sp}$가 주어진 경우)

$$\lambda = \frac{f_{sp}}{0.56\sqrt{f_{ck}}} = \frac{2.4}{0.56\sqrt{24}}$$
$$= 0.8748 \le 1.0$$

관련기준 KDS 14 20 10[2022] 4.3.4 (1)

**18** 철골압축재의 좌굴 안정성에 대한 설명 중 틀린 것은?

① 좌굴길이가 길수록 유리하다.
② 힌지지지보다 고정지지가 유리하다.
③ 단면2차모멘트가 클수록 유리하다.
④ 단면2차반지름이 클수록 유리하다.

해설 오일러의 좌굴현상

㉠ 좌굴하중(임계하중)
$$P_b = \frac{n\pi^2 EI}{l^2} = \frac{\pi^2 EI}{(kl)^2}$$

㉡ 좌굴응력(임계응력)
$$\sigma_b = \frac{n\pi^2 E}{\lambda^2} = \frac{\pi^2 E}{\left(\dfrac{kl}{r}\right)^2}$$

**19** 유효깊이($d$)가 500mm인 직사각형 단면보에 $f_y = 400$MPa인 인장철근이 1열로 배치되어 있다. 중립축($c$)의 위치가 압축연단에서 220mm인 경우 강도감소계수($\phi$)는?

① 0.797      ② 0.817
③ 0.834      ④ 0.842

해설 강도감소계수

㉠ 지배단면 구분
$$\varepsilon_t = \varepsilon_{cu} \frac{d_t - c}{c} = 0.0033 \times \frac{500 - 220}{220}$$
$$= 0.0042$$
$$\therefore \text{변화구간단면}$$

㉡ 강도감소계수(띠철근)
$$\phi = 0.65 + 0.2 \times \frac{\varepsilon_t - \varepsilon_y}{\varepsilon_{t,tcl} - \varepsilon_y}$$
$$= 0.65 + 0.2 \times \frac{0.0042 - 0.002}{0.005 - 0.002}$$
$$= 0.7967$$

관련기준 KDS 14 20 10[2022] 4.2.3 (2)

**20** 사용 고정하중($D$)과 활하중($L$)을 작용시켜서 단면에서 구한 휨모멘트는 각각 $M_D=30\text{kN}\cdot\text{m}$, $M_L=3\text{kN}\cdot\text{m}$이었다. 주어진 단면에 대해서 현행 콘크리트 구조설계기준에 따라 최대 소요강도를 구하면?

① 80kN · m          ② 40.8kN · m

③ 42kN · m          ④ 48.2kN · m

> **해설** 최대 소요강도
> $$M_u = 1.4M_D = 1.4 \times 30 = 42\text{kN}\cdot\text{m}$$
> $$M_u = 1.2M_D + 1.6M_L = 1.2 \times 30 + 1.6 \times 3$$
> $$= 40.8\text{kN}\cdot\text{m}$$
> $$\therefore\ M_u = [42\text{kN}\cdot\text{m}, 40.8\text{kN}\cdot\text{m}]_{\max}$$
> $$= 42\text{kN}\cdot\text{m}$$
>
> **관련기준** KDS 14 20 10[2022] 4.2.2 (1)

**정답** 20. ③

**01** 철근콘크리트 1방향 슬래브의 설계에 대한 설명 중 틀린 것은?

① 1방향 슬래브의 두께는 최소 100mm 이상으로 하여야 한다.

② 4변에 의해 지지되는 2방향 슬래브 중에서 단변에 대한 장변의 비가 2배를 넘으면 1방향 슬래브로 해석한다.

③ 슬래브의 정모멘트 및 부모멘트 철근의 중심 간격은 위험단면에서는 슬래브 두께의 3배 이하이어야 하고, 또한 450mm 이하로 하여야 한다.

④ 슬래브의 단변방향 보의 상부에 부모멘트로 인해 발생하는 균열을 방지하기 위하여 슬래브의 장변방향으로 슬래브 상부에 철근을 배치하여야 한다.

> **해설** 1방향 슬래브 정·부철근의 중심 간격
>
> ㉠ 최대 휨모멘트가 발생하는 구간 : 슬래브 두께의 2배 이하, 300mm 이하
>
> ㉡ 기타 단면 : 슬래브 두께의 3배 이하, 450mm 이하
>
> ㉢ 수축, 온도 철근 : 슬래브 두께의 5배 이하, 450mm 이하
>
> **관련기준** KDS 14 20 70[2022] 4.1.1.3

**02** 아래 그림과 같은 복철근 직사각형 보의 공칭 휨모멘트 강도 $M_n$은? [단, $f_{ck}$ =28MPa, $f_y$ =350MPa, $A_s$ =4,500mm², $A_s'$ =1,800mm²이며, 압축, 인장 철근 모두 항복한다고 가정한다.]

① 724.3kN·m
② 765.9kN·m
③ 792.5kN·m
④ 831.8kN·m

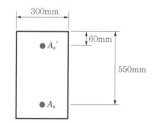

> **해설** 복철근 보의 공칭휨강도
>
> ㉠ 등가응력깊이
>
> $f_{ck} \leq 40$MPa인 경우
>
> $\eta = 1.0$, $\beta_1 = 0.80$, $\varepsilon_{cu} = 0.0033$
>
> $$a = \frac{(A_s - A_s')f_y}{\eta(0.85f_{ck})b}$$
>
> $$= \frac{(4,500-1,800)\times 350}{1.0\times 0.85\times 28\times 300}$$
>
> $$= 132\text{mm}$$
>
> ㉡ 공칭휨강도
>
> $$M_n = (A_s - A_s')f_y\left(d - \frac{a}{2}\right) + A_s'f_y(d-d')$$
>
> $$= \left[(4,500-1,800)\times 350\times \left(550 - \frac{132}{2}\right)\right.$$
>
> $$\left. + 1,800\times 350\times (550-60)\right]\times 10^{-6}$$
>
> $$= 766.08\text{kN}\cdot\text{m}$$

**03** 다음과 같은 맞대기이음부에 발생하는 응력의 크기는? [단, $P$= 360kN, 강판두께 12mm]

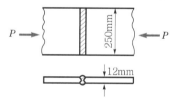

① 압축응력 $f_c$ = 14.4MPa
② 인장응력 $f_t$ = 3,000MPa
③ 전단응력 $\tau$ = 150MPa
④ 압축응력 $f_c$ = 120MPa

> **해설** 홈(맞대기)용접의 압축응력
>
> $$f_c = \frac{P}{A} = \frac{P}{\sum al_e} = \frac{360\times 10^3}{12\times 250}$$
>
> $$= 120\text{MPa(압축)}$$

**정답** 1.③ 2.② 3.④

**04** 직사각형 단면의 보에서 계수전단력 $V_u$ =40kN을 콘크리트만으로 지지하고자 할 때 필요한 최소 유효깊이($d$)는? [단, $f_{ck}$ =25MPa, $b_w$ =300mm이다.]

① 320mm      ② 348mm

③ 384mm      ④ 427mm

> **해설** 보의 최소 유효깊이
>
> $$V_u \leq \frac{1}{2}\phi V_c = \frac{1}{2}\phi \frac{1}{6}\lambda \sqrt{f_{ck}}\, b_w d$$
>
> $$\therefore d = \frac{2\times6\times40,000}{0.75\times1.0\sqrt{25}\times300} = 426.67\text{mm}$$

**05** 다음 그림과 같은 띠철근 단주의 균형상태에서 축방향 공칭하중($P_b$)은 얼마인가? [단, $f_{ck}$ = 27MPa, $f_y$ = 400MPa, $A_{st}$ = 4-D35=3,800mm²]

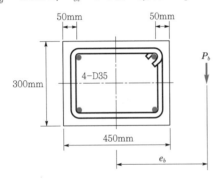

① 1,327.9kN      ② 1,520.0kN

③ 3,645.2kN      ④ 5,165.3kN

> **해설** 띠철근 기둥의 공칭축하중강도
>
> ㉠ 균형상태일 때 등가깊이($a$)
>
> $f_{ck} \leq$ 40MPa인 경우
>
> $\varepsilon_{cu}$ = 0.0033, $\eta$ = 1.0, $\beta_1$ = 0.80
>
> $$C_b = \frac{\varepsilon_{cu}}{\varepsilon_{cu}+\varepsilon_y}d$$
>
> $$= \frac{0.0033}{0.0033+0.002}\times(450-50)$$
>
> $$= 249\text{mm}$$
>
> $$\therefore a = \beta_1 c = 0.80\times249 = 199.2\text{mm}$$
>
> ㉡ 콘크리트의 압축강도($C_c$)
>
> $$C_c = \eta(0.85f_{ck})ab$$
>
> $$= 1.0\times0.85\times27\times199.2\times300\times10^{-3}$$
>
> $$= 1,371.49\text{kN}$$

> ㉢ 철근의 인장강도($T_s$)
>
> $$T_s = A_s f_y = \frac{3,800}{2}\times400\times10^{-3} = 760\text{kN}$$
>
> ㉣ 철근의 압축강도($C_s$)
>
> $$\varepsilon_s' = 0.0033\times\frac{(C_b-d')}{C_b}$$
>
> $$= 0.0033\times\frac{(249-50)}{249} = 0.00264 > \varepsilon_y$$
>
> $\therefore$ 압축철근이 항복한다.
>
> $\therefore C_s = A_s' f_y - \eta(0.85f_{ck})A_s'$
>
> $$= (1,900\times400 - 1.0\times0.85$$
>
> $$\times27\times1,900)\times10^{-3} = 716.40\text{kN}$$
>
> ㉤ 균형상태일 때 공칭축하중 강도($P_b$)
>
> $$P_b = C_c + C_s - T_s$$
>
> $$= 1,371.49 + 716.40 - 760.00$$
>
> $$= 1,327.89\text{kN}$$

> **관련기준** KDS 14 20 20[2022] 4.1.2 (7)

**06** 아래 표와 같은 조건에서 처짐을 계산하지 않는 경우의 보의 최소 두께는 약 얼마인가?

> • 경간 12m인 단순지지보
> • 보통 중량콘크리트($m_c$=2,300kg/m³)를 사용
> • 설계기준항복강도 350MPa 철근을 사용

① 680mm      ② 700mm

③ 720mm      ④ 750mm

> **해설** 단순지지보의 최소 두께($f_y \neq$ 400MPa인 경우)
>
> $$h = \frac{l}{16}\times\left(0.43+\frac{f_y}{700}\right)$$
>
> $$= \frac{12,000}{16}\times\left(0.43+\frac{350}{700}\right)$$
>
> $$= 697.5\text{mm}$$

> **관련기준** KDS 14 20 30[2022] 4.2.1 (1)

**07** 압축철근비가 0.01이고, 인장철근비가 0.003인 철근콘크리트 보에서 장기추가처짐에 대한 계수($\lambda_\Delta$)의 값은? [단, 하중 재하기간은 5년 6개월이다.]

① 0.80      ② 0.933

③ 2.80      ④ 1.333

**해설** 장기처짐계수

$$\lambda_\Delta = \frac{\xi}{1+50\rho'} = \frac{2.0}{1+50\times0.01} = 1.3333$$

**관련기준** KDS 14 20 30[2022] 4.2.1 (5)

**08** 다음 그림과 같이 $W$=40kN/m일 때 PS 강재가 단면 중심에서 긴장되며 인장측의 콘크리트 응력이 "0"이 되려면 PS강재에 얼마의 긴장력이 작용하여야 하는가?

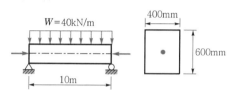

① 4,605kN ② 5,000kN
③ 5,200kN ④ 5,625kN

**해설** 하연응력이 0이 되기 위한 긴장력

$$M = \frac{WL^2}{8} = \frac{40\times10^2}{8} = 500\,\text{kN·m}$$

$$f_t = \frac{P}{A} - \frac{M}{I}y = 0$$

$$\therefore P = \frac{6}{h}M = \frac{6}{0.6}\times500 = 5,000\text{kN}$$

**09** 강도설계법에서 인장철근 D29(공칭직경 $d_b$=28.6mm)을 정착시키는 데 소요되는 기본정착길이는? [단, $f_{ck}$=24MPa, $f_y$=300MPa로 한다.]

① 682mm ② 785mm
③ 827mm ④ 1,051mm

**해설** 인장이형철근의 기본정착길이

$$l_{db} = \frac{0.6d_b f_y}{\lambda\sqrt{f_{ck}}} = \frac{0.6\times28.6\times300}{1.0\sqrt{24}}$$
$$= 1,050.8\text{mm}$$

**관련기준** KDS 14 20 52[2022] 4.1.2 (2)

**10** 아래 그림과 같은 직사각형 단면의 균열모멘트($M_{cr}$)는? [단, 보통 중량콘크리트를 사용한 경우로서, $f_{ck}$=21MPa, $A_s$=4,800mm²]

① 36.13kN·m ② 31.25kN·m
③ 27.98kN·m ④ 23.65kN·m

**해설** 균열모멘트

$$M_{cr} = \frac{I_g}{y_t}f_r = \frac{bh^2}{6}\times0.63\lambda\sqrt{f_{ck}}$$
$$= \frac{300\times500^2}{6}\times0.63\times1.0\sqrt{21}\times10^{-6}$$
$$= 36.09\text{kN·m}$$

**관련기준** KDS 14 20 30[2022] 4.2.1 (3)

**11** 경간 25m인 PS 콘크리트 보에 계수하중 40kN/m가 작용하고, $P$=2,500kN의 프리스트레스가 주어질 때 등분포 상향력 $u$를 하중 평형(balanced load) 개념에 의해 계산하여 이 보에 작용하는 순수 하향분포하중을 구하면?

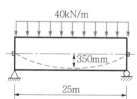

① 26.5kN/m ② 27.3kN/m
③ 28.8kN/m ④ 29.6kN/m

**해설** PSC 보의 해석(하중 평형 개념)
㉠ 상향력($u$)
$$u = \frac{8Ps}{l^2} = \frac{8\times2,500\times0.35}{25^2} = 11.2\text{kN/m}$$
㉡ 순하향 하중
$$w_o = w - u = 40 - 11.2 = 28.8\text{kN/m}$$

**12** 다음 그림에 나타난 직사각형 단철근 보의 설계휨강도를 구하기 위한 강도감소계수($\phi$)는 약 얼마인가? [단, 나선철근으로 보강되지 않은 경우이며, $A_s = 2,035\text{mm}^2$, $f_{ck} =21\text{MPa}$, $f_y =400\text{MPa}$이다.]

① 0.837
② 0.803
③ 0.785
④ 0.726

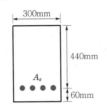

**해설** 강도감소계수($\phi$)

㉠ 지배단면 구분

$f_{ck} \leq 40\text{MPa}$인 경우

$\eta = 1.0$, $\beta_1 = 0.80$, $\varepsilon_{cu} = 0.0033$

$$a = \frac{A_s f_y}{\eta(0.85 f_{ck})b} = \frac{2,035 \times 400}{1.0 \times 0.85 \times 21 \times 300}$$
$$= 152\text{mm}$$

$$c = \frac{a}{\beta_1} = \frac{152}{0.80} = 190\text{mm}$$

$$\varepsilon_t = \varepsilon_{cu}\left(\frac{d_t - c}{c}\right) = 0.0033 \times \frac{440 - 190}{190}$$
$$= 0.0043 < 0.005$$

∴ 변화구간단면

㉡ 강도감소계수

$$\phi = 0.65 + 0.2\left(\frac{\varepsilon_t - \varepsilon_y}{\varepsilon_{t,tcl} - \varepsilon_y}\right)$$
$$= 0.65 + 0.2 \times \frac{0.0043 - 0.002}{0.005 - 0.002} = 0.8033$$

**관련기준** KDS 14 20 10[2022] 4.2.3 (2)

**13** 직접설계법에 의한 슬래브 설계에서 전체 정적계수 휨모멘트 $M_o =340\text{kN}\cdot\text{m}$로 계산되었을 때, 내부 경간의 부계수 휨모멘트는 얼마인가?

① 102kN・m
② 119kN・m
③ 204kN・m
④ 221kN・m

**해설** 부계수 휨모멘트의 분배
$$M = -0.65 M_o = -0.65 \times 340$$
$$= -221\text{kN}\cdot\text{m}$$

**관련기준** KDS 14 20 70[2022] 4.1.3.3

**14** 인장이형철근의 정착길이 산정 시 필요한 보정계수에 대한 설명 중 틀린 것은? [단, $f_{sp}$ : 콘크리트의 쪼갬인장강도]

① 상부철근(정착길이 또는 겹침이음부 아래 300mm를 초과되게 굳지 않은 콘크리트를 친 수평철근)인 경우, 철근 배근 위치에 따른 보정계수 1.3을 사용한다.
② 에폭시 도막철근인 경우, 피복두께 및 순간격에 따라 1.2나 2.0의 보정계수를 사용한다.
③ $f_{sp}$가 주어지지 않은 경량콘크리트인 경우, 1.3의 보정계수를 사용한다.
④ 에폭시 도막철근이 상부철근인 경우, 보정계수끼리 곱한 값이 1.7보다 클 필요는 없다.

**해설** 철근의 도막계수($\beta$)

㉠ 피복두께가 $3d_b$ 미만 또는 순간격이 $6d_b$ 미만인 에폭시 도막 혹은 아연-에폭시 이중 도막철근 또는 철선: 1.5
㉡ 기타 에폭시 도막 혹은 아연-에폭시 이중 도막철근 또는 철선: 1.2
㉢ 아연도금 철근 또는 철선: 1.0
㉣ 도막되지 않은 철근 또는 철선 : 1.0

**관련기준** KDS 14 20 52[2022] 4.1.2 (2)

**15** 직사각형 단면(300×400mm)인 프리텐션 부재에 550mm²의 단면적을 가진 PS 강선을 콘크리트 단면 도심에 일치하도록 배치하였다. 이때 1,350MPa의 인장응력이 되도록 긴장한 후 콘크리트에 프리스트레스를 도입한 경우 도입 직후 생기는 PS 강선의 응력은? [단, $n = 6$, 단면적은 총단면적 사용]

① 371MPa
② 398MPa
③ 1,313MPa
④ 1,321MPa

**해설** PSC 보의 유효응력

㉠ 탄성변형에 의한 손실(감소)량
$$\Delta f_p = n f_{ci} = n\frac{P_i}{A_c} = 6 \times \frac{1,350 \times 550}{300 \times 400}$$
$$= 37.125\text{MPa}$$

㉡ 도입 직후 PS 강선의 유효응력
$$f_{pe} = f_{p_i} - \Delta f_p = 1,350 - 37.125$$
$$= 1,312.875\text{MPa}$$

**정답** 12. ② 13. ④ 14. ② 15. ③

**16** PSC 보를 RC 보처럼 생각하여 콘크리트는 압축력을 받고 긴장재는 인장력을 받게 하여 두 힘의 우력모멘트로 외력에 의한 휨모멘트에 저항시킨다는 생각은 다음 중 어느 개념과 같은가?

① 응력 개념(stress concept)
② 강도 개념(strength concept)
③ 하중 평형 개념(load balancing concept)
④ 균등질 보의 개념(homogeneous beam concept)

> **해설** 강도 개념(내력모멘트 개념, PSC=RC)
> PSC 보를 RC 보처럼 생각하여 압축력을 콘크리트가 받고, 인장력은 긴장재가 받게 하여 두 힘에 의한 우력모멘트가 외력모멘트에 저항한다는 개념이다.

**17** 인장응력 검토를 위한 L−150×90×12인 형강(angle)의 순단면을 구하기 위한 전개 총폭 $b_g$ 는 얼마인가?

① 228mm
② 232mm
③ 240mm
④ 252mm

> **해설** L형강의 전개 총폭($b_g$)
> $$b_g = b_1 + b_2 - t = 150 + 90 - 12 = 228\text{mm}$$

**18** 프리스트레스트 콘크리트 구조물의 특징에 대한 설명으로 틀린 것은?

① 철근콘크리트의 구조물에 비해 진동에 대한 저항성이 우수하다.
② 설계하중하에서 균열이 생기지 않으므로 내구성이 크다.
③ 철근콘크리트 구조물에 비하여 복원성이 우수하다.
④ 공사가 복잡하여 고도의 기술을 요한다.

> **해설** PSC 구조의 특성
> ㉠ RC 보에 비하여 탄성적이고 복원성이 높다.
> ㉡ RC 구조에 비하여 강성이 작아 변형이 크고 진동하기 쉽다.

**19** 1방향 철근콘크리트 슬래브의 전체 단면적이 2,000,000mm²이고, 사용한 이형철근의 설계기준항복강도가 500MPa인 경우, 수축 및 온도철근량의 최소값은?

① 1,800mm²
② 2,400mm²
③ 3,200mm²
④ 3,800mm²

> **해설** 1방향 슬래브(RC)의 수축 및 온도 철근량
> ㉠ 수축·온도 철근의 철근비($f_y$ >400MPa인 경우)
> $$\rho_s = 0.0020\frac{400}{f_y} = 0.0020 \times \frac{400}{500}$$
> $$= 0.0016 > 0.0014$$
> ㉡ 수축·온도 철근량
> $$A_s = \rho_s \cdot bd$$
> $$= 0.0016 \times 2,000,000 = 3,200\text{mm}^2$$
>
> **관련기준** KDS 14 20 50[2022] 4.6.2 (1)

**20** 다음 그림과 같은 원형 철근 기둥에서 콘크리트 구조기준에서 요구하는 최대 나선철근의 간격은 약 얼마인가? [단, $f_{ck}$ =28MPa, $f_{yt}$ =400MPa, D10 철근의 공칭 단면적은 71.3mm²이다.]

$D$=300mm
$D$=400mm

① 38mm
② 42mm
③ 45mm
④ 56mm

> **해설** 나선철근의 간격
> ㉠ $$\rho_s \geq 0.45\left(\frac{A_g}{A_{ch}} - 1\right)\frac{f_{ck}}{f_{yt}}$$
> $$= 0.45 \times \left(\frac{400^2}{300^2} - 1\right) \times \frac{28}{400} = 0.0245$$
> ㉡ $$\rho_s = \frac{\text{나선철근의 체적}}{\text{심부의 체적}}$$
> $$= \frac{4 \times 71.3 \times \pi \times 300}{\pi \times 300^2 \times s} = 0.0245$$
> $$\therefore \ s = 38.8\text{mm}$$
>
> **관련기준** KDS 14 20 20[2022] 4.3.2 (3)

**01** 그림과 같은 캔틸레버보에 활하중 $W_L = 25\text{kN/m}$ 가 작용할 때 위험단면에서 전단철근이 부담해야 할 전단력은? [단, 콘크리트의 단위무게=25kN/m³, $f_{ck} = 24\text{MPa}$, $f_y = 300\text{MPa}$이고, 하중계수와 하중조합을 고려한다.]

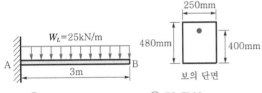

보의 단면

① 69.5kN　　　② 73.7kN

③ 84.8kN　　　④ 92.7kN

해설 **전단철근이 부담하는 전단강도**

㉠ 계수전단력 산정

$$W_D = 25 \times 0.25 \times 0.48 = 3\text{kN/m}$$

$$W_u = 1.2 W_D + 1.6 W_L$$
$$= 1.2 \times 3 + 1.6 \times 25 = 43.6\text{kN/m}$$

$$\therefore \; V_u = 43.6 \times (3 - 0.4) = 113.36\text{kN}$$

㉡ 콘크리트가 부담하는 전단강도

$$V_c = \frac{1}{6} \lambda \sqrt{f_{ck}} \, b_w d$$
$$= \frac{1}{6} \times 1.0 \sqrt{24} \times 250 \times 400 \times 10^{-3}$$
$$= 81.65\text{kN}$$

㉢ 철근이 부담해야 할 전단강도

$$V_d = \phi V_n = \phi(V_c + V_s) \geqq V_u$$

$$\therefore \; V_s = \frac{V_u}{\phi} - V_c$$
$$= \frac{113.36}{0.75} - 81.65 = 69.4967\text{kN}$$

관련기준 KDS 14 20 10[2022] 4.2.2 (1)
KDS 14 20 22[2022] 4.2.1 (1), 4.3.4 (2)

**02** 강도설계법에 의해서 전단철근을 사용하지 않고 계수하중에 의한 전단력 $V_u = 50\text{kN}$을 지지하려면 직사각형 단면보의 최소 면적($b_w d$)은 약 얼마인가? [단, $f_{ck} = 28\text{MPa}$이며, 최소 전단철근도 사용하지 않는 경우로, 전단에 대한 $\phi = 0.75$이다.]

① 151,190mm²　　　② 123,530mm²

③ 97,840mm²　　　④ 49,320mm²

해설 **콘크리트의 최소 단면적**

$$V_u \leq \frac{1}{2} \phi V_c = \frac{1}{2} \phi \left( \frac{1}{6} \lambda \sqrt{f_{ck}} \, b_w d \right)$$

$$\therefore \; b_w d = \frac{12 V_u}{\phi \lambda \sqrt{f_{ck}}} = \frac{12 \times 50,000}{0.75 \times 1.0 \sqrt{28}}$$
$$= 151,186\text{mm}^2$$

**03** 프리스트레스트 콘크리트에 대한 설명 중 잘못된 것은?

① 프리스트레스트 콘크리트는 외력에 의하여 일어나는 응력을 소정의 한도까지 상쇄할 수 있도록 미리 인공적으로 내력을 가한 콘크리트를 말한다.

② 프리스트레스트 콘크리트 부재는 설계하중 이상으로 약간의 균열이 발생하더라도 하중을 제거하면 균열이 폐합되는 복원성이 우수하다.

③ 프리스트레스를 가하는 방법으로 프리텐션 방식과 포스트텐션 방식이 있다.

④ 프리스트레스트 콘크리트 부재는 균열이 발생하지 않도록 설계되기 때문에 내구성(耐久性) 및 수밀성(水密性)이 좋으며 내화성(耐火性)도 우수하다.

해설 프리스트레스트 콘크리트(PSC) 부재는 열에 약하여 내화성이 불리하다.

정답 1. ①　2. ①　3. ④

**04** 옹벽 각부 설계에 대한 설명 중 옳지 않은 것은?

① 캔틸레버 옹벽의 저판은 수직벽에 의해 지지된 캔틸레버로 설계되어야 한다.

② 뒷부벽식 옹벽 및 앞부벽식 옹벽의 저판은 뒷부벽 또는 앞부벽 간의 거리를 경간으로 보고 고정보 또는 연속보로 설계되어야 한다.

③ 전면벽의 하부는 연속 슬래브로서 작용한다고 보고 설계하지만 동시에 벽체 또는 캔틸레버로서도 작용하므로 상당한 양의 가외철근을 넣어야 한다.

④ 뒷부벽은 직사각형 보로, 앞부벽은 T형 보로 설계되어야 한다.

> **해설** 뒷부벽은 T형 보로, 앞부벽은 직사각형 보(구형보)로 설계되어야 한다.
>
> **관련기준** KDS 14 20 74[2022] 4.1.2

**05** 그림과 같은 단면의 균열모멘트 $M_{cr}$ 은? [단, $f_{ck} = $ 24MPa, $f_y =$ 400MPa]

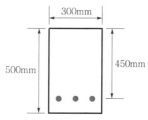

① 30.8kN·m
② 38.6kN·m
③ 28.2kN·m
④ 22.4kN·m

> **해설** 균열모멘트
>
> $$M_{cr} = \frac{I_g}{y_t}f_r = \frac{bh^2}{6} \times 0.63\lambda\sqrt{f_{ck}}$$
> $$= \frac{300 \times 500^2}{6} \times 0.63 \times 1.0\sqrt{24} \times 10^{-6}$$
> $$= 38.58 \text{kN·m}$$
>
> **관련기준** KDS 14 20 30[2022] 4.2.1 (3)

**06** 그림과 같은 복철근 직사각형 단면에서 응력 사각형의 깊이 $a$의 값은 얼마인가? [단, $f_{ck}$ =24MPa, $f_y$ =350MPa, $A_s$ =5,730mm², $A_s'$ =1,980mm²]

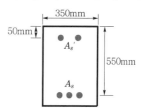

① 227.2mm
② 199.6mm
③ 217.4mm
④ 183.8mm

> **해설** 등가응력깊이
>
> $$a = \frac{(A_s - A_s')f_y}{\eta(0.85f_{ck})b}$$
> $$= \frac{(5,730-1,980)\times350}{1.0\times0.85\times24\times350}$$
> $$= 183.82 \text{mm}$$

**07** 철근콘크리트 보에 배치하는 복부철근에 대한 설명으로 틀린 것은?

① 복부철근은 사인장응력에 대하여 배치하는 철근이다.

② 복부철근은 휨모멘트가 가장 크게 작용하는 곳에 배치하는 철근이다.

③ 굽힘철근은 복부철근의 한 종류이다.

④ 스트럽은 복부철근의 한 종류이다.

> **해설** 복부철근(전단철근)은 사인장응력에 대하여 배치하는 전단철근으로, 전단력이 가장 큰 지점부에 배치하는 철근이다.

**08** 그림의 단면을 갖는 저보강 PSC 보의 설계휨강도 ($\phi M_n$)는 얼마인가? [단, 긴장재 단면적 $A_p$ = 600mm², 긴장재 인장응력 $f_{ps}$ =1,500MPa, 콘크리트 설계기준강도 $f_{ck}$ =35MPa]

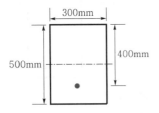

① 187.5kN·m
② 225.3kN·m
③ 267.4kN·m
④ 293.1kN·m

> **해설** 보의 휨강도 해석
> ㉠ 등가깊이
> $f_{ck} \leq 40$MPa인 경우 $\eta = 1.0$, $\beta_1 = 0.80$
> $$a = \frac{A_p f_{ps}}{\eta(0.85 f_{ck})b}$$
> $$= \frac{600 \times 1,500}{1.0 \times 0.85 \times 35 \times 300} = 100.8mm$$
> ㉡ 공칭휨강도
> $$M_n = A_p f_{ps}\left(d_p - \frac{a}{2}\right)$$
> $$= 600 \times 1,500 \times \left(400 - \frac{150.8}{2}\right) \times 10^{-6}$$
> $$= 314.64kN·m$$
> ㉢ 설계휨강도
> 저보강 PCS 보의 경우 $\phi = 0.85$
> $\therefore M_d = \phi M_n = 0.85 \times 314.64$
> $= 267.44kN·m$

**09** 다음 그림과 같이 지름 25mm의 구멍이 있는 판(plate)에서 인장응력 검토를 위한 순폭은 약 얼마인가?

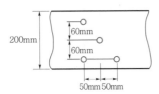

① 160.4mm
② 150mm
③ 145.8mm
④ 130mm

> **해설** 강판의 순폭($b_n$)
> 모든 파괴경로에 대해 검토한다.
> ㉠ $b_n = b_g - 2d = 200 - 2 \times 25 = 150mm$
> ㉡ $b_n = b_g - d - \left(d - \frac{P^2}{4g}\right)$
> $$= 200 - 25 - \left(25 - \frac{50^2}{4 \times 60}\right)$$
> $$= 160.4mm$$
> ㉢ $b_n = b_g - d - 2\left(d - \frac{P^2}{4g}\right)$
> $$= 200 - 25 - 2 \times \left(25 - \frac{50^2}{4 \times 60}\right)$$
> $$= 145.8mm$$
> $\therefore b_n = 145.8mm$(최솟값)

**10** 강도설계법에서 휨부재의 등가직사각형 압축응력 분포의 깊이가 $a = \beta_1 c$로서 구할 수 있다. 이 때 $f_{ck}$가 60MPa인 고강도 콘크리트에서 $\beta_1$의 값은?

① 0.85
② 0.80
③ 0.76
④ 0.74

> **해설** 등가직사각형의 응력분포 변수
>
> | $f_{ck}$ [MPa] | ≤40 | 50 | 60 | 70 | 80 | 90 |
> |---|---|---|---|---|---|---|
> | $\varepsilon_{cu}$ | 0.0033 | 0.0032 | 0.0031 | 0.0030 | 0.0029 | 0.0028 |
> | $\eta$ | 1.00 | 0.97 | 0.95 | 0.91 | 0.87 | 0.84 |
> | $\beta_1$ | 0.80 | 0.80 | 0.76 | 0.74 | 0.72 | 0.70 |
>
> $\therefore \beta_1 = 0.76$, $\eta = 0.95$, $\varepsilon_{cu} = 0.0031$

> **관련기준** KDS 14 20 20[2022] 4.1.1 (8)

**11** 전단철근이 부담하는 전단력 $V_s$ = 150kN일 때 수직스터럽으로 전단보강을 하는 경우 최대 배치 간격은 얼마 이하인가? [단, $f_{ck}$ = 28MPa, 전단철근 1개 단면적=125mm², 횡방향 철근의 설계기준항복강도($f_{yt}$) =400MPa, $b_w$ = 300mm, $d$ = 500mm]

① 600mm
② 333mm
③ 250mm
④ 167mm

**해설** 전단철근의 간격

㉠ 전단철근의 간격 조건

$$\frac{1}{3}\lambda\sqrt{f_{ck}}\,b_w\,d$$

$$=\frac{1}{3}\times1.0\sqrt{28}\times300\times500\times10^{-3}$$

$$=264.6\text{kN}>V_s=150\text{kN}$$

$$\therefore \frac{d}{2}\ \text{이하, 600mm 이하}$$

㉡ 전단철근의 간격 계산

$$s=\frac{A_v f_y d}{V_s}=\frac{2\times125\times400\times500}{150,000}$$

$$=333\text{mm}$$

$$s=\frac{d}{2}=\frac{500}{2}=250\text{mm}\ \text{이하}$$

$$s=600\text{mm}\ \text{이하}$$

$$\therefore\ s=250\text{mm(최솟값)}$$

**관련기준** KDS 14 20 22[2022] 4.3.2

---

**12** 연속보 또는 1방향 슬래브의 철근콘크리트 구조를 해석하고자 할 때 근사해법을 적용할 수 있는 조건에 대한 설명으로 틀린 것은?

① 부재의 단면 크기가 일정한 경우

② 인접 2경간의 차이가 짧은 경간의 50% 이하인 경우

③ 등분포하중이 작용하는 경우

④ 활하중이 고정하중의 3배를 초과하지 않는 경우

**해설** 연속보 또는 1방향 슬래브의 근사해법을 적용할 수 있는 조건

㉠ 2경간 이상인 경우

㉡ 인접 경간의 차이가 짧은 경간의 20% 이하인 경우

㉢ 등분포하중이 작용하는 경우

㉣ 활하중이 고정하중의 3배를 초과하지 않는 경우

㉤ 부재의 단면크기가 일정한 경우

**관련기준** KDS 14 20 10[2022] 4.3.1 (3)

---

**13** 지름 450mm인 원형 단면을 갖는 중심축하중을 받는 나선철근 기둥에서 축방향 설계강도($\phi P_n$)는 얼마인가? [단, 이 기둥은 단주이고, $f_{ck}=$ 27MPa, $f_y=350$MPa, $A_{st}=8$-D22$=3,096$mm$^2$, 압축지배단면이다.]

① 1,166kN

② 1,299kN

③ 2,425kN

④ 2,774kN

**해설** 나선철근 기둥의 설계축하중강도

$$\phi P_n=\phi\,0.85\left[0.85 f_{ck}(A_g-A_{st})+f_y A_{st}\right]$$

$$=0.70\times0.85\Big[0.85\times27\times$$

$$\left(\frac{\pi\times450^2}{4}-3,096\right)+350\times3,096\Big]\times10^{-3}$$

$$=2,774.24\text{kN}$$

**관련기준** KDS 14 20 20[2022] 4.1.2 (7) ①

---

**14** 주어진 T형 단면에서 전단에 대해 위험단면에서 $V_u d/M_u=0.28$이었다. 휨철근 인장강도의 40% 이상의 유효 프리스트레스 힘이 작용할 때 콘크리트의 공칭전단강도($V_c$)는 얼마인가? [단, $f_{ck}=$ 45MPa, $V_u$ : 계수전단력, $M_u$ : 계수휨모멘트, $d$ : 압축측 표면에서 긴장재 도심까지의 거리]

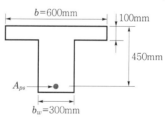

① 185.7kN

② 230.5kN

③ 321.7kN

④ 462.7kN

**해설** 휨철근 인장강도의 40% 이상의 유효 프리스트레스 힘이 작용하는 경우 콘크리트에 의한 전단강도

$$V_c=\left(0.05\sqrt{f_{ck}}+4.9\frac{V_u d}{M_u}\right)b_w d$$

$$=(0.05\sqrt{45}+4.9\times0.28)\times300\times450$$

$$=230,500.4\text{N}=230.5\text{kN}$$

**관련기준** KDS 14 20 22[2022] 4.2.2 (2)

---

**15** 압축이형철근의 겹침이음길이에 대한 다음 설명으로 틀린 것은? [단, $d_b$는 철근의 공칭지름]

① 겹침이음길이는 300mm 이상이어야 한다.

② 철근의 항복강도($f_y$)가 400MPa 이하인 경우의 겹침이음길이는 $0.072f_yd_b$보다 길 필요가 없다.

③ 서로 다른 크기의 철근을 압축부에서 겹침이음하는 경우, 이음길이는 크기가 큰 철근의 정착길이와 크기가 작은 철근의 겹침이음길이 중 큰 값 이상이어야 한다.

④ 압축철근의 겹침이음길이는 인장철근의 겹침이음길이보다 길어야 한다.

> **해설** 압축이형철근의 겹침이음길이
> ㉠ 압축이형철근의 겹침이음길이
> $$l_s = \left(\frac{1.4f_y}{\lambda\sqrt{f_{ck}}} - 52\right)d_b \geq 300\text{mm}$$
> ㉡ $f_y \leq 400$MPa인 경우 $l_s \leq 0.072f_yd_b$
> ㉢ $f_y > 400$MPa인 경우 $l_s \leq (0.13f_y - 24)d_b$
> ㉣ $f_{ck} < 21$MPa인 경우 겹침이음길이를 1/3 증가시켜야 한다.
> ㉤ 압축철근의 겹침이음길이는 인장철근의 겹침이음길이보다 길 필요는 없다.
>
> **관련기준** KDS 14 20 52[2022] 4.5.3 (1)

**16** 그림과 같은 용접이음에서 이음부의 응력은 얼마인가?

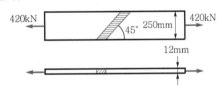

① 140MPa
② 152MPa
③ 168MPa
④ 180MPa

> **해설** 홈용접의 인장응력
> $$f_t = v = \frac{P}{\sum al_e} = \frac{420,000}{12\times250} = 140\text{MPa}$$

**17** 설계기준항복강도가 400MPa인 이형철근을 사용한 철근콘크리트 구조물에서 피로에 대한 안전성을 검토하지 않아도 되는 철근 응력범위로 옳은 것은? [단, 충격을 포함한 사용 활하중에 의한 철근의 응력범위]

① 150MPa
② 170MPa
③ 180MPa
④ 200MPa

> **해설** 철근콘크리트 구조물의 피로를 검토하지 않아도 되는 응력변동범위는 SD400 이상의 경우 150MPa이다.
>
> **관련기준** KDS 14 20 26[2022] 4.1 (1)

**18** $b = 300$mm, $A_s = 3-D25 = 1,520$mm$^2$, $d = 500$mm가 1열로 배치된 단철근 직사각형 보의 설계휨강도 $\phi M_n$은? [단, $f_{ck} = 28$MPa, $f_y = 400$MPa이고, 과소철근보이다.]

① 132.5kN·m
② 183.3kN·m
③ 236.4kN·m
④ 307.7kN·m

> **해설** 설계휨강도
> ㉠ 등가깊이
> $$a = \frac{A_sf_y}{\eta(0.85f_{ck})b} = \frac{1,520\times400}{1.0\times0.85\times28\times300}$$
> $$= 85.2\text{mm}$$
> ㉡ 설계휨강도
> 과소철근보의 경우 $\phi = 0.85$
> $$\phi M_n = \phi A_sf_y\left(d - \frac{a}{2}\right)$$
> $$= 0.85\times1,520\times400$$
> $$\times\left(500 - \frac{85.2}{2}\right)\times10^{-6}$$
> $$= 236.38\text{kN·m}$$

**정답** 15. ④  16. ①  17. ①  18. ③

**19** 아래 그림과 같은 PSC 보에 활하중($W_L$) 18kN/m 가 작용하고 있을 때 보의 중앙 단면 상연에서 콘크리트 응력은? [단, 프리스트레스트 힘($P$)은 3,375kN이고, 콘크리트의 단위중량은 25kN/m³를 적용하여 자중을 산정하며, 하중계수와 하중조합은 고려하지 않는다.]

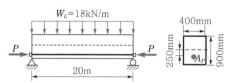

① 18.75MPa  ② 23.63MPa
③ 27.25MPa  ④ 32.42MPa

해설 PSC 보의 상연응력

㉠ 최대 휨모멘트
$$W_D = 25 \times 0.4 \times 0.9 = 9\text{kN/m}$$
$$W = W_D + W_L = 18 + 9 = 27\text{kN/m}$$
$$M_{\max} = \frac{wl^2}{8} = \frac{27 \times 20^2}{8} = 1{,}350\text{kN}\cdot\text{m}$$

㉡ 중앙 단면 상연응력
$$f_c = \frac{P}{A} - \frac{Pe}{I}y + \frac{M}{I}y$$
$$= \frac{3{,}375{,}000}{400 \times 900} - \frac{12 \times 3{,}375{,}000 \times 250}{400 \times 900^3}$$
$$\times 450 + \frac{12 \times 1{,}350 \times 10^6}{400 \times 900^3} \times 450$$
$$= 9.375 - 15.625 + 25 = 18.75\text{MPa(압축)}$$

**20** 처짐을 계산하지 않는 경우 단순지지된 보의 최소 두께($h$)로 옳은 것은? [단, 보통 콘크리트 ($m_c$=2,300kg/m³) 및 $f_y$=300MPa인 철근을 사용한 부재의 길이가 10m인 보]

① 429mm  ② 500mm
③ 537mm  ④ 625mm

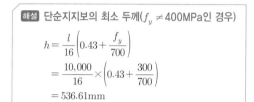

해설 단순지지보의 최소 두께($f_y \neq$ 400MPa인 경우)
$$h = \frac{l}{16}\left(0.43 + \frac{f_y}{700}\right)$$
$$= \frac{10{,}000}{16} \times \left(0.43 + \frac{300}{700}\right)$$
$$= 536.61\text{mm}$$

관련기준 KDS 14 20 30[2022] 4.2.1 (1)

✎ 2023년 7월 8일 시행

**01** 나선철근으로 둘러싸인 압축부재의 축방향 주철근의 최소 개수는?

① 3개      ② 4개

③ 5개      ④ 6개

해설 **축방향 철근의 최소 사용 개수**

㉠ 직사각형이나 원형 단면의 경우 4개 이상

㉡ 삼각형의 경우 3개 이상

㉢ 나선철근 기둥은 6개 이상

관련기준 KDS 14 20 20[2022] 4.3.2 (2)

**02** 순단면이 볼트의 구멍 하나를 제외한 단면(A-B-C 단면)과 같도록 피치($s$)를 결정하면? [단, 구멍의 직경은 18mm이다.]

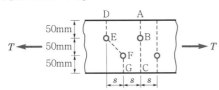

① 50mm      ② 55mm

③ 60mm      ④ 65mm

해설 **강판의 피치**

㉠ A-B-C 단면
$$b_n = b_g - d$$

㉡ D-E-F-G 단면
$$b_n = b_g - d - \left(d - \frac{p^2}{4g}\right)$$

㉢ 피치 산정
㉠=㉡으로부터
$$b_g - d = b_g - d - \left(d - \frac{p^2}{4g}\right)$$
$$\therefore p = 2\sqrt{gd} = 2\sqrt{50 \times 18} = 60\text{mm}$$

**03** 다음 그림과 같은 보의 단면에서 표피철근의 간격 $s$는 약 얼마인가? [단, 습윤환경에 노출되는 경우로서 표피철근의 표면에서 부재 측면까지 최단거리($c_c$)는 50mm, $f_{ck}$=28MPa, $f_y$=400MPa이다.]

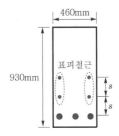

① 170mm      ② 190mm

③ 220mm      ④ 240mm

해설 **표피철근의 배근 간격**

㉠ 계수
$$k_{cr} = 210(\text{습윤환경}), \ c_c = 50\text{mm}$$
$$f_s = \frac{2}{3}f_y = \frac{2}{3} \times 400 = 267\text{MPa}$$

㉡ 철근의 중심 간격(최솟값)
$$s = 375\frac{k_{cr}}{f_s} - 2.5c_c$$
$$= 375 \times \frac{210}{267} - 2.5 \times 50$$
$$= 170\text{mm}$$
$$s = 300\frac{k_{cr}}{f_s} = 300 \times \frac{210}{267} = 236\text{mm}$$
$$\therefore s = [170, \ 236]_{\min} = 170\text{mm}$$

관련기준 KDS 14 20 20[2022] 4.2.3 (4), (6)

**04** 프리스트레스의 손실을 초래하는 요인 중 포스트텐션 방식에서만 두드러지게 나타나는 것은?

① 마찰

② 콘크리트의 탄성수축

③ 콘크리트의 크리프

④ 정착장치의 활동

정답 1. ④   2. ③   3. ①   4. ①

도입 시(즉시) 손실로서 PS 강재와 도관(sheath) 사이의 마찰에 의한 손실은 포스트텐션 방식에서만 두드러지게 나타난다.

**05** 옹벽의 구조해석에 대한 설명으로 틀린 것은?

① 뒷부벽은 직사각형 보로 설계하여야 하며, 앞부벽은 T형 보로 설계하여야 한다.

② 저판의 뒷굽판은 정확한 방법이 사용되지 않는 한 뒷굽판 상부에 재하되는 모든 하중을 지지하도록 설계하여야 한다.

③ 캔틸레버식 옹벽의 저판은 전면벽과의 접합부를 고정단으로 간주한 캔틸레버로 가정하여 단면을 설계할 수 있다.

④ 부벽식 옹벽의 전면벽은 3변 지지된 2방향 슬래브로 설계할 수 있다.

해설 뒷부벽은 T형 보로 설계되어야 하며, 앞부벽은 직사각형 보로 설계하여야 한다.

관련기준 KDS 14 20 74[2022] 4.1.2

**06** 아래 그림에서 빗금 친 대칭 T형 보의 공칭모멘트강도($M_n$)는? [단, 경간은 3,200mm, $A_s$ = 7,094mm², $f_{ck}$ = 28MPa, $f_y$ = 400MPa]

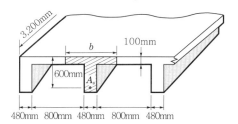

① 1,475.9kN · m  ② 1,583.2kN · m

③ 1,648.4kN · m  ④ 1,721.6kN · m

해설 **공칭휨강도**

㉠ 플랜지 유효폭 결정
- $16t_f + b_w = 16 \times 100 + 480$
  $= 2,080\text{mm}$
- 슬래브 중심 간 거리 $= 400 + 480 + 400$
  $= 1,280\text{mm}$

- 경간 $\times \dfrac{1}{4} = 3,200 \times \dfrac{1}{4} = 800\text{mm}$

$\therefore b_e = 800\text{mm}$(최솟값)

㉡ T형 보의 판별

$a = \dfrac{A_s f_y}{\eta(0.85 f_{ck}) b_e}$

$= \dfrac{7,094 \times 400}{1.0 \times 0.85 \times 28 \times 800}$

$= 149\text{mm} > t_f = 100\text{mm}$

$\therefore$ T형 보로 해석

㉢ 공칭휨강도

$A_{sf} = \dfrac{\eta(0.85 f_{ck})(b - b_w)t}{f_y}$

$= \dfrac{1.0 \times 0.85 \times 28 \times (800 - 480) \times 100}{400}$

$= 1,904\text{mm}^2$

$a = \dfrac{(A_s - A_{sf})f_y}{\eta(0.85 f_{ck}) b_w}$

$= \dfrac{(7,094 - 1,904) \times 400}{1.0 \times 0.85 \times 28 \times 480}$

$= 181.7\text{mm}$

$M_n = A_{sf} f_y \left(d - \dfrac{t}{2}\right) + (A_s - A_{sf}) f_y \left(d - \dfrac{a}{2}\right)$

$= \left[1,904 \times 400 \times \left(600 - \dfrac{100}{2}\right)\right.$

$+ (7,094 - 1,904) \times 400$

$\left. \times \left(600 - \dfrac{182}{2}\right)\right] \times 10^{-6}$

$= 1,475.56\text{kN} \cdot \text{m}$

관련기준 KDS 14 20 10[2022] 4.3.10 (1)

**07** $b_w$ = 250mm, $d$ = 500mm, $f_{ck}$ = 21MPa, $f_y$ = 400MPa인 직사각형 보에서 콘크리트가 부담하는 설계전단강도($\phi V_c$)는?

① 71.6kN  ② 76.4kN

③ 82.2kN  ④ 91.5kN

해설 **콘크리트의 설계전단강도**

$\phi V_c = \phi \dfrac{1}{6} \lambda \sqrt{f_{ck}} b_w d$

$= 0.75 \times \dfrac{1}{6} \times 1.0 \sqrt{21} \times 250 \times 500 \times 10^{-3}$

$= 71.6027\text{kN}$

관련기준 KDS 14 20 22[2022] 4.2.1 (1)

**08** 설계기준압축강도($f_{ck}$)가 35MPa인 보통중량콘크리트로 제작된 구조물에서 압축이형철근으로 D29(공칭지름 28.6mm)를 사용한다면 기본정착길이는? [단, $f_y$ =400MPa]

① 483mm      ② 492mm

③ 503mm      ④ 512mm

> **해설** 압축이형철근의 기본정착길이
>
> $$l_{db} = \frac{0.25 d_b f_y}{\lambda \sqrt{f_{ck}}} \geq 0.043 d_b f_y$$
>
> ㉠ $l_{db} = \dfrac{0.25 \times 28.6 \times 400}{1.0 \sqrt{35}} = 483.43\,\text{mm}$
>
> ㉡ $l_{db} = 0.043 \times 28.6 \times 400 = 491.92\,\text{mm}$
>
> ∴ $l_{db} = 492\,\text{mm}$(최댓값)

> **관련기준** KDS 14 20 52[2022] 4.1.3 (2)

**09** 강판형(plate girder)의 경제적인 높이는 다음 중 어느 것에 의해 구해지는가?

① 전단력      ② 휨모멘트

③ 비틀림모멘트      ④ 지압력

> **해설** 경제적인 주형높이
>
> ㉠ 주형높이는 휨모멘트의 영향을 받는다.
>
> ㉡ 주형높이: $h = 1.1 \sqrt{\dfrac{M}{f_a t}}$

**10** 지간이 4m이고, 단순지지된 1방향 슬래브에서 처짐을 계산하지 않는 경우 슬래브의 최소 두께로 옳은 것은? [단, 보통 중량콘크리트를 사용하고, $f_{ck}$ = 28MPa, $f_y$ =400MPa인 경우]

① 100mm      ② 150mm

③ 200mm      ④ 250mm

> **해설** 단순지지 1방향 슬래브의 최소 두께
> ($f_y$ =400MPa인 경우)
>
> $$h = \frac{l}{20} = \frac{4,000}{20} = 200\,\text{mm}$$

> **관련기준** KDS 14 20 30[2022] 4.2.1 (1)

**11** $M_u$ = 170kN·m의 계수모멘트하중에 대한 단철근 직사각형 보의 필요한 철근량 $A_s$ 를 구하면? [단, 보의 폭 $b$ = 300mm, 보의 유효깊이 $d$ = 450mm, $f_{ck}$ =28MPa, $f_y$ =350MPa, $\phi$ =0.85이다.]

① 1,070mm²      ② 1,175mm²

③ 1,280mm²      ④ 1,375mm²

> **해설** 소요철근량
>
> ㉠ 등가깊이
>
> $M_u = \phi M_n = \phi CZ$
>
> $\quad = \phi \eta (0.85 f_{ck}) ab \left(d - \dfrac{a}{2}\right)$
>
> $170 \times 10^6 = 0.85 \times 1.0 \times 0.85 \times 28 \times a \times 300$
>
> $\qquad \times \left(450 - \dfrac{a}{2}\right)$
>
> $\quad = 2,731,050a - 3,034.5a^2$
>
> $2,731,050a - 3,034.5a^2 - 170 \times 10^6 = 0$
>
> ∴ $a = 68\,\text{mm}$
>
> ㉡ 소요철근량
>
> $A_s = \dfrac{M_u}{\phi f_y \left(d - \dfrac{a}{2}\right)}$
>
> $\quad = \dfrac{170 \times 10^6}{0.85 \times 350 \times \left(450 - \dfrac{68}{2}\right)}$
>
> $\quad = 1,373.6\,\text{mm}^2$

**12** 처짐과 균열에 대한 다음 설명 중 틀린 것은?

① 처짐에 영향을 미치는 인자로는 하중, 온도, 습도, 재령, 함수량, 압축철근의 단면적 등이다.

② 크리프, 건조수축 등으로 인하여 시간의 경과와 더불어 진행되는 처짐이 탄성처짐이다.

③ 균열폭을 최소화하기 위해서는 적은 수의 굵은 철근보다는 많은 수의 가는 철근을 인장측에 잘 분포시켜야 한다.

④ 콘크리트 표면의 균열폭은 피복두께의 영향을 받는다.

> **해설** 크리프, 건조수축 등으로 인하여 시간의 경과와 더불어 진행되는 처짐은 장기처짐이다.

**13** 다음 중 최소 전단철근을 배치하지 않아도 되는 경우가 아닌 것은? [단, $\frac{1}{2}\phi V_c < V_u$인 경우]

① 슬래브나 확대기초의 경우

② 전단철근이 없어도 계수휨모멘트와 계수전단력에 저항할 수 있다는 것을 실험에 의해 확인할 수 있는 경우

③ T형 보에서 그 깊이가 플랜지두께의 2.5배 또는 복부폭의 1/2 중 큰 값 이하인 보

④ 전체 깊이가 450mm 이하인 보

> **해설** 전체 깊이가 250mm 이하인 경우 최소 전단철근을 배치하지 않아도 되나, 250mm 이상인 경우는 최소 전단철근의 예외규정을 적용할 수 없다. 즉 최소 전단철근량을 배치해야 한다.

**관련기준** KDS 14 20 22[2022] 4.3.3 (1)

**관련이론** 최소 전단철근 배치의 예외 규정
① 슬래브와 기초판
② 콘크리트 장선구조
③ 전체 길이가 250mm 이하이거나 I형 보, T형 보에서 그 깊이가 플랜지 두께의 2.5배 또는 복부폭의 1/2 중 큰 값 이하인 보
④ 교대 벽체 및 날개벽, 옹벽의 벽체, 암거 등과 같이 휨이 주거동인 판부재

**14** 폭($b_w$) 300m, 유효깊이($d$) 450mm, 전체 높이($h$) 550mm, 철근량($A_s$) 4,800mm$^2$인 보의 균열모멘트 $M_{cr}$의 값은? [단, $f_{ck}$가 21MPa인 보통 중량콘크리트 사용]

① 24.5kN · m  ② 28.9kN · m

③ 35.6kN · m  ④ 43.7kN · m

> **해설** 균열모멘트
> $$M_{cr} = \frac{I_g}{y_t}f_r = \frac{bh^2}{6}\times 0.63\lambda\sqrt{f_{ck}}$$
> $$= \frac{300\times 550^2}{6}\times 0.63\times 1.0\sqrt{21}\times 10^{-6}$$
> $$= 43.67\text{kN} \cdot \text{m}$$

**관련기준** KDS 14 20 30[2022] 4.2.1 (3)

**15** 폭($b_w$)이 400mm, 유효깊이($d$)가 500mm인 단철근 직사각형 보의 단면에서 강도설계법에 의한 균형 철근량은 약 얼마인가? [단, $f_{ck}$=35MPa, $f_y$=400MPa]

① 6,135mm$^2$  ② 6,623mm$^2$

③ 7,410mm$^2$  ④ 7,841mm$^2$

> **해설** 균형철근량
> ㉠ 균형철근비
> $f_{ck} \le 400$MPa인 경우 $\eta = 1.0$, $\beta_1 = 0.80$
> $$\rho_b = \frac{\eta(0.85f_{ck})\beta_1}{f_y}\cdot\frac{660}{660+f_y}$$
> $$= \frac{1.0\times 0.85\times 35\times 0.80}{400}\times\frac{660}{660+400}$$
> $$= 0.03705$$
> ㉡ 균형철근량
> $$A_{sb} = \rho_b b_w d = 0.03705\times 400\times 500$$
> $$= 7,410\text{mm}^2$$

**16** 그림과 같은 단면을 갖는 지간 10m의 PSC 보에 PS 강재가 100mm의 편심거리를 가지고 직선배치되어 있다. 자중을 포함한 계수등분포하중 16kN/m가 보에 작용할 때 보 중앙 단면 콘크리트의 상연 응력은 얼마인가? [단, 유효프리스트레스힘 $P_e$ = 2,400kN]

① 11.2MPa

② 12.8MPa

③ 13.6MPa

④ 14.9MPa

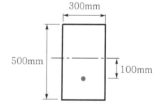

> **해설** PSC 보의 상연응력
> $$f_c = \frac{P}{A} - \frac{Pe}{I}y + \frac{M}{I}y$$
> $$= \frac{2,400,000}{300\times 500} - \frac{12\times 2,400,000\times 100}{300\times 500^3}$$
> $$\times 250 + \frac{6\times 16\times 10,000^2}{300\times 500^2\times 8}$$
> $$= 16 - 19.2 + 16 = 12.8\text{MPa(압축)}$$

**정답** 13. ④  14. ④  15. ③  16. ②

**17** 다음 그림과 같은 맞대기 용접이음에서 이음의 응력을 구하면?

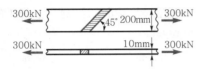

① 150.0MPa ② 106.1MPa
③ 200.0MPa ④ 212.1MPa

해설 홈용접의 인장응력
$$f_t = v = \frac{P}{\Sigma a l_e} = \frac{300,000}{10 \times 200} = 150\text{MPa}$$

**18** 아래 그림과 같은 단면을 가지는 단철근 직사각형 보에서 최외단 인장철근의 순인장변형률($\varepsilon_t$)이 0.0045일 때 설계휨강도를 구할 때 적용하는 강도감소계수($\phi$)는? [단, $f_{ck}$=28MPa, $f_y$=400MPa]

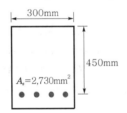

① 0.804 ② 0.817
③ 0.826 ④ 0.839

해설 강도감소계수
㉠ 지배단면의 판정
$$\varepsilon_y \le \varepsilon_t \le \varepsilon_{t,td}$$
$$(0.002 \le \varepsilon_t \le 0.005)$$
∴ 변화구간 단면
㉡ 변화구간 단면의 강도감소계수(띠철근)
$$\phi = 0.65 + 0.2\frac{\varepsilon_t - \varepsilon_y}{\varepsilon_{t,td} - \varepsilon_y}$$
$$= 0.65 + 0.2 \times \frac{0.0045 - 0.002}{0.005 - 0.002} = 0.8167$$

관련기준 KDS 14 20 10[2022] 4.2.3 (2)

**19** 정착구와 커플러의 위치에서 프리스트레스 도입 직후 포스트텐션 긴장재의 응력은 얼마 이하로 하여야 하는가? [단, $f_{pu}$는 긴장재의 설계기준 인장강도]

① $0.6f_{pu}$ ② $0.74f_{pu}$
③ $0.70f_{pu}$ ④ $0.85f_{pu}$

해설 PS 강재의 허용응력($f_{ps}$)
㉠ 긴장할 때 긴장재의 인장응력
$0.80f_{pu}$ 또는 $0.94f_{py}$ 중 작은 값 이하
㉡ 프리스트레스 도입 직후
• 프리텐셔닝 : $0.74f_{pu}$ 또는 $0.82f_{py}$ 중 작은 값 이하
• 포스트텐셔닝 : $0.70f_{pu}$ 이하

관련기준 KDS 14 20 60[2022] 4.2.2

**20** 철근콘크리트 부재의 피복두께에 관한 설명으로 틀린 것은?

① 최소 피복두께를 제한하는 이유는 철근의 부식 방지, 부착력의 증대, 내화성을 갖도록 하기 위해서이다.
② 현장치기 콘크리트로서, 흙에 접하거나 옥외의 공기에 직접 노출되는 콘크리트의 최소 피복두께는 D16 이하 철근의 경우 50mm이다.
③ 현장치기 콘크리트로서, 흙에 접하여 콘크리트를 친 후 영구히 흙에 묻혀 있는 콘크리트의 최소 피복두께는 75mm이다.
④ 콘크리트 표면과 그와 가장 가까이 배치된 철근 표면 사이의 콘크리트 두께를 피복두께라 한다.

해설 최소 피복두께의 규정
현장치기 콘크리트로서, 흙에 접하거나 옥외의 공기에 직접 노출되는 콘크리트의 최소 피복두께는 D16 이하 철근의 경우 40mm이다.

관련기준 KDS 14 20 50[2022] 4.3.1 (1) ③

**01** 인장이형철근의 정착길이 산정 시 필요한 보정계수($\alpha$, $\beta$)에 대한 설명으로 틀린 것은?

① 피복두께가 $3d_b$ 미만 또는 순간격이 $6d_b$ 미만인 에폭시 도막철근일 때 철근 도막계수($\beta$)는 1.5를 적용한다.

② 상부철근(정착길이 또는 겹침이음부 아래 300mm를 초과되게 굳지 않은 콘크리트를 친 수평철근)인 경우 철근 배치 위치계수($\alpha$)는 1.3을 사용한다.

③ 아연도금 철근은 철근 도막계수($\beta$)를 1.0으로 적용한다.

④ 에폭시 도막철근이 상부철근인 경우 상부철근의 위치계수($\alpha$)와 철근 도막계수($\beta$)의 곱 $\alpha\beta$가 1.6보다 크지 않아야 한다.

> **해설** 인장이형철근의 보정계수
>
> 에폭시 도막철근이 상부철근인 경우 상부철근의 위치계수($\alpha$)와 철근 도막계수($\beta$)의 곱 $\alpha\beta$는 1.7보다 클 필요는 없다.
>
> **관련기준** KDS 14 20 52[2022] 4.1.2 (2)

**02** 그림과 같은 용접부에 작용하는 응력은?

① 112.7MPa
② 118.0MPa
③ 120.3MPa
④ 125.0MPa

> **해설** 홈용접의 인장응력
>
> $$f_t = v = \frac{P}{\Sigma a l_e} = \frac{420,000}{12 \times 280} = 125\text{MPa}$$

**03** 경간이 8m인 직사각형 PSC 보($b = 300$mm, $h = 500$mm)에 계수하중 $w = 40$kN/m가 작용할 때 인장측의 콘크리트 응력이 0이 되려면 얼마의 긴장력으로 PS 강재를 긴장해야 하는가? [단, PS 강재는 콘크리트 단면도심에 배치되어 있다.]

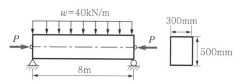

① $P = 1,250$kN
② $P = 1,880$kN
③ $P = 2,650$kN
④ $P = 3,840$kN

> **해설** PSC 구조의 긴장력
>
> ㉠ 계수휨모멘트
> $$M_u = \frac{wl^2}{8} = \frac{40 \times 8^2}{8} = 320\text{kN} \cdot \text{m}$$
>
> ㉡ PS 강재의 긴장력
> $$f_t = \frac{P}{A} - \frac{M_u}{I}y = 0$$
> $$\therefore P = \frac{6M_u}{h} = \frac{6}{0.5} \times 320 = 3,840\text{kN}$$

**04** 아래 그림과 같은 보에서 계수전단력 $V_u = 225$kN에 대한 가장 적당한 스터럽 간격은? [단, 사용된 스터럽은 철근 D13이며, 철근 D13의 단면적은 127mm$^2$, $f_{ck} = 24$MPa, $f_y = 350$MPa이다.]

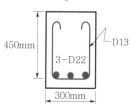

① 110mm
② 150mm
③ 210mm
④ 225mm

**해설** 전단철근의 간격

㉠ 콘크리트가 부담하는 전단강도

$$\phi V_c = \phi \left( \frac{1}{6} \lambda \sqrt{f_{ck}} \, b_w \, d \right)$$
$$= 0.75 \times \frac{1}{6} \times 1.0 \sqrt{24} \times 300 \times 450 \times 10^{-3}$$
$$= 82.7 \text{kN}$$

㉡ 전단철근이 부담하는 전단강도

$$\phi V_s = V_u - \phi V_c = 225 - 82.7 = 142.3 \text{kN}$$
$$\therefore \quad V_s = \frac{142.3}{0.75} = 189.73 \text{kN}$$

㉢ 전단철근의 간격조건

$$\frac{1}{3} \lambda \sqrt{f_{ck}} \, b_w \, d = \frac{1}{3} \times 1.0 \sqrt{24} \times 300 \times 450$$
$$= 221 \text{kN} > V_s = 189.73 \text{kN}$$
$$\therefore \quad \frac{d}{2} \text{ 이하, } 600 \text{mm 이하}$$

㉣ 전단철근의 간격 계산

$$s = \frac{A_v f_y d}{V_s} = \frac{2 \times 127 \times 350 \times 450}{189,730}$$
$$= 210.85 \text{mm 이하}$$
$$s = \left[ \frac{450}{2} = 225 \text{mm}, \ 600 \text{mm}, \right.$$
$$\left. 210.85 \text{mm} \right]_{\min}$$
$$\therefore \quad s = 210 \text{mm(최솟값)}$$

**관련기준** KDS 14 20 22[2022] 4.3.2, 4.3.4 (1)

---

**05** 강도설계법에서 단철근 직사각형 보가 $f_{ck} = 21$MPa, $f_y = 300$MPa일 때 균형철근비는 얼마인가?

① 0.34　　　　② 0.033

③ 0.044　　　　④ 0.0044

**해설** 단면의 철근비

㉠ 항복변형률과 변수

$f_{ck} \leq 40$MPa인 경우

$\beta_1 = 0.80, \ \eta = 1.0, \ \varepsilon_{cu} = 0.0033$

$$\therefore \ \varepsilon_y = \frac{f_y}{E_s} = \frac{300}{200,000} = 0.0015$$

㉡ 균형철근비($\rho_b$)

$$\rho_b = \frac{\eta(0.85 f_{ck})\beta_1}{f_y} \left( \frac{\varepsilon_{cu}}{\varepsilon_{cu} + \varepsilon_y} \right)$$
$$= \frac{1.0 \times 0.85 \times 21 \times 0.80}{300} \times \frac{0.0033}{0.0033 + 0.0015}$$
$$= 0.03273$$

---

**06** 철근콘크리트의 강도설계법을 적용하기 위한 기본 가정으로 틀린 것은?

① 철근의 변형률은 중립축으로부터의 거리에 비례한다.

② 콘크리트의 변형률은 중립축으로부터의 거리에 비례한다.

③ 인장측 연단에서 철근의 극한변형률은 0.0033으로 가정한다.

④ 항복강도 $f_y$ 이하에서 철근의 응력은 그 변형률의 $E_s$ 배로 본다.

**해설** 강도설계법의 기본가정

㉠ 인장측 연단에서 철근의 극한변형률은 철근의 항복변형률($\varepsilon_y$)로 가정한다.

㉡ 압축연단 콘크리트의 극한변형률($\varepsilon_{cu}$)은 $f_{ck} \leq$ 400MPa인 경우 0.0033으로 가정한다.

**관련기준** KDS 14 20 20[2022] 4.1.1 (3)

---

**07** $b = 300$mm, $d = 700$mm인 단철근 직사각형 보에서 균형철근량을 구하면? [단, $f_{ck} = 21$MPa, $f_y = 240$MPa]

① 11,219mm² 　　② 10,219mm²

③ 9,483mm² 　　④ 9,163mm²

**해설** 균형철근량

㉠ 균형철근비($\rho_b$)

$f_{ck} \leq 40$MPa인 경우 $\beta_1 = 0.80, \ \eta = 1.0$

$$\rho_b = \frac{\eta(0.85 f_{ck})\beta_1}{f_y} \left( \frac{660}{660 + f_y} \right)$$
$$= \frac{1.0 \times 0.85 \times 21 \times 0.80}{240} \times \frac{660}{660 + 240}$$
$$= 0.0436$$

㉡ 균형철근량($A_{sb}$)

$$A_{sb} = \rho_b b d$$
$$= 0.0436 \times 300 \times 700$$
$$= 9,163 \text{mm}^2$$

---

**08** 보의 활하중은 17kN/m, 자중은 11kN/m인 등분포하중을 받는 경간 12m인 단순지지보의 계수 휨모멘트($M_u$)는?

① 684kN·m  ② 727kN·m

③ 749kN·m  ④ 754kN·m

> **해설** 최대 소요강도
>
> $$w_u = 1.2w_d + 1.6w_l$$
> $$= 1.2 \times 11 + 1.6 \times 17 = 40.4\text{kN/m}$$
> $$M_u = \frac{w_u l^2}{8} = \frac{40.4 \times 12^2}{8} = 727.2\text{kN·m}$$
>
> **관련기준** KDS 14 20 10[2022] 4.2.2 (1)

**09** $A_s' = 1{,}400\text{mm}^2$로 배근된 다음 그림과 같은 복철근 보의 탄성처짐이 10mm라 할 때 1년 후 장기처짐을 고려한 총처짐량은? [단, 1년 후 지속하중 재하에 따른 계수 $\xi = 1.4$이다.]

① 10mm

② 13.25mm

③ 16.43mm

④ 18.24mm

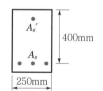

> **해설** 최종처짐
>
> ㉠ 장기처짐
> $$\rho' = \frac{A_s'}{bd} = \frac{1{,}400}{250 \times 400} = 0.014$$
> $$\xi = 1.4(1년 \ 후)$$
> $$\lambda_\Delta = \frac{\xi}{1+50\rho'} = \frac{1.4}{1+50 \times 0.014} = 0.8235$$
> $$\therefore \ \delta_l = \delta_e \lambda_\Delta = 10 \times 0.8235 = 8.235\text{mm}$$
> ㉡ 최종처짐
> $$\delta_t = \delta_e + \delta_l = 10 + 8.235 = 18.235\text{mm}$$
>
> **관련기준** KDS 14 20 30[2022] 4.2.1 (5)

**10** 프리스트레스의 손실을 초래하는 원인 중 프리텐션 방식보다 포스트텐션 방식에서 크게 나타나는 것은?

① 콘크리트의 탄성수축

② 강재와 시스의 마찰

③ 콘크리트의 크리프

④ 콘크리트의 건조수축

> **해설** 강재와 시스의 마찰에 의한 손실은 프리텐션 방식에서는 거의 나타나지 않고, 포스트텐션 방식에서 크게 나타난다.

**11** 철근콘크리트 구조물의 전단철근에 대한 설명으로 틀린 것은?

① 이형철근을 전단철근으로 사용하는 경우 설계기준 항복강도 $f_y$는 550MPa을 초과하여 취할 수 없다.

② 전단철근으로서 스터럽과 굽힘철근을 조합하여 사용할 수 있다.

③ 주인장철근에 45° 이상의 각도로 설치되는 스터럽은 전단철근으로 사용할 수 있다.

④ 경사스터럽과 굽힘철근은 부재 중간높이인 $0.5d$에서 반력점 방향으로 주인장철근까지 연장된 45° 선과 한 번 이상 교차되도록 배치하여야 한다.

> **해설** 철근의 설계기준항복강도
>
> ㉠ 휨철근 : 600MPa 이하
> ㉡ 전단철근, 전단마찰철근, 비틀림철근 : 500MPa 이하
> ㉢ 용접이형철망을 사용하는 전단철근 : 600MPa 이하
>
> **관련기준** KDS 14 20 22[2022] 4.3.1 (3)

**12** 철근콘크리트 부재의 철근이음에 관한 설명 중 옳지 않은 것은?

① D35를 초과하는 철근은 겹침이음을 하지 않아야 한다.

② 인장이형철근의 겹침이음에서 A급 이음은 1.3$l_d$ 이상, B급 이음은 1.0$l_d$ 이상 겹쳐야 한다 (단, $l_d$는 규정에 의해 계산된 인장이형철근의 정착길이이다).

③ 압축이형철근의 이음에서 콘크리트의 설계기준압축강도가 21MPa 미만인 경우에는 겹침이음길이를 1/3 증가시켜야 한다.

④ 용접이음과 기계적 이음은 철근의 항복강도의 125% 이상을 발휘할 수 있어야 한다.

> **해설** 인장이형철근의 겹침이음길이
> ㉠ A급 이음=1.0$l_d$ 이상
> ㉡ B급 이음=1.3$l_d$ 이상
> ㉢ 어느 경우에도 300mm 이상
>
> **관련기준** KDS 14 20 52[2022] 4.5.2 (1)

**13** 다음은 L형판에서 순폭($b_n$)에 대한 사항이다. 옳지 않은 것은?

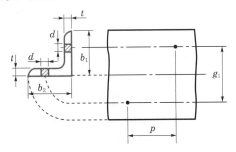

① 전개 총폭 $b = b_1 + b_2 - t$이다.

② 리벳 선간 거리(gauge) $g = g_1 - t$이다.

③ $\dfrac{p^2}{4g} < d$인 경우의 순폭 $b_n = b - \left( d - \dfrac{p^2}{4g} \right)$이다.

④ $\dfrac{p^2}{4g} \geq d$인 경우의 순폭 $b_n = b - d$이다.

> **해설** L형강의 순폭 산정
> ㉠ $\dfrac{p^2}{4g} < d$인 경우 공제폭($\omega$) 고려
>
> $$b_n = b - d - \left( d - \dfrac{p^2}{4g} \right)$$
>
> ㉡ $\dfrac{p^2}{4g} \geq d$인 경우 공제폭($\omega$) 무시
>
> $$b_n = b - d$$

**14** 직사각형 단순보에서 계수전단력 $V_u = 70$kN을 전단철근 없이 지지하고자 할 경우 필요한 최소 유효깊이 $d$는? [단, $b = 400$mm, $f_{ck} = 24$MPa, $f_y = 350$MPa]

① 426mm      ② 572mm

③ 611mm      ④ 751mm

> **해설** 단순보의 최소 유효깊이
> $$V_u \leq \frac{1}{2}\phi V_c = \frac{1}{2}\phi \cdot \frac{1}{6}\lambda\sqrt{f_{ck}}\,b_w d$$
> $$d = \frac{2 \times 6 \times V_u}{\phi\lambda\sqrt{f_{ck}}\,b_w}$$
> $$= \frac{2 \times 6 \times 70,000}{0.75 \times 1.0\sqrt{24} \times 400} = 571.55\text{mm}$$

**15** PS 강재에 요구되는 일반적인 성질 중 옳지 않은 것은?

① 콘크리트와의 부착력이 클 것

② 신직성(伸直性)이 클 것

③ 릴랙세이션(relaxation)이 적을 것

④ 인장강도가 적을 것

> **해설** 인장강도가 높아야 한다.
>
> **관련이론** PS 강재에 요구되는 성질
> ① 인장강도가 높아야 한다.
> ② 항복비(항복점 응력의 인장강도에 대한 백분율)가 커야 한다.
> ③ 릴랙세이션이 작아야 한다.
> ④ 적당한 연성과 인성이 있어야 한다.
> ⑤ 응력 부식에 대한 저항성이 커야 한다.
> ⑥ 어느 정도의 피로강도를 가져야 한다.
> ⑦ 직선성(신직성)이 좋아야 한다.

**정답** 12. ②   13. ③   14. ②   15. ④

**16** $f_{ck}$ =21MPa, $f_y$ =350MPa일 때 다음 그림과 같은 T형 보의 등가직사각형 응력분포의 깊이 $a$ 는 얼마인가? [단, 강도설계법이고 과소철근보이다.]

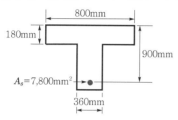

① 204.8mm
② 191.2mm
③ 162.2mm
④ 92.2mm

> **해설** 등가응력깊이
>
> ㉠ T형 보의 판별
> $$a = \frac{A_s f_y}{\eta(0.85 f_{ck})b} = \frac{7,800 \times 350}{1.0 \times 0.85 \times 21 \times 800}$$
> $$= 191.2\text{mm} > t = 180\text{mm}$$
> ∴ T형 보로 계산
>
> ㉡ 철근 단면적($A_{sf}$)
> $$C_f = T_f$$
> $$\therefore A_{sf} = \frac{\eta(0.85 f_{ck})(b - b_w)t}{f_y}$$
> $$= \frac{1.0 \times 0.85 \times 21 \times (800 - 360) \times 180}{350}$$
> $$= 4,039.2\text{mm}^2$$
>
> ㉢ 등가깊이
> $$C_w = T_w$$
> $$\therefore a = \frac{(A_s - A_{sf})f_y}{\eta(0.85 f_{ck})b_w}$$
> $$= \frac{(7,800 - 4,039.2) \times 350}{1.0 \times 0.85 \times 21 \times 360}$$
> $$= 204.84\text{mm}$$

**17** $b$ =300mm, $A_s$ =3-D25=1,520mm², $d$ =500mm 가 1열로 배치된 단철근 직사각형 보의 설계휨강도 $\phi M_n$ 은? [단, $f_{ck}$ =28MPa, $f_y$ =400MPa이고, 과소철근보이다.]

① 132.5kN·m
② 183.3kN·m
③ 236.4kN·m
④ 307.7kN·m

> **해설** 설계휨강도
>
> ㉠ 등가깊이
> $$a = \frac{A_s f_y}{\eta(0.85 f_{ck})b} = \frac{1,520 \times 400}{1.0 \times 0.85 \times 28 \times 300}$$
> $$= 85.2\text{mm}$$
>
> ㉡ 설계휨강도
> 과소철근보의 경우 $\phi = 0.85$
> $$\phi M_n = \phi A_s f_y \left(d - \frac{a}{2}\right)$$
> $$= 0.85 \times 1,520 \times 400$$
> $$\times \left(500 - \frac{85.2}{2}\right) \times 10^{-6}$$
> $$= 236.38\text{kN}\cdot\text{m}$$

**18** 슬래브와 보가 일체로 타설된 비대칭 T형 보(반T형 보)의 유효폭은 얼마인가? [단, 플랜지 두께=100mm, 복부폭=300mm, 인접 보와의 내측거리=1,600mm, 보의 경간=6.0m이다.]

① 800mm
② 900mm
③ 1,000mm
④ 1,100mm

> **해설** 반T형 보의 플랜지 유효폭($b_e$)
>
> ㉠ $6t_f + b_w = 6 \times 100 + 300 = 900\text{mm}$
>
> ㉡ 인접 보와의 내측거리 $\times \frac{1}{2} + b_w$
> $$= \frac{1,600}{2} + 300 = 1,100\text{mm}$$
>
> ㉢ 보의 경간 $\times \frac{1}{12} + b_w$
> $$= \frac{6,000}{12} + 300 = 800\text{mm}$$
>
> ∴ $b_e = 800\text{mm}$ (최솟값)

**관련기준** KDS 14 20 10[2022] 4.3.10 (1)

**정답** 16. ① 17. ③ 18. ①

**19** 프리스트레스트 콘크리트 중 포스트텐션방식의 특징에 대한 설명으로 틀린 것은?

① 부착시키지 않은 PSC 부재는 부착시킨 PSC 부재에 비하여 파괴강도가 높고, 균열폭이 작아지는 등 역학적 성능이 우수하다.

② PS 강재를 곡선상으로 배치할 수 있어서 대형 구조물에 적합하다.

③ 프리캐스트 PSC 부재의 결합과 조립에 편리하게 이용된다.

④ 부착시키지 않은 PSC 부재는 그라우팅이 필요하지 않으며, PS 강재의 재긴장도 가능하다.

해설 부착시키지 않은 PSC 부재는 부착시킨 PSC 부재에 비하여 파괴강도가 낮고, 균열폭이 커지는 등 역학적 성능이 불리하다.

**20** $A_g$ =180,000mm$^2$, $f_{ck}$ =24MPa, $f_y$ =350MPa이고 종방향 철근의 총단면적($A_{st}$)=4,500mm$^2$인 나선철근 기둥(단주)의 공칭축강도($P_n$)는?

① 2,987.7kN  ② 3,067.4kN
③ 3,873.2kN  ④ 4,381.9kN

해설 나선철근 기둥의 공칭축강도($P_n$)

$$P_n = \alpha[0.85f_{ck}(A_g - A_{st}) + f_y A_{st}]$$
$$= 0.85 \times [0.85 \times 24 \times (180,000 - 4,500) + 350 \times 4,500] \times 10^{-3}$$
$$= 4,381.9\text{kN}$$

관련기준 KDS 14 20 20[2022] 4.1.2 (7)

**01** 활하중 20kN/m, 고정하중 30kN/m를 지지하는 지간 8m의 단순보에서 계수모멘트($M_u$)는? [단, 하중계수와 하중조합을 고려할 것]

① 512kN · m
② 544kN · m
③ 576kN · m
④ 605kN · m

**해설** 최대 소요강도

$$w_u = 1.2w_d + 1.6w_l = 1.2 \times 30 + 1.6 \times 20$$
$$= 68\text{kN/m}$$

$$\therefore M_u = \frac{w_u l^2}{8} = \frac{68 \times 8^2}{8} = 544\text{kN} \cdot \text{m}$$

**관련기준** KDS 14 20 10[2022] 4.2.2 (1)

**02** $A_s = 3,600\text{mm}^2$, $A_s' = 1,200\text{mm}^2$로 배근된 다음 그림과 같은 복철근 보의 탄성처짐이 12mm라 할 때 5년 후 지속하중에 의해 유발되는 장기처짐은 얼마인가? [단, 5년 후 지속하중 재하에 따른 계수 $\xi = 2.0$이다.]

① 36mm
② 18mm
③ 12mm
④ 6mm

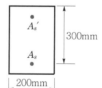

**해설** 장기처짐

㉠ 압축철근비

$$\rho' = \frac{A_s'}{bd} = \frac{1,200}{200 \times 300} = 0.02$$

㉡ 장기처짐계수

$$\lambda_\Delta = \frac{\xi}{1 + 50\rho'} = \frac{2.0}{1 + 50 \times 0.02} = 1.0$$

㉢ 장기처짐

$$\delta_l = \delta_e \lambda_\Delta = 12 \times 1.0 = 12\text{mm}$$

**관련기준** KDS 14 20 30[2022] 4.2.1 (5)

**03** 순단면이 볼트의 구멍 하나를 제외한 단면(즉 A-B-C 단면)과 같도록 피치($s$)의 값을 결정하면? [단, 볼트구멍의 지름은 22mm이다.]

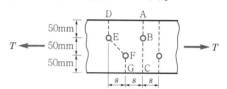

① 114.9mm
② 90.6mm
③ 66.3mm
④ 50mm

**해설** 강판의 피치

㉠ A-B-C 단면

$$b_n = b_g - d$$

㉡ D-E-F-G 단면

$$b_n = b_g - d - \left( d - \frac{p^2}{4g} \right)$$

㉢ 피치 산정

㉠=㉡으로부터

$$b_g - d = b_g - d - \left( d - \frac{p^2}{4g} \right)$$

$$\therefore p = 2\sqrt{gd} = 2\sqrt{50 \times 22} = 66.33\text{mm}$$

**04** 프리스트레스의 손실원인 중 프리스트레스 도입 후 시간이 경과함에 따라서 생기는 것은 어느 것인가?

① 콘크리트의 탄성수축
② 콘크리트의 크리프
③ PS 강재와 시스의 마찰
④ 정착단의 활동

**해설** 도입 후(시간적) 손실

㉠ 콘크리트의 건조수축
㉡ 콘크리트의 크리프(creep)
㉢ PS 강재의 릴랙세이션(relaxation)

**관련기준** KDS 14 20 60[2022] 4.3.1 (1)

**정답** 1. ② 2. ③ 3. ③ 4. ②

**05** 아래와 같은 조건의 경량콘크리트를 사용할 경우 경량콘크리트계수($\lambda$)로 옳은 것은?

- 콘크리트 설계기준압축강도($f_{ck}$) : 24MPa
- 콘크리트 인장강도($f_{sp}$) : 2.17MPa

① 0.72　　　　　② 0.75

③ 0.79　　　　　④ 0.85

**해설** 경량콘크리트계수($\lambda$)
　㉠ $f_{sp}$값이 주어지지 않은 경우
　　• 전 경량콘크리트 $\lambda = 0.75$
　　• 모래경량콘크리트 $\lambda = 0.85$
　㉡ $f_{sp}$값이 주어진 경우
$$\lambda = \frac{f_{sp}}{0.56\sqrt{f_{ck}}} = \frac{2.17}{0.56\sqrt{24}}$$
$$= 0.79098 < 1.0$$

**관련기준** KDS 14 20 10[2022] 4.3.4 (1)

**06** 옹벽의 설계 및 해석에 대한 설명으로 틀린 것은?

① 옹벽 저판의 설계는 슬래브의 설계방법규정에 따라 수행하여야 한다.

② 앞부벽식 옹벽에서 앞부벽은 직사각형 보로 설계한다.

③ 부벽식 옹벽의 전면벽은 3변 지지된 2방향 슬래브로 설계할 수 있다.

④ 옹벽은 상재하중, 뒤채움 흙의 중량, 옹벽의 자중 및 옹벽에 작용하는 토압, 필요에 따라 수압에도 견디도록 설계하여야 한다.

**해설** 옹벽 저판의 설계는 기초판의 설계규정[KDS 14 20 70 (4.2)]에 따라야 한다.

**관련기준** KDS 14 20 74[2022] 4.1.1.1 (4)

**07** 유효깊이($d$)가 910mm인 아래 그림과 같은 단철근 T형 보의 설계휨강도($\phi M_n$)를 구하면? [단, 인장철근량($A_s$)은 7,652mm², $f_{ck}$=21MPa, $f_y$=350MPa, 인장지배단면으로 $\phi$=0.85, 경간은 3,040mm이다.]

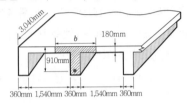

① 1,803kN·m　　　② 1,845kN·m

③ 1,883kN·m　　　④ 1,981kN·m

**해설** 설계휨강도
　㉠ 플랜지 유효폭 산정
　　• $16t_f + b_w = 16 \times 180 + 360 = 3,240$mm
　　• 슬래브 중심 간 거리$= 1,540 + 360$
　　　　　　　　　　　$= 1,900$mm
　　• 경간$\times \dfrac{1}{4} = \dfrac{3,040}{4} = 760$mm
　　∴ $b_e = 760$mm(최솟값)
　㉡ T형 보의 판별
$$a = \frac{A_s f_y}{\eta(0.85f_{ck})b} = \frac{7,652 \times 310}{1.0 \times 0.85 \times 21 \times 760}$$
$$= 197.4\text{mm} > t_f = 180\text{mm}$$
　　∴ T형 보로 해석
　㉢ 공칭휨강도
$$A_{sf} = \frac{\eta(0.85f_{ck})(b-b_w)t}{f_y}$$
$$= \frac{1.0 \times 0.85 \times 21 \times (760-360) \times 180}{350}$$
$$= 3,672\text{mm}^2$$
$$a = \frac{(A_s - A_{sf})f_y}{\eta(0.85f_{ck})b_w}$$
$$= \frac{(7,652 - 3,672) \times 350}{1.0 \times 0.85 \times 21 \times 360} = 216.78\text{mm}$$
$$M_n = (A_s - A_{sf})f_y\left(d - \frac{a}{2}\right) + A_{sf}f_y\left(d - \frac{t}{2}\right)$$
$$= \left[(7,652 - 3,672) \times 350\left(910 - \frac{217}{2}\right)\right.$$
$$\left. + 3,672 \times 350 \times \left(910 - \frac{180}{2}\right)\right] \times 10^{-6}$$
$$= 2,170.3535\text{kN·m}$$
　㉣ 설계휨강도
$$\phi M_n = 0.85 \times 2,170.3535$$
$$= 1,844.80\text{kN·m}$$

**관련기준** KDS 14 20 10[2022] 4.3.10 (1)

**08** 아래 그림과 같은 단철근 직사각형 보에서 최외단 인장철근의 순인장변형률($\varepsilon_t$)은? [단, $A_s =$ 2,028mm², $f_{ck}=35$MPa, $f_y=400$MPa]

① 0.00432
② 0.00648
③ 0.00863
④ 0.00948

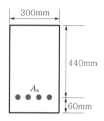

해설 **순인장변형률($\varepsilon_t$)**

㉠ 중립축의 위치
$f_{ck} \leq 40$MPa인 경우
$\varepsilon_{cu}=0.0033$, $\eta=1.0$, $\beta_1 = 0.80$

$$a=\frac{A_s f_y}{\eta(0.85 f_{ck})b}$$
$$=\frac{2,028\times400}{1.0\times0.85\times35\times300}=90.89\text{mm}$$
$$\therefore c=\frac{a}{\beta_1}=\frac{90.89}{0.80}=113.6\text{mm}$$

㉡ 최외단 인장철근의 순인장변형률
$$\varepsilon_t=\varepsilon_{cu}\frac{d_t-c}{c}=0.0033\times\frac{440-113.6}{113.6}$$
$$=0.0094817>0.005$$
$$\therefore \text{인장지배단면}$$

관련기준 KDS 14 20 20[2022] 4.1.2 (4)

**09** $b_w=250$mm, $h=500$mm인 직사각형 철근콘크리트 보의 단면에 균열을 일으키는 비틀림모멘트 $T_{cr}$은 약 얼마인가? [단, $f_{ck}=28$MPa]

① 9.8kN·m
② 11.3kN·m
③ 12.5kN·m
④ 18.4kN·m

해설 **균열비틀림모멘트**
$$A_{cp}=bh=250\times500=125,000\text{mm}^2$$
$$P_{cp}=2(b+h)=2\times(250+500)=1,500\text{mm}^2$$
$$\therefore T_{cr}=\frac{1}{3}\lambda\sqrt{f_{ck}}\,\frac{A_{cp}^2}{P_{cp}}$$
$$=\frac{1}{3}\times1.0\sqrt{28}\times\frac{125,000^2}{1,500}\times10^{-6}$$
$$=18.37\text{kN}\cdot\text{m}$$

관련기준 KDS 14 20 22[2022] 4.4.2 (2)

**10** 다음 그림과 같은 복철근 보의 유효깊이는? [단, 철근 1개의 단면적은 250mm²이다.]

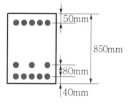

① 850mm
② 780mm
③ 770mm
④ 730mm

해설 **복철근 보의 유효깊이**

㉠ 복철근 보의 유효깊이는 압축측 철근과 관계 없다.
㉡ 유효깊이
$$d=850-40-\frac{3}{8}\times80=780\text{mm}$$

별해 상연단에 대한 단면1차모멘트는 0이다.
$$3\times730+5\times810=8\times d$$
$$\therefore d=\frac{6,240}{8}=780\text{mm}$$

**11** 포스트텐션된 보에 포물선 긴장재가 배치되었다. A단에서 재킹(jacking)할 때의 인장력은 900kN이었다. 강재와 시스의 마찰손실을 고려할 때 상대편 지지점 B단에서의 긴장력 $P_x$는 얼마인가? [단, 파상마찰계수 $k=0.0066$/m, 곡률마찰계수 $\mu=0.30$/radian이고, $\theta=0.3\times\frac{2}{9}=\frac{1}{15}$ radian이며, 근사식을 사용하여 계산한다.]

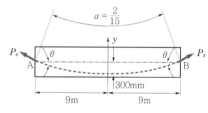

① 757kN
② 829kN
③ 900kN
④ 1,043kN

해설 **PSC 보의 유효 긴장력**

㉠ 근사식의 적용 여부

$$kl + \mu\alpha = 0.0066 \times 18 + 0.3 \times \frac{2}{15}$$
$$= 0.1588 \le 0.3$$

∴ 근사식을 적용한다.

㉡ B단의 유효 긴장력($P_x$)

$$P_x = P_B = P_o(1 - kl - \mu\alpha)$$
$$= 900 \times (1 - 0.1588)$$
$$= 757.08 \text{kN}$$

해설 **최소 전단철근 규정의 예외 규정**

보기 ②의 경우 $h > 250$mm이므로 최소 전단철근량의 규정이 적용되어야 한다.

관련기준 KDS 14 20 22[2022] 4.3.3 (1)

관련이론 **최소 전단철근 배치의 예외 규정**

① 전체 높이가 250mm 이하인 경우
② I형 보, T형 보의 높이가 플랜지 두께의 2.5배 또는 복부폭의 1/2 중 큰 값 이하인 보
③ 슬래브 및 기초판(확대기초)
④ 콘크리트 장선구조
⑤ 교대 벽체 및 날개벽, 옹벽의 벽체, 암거 등과 같이 휨이 주거동인 판부재 등

**12** 그림과 같은 맞대기 용접의 용접부에 발생하는 인장응력은?

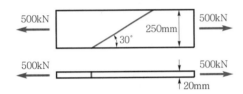

① 100MPa
② 150MPa
③ 200MPa
④ 220MPa

해설 **홈용접의 인장응력**

$$f_t = v = \frac{P}{\sum al_e} = \frac{500,000}{20 \times 250} = 100 \text{MPa}$$

**13** 계수전단력($V_u$)이 콘크리트에 의한 설계전단강도($\phi V_c$)의 1/2을 초과하는 철근콘크리트 휨부재에는 최소 전단철근을 배치하도록 규정하고 있다. 다음 중 이 규정에서 제외되는 경우에 대한 설명으로 틀린 것은?

① 슬래브와 기초판
② 전체 깊이가 400mm 이하인 보
③ I형 보, T형 보에서 그 깊이가 플랜지두께의 2.5배 또는 복부폭의 1/2 중 큰 값 이하인 보
④ 교대 벽체 및 날개벽, 옹벽의 벽체, 암거 등과 같이 휨이 주거동인 판 부재

**14** 이형철근의 정착길이에 대한 설명으로 틀린 것은? [단, $d_b$ : 철근의 공칭지름]

① 표준갈고리가 있는 인장이형철근 : $10d_b$ 이상, 또한 200mm 이상
② 인장이형철근 : 300mm 이상
③ 압축이형철근 : 200mm 이상
④ 확대머리 인장이형철근 : $8d_b$ 이상, 또한 150mm 이상

해설 **이형철근의 정착길이**

표준갈고리가 있는 인장이형철근은 $8d_b$ 이상, 150mm 이상이어야 한다.

관련기준 KDS 14 20 52[2022] 4.1.2~4.1.6

**15** 그림과 같이 단면의 중심에 PS 강선이 배치된 부재에 자중을 포함한 계수하중($w$) 30kN/m가 작용한다. 부재의 연단에 인장응력이 발생하지 않으려면 PS 강선에 도입되어야 할 긴장력($P$)은 최소 얼마 이상인가?

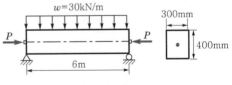

① 2,005kN
② 2,025kN
③ 2,045kN
④ 2,065kN

$$f_t = \frac{P}{A} - \frac{M}{I}y = 0, \quad M_u = \frac{wl^2}{8}$$

$$\therefore P = \frac{6}{h} \cdot \frac{wl^2}{8}$$

$$= \frac{6 \times 30 \times 6^2}{0.4 \times 8} = 2,025 \text{kN}$$

해설 강도설계법의 기본가정

㉠ 항복강도 이하에서 철근의 응력은 그 변형률에 따라 다르고, 항복 이후 철근의 응력은 변형률에 관계없이 $f_y$와 같다고 가정한다.

㉡ 철근이 항복하기 전 $f_s = E_s \varepsilon_s$

㉢ 철근이 항복한 후 $f_s = f_y = E_s \varepsilon_y$

관련기준 KDS 14 20 20[2022] 4.1.1 (4)

**16** 1방향 슬래브에 대한 설명으로 틀린 것은?

① 1방향 슬래브의 두께는 최소 80mm 이상으로 하여야 한다.

② 4변에 의해 지지되는 2방향 슬래브 중에서 단변에 대한 장변의 비가 2배를 넘으면 1방향 슬래브로서 해석한다.

③ 슬래브의 정모멘트 철근 및 부모멘트 철근의 중심 간격은 위험단면에서는 슬래브두께의 2배 이하이어야 하고, 또한 300mm 이하로 하여야 한다.

④ 슬래브의 정모멘트 철근 및 부모멘트 철근의 중심 간격은 위험단면을 제외한 단면에서는 슬래브두께의 3배 이하이어야 하고, 또한 450mm 이하로 하여야 한다.

해설 1방향 슬래브의 구조상세

1방향 슬래브의 최소 두께는 100mm 이상으로 해야 한다.

관련기준 KDS 14 20 70[2022] 4.1.1.3 (1)

**17** 강도설계법에 대한 기본가정 중 옳지 않은 것은?

① 철근 및 콘크리트의 변형률은 중립축으로부터의 거리에 비례한다.

② 콘크리트의 인장강도는 휨계산에서 무시한다.

③ 압축측 연단에서 콘크리트의 극한변형률은 0.0033으로 가정한다.

④ 항복강도 $f_y$ 이하에서 철근의 응력은 그 변형률에 관계없이 $f_y$와 같다고 가정한다.

**18** 근사 해법에 의해 휨모멘트를 계산한 경우를 제외하고, 어떠한 가정의 하중을 적용하여 탄성이론에 의하여 산정한 연속 휨부재 받침부의 부모멘트 재분배에 대한 설명으로 옳은 것은? [단, 최외단 인장철근의 순인장변형률($\varepsilon_t$)이 0.0075 이상인 경우]

① 20% 이내에서 $100\varepsilon_t$ [%]만큼 증가 또는 감소시킬 수 있다.

② 20% 이내에서 $500\varepsilon_t$ [%]만큼 증가 또는 감소시킬 수 있다.

③ 20% 이내에서 $750\varepsilon_t$ [%]만큼 증가 또는 감소시킬 수 있다.

④ 20% 이내에서 $1,000\varepsilon_t$ [%]만큼 증가 또는 감소시킬 수 있다.

해설 연속 휨부재 받침부의 부모멘트 재분배

㉠ 근사 해법에 의해 휨모멘트를 계산한 경우를 제외하고, 어떠한 가정의 하중을 적용하여 탄성이론에 의해 산정한 연속 휨부재의 받침부의 부모멘트는 20% 이내에서 $1,000\varepsilon_t$ [%]만큼 증가 또는 감소시킬 수 있다.

㉡ 휨모멘트의 재분배는 휨모멘트를 감소시킬 단면에서 최외단 인장철근의 순인장변형률($\varepsilon_t$)이 0.0075 이상인 경우에만 가능하다.

관련기준 KDS 14 20 10[2022] 4.3.2 (1), (3)

**19** 다음과 같은 띠철근 단주 단면의 공칭축하중강도($P_n$)는? [단, 종방향 철근($A_{st}$)=4-D29=2,570mm², $f_{ck}$=21MPa, $f_y$=400MPa]

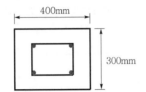

① 3,331.7kN  ② 3,070.5kN

③ 2,499.3kN  ④ 2,187.2kN

> **해설** 띠철근 기둥의 공칭축강도($P_n$)
>
> $$P_n = \alpha\left[0.85f_{ck}(A_g - A_{st}) + f_y A_{st}\right]$$
> $$= 0.80 \times [0.85 \times 21 \times (400 \times 300 - 2{,}570)$$
> $$+ 400 \times 2{,}570] \times 10^{-3}$$
> $$= 2{,}499.3004\text{kN}$$

> **관련기준** KDS 14 20 20[2022] 4.1.2 (7)

**20** 리벳으로 연결된 리벳이 상·하 두 부분으로 절단되었다면 그 원인은?

① 연결부재의 인장파괴

② 리벳의 압축파괴

③ 연결부재의 지압파괴

④ 리벳의 전단파괴

> **해설** 리벳의 파괴형태
>
> ㉠ 전단파괴 : 리벳이 상·하 두 부분으로 절단되어 파괴되는 형태
>
> ㉡ 지압파괴 : 리벳이 강재에 의해 눌려 찌그러지는 파괴형태

**01** 다음 그림과 같이 주어진 단철근 직사각형 단면이 연성파괴를 한다면 이 단면의 공칭휨강도는 얼마인가? [단, $f_{ck}=21$MPa, $f_y=300$MPa이다.]

① 252.4kN · m

② 296.9kN · m

③ 356.3kN · m

④ 396.9kN · m

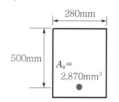

**해설** 공칭휨강도

㉠ 등가깊이

$$a=\frac{A_s f_y}{\eta(0.85 f_{ck})b}=\frac{2,870\times300}{1.0\times0.85\times21\times280}$$

$$=172.27\text{mm}$$

㉡ 공칭휨강도

$$M_n=A_s f_y\left(d-\frac{a}{2}\right)$$

$$=2,870\times300\times\left(500-\frac{172.27}{2}\right)\times10^{-6}$$

$$=356.34\text{kN · m}$$

**02** 다음 철근 중 철근콘크리트 부재의 전단철근으로 사용할 수 없는 것은?

① 주인장 철근에 45°의 각도로 설치되는 스터럽

② 주인장 철근에 30°의 각도로 설치되는 스터럽

③ 주인장 철근에 30°의 각도로 구부린 굽힘철근

④ 주인장 철근에 45°의 각도로 구부린 굽힘철근

**해설** 전단철근의 종류

㉠ 주철근에 45° 또는 그 이상의 경사로 배치하는 스터럽

㉡ 주철근에 45° 또는 그 이상의 경사로 구부린 굽힘(절곡)철근

㉢ 주철근에 30° 또는 그 이상의 경사로 구부린 굽힘(절곡)철근

관련기준 KDS 14 20 22[2022] 4.3.1 (1), (2)

**03** 경간 $l=20$m이고 다음 그림의 빗금 친 부분과 같은 반T형 보(b)의 등가응력 사각형의 깊이 $a$는? [단, $f_{ck}=28$MPa, $f_y=400$MPa이다.]

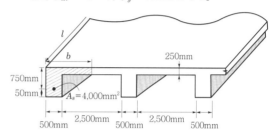

① 33.61mm

② 38.42mm

③ 134.45mm

④ 262.34mm

**해설** 등가응력깊이

㉠ 반T형 보의 플랜지 유효폭

• $6t_f+b_w=6\times250+500=2,000$mm

• 인접 보와의 내측거리$\times\frac{1}{2}+b_w$

$$=2,500\times\frac{1}{2}+500=1,750\text{mm}$$

• 보의 경간$\times\frac{1}{12}+b_w$

$$=20,000\times\frac{1}{12}+500=2,167\text{mm}$$

∴ $b_e=1,750$mm(최솟값)

㉡ 등가응력 사각형의 깊이

$$a=\frac{A_s f_y}{\eta(0.85 f_{ck})b}=\frac{4,000\times400}{1.0\times0.85\times28\times1,750}$$

$$=38.4154\text{mm}\le t_f=250\text{mm}$$

∴ 직사각형 보로 해석

관련기준 KDS 14 20 10[2022] 4.3.10 (1)

**04** $b=350$mm, $d=550$mm인 직사각형 단면의 보에서 지속하중에 의한 순간처짐이 16mm였다. 1년 후 총처짐량은 얼마인가? [단, $A_s=2,246$mm$^2$, $A_s'=1,284$mm$^2$, $\xi=1.4$]

① 20.5mm

② 32.8mm

③ 42.1mm

④ 26.5mm

해설 **최종처짐**

    ㉠ 장기처짐계수

$$\rho' = \frac{A_s'}{bd} = \frac{1,284}{350 \times 550} = 0.00667$$

$$\xi = 1.4(\text{1년 후})$$

$$\therefore \lambda_\Delta = \frac{\xi}{1 + 50\rho'}$$

$$= \frac{1.4}{1 + 50 \times 0.00667} = 1.0487$$

    ㉡ 최종처짐량

$$\delta_t = \delta_e + \delta_l = \delta_e(1 + \lambda_\Delta)$$

$$= 16 \times (1 + 1.0487)$$

$$= 32.7792\text{mm}$$

관련기준 KDS 14 20 30[2022] 4.2.1 (5)

**05** 다음 그림과 같은 보를 강도설계법에 의해 설계할 경우 최대 철근량은 얼마인가? [단, $f_{ck} = 21\text{MPa}$, $f_y = 300\text{MPa}$]

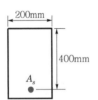

  ① $16.32\text{cm}^2$    ② $19.36\text{cm}^2$

  ③ $20.24\text{cm}^2$    ④ $21.36\text{cm}^2$

해설 **최대 철근량**

    ㉠ 최대 철근비

$$f_y \le 400\text{MPa인 경우 } \varepsilon_{t,\,min} = 0.004$$

$$f_{ck} \le 40\text{MPa인 경우}$$

$$\beta_1 = 0.80, \ \eta = 1.0, \ \varepsilon_{cu} = 0.0033$$

$$\therefore \rho_{max} = \frac{\eta(0.85f_{ck})\beta_1}{f_y}\left(\frac{\varepsilon_{cu}}{\varepsilon_{cu} + \varepsilon_t}\right)$$

$$= \frac{1.0 \times 0.85 \times 21 \times 0.80}{300}$$

$$\times \frac{0.0033}{0.0033 + 0.004}$$

$$= 0.02043$$

    ㉡ 최대 철근량($A_{s,\,max}$)

$$A_{s,\,max} = \rho_{max}\,bd$$

$$= 0.02043 \times 20 \times 40$$

$$= 16.32\text{cm}^2$$

**06** 종방향 표피철근에 대한 설명으로 옳은 것은?

  ① 보나 장선의 깊이 $h$가 900mm를 초과하면 종방향 표피철근을 인장연단으로부터 $h/2$지점까지 부재 양쪽 측면을 따라 균일하게 배치하여야 한다.

  ② 보나 장선의 깊이 $h$가 1,000mm를 초과하면 종방향 표피철근을 인장연단으로부터 $h/3$지점까지 부재 양쪽 측면을 따라 균일하게 배치하여야 한다.

  ③ 보나 장선의 유효깊이 $d$가 900mm를 초과하면 종방향 표피철근을 인장연단으로부터 $d/2$지점까지 부재 양쪽 측면을 따라 균일하게 배치하여야 한다.

  ④ 보나 장선의 유효깊이 $d$가 1,000mm를 초과하면 종방향 표피철근을 인장연단으로부터 $d/3$지점까지 부재 양쪽 측면을 따라 균일하게 배치하여야 한다.

해설 보의 깊이가 $h \ge 900$mm인 경우 $h/2$까지 부재 양측면을 따라 균일하게 종방향 표피철근을 배치하여야 한다.

관련기준 KDS 14 20 20[2022] 4.2.3 (6)

**07** 철근콘크리트가 하나의 구조체로서 성립하는 이유를 기술한 것 중 옳지 않은 것은?

  ① 콘크리트와 철근은 대단히 큰 부착력을 가지고 있다.

  ② 콘크리트와 철근은 온도에 대한 팽창계수가 거의 같다.

  ③ 철근과 콘크리트는 모두 탄성체이기 때문에 일체로 잘 되지 않는다.

  ④ 콘크리트 속에 묻힌 철근은 녹슬지 않는다.

해설 **철근콘크리트의 성립요인**

    ㉠ 철근과 콘크리트의 부착력이 크다.

    ㉡ 콘크리트 속의 철근은 부식되지 않는다.

    ㉢ 철근과 콘크리트의 열팽창계수가 거의 같다.

    ㉣ 콘크리트는 압축에 강하고, 철근은 인장에 강하다.

**08** 철근콘크리트의 기둥에 관한 구조 세목으로 틀린 것은?

① 비합성 압축부재의 축방향 주철근 단면적은 전체 단면적의 0.01배 이상, 0.08배 이하로 하여야 한다.

② 압축부재의 축방향 주철근의 최소 개수는 나선 철근으로 둘러싸인 경우 6개로 하여야 한다.

③ 압축부재의 축방향 주철근의 최소 개수는 삼각형 띠철근으로 둘러싸인 경우 3개로 하여야 한다.

④ 띠철근의 수직 간격은 축방향 철근지름의 48배 이하, 띠철근이나 철선지름의 16배 이하, 또한 기둥 단면의 최대 치수 이하로 하여야 한다.

> **해설** 띠철근의 수직 간격(최솟값)
> ㉠ 축방향 철근지름의 16배 이하
> ㉡ 띠철근지름의 48배 이하
> ㉢ 기둥 단면 최소 치수 이하
>
> **관련기준** KDS 14 20 50[2022] 4.4.2 (3) ②

**09** 옹벽에 관한 설명으로 틀린 것은?

① 앞부벽식 옹벽의 부벽은 직사각형 보로 설계한다.

② 활동에 대한 저항력은 옹벽에 작용하는 수평력의 1.5배 이상이어야 한다.

③ 옹벽의 뒤채움으로는 다져진 부순 돌, 자갈보다는 다져진 실트 및 세사가 더 효과적이다.

④ 캔틸레버 옹벽의 전면벽은 저판에 지지된 캔틸레버로 설계할 수 있다.

> **해설** 옹벽의 뒤채움으로는 물이 잘 모이도록 다져진 부순 돌, 조약돌 또는 자갈을 사용한다.

**10** 경간 6m인 단순 직사각형 단면($b=300\text{mm}$, $h=400\text{mm}$)보에 계수하중 30kN/m가 작용할 때 PS 강재가 단면 도심에서 긴장되며 경간 중앙에서 콘크리트 단면의 하연응력이 0이 되려면 PS 강재에 얼마의 긴장력이 작용되어야 하는가?

① 1,805kN  ② 2,025kN

③ 3,054kN  ④ 3,557kN

> **해설** PSC 구조의 긴장력
> ㉠ 계수휨모멘트
> $$M_u = \frac{w_u l^2}{8} = \frac{30 \times 6^2}{8} = 135\text{kN} \cdot \text{m}$$
> ㉡ 긴장력의 크기
> $$f_t = \frac{P}{A} - \frac{M_u}{I} y = 0$$
> $$\therefore P = \frac{6M_u}{h} = \frac{6 \times 135}{0.4} = 2,025\text{kN}$$

**11** 다음 그림과 같이 경간 중앙점에서 강선(tendon)을 꺾었을 때, 이 꺾은 점에서 상향력(上向力) $U$ 의 값은?

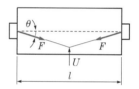

① $U = F\sin\theta$  ② $U = F\tan\theta$

③ $U = 2F\sin\theta$  ④ $U = 2F\tan\theta$

> **해설** 절곡 배치 시 상향력
> $$\sum V = 0$$
> $$\therefore U = 2F\sin\theta$$
>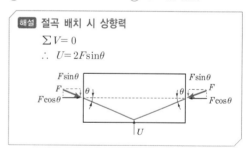

**12** 다음 중 포스트텐션 공법에 의한 프리스트레스 콘크리트 부재의 제작과정이 옳은 것은?

> (a) 거푸집의 조립과 시스의 배치
> (b) 프리스트레스 도입
> (c) 콘크리트 치기
> (d) 그라우팅

① (a)−(b)−(c)−(d)  ② (a)−(c)−(b)−(d)

③ (a)−(d)−(b)−(c)  ④ (a)−(b)−(d)−(c)

**정답** 8. ④  9. ③  10. ②  11. ③  12. ②

해설 PSC 보의 제작과정
거푸집 조립과 시스 배치 → 콘크리트 타설 → 프리스트레스 도입 → 그라우팅

**13** 다음 그림과 같이 지름 25mm의 구멍이 있는 판(plate)에서 인장응력 검토를 위한 순폭은 약 얼마인가?

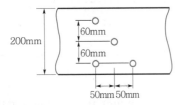

① 160.4mm
② 150mm
③ 145.8mm
④ 130mm

해설 강판의 순폭($b_n$)
모든 파괴경로에 대해 검토한다.
㉠ $b_n = b_g - 2d = 200 - 2 \times 25 = 150mm$
㉡ $b_n = b_g - d - \left(d - \dfrac{P^2}{4g}\right)$
$= 200 - 25 - \left(25 - \dfrac{50^2}{4 \times 60}\right)$
$= 160.4mm$
㉢ $b_n = b_g - d - 2\left(d - \dfrac{P^2}{4g}\right)$
$= 200 - 25 - 2 \times \left(25 - \dfrac{50^2}{4 \times 60}\right)$
$= 145.8mm$
∴ $b_n = 145.8mm$(최솟값)

**14** 다음 필릿용접의 전단응력은 얼마인가?

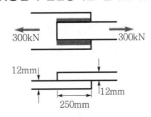

① 67.72MPa
② 70.72MPa
③ 72.72MPa
④ 79.01MPa

해설 필릿(모살)용접의 전단응력
㉠ 용접유효길이
$l_e = l - 2s$
$= 2 \times (250 - 2 \times 12) = 452mm$
㉡ 전단응력
$v = \dfrac{P}{A} = \dfrac{P}{\sum a l_e} = \dfrac{300 \times 10^3}{0.7 \times 12 \times 452}$
$= 79.01MPa$

**15** 다음 그림과 같은 단순지지된 2방향 슬래브에 작용하는 등분포하중 $w$가 ab와 cd방향에 분배되는 $w_{ab}$와 $w_{cd}$의 양은 얼마인가?

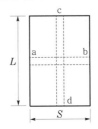

① $w_{ab} = \dfrac{w L^4}{L^4 + S^4}$ , $w_{cd} = \dfrac{w S^4}{L^4 + S^4}$

② $w_{ab} = \dfrac{w L^3}{L^3 + S^3}$ , $w_{cd} = \dfrac{w S^3}{L^3 + S^3}$

③ $w_{ab} = \dfrac{w S^4}{L^4 + S^4}$ , $w_{cd} = \dfrac{w L^4}{L^4 + S^4}$

④ $w_{ab} = \dfrac{w S^3}{L^3 + S^3}$ , $w_{cd} = \dfrac{w L^3}{L^3 + S^3}$

해설 2방향 슬래브의 하중 분배
㉠ 등분포하중 $w$가 작용할 경우
$w_{ab} = \left(\dfrac{L^4}{L^4 + S^4}\right) w$
$w_{cd} = \left(\dfrac{S^4}{L^4 + S^4}\right) w$
㉡ 집중하중 $P$가 작용할 경우
$P_{ab} = \left(\dfrac{L^3}{L^3 + S^3}\right) P$
$P_{cd} = \left(\dfrac{S^3}{L^3 + S^3}\right) P$

정답 13. ③  14. ④  15. ①

**16** 다음 그림과 같은 철근콘크리트 확대기초의 위험 단면에서의 휨모멘트는 얼마인가? [단, 확대기초 저면에서 일어나는 압력은 200kN/m²이다.]

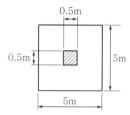

① 1,165.7kN·m
② 1,582.4kN·m
③ 2,045.5kN·m
④ 2,531.3kN·m

**해설** 확대기초 위험단면의 휨모멘트
㉠ 확대기초의 휨모멘트에 대한 위험단면은 기둥 전면으로 본다. 지반지지력을 하중으로 재하시 킨 후 휨모멘트를 구한다.
㉡ 위험단면의 휨모멘트

$$M = \frac{1}{8} q S (L-t)^2$$
$$= \frac{1}{8} \times 200 \times 5 \times (5-0.5)^2$$
$$= 2,531.25 \text{kN} \cdot \text{m}$$

**17** 압축이형철근의 겹침이음길이에 대한 설명으로 옳은 것은? [단, $d_b$: 철근의 공칭지름]

① 압축이형철근의 기본정착길이($l_{db}$) 이상, 또한 200mm 이상으로 하여야 한다.

② $f_y$가 500MPa 이하인 경우는 $0.72 f_y d_b$ 이상, $f_y$가 500MPa을 초과할 경우는 $(1.3 f_y - 24) d_b$ 이상이어야 한다.

③ $f_{ck}$가 28MPa 미만인 경우는 규정된 겹침이 음길이를 1/5 증가시켜야 한다.

④ 서로 다른 크기의 철근을 압축부에서 겹침이 음하는 경우 이음길이는 크기가 큰 철근의 정착길이와 크기가 작은 철근의 겹침이음길이 중 큰 값 이상이어야 한다.

**해설** 압축이형철근의 겹침이음길이
㉠ 압축이형철근의 겹침이음길이

$$l_s = \left( \frac{1.4 f_y}{\lambda \sqrt{f_{ck}}} - 52 \right) d_b \geq 300 \text{mm}$$

㉡ $f_y \leq 400$MPa인 경우 $l_s \leq 0.072 f_y d_b$
㉢ $f_y > 400$MPa인 경우 $l_s \leq (0.13 f_y - 24) d_b$
㉣ $f_{ck} < 21$MPa인 경우 겹침이음길이를 1/3 증가 시켜야 한다.

**관련기준** KDS 14 20 52[2022] 4.5.3 (1)

**18** $f_{ck} = 28$MPa, $f_y = 350$MPa로 만들어지는 보에서 압축이형철근으로 D29(공칭지름 28.6mm)를 사용 한다면 기본정착길이는?

① 412mm
② 446mm
③ 473mm
④ 522mm

**해설** 압축이형철근의 기본정착길이

$$l_{db} = \frac{0.25 d_b f_y}{\lambda \sqrt{f_{ck}}} \geq 0.043 d_b f_y$$

㉠ $l_{db} = \frac{0.25 \times 28.6 \times 350}{1.0 \sqrt{28}} = 472.93 \text{mm}$

㉡ $l_{db} = 0.043 \times 28.6 \times 350 = 430.43 \text{mm}$

∴ $l_{db} = 473 \text{mm}$(최댓값)

**관련기준** KDS 14 20 52[2022] 4.1.3 (2)

**19** 강도설계에서 전단철근의 공칭전단강도 $V_s$ 가 $\frac{1}{3} \lambda \sqrt{f_{ck}} b_w d$ 를 초과하는 경우 전단철근의 최대 간 격은? [단, $b_w$는 복부의 폭이고, $d$는 유효깊이이다.]

① $\frac{d}{2}$ 이하, 600mm 이하

② $\frac{d}{2}$ 이하, 300mm 이하

③ $\frac{d}{4}$ 이하, 600mm 이하

④ $\frac{d}{4}$ 이하, 300mm 이하

**정답** 16. ④ 17. ④ 18. ③ 19. ④

> **해설** 전단철근의 간격
>
> $V_s > \dfrac{1}{3}\lambda\sqrt{f_{ck}}\,b_w\,d$ 인 경우(최솟값)
>
> ㉠ $s = \dfrac{A_v f_y d}{V_s}$ 이하
>
> ㉡ $s = \dfrac{d}{4}$ 이하, 300mm 이하
>
> **관련기준** KDS 14 20 22[2022] 4.3.2 (3)

**20** 다음 그림과 같은 나선철근 단주의 공칭 중심 축하
중($P_n$)은? [단, $f_{ck}$ =28MPa, $f_y$ =350MPa, 축방향
철근은 8–D25($A_s$ =4,050mm²)를 사용한다.

400mm

① 1,786kN  ② 2,551kN

③ 3,450kN  ④ 3,665kN

> **해설** 나선철근 기둥의 공칭축하중($P_n$)
>
> $P_n = \alpha[0.85f_{ck}(A_g - A_{st}) + f_y A_{st}]$
>
> $= 0.85 \times \left[0.85 \times 28 \times \left(\dfrac{\pi \times 400^2}{4} - 4,050\right)\right.$
>
> $\left. + 350 \times 4,050\right] \times 10^{-3}$
>
> $= 3,665.12\text{kN}$
>
> **관련기준** KDS 14 20 20[2022] 4.1.2 (7) ①

**01** 철근콘크리트가 하나의 구조체로서 성립하는 이유를 기술한 것 중 옳지 않은 것은?

① 콘크리트와 철근은 대단히 큰 부착력을 가지고 있다.

② 콘크리트와 철근은 온도에 대한 팽창계수가 거의 같다.

③ 철근과 콘크리트는 모두 탄성체이기 때문에 일체로 잘 되지 않는다.

④ 콘크리트 속에 묻힌 철근은 녹슬지 않는다.

**02** 다음 중 보통 중량콘크리트의 탄성계수에 가장 많은 영향을 주는 것은?

① 단위중량과 28일 압축강도

② 물-시멘트비와 양생온도

③ 물-시멘트비와 시멘트계수(cement factor)

④ 단위중량과 조·세골재비

**03** 단철근 직사각형 보에서 $f_{ck}=32$MPa이라면 압축응력의 등가높이 $a=\beta_1 c$에서 계수 $\beta_1$은 얼마인가? [단, $c$는 압축연단에서 중립축까지의 거리이다.]

① 0.76

② 0.74

③ 0.80

④ 0.72

**04** 다음 중 "인장지배단면"의 정의로 가장 적합한 것은?

① 공칭강도에서 인장철근군의 인장변형률이 인장지배변형률 한계 이상인 단면

② 공칭강도에서 인장철근군의 순인장변형률이 인장지배변형률 한계 이상인 단면

③ 공칭강도에서 최내단 인장철근의 인장변형률이 인장지배변형률 한계 이상인 단면

④ 공칭강도에서 최외단 인장철근의 순인장변형률이 인장지배변형률 한계 이상인 단면

**05** 다음 주어진 단철근 직사각형 단면이 연성파괴를 한다면 이 단면의 공칭휨강도는 얼마인가? [단, $f_{ck}=21$MPa, $f_y=300$MPa]

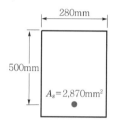

① 252.4kN · m

② 296.9kN · m

③ 356.3kN · m

④ 396.9kN · m

**06** 다음 그림은 복철근 직사각형 단면의 변형률이다. 다음 중 압축철근이 항복하기 위한 조건으로 옳은 것은?

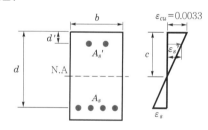

① $\dfrac{0.0033(c-d')}{c} \geq \dfrac{f_y}{E_s}$

② $\dfrac{660(c-d')}{c} \leq f_y$

③ $\dfrac{660d'}{660-f_y} > c$

④ $\dfrac{660d'}{660+f_y} < c$

**07** 일반적으로 사용되고 있는 전단철근의 종류를 열거한 것 중 옳지 않은 것은?

① 주철근에 수직한 U형 스터럽
② 주철근에 30° 이상의 경사를 이루는 경사스터럽
③ 주철근의 수평 부분과 30° 또는 그 이상의 각을 이루도록 구부려 올린 굽힘철근
④ 주철근에 수직한 폐합 스터럽

**08** $b=30$cm, $d=55$cm, $h=60$cm, $A_s=20$cm²로 휨에 대해서 보강되어 있고 전단에 대한 보강은 하지 않았다. 이때 시방서 규정에 따라 허용된 최대 극한 전단력 $V_u$는 얼마인가? [단, $f_{ck}=21$MPa, $f_y=300$MPa]

① 88,710N  ② 89,930N
③ 94,516N  ④ 100,817N

**09** 철근콘크리트 부재의 비틀림 철근 상세에 대한 설명으로 틀린 것은? [단, $p_h$ : 가장 바깥의 횡방향 폐쇄 스터럽 중심선의 둘레(mm)]

① 종방향 비틀림 철근은 양단에 정착하여야 한다.
② 횡방향 비틀림 철근의 간격은 $p_h/4$보다 작아야 하고, 또한 200mm보다 작아야 한다.
③ 비틀림에 요구되는 종방향 철근은 폐쇄 스터럽의 둘레를 따라 300mm 이하의 간격으로 분포시켜야 한다.
④ 종방향 철근의 지름은 스터럽 간격의 1/24 이상이어야 하며, D10 이상의 철근이어야 한다.

**10** 기본정착길이($l_{db}$)의 계산값이 73cm이고, 고려해야 할 보정계수가 1.4와 1.18인 부재에서의 철근의 소요정착길이는($l_d$)는?

① 102.20cm  ② 86.14cm
③ 120.60cm  ④ 44.19cm

**11** 철근의 겹침이음길이에 대한 다음 설명 중 틀린 것은?

① A급 이음 : $1.0l_d$
② B급 이음 : $1.3l_d$
③ C급 이음 : $1.5l_d$
④ 어떠한 경우라도 300mm 이상

**12** $A_s=3,600$mm², $A_s'=1,200$mm²로 배근된 다음 그림과 같은 복철근 보의 탄성처짐이 12mm라 할 때 5년 후 지속하중에 의해 유발되는 장기처짐은 얼마인가? [단, 5년 후 지속하중의 재하에 따른 계수 $\xi=2.0$이다.]

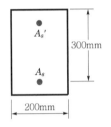

① 36mm  ② 18mm
③ 12mm  ④ 6mm

**13** 길이 6m의 단순 철근콘크리트 보에서 처짐을 계산하지 않아도 되는 보의 최소 두께는 얼마인가? [단, 보통 콘크리트($m_c=2,300$kg/m³)를 사용하며, $f_{ck}=21$MPa, $f_y=400$MPa]

① 356mm  ② 403mm
③ 376mm  ④ 349mm

**14** 보 또는 1방향 슬래브는 휨균열을 제어하기 위하여 휨철근의 배치에 대한 규정으로 콘크리트 인장연단에 가장 가까이 배치되는 휨철근의 중심 간격($s$)을 제한하고 있다. 철근의 항복강도가 300MPa이며 피복두께가 30mm로 설계된 휨철근의 중심 간격($s$)은 얼마 이하로 하여야 하는가? [단, 습윤환경상태이다.]

① 300mm  ② 315mm
③ 345mm  ④ 390mm

**15** 다음 그림과 같은 원형 철근 기둥에서 콘크리트 구조기준에서 요구하는 최대 나선철근의 간격은 약 얼마인가? [단, $f_{ck}$ =28MPa, $f_{yt}$ =400MPa, D10 철근의 공칭 단면적은 71.3mm²이다.]

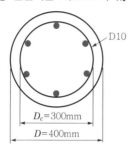

① 38mm
② 42mm
③ 45mm
④ 56mm

**16** 강재의 압축부재에 대한 설명으로 옳은 것은?

① 축방향 압축강도($P_c$)의 단면 계산에서 리벳이나 볼트 구멍을 제외한 순단면적을 사용한다.
② 축방향 압축강도($P_c$)의 단면 계산에서 총단면적을 사용한다.
③ 축방향 압축강도($P_c$)의 계산에서 응력은 휨응력만 계산한다.
④ 압축부재가 길이에 비해 단면이 작으면 세장비가 작아져서 좌굴파괴를 일으킨다.

**17** 다음은 2방향 슬래브의 설계에 사용되는 직접설계법의 제한사항에 관한 것이다. 옳지 않은 것은 어느 것인가?

① 활하중은 고정하중의 2배 이하이어야 한다.
② 각 방향에 2개 이상의 연속 경간을 가져야 한다.
③ 각 방향에 연속되는 경간의 길이는 긴 경간의 1/3 이상 차이가 있어서는 안 된다.
④ 기둥은 어느 측에 대하여도 연속되는 기둥의 중심선으로부터 경간길이의 10% 이상 벗어날 수 없다.

**18** PS 강선이 갖추어야 할 일반적인 성질 중 옳지 않은 것은?

① 인장강도가 높아야 하고, 항복비가 커야 한다.
② 릴랙세이션이 커야 한다.
③ 파단 시의 늘음이 커야 한다.
④ 직선성(直線性)이 좋아야 한다.

**19** 다음 그림과 같은 단면의 도심에 PS 강재가 배치되어 있다. 여기에 초기 프리스트레스 힘을 1.2MN 작용시켰다. 20%의 손실을 가정하여 콘크리트의 하연응력이 0이 되도록 하려면 이때의 휨모멘트는 얼마인가? [단, 프리텐션 방식이다.]

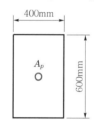

① 96kN · m
② 84kN · m
③ 72kN · m
④ 60kN · m

**20** 다음 그림의 고력볼트 마찰이음에서 필요한 볼트 수는 몇 개인가? [단, 볼트는 M24(= $\phi$24mm), F10T를 사용하며, 마찰이음의 허용응력은 56kN이다.]

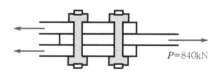

① 5개
② 6개
③ 7개
④ 8개

| 01 | 02 | 03 | 04 | 05 | 06 | 07 | 08 | 09 | 10 |
|----|----|----|----|----|----|----|----|----|----|
| ③ | ① | ③ | ④ | ③ | ① | ② | ③ | ② | ③ |
| 11 | 12 | 13 | 14 | 15 | 16 | 17 | 18 | 19 | 20 |
| ③ | ③ | ③ | ② | ① | ② | ② | ② | ① | ④ |

## 01 철근콘크리트가 하나의 구조체로 성립하는 이유

㉠ 철근과 콘크리트의 부착력이 양호하다.

㉡ 콘크리트 속의 철근은 부식되지 않는다.

㉢ 철근과 콘크리트의 열팽창계수(온도변화율)가 거의 같다.

- $\varepsilon_c = (1.0 \sim 1.3) \times 10^{-5}/\text{℃}$
- $\varepsilon_t = 1.2 \times 10^{-5}/\text{℃}$

## 02 콘크리트의 탄성계수

㉠ 콘크리트의 할선탄성계수

$E_c = 0.077 m_c^{1.5} \sqrt[3]{f_{cm}}$ [MPa]

여기서, $f_{cm} = f_{ck} + \Delta f$[MPa]

㉡ 보통 중량골재를 사용한 콘크리트($m_c = 2,300\text{kg/m}^3$)의 탄성계수

$E_c = 8,500 \sqrt[3]{f_{cm}} = 8,500 \sqrt[3]{f_{ck} + \Delta f}$ [MPa]

㉢ 콘크리트의 초기접선탄성계수(크리프 계산에 사용)

$E_{ci} = 1.18 E_c = 10,000 \sqrt[3]{f_{cm}}$ [MPa]

[관련기준] KDS 14 20 10[2021] 4.3.3 (1)

## 03 등가직사각형 응력깊이의 비($\beta_1$)

| $f_{ck}$[MPa] | ≤40 | 50 | 60 | 70 | 80 | 90 |
|---------------|-----|-----|-----|-----|-----|-----|
| $\beta_1$ | 0.80 | 0.80 | 0.76 | 0.74 | 0.72 | 0.70 |

[관련기준] KDS 14 20 20[2021] 4.1.1 (8) ③

## 04 인장지배단면

㉠ 최외단 인장철근의 순인장변형률($\varepsilon_t$)에 따라 압축지배단면, 인장지배단면, 변화구간단면으로 구분하고, 지배단면에 따라 강도감소계수($\phi$)를 달리 적용해야 한다.

㉡ 최외단 인장철근의 순인장변형률($\varepsilon_t$)이 인장지배변형률 한계 이상인 단면을 인장지배단면이라고 한다.

- $f_y \leq 400\text{MPa}$인 경우 $\varepsilon_t \geq 0.005$인 단면
- $f_y > 400\text{MPa}$인 경우 $\varepsilon_t \geq 2.5\varepsilon_y$인 단면

[관련기준] KDS 14 20 20[2021] 4.1.2 (4)

## 05 보의 공칭휨강도

㉠ 등가깊이

$f_{ck} \leq 40\text{MPa}$인 경우 $\eta = 1.0$

$\therefore a = \dfrac{A_s f_y}{\eta(0.85 f_{ck})b} = \dfrac{2,870 \times 300}{1.0 \times 0.85 \times 21 \times 280}$

$= 172.27\text{mm}$

㉡ 공칭휨강도

$M_n = A_s f_y \left(d - \dfrac{a}{2}\right)$

$= 2,870 \times 300 \times \left(500 - \dfrac{172.27}{2}\right) \times 10^{-6}$

$= 356.34\text{kN} \cdot \text{m}$

[관련기준] KDS 14 20 20[2021] 4.1.1 (8)

## 06 압축철근이 항복하기 위한 조건

㉠ 철근과 콘크리트의 변형률은 중립축으로부터 거리에 비례하는 것으로 가정할 수 있다.

㉡ 압축측 철근의 변형률

$f_{ck} \leq 40\text{MPa}$인 경우 $\varepsilon_{cu} = 0.0033$

$c : \varepsilon_{cu} = c - d' : \varepsilon_s'$

$\varepsilon_s' = \varepsilon_{cu}\left(\dfrac{c - d'}{c}\right) \geq \varepsilon_y$

$\therefore \dfrac{0.0033(c - d')}{c} \geq \dfrac{f_y}{E_s}$

[관련기준] KDS 14 20 20[2021] 4.1.1 (2), (3)

## 07 전단철근의 종류

㉠ 부재축에 직각인 스터럽

㉡ 부재축에 직각으로 배치한 용접철망

㉢ 나선철근, 원형 띠철근 또는 후프철근

㉣ 주인장철근에 45° 이상의 각도로 설치되는 스터럽

㉤ 주인장철근에 30° 이상의 각도로 구부린 굽힘철근

㉥ 스터럽과 굽힘철근의 조합

[관련기준] KDS 14 20 22[2021] 4.3.1 (1), (2)

## 08 최대 극한전단력

$V_s = 0$, $\phi = 0.75$

$\therefore \; V_u = \phi V_n = \phi(V_c + V_s) = \phi(V_c + 0) = \phi V_c$

$= \phi\left(\dfrac{1}{6}\lambda\sqrt{f_{ck}}\,b_w d\right)$

$= 0.75 \times \dfrac{1}{6} \times 1.0\sqrt{21} \times 300 \times 550 = 94,515.62\text{N}$

[관련기준] KDS 14 20 22[2021] 4.2.1 (1) ①

## 09 횡방향 비틀림 철근의 간격

횡방향 비틀림 철근의 간격은 $\dfrac{p_h}{8}$ 보다 작아야 하고, 또한 $300\text{mm}$ 보다 작아야 한다.

[관련기준] KDS 14 20 22[2021] 4.5.4 (4)

## 10 소요정착길이

㉠ 인장이형철근의 정착길이 $l_d$는 기본정착길이($l_{db}$)에 보정계수를 곱하여 구한다.

㉡ 보정계수는 철근배치 위치계수($\alpha$)와 도막계수($\beta$)의 곱으로 나타낸다.

$\therefore \; l_d = \alpha\beta l_{db} = 1.4 \times 1.18 \times 73 = 120.6\text{cm}$

[관련기준] KDS 14 20 52[2021] 4.1.2 (1), (2)

## 11 인장이형철근의 겹침이음길이

㉠ A급 이음 : $1.0 l_d$

㉡ B급 이음 : $1.3 l_d$

㉢ 어느 경우도 300mm 이상

[관련기준] KDS 14 20 52[2021] 4.5.2 (1)

## 12 장기처짐

㉠ 장기처짐계수

$\rho' = \dfrac{A_s{}'}{bd} = \dfrac{1,200}{200 \times 300} = 0.02$, $\xi = 2.0$(5년 이상)

$\therefore \; \lambda_\Delta = \dfrac{\xi}{1+50\rho'} = \dfrac{2.0}{1+50 \times 0.02} = 1.0$

㉡ 장기처짐

$\delta_l = $탄성처짐 $\times$ 장기처짐계수$= \delta_e \lambda_\Delta$

$= 12 \times 1.0 = 12\text{mm}$

[관련기준] KDS 14 20 30[2021] 4.2.1 (5)

## 13 처짐을 계산하지 않는 경우의 최소 두께($f_y = 400\text{MPa}$)

| 부재 | 캔틸레버 | 단순지지 | 일단 연속 | 양단 연속 |
|---|---|---|---|---|
| 보 | $\dfrac{l}{8}$ | $\dfrac{l}{16}$ | $\dfrac{l}{18.5}$ | $\dfrac{l}{21}$ |
| 1방향 슬래브 | $\dfrac{l}{10}$ | $\dfrac{l}{20}$ | $\dfrac{l}{24}$ | $\dfrac{l}{28}$ |

$\therefore \; h = \dfrac{l}{16} = \dfrac{6,000}{16} = 375.53\text{mm}$

[관련기준] KDS 14 20 30[2021] 4.2.1 (1)

## 14 표피철근의 중심 간격

㉠ 보나 장선의 깊이 $h$가 900mm를 초과하면 종방향 표피철근을 인장연단부터 $h/2$ 지점까지 부재 양쪽 측면을 따라 균일하게 배치하여야 한다.

㉡ 환경노출계수와 철근의 응력

$c_c = 30\text{mm}$, $k_{cr} = 210$(습윤양생)

$f_s = \dfrac{2}{3}f_y = \dfrac{2}{3} \times 300 = 200\text{MPa}$

㉢ 표피철근의 중심 간격(최솟값)

$s = 375\left(\dfrac{k_{cr}}{f_s}\right) - 2.5c_c = 375 \times \dfrac{210}{200} - 2.5 \times 30$

$= 318.75\text{mm}$

$s = 300\left(\dfrac{k_{cr}}{f_s}\right) = 300 \times \dfrac{210}{200}$

$= 315\text{mm}$

$\therefore \; s = [319,\ 315]_{\min} = 315\text{mm}$

[관련기준] KDS 14 20 20[2021] 4.2.3 (4), (6)

## 15 나선철근의 간격

㉠ 나선철근비(체적비)

$\rho_s = \dfrac{\text{나선철근의 체적}}{\text{심부의 체적}} = 0.45\left(\dfrac{A_g}{A_{ch}} - 1\right)\dfrac{f_{ck}}{f_{yt}}$

$= 0.45 \times \left(\dfrac{400^2}{300^2} - 1\right) \times \dfrac{28}{400} = 0.0245$

㉡ 나선철근의 간격

$\dfrac{4 \times 71.3 \times \pi \times 300}{\pi \times 300^2 \times s} = 0.0245$

$\therefore \; s = 38.8\text{mm}$

[관련기준] KDS 14 30 10[2019] 4.1.2, 4.1.3

## 16 압축부재

강재의 압축부재는 총단면적($A_g$)을 사용하고, 인장부재는 순단면적($A_n$)을 사용한다.

[관련기준] KDS 14 30 10[2019] 4.1.2, 4.1.3

## 17 직접설계법의 제한사항

2방향 슬래브는 각 방향으로 3경간 이상 연속되어야 한다.

[관련기준] KDS 14 20 70[2021] 4.1.3.1 (2)~(6)
[관련이론] 2방향 슬래브의 직접설계법 제한사항
① 각 방향으로 3경간 이상 연속되어야 한다.
② 슬래브 판들은 단변경간에 대한 장변경간의 비가 2 이하인 직사각형이어야 한다.

③ 각 방향으로 연속한 받침부 중심 간 경간차이는 긴 경간의 $\frac{1}{3}$ 이하이어야 한다.

④ 연속한 기둥 중심선을 기준으로 기둥의 어긋남은 그 방향 경간의 10% 이하이어야 한다.

⑤ 모든 하중은 슬래브 판 전체에 걸쳐 등분포된 연직하중이어야 하며, 활하중은 고정하중의 2배 이하이어야 한다.

**18** PS 강선의 요구사항

릴랙세이션이 작아야 한다.

[관련기준] KS D 7002(강선)의 규정
　　　　　 KS D 3505(강봉)의 규정

[관련이론] PS 강재 품질의 요구사항

① 인장강도가 높아야 한다(고강도일수록 긴장력의 손실률이 적다).

② 항복비$\left(=\dfrac{항복강도}{인장강도}\times100\%\right)$가 커야 한다.

③ 릴랙세이션이 작아야 한다.

④ 적당한 연성과 인성이 있어야 한다.

⑤ 응력 부식에 대한 저항성이 커야 한다.

⑥ 부착시켜 사용하는 PS 강재는 콘크리트와의 부착강도가 커야 한다.

⑦ 어느 정도의 피로강도를 가져야 한다.

⑧ 곧게 잘 펴지는 직선성(신직성)이 좋아야 한다.

**19** PSC 보의 해석

㉠ 유효 프리스트레스 힘(20% 손실 시)
$$P_e = 1,200 \times 0.8 = 960\text{kN}$$

㉡ 작용하는 휨모멘트(도심 배치)
$$f_t = \frac{P_e}{A} - \frac{M}{I}y = \frac{P_e}{bh} - \frac{6M}{bh^2} = 0$$
$$\therefore M = \frac{P_e h}{6} = \frac{960 \times 0.6}{6} = 96\text{kN} \cdot \text{m}$$

**20** 소요볼트개수(2면 전단)
$$n = \frac{P}{2P_a} = \frac{840}{2 \times 56} = 7.5 = 8\text{개}$$

**01** 콘크리트 속에 묻혀 있는 철근이 콘크리트와 일체가 되어 외력에 저항할 수 있는 이유로 적합하지 않은 것은?

① 철근과 콘크리트 사이의 부착강도가 크다.
② 철근과 콘크리트의 열팽창계수가 거의 같다.
③ 콘크리트 속에 묻힌 철근은 부식하지 않는다.
④ 철근과 콘크리트의 탄성계수가 거의 같다.

**02** 긴장재를 제외한 휨인장철근의 설계기준항복강도($f_y$)의 상한값은? [단, 현행 콘크리트 구조기준에 의한다.]

① 400MPa  ② 420MPa
③ 500MPa  ④ 600MPa

**03** 강도설계법에서 강도감소계수($\phi$)를 규정하는 목적이 아닌 것은?

① 재료강도와 치수가 변동할 수 있으므로 부재의 강도 저하 확률에 대비한 여유를 반영하기 위해
② 부정확한 설계방정식에 대비한 여유를 반영하기 위해
③ 구조물에서 차지하는 부재의 중요도 등을 반영하기 위해
④ 하중의 변경, 구조 해석할 때의 가정 및 계산의 단순화로 인해 야기될지 모르는 초과하중에 대비한 여유를 반영하기 위해

**04** 강도설계법에서 직사각형 단철근 보의 균형철근비 $\rho_b$는 얼마인가? [단, $f_{ck}$=20MPa, $f_y$=300MPa이고, 철근의 탄성계수는 $2.0\times10^5$MPa이다.]

① 0.025  ② 0.032
③ 0.038  ④ 0.048

**05** 다음과 같은 단철근 직사각형 단면보의 설계휨강도 $\phi M_n$을 구하면? [단, $A_s$=2,000mm², $f_{ck}$=21MPa, $f_y$=300MPa]

① 213.1kN·m
② 266.4kN·m
③ 226.4kN·m
④ 239.9kN·m

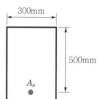

**06** 다음 그림과 같은 T형 보에 대한 등가깊이 $a$는 얼마인가? [단, $f_{ck}$=21MPa, $f_y$=400MPa]

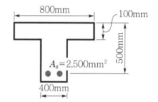

① 40mm  ② 70mm
③ 80mm  ④ 150mm

**07** 깊은 보(deep beam)에 대한 설명으로 옳은 것은?

① 순경간($l_n$)이 부재깊이의 3배 이하이거나 하중이 받침부로부터 부재깊이의 0.5배 거리 이내에 작용하는 보
② 순경간($l_n$)이 부재깊이의 4배 이하이거나 하중이 받침부로부터 부재깊이의 2배 거리 이내에 작용하는 보
③ 순경간($l_n$)이 부재깊이의 5배 이하이거나 하중이 받침부로부터 부재깊이의 4배 거리 이내에 작용하는 보
④ 순경간($l_n$)이 부재깊이의 6배 이하이거나 하중이 받침부로부터 부재깊이의 5배 거리 이내에 작용하는 보

**08** 전단철근이 부담해야 할 전단력 $V_s$ 가 400kN일 때 전단철근의 간격 $s$ 는 얼마 이하여야 하는가? [단, $A_v$ =700mm², $f_y$ =350MPa, $f_{ck}$ =21MPa, $b_w$ = 400mm, $d$ =560mm]

① 140mm      ② 200mm

③ 280mm      ④ 340mm

**09** 다음 그림에 나타난 직사각형 단철근 보의 공칭전단강도 $V_n$ 을 계산하면? [단, 철근 D13을 스터럽(stirrup)으로 사용하며, 스터럽 간격은 150mm이다. 철근 D13 1본의 단면적은 126.7mm², $f_{ck}$ = 28MPa, $f_y$ = 350MPa이다.]

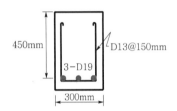

450mm    D13@150mm

3-D19

300mm

① 120kN      ② 133kN

③ 253kN      ④ 385kN

**10** $f_{ck}$ =28MPa, $f_y$ =350MPa로 만들어지는 보에서 압축이형철근으로 D29(공칭지름 28.6mm)를 사용한다면 기본정착길이는?

① 412mm      ② 446mm

③ 473mm      ④ 522mm

**11** $b$ =350mm, $d$ =550mm인 직사각형 단면의 보에서 지속하중에 의한 순간처짐이 16mm였다. 1년 후 총처짐량은 얼마인가? [단, $A_s$ =2,246mm², $A_s{}'$ = 1,284mm², $\xi$ =1.4]

① 20.5mm      ② 32.8mm

③ 42.1mm      ④ 26.5mm

**12** 인장력을 받는 이형철근의 겹침이음길이는 A급과 B급으로 분류한다. 여기서 A급 이음의 조건으로 옳은 것은?

① 배치된 철근량이 이음부 전체 구간에서 해석 결과 요구되는 소요철근량의 2배 이상이고, 소요겹침이음길이 내 겹침이음된 철근량이 전체 철근량의 1/2 이하인 경우

② 배치된 철근량이 이음부 전체 구간에서 해석 결과 요구되는 소요철근량의 2배 이하이고, 소요겹침이음길이 내 겹침이음된 철근량이 전체 철근량의 1/2 이하인 경우

③ 배치된 철근량이 이음부 전체 구간에서 해석 결과 요구되는 소요철근량의 2배 이상이고, 소요겹침이음길이 내 겹침이음된 철근량이 전체 철근량의 1/2 이상인 경우

④ 배치된 철근량이 이음부 전체 구간에서 해석 결과 요구되는 소요철근량의 2배 이하이고, 소요겹침이음길이 내 겹침이음된 철근량이 전체 철근량의 1/2 이상인 경우

**13** 보통 골재로 만든 철근콘크리트 보에서 처짐 계산을 하지 않을 경우에 단순지지된 보의 최소 높이는 경간을 $l$ 이라 할 때 얼마인가? [단, $f_y$ 가 400MPa인 철근으로 만든 보이다.]

① $\dfrac{l}{11}$      ② $\dfrac{l}{16}$

③ $\dfrac{l}{27}$      ④ $\dfrac{l}{32.5}$

**14** 나선철근 압축부재 단면의 심부지름이 400mm, 기둥 단면의 지름이 500mm인 나선철근 기둥의 나선철근비는 최소 얼마 이상이어야 하는가? [단, 나선철근의 설계기준항복강도 $(f_{yt})$ =400MPa, $f_{ck}$ =21MPa]

① 0.0133      ② 0.0201

③ 0.0248      ④ 0.0304

**15** 다음 그림과 같은 띠철근 압축부재에서 시방서 규정에 적합한 축방향 철근량의 범위는? [단, 단면의 크기에 따른 축방향 철근비의 제한규정에 따라 계산한다.]

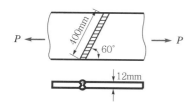

① $10 \sim 80 \text{cm}^2$

② $10 \sim 160 \text{cm}^2$

③ $20 \sim 160 \text{cm}^2$

④ $20 \sim 80 \text{cm}^2$

**16** 다음 그림에서 인장력 $P = 400\text{kN}$이 작용할 때 용접이음부의 응력은 얼마인가?

① 96.2MPa
② 101.2MPa
③ 105.3MPa
④ 108.6MPa

**17** 다음 그림과 같이 1,250kN의 하중을 띠철근 기둥으로 지지할 경우 확대기초(2방향 배근)의 전단응력은 얼마인가? [단, 유효깊이는 500mm이다.]

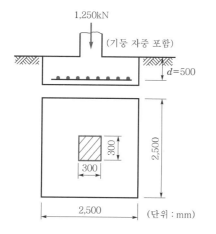

① 0.821MPa
② 1.00MPa
③ 0.701MPa
④ 0.925MPa

**18** PS 콘크리트의 강도 개념(strength concept)을 설명한 것으로 가장 적당한 것은?

① 콘크리트에 프리스트레스가 가해지면 PSC 부재는 탄성재료로 전환되고, 이의 해석은 탄성이론으로 가능하다는 개념

② PSC 보를 RC 보처럼 생각하여 콘크리트는 압축력을 받고, 긴장재는 인장력을 받게 하여 두 힘의 우력모멘트로 외력에 의한 휨모멘트에 저항시킨다는 개념

③ PS 콘크리트는 결국 부재에 작용하는 하중의 일부 또는 전부를 미리 가해진 프리스트레스와 평형이 되도록 하는 개념

④ PS 콘크리트는 강도가 크기 때문에 보의 단면을 강재의 단면으로 가정하여 압축 및 인장을 단면 전체가 부담할 수 있다는 개념

**19** 경간 25m인 PS 콘크리트 보에 계수하중 40kN/m가 작용하고, $P = 2,500\text{kN}$의 프리스트레스가 주어질 때 등분포 상향력 $u$를 하중 평형(Balanced Load) 개념에 의해 계산하여 이 보에 작용하는 순수 하향 분포하중을 구하면?

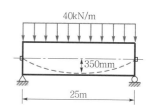

① 26.5kN/m
② 27.3kN/m
③ 28.8kN/m
④ 29.6kN/m

**20** 기둥연결부에서 단면치수가 변하는 경우에 배치되는 구부린 주철근은?

① 옵셋굽힘철근
② 연결철근
③ 종방향 철근
④ 인장타이

# CBT 실전 모의고사 정답 및 해설

| 01 | 02 | 03 | 04 | 05 | 06 | 07 | 08 | 09 | 10 |
|---|---|---|---|---|---|---|---|---|---|
| ④ | ④ | ④ | ② | ③ | ② | ② | ① | ④ | ③ |
| 11 | 12 | 13 | 14 | 15 | 16 | 17 | 18 | 19 | 20 |
| ② | ① | ② | ① | ③ | ① | ③ | ② | ③ | ① |

## 01 탄성계수

㉠ 탄성계수가 거의 같은 것은 아니다.
- $E_c = 0.077 m_c^{1.5} \sqrt[3]{f_{cm}} = 8,500 \sqrt[3]{f_{cm}}$ [MPa]
- $E_s = 2.0 \times 10^5$ MPa

㉡ 탄성계수비
$$n = \frac{E_s}{E_c} = \frac{23.53}{\sqrt[3]{f_{cm}}} = 6 \sim 8$$

[관련기준] KDS 14 20 10[2021] 4.3.3 (1), (2)

## 02 철근의 항복강도

㉠ 휨인장철근의 항복강도 : $f_y \leq 600$MPa
㉡ 전단철근의 항복강도 : $f_y \leq 500$MPa
㉢ 나선철근의 항복강도 : $f_y \leq 500$MPa

[관련기준] KDS 14 20 10[2021] 4.2.4 (1)
KDS 14 20 22[2021] 4.3.1 (3)

## 03 강도감소계수의 규정목적

㉠ 재료의 공칭강도와 실제 강도와의 차이
㉡ 부재를 제작 또는 시공할 때 설계도와의 차이
㉢ 부재강도의 추정과 해석에 관련된 불확실성 등을 고려하기 위한 안전계수

[관련기준] KDS 14 20 10[2021] 4.2.3 (2)

## 04 균형철근비

㉠ 응력분포 변수값
$f_{ck} \leq 40$MPa인 경우 $\beta_1 = 0.80$, $\eta = 1.0$, $\varepsilon_{cu} = 0.0033$
㉡ 균형철근비
$$\rho_b = \frac{\eta(0.85 f_{ck})\beta_1}{f_y} \cdot \frac{660}{660 + f_y}$$
$$= \frac{1.0 \times 0.85 \times 20 \times 0.80}{300} \times \frac{660}{660 + 300}$$
$$= 0.03117$$

[관련기준] KDS 14 20 20[2021] 4.1.1 (8)

## 05 설계휨강도($\phi M_n$)

㉠ 등가깊이
$f_{ck} \leq 40$MPa인 경우 $\beta_1 = 0.80$, $\eta = 1.0$, $\varepsilon_{cu} = 0.0033$
$$a = \frac{A_s f_y}{\eta(0.85 f_{ck})b} = \frac{2,000 \times 300}{1.0 \times 0.85 \times 21 \times 300} = 112\text{mm}$$
$$\therefore c = \frac{a}{\beta_1} = \frac{112}{0.80} = 140\text{mm}$$

㉡ 강도감소계수
$$\varepsilon_t = \varepsilon_{cu}\left(\frac{d_t - c}{c}\right) = 0.0033 \times \frac{500 - 140}{140}$$
$$= 0.0085 \geq \varepsilon_{t.tcl} = 0.005$$
$\therefore$ 인장지배단면
$\therefore \phi = 0.85$

㉢ 설계휨강도
$$M_d = \phi M_n = \phi A_s f_y\left(d - \frac{a}{2}\right)$$
$$= 0.85 \times 2,000 \times 300 \times \left(500 - \frac{112}{2}\right) \times 10^{-6}$$
$$= 226.44\text{kN} \cdot \text{m}$$

[관련기준] KDS 14 20 10[2021] 4.2.3 (2) ①
KDS 14 20 20[2021] 4.1.1 (8) ①

## 06 등가응력깊이

㉠ T형 보의 판별
$$a = \frac{A_s f_y}{\eta(0.85 f_{ck})b} = \frac{2,500 \times 400}{1.0 \times 0.85 \times 21 \times 800}$$
$$= 70.03\text{mm} \leq t = 100\text{mm}$$
$\therefore$ 직사각형 보로 해석

㉡ 등가깊이
$a = 70.03$mm

[관련기준] KDS 14 20 10[2021] 4.3.10 (1) ①

## 07 깊은 보의 조건

㉠ 순경간($l_n$)이 부재깊이의 4배 이하인 부재($l_n/d \leq 4$)

㉡ 받침부 내면에서 부재깊이의 2배 이하인 위치에 집중하중이 작용하는 경우는 집중하중과 받침부 사이의 구간

[관련기준] KDS 14 20 20[2021] 4.2.4 (1)

## 08 전단철근의 간격

㉠ 전단철근의 간격 산정기준

$$\frac{1}{3} \lambda \sqrt{f_{ck}} b_w d = \frac{1}{3} \times 1.0 \sqrt{21} \times 400 \times 560 \times 10^{-3}$$
$$= 342.2 \text{kN} < V_s = 400 \text{kN}$$
$$\therefore s \leq \frac{d}{4} = \frac{560}{4} = 140 \text{mm}, \ s \leq 300 \text{mm}$$

㉡ 관계식

$$s = \frac{A_v f_y d}{V_s} = \frac{700 \times 350 \times 560}{400,000} = 349.1 \text{mm}$$
$$\therefore s = [140, \ 300, \ 349]_{\min} = 140 \text{mm}$$

[관련기준] KDS 14 20 22[2021] 4.3.2 (1), (3)

## 09 보의 공칭전단강도

㉠ 콘크리트가 부담하는 전단강도($V_c$)

$$V_c = \frac{1}{6} \lambda \sqrt{f_{ck}} b_w d$$
$$= \frac{1}{6} \times 1.0 \sqrt{28} \times 300 \times 450 \times 10^{-3}$$
$$= 119.06 \text{kN}$$

㉡ 전단철근이 부담하는 전단강도($V_s$)

$$V_s = \frac{A_v f_y d}{s}$$
$$= \frac{2 \times 126.7 \times 350 \times 450}{150} \times 10^{-3}$$
$$= 266.07 \text{kN}$$

㉢ 공칭전단강도

$$V_n = V_c + V_s$$
$$= 119.06 + 266.07 = 385.13 \text{kN}$$

[관련기준] KDS 14 20 22[2021] 4.1.1 (1)
KDS 14 20 22[2021] 4.2.1 (1) ①
KDS 14 20 22[2021] 4.3.4 (2)

## 10 압축이형철근의 기본정착길이

$$l_{db} = \frac{0.25 d_b f_y}{\lambda \sqrt{f_{ck}}} \geq 0.043 d_b f_y$$

㉠ $l_{db} = \dfrac{0.25 d_b f_y}{\lambda \sqrt{f_{ck}}} = \dfrac{0.25 \times 28.6 \times 350}{1.0 \sqrt{28}} = 472.93 \text{mm}$

㉡ $l_{db} = 0.043 d_b f_y = 0.043 \times 28.6 \times 350 = 430.43 \text{mm}$

$\therefore l_{db} = [473, 430]_{\max} = 473 \text{mm}$

[관련기준] KDS 14 20 52[2021] 4.1.3 (2)

## 11 최종처짐량

㉠ 장기처짐계수

$$\rho' = \frac{A_s'}{bd} = \frac{1,284}{350 \times 550} = 0.00667, \ \xi = 1.4(1년)$$
$$\therefore \lambda_\Delta = \frac{\xi}{1 + 50\rho'}$$
$$= \frac{1.4}{1 + 50 \times 0.00667} = 1.0487$$

㉡ 최종처짐량

최종처짐 = 탄성처짐 + 장기처짐
= 탄성처짐 + 탄성처짐 × 장기처짐계수

$$\therefore \delta_t = \delta_e + \delta_l = \delta_e + \delta_e \lambda_\Delta = \delta_e (1 + \lambda_\Delta)$$
$$= 16 \times (1 + 1.0487) = 32.7792 \text{mm}$$

[관련기준] KDS 14 20 30[2021] 4.2.1 (5)

## 12 겹침이음길이의 분류

㉠ A급 이음 : 배치된 철근량이 이음부 전체 구간에서 해석결과 요구되는 소요철근량의 2배 이상이고, 소요겹침이음길이 내 겹침이음된 철근량이 전체 철근량의 1/2 이하인 경우

㉡ B급 이음 : A급 이음에 해당되지 않는 경우

[관련기준] KDS 14 20 52[2021] 4.5.2 (2)

## 13 처짐을 계산하지 않는 경우의 최소 두께

㉠ $f_y$ =400MPa인 경우

| 부재 | 캔틸레버 | 단순지지 | 일단 연속 | 양단 연속 |
|---|---|---|---|---|
| 보 | $\dfrac{l}{8}$ | $\dfrac{l}{16}$ | $\dfrac{l}{18.5}$ | $\dfrac{l}{21}$ |
| 1방향 슬래브 | $\dfrac{l}{10}$ | $\dfrac{l}{20}$ | $\dfrac{l}{24}$ | $\dfrac{l}{28}$ |

㉡ $f_y \neq$ 400MPa인 경우

$$h = \text{계산된 } h_1 \times \left(0.43 + \frac{f_y}{700}\right)$$

㉢ 경량콘크리트인 경우

$$h = \text{계산된 } h_1 \times (1.65 - 0.00031 m_c) \geq 1.09$$

[관련기준] KDS 14 20 30[2021] 4.2.1 (1)

## 14 나선철근비(체적비)

$$\rho_s = \frac{\text{나선철근의 체적}}{\text{심부의 체적}} = 0.45 \left(\frac{A_g}{A_{ch}} - 1\right) \frac{f_{ck}}{f_{yt}}$$
$$= 0.45 \times \left(\frac{500^2}{400^2} - 1\right) \times \frac{21}{400} = 0.01329$$

[관련기준] KDS 14 20 20[2021] 4.3.2 (3)

**15** 압축부재의 철근량 제한

$$0.01 \leq \rho_g \left( = \frac{A_{st}}{A_g} \right) \leq 0.08$$

$$0.01 A_g \leq A_{st} \leq 0.08 A_g$$

$$0.01 \times 400 \times 500 \leq A_{st} \leq 0.08 \times 400 \times 500$$

$$\therefore 2,000 \text{mm}^2 \leq A_{st} \leq 16,000 \text{mm}^2$$

[관련기준] KDS 14 20 20[2021] 4.3.2 (1)

**16** 용접부의 응력(홈용접, 맞대기이음)

㉠ 유효길이($l_e$)와 목두께($a$)

$$l_e = l \sin\theta = 400 \times \sin60° = 346.41 \text{mm}$$

$$a = t = 12 \text{mm}$$

㉡ 용접부의 응력

$$f_t = v = \frac{P}{\sum a l_e} = \frac{400,000}{12 \times 346.41} = 96.225 \text{MPa}$$

[관련기준] KDS 14 30 25[2019] 4.2.3 (1)

**17** 위험단면의 전단응력

㉠ 위험단면 둘레길이($b_o$)

$$q = \frac{P}{A} = \frac{1,250 \times 10^3}{2,500 \times 2,500} = 0.2 \text{MPa}$$

$$B = t + d = 300 + 500 = 800 \text{mm}$$

$$\therefore b_o = 4B = 4 \times 800 = 3,200 \text{mm}$$

㉡ 위험단면의 전단력($V$)

$$V = q(SL - B^2)$$

$$= 0.2 \times (2,500 \times 2,500 - 800^2)$$

$$= 1,122,000 \text{N}$$

㉢ 위험단면의 전단응력($v$)

$$v = \frac{V}{b_o d} = \frac{1,122,000}{3,200 \times 500} = 0.70125 \text{MPa}$$

[관련기준] KDS 14 20 70[2021] 4.2.2.2 (2)

**18** PSC의 기본 3개념

㉠ 응력 개념(균등질 보 개념)

㉡ 강도 개념(내력모멘트 개념, PSC=RC 개념)

㉢ 하중 평형 개념(등가하중 개념)

**19** 순하향 하중

㉠ 상향력($u$)

$$M = Ps = \frac{u l^2}{8}$$

$$\therefore u = \frac{8Ps}{l^2} = \frac{8 \times 2,500 \times 0.35}{25^2}$$

$$= 11.2 \text{kN/m}$$

㉡ 순하향하중($w_o$)

$$w_o = w - u = 40 - 11.2 = 28.8 \text{kN/m}$$

**20** 장주의 주철근

㉠ 옵셋굽힘철근(offset bent bar) : 상·하 기둥연결부에서 단면치수가 변하는 경우에 구부린 주철근

㉡ 인장타이(tension tie) : 스트럿-타이 모델에서 주인장력 경로로 선택되어 철근이나 긴장재가 배치되는 인장부재

㉢ 연결철근(cross tie) : 기둥 단면에서 외곽타이 안에 배치되는 타이

[관련기준] KDS 14 20 01[2021] 1.4 용어의 정의

# CBT 실전 모의고사

**01** 콘크리트의 크리프에 대한 다음 기술 중 적당하지 않은 것은?

① 콘크리트의 설계기준강도가 크면 클수록 크리프량도 크다.

② 크리프가 진행되는 속도는 온도 외에 습도의 영향을 받는다.

③ 크리프량은 응력이 크면 클수록, 응력의 지속시간이 길면 길수록 크다.

④ 최초로 하중이 재하될 때 재령이 크면 클수록 크리프량은 적어진다.

**02** 다음 그림과 같은 보를 강도설계법에 의해 설계할 경우 최대 철근량은 얼마인가? [단, $f_{ck}$ =21MPa, $f_y$ =300MPa]

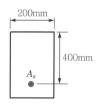

① $A_s$ =1,722mm$^2$    ② $A_s$ =1,936mm$^2$

③ $A_s$ =2,024mm$^2$    ④ $A_s$ =2,136mm$^2$

**03** 강도설계법의 설계가정 중 틀린 것은?

① 콘크리트의 인장강도는 철근콘크리트의 휨 계산에서 무시한다.

② 콘크리트의 변형률은 중립축에서의 거리에 비례한다.

③ 콘크리트의 압축응력의 크기는 $0.80f_{ck}$ 로 균등하고, 이 응력은 최대 압축변형률이 발생하는 단면에서 $a=\beta_1 c$ 까지의 부분에 등분포한다.

④ 사용철근의 응력이 항복강도 $f_y$ 이하일 때 철근의 응력은 그 변형률의 $E_s$ 배로 취한다.

**04** 철근의 간격에 대한 시방서의 구조 세목에 어긋나는 것은?

① 보의 정철근 또는 부철근의 수평 순간격은 25mm 이상, 굵은골재 최대 치수의 $\frac{4}{3}$ 배 이상, 또 철근의 공칭지름 이상이어야 한다.

② 정철근 또는 부철근을 2단 이상으로 배치하는 경우에는 연직 순간격은 25mm 이상으로 해야 한다.

③ 기둥에서 축방향 철근의 순간격은 40mm 이상, 철근 지름의 1.5배 이상, 굵은골재 최대 치수의 1.5배 이상이어야 한다.

④ 다발철근을 사용할 때는 이형철근으로 그 수는 4개 이하로 하여 스터럽이나 띠로 둘러싸야 한다.

**05** 다음 그림과 같이 철근콘크리트 휨부재의 최외단 인장철근의 순인장변형률($\varepsilon_t$)이 0.0045일 경우 강도감소계수 $\phi$는 얼마인가? [단, 나선철근으로 보강되지 않은 경우이고, 사용철근은 $f_y$ =400MPa, $\varepsilon_y$ (압축지배변형률 한계)=0.002이다.]

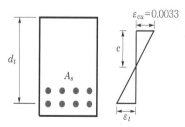

① 0.813    ② 0.817

③ 0.821    ④ 0.825

**06** 다음 그림 (a)와 같은 T형 단면의 보가 그림 (b)와 같은 변형률 분포를 갖게 될 때 단면의 공칭저항모멘트 $M_n$ 의 크기는 얼마인가? [단, $f_{ck}$ =25MPa, $f_y$ = 400MPa, $A_s$ =6,400mm², $E_s$ =2.0×10⁵MPa, 압축응력은 Whitney의 응력분포를 이용한다.]

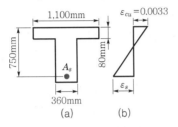

(a)　　(b)

① 1.76MN · m ② 1.67MN · m
③ 1.58MN · m ④ 1.50MN · m

**07** 철근콘크리트 구조물의 전단철근 상세기준에 대한 다음 설명 중 잘못된 것은?

① 이형철근을 전단철근으로 사용하는 경우 설계기준항복강도 $f_y$ 는 600MPa을 초과하여 취할 수 없다.
② 전단철근으로서 스터럽과 굽힘철근을 조합하여 사용할 수 있다.
③ 주철근에 45° 이상의 각도로 설치되는 스터럽은 전단철근으로 사용할 수 있다.
④ 경사스터럽과 굽힘철근은 부재 중간 높이인 $0.5d$에서 반력점 방향으로 주인장철근까지 연장된 45° 선과 한 번 이상 교차되도록 배치하여야 한다.

**08** 직사각형 보에서 계수전단력 $V_u$ =70kN을 전단철근 없이 지지하고자 할 경우 필요한 최소 유효깊이 $d$ 는 약 얼마인가? [단, $b_w$ =400mm, $f_{ck}$ =21MPa, $f_y$ =350MPa, $\phi$ =0.75]

① $d$ =426mm ② $d$ =556mm
③ $d$ =611mm ④ $d$ =751mm

**09** D32 인장철근의 기본정착길이는? [단, 여기서 D32의 $A_b$ =794mm², $d_b$ =31.8mm이고, $f_{ck}$ =21MPa, $f_y$ =350MPa이다.]

① 1,200mm ② 1,250mm
③ 1,460mm ④ 1,050mm

**10** 철근의 이음에 대한 설명 중 틀린 것은?

① 철근의 이음방법으로 겹이음이 가장 많이 사용된다.
② 이형철근을 겹이음할 때는 일반적으로 갈고리를 하지 않는다.
③ 원형철근을 겹이음할 때는 갈고리를 붙인다.
④ 지름이 35mm를 초과하는 철근은 겹이음하여야 한다.

**11** 보통 콘크리트 부재의 해당 지속하중에 대한 탄성처짐이 3cm이었다면 크리프 및 건조수축에 따른 추가적인 장기처짐을 고려한 최종 총처짐량은 얼마인가? [단, 하중 재하기간은 10년이고, 압축철근비 $\rho'$는 0.005이다.]

① 78mm ② 68mm
③ 58mm ④ 48mm

**12** 길이 6m의 단순 철근콘크리트 보의 처짐을 계산하지 않아도 되는 보의 최소 두께는 얼마인가? [단, $f_{ck}$ = 21MPa, $f_y$ =350MPa]

① 349mm ② 356mm
③ 375mm ④ 403mm

**13** 단철근 직사각형 보의 폭이 300mm, 유효깊이가 500mm, 높이가 600mm일 때 외력에 의해 단면에서 휨균열을 일으키는 휨모멘트($M_{cr}$)를 구하면? [단, $f_{ck}$ =24MPa, 콘크리트의 파괴계수($f_r$) = 0.63$\lambda \sqrt{f_{ck}}$ ]

① 45.2kN · m ② 48.9kN · m
③ 52.1kN · m ④ 55.6kN · m

**14** 다음 그림의 띠철근 기둥에서 띠철근으로 D13(공칭지름 12.7mm) 및 축방향 철근으로 D35(공칭지름 34.9mm)의 철근을 사용할 때 띠철근의 최대 수직간격은 얼마인가?

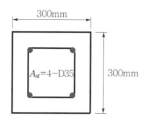

① 200mm      ② 300mm
③ 560mm      ④ 610mm

**15** 지름 450mm인 원형 단면을 갖는 중심 축하중을 받는 나선철근 기둥에 있어서 강도설계법에 의한 축방향 설계강도($\phi P_n$)는 얼마인가? [단, 이 기둥은 단주이고, $f_{ck}$=27MPa, $f_y$=350MPa, $A_{st}$=8-D22 =3,096mm², $\phi$=0.7이다.]

① 1,166kN      ② 1,299kN
③ 2,425kN      ④ 2,774kN

**16** 다음의 프리스트레스 손실에 관한 설명 중 옳지 못한 것은?

① 프리텐션 부재에서 콘크리트의 탄성수축에 의한 손실은 프리스트레스의 도입 시 발생한다.
② 시간이 지남에 따라 발생하는 손실원인에는 콘크리트의 건조수축, 크리프, PS 강재의 릴랙세이션 등이 있다.
③ 프리스트레스의 손실량을 잘못 계산하면 부재의 설계강도에 영향을 미친다.
④ 사용하중 작용 시 프리스트레스 손실량의 과대한 예측은 지나친 솟음을 생기게 한다.

**17** 옹벽의 토압 및 설계 일반에 대한 설명 중 옳지 않은 것은?

① 토압은 공인된 공식으로 산정하되, 필요한 계수는 측정을 통하여 정해야 한다.
② 옹벽 각부의 설계는 슬래브와 확대기초의 설계방법에 준한다.
③ 뒷부벽식 옹벽은 부벽을 T형 보의 복부로 보고, 전단벽과 저판을 연속 슬래브로 보고 설계한다.
④ 앞부벽식 옹벽은 앞부벽을 T형 보의 복부로 보고 전면벽을 연속 슬래브로 보아 설계한다.

**18** 경간 6m인 단순 직사각형 단면($b$=300mm, $h$= 400mm)보에 계수하중 30kN/m가 작용할 때 PS 강재가 단면 도심에서 긴장되며 경간 중앙에서 콘크리트 단면의 하연응력이 0이 되려면 PS 강재에 얼마의 긴장력이 작용되어야 하는가?

① 1,805kN      ② 2,025kN
③ 3,054kN      ④ 3,557kN

**19** 다음 그림과 같은 단순지지된 2방향 슬래브에 작용하는 등분포하중 $w$가 ab와 cd 방향에 분배되는 $w_{ab}$와 $w_{cd}$의 양은 얼마인가?

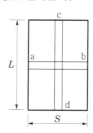

① $w_{ab} = \dfrac{w L^4}{L^4 + S^4}$ , $w_{cd} = \dfrac{w S^4}{L^4 + S^4}$

② $w_{ab} = \dfrac{w L^3}{L^3 + S^3}$ , $w_{cd} = \dfrac{w S^3}{L^3 + S^3}$

③ $w_{ab} = \dfrac{w S^4}{L^4 + S^4}$ , $w_{cd} = \dfrac{w L^4}{L^4 + S^4}$

④ $w_{ab} = \dfrac{w S^3}{L^3 + S^3}$ , $w_{cd} = \dfrac{w L^3}{L^3 + S^3}$

**20** 다음 그림과 같은 L형강에서 순폭 $b_n$을 구하면?
[단, 리벳의 지름은 19mm이다.]

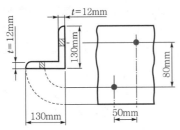

① 102.8mm  ② 219.2mm
③ 158.5mm  ④ 292.4mm

| 01 | 02 | 03 | 04 | 05 | 06 | 07 | 08 | 09 | 10 |
|----|----|----|----|----|----|----|----|----|----|
| ① | ① | ③ | ③ | ② | ① | ① | ③ | ③ | ④ |
| 11 | 12 | 13 | 14 | 15 | 16 | 17 | 18 | 19 | 20 |
| ① | ① | ④ | ② | ④ | ③ | ④ | ② | ① | ② |

## 01 콘크리트의 크리프에 영향을 주는 요인

ⓐ $w/c$비가 작은 콘크리트가 크리프 변형이 작다.
ⓑ 고강도 콘크리트일수록 크리프 변형이 작다.
ⓒ 하중 재하 시 콘크리트의 재령이 클수록 크리프 변형이 작다.
ⓓ 콘크리트가 놓인 주위 온도가 낮을수록, 습도가 높을수록 크리프 변형이 작다.

[관련기준] KDS 14 20 01[2021] 3.1.2 (5)
　　　　　 KS F 2453

## 02 최대 철근량

ⓐ $f_{ck} \leq 40\text{MPa}$인 경우
　$\eta = 1.0$, $\beta_1 = 0.80$, $\varepsilon_{cu} = 0.0033$, $\varepsilon_{t,\min} = 0.004$
ⓑ 최대 철근비

$$\rho_{\max} = \frac{\eta(0.85f_{ck})\beta_1}{f_y} \cdot \frac{\varepsilon_{cu}}{\varepsilon_{cu} + \varepsilon_{t,\min}}$$
$$= \frac{1.0 \times 0.85 \times 21 \times 0.80}{300} \times \frac{0.0033}{0.0033 + 0.004}$$
$$= 0.02152$$

ⓒ 최대 철근량
$$A_{s,\max} = \rho_{\max} b_w d$$
$$= 0.02152 \times 200 \times 400$$
$$= 1,721.6\text{mm}^2$$

[관련기준] KDS 14 20 20[2021] 4.1.1 (3), (8)
　　　　　 KDS 14 20 20[2021] 4.1.2 (5)

## 03 강도설계법의 설계가정

강도설계법에서 콘크리트 압축응력의 크기는 $\eta(0.85f_{ck})$로 가정한다.

[관련기준] KDS 14 20 20[2021] 4.1.1 (8) ①

## 04 철근의 순간격

ⓐ 보의 수평 순간격
　• 25mm 이상
　• 철근 지름 이상

• 굵은골재 최대 치수의 $\frac{4}{3}$배 이상
ⓑ 보의 수직 순간격
　• 25mm 이상
　• 상·하 철근 동일 연직면 내 위치
ⓒ 기둥의 순간격
　• 40mm 이상
　• 철근 지름의 1.5배 이상
　• 굵은골재 최대 치수의 $\frac{4}{3}$배 이상

[관련기준] KDS 14 20 50[2021] 4.2.2 (1), (2), (3)

## 05 강도감소계수($\phi$)

ⓐ 지배단면의 판정
　$f_y = 400\text{MPa}$인 경우
　$\varepsilon_{t,\min} = 0.004$, $\varepsilon_{t,ccl} = 0.005$, $\varepsilon_y = 0.002$
　$\varepsilon_{t,\min} < \varepsilon_t = 0.0045 < \varepsilon_{t,ccl}$이므로
　∴ 변화구간단면
ⓑ 강도감소계수(띠철근)

$$\phi = 0.65 + 0.2\left(\frac{\varepsilon_t - \varepsilon_y}{\varepsilon_{t,tcl} - \varepsilon_y}\right)$$
$$= 0.65 + 0.2 \times \frac{0.0045 - 0.002}{0.005 - 0.002}$$
$$= 0.817$$

[관련기준] KDS 14 20 10[2021] 4.2.3 (2) ②
　　　　　 KDS 14 20 20[2021] 4.1.2 (5)

## 06 공칭저항모멘트($M_n$)

ⓐ T형 보의 판별

$$a = \frac{A_s f_y}{\eta(0.85f_{ck})b}$$
$$= \frac{6,400 \times 400}{1.0 \times 0.85 \times 25 \times 1,100}$$
$$= 109.5\text{mm} > t = 80\text{mm}$$

∴ T형 보로 계산

ⓛ 플랜지에 작용하는 우력모멘트

$$M_{nf} = \eta(0.85f_{ck})(b-b_w)t\left(d-\frac{t}{2}\right)$$
$$= 1.0 \times 0.85 \times 25 \times (1,100-360)$$
$$\times 80 \times \left(750-\frac{80}{2}\right) \times 10^{-6} = 893.18 \text{kN} \cdot \text{m}$$

ⓒ 복부에 작용하는 우력모멘트

$$A_{sf} = \frac{\eta(0.85f_{ck})(b-b_w)t}{f_y}$$
$$= \frac{1.0 \times 0.85 \times 25 \times (1,100-360) \times 80}{400}$$
$$= 3,145 \text{mm}^2$$
$$a = \frac{(A_s - A_{sf})f_y}{\eta(0.85f_{ck})b_w} = \frac{(6,400-3,145) \times 400}{1.0 \times 0.85 \times 25 \times 360}$$
$$= 170.2 \text{mm}$$
$$\therefore M_{nw} = (A_s - A_{sf})f_y\left(d-\frac{a}{2}\right)$$
$$= (6,400-3,145) \times 400 \times \left(750-\frac{170.2}{2}\right) \times 10^{-6}$$
$$= 865.70 \text{kN} \cdot \text{m}$$

ⓔ 공칭저항모멘트

$$M_n = M_{nf} + M_{nw} = 893.18 + 865.70$$
$$= 1,758.88 \text{kN} \cdot \text{m}$$
$$= 1.76 \text{MN} \cdot \text{m}$$

**07 철근의 설계기준항복강도($f_y$)**

ⓐ 휨철근 : 600MPa

ⓑ 전단철근 : 500MPa

[관련기준] KDS 14 20 10[2021] 4.2.4 (1)
KDS 14 20 22[2021] 4.3.1 (3)

**08 보의 최소 유효깊이($V_s = 0$)**

ⓐ 최소 전단철근도 필요하지 않은 범위

$$V_u \leq \frac{1}{2}\phi V_c = \frac{1}{2}\phi\left(\frac{1}{6}\lambda\sqrt{f_{ck}}\,b_w d\right)$$

ⓑ 최소 유효깊이

$$70,000 \leq \frac{1}{2} \times 0.75 \times \frac{1}{6} \times 1.0\sqrt{21} \times 400 \times d$$
$$\therefore d = \frac{70,000 \times 2 \times 6}{0.75 \times 1.0\sqrt{21} \times 400} = 611.01 \text{mm}$$

[관련기준] KDS 14 20 22[2021] 4.3.3 (1)

**09 인장이형철근의 기본정착길이($l_{db}$)**

$$l_{db} = \frac{0.6d_b f_y}{\lambda\sqrt{f_{ck}}} = \frac{0.6 \times 31.8 \times 350}{1.0\sqrt{21}} = 1,457.3 \text{mm}$$

[관련기준] KDS 14 20 52[2021] 4.1.2 (2)

**10 철근의 이음 일반**

ⓐ D35를 초과하는 철근은 겹침이음을 할 수 없다.

ⓑ 이 경우 용접이음과 기계적 이음에 의한 맞댐이음을 해야 한다.

ⓒ 용접이음이나 기계적 이음은 철근의 설계기준항복강도의 125% 이상을 발휘할 수 있는 용접이나 기계적 이음이어야 한다.

[관련기준] KDS 14 20 52[2021] 4.5.1 (2) ①
KDS 14 20 52[2021] 4.5.1 (3) ①, ②

**11 최종처짐량**

ⓐ 장기처짐계수

$$\rho' = 0.005, \ \xi = 2.0(5년 이상)$$
$$\therefore \lambda_\Delta = \frac{\xi}{1+50\rho'} = \frac{2.0}{1+50 \times 0.005} = 1.6$$

ⓑ 최종처짐량

$$\delta_t = \delta_e + \delta_l = \delta_e + \delta_e\lambda_\Delta = \delta_e(1+\lambda_\Delta)$$
$$= 30 \times (1+1.6) = 78 \text{mm}$$

[관련기준] KDS 14 20 30[2021] 4.2.1 (5)

**12 처짐을 계산하지 않는 경우의 최소 두께**

단순지지, $f_y \neq 400$MPa인 경우

$$h = \frac{l}{16}\left(0.43 + \frac{f_y}{700}\right)$$
$$= \frac{6,000}{16} \times \left(0.43 + \frac{350}{700}\right) = 348.75 \text{mm}$$

[관련기준] KDS 14 20 30[2021] 4.2.1 (1)

**13 균열모멘트**

$$M_{cr} = \frac{I_g}{y_t}f_r = \frac{bh^2}{6}(0.63\lambda\sqrt{f_{ck}})$$
$$= \frac{300 \times 600^2}{6} \times 0.63 \times 1.0\sqrt{24} \times 10^{-6}$$
$$= 55.5544 \text{kN} \cdot \text{m}$$

[관련기준] KDS 14 20 30[2021] 4.2.1 (3)

**14 띠철근의 수직간격**

ⓐ 축철근 지름의 16배 = 16 × 34.9 = 558.4mm

ⓑ 띠철근 지름의 48배 = 48 × 12.7 = 609.6mm

ⓒ 기둥 단면 최소 치수 = 300mm

∴ 수직간격 = 300mm(최솟값)

[관련기준] KDS 14 20 50[2021] 4.4.2 (3) ②

## 15 나선철근 기둥의 축방향 설계강도

$$P_d = \phi P_n = \phi \alpha P_o$$
$$= \phi \alpha \left[ 0.85 f_{ck}(A_g - A_{st}) + f_y A_{st} \right]$$
$$= 0.7 \times 0.85 \times \left[ 0.85 \times 27 \times \left( \frac{\pi \times 450^2}{4} - 3,096 \right) \right.$$
$$\left. + 350 \times 3,096 \right] \times 10^{-3}$$
$$= 2,774.24 \text{kN}$$

[관련기준] KDS 14 20 20[2021] 4.1.2 (7) ①

## 16 프리스트레스의 손실

㉠ 프리스트레스의 손실량을 잘못 계산하면 사용하중 작용
   시 부재의 구조 거동, 솟음, 처짐, 균열 등에 영향을 미치지
   만, 부재의 설계강도에는 영향을 미치지 않는다.
㉡ 포스트텐션 방식에서 특히 두드러지게 나타나는 손실은
   PS 강선을 긴장할 때 시스(sheath, 도관)와 강선과의 마찰
   에 의한 손실이다.

[관련기준] KDS 14 20 60[2021] 4.3.1 (1) ③

## 17 뒷부벽 및 앞부벽 옹벽의 설계

㉠ 앞부벽식 : 구형 보(직사각형 보)의 복부로 보고 설계(압축
   철근)
㉡ 뒷부벽식 : T형 보의 복부로 보고 설계(인장철근)

[관련기준] KDS 14 20 74[2021] 4.1.2.3 (1)

## 18 PSC 보의 해석

㉠ 최대 휨모멘트

$$M_u = \frac{w_u l^2}{8} = \frac{30 \times 6^2}{8} = 135 \text{kN} \cdot \text{m}$$

㉡ PS 강재의 긴장력 산정(도심 배치)

$$f_t = \frac{P}{A} - \frac{M}{I} y = \frac{P}{bh} - \frac{6M}{bh^2} = 0$$
$$\therefore P = \frac{6M}{h} = \frac{6 \times 135}{0.4} = 2,025 \text{kN}$$

## 19 2방향 슬래브의 하중 분배

| 구분 | 집중하중($P$)이 작용하는 경우 | 등분포하중($w$)이 작용하는 경우 |
|---|---|---|
| 짧은 변($S$)이 부담하는 하중 | $P_S = \dfrac{L^3}{L^3 + S^3} P$ | $w_S = \dfrac{L^4}{L^4 + S^4} w$ |
| 긴 변($L$)이 부담하는 하중 | $P_L = \dfrac{S^3}{L^3 + S^3} P$ | $w_L = \dfrac{S^4}{L^4 + S^4} w$ |

## 20 L형강의 순폭

㉠ 공제폭($\omega$)의 고려 여부

$$b_g = b_1 + b_2 - t = 130 + 130 - 12 = 248 \text{mm}$$
$$g = g_1 - t = 80 - 12 = 68 \text{mm}$$
$$\therefore \frac{p^2}{4g} = \frac{50^2}{4 \times 68} = 9.2 \text{mm} < d = 19 \text{mm}$$

∴ 공제폭 고려

㉡ 순폭 산정

$$b_n = b_g - d - \omega = 248 - 19 - (19 - 9.2) = 219.2 \text{mm}$$

[관련기준] KDS 14 30 10[2019] 4.1.3 (2)

## [저자 소개]

### 박경현

- 충남대학교 대학원 공학박사(구조 전공)
- 현) ㈜케이씨엠엔지니어링 이사
- 현) 성안당 e러닝 토목분야 전임강사
- 전) ㈜옥토기술단 기술이사
- 전) 충남대학교, 고려대학교(세종캠퍼스), 한남대학교, 대전대학교, 우송대학교 등 출강
- 전) 한밭대학교 겸임교수
- 전) 유원대학교 겸임교수
- 전) 충남도립대학 겸임교수

### [저서]

- 원샷!원킬! 응용역학(성안당, 2025)
- 핵심 건축구조(성안당, 2024)
- 핵심 응용역학(성안당, 2018)
- 핵심 철근콘크리트 및 강구조(성안당, 2018)
- 최신 응용역학 해설(청운문화사, 2009)
- 공무원(7, 9급) 응용역학(청운문화사, 2008)
- 공무원(9급) 토목설계(청운문화사, 2008)
- 최신 토목기사 종합문제해설집(청운문화사, 2005)

**토목기사 필기 완벽 대비**
## 원샷!원킬! 토목기사시리즈 ④ 철근콘크리트 및 강구조

2025. 1. 8. 초 판 1쇄 인쇄
**2025. 1. 15. 초 판 1쇄 발행**

지은이 | 박경현
펴낸이 | 이종춘
펴낸곳 | BM ㈜도서출판 성안당

주소 | 04032 서울시 마포구 양화로 127 첨단빌딩 3층(출판기획 R&D 센터)
10881 경기도 파주시 문발로 112 파주 출판 문화도시(제작 및 물류)

전화 | 02) 3142-0036
031) 950-6300

팩스 | 031) 955-0510

등록 | 1973. 2. 1. 제406-2005-000046호

출판사 홈페이지 | www.cyber.co.kr

ISBN | 978-89-315-1154-3 (13530)

**정가 | 25,000원**

### 이 책을 만든 사람들

기획 | 최옥현
진행 | 이희영
교정·교열 | 문 황, 안영선
전산편집 | 민혜조
표지 디자인 | 박현정
홍보 | 김계향, 임진성, 김주승, 최정민
국제부 | 이선민, 조혜란
마케팅 | 구본철, 차정욱, 오영일, 나진호, 강호묵
마케팅 지원 | 장상범
제작 | 김유석

www.cyber.co.kr
★★★
성안당 Web 사이트